AF402046

SUITES
A
BUFFON,

FORMANT,

avec les œuvres de cet auteur,

UN COURS COMPLET D'HISTOIRE NATURELLE.

Collection

accompagnée de Planches.

PARIS

A LA LIBRAIRIE ENCYCLOPÉDIQUE DE RORET,

Rue Hautefeuille, N.° 10 bis.

POURRAT Frères, Rue des Petits Augustins, N.° 5.

HISTOIRE NATURELLE

DES

VÉGÉTAUX.

—

PHANÉROGAMES.

II.

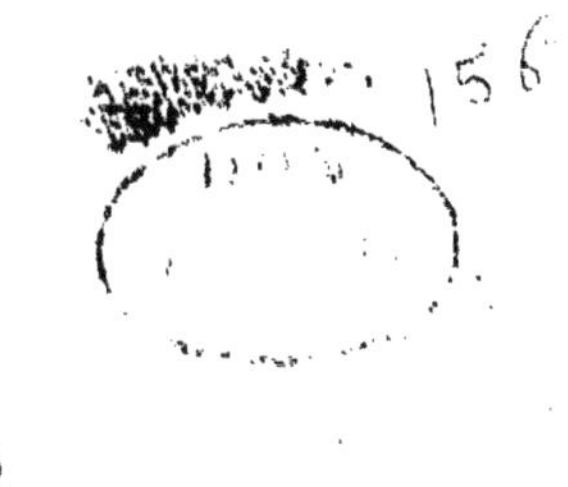

ÉVERAT, IMPRIMEUR,
Rue du Cadran, n° 16.

HISTOIRE NATURELLE

DES

VÉGÉTAUX.

PHANÉROGAMES.

Par M. Édouard SPACH,

AIDE-NATURALISTE AU MUSÉUM D'HISTOIRE NATURELLE, MEMBRE DE
LA SOCIÉTÉ DES SCIENCES NATURELLES DE FRANCE.

TOME DEUXIÈME.

OUVRAGE ACCOMPAGNÉ DE PLANCHES.

PARIS.

LIBRAIRIE ENCYCLOPÉDIQUE DE RORET,

RUE HAUTE-FEUILLE, N° 10 BIS.

1834.

VÉGÉTAUX PHANÉROGAMES

DICOTYLÉDONES.

VEGETABILIA DICOTYLEDONEA.

PREMIÈRE CLASSE.

(SUITE.)

LES CALOPHYTES.

CALOPHYTÆ Bartling.

NEUVIÈME FAMILLE.

LES ROSACÉES. — *ROSACEÆ.*

(*Rosaceæ* Bartl. Ord. Nat. p. 400. — *Rosacearum* trib. II, sive *Roseæ* Juss. Gen.—*Rosacearum* trib. VII, sive *Roseæ* De Cand. Prodr.
vol. II, p. 596.)

Cette famille, dans les limites que nous lui assi-
gnons, à l'exemple de M. Bartling, ne renferme que la
deuxième tribu des *Rosacées* de M. de Jussieu, constituée par l'ancien genre des Rosiers.

Aucune espèce n'a encore été observée dans l'hémisphère austral ; mais on trouve de nombreux représen-
tans du genre dans tout l'hémisphère septentrional,

depuis les côtes de l'Afrique jusqu'en Suède, des bords de l'Atlantique jusqu'à ceux de la mer d'Ochotzk, et, en Amérique, depuis le golfe du Mexique jusqu'à la baie d'Hudson. L'ancien continent est cependant plus riche en espèces que le nouveau, et les régions boréales en offrent infiniment moins que les contrées tempérées.

Il n'est point de fleur qui ait été célébrée autant que la Rose par les poètes de tout genre, de tout siècle, de toute nation. Elle est devenue leur objet de comparaison le plus familier, le plus gracieux, le plus suave ; ils en ont abusé comme de la lune, et pourtant elle est restée toujours neuve, toujours bienvenue en vers et en prose, parce que le talent, découvrant toujours en elle de nouvelles qualités, rajeunissait son parfum et sa couleur. La Rose, en un mot, n'a pu être détrônée, et semble avoir passé un bail éternel avec son titre de reine des fleurs ; elle a vu l'empire de la mode capricieuse implanter dans son voisinage des rivaux dangereux : les *Hortensia*, les *Dahlia*, les *Camellia*, envahissant nos jardins, étalèrent à ses côtés leur riche parure ; sans incliner sa tête, sans se faner, elle est demeurée sur sa belle tige, ramenant toujours à elle les amateurs les plus inconstants. Un prestige miraculeux s'attache à ce frêle rejeton de l'empire végétal, au milieu des révolutions et de la mobilité du monde. C'est que le culte de la beauté ne varie jamais, et que la Rose est un type du beau, dans l'acception la plus large, la plus compréhensible de ce terme.

Si nous remontons le cours des âges, si nous jetons les yeux sur l'antique Orient, la Bible célèbre les Roses de Jéricho ; le poète persan Hafiz s'enivre de l'odeur balsamique de sa fleur chérie : la mythologie persane et

la mythologie turque vous diront de belles fables sur les
amours du rossignol et de la Rose, unissant ainsi dans
une harmonie mystérieuse les sons les plus voluptueux
et les plus doux, aux teintes les plus pures et les plus
brillantes ; Byron reprendra ces traditions ingénieuses,
et sa lyre y trouvera de nouveaux accords. Voyez les
mythes grecs, comme ils s'occupent de l'origine de cette
fleur ! Ce sont les gouttes du sang d'Adonis, de l'amant
de Vénus, qui ont coloré ces pétales ravissans ; non,
c'est Vénus elle-même dont le pied délicat, légèrement
blessé par les épines du Rosier, laisse échapper quelque
peu de sang immortel, et donne aux Roses leur pourpre immortelle ; ou bien, c'est le fils espiègle de la
déesse, l'ardent Éros, qui renverse en dansant une coupe
de nectar, et la boisson des dieux, retombant sur le
sol, loin de se mêler à une vile poussière, opère une
métamorphose dans les fleurs qu'elle a touchées. Les
légendes chrétiennes, si naïves et si simples, s'empa-
rent à leur tour de la Rose, lui prêtent une origine
céleste, et la placent dans l'enceinte sacrée d'Éden.
Il se fait une étonnante consommation de Roses mysti-
ques dans ces pieux récits.

Point de fête antique sans Roses : guirlandes de Roses
qui décorent les statues ; couronnes de Roses sur la tête
des jeunes filles et des jeunes hommes qui célèbrent en
dansant les fêtes de l'hymen ; Roses effeuillées dans
les rues que suivent les processions sacrées ; et, dans les
réjouissances plus profanes, les convives, mollement
couchés sur des lits de repos, ornent de Roses leurs
coupes d'or et les boucles de leur chevelure. Les odes
d'Anacréon, d'Horace, les vers de tous les chantres éro-
tiques, portent l'empreinte de cette coutume.

En Italie, les Rosiers de Pœstum arrivèrent à un

haut degré de célébrité. Ce fut à Rome une industrie que la culture de cette fleur, indispensable à la religion, à l'amitié, à l'amour. D'immenses serres chaudes en produisaient au cœur de l'hiver; aussi ce raffinement provoqua-t-il l'indignation de Sénèque, âpre censeur d'un luxe qu'il ne dédaignait sans doute pas lui-même. Les Pères de l'Église, qui avaient le droit d'être plus rigides, interdirent expressément l'usage de ces fleurs. « La couronne d'épines a ensanglanté le front du « Christ, s'écrie saint Clément, et ses disciples s'eni- « vreraient du parfum des Roses ! » On revint cependant sur ces interdits trop sévères : dans la procession de la Fête-Dieu, on effeuille des Roses devant le saint-sacrement ; tant le sort de cette fleur semble irrévocablement uni aux cérémonies de tous les cultes.

Par une coutume qu'on dirait bizarre si elle n'était fondée sur la tendance générale du paganisme à couvrir de couleurs brillantes la mort elle-même, souvent il arrivait que les héritiers d'un défunt, pour remplir ses dernières volontés, se réunissaient auprès de son tombeau, et y célébraient un festin anniversaire en sa mémoire, en se couronnant de Roses cueillies sur le lieu même. Sans pousser aussi loin ce que nous appellerions l'oubli des bienséances, les peuples modernes plantent des Rosiers dans leurs cimetières. Serait-ce afin de rappeler, par ce symbole parlant, et la fragilité, et la courte durée de la vie humaine? Qui n'a répété sur la tombe de plus d'une jeune fille trop tôt moissonnée :

> Et Rose, elle a vécu ce que vivent les Roses,
> L'espace d'un matin.

Aussi place-t-on, dans beaucoup de pays, une couronne de Roses blanches sur le cercueil des vierges.

Emblème favori du temps de la chevalerie, la Rose devint en Angleterre un étendart sanglant. Les longues guerres civiles qui désolèrent ce pays durant le quinzième siècle, se firent à l'ombre de la Rose rouge et de la Rose blanche, écussons des deux maisons rivales de Lancastre et d'York. De nos jours, et sous nos yeux, la Rose sert en France à un usage plus pacifique, à couronner la vertu modeste. La fête de la rosière de Salency a acquis une vaste célébrité. Nous pensons toutefois qu'on en a exagéré l'heureuse et utile influence, et c'est plutôt comme tradition antique que nous la respectons ; on en fait remonter l'institution jusqu'à saint Médard, évêque de Noyon, qui vivait au cinquième siècle.

La Rose n'est pourtant pas tout entière du domaine idéal de la poésie : l'art en extrait l'*Eau de Roses;* mais ce produit conserve encore dans son délicieux parfum la trace de son origine. L'Eau de Roses, mentionnée pour la première fois par Avicenne, au onzième siècle, nous est arrivée de l'Orient comme la fleur elle-même ; elle y servait aux purifications des temples profanés par un culte autre que celui de Mahomet. Ainsi, lorsqu'en 1188 Saladin reprit Jérusalem sur les Croisés, il fit laver avec de l'Eau de Roses, apportée de Damas sur cinq cents chameaux, la mosquée d'Omar, que les Chrétiens avaient convertie en Église. Après la prise de Constantinople, en 1453, Sainte-Sophie subit une lustration semblable.

La découverte de l'*Essence de Roses* est due à une singulière circonstance, si l'on en croit le père Catron, auteur de l'Histoire du Mogol. Un canal, rapporte-t-il, avait été rempli d'Eau de Roses, pour servir à une promenade en bateau, de la princesse Nourmahal et du Grand-Mogol. Or, la chaleur du soleil venant à dégager de l'Eau de Roses l'huile essentielle qui y est contenue, on vit cette dernière substance flotter à la surface du canal.

En général, les pétales des Rosiers sont astringents ; ils forment la base de plusieurs préparations cosmétiques et pharmaceutiques. L'onglet de ces pétales recèle un principe purgatif. Les fruits de quelques espèces servent à faire des confitures très-agréables.

On a remarqué, comme fait bizarre et exceptionnel, que le parfum si suave de la Rose n'était pas du goût de certaines personnes; que telle complexion y répugnait même absolument, et s'en trouvait affectée de la manière la plus pénible. Nous citerons parmi les personnages historiques qui passent pour avoir détesté l'odeur de Roses, Marie de Médicis et le chevalier de Guise. C'est chose fort connue à Rome, par exemple, que les femmes n'y peuvent supporter le parfum des fleurs. Il est constant que certaines organisations nerveuses éprouvent un invincible malaise dans une atmosphère trop parfumée. On a vu des accidents très-graves, la mort même résulter de ce qu'on avait laissé une trop grande quantité de Roses enfermées dans une chambre à cou · cher.

CARACTÈRES DE LA FAMILLE.

Arbrisseaux le plus souvent armés d'aiguillons ou hérissés de soies roides. Ramules cylindriques.

Feuilles éparses imparipennées (par exception simples); folioles penninervées, dentelées. Stipules (par exception nulles) subfoliacées, plus ou moins adhérentes au pétiole, ou rarement inadhérentes et caduques.

Fleurs régulières, hermaphrodites, terminales, solitaires ou en corymbe, de couleur blanche, ou rose, ou pourpre, ou rarement jaune.

Calice : Tube persistant, globuleux ou oblong, resserré à la gorge; limbe quinquéparti, foliacé : segmens marcescens ou tombants quelque temps après la floraison, souvent pennatipartis, contournés en préfloraisòn.

Disque annulaire, charnu, adné à la gorge du calice.

Pétales 5, courtement onguiculés, égaux, ordinairement échancrés, insérés aux bords du disque, caducs, imbriqués en préfloraison.

Etamines en nombre indéfini, plurisériées, caduques, ayant même insertion que les pétales et plus courtes qu'eux. Filets libres, subulés. Anthères inframédifixes, presque dressées; bourses contiguës, parallèles, longitudinalement déhiscentes; connectif inapparent, articulé au filet.

Pistil : Ovaires en nombre indéfini (rarement en nombre défini), insérés au fond et aux parois du calice, (par exception glabres et insérés seulement au fond du calice) soyeux ou poilus, inclus, libres, uniovulés. Styles latéraux, infrapicilaires, libres ou soudés par leur partie supérieure, saillants. Stigmates capitellés, quelquefois cohérens.

Péricarpe : Carcérules en nombre indéfini (rarement en nombre défini), subcrustacés, monospermes, renfermés dans le tube calicinal devenu charnu.

Graines appendantes, solitaires. Funicule court, attaché vers le sommet de l'angle interne de la loge. Périsperme nul. Embryon rectiligne : radicule appointante, supère ; cotylédons planes, foliacés en germination.

La famille ne se compose que des deux genres suivants :

Rosa Linn. (Rhodophora Neck.)— *Lowea* Lindl.
(Rhodopsis Bung.)

Genre ROSIER. — *Rosa* Linn.

Tube calicinal urcéolé; limbe quinquéparti. Pétales 5.
Étamines 20-200 et plus. Ovaires en nombre indéfini (rarement en nombre défini), soyeux ou poilus, insérés au fond et
aux parois du calice : les basilaires souvent stipités; les pariétaux sessiles. Carcérules en nombre indéfini (rarement
en nombre défini), renfermés dans le tube calicinal devenu
plus ou moins charnu.

Feuilles 3-7-foliolées; folioles opposées. Stipules adhérentes
au pétiole dans la plus grande partie de leur longueur, le
plus souvent dilatées vers leur sommet, ou bien libres presque
dès leur base et subulées ou caduques. Pédoncules bractéolés
ou non bractéolés. Bractées le plus souvent caduques, assez
conformes aux stipules.

On multiplie les *Rosiers* de graines, de boutures, de cou-
chage, de drageons, d'éclats, et principalement de greffes
sur l'*Églantier commun* ou sur le *Rosier à feuilles rouillées*.
Ces deux espèces sont devenues l'objet d'une culture particulière; les individus sauvages ne suffisant plus à la consommation des fleuristes. On greffe les Rosiers en fente ou en
écusson, soit à œil dormant, soit à œil poussant. Les *Rosiers
de Damas* se greffent fréquemment sur le *Bengale*. Certaines
espèces et variétés ne prospèrent que franches de pied. Les
graines doivent être confiées au sol dès leur maturité; ou
bien, lorsqu'on les sème au printemps suivant, il faut les faire
tremper pendant vingt-quatre heures dans de l'eau tiède.

La plupart des Rosiers ne sont pas difficiles sur le choix du
terrain ; mais leur floraison devient plus abondante dans une
terre franche légère, amendée de temps à autre avec du terreau végétal. On peut se procurer des Roses au milieu de
l'hiver, en plaçant les Rosiers en pots dans une serre ou sous
châssis, sur une couche. Le *Rosier de Damas* et le *Pompon*
sont les espèces qui se prêtent le mieux à ce genre de traite-

ment. La culture des Rosiers de pleine terre ne demande d'autres soins que la suppression du bois mort et la taille des branches gourmandes.

On admet assez généralement environ deux cents espèces de Rosiers. Quelques botanistes en reconnaissent davantage ; d'autres en admettent moins : la distinction des espèces offre de grandes difficultés, à cause du nombre infini de variétés et d'hybrides qu'on trouve, tant spontanées que cultivées. Les amateurs de Roses en portent le nombre jusqu'au delà de deux mille. Nous ne pouvons décrire ici que les espèces les plus remarquables.

Section I⁺ᵉ. PIMPINELLIFOLIÆ. Lindl. Monogr. — Mert. et Koch, Flor. Germ.

Stipules adnées au pétiole dans presque toute leur longueur. Fleurs solitaires, non bractéolées, ou munies de bractées très-étroites. Lanières calicinales ordinairement conniventes après la floraison. Jeunes tiges hérissées de soies raides souvent glandulifères au sommet et entremêlées d'aiguillons rectilignes.

ROSIER FÉTIDE. — *Rosa lutea* Mill. Dict. — Guimp. Holz. tab. 84. — Reit. et Abel, tab. 63. — Bot. mag. tab. 363. — Duham. ed. nov. v. 7, tab. 14, fig. 1. — Thory et Redout. Ros. 1, tab. 69. — *Rosa luteola* Thory et Redout. l. c. v. 3, tab. 21. — *Rosa sulphurea* (falso) Thory et Red. l. c. tab. 150. (Var. flore pleno.)

— Variété bicolore : *Rosa punicea* Mill. Dict. — Bot. Mag. tab. 1077. — Thory et Redout. l. c. v. 1, tab. 71. — *Rosa subrubra* Thory et Redout. l. c. v. 3, tab. 73. — *Rosa bicolor* Jacq. Hort. Vindob. 1, tab. 1.

Jeunes tiges fortement hérissées. Rameaux garnis d'aiguillons épars, un peu crochus. Feuilles à 5-9 folioles ovales-arrondies ou elliptiques, concolores, doublement dentelées, glandulifères en dessous. Stipules toutes conformes, planes, linéaires, acuminées, divergentes. Segmens calicinaux pennatifides, plus courts que la corolle. Calices fructifères dressés, globuleux.

Arbrisseau haut de 4 à 6 pieds et plus. Tiges dressées. Rameaux retombans. Écorce dépourvue de poussière glauque. Folioles d'un vert gai en dessus, un peu plus pâles en dessous, répandant une odeur de Reinette lorsqu'on les froisse. Pétioles glanduleux, tantôt légèrement aiguillonnés, tantôt inermes. Fleurs rarement géminées ou ternées. Sépales glanduleux, réfléchis après la floraison. Corolle jaune. Anthères mucronulées. Disque épais. Styles velus, libres. Fruit globuleux, écarlate.

Cette espèce est très-caractérisée par ses fleurs d'un jaune foncé, ainsi que par ses folioles glanduleuses en dessous, et presque concolores aux deux faces. Selon MM. Biroli, Balbis et Nocca, elle est indigène dans le Milanais; Allioni l'indique au Piémont. On la cultive fréquemment dans les jardins paysagers, où ses grandes fleurs d'un jaune foncé font un effet merveilleux. Ces fleurs ne participent point au parfum commun à toutes les autres Roses : elles répandent, au contraire, une forte odeur de punaises; mais le feuillage, lorsqu'on le froisse entre les doigts, sent la Pomme de Reinette.

La variété bicolore, connue sous les noms de *Rose capucine* et *Rose ponceau*, passe pour originaire de Perse; peut-être est-elle une espèce distincte. Quoi qu'il en soit, elle est fort intéressante à cause de ses pétales de couleur ponceau en dessus et d'un jaune foncé en-dessous.

ROSIER A FEUILLES DE PIMPRENELLE. — *Rosa pimpinellifolia* Linn. — Guimp. Holz. tab. 86. — Flor. Dan. tab. 398. —*Rosa spinosissima* Smith, Engl. Bot. tab. 187. — Svensk Bot. tab. 559. — *Rosa scotica* Mill. — *Rosa pimpinellifolia pumila* Thory et Red. Ros. v. 1, tab. 23. — *Rosa campestris* Balb. — *Rosa poteriifolia* Bess. — *Rosa borealis* Tratt.

Aiguillons rectilignes : ceux des jeunes tiges très-denses. Feuilles à 5-9 folioles ovales ou arrondies, dentelées. Stipules linéaires-cunéiformes, acuminées, divergentes : celles des ramules florifères plus larges. Segmens calicinaux indivisés, de moitié plus courts que la corolle. Calices fructifères globuleux (noirs), dressés, glabres de même que les pédicelles.

Arbrisseau très-touffu, haut de 1 à 4 pieds. Tiges et rameaux couverts d'aiguillons horizontaux ou redressés. Écorce des rameaux lisse, luisante, non glauque. Folioles petites, un peu coriaces, d'un vert foncé en dessus, quelquefois glauques en dessous. Pétioles aiguillonnés. Bractées nulles. Segmens calicinaux lancéolés, acuminés, inappendiculés. Corolle blanche. Disque peu épais. Styles velus, libres.

Ce Rosier croît dans presque toute l'Europe. Il est fréquemment cultivé dans les jardins sous le nom de *Rosier Pimprenelle.* On en possède une variété à fleurs semi-doubles.

ROSIER TRÈS-ÉPINEUX. — *Rosa spinosissima* Linn. Spec. — Clus. Hist. p. 116. — *Rosa spinosissima* α Lindl. Monogr. — *Rosa pimpinellifolia* Villars (non Linn.) — *Rosa pimpinellifolia inermis* Thory et Red. Ros. 1, tab. 25.

— VARIÉTÉ A PETITES FOLIOLES : *Rosa parvifolia* Tratt. — *Rosa pimpinellifolia Mariaburgensis* Thory et Red. Ros. 1, tab. 20.

— VARIÉTÉ A GRANDES FOLIOLES : *Rosa sanguisorbifolia* Don. — Thory et Red. Ros. tab. 31.

— VARIÉTÉ A PETITS FRUITS : *Rosa microcarpa* Besser (non Lindl. Monogr.) — *Rosa melanocarpa* Link, Enum. — *Rosa Besseri* Tratt.

Aiguillons rectilignes, ordinairement très-denses. Feuilles à 7-11 folioles oblongues, doublement dentelées. Stipules linéaires-cunéiformes, acuminées, divergentes : celles des ramules florifères plus larges. Segments calicinaux indivisés, plus courts que la corolle. Pédicelles hispides. Calices fructifères dressés, ovoïdes, glabres (d'un pourpre noirâtre.)

Arbrisseau haut de 3 à 6 pieds. Aiguillons horizontaux ou redressés, ordinairement très-denses. Pétioles aiguillonnés. Bractées nulles. Corolle plus grande que dans l'espèce précédente, blanche, jaunâtre à la base.

Cette espèce habite l'Europe australe. On en cultive des variétés à fleurs doubles et semi doubles.

Rosier a aiguillons réfléchis. — *Rosa reversa* Waldst. et Kit. Plant. Hungar. Rar. tab. 264. — Guimp. Holz. tab. 38.

Cette espèce diffère des deux précédentes par ses aiguillons réfléchis ; par ses folioles elliptiques, pubescentes en dessous, et bordées de dentelures glanduleuses ; enfin par sa corolle couleur de chair et ne dépassant pas les segments calicinaux.

Tiges hautes de 2 à 6 pieds. Feuilles 5-9-foliolées ; folioles longues de 6 à 8 lignes. Pédoncules et pétioles couverts de soies glandulifères. Sépales très-entiers. Fruit ovoïde, noirâtre.

Ce Rosier, indigène en Hongrie, n'est pas rare dans les collections.

Rosier Sabine. — *Rosa Sabini* Lindl. Monogr. — Engl. Bot. tab. 2594. — *Rosa Doniana* Woods. — *Rosa gracilis* Woods. — *Rosa villosa* Smith, Engl. Bot. tab. 583 (non Linn.)

Aiguillons falciformes ou rectilignes. Feuilles à 5 ou 7 folioles ovales, doublement dentelées, pubescentes aux deux faces. Stipules étroites, glanduleuses-fimbriées. Sépales pennatifides. Calice fructifère globuleux (écarlate), très-hispide ainsi que les pédicelles.

Arbuste de 8 à 10 pieds de haut. Branches droites, d'un brun foncé. Soies plus ou moins nombreuses. Pétioles cotonneux, glanduleux, aiguillonnés. Corolle rose ou blanche.

Cette espèce, indigène en Angleterre et en Écosse, est cultivée dans les collections.

Rosier a corolle involutée. — *Rosa involuta* Smith, Engl. Bot. tab. 2068. — Lindl. Monogr. p. 56. — *Rosa Redoutea* Thory et Red. Ros. tab. 27.

Aiguillons forts, rectilignes, très-inégaux, très-nombreux. Feuilles à 5 ou 7 folioles elliptiques, doublement dentelées, pubescentes aux veines. Stipules étroites, quelquefois concaves, glanduleuses-fimbriées. Lanières calicinales très-entières. Pétales involutés. Calice fructifère globuleux, hispide.

Arbuste touffu, haut de 2 à 3 pieds. Branches peu divisées,

droites, d'un gris rougeâtre. Soies nombreuses. Pétioles velus, glanduleux-hispides et légèrement aiguillonnés. Fleurs roses, non bractéolées. Pédicelles glabres. Lanières calicinales hérissées d'aiguillons sétiformes et de glandes.

Ce Rosier, originaire des montagnes de l'Écosse, est cultivé dans les collections.

Rosier Mille-épine. — *Rosa myriacantha* Dec. Flore Franç. —Thory et Red. Ros. tab. 26. — Lindl. Monogr. tab. 10.—*Rosa parvifolia* Pallas (ex Lindl.)

Aiguillons forts, inégaux, pugioniformes. Feuilles à 5 ou 7 folioles elliptiques ou orbiculaires, doublement dentelées, glabres, glanduleuses à la côte, aux bords et en dessous. Stipules étroites, glanduleuses. Pédicelles hispides et aiguillonnés. Sépales réfléchis après la floraison.

Arbrisseau nain. Rameaux simples, presque droits, brunâtres. Pétioles glanduleux et hispides, garnis de quelques petits aiguillons. Folioles rouillées en dessous. Fleurs solitaires, bractéolées, blanches. Tube calicinal glabre, globuleux.

Cette espèce croît dans la France méridionale. On la cultive dans les collections.

Rosier a grandes fleurs. — *Rosa grandiflora* Lindl. Monogr. p. 53, Ic.; et Bot. Reg. tab. 888. — *Rosa altaica* Willd. — *Rosa spinosissima* Guimp. Holz. tab. 87. — *Rosa pimpinellifolia flore albo multiplici* Thory et Red. Ros. tab. 87. — *Rosa pimpinellifolia* Pallas, Flor. Ross. tab. 75.

Ce Rosier diffère du *Pimprenelle* par ses fleurs plus grandes, et par l'absence de soies parmi les aiguillons de ses jeunes tiges.

Rosier a fleurs jaunatres. — *Rosa lutescens* Pursh, Flor. Bor. Am. (patria falsa). — Lindl. Monogr. p. 47, Ic. — *Rosa hispida* Bot. Mag. tab. 157 (mala.)

Aiguillons faibles, inégaux, réfléchis, très-denses. Feuilles à 7 ou 9 folioles ovales, dentelées. Stipules planes, très-étroites. Pédicelles et calices glabres. Lanières calicinales très-entières, courtes. Calice fructifère ovale, noir.

Arbuste élevé, vigoureux. Rameaux presque droits, d'un brun sale. Fleurs moyennes, d'un jaune pâle, non bractéolées. Disque aplati. Ovaires environ 30. Styles velus, distincts.

Cette espèce, assez commune dans les collections, passe pour originaire de la Sibérie.

ROSIER COULEUR DE SOUFRE. — *Rosa sulphurea* Ait. Hort. Kew. — Bot. Reg. tab. 46. — Thory et Red. Ros, v. 1, tab. 3. — *Rosa glaucophylla* Ehrh. Beitr.

Aiguillons rectilignes ou courbés, épars, inégaux. Feuilles à 7 folioles glauques, glabres, obovales, dentelées. Stipules linéaires, dilatées au sommet, divariquées. Pédicelles et calices nus ou glanduleux. Tube calicinal hémisphérique.

Arbrisseau haut de 5 à 9 pieds, feuillé aux extrémités des tiges. Branches d'un vert jaunâtre ou brunâtre. Feuilles d'un glauque foncé. Pétioles légèrement glanduleux, garnis de quelques aiguillons rectilignes. Fleurs très-grandes, jaunes, toujours doubles (dans les jardins), non bractéolées.

Cette espèce produit des fleurs en plus grande abondance encore que la plupart de ses congénères. C'est l'Écluse qui s'en procura de Constantinople les premiers individus cultivés en France.

ROSIER ACICULAIRE. — *Rosa acicularis* Lindl. Monogr. tab. 8.

Aiguillons aciculaires, inégaux. Feuilles à 7 folioles ovales, convexes, divergentes, glauques, dentelées. Stipules étroites, élargies au sommet, glanduleuses aux bords. Lanières calicinales très-étroites, subpennatifides, plus longues que les pétales. Calices fructifères pendants, glabres, étranglés vers le haut.

Buisson épais, haut d'environ 8 pieds. Branches droites : les plus jeunes glauques; les adultes brunâtres, armées de nombreux aiguillons droits et de quelques soies. Pétioles nus ou un peu velus. Fleurs bractéolées, d'un rouge pâle. Pétales obovales, échancrés. Fruit obovale, de couleur orangée-jaunâtre.

Cette espèce, indigène en Sibérie, n'est pas rare dans les collections. Elle mérite d'être plus répandue dans les jardins paysagers. C'est le premier Rosier qui se couvre de feuilles qui, à l'époque de leur développement, sont remarquables par leur couleur jaunâtre.

ROSIER A RAMEAUX GRÊLES. — *Rosa stricta* Lindl. Monogr. tab. 7. — *Rosa carolina* Ait. Hort. Kew.

Aiguillons tous sétiformes. Ramules inermes. Feuilles à 9-11 folioles arrondies, glauques : la paire inférieure plus petite que les autres. Calices fructifères oblongs, pendants.

Rameaux très-nombreux, droits, longs de 3 à 4 pieds, d'un vert pâle, couverts entièrement de soies petites, faibles et presque égales. Fleurs d'un rouge clair.

Cette espèce, indigène dans l'Amérique septentrionale, est cultivée dans les collections.

ROSIER DE CANDOLLE. — *Rosa Candolleana* Red. et Thor. Ros. vol. 2, tab. 45. — *Rosa rubella* Smith, Engl. Bot. tab. 2521, et (Fruct.) tab. 2601. — *Rosa pimpinellifolia rubra* Thor. et Red. Ros. tab. 21. — *Rosa polyphylla* Willd.

Aiguillons rectilignes, épars, faibles. Tiges et calices hispides. Feuilles à 7-11 folioles ovales-arrondies, glabres. Stipules étroites, fimbriées, dilatées au sommet. Segments calicinaux indivisés. Calices fructifères pendants, oblongs, écarlates.

Tige haute de 3 à 4 pieds. Rameaux droits, rougeâtres, fortement hispides. Pétioles presque sans glandules. Fleurs blanches ou rouges. Bractées nulles. Corolle plus grande que le calice. Disque très-mince.

Cette espèce, trouvée en Angleterre et en Sibérie, est cultivée dans les collections.

ROSIER DES ALPES. — *Rosa alpina* Linn. — Jacq. Fl. Austr. tab. 279. — Guimp. Holz. tab. 92 et tab. 40. — Lawr. Ros. tab. 30. — Thor. et Red. Ros. vol. 1, tab. 59, et vol. 3, tab. 15.

—VARIÉTÉ A CALICES HISPIDES : *Rosa pyrenaica* Gouan. Ill. tab. 19. — Guimp. Holz. tab. 93. — Jacq. Schœnbr. vol. 4, tab. 116. — *Rosa inermis* Krock. Siles. — *Rosa hispida* Krock. l. c. — *Rosa turbinata* Vill. Delph.

Aiguillons tous sétiformes, rectilignes, non glandulifères. Rameaux et ramules inermes. Feuilles à 7-11 folioles elliptiques-oblongues, simplement ou doublement dentelées. Stipules linéaires, dilatées et divergentes au sommet, acuminées, fimbriolées. Segments calicinaux indivisés, appendiculés, plus longs que la corolle. Pédoncules recourbés après l'anthèse, glabres ou hispides de même que les calices. Fruits subpyriformes.

Tiges hautes de 2 à 5 pieds. Rameaux presque droits, d'un brun verdâtre, souvent glauques. Feuilles d'un vert glauque en dessus, tantôt glabres, tantôt pubescentes en dessous. Segments calicinaux ovales-lancéolés. Pétales d'un rose vif, obcordiformes. Fruits d'un rouge orange.

Ce Rosier habite les régions subalpines des montagnes de l'Europe australe et de l'Europe moyenne. Pour la décoration des bosquets on le préfère à beaucoup d'autres espèces indigènes, à cause de ses rameaux non armés d'épines.

ROSIER A GRANDES FEUILLES. — *Rosa macrophylla* Lindl. Monogr. tab. 6. — Wall. Plant. Asiat. Rar. tab. 117.

Aiguillons épars, comprimés. Feuilles très-longues, multi-foliolées. Pétioles glanduleux. Folioles ovales-lancéolées ou oblongues, acuminées, velues en dessous. Pédoncules solitaires ou en corymbe. Sépales lancéolés-linéaires, acuminés, très-étroits, plus longs que la corolle. Pétales apiculés.

Grand arbrisseau. Tige droite, cylindrique. Rameaux un peu grimpants. Feuilles longues de 6 à 10 pouces, à 3-11 paires de folioles. Folioles longues d'environ 15 lignes : la terminale deux fois plus grande. Fleurs grandes, purpurines, inodores. Pétales obovales-arrondis, d'un pouce de diamètre. Fruit ovoïde, de couleur écarlate.

Cette espèce, assez semblable au *Rosier des Alpes*, croît dans l'Himalaya. On la possède en Angleterre depuis quelques années.

ROSIER A FRUITS PENDANTS. — *Rosa pendulina* Ait. Hort. Kew. — *Rosa lagenaria* Villars, Flor. Delph. — *Rosa alpina*

Lindl. in Bot. Reg. tab. 424. — Lawr. Ros. tab. 91. — Thor. et Red. Ros. 1, tab. 57.

Ce Rosier, que beaucoup d'auteurs regardent comme une variété du Rosier des Alpes, en diffère par ses feuilles à neuf ou onze folioles glabres et luisantes ; par ses tiges et ses rameaux tout-à-fait inermes ; par ses fleurs souvent ternées, et par ses fruits fusiformes. Il croît dans les Alpes de l'Europe australe, et on le cultive fréquemment dans les jardins.

Section II. CINNAMOMEÆ Mert. et Koch ; Flor. Germ. (*Cinnamomeæ et Feroces* Lindl. Monogr.)

Stipules adnées au pétiole dans presque toute leur longueur. Pédoncules bractéolées, presque toujours en corymbes 3-5-flores. Lanières calicinales conniventes après l'anthèse. Jeunes tiges hérissées de soies raides entremêlées d'aiguillons grêles, rectilignes ; rameaux adultes ordinairement inermes.

ROSIER CANNELLE. — *Rosa cinnamoméa* Linn. — Engl. Bot. tab. 2388. — Thor. et Red. Ros. tab. 36 (Flor. simpl.), et tab. 35 (Flor. plen.) — Flor. Dan. tab. 1214 (Flor. plen.). — Guimp. Holz. tab. 85 (Flor. plen.) — *Rosa collincola* Ehrh. — *Rosa majalis* Retz. — *Rosa acuminata* Swartz. — *Rosa fecundissima* Münchh. — *Rosa fluvialis* Flor. Dan. tab. 868.

Aiguillons des rameaux stipulaires, géminés, subfalciformes. Feuilles à 5 ou 7 folioles oblongues ou ovales-oblongues, dentelées, pubescentes et glauques en dessous. Pétiole subinerme. Segments calicinaux très-entiers, de la longueur des pétales. Calices et pédoncules glabres. Fruits globuleux, déprimés (quelquefois turbinés).

Arbrisseau haut de 4 à 6 pieds et plus. Racines rampantes, très-longues. Tiges adultes d'un brun de cannelle. Rameaux et jeunes tiges pourpres. Ramules verts, souvent lavés de rose. Stipules des ramules stériles amplexicaules, convolutées. Stipules des ramules florifères planes, très-élargies. Pédoncules triflores ou rarement uniflores. Segments calicinaux terminés en appendice lancéolé. Corolle pourpre. Fruits petits, rouges, dressés.

Cette espèce, nommée vulgairement *Rosier de Mai*, *Rosier Cannelle* et *Rosier du Saint-Sacrement*, croît dans le nord de l'Allemagne, en France, en Angleterre, en Suède, ainsi qu'en Laponie. Elle est commune dans les plantations d'agrément; il lui faut beaucoup d'espace, parce que ses racines poussent chaque année un grand nombre de rejetons qui étouffent les plantes voisines. On en forme souvent des haies. Ses fleurs paraissent dès le mois de mai, et ses fruits sont mûrs en août.

ROSIER A FEUILLES DE FRÊNE. — *Rosa fraxinifolia* Borkh. — Bot. Reg. tab. 458. — *Rosa blanda* Ait. Hort. Kew. — Jacq. Fragm. tab. 105. — *Rosa alpina lævis* Thory et Red. Ros. tab. 39 et 42. — *Rosa corymbosa* Bosc, Dict. d'Agr. — Desfont. Cat. Hort. Par.

Rameaux et ramules inermes. Feuilles à 5 ou 7 folioles opaques en dessus, glauques en dessous, glabres, lancéolées ou lancéolées-elliptiques, dentelées. Pétiole inerme. Calice et pédoncules glabres. Segments calicinaux indivisés, plus longs que les pétales. Fruits subglobuleux.

Rameaux droits, d'un pourpre foncé, couverts d'une poussière d'un bleu pâle. Rejetons munis à leur base d'un petit nombre d'aiguillons sétiformes. Stipules longues, très-élargies au sommet, dentées. Bractées elliptiques, fimbriolées. Fleurs petites, rouges. Fruits petits, d'un rouge foncé.

Ce Rosier, originaire de l'Amérique septentrionale, est cultivé dans les jardins paysagers.

ROSIER DE LA CAROLINE. — *Rosa carolina* Linn. — Wangenh. Amer. tab. 31, fig. 17. — Thor. et Red. Ros. 1, tab. 95; et vol. 2, tab. 109 et 117. — Lindl. Monogr. tab. 4. — *Rosa corymbosa* Ehrh. — *Rosa pensylvanica* Mich. Flor. Am. Bor. — *Rosa virginiana* Desfont. Cat. Hort. Par.

Ramules armés d'aiguillons stipulaires subfalciformes. Feuilles à 7 folioles oblongues ou lancéolées-oblongues, finement dentelées, opaques en dessus, pubescentes-incanes en dessous. Stipules convolutées. Calices et pédoncules hispides. Fruits globuleux.

Arbrisseau haut de 2 à 5 pieds. Tiges droites, vertes ou d'un

rouge foncé. Stipules très-longues, étroites. Pétiole cotonneux.
Bractées lancéolées ; très-concaves, pointues, cotonneuses en de-
hors. Segments calicinaux indivisés, terminés en longue pointe.
Pétales d'un rouge foncé. Fruit écarlate.

Ce Rosier, qui n'est pas rare dans les jardins, croît dans les
marais des États-Unis, depuis la Caroline jusqu'à la Nouvelle-
Angleterre.

ROSIER WOODS. — *Rosa Woodsii* Lindl. in Bot. Reg.
tab. 976.

Ramules armés d'aiguillons stipulaires et épars, rectilignes.
Feuilles à 7 ou 9 folioles opaques, glabres, cunéiformes-obovales,
dentelées vers leur sommet, glauques en dessous. Stipules planes, entières. Pédoncules géminés, glabres de même que les calices. Fruits globuleux.

Arbuste peu élevé. Rameaux dressés ; ordinairement inermes.
Stipules très-étroites, pointues. Pétioles aiguillonnés. Fleurs
roses.

Cette espèce, indigène dans l'Amérique septentrionale, est cultivée dans les collections. Elle fleurit en mai.

ROSIER A PETITES FEUILLES. — *Rosa parvifolia* Lindl. Monogr. p. 20, Ic. — *Rosa carolina* Du Roi. — *Rosa parviflora*
Ehrh. Beitr. — *Rosa caroliniana* Mich. Flor.

Ramules armés d'aiguillons stipulaires aciculaires. Feuilles à 5
folioles un peu luisantes, lancéolées, presque glabres, finement
dentelées. Stipules très-étroites. Pédoncules et calices hispides-
glanduleux.

Espèce basse, faible et étalée. Rejetons couverts de soies éparses.
Branches d'un brun rougeâtre. Stipules un peu courbées, dilatées
et divariquées au sommet. Pétioles nus. Fleurs carnées, pâles,
ordinairement géminées et doubles. Bractées ovales, cordiformes,
un peu velues. Tube du calice petit, rond, déprimé ; sépales
ovales, cuspidés.

Cette espèce, nommée vulgairement *Rose double de Pensylvanie*, croît dans les États-Unis, depuis la Caroline jusqu'au
Canada. Ses fleurs élégantes d'un rose délicat, sa forme naine

et touffue, la font généralement rechercher, malgré les difficultés que présentent sa culture et sa propagation. Il faut, pour qu'elle réussisse, la planter en terre de bruyère.

ROSIER ÉTALÉ. — *Rosa laxa* Lindl. Monogr. p. 18, tab. 4.

Rameaux subinermes, effilés. Feuilles à 7 ou 9 folioles ondulées, opaques, glauques, oblongues ou elliptiques-lancéolées. Pédoncules èt calices hispides-glanduleux.

Arbuste étalé. Branches d'un brun rougeâtre, luisantes. Aiguillons rares, subrectilignes. Stipules étroites, élargies et glanduleuses au sommet. Pétioles velus, glanduleux, légèrement aiguillonnés. Fleurs roses, ordinairement géminées. Bractées ovales, fimbriées. Tube calicinal globuleux. Segments triangulaires-lancéolés, presque entiers, plus courts que les pétales. Fruit inconnu.

Ce Rosier, indigène aux États-Unis, est cultivé dans les collections.

ROSIER A FEUILLES LUISANTES. — *Rosa lucida* Ehrh. Beitr. —Guimp. Holz. tab. 93.—Duham. èd. nov. vol. 7, tab. 7, fig. 2. —Jacq. Fragm. tab. 107, fig. 3.—Thor. et Rèd. Ros. tab. 33. —*Rosa carolina* Dill. Elth. tab. 245, fig. 316.

Ramules armés d'aiguillons stipulaires, rectilignes. Feuilles à 7 ou 9 folioles recouvrantes, elliptiques-oblongues, dentelées, glabres et luisantes aux deux faces. Segments calicinaux très-entiers, un peu plus longs que la corolle. Fruits globuleux, déprimés, subhispides ainsi que les pédoncules.

Buisson touffu, haut de 4 à 6 pieds. Branches droites, d'un brun rougeâtre, luisantes. Rejetons quelquefois très-hispides à leur moitié inférieure. Stipules rectilignes, glabres, luisantes, planes, finement dentées vers leur sommet. Pétioles nus ou pubescents, aiguillonnés. Fleurs d'un pourpre vif, en corymbe. Bractées ovales-lancéolées, pointues, concaves, fimbriolées. Pédoncules presque nus, très-courts. Styles très-velus. Fruits d'un rouge clair.

Cette espèce, originaire des États-Unis, est commune dans les plantations d'agrément. Elle fleurit à la fin de l'été.

Rosier Turneps. — *Rosa Rapa* Bosc, Dict. d'Agr. — Thory et Redout. Ros. v. 2, tab. 7. — *Rosa turgida* Pers. Ench.

Ramules inermes. Feuilles à 3-9 folioles luisantes, glabres, ondulées, oblongues, dentelées. Segments calicinaux pennatifides, plus longs que la corolle. Fruits hémisphériques, hispides ainsi que les pédoncules.

Arbuste élevé, diffus. Rejetöns très-rouges, couverts d'aiguillons inégaux et épars, et de soies cramoisies. Stipules nues, planes, étroites ou dilatées, finement dentées. Pétales d'un rouge clair. Fruit d'un rouge foncé.

Cette espèce croît dans le midi des États-Unis. Elle est remarquable par ses fleurs très-nombreuses (doubles dans les jardins.) et d'un rouge vif.

Rosier brillant. — *Rosa nitida* Willd. — Lindl. Monogr. tab. 3. — *Rosa rubrispina* Bosc, Dict. d'Agr. — *Rosa Redutea rubescens* Thory et Redout. Ros. 1, tab. 36.

Branches fortement hérissées d'aiguillons faibles et de soies. Feuilles à 3-7 folioles luisantes, glabres, étroites, simplement dentelées. Segments calicinaux indivisés, plus courts que la corolle. Fruits sphériques, comprimés, un peu hispides.

Buisson bas et rougeâtre. Branches droites, très-divisées. Feuilles prenant une couleur pourpre en automne. Pétioles faibles, nus. Stipules planes, dilatées au sommet, fimbriolées. Corymbes pauciflores. Bractées ovales-lancéolées, contournées. Pédoncules et calices hispides. Pétales très-rouges et brillants, presque dressés. Fruit écarlate, brillant.

Cette jolie espèce habite l'île de Terre-Neuve. Elle est cultivée dans les collections.

Rosier Hérisson. — *Rosa ferox* Ait. Hort. Kew. — Lawr. Ros. tab. 42. — Lindl. in Bot. Reg. tab. 420. — Marsch. Bieb. Plant. Ross. tab. 37. — *Rosa kamtchatica* Thor. et Red. Ros. 1, p. 47, tab. 12 (non Vent.) — *Rosa provinciális* Marsch. Bieb. Flor. Taur. Cauc. — *Rosa horrida* Besser.

Branches et ramules hérissés d'aiguillons conformes, inégaux, très-rapprochés, effilés. Feuilles à 5-9 folioles elliptiques, dentées, arrondies aux deux bouts, blanchâtres et glanduleuses en dessous. Pédoncules et pétioles hispides. Fruits subglobuleux.

Buisson haut de 4 à 5 pieds. Branches cotonneuses, inclinées. Aiguillons pâles. Feuilles luisantes, d'un vert gai. Stipules larges, dilatées à leur extrémité supérieure, cotonneuses, glanduliferes aux bords. Fleurs grandes. Bractées (souvent nulles) suborbiculaires. Segments calicinaux étroits, triangulaires. Pétales rouges. Fruits écarlates.

Cette espèce, originaire du Caucase, n'est pas rare dans les jardins et se fait remarquer par les aiguillons sétiformes très-nombreux qui couvrent ses tiges.

ROSIER DU KAMTCHATKA. — *Rosa kamtchatica* Vent. Hort. Cels. tab. 67. — Lindl. in Bot. Reg. tab. 419 et tab. 824. — Duham. ed. nov. vol. 7, tab. 10, fig. 21.

Aiguillons des rameaux dissemblables : les stipulaires géminés, falciformes; les autres sétacés, très-denses. Feuilles à 5-9 folioles opaques, oblongues ou ovales-oblongues, dentelées, pubescentes en dessous. Pédoncules et pétioles cotonneux, inermes. Fruits turbinés, subglobuleux, glabres.

Buisson haut de 3 à 4 pieds. Branches cotonneuses; brunes, pâles, inclinées, pubescentes, garnies de poils et d'aiguillons qui tombent souvent dans la vieillesse. Stipules larges, d'un rouge foncé. Bractées elliptiques, presque nues. Segments calicinaux très-étroits, plus longs que les pétales. Fruits écarlates, plus petits que ceux du *Rosa ferox*.

Ce Rosier, fort semblable au précédent par le port, est cultivé dans les plantations d'agrément.

ROSIER A FRUITS TURBINÉS. — *Rosa turbinata* Ait. Hort. Kew. — Jacq. Schœnbr. v. 4, tab. 415. — Thory et Redout. 1, tab. 48. — *Rosa francofortensis* Park. — *Rosa campanulata* Ehrh.

Rameaux inermes. Folioles ovales, fortement dentelées, plissées, discolores, pubescentes en dessous. Pétioles velus. Pédoncules hispides-glanduleux. Segments calicinaux ovales-acuminés, très-entiers ou pennatifides, de la longueur de la corolle. Fruit turbiné.

Aiguillons des rejetons denses, inégaux : les uns sétacés ; les autres subulés, élargis et comprimés à la base, subfalciformes. Tiges dressées, hautes de 6 à 8 pieds. Feuilles glauques en dessus. Pétioles pubescents, glanduleux, aiguillonnés. Stipules planes, allongées, non divergentes, acuminées. Pédoncules solitaires ou ternés. Fleurs grandes, roses.

Cette espèce, suivant Pollini, croît dans l'Italie septentrionale ; selon M. Reichenbach, elle est aussi indigène dans plusieurs contrées de l'Allemagne. Elle ressemble, par le port, au *Rosier Cent-feuilles*. Le plus souvent ses fleurs sont doubles dans les jardins. On en possède une variété à fleurs simples, connue des amateurs sous le nom de *Grande Pivoine*.

SECTION III. CANINÆ Mert. et Koch, Flor. Germ. (*Rosæ caninæ*, *villosæ* et *rubiginosæ* Lindl. Monogr.)

Stipules adnées au pétiole dans presque toute leur longueur : celles des ramules florifères beaucoup plus élargies que celles des ramules stériles. Fleurs ●ctéolées, ordinairement en corymbe. Jeunes tiges armées d'aiguillons inégaux, mais jamais sétacés.

a) *Aiguillons subrectilignes. Folioles cotonneuses ou veloutées.*

ROSIER POMIFÈRE. — *Rosa villosa* Linn. — Svensk Bot. tab. 313. — Duham. ed. nov. vol. 7, tab. 15, fig. 1. — *Rosa pomifera* Borkh. — Thory et Red. Ros. v. 1, tab. 67, et Ros. v. 2, tab. 89. — *Rosa Evratiana* Thory et Red. Ros. v. 3, tab. 93. — *Rosa mollis* Smith, Engl. Bot. tab. 2459.

Aiguillons subulés, forts, dilatés à la base : les raméaires géminés, stipulaires. Feuilles à 5 ou 7 folioles elliptiques ou ovales-elliptiques, glauques, doublement dentelées. Pédoncules hispides, aiguillonnés. Sépales pennatifides, de la longueur de la corolle. Pétales ciliolés-glanduleux. Fruits globuleux, penchés, hispides ainsi que les pédoncules.

Buisson haut de 6 à 8 pieds. Tiges dressées ou ascendantes.

Folioles longues d'environ 2 pouces ; dentelures secondaires glanduleuses. Stipules planes, élargies vers leur sommet, non divergentes. Fleurs grandes, roses. Fruits gros, d'un poupre violet,
mûrs dès la mi-août.

Ce Rosier, très-distinct par ses gros fruits pendants, d'un
pourpre violet et hérissés de soies glandulifères, croît en Allemagne, en Suède, ainsi qu'en Angleterre. Sa stature élevée le
rend propre à décorer les bosquets. On le cultive en outre pour
ses fruits, qui sont très-pulpeux et qu'on emploie à faire des confitures. La variété à fleurs doubles du *Rosier pomifère* est assez
rare.

ROSIER COTONNEUX. — *Rosa tomentosa* Smith, Engl. Bot.
tab. 990.—Hook. Flor. Lond. tab. 124.—Svensk Bot. tab. 571.
— Guimp. Holz. tab. 88. — Thor. et Red. Ros. tab. 47 et 50.

Aiguillons comprimés à la base, inégaux, les stipulaires subfalciformes. Feuilles à 5 ou 7 folioles ovales-elliptiques ou
ovales ; pubescentes-incanes, doublement dentelées : dentelures-
acuminées, étalées. Pédoncules hispides ou glabres. Lanières calicinales incisées, plus longues que la corolle, caduques à la maturité du fruit. Pétales ciliolés. Fruits globuleux, dressés (ordinairement hispides.)

Arbuste haut de 7 à 8 pieds, étalé. Aiguillons épars. Stipules
planes, non divergentes, acuminées, élargies supérieurement.
Pétioles aiguillonnés, glanduleux. Bractées ovales, cotonneuses,
plus longues ou plus courtes que les pédoncules. Corolle d'un rose
vif. Tube calicinal ovale ou subglobuleux. Fruit écarlate, mûr à la
fin de l'automne.

Cette espèce, qui croît dans une grande partie de l'Europe, se
cultive dans les jardins paysagers et dans les collections. Il en
existe des variétés à fleurs doubles et semi-doubles.

ROSIER A FEUILLES RÉSINEUSES. — *Rosa resinosa* Sternb. —
Rosa cretica Vest. — *Rosa rubiginosa cretica* Thory et Red.
Ros. tab. 134.

Folioles ovales-elliptiques, doublement dentelées, glanduleuses en dessous et aux bords, non glauques. Lanières calicinales indivisées. Fruits globuleux, hispides ainsi que les pédoncules.

Ce Rosier, que beaucoup d'auteurs envisagent comme une variété du précédent, est originaire de l'Europe australe. On en cultive dans les collections des variétés à fleurs doubles et semi-doubles.

ROSIER A FEUILLES SPINELLEUSES. — *Rosa cuspidata* Marsch. Bieb. — *Rosa pseudo-rubiginosa* Lejeune. — *Rosa spinulifolia Foxiana* Thory, Prodr. Ros. p. 116, fig. 2. — *Rosa spinulifolia Dematriana* Thory et Redout. Ros. tab. 143.

Folioles ovales-lancéolées, pointues, doublement dentelées, velues aux deux faces, glanduleuses en dessous. Aiguillons caulinaires forts, falciformes. Pédoncules et calices hispides. Fruits ovoïdes.

Pétioles velus et aiguillonnés. Stipules oblongues, concaves, bifides. Sépales hispides, presque entiers, très-longs, subulés au sommet. Fleurs moyennes, d'un rouge pâle.

Cette espèce, qui est aussi très-voisine du *Rosier cotonneux*, croît dans une grande partie de l'Europe. Elle est cultivée dans les collections.

ROSIER GLANDULEUX. — *Rosa glandulosa* Bellard. — Dec. Fl. Fr. — *Rosa Reynieri* Hall. fil. — *Rosa glabrata* Vest, in Trattin. Ros. — *Rosa rubrifolia pinnatifida* Sering. Mus. Helv. 1, tab. 2, fig. 3 et 4.

Aiguillons raméaires comprimés à la base, subfalciformes ; les stipulaires subrectilignes, grêles. Feuilles à 5 ou 7 folioles ovales-orbiculaires, pointues : les supérieures conniventes. Lanières calicinales pennatifides, plus longues que la corolle. Fruits dressés, subglobuleux, non couronnés, hispides ainsi que les pédoncules.

Buisson haut de 7 à 8 pieds. Aiguillons des tiges peu nombreux. Pétioles aiguillonés et velus. Stipules planes, dilatées, acuminées, divergentes. Fleurs solitaires ou géminées, d'un rouge clair. Tube calicinal ovale, couvert (ainsi que les pédoncules) de longues soies glandulifères.

Cette espèce élégante a été observée dans le Dauphiné, ainsi

qu'en Suisse et en Autriche. On la cultive assez fréquemment
dans les collections.

b) *Aiguillons falciformes. Folioles parsemées en dessous de glandules
résineuses.*

◆

Rosier rouillé. — *Rosa rubiginosa* Linn. — Jacq. Austr.
tab. 50; — Engl. Bot. tab. 991. — Hook. Flor. Lond. tab. 116.
— Svensk Bot. tab. 463. — Flor. Dan. tab. 870. — Thory et
Red. Ros. tab. 38, 133 et 137.

Aiguillons forts, dilatés et comprimés à la base : les caulinaires
épars, inégaux ; les ramulaires subgéminés, stipulaires. Feuilles
à 5 ou 7 folioles ovales-arrondies, doublement dentelées, pubescentes ; dentelures divergentes. Lanières calicinales pennatifides,
réfléchies, de la longueur de la corolle. Fruits ovales-globuleux,
dressés, hispides ainsi que les pédoncules.

Buisson haut de 3 à 5 pieds, très-touffu. Branches flexibles.
Feuillage d'un vert sombre, couvert en dessous de glandules rousses
odorantes ; pétioles velus, glanduleux. Stipules presque planes,
dilatées, acuminées, non divergentes. Fleurs subsolitaires,
moyennes, d'un rose vif. Bractées lancéolées, pointues, concaves.
Fruits d'un rouge orangé.

Ce Rosier, nommé vulgairement *Églantier odorant,* est très-
commun dans toute l'Europe. Les glandules qui couvrent la face
inférieure de ses feuilles contiennent un suc résineux dont l'o-
deur s'approche de celle des Pommes de Reinette. Ces feuilles,
séchées à l'ombre, et infusées, font une boisson saine et agréable.
Les fleurs se distinguent par leur couleur d'un rose très-vif. On
en cultive des variétés semi-doubles et même doubles, ainsi que
des variétés à pétales roses ou panachés de blanc.

Le *Rosier à petites fleurs* (*Rosa micrantha* Smith, Engl.
Bot. tab. 2490. — *Rosa rubiginosa aculeatissima* Thory,
et Redout. Ros. tab. 132, et *Rosa rubiginosa triflora* l. c. tab.
152), diffère du *Rosier rouillé,* dont il est peut-être une
variété, par des fruits ovales-ellipsoïdes, presque glabres ; des
lanières calicinales plus longues que les pétales ; des folioles plus

allongées, et des aiguillons plus nombreux. On le cultive également dans les collections.

ROSIER DES HAIES. — *Rosa sepium*. Thuil. Fl. Par.—Thor.
et Red. Ros. tab. 140 et 142.

Folioles obovales-lancéolées, doublement dentelées, pubescentes, glanduleuses-rouillées en dessous. Lanières calicinales
pennatifides, plus longues que la corolle. Fruits ovoïdes, glabres
ainsi que les pédoncules.

Buisson haut de 2 à 4 pieds. Aiguillons caulinaires nombreux,
inégaux : les uns falciformes ; les autres subulés. Folioles petites,
pointues, parsemées en dessous de glandules semblables à celles
du *Rosier rouillé*. Pétioles glanduleux, non velus. Fleurs petites,
d'un rose pâle.

Cette espèce, que l'on confond souvent avec le *Rosier rouillé*,
dont elle possède le feuillage odorant, n'est pas rare en France.
On la cultive aussi dans les collections.

ROSIER A FEUILLES DE MYRTE. — *Rosa agrestis* Savi. —
Pollin. Veron. v. 2, tab. 2. — *Rosa myrtifolia* Hall. fil. —
Rosa sepium myrtifolia Thory et Red. Ros. tab. 141.

Aiguillons caulinaires forts, subfalciformes. Folioles luisantes,
ovales-elliptiques, doublement dentelées, glanduleuses en dessous et aux bords. Fruits subfusiformes, glabres.

Folioles profondément dentelées. Pétioles glanduleux, aiguillonnés. Fleurs grandes, blanches. Sépales pennatifides, bordés
de poils glandulifères.

Cette espèce croît en Hongrie, ainsi que dans l'Italie supérieure
et au Tyrol. On la cultive dans les collections.

c) *Aiguillons subfalciformes. Folioles non glanduleuses en dessous
(excepté quelquefois à la côte). Ovaires substipités.*

ROSIER DE CHIEN. — *Rosa canina* Linn. — Flor. Dan. tab.
555. — Engl. Bot. tab. 992. — Guimp. Holz. tab. 94. —*Rosa
canina nitens* Thor. et Red. Ros. tab. 127. — *Rosa biserrata*
Mérat, Flor. Par. — Thor. et Red. 1. c. tab. 124. — *Rosa
sarmentacea* Woods. — Engl. Bot. tab. 2595.

Feuilles à 5 ou 7 folioles ovales, pointues, dentelées, très-entières vers la base, glabres, glauques en dessous; dentelures conniventes. Pétioles aiguillonnés. Lanières calicinales pennatifides, réfléchies, de la longueur des pétales. Fruits ovales ou ovales-globuleux, dressés, glabres ainsi que les pédoncules.

Buisson plus ou moins touffu, haut de 8 à 15 pieds. Tiges fortes, dressées. Rameaux glabres, luisants, retombants. Aiguillons forts, falciformes, élargis et comprimés à la base, presque égaux : les cauliuaires épars; les raméaires stipulaires, géminés. Stipules presque planes, dilatées au sommet, acuminées, non divergentes. Pétiole glabre, ou pubescent, ou hispide. Fleurs grandes, roses. Styles glabres ou velus, plus ou moins allongés. Lanières calicinales se détachant quelque temps avant la maturité du fruit. Fruits écarlates.

Ce Rosier, appelé vulgairement *Églantier*, est un des plus répandus en Europe, même vers le nord. Il offre un grand nombre de variétés, dont la nomenclature ne saurait trouver place dans ce recueil. Le nom de *Rosier de Chien* est dû à la prétendue propriété que les anciens attribuaient à sa racine. Pline en parle comme d'un spécifique contre la rage. Cette vertu miraculeuse fut, selon lui, révélée en songe à une mère dont le fils avait été mordu par un chien, et qui fut guéri par l'emploi de ce remède. Les fleurs de l'Églantier sont légèrement purgatives et astringentes. Ses fruits, ainsi que ceux des autres Rosiers, ont plus positivement cette dernière propriété, et l'on en prépare quelquefois dans les pharmacies une conserve nommée *Cynorrhodon*.

Les tiges d'Églantier, de même que celles de quelques autres espèces voisines, sont employées par les pépiniéristes pour greffer à haute tig e les Rosiers destinés à orner les parterres.

On trouve souv ent sur les rameaux de l'Églantier et de quelques autres Rosiers, une excroissance arrondie de la grosseur d'un œuf de poule, composée de filaments velus, entrelacés, d'un vert rougeâtre. Cette singulière production, connue sous le nom de *Bédéguar*, est causée par la piqûre d'un insecte qui y dépose ses œufs. Autrefois le Bédéguar servait aux mêmes usages que les fruits de Rosier.

Rosier des buissons. — *Rosa dumetorum* Thüill. Flor. Par. — Thory et Red. Ros. tab. 54.

Feuilles à 5 ou 7 folioles elliptiques, concolores, pubescentes en dessous, doublement dentelées : dentelures glanduleuses. Pétioles velus et glanduleux, aiguillonnés. Fruit ovoïde, glabre de même que les pédoncules.

Buisson haut de 3 à 6 pieds. Tiges dressées. Aiguillons forts, crochus, épars et stipulaires. Fleurs bractéolées, en corymbe. Lanières calicinales à pennules lancéolées, denticulées. Corolle d'un rose pâle, plus petite que celle du *Rosier de Chien*.

Ce Rosier, que beaucoup d'auteurs regardent comme une variété du précédent, est commun dans toute la France. Ses tiges servent également à greffer les autres Rosiers.

Rosier a feuilles rougeatres. — *Rosa rubrifolia* Villars, Delph. — Bot. Reg. tab. 430. — Thor. et Red. Ros. tab. 37. — Sering. Mus. Helv. 1, tab. 1. — *Rosa glaucescens* Wülf. in Jacq. Fragm. tab. 106. — *Rosa glauca* Desf. Arb. — *Rosa lurida* Andr. — *Rosa rubicunda* Hall. Fil.

Feuilles à 5 ou 7 folioles elliptiques ou oblongues, glabres, glauques, finement dentelées : dentelures supérieures convergentes. Pétioles aiguillonnés. Stipules divariquées supérieurement. Lanières calicinales subindivisées, cuspidées, plus longues que la corolle, conniventes après l'anthèse, non persistantes jusqu'à la maturité. Fruit subglobuleux, glabre de même que les pédoncules.

Buisson semblable au *Rosier des Alpes* et au *Rosier Cannelle*. Tiges glauques, armées d'aiguillons épars, peu nombreux, falciformes, comprimés à la base. Aiguillons des rameaux grêles, stipulaires. Stipules planes. Pétioles et folioles d'un glauque rougeâtre. Fleurs en corymbe. Corolle de grandeur moyenne, d'un rose vif. Fruit 2 fois plus gros que celui du *Rosier Cannelle*, écarlate ; mûr dès la fin d'août.

Cette espèce élégante habite les Alpes et les Pyrénées. On la cultive fréquemment comme arbuste d'ornement.

Rosier blanc. — *Rosa alba* Linn. — Flor. Dan. tab. 1215.

— Guimp. Holz. tab. 96. — Thor. et Red. Ros. tab. 115, 116 et 119.

Feuilles à 5 ou 7 folioles ovales ou ovales-arrondies, obtuses, dentelées, pubescentes en dessous. Pétioles aiguillonnés. Stipules divariquées. Pédoncules et calices hispides. Sépales pennatifides, réfléchis, non persistants. Fruits oblongs.

Arbuste haut de 6 à 7 pieds, étalé, grisâtre. Aiguillons faibles, inégaux, épars. Feuilles glauques. Stipules étroites, planes, allongées aux extrémités, fimbriolées, glanduleuses. Pétioles cotonneux. Fleurs nombreuses, grandes, blanches ou légèrement carnées. Bractées lancéolées. Fruit écarlate ou pourpre.

Le *Rosier blanc* croît spontanément çà et là en France, en Allemagne et au Piémont. Dans les jardins, on ne le rencontre guère qu'à fleurs doubles. Les amateurs en distinguent bon nombre de variétés, parmi lesquelles les plus notables sont les suivantes : La *Belle Henriette*, ou *Cocarde*. — Le *Bouquet blanc*. — La *Royale*. — La *Cuisse de nymphe*. — Le *Duc d'York*. — La *Jeanne d'Arc*. — La *Céleste*. — L'*Élisa*. — La *Sémonville*, etc.

SECTION IV. ROSÆ NOBILES Mert. et Koch, Flor. Germ. (*Rosæ centifoliæ* et *systylæ* Lindl. Monogr.)

Stipules adnées au pétiole dans presque toute leur longueur : celles des ramules florifères conformes à celles des ramules stériles. Bractées étroites. Aiguillons le plus souvent tous falciformes.

a) *Styles libres. Feuilles plus ou moins glanduleuses.*

ROSIER DE PROVINS. — *Rosa gallica* Linn. — Thory et Red. Ros. tab. 91 ad 114. — Bot. Reg. tab. 448. — Bot. Mag. tab. 1794.

Aiguillons des rejets dissemblables, denses. Feuilles à 5 ou 7 folioles elliptiques ou elliptiques-oblongues, cordiformes à la base, simplement dentelées, ciliées, rugueuses, un peu coriaces. Stipules linéaires-oblongues, planes, divariquées supérieurement.

Fleurs dressées. Lanières calicinales pennatifides, plus courtes que la corolle, réfléchies après la floraison, non persistantes. Fruits subglobuleux, hispides ainsi que les pédoncules.

Racines rampantes. Tiges faibles, basses, hautes de 2 à 3 pieds, armées d'aiguillons épars, falciformes. Rejets hérissés de soies glandulifères, entremêlées d'aiguillons dissemblables : les uns rectilignes et subulés; les autres falciformes. Fleurs solitaires ou ternées, grandes, ordinairement d'un pourpre vif. Fruit pourpre.

Ce Rosier, indigène en France, est un de ceux qui décorent le plus souvent les jardins. Ses fleurs ont beaucoup d'éclat et doublent facilement. En pharmacie on les connaît sous le nom de *Roses rouges* ; elles font la base de plusieurs préparations très-usitées, telles que le *Sucre rosat*, le *Vinaigre de Roses*, le *Miel rosat*, et surtout la *Conserve de Roses*; qui se fabrique à Provins. « Les différentes préparations faites avec les Roses rou-
» ges, dit M. Loiseleur Deslongchamps, sont toutes plus ou
» moins astringentes, et, sous ce rapport, elles sont conseillées
» dans différentes maladies atoniques. Quelques médecins assu-
» rent avoir guéri des phthisiques désespérés, par l'usage de la
» Conserve continué pendant long-temps et à si haute dose,
» qu'un malade en employa plus de trente livres en deux mois,
» et un autre plus de vingt. C'est ici le cas de faire observer que,
» pour préparer cette Conserve, les pétales doivent être mondés
» de l'onglet, non-seulement afin que la Conserve soit d'une plus
» belle couleur, mais encore parce que cette partie recèle, dit-on,
» une vertu purgative qui changerait totalement les propriétés de
» la préparation, et qui empêcherait surtout de pouvoir la don-
» ner à haute dose. Le Miel et le Vinaigre rosat s'emploient dans
» les gargarismes, pour les maux de gorge accompagnés d'aph-
» thes, et pour remédier aux ulcérations des gencives ou de la
» bouche, et à l'ébranlement des dents. L'infusion simple des
» Roses rouges peut suppléer à ces deux dernières préparations
» officinales, dans les mêmes cas. » Les Roses de Provins acquièrent par la dessiccation une odeur plus forte et plus agréable ;
elles étaient autrefois un objet de commerce pour la France. On
en portait jusqu'aux Indes : elles étaient si estimées dans ce pays,

dit Pomet, dans son *Histoire des Drogues*, qu'on les y payait quelquefois au poids de l'or.

Les amateurs de Roses distinguent une foule de variétés du *Rosier de Provins*, la plupart à fleurs doubles ou semi-doubles. M. de Pronville a classé ces variétés en cinq groupes, fondés sur la couleur de la corolle. Nous devons nous borner à l'indication de leurs noms.

1º LES POURPRES.

Le Roi des Pourpres. — Pourpre sans épines, ou Grand Cramoisi de Trianon. — Pourpre de Tyr. — Gloria Mundi. — Ponctuée, ou Belle Herminie.—Roi de France.—Pavot ou Grandesse royale. — Thérèse, ou Belle Thérèse. — Raucourt. — Cocarde pourprée. — Hervy. — Bronville. — Capricorne.—Temple d'Apollon. — Carmin brillant. — Chérie. — Anémone du Luxembourg. — Guérin. — Lejeune. — Bellate. — Belle Africaine. — Belle Galatée. — Orphise. — Athénaïs. — Néala. — Brillante. — Grand-Mogol. — Brigitte. — Abatucci. — Pétronille. — Théagène. — Enchanteresse. — Roi de Bavière. — Zénaïre. — Taffin.— De Jéricho. — Cire d'Espagne.— Grand'-Maman.

2º LES VIOLETTES.

Évêque. — Impératrice. — Terminale. — Ardoisée, Buonaparte, ou Grand Alexandre. — Grande Ardoisée. — Ninon de Lenclos. — Joséphine. — Belle Éguermoise. — Enfant de France. — Roi de Rome. — Duc d'Angoulême. — Anémone argentée. — Aspasie. — Merveilleuse. — Armande, ou Marguerite.—Belle Violette de Verny. — Catherine de Médicis. — Sœur hospitalière. — Hortensia. — Pigeonnet.

3º LES VELOUTÉES.

Mahéca. — Aigle brun. — Aigle noir. — Obscurité.—Noix de Hollande. —Cramoisi brillant. — Velours noir.— Sanguine. — Carmin brillant. — Pourpre charmant, ou Grand Pompadour. — Espagnole. — Belle Camélia. — Cocarde pourpre. — Pony pourpre. — Duc de Bordeaux. — Jeanne Maillotte. — Feu brillant d'Auteuil. — Graindor.

4° ROSES ET CARNÉES.

Clémentine. — Ornement de parade. — Provins panachée.— Mauve. — Pivoine. —Belle sans flatterie. — Carnée tendre. — Henri IV.—Beauté surprenante.— Délicieuse.—Triomphante. — Sœur Joseph. —Vénus mère. —Warrata.— Galatée.— Dauphiné. — Nouvelle Duchesse d'Orléans. — Gay. — Comtesse de Genlis. — Fanny Bias. — Nathalie. — Clara. — Charlotte de la Charme. — Poiteau. — Marie Stuart. — Anglaise.—Gassendi. — Délices de Flandre. — Honneur de Flandre. — Paysanne en toilette. — Séduisante, etc.

5° LES BLANCHES.

Fausse unique. — Pompon Bazar. — Belle Hélène. — Princesse de Salm. — Emilie. — Angélique. — Mademoiselle de Staël.—Impératrice de Russie. — Barrier.— Agathe de Sompson. — Baraguay. — Camille Boulan. — Catel.

ROSIER DE PROVENCE. — *Rosa provincialis* Mill. Dict. — *Rosa centifolia* Lindl. Monogr. — *Rosa gallica* α. Poir. Encycl. β. *Rosa incarnata* Mill. Dict.

Ce Rosier, que la plupart des auteurs envisagent comme une variété du *Rosier de Provins*, en diffère, selon M. de Pronville, par des feuilles plus grandes, à dentelures doubles et très-pointues. Ses fleurs, rouges ou carnées, grandes, semi-doubles, sont réunies au nombre de 3 ou de 4 en corymbes. Ses tiges s'élèvent jusqu'à 6 pieds.

M. de Pronville indique treize variétés du *Rosier de Provence*, dont voici la nomenclature :

Agathe Royale. —Agathe à grandes Fleurs. — Agathe de Provence. — Marie-Louise ou Duchesse d'Angoulème. — Agathe prolifère, Précieuse Agathe, ou Agathe favorite. — Agathe de Portugal. — Agathe pyramidale. — Agathe Gentilhomme. — Agathe parisienne. — Ornement de carafe.— A feuilles d'Orme.

— Sœur Vincent. — Célestine. — Isabelle. — Rosière de Salency. — Agathe éblouissante.

Rosier Cent-Feuilles. — *Rosa centifolia* Linn. —Thory et Red. Ros. tab. 59 ad 70.

Tiges glanduleuses et armées d'aiguillons dissemblables. Feuilles à 5 ou 7 folioles elliptiques, obtuses, doublement dentelées, glanduleuses aux bords, pubescentes aux deux faces. Fleurs penchées. Fruits ovoïdes, hispides ainsi que les pédoncules. Sépales non réfléchis après l'anthèse.

Arbuste haut de 3 à 4 pieds. Feuilles molles. Fleurs ordinairement très-grandes et doubles.

Les catalogues des fleuristes énumèrent au-delà de cent cinquante variétés et hybrides du *Rosier Cent-feuilles*. Les plus notables sont les suivantes :

—*Rose mousseuse* (Rosa muscosa Ait.—Bot. Reg. tab. 53 et 102. — Bot. Mag. tab. 69. — Thory et Red. Ros. vol. 1, tab. 39, 41 et 87; v. 3, tab. 97). — Cette variété est très-remarquable en ce que ses calices et ses pédoncules sont couverts d'un duvet vert, rameux et semblable à de la mousse. Les amateurs cultivent une Rose mousseuse simple, à fleurs roses, et une Rose mousseuse à fleurs doubles, soit roses soit blanches.

— *Cent-Feuilles crépue* Thor. et Red. Ros. vol. 1, tab. 57.

— *Cent-Feuilles crénelée* Thor. et Red. Ros., v. 1, tab. 65.

— *Rose Anémone* Thor. et Red. Ros. v. 2, tab. 115.

— *Rose OEillet* (Rosa caryophyllacea Poir.)—Thor. et Red. Ros. v. 2, tab. 113. — Cette Rose est remarquable par ses pétales étroits, chiffonnés et dentés aux bords, rétrécis en un long onglet.

— *Rose Pompon* (Rosa Pomponia Dec. Fl. Fr. — Bot. Reg. tab. 75 ad 78). — Cette variété ne s'élève guère à plus d'un pied et ses fleurs sont fort petites. Les fleuristes distinguent comme sous-variétés le *Pompon de Portugal*, le *Pompon mousseux*, le *Chamois* et la *Petite Mignonne*.

— *Rose des Peintres*.—On nomme ainsi une variété à fleurs semi-doubles très-grandes.

—*Rose de Hollande* ou *Grosse Cent-Feuilles.*—Cette variété est l'une des plus belles, et en même temps des plus communes de l'espèce.

—*Rose Vilmorin*, remarquable par ses fleurs couleur de chair.

—*Rose Unique blanche.*—Ses pétales, blancs en dedans, sont un peu rouges en dehors.

Enfin on possède des variétés panachées de rouge ou de blanc, et d'autres à fleurs cramoisies. La *Rose prolifère*, ou *Mère Gigogne* est une monstruosité, dans laquelle il s'élève du centre de la fleur un bourgeon foliacé. La *Cent-Feuilles apétale* n'est cultivée que comme objet de curiosité.

Le *Rosier Cent-Feuilles*, déjà cultivé par les anciens Romains, a depuis été naturalisé dans beaucoup de contrées de l'Europe. Son origine resta long-temps incertaine, et ce ne fût qu'à une époque récente que Marschall Bieberstein le trouva dans les forêts du Caucase oriental. C'est cette espèce qu'on cultive souvent en grand, soit pour les préparations pharmaceutiques, soit pour l'Eau de Roses, soit pour les parfums. On en voit des champs entiers aux environs de Paris.

ROSIER DE BELGIQUE. — *Rosa belgica* Mill. Dict. — Dum. Cours. Bot. Cult. — Bosc. — Pronv. Monogr. —*Rosa damascena* Du Roi. — Thor. et Red. Ros. tab. 45.—*Rosa alba* var. *damascena* Poir. Enc.

Feuilles à 5 ou 7 folioles ovales, pointues, dentelées, légèrement cotonneuses en dessous. Corymbes pluriflores. Pédoncules allongés, hispides. Sépales réfléchis. Fruits ovoïdes, renflés au milieu.

Buisson touffu, moins élevé que le *Rosier de Damas*. Rameaux et pétioles garnis d'aiguillons peu nombreux. Corymbes souvent 10-12-flores. Pédoncules longs, écartés les uns des autres. Sépales pennatifides. Fleurs blanches, ou roses, ou carnées, plus ou moins doubles.

Cette espèce, que l'on confond souvent avec le *Rosier Cent-Feuilles* et le *Rosier de Damas*, se cultive en grand (notamment à Puteaux, près Paris) pour les mêmes usages que ceux-ci. Son origine est inconnue. Les variétés suivantes ornent les jardins :

York et Lancastre. — Félicité. — Belgique carné. — Belgiqué à bouquets, ou Damas argenté. — Belle couronnée, ou Rose
de Cels. — Perle d'Orient. — Petit Ernest. — Belgique violette.
— Damas d'Italie. — Comtesse de Langeron. — Armide. — Lavalette. — Belle d'Auteuil. — Danaé à grandes fleurs. — Dame
Blanche de Lille.

Rosier de Damas. — *Rosa damascena* Mill. Dict. — Du
Roi. — Ait. Hort. Kew. ed. 2. — Bosc, Dict. d'Agr. — Lawr.
Ros. tab. 38. — *Rosa bifera* Poir. Enc. — Thor. et Réd. Ros.
1, p. 137, tab. 53. — Lois. in Duham. ed. nov. v. 7, p. 32,
tab. 9. — *Rosa semperflorens* Desf. Cat. Hort. Par.

Feuilles à 5 ou 7 folioles ovales, subobtuses, fortement dentées, pubescentes en dessous. Corymbes 3-5-flores. Pédoncules
courts, hispides de même que les calices. Sépales réfléchis. Fruit
oblong, non renflé.

Buisson touffu, haut de 5 à 8 pieds (quelquefois de 15, selon
M. de Pronville). Rameaux armés d'aiguillons nombreux. Feuilles
d'un vert gai en dessus, pâles en dessous. Pédoncules courts,
serrés les uns contre les autres, hérissés de nombreux poils glanduleux. Sépales pennatifides, à peu près de la longueur des pétales. Corolle rose, large d'un pouce et demi. (M. de Pronville cite
une variété à fleurs blanches.)

Cette espèce, connue sous les noms divers de *Rosier des Quatre-Saisons*, *Rosier bifère*, *Rosier de tous les mois*, *Rose
pâle* ou *Rose incarnate*, passe pour originaire de Syrie. Elle
fleurit à la fin du printemps, et une seconde fois au commencement de l'automne. L'élégance de ses fleurs, jointe à leur parfum
délicieux, en fait depuis long-temps un des Rosiers les plus recherchés pour l'ornement des jardins. Les commentateurs des anciens la regardent comme identique avec le célèbre *Rosier de
Pæstum.*

Les pétales du *Rosier de Damas*, ceux du *Rosier de Belgique*
et ceux du *Rosier Cent-Feuilles* sont principalement employés, en
Europe, à la distillation de l'Eau de Roses. Les confiseurs, les liquoristes et surtout les parfumeurs, en font un usage très-varié.

L'*Huile essentielle de Roses* ou *Beurre de Roses*, qu'on obtient, en Barbarie et en Orient, du *Rosier musqué*, se retire aussi des espèces que nous venons de nommer. Les parfumeurs de Paris et de Grasse fixent l'odeur de ces Roses dans de la graisse de porc, en faisant bouillir les pétales avec cette graisse dans des chaudières remplies en partie d'eau ; et ils retirent ensuite l'huile essentielle au moyen de l'esprit-de-vin. Dans les Indes, on emploie un autre procédé pour obtenir l'essence à l'état de pureté. Il consiste à effeuiller les Roses dans un vase de bois rempli d'eau bien pure, et à les exposer ainsi pendant quelques jours à la chaleur du soleil, qui dégage l'huile essentielle : celle-ci se sépare et vient surnager ; on la ramasse avec du coton fin, et on l'exprime dans de petits flacons. Le Beurre de Roses, ainsi préparé, est d'une teinte jaunâtre, demi-transparent, et ressemble à un cristal nébuleux ou à de la glace. Il a la propriété de se conserver très-long-temps sans rancir. L'arome qu'il répand est si fort qu'il suffit d'y tremper la pointe d'une épingle et d'en toucher un mouchoir pour qu'il conserve l'odeur pendant très-long temps. Cent livres de Roses produisent au plus un demi-gros d'essence : aussi se vend-elle en Orient même à un prix fort au-dessus de celui de l'or. L'Essence de Roses la plus estimée est celle de Kachmyre et de la Perse. Celle de Syrie et des états Barbaresques est inférieure. La qualité la moins bonne se prépare en France.

ROSIER DE BOURGOGNE. — *Rosa parvifolia* Ehrh. — Bot. Reg. tab. 452.—*Rosa burgundiaca* Rœss. Ros. tab. 4.—*Rosa remensis* Desf. Cat. — Dec. Fl. Franç.

Feuilles à 5 ou 7 folioles raides, ovales, pointues, finement dentelées. Pédoncules subsolitaires, hispides. Tube calicinal glabre. Sépales ovales, réfléchis.

Buisson ne s'élevant guère à plus d'un pied. Aiguillons rares, courts, presque égaux. Stipules linéaires, glanduleuses aux bords. Pétioles armés de quelques petits aiguillons. Fleurs de couleur pourpre, toujours très-doubles.

Ce Rosier, aussi nommé *Petit Saint-François*, passe pour originaire de Bourgogne. On le cultive fréquemment dans les jardins, sa stature naine le rendant fort propre à former des bordures

b) *Styles libres: Feuilles coriaces, luisantes, non glanduleuses*

ROSIER MICROPHYLLE. — *Rosa microphylla* Roxb. Fl. Ind. — Lindl. Monogr. et in Bot Reg. tab. 919.

Feuilles à 5-9 folioles ovales, obtuses, glabres, finement dentées, très-petites. Bractées apprimées, pectinées. Stipules très-étroites. Fruits subglobuleux, très-hispides.

Petit arbuste très-élégant. Branches grêles, souvent flexibles. Aiguillons stipulaires rectilignes. Pétioles un peu aiguillonnés. Fleurs solitaires, d'un rouge pâle, très-doubles. Sépales dilatés, cotonneux aux bords.

Cette espèce, originaire de la Chine, n'est pas encore commune dans les collections.

ROSIER SOYEUX. — *Rosa sericea* Lindl. Monogr. tab. 12.

Aiguillons stipulaires comprimés. Feuilles à 7-11 folioles oblongues, obtuses, dentelées au sommet, soyeuses en dessous. Stipules étroites. Fleurs solitaires, non bractéolées. Pédoncules et calices nus.

Branches dressées, raides. Aiguillons très-grands. Stipules longues, concaves, pointues, dentées au sommet. Pétiole subinerme. Sépales ovales, cuspidés.

Cette espèce croît dans l'Himalaya.

ROSIER DES INDES. — *Rosa indica* Pronv. in Lindl. Monogr. ed gall. p. 106. — *Rosa semperflorens carnea* Rœss. Ros. tab. 19.

β *Rosa odoratissima* Sweet, Hort. Suburb. Lond. — *Rosa indica fragrans* Thor. et Red. Ros. tab. 19.

γ *Rosa indica pumila* Thor. et Red. Ros. tab. 42.

Feuilles à 5 ou 7 folioles elliptiques, pointues, dentelées; pubescentes en dessous. Stipules très-étroites, subulées. Fleurs solitaires ou ternées, non bractéolées. Fruits turbinés ou subovoïdes, glabres ainsi que les pédoncules. Carpelles 40-50.

Branches fortes, d'un vert clair, armées d'aiguillons bruns, épars, comprimés et crochus. Fleurs grandes, semi-doubles, de couleur incarnat. Sépales presque indivisés, velus.

Ce Rosier, originaire de la Chine et connu sous le nom de *Rosier Thé*, est fort recherché à cause de l'odeur extrêmement suave de ses fleurs. M. de Pronville signale comme variétés de cette espèce le *Bengale jaune*, le *Duc de Grammont* et le *Thé Bourbon*.

Rosier Noisette. — *Rosa Noisettiana* Bosc, Dict. d'Agr. — Prony. in Lindl. Monogr. ed. gall. p. 107. — Herb. de l'Amat. vol. 4.

Feuilles à 7 folioles ovales, pointues, finement dentelées. Stipules très-étroites. Fleurs en corymbe. Pédoncules et calices velus.

Buisson touffu, haut de 3 à 5 pieds. Branches d'un vert brunâtre. Aiguillons forts, épars, crochus. Stipules subulées au sommet, légèrement ciliées. Pétioles aiguillonnés. Fleurs nombreuses, moyennes, doubles, couleur de chair. Sépales ovales, pointus, réfléchis. Pétales entiers. Bractées lancéolées, concaves, ciliées.

Ce Rosier, hybride des *Rosa moschata* et *semperflorens*, est fort recherché à cause de son port élégant et de l'odeur suave que répandent ses fleurs. Dans le nord de la France il faut le protéger par des paillassons contre les grands froids.

Rosier du Bengale. — *Rosa semperflorens* Prony. in Lindl. Monogr. ed. gall. p. 108.

α. *Rosa chinensis* Willd. — *Rosa bengalensis* Pers. — *Rosa indica* Lindl. Monogr. — Thor. et Red. Ros. 1, tab. 14; v. 2, tab. 25. — Lois. in Duham. ed. nov, v. 7, tab. 13.

β *Rosa diversifolia* Vent. Hort. Cels. tab. 35.

γ *Rosa longifolia* Willd. — Thory et Red. Ros. tab. 2.

Feuilles à 3 ou 5 folioles elliptiques ou lancéolées-elliptiques, acuminées, glabres, dentelées, glauques en dessous : les inférieures très-petites. Stipules très-étroites. Calices et pédoncules glabres. Ovaires 20-30. Fruits subovoïdes.

Arbuste très-vigoureux, étalé. Branches fortes, d'un vert clair. Aiguillons crochus, comprimés, épars. Pétiole aiguillonné. Fleurs solitaires, ordinairement semi-doubles, presque inodorés, d'un rouge clair. Pétales souvent échancrés. Bractées étroites, lancéolées, glanduleuses aux bords. Sépales cuspidés, velus aux bords, réfléchis. Fruit écarlate.

Cette espèce, originaire non du Bengale, mais de la Chine, est un des Rosiers les plus précieux pour l'ornement des jardins, à cause de sa floraison prolongée pendant toute la belle saison. M. de Pronville pense que c'est au croisement du *Rosier du Bengale* avec l'*indica*, le *chinensis* et d'autres espèces, qu'on doit les nombreuses variétés dont les suivantes sont les plus notables :

Bengale Ermite, à fleurs d'un cramoisi foncé; c'est une des variétés les plus brillantes. — *Bichonne*. — *Velours Pourpre*. — *Monze*. — *Duchesse de Parme*. — *Belle de Plaisance*. — *Belle Chinoise*. — *Tendre Japonaise*. — *Belle Villarézi*. — *Amaranthe*. — *Feu ardent*. — *Veloute*. — *Herminie*. — *Cent-Feuilles*. — *Prince Eugène*. — *De Florence*. — *Vibert*. — *Boulotte*. — *Blanc*. — *Boursault*. — *Thisbé*. — *Cerise éclatante*. — *Ternaux*. — *Inerme*. — *Mousseline*. — *Lie de Vin*. — *Chamnagana*. — *Papillon*. — *Charles X*. — *Zulmé*. — *Crispé*. — *Petit Auguste*. — *Duc de Chartres*. — *Comte de Breteuil*. — *Fénelon*. — *Redouté*, etc.

ROSIER LAWRENCE. — *Rosa Lawrenceana* Lindl. in Bot. Reg. tab. 538. — *Rosa semperflorens minima* Sims, Bot. Mag. 1762.

Folioles ovales-lancéolées, finement dentelées, glauques en dessous. Pétales acuminés. Ovaires 7 ou 8.

Arbuste très-petit, touffu, s'élevant rarement à un pied. Aiguillons larges, forts, presque rectilignes. Pétales petits, de couleur carnée.

Cette espèce, introduite en Angleterre en 1570, du Jardin de Botanique de l'Ile-de-France, est probablement indigène en Chine. On la nomme aussi *Bengale Pompon*. Quoiqu'elle soit sensible aux hivers du nord de la France, on la recherche à cause de sa taille basse, qui la rend surtout propre à orner les appartemens. D'ailleurs sa floraison se prolonge durant presque toute l'année.

ROSIER DE CHINE. — *Rosa chinensis* Jacq. Obs. v. 3, tab. 55. — Lawr. Ros. tab. 28. — *Rosa semperflorens* Willd. — *Rosa indica* Thor. et Red. Ros. v. 1, tab. 13 et 46, et v. 2, tab. 16.

Feuilles à 3 ou 5 folioles ovales-lancéolées, dentelées ou crénelées, discolores. Stipules étroites. Pétales entiers. Ovaires 15. Fruit subglobuleux.

Arbrisseau étalé. Branches faibles, vertes, armées d'aiguillons épais, comprimés et crochus. Stipules planes, glanduleuses, légèrement soyeuses. Folioles pourprées en dessous : la paire inférieure plus petite. Fleurs solitaires, d'un cramoisi foncé. Bractées étroites, lancéolées, dentées et frangées de glandes. Tube calicinal oblong. Sépales réfléchis, caducs.

Cette espèce, qu'il faut cultiver en orangerie dans le nord de la France, est remarquable par ses fleurs d'un cramoisi éclatant. On en possède plusieurs variétés ou hybrides.

c) *Styles soudés en colonne plus ou moins allongée. Folioles ordinairement luisantes. Tiges décombantes ou sarmenteuses.*

ROSIER RAMPANT. — *Rosa repens* Scopol. — Jacq. Fragm. tab. 104. — *Rosa arvensis* β Bot. Mag. tab. 2054. — *Rosa arvensis* Guimp. Holz. tab. 95. — *Rosa arvensis ovata* Thor. et Red. Ros. tab. 10.

Feuilles non persistantes, à 3-7 folioles ovales, dentées, concolores. Pédoncules grêles, allongés, glanduleux, subsolitaires. Sépales presque indivisés, de moitié moins longs que la corolle. Colonne des styles de la longueur des étamines. Fruit pyriforme, glabre, non couronné.

Aiguillons épars, forts, falciformes, comprimés à la base. Tiges flagelliformes, très-longues, décombantes ou grimpantes. Pétioles pubescents et glanduleux, aiguillonnés. Folioles basilaires petites. Stipules planes, divergentes. Ramules florifères dressés. Corolle grande, blanche.

ROSIER DES CHAMPS. — *Rosa arvensis* Huds. Fl. Angl. —
Engl. Bot. tab. 188.

Feuilles non persistantes, à 5 ou 7 folioles elliptiques ou elliptiques-orbiculaires, dentelées, discolores. Pédoncules glabres ou
glanduleux, en corymbe. Sépales ovales, cuspidés, subpennatifides, débordant la corolle. Colonne des styles de la longueur des
étamines. Fruits subglobuleux.

Arbuste sarmenteux, ayant le même port que le précédent. Pétioles pubescents et glanduleux, aiguillonnés. Bractées grandes, lancéolées. Corolle blanche, grande, odorante. Fruit écarlate.

Cette espèce et la précédente, indigènes en France ainsi qu'en
beaucoup d'autres contrées de l'Europe, sont très-propres à recouvrir de leurs longs sarments les murs ou les treillages.

ROSIER TOUJOURS - VERT. — *Rosa, sempervirens* Linn. —
Dillen. Elth. tab. 246, fig. 318. — Bot. Reg. tab. 465. —
Thor. et Réd. tab. 13 ad 16. — Sibth. et Smith, Flor. Græc.
tab. 482. — Duham. ed. nov. v. 7, tab. 83. — *Rosa atrovirens*
Vivian. Fragm. 1, tab. 6. — *Rosa scandens* Mill.

Feuilles persistantes, à 5 ou 7 folioles elliptiques, acuminées,
dentelées, luisantes aux deux faces. Pédoncules hispides, en ombelle. Sépales indivisés on subpennatifides, ovales, cuspidés, 3
fois plus courts que la corolle. Colonne des styles de la longueur
des étamines, Fruit subglobuleux, hispide.

Arbuste grimpant. Rameaux très-longs, verts, faibles. Aiguillons épars, falciformes, souvent réfléchis. Stipules lancéolées et
recourbées au sommet. Pétioles armés de petits aiguillons crochus. Fleurs très-nombreuses, blanches, odorantes. Bractées
lancéolées, réfléchies. Sépales non persistants, scabres, glanduleux.
Étamines caduques. Ovaires 30. Fruit petit, de couleur orange.

Ce Rosier habite le midi de la France et toute l'Europe australe. De même que les deux espèces précédentes, il est fort propre à garnir des berceaux, des treillages, des murs, etc. Ses
fleurs, d'une odeur musquée, paraissent dès le mois de mai, et
elles se succèdent pendant tout l'été.

ROSIER MULTIFLORE. — *Rosa multiflora* Thunb. Jap. — Bot.

Mag. tab. 1059. — Lindl. in Bot. Reg. tab. 425. — Loisel. in Duham. ed. nov. vol. 7, tab. 17. — Herb. de l'Amat. v. 1. — *Rosa florida* Poir. Enc. Suppl.

Ramules, pédoncules et calices cotonneux. Feuilles à 5 ou 7 folioles rugueuses, lancéolées, obtuses, crénelées, velues aux deux faces, non luisantes. Stipules pectinées. Corymbes multiflores. Sépales ovales. Fruit turbiné, non couronné.

Arbuste haut de 12 à 20 pieds. Aiguillons stipulaires, géminés. Branches faibles, flexibles. Corymbes 3-20-flores. Fleurs blanches ou d'un rose pâle, petites (toujours doubles dans les jardins). Bractées linéaires, dentées, très-caduques. Colonne des styles cotonneuse.

Ce Rosier, indigène en Chine et au Japon, est remarquable par ses fleurs très-abondantes et petites comme celles d'une Ronce. Il lui faut, aux environs de Paris, une exposition abritée et une couverture pendant l'hiver.

Rosier Brown. — *Rosa Brunonii* Lindl. Monogr. tab. 14.

Feuilles persistantes, à 5 ou 7 folioles lancéolées, dentelées, velues en dessus, glanduleuses en dessous. Stipules linéaires-subulées, glanduleuses, entières. Fleurs en corymbe. Calices et pédoncules cotonneux, glanduleux. Sépales subindivisés, plus longs que les pétales.

Branches fortes, velues : les jeunes cotonneuses. Aiguillons épars, courts, forts, falciformes. Pétioles velus et aiguillonnés. Dentelures des folioles très-convergentes. Bractées lancéolées, roulées en dedans. Corolle blanche.

Cette espèce, originaire du Népaul, n'est introduite en Angleterre que depuis 1820; on la cultive dans quelques jardins. Son port ressemble beaucoup à celui du *Rosier musqué*.

Rosier musqué. — *Rosa moschata* Mill. Dict. — Jacq. Schœnbr. v. 3, tab. 280.—Lawr. Ros. tab. 53 et 64. — Thor. et Red. Ros. v. 1, tab. 33 et 35. — Bot. Reg. tab. 861 et 829.

Feuilles persistantes, à 5 ou 7 folioles elliptiques ou ovales-oblongues, obtuses, finement dentelées, luisantes en dessus, glauques en dessous. Stipules linéaires-subulées , entières , glanduleuses. Pédoncules subpaniculés, pubescents de même que les calices. Sépales lancéolés , cuspidés , subpennatifides, non persistants. Ovaires 20. Colonne des styles velue, très-longue. Fruit subovoïde.

Arbuste dressé, haut de 6 à 12 pieds. Rameaux presque nus. Aiguillons forts, épars, crochus. Pétioles velus, glanduleux , aiguillonnés. Panicules cymeuses , 7-12-flores. Bractées très-caduques, concaves , réfléchies. Fleurs exhalant une légère odeur de musc. Pétales blancs, presque entiers. Fruits petits, rouges.

Cette espèce croît dans l'Afrique septentrionale, depuis l'Égypte jusqu'à Mogador, ainsi qu'à Madère et dans le midi de l'Espagne. Aux environs de Tunis, on la cultive en grand pour la préparation de l'Essence de Roses. On assure que ses pétales sont fortement purgatifs ; mais ils ne sont point employés en médecine. Dans le midi de l'Europe, le *Rosier musqué* est très-recherché pour l'ornement des jardins; dans le nord de la France, les hivers rigoureux lui font perdre les branches et même les tiges; mais il est rare que ses racines ne repoussent pas. On en possède une variété à fleurs doubles.

ROSIER A FEUILLES DE RONCE. — *Rosa rubifolia* Brown, in Ait. Hort. Kew. éd. 2. — Lindl. Monogr. tab. 15.

Feuilles à 3 ou 5 folioles ovales-lancéolées , pointues, luisantes en dessus, cotonneuses en dessous, bordées de dentelures divergentes. Stipules très-longues, entières, glanduleuses aux bords. Pédoncules glanduleux, glabres de même que les calices. Sépales ovales, indivisés. Colonne des styles cotonneuse. Fruit pisiforme.

Arbuste haut de 3 à 4 pieds. Rejetons ascendants. Branches vertes, glabres, armées de quelques aiguillons falciformés. Fleurs petites, d'un rouge pâle, ordinairement ternées.

Cette espèce , qui passe pour originaire de l'Amérique septentrionale, est cultivée dans les collections.

SECTION V. (*Rosæ Banksianæ* Lindl.)

Stipules inadhérentes, subulées, très-étroites, ordinairement
caduques.

a) *Bractées nulles ou caduques. Tiges grimpantes. Feuilles persis-*
tantes le plus souvent trifoliolées.

ROSIER TRIFOLIOLÉ. — *Rosa sinica.* Ait. Hort.. Kew. —
Lindl. Monogr. tab. 16. — Hook. in Bot. Mag. tab. 2847. —
Rosa nivea Dec. Cat. Hort. Monsp. — Thory et Red. Ros.
vol. 2, p. 81 , cum Ic. — *Rosa ternata* Poir. Enc. — *Rosa tri-*
foliata Bosc, Dict. — *Rosa lævigata* Mich. Fl. Bor. Am.

Stipules linéaires-lancéolées , dentelées , caduques. Feuilles à
3 ou 5 folioles ovales-lancéolées, acérées, dentelées-aristées, coriaces, très-glabres , aiguillonnées (de même que le pétiole) en
dessous à la côte. Fruits muriqués.

Arbuste grimpant, très-rameux. Branches longues, flexibles,
vertes, luisantes ; aiguillons forts, oncinés, épars et stipulaires.
Folioles luisantes, longues de 1/2 à 2 pouces. Fleurs solitaires,
odorantes. Calice très-hispide : sépales cuspidés , très-entiers ,
réfléchis, pubescents. Corolle très-blanche , de 4 pouces de diamètre.

Ce superbe Rosier, indigène en Chine, ne résiste pas en plein
air au climat du nord de la France. Dans le midi des États-Unis,
on le cultive dans presque tous les jardins, et il y est même naturalisé à tel point, qu'on l'a cru indigène. Ses longues branches
sarmenteuses grimpent jusqu'au sommet de très-grands arbres.

b) *Pédoncules courts, recouverts (ainsi que les calices) de bractées per-*
sistantes. Étamines et ovaires très-nombreux. Feuilles 3-9-foliolées.

ROSIER BANKS. — *Rosa Banksiæ* R. Brown , in Hort. Kew.
— Bot. Mag. tab. 1954. — Bot. Reg. tab. 397.

β *lutea* Lindl. in Bot. Reg. tab. 1105.

Rameaux inermes. Feuilles à 3 (rarement 1 ou 5) folioles lancéolées ou oblongues-lancéolées, obtuses, finement dentelées, gla-

bres, Stipules caduques. Corymbes multiflores. Fleurs petites , penchées. Tube calicinal hémisphérique, glabre. Sépales ovales, pointus, indivisés.

Branches longues de 12 à 20 pieds, faibles, grimpantes, vertes. Stipules subulées, quelquefois velues. Folioles luisantes, coriaces, persistantes, poilues en dessous le long de la côte. Fleurs blanches ou jaunes (très-doubles dans les jardins). Pédoncules très-grêles, épaissis vers leur sommet.

Le *Rosier Banks*, indigène en Chine et l'un des plus élégants du genre, n'est connu en Europe que depuis 1807. Ses fleurs, très-abondantes, exhalent une odeur de Violette. Ses longues branches et ses feuilles toujours vertes le rendent particulièrement propre à recouvrir des murs ou à former des berceaux; mais on ne peut le cultiver dans le nord de la France qu'à la faveur d'une situation abritée, et en le garantissant par des paillassons contre les grands froids. La plupart des individus que l'on cultivait à Paris et dans les environs, périrent pendant l'hiver de 1829 à 1830, à la suite d'un froid de — 15° R.

ROSIER BRACTÉOLÉ. — *Rosa bracteata* Wendl. Hort. Herr. fasc. 4, tab. 22.—Thor. et Red. Ros. v. 1, tab. 6.— Lois. in Duham. ed. nov. vol. 7 , tab. 13, fig. 2. — Bot. Mag. tab. 1377.

Aiguillons stipulaires, géminés, falciformes. Folioles ovales ou obovales, obtuses, crénelées, très-glabres. Stipules et bractées pectinées. Fleurs solitaires, subsessiles. Calices laineux : sépales lancéolés , indivisés. Fruit ovoïde ou subturbiné.

Arbuste touffu, haut de 6 à 10 pieds. Branches dressées, fortes, cotonneuses. Feuilles luisantes, coriaces, persistantes, d'un vert foncé en dessus. Pétioles presque nus, aiguillonnés. Fleurs d'un blanc pur. Bractées ovales, soyeuses. Pétales grands, presque ovales. Réceptacle très-poilu. Styles libres.

Ce Rosier, rapporté de la Chine en 1795, par lord Macartney, supporte assez bien les hivers du nord de la France. Ses fleurs répandent une odeur d'Abricot, et elles se succèdent pendant la plus grande partie de l'été.

Rosier a involucre. — *Rosa involucrata* Roxb. ex Lindl. Monogr. p. 8. — Bot. Reg. tab. 739.

Aiguillons stipulaires, falciformes. Folioles lancéolées-elliptiques, obtuses, fortement dentées, cotonneuses en dessous. Stipules et bractées pectinées. Calice laineux : sépales entiers ; tube globuleux.

Branches flexibles, veloutées, d'un brun pâle. Aiguillons bruns, élargis à leur base. Stipules soyeuses. Pétioles faibles, soyeux, armés d'aiguillons épars. Fleurs blanches , subsolitaires, accompagnées de 3 ou 4 bractées.

Cette espèce, originaire de la Chine, n'est connue en Angleterre que depuis 1814.

Genre LOWÉA. — *Lowea* Lindl.

Tube calicinal urcéolé ; limbe 5-parti. Pétales 5 (maculés à la base). Ovaires en nombre indéfini, insérés au fond du calice , très-glabres. Stigmates libres , velus. Carcérules en nombre indéfini, renfermés dans le tube calicinal devenu charnu.

Feuilles simples, non stipulées.

L'espèce que nous allons décrire constitue à elle seule ce genre.

Lowéa a feuilles d'Epine-vinette. — *Lowea berberifolia* Lindl. in Bot. Reg. tab. 1261. — *Rosa simplicifolia* Salisb. Parad. Lond. tab. 101.—Oliv. Voy. vol. 5, tab. 43.—*Rosa berberifolia* Pall. in Nov. Act. Petrop. v. 10, p. 379, tab. 10, fig. 5.—Thor. et Redout. Ros. vol. 1, tab. 2.—Duham. ed. nov. vol. 7, tab. 14, fig. 2.

Arbuscule haut de 1 à 2 pieds, très-rameux. Ramules glabres ou pubescents, d'un brun roux ou grisâtres. Aiguillons stipulaires, géminés, un peu recourbés, assez forts, blanchâtres ou jaunâtres. Feuilles cunéiformes-obovales, ou elliptiques, ou ovales, dentelées, glabres, glauques, roides. Fleurs solitaires, courtement pédonculées. Pédoncules glabres ou pubescents (quelquefois hispides). Calice globuleux, fortement hérissé : lanières très-entières, ovales ou spatulées , mucronées, hispides en dehors , cotonneuses en dedans. Pétales d'un jaune vif, marqués à la base d'une tache pourpre, obcordiformes , un peu plus longs que les sépales. Filets et anthères d'un pourpre noir. Calice du fruit globuleux, violet, charnu.

Cette plante abonde dans les steppes salines de la Soongarie, et dans le nord de la Perse. Elle est fort rebelle à la culture : aussi la rencontre-t-on très-rarement dans les collections.

DIXIÈME FAMILLE.

LES POMACEES. — *POMACEÆ*.

(*Pomaceæ* Loisel. Deslongch. Manuel des plantes us. indig. vol. 1, p. 211,
— Bartl. Ord. Nat. p. 399. — *Rosacearum* Trib. I, sive *Pomaceæ*
Juss. Gen. p. 334. — Richard, Anal. du Fruit, p. 33. — Lindley, in
Trans. Linn. Soc. vol. 13, p. 93. — *Rosacearum* Trib. VIII, sive
Pomaceæ De Cand. Prodr. vol. 2, p. 626.)

De même que la famille des Amygdalées, celle des
Pomacées offre un grand nombre d'arbres fruitiers
précieux , parmi lesquels les Pommiers, les Poiriers,
les Coignassiers, les Néfliers, les Cormiers et les
Alisiers sont les plus connus. Une foule d'autres espèces font l'ornement des jardins et des bosquets.
La plupart des Pomacées flattent à la fois l'odorat
et la vue, par le parfum et l'éclat de leurs fleurs ;
leurs fruits, loin de posséder toujours une saveur
exquise, sont souvent soit acides, soit astringents,
ou même stiptiques : la chimie y a fait découvrir un
acide végétal particulier, nommé acide malique.

Presque toutes les Pomacées appartiennent aux régions tempérées. Il en croît fort peu dans l'hémisphère
austral, tandis qu'elles abondent dans l'hémisphère septentrional. Entre les tropiques, on ne trouve de ces végétaux qu'à la faveur de stations très-élevées, telles que
les plateaux du Mexique et de la Colombie.

A l'exemple de MM. de Jussieu et de Candolle, la
plupart des auteurs ont envisagé les Pomacées comme
une tribu des Rosacées.

Caractères de la famille.

Arbres ou *arbrisseaux*. Ramules cylindriques, quelquefois spinescents : les florifères ordinairement très-courts.

Feuilles éparses (celles du vieux bois rapprochées en rosette au sommet des ramules), pétiolées, simples (rarement imparipennées), entières, ou pennatilobées, ou palmatilobées, ou le plus souvent dentelées. Stipules latérales, libres, ordinairement caduques.

Fleurs régulières, hermaphrodites (par exception, polygames par avortement), blanches ou rouges, disposées en grappe, ou en corymbe, ou en ombelle, ou en cime (rarement solitaires). Pédicelles accompagnés de bractéoles le plus souvent caduques.

Calice : Tube urcéolé, ou campanulé, ou turbiné, plus ou moins adhérent ; limbe épigyne ou périgyne, marcescent ou caduc, quinquéparti : estivation imbricative.

Disque laminaire ou annulaire, adné à la partie inadhérente du tube calicinal.

Pétales 5, insérés au bord du disque, courtement onguiculés, égaux, non persistants, imbriqués en préfloraison.

Etamines (ordinairement 20) en nombre défini multiple de celui des pétales, marcescentes, insérées au disque au-dessous des pétales. Filets libres, infléchis avant l'anthèse. Anthères à 2 bourses déhiscentes longitudinalement.

Pistil : Ovaire 2-5-loculaire, plus ou moins adhérent au tube calicinal; quelquefois 2-5 ovaires pariétaux, libres ou presque libres entre eux. Ovules géminés et ascendants, ou rarement en nombre indéterminé et horizontaux. Styles 2-5, libres ou soudés par leur partie inférieure, terminaux ou subterminaux. Stigmates simples.

Péricarpe : Pyridion plus ou moins charnu, 2-5-lo-
culaire (quelquefois à 2-5 carcérules distincts) ; loges
monospermes ou dispermes (rarement polyspermes) ;
endocarpe cartilagineux, ou chartacé, ou membranacé,
ou osseux.

Graines ascendantes (horizontales quand les loges
du fruit sont polyspermes), attachées à l'angle interne ;
funicule très-court ; raphé saillant ; hile latéral, subba-
silaire ; chalaze oblongue, apicilaire ; test cartilagineux.
Périsperme (endoplèvre) pelliculaire. Embryon rectiligne : radicule infère, appointante, très-courte, conique ; cotylédons grands, entiers, convexes en dehors,
épais, foliacés en germination ; plumule impercep-
tible.

La famille des Pomacées se compose des genres suivants :

Mespilus Linn. (Mespilus et Cratægus Lindl.) — *Co-
toneaster* Medik. — *Raphiolepis* Lindl. — *Chamœmeles*
Lindl. — *Photinia* Lindl. — *Eriobotrya* Lindl. — *Ame-
lanchier* Medik. — *Osteomeles* Lindl. — *Aronia* Pers. —
Sorbus Linn. — *Cormus* Spach. — *Cratœgus* Linn. —
Pyrus Tourn. — *Malus* Tourn. — *Cydonia* Tourn. —
Chœnomeles Lindl.

Genre NÉFLIER. — *Mespilus* Linn.

Tube calicinal urcéolé ou turbiné, adhérent ; limbe profondément quinquéfide. Pétales 5, étalés, courtement onguiculés, suborbiculaires. Étamines 20 ou plus, divergentes.
Ovaire adhérent, à 2-5 loges bi-ovulées. Styles 2-5, libres,
laineux à la base ou glabres. Pyridion à 2-5 noyaux 1-ou 2-
spermes.

Arbres ou arbrisseaux, souvent armés d'épines ramulaires. Feuilles courtement pétiolées, tantôt toutes indivisées,

tantôt toutes lobées, ou pennatifides, ou anguleuses, tantôt indivisées sur les ramules latéraux et lobées sur les pousses terminales. Stipules (celles des pousses terminales souvent foliacées et persistantes) et bractéoles subulées, arides, caduques. Fleurs (rarement solitaires) odorantes, en corymbes simples ou cimeux. Corolles blanches ou quelquefois roses. Anthères avant l'anthèse jaunes ou violettes.

Ce genre, dans lequel nous comprenons les *Cratægus* et les *Mespilus* de M. Lindley, renferme environ soixante espèces, dont plusieurs cependant ne sont que très-imparfaitement connues. Toutes les espèces appartiennent à la zone tempérée de l'hémisphère septentrional, et c'est surtout dans l'Amérique septentrionale qu'elles abondent.

Un grand nombre de Néfliers décorent les jardins paysagers et autres plantations d'agrément. Leur feuillage conserve toute sa fraîcheur pendant les ardeurs de l'été; leurs fleurs, très-abondantes, ne paraissent, en général, qu'après la mi-mai ou en juin, et, par conséquent, elles succèdent à celles des Poiriers, des Pommiers et des Alisiers. Leurs fruits, fort bons à manger dans plusieurs espèces, ont beaucoup d'éclat dans d'autres, et contribuent à orner les bosquets en automne.

On multiplie les Néfliers de drageons enracinés, de greffes et de graines. Celles-ci ne lèvent que la seconde année, à moins qu'elles ne soient semées dès leur maturité.

Voici les espèces cultivées dans les jardins, ou qui méritent d'y être introduites.

SECTION Ire.

Feuilles des ramules florifères non lobées, ni pennatifides, ni anguleuses.

a) *Feuilles membranacées. Fleurs solitaires ou subsolitaires. Étamines plus courtes que la corolle.*

NÉFLIER COMMUN. — *Mespilus germanica* Linn. — Engl. Bot. tab. 1523. —Pall. Flor. Ross. tab. 13, fig. 1.— Duham. ed. nov. vol. 4, tab. 38.— Gærtn. Fruct. tab. 87.—Guimp. Holz.

tab. 69. — Lois. in Duham. ed. nov. vol. 4, tab. 38. — Turp. in Dict. des Scienc. nat. et in Flor. Méd. Ic.

Feuilles toutes lancéolées ou lancéolées-oblongues , acuminées ou subobtuses , bordées de dentelures fines , inégales , glanduleuses. Lanières calicinales lancéolées-subulées, plus longues que la corolle , conniventes après l'anthèse. Styles laineux à la base. Pyridion hémisphérique ou turbiné, scabre, à 5 noyaux.

Petit arbre ou buisson. Tronc difforme. Rameaux tortueux , étalés, inermes ou plus ou moins épineux. Ramules jeunes , pédoncules et calices cotonneux. Pétioles et pédoncules très-courts. Calice turbiné. Corolle blanche , de 12 à 18 lignes de diamètre. Etamines un peu plus courtes qué les pétales. Pyridion plus ou moins gros, très-évasé au sommet, d'un brun verdâtre.

Le *Néflier commun*, aussi nommé *Mélier*, *Nesplier* ou plus spécialement *Néflier*, habite l'Europe moyenne et l'Europe australe. On en cultive plusieurs variétés dont les plus notables sont : le *Néflier à gros fruit*, le *Néflier à fruit sans noyaux*, le *Néflier à fruit précoce* et le *Néflier à fruit allongé*.

Le Néflier s'accommode de tous les terrains, pourvu que le fond n'en soit pas trop humide. Son bois , très-dur , d'un grain fin , égal, de couleur grise avec des veines rouges , sert à faire des bâtons et des verges de fléaux; il serait très-propre aux ouvrages de tour, s'il n'avait pas le défaut de se tourmenter. Le pied cube de ce bois pèse environ vingt-sept kilogrammes.

Avant leur parfaite maturité, les Néfles sont très-astringentes. Elles ne deviennent mangeables qu'en hiver, après avoir séjourné pendant quelque temps sur de la paille. Avant de passer à la fermentation putride , elles se ramollissent et acquièrent une saveur douce et vineuse ; mais on les regarde comme indigestes. On peut, en les écrasant et en les mettant fermenter dans de l'eau, en préparer une sorte de cidre , d'ailleurs peu agréable au goût. Les Nèfles s'employaient autrefois comme remède astringent, contre les dyssenteries et les diarrhées atoniques.

NÉFLIER SMITH. — *Mespilus Smithii* Sering. in Dec. Prodr. — *Mespilus grandiflora* Smith, Exot. Bot. vol. 1, tab. 18.

— *Mespilus lobata* Bosc. — Desf. Cat. Hort. Par. — *Cratægus lobata* Sering. in. Dec. Prodr. — Jaume Saint-Hil. Flor. et Pom. franç. tab. 360.

Feuilles glabres en dessus, pubescentes en dessous : celles des ramules latéraux obovales, ou obovales-spatulées, ou oblongues-obovales, ou lancéolées-obovales, ou lancéolées-elliptiques, obtuses ou pointues, inégalement crénelées ou dentelées, entières vers la base, toujours indivisées ; les supérieures des pousses terminales pennatifides, ou pennatilobées, ou incisées-dentées, accompagnées de grandes stipules persistantes, foliacées, semi-cordiformes, incisées-crénelées. Fleurs solitaires ou rarement ternées. Lanières calicinales triangulaires-lancéolées, 2 fois plus courtes que la corolle, réfléchies après l'anthèse. Pyridion rouge, ovale ou ovale-globuleux, profondément ombiliqué au sommet.

Arbrisseau haut de 5 à 10 pieds, ressemblant au *Néflier commun*. Épines nulles ou beaucoup plus courtes que les feuilles. Ramules florifères très-courts. Pousses terminales hérissées de poils horizontaux. Feuilles longues de 1 à 3 pouces. Fleurs blanches, de 6 à 10 lignes de diamètre. Tube calicinal turbiné. Pyridion de la grosseur d'une Cerise.

Cette espèce, dont l'origine est inconnue, se cultive comme arbrisseau d'agrément.

b) *Feuilles plus ou moins coriaces, luisantes. Fleurs solitaires ou en corymbe simple. Lanières calicinales redressées après la floraison. Étamines plus courtes que la corolle.*

NÉFLIER LODDIGES. — *Mespilus Loddigesiana* Spach, Monogr. ined. — *Mespilus stipulacea* Desf. Hort. Par.—*Cratægus stipulacea* Loddig. Cat.

Feuilles glabres en dessus, cotonneuses en dessous aux nervures : celles des ramules latéraux lancéolées, ou lancéolées-oblongues, ou lancéolées-spatulées, ou lancéolées-elliptiques, pointues, entières vers la base, fortement dentelées vers le sommet, toujours indivisées ; les supérieures des pousses terminales pennatifides ou trifides (lobes basilaires divergents, très-profonds), accompagnées de grandes stipules persistantes, cultriformes, denticulées ou incisées. Corymbes denses, 7-12-flores. Pédicelles et calices cotonneux. Sépales linéaires-lancéolés, glabres en dessus, aussi longs que les pétales. Ovaire glabre entre le disque et les étamines. Pyridion (d'un jaune verdâtre) ellipsoïde ou subglobuleux, profondément ombiliqué au sommet.

Arbrisseau haut de 5 à 8 pieds. Épines grêles, très-longues (quelquefois nulles). Feuilles longues de 1 à 3 pouces, luisantes en dessus : celles des pousses terminales très-semblables aux feuilles de certaines variétés de l'Aubépine. Fleurs blanches, de la grandeur de celles de l'Aubépine. Pyridion du volume d'une Cerise.

L'origine de ce Néflier est inconnue. On le cultive comme arbuste d'ornement.

Néflier a petites feuilles. — *Mespilus (Cratægus) parvifolia* Ait. Hort. Kew. — Watson, Dendrol. Brit. tab. 65. — *Mespilus tomentosa* Linn. — Trew, Ehret. tab. 17. — *Mespilus axillaris* Pers. Ench. — *Mespilus xanthocarpa* Linn. fil. Suppl.

Épines grêles, subulées au sommet, plus longues que les feuilles. Feuilles obtuses, visqueuses en dessus, cotonneuses en dessous aux nervures : celles des ramules latéraux obovales, ou obovales-spathulées, ou cunéiformes-obovales, ou lancéolées-obovales, ou lancéolées-elliptiques, fortement crénelées ou dentelées; les supérieures des pousses terminales subtrilobées, incisées-dentées. Ramules 1-flores (rarement 2-ou 3-flores). Sépales glabres, lancéolés, dentelés ou pennatifides, plus longs que la corolle. Bractées foliacées, persistantes, conformes aux sépales. Pyridion (d'un jaune verdâtre) subglobuleux, urcéolé, subpentagone, à peine plus long que les sépales.

Arbrisseau haut de 3 à 6 pieds. Branches divariquées, flexueuses, disposées en tête arrondie. Jeunes pousses visqueuses, légèrement cotonneuses. Épines très - nombreuses, brunes, longues de 2 à 3 pouces. Feuilles des ramules florifères longues de 1 à 2 pouces. Pétiole presque nul. Pédoncules courts, cotonneux de même que les tubes des calices. Corolle blanche, d'environ 4 lignes de diamètre. Pyridion du volume d'une petite cerise.

Cette espèce, fort distincte par son port ainsi que par ses autres caractères, habite les États-Unis, depuis la Géorgie jusqu'au New-Jersey. Elliot assure que le fruit qu'elle produit est assez bon à manger. Ce fruit ne mûrit qu'incomplétement dans les jardins du nord de la France.

c) *Feuilles plus ou moins coriaces, luisantes, toutes indivisées Corymbes rameux, composés de cimules subtriflores ou plusieurs fois trichotomes. Lanières calicinales réfléchies après la floraison. Pyridion urcéolé au sommet. Étamines plus longues que la corolle ou aussi longues qu'elle.*

NÉFLIER A FEUILLES DE PRUNIER. — *Mespilus prunifolia* Bosc. — Desf. Hort. Par. — Poir. Enc. — Duham. ed. nov. vol. 4, tab. 40.

Feuilles glabres, subsessiles, inégalement dentelées : celles des ramules latéraux lancéolées-oblongues, ou lancéolées-obovales, ou obovales, subobtuses ; celles des pousses terminales ovales, ou ovales-elliptiques, incisées-dentées, accompagnées de grandes stipules pétiolulées, semi-cordiformes ou subfalciformes, incisées ou dentelées. Lanières calicinales linéaires-lancéolées, dentelées et glanduleuses de même que les bractées. Pédoncules et tubes calicinaux velus. Pyridion ellipsoïde (rouge).

Arbre haut d'une trentaine de pieds. Tronc fort. Épines très-fortes, longues, brunes. Feuilles longues de 2 à 3 pouces. Fleurs blanches, assez grandes.

NÉFLIER A FEUILLES LINÉAIRES. — *Mespilus linearis* Desf. Arb. vol. 2, p. 156.

Branches très-étalées. Rameaux presque inermes. Feuilles lancéolées-spatulées, ou linéaires-spatulées, ou lancéolées-obovales, obtuses ou pointues, entières vers la base, dentelées ou dentées vers le sommet, glabres. Stipules subulées, glanduleuses aux bords. Corymbes lâches, glabres de même que les calices. Sépales linéaires-subulés. Pyridion (rougeâtre) ovoïde.

Arbrisseau diffus, haut de 3 à 6 pieds. Épines rares, courtes.

Branches subverticillées. Rameaux très-nombreux, d'un brun rougeâtre. Feuilles longues de 1 à 2 pouces, larges de 3 à 8 lignes. Fleurs petites, blanches. Pyridions du volume de ceux de l'Aubépine.

On ignore l'origine de cette espèce, très-distincte par son port, ainsi que par ses feuilles étroites. Greffée sur l'Aubépine, elle forme un petit arbre d'un aspect très-pittoresque, à cause de ses longues branches horizontales et touffues.

NÉFLIER A FEUILLES LUISANTES. — *Mespilus lucida* Dum. Cours. Bot. Cult.

Rameaux inermes. Feuilles courtement pétiolées, glabres, lancéolées-obovales, ou lancéolées-oblongues, ou lancéolées-elliptiques, ou oblongues-spatulées, ou obovales-oblongues, ou elliptiques-oblongues (rarement lancéolées), obtuses ou acuminées, entières vers la base, dentelées vers le sommet. Corymbes lâches, multiflores. Pédoncules et calices glabres. Sépales linéaires-subulés, aussi longs que la corolle. Pyridion (rouge) subpyriforme, à 2 noyaux.

Petit arbre haut de 10 à 15 pieds. Branches étalées, très-rameuses. Feuilles longues de 1 à 3 pouces, larges de 6 à 18 lignes. Pétiole long de 4 à 8 lignes. Ramules florifères allongés. Pédoncules et pédicelles grêles, parsemés de quelques glandules sessiles. Pédicelles plus longs que le calice. Fleurs petites, blanches. Pyridion de la grosseur du fruit de l'Aubépine.

Cette espèce élégante, originaire de l'Amérique septentrionale, n'est pas rare dans les jardins.

NÉFLIER WATSON. — *Mespilus Watsoniana* Spach, Monogr. ined. — *Mespilus Crus galli* Wats. Dendr. Brit. tab. 56 (an Willd?)

Rameaux inermes. Feuilles glabres, subsessiles, obovales-spatulées ou obovales-lancéolées, courtement acuminées ou obtuses, entières vers la base, dentelées vers le sommet. Corymbes lâches, multiflores. Pédoncules et calices glabres. Sépales linéaires-lancéolés, aussi longs que les pétales. Styles 2 ou 3. Pyridion (rougeâtre) globuleux.

Arbrisseau haut de 10 à 15 pieds. Rameaux bruns, lisses. Feuilles longues de 1 ½ à 2 pouces. Fleurs blanches, plus grandes que celles des deux espèces précédentes. Étamines 9. Pyridion du volume d'une Merise.

Cette espèce, indigène dans l'Amérique septentrionale, ne nous est connue que par la figure et la description de Watson.

NÉFLIER DESFONTAINES (Pl. 10, fig. K.) — *Mespilus Fontanesiana* Spach, Monogr. ined. — *Mespilus Crus galli* Desfont. in Hort. Par. — *Mespilus glandulosa* Bosc. (non Willd.) —*Mespilus elliptica* Ait. Hort. Kew. ex Guimp. Ott. et Hayn. Fremd. Holz. tab. 144.

Rameaux subinermes. Feuilles pétiolées, glabres, pointues : celles des ramules latéraux lancéolées, ou lancéolées-elliptiques, ou lancéolées-oblongues, dentelées; celles des jeunes pousses terminales à peu près conformes, mais très-larges, acuminées, incisées-dentées ou anguleuses. Corymbes multiflores, assez denses. Pédoncules pubérules. Calices glabres : sépales linéaires-lancéolés, subdenticulés, plus courts que la corolle. Pyridion (rouge) subpyriforme, à 2 ou 3 noyaux.

Petit arbre à rameaux étalés, très-touffus. Feuilles longues de 2 à 3 pouces, sur 10 à 18 lignes de large. Ramules florifères allongés. Pédicelles grêles, plus longs que le calice, parsemés de quelques glandules sessiles. Fleurs blanches, de la grandeur de celles de l'Aubépine. Pyridions de la grosseur d'une petite Merise.

Cette espèce, probablement originaire de l'Amérique septentrionale, est cultivée comme arbre d'agrément.

NÉFLIER BOSC (Pl. 10, fig. F.) — *Mespilus Bosciana* Spach, Monogr. ined. — *Mespilus badiata* Bosc, in Hort. Par.

Rameaux épineux. Feuilles submembranacées, pétiolées, glabres, ovales, ou obovales, ou cunéiformes-obovales, courtement acuminées, souvent décurrentes sur le pétiole, doublement dentelées presque dès leur base. Corymbes courts, denses. Pédoncules et tubes calicinaux cotonneux. Sépales glabres, linéaires-subulés, denticulés, un peu plus courts que les pétales. Pyridion (rouge) ellipsoïde, à 2 ou 3 noyaux.

Petit arbre, haut de 10 à 12 pieds. Rameaux d'un brun rougeâtre. Épines fortes, subhorizontales, d'un brun noirâtre, longues de 18 à 24 lignes. Feuilles peu coriaces, longues de 18 à 30 lignes, sur 12 à 20 lignes de large : dentelures très-rapprochées, assez fines, pointues. Stipules caduques. Ramules florifères allongés. Corymbes petits, courts. Fleurs blanches, d'environ 5 lignes de diamètre. Pédicelles grêles. Pyridions hauts d'un demi-pouce, sur 5 lignes de diamètre.

Ce Néflier, qui croît probablement dans l'Amérique septentrionale, est cultivé dans les jardins paysagers.

SECTION II.

Feuilles toutes plus ou moins anguleuses, ou incisées, ou lobées, ou pennatifides.

a) *Feuilles des ramules latéraux légèrement incisées ou lobées. Sépales réfléchis. Pyridion urcéolé.*

NÉFLIER À FRUITS JAUNES (Pl. 10, fig, H,) — *Mespilus flava* Willd. En. — Watson, Dendr. Brit. tab. 59. — *Mespilus caroliniana* Poir. Enc.

Feuilles pétiolées, glabres, rhomboïdales-spatulées, ou rhomboïdales-lancéolées, ou obovales, ou cunéiformes-obovales, obtuses ou pointues, dentelées ou crénelées presque dès la base, subtrilobées ou incisées-crénelées au sommet; pétiole subglanduleux. Corymbes simples, 2-5-flores. Pédoncules glabres de même que les calices. Sépales lancéolés, plus courts que les pétales, denticulés-glanduleux (de même que les bractées et les stipules). Pyridion (jaune) pyriforme-oblong, souvent étranglé à la base, à 4 noyaux.

Petit arbre, haut de 10 à 20 pieds. Branches divariquées, inclinées. Rameaux ordinairement épineux. Épines grêles, subulées au sommet, brunâtres, longues d'environ 2 pouces. Feuilles fermes, luisantes en dessus, paucinervées, longues d'environ 2 pouces, sur 10 à 18 lignes de large. Pétiole long de 6 à 15 lignes; parsemé de glandules sessiles. Pédicelles 2 ou 3 fois plus longs que les fleurs. Corolle blanche, d'environ 10 lignes de diamètre. Bractéoles lancéolées ou subulées, brunâtres. Pyridion haut de près d'un pouce , sur 5 lignes de diamètre.

Cette espèce, fort distincte par son inflorescence et par la forme de ses fruits , habite le midi des États-Unis. Elle n'est pas rare dans les jardins.

NÉFLIER A LARGES FEUILLES. — *Mespilus latifolia* Poir. Encycl. — *Cratægus latifolia* Pers.

· Feuilles lancéolées, ou lancéolées-elliptiques , ou lancéolées-oblongues, ou elliptiques, acuminées aux deux bouts, pétiolées, pubescentes en dessous , simplement dentelées vers la base , inégalement dentelées, ou incisées-dentées, ou incisées-anguleuses vers leur sommet. Corymbes rameux, multiflores. Pédicelles divariqués , cotonneux de même que les calices. Sépales linéaires , denticulés , de la longueur des pétales. Styles 2 ou 3. Pyridion (d'un jaune lavé de rouge) pyriforme, à 2 ou 3 noyaux.

Petit arbre à branches étalées. Rameaux inermes. Ramules florifères allongés, cotonneux. Feuilles longues de 3 à 5 pouces, sur 1 à 2 1/2 pouces de large, molles , opaques, décurrentes sur le pétiole : dentelures et incisions très-pointues. Pédoncules et pédicelles grêles. Bractéoles subulées, grêles, caduques. Fleurs blanches, d'environ 8 lignes de diamètre. Pyridion du volume de celui de l'Aubépine.

Ce Néflier , remarquable par l'abondance de ses fleurs et par l'ampleur de son feuillage, croît dans l'Amérique septentrionale. On le cultive comme arbuste d'agrément.

NÉFLIER A FEUILLES DE POIRIER (Pl. 10, fig. C.) — *Mespilus pyrifolia* Desf. Hort. Par. (non Willd. En.)— Watson , Dendr. Brit. tab. 61. — *Mespilus cornifolia* Poir. Encycl.

Feuilles rhomboïdales-obovales , ou cunéiformes-obovales , décurrentes sur le pétiole, acuminées , plissées, nerveuses, dentelées inférieurement, incisées-dentées, ou incisées-lobées, ou anguleuses vers leur sommet, pubescentes en dessous aux nervures. Corymbes lâches, rameux, multiflores. Pédoncules et tubes calicinaux pubescents. Sépales linéaires-lancéolés , glanduleux aux bords (ainsi que les stipules et les bractéoles), un peu moins longs que la corolle. Styles 3 ou 4. Pyridion (jaune, lavé de rouge d'un côté) ellipsoïde ou subglobuleux.

Petit arbre à branches étalées. Rameaux ordinairement inermes. Feuilles fermes, mais non coriaces, d'un vert gai, assez semblables à celles de certaines variétés de l'*Alisier de Fontainebleau*, longues de 2 à 3 pouces, sur 1 à 2 pouces de large. Pétiole pubescent, long de 6 à 15 lignes. Stipules supérieures des pousses terminales larges, falciformes. Corymbes composés de ramules triflores. Pédicelles grêles, ordinairement plus longs que les calices, munis de quelques glandules sessiles. Fleurs blanches, de 8 à 10 lignes de diamètre. Pyridions du volume d'une Cerise.

Ce Néflier, dont les feuilles n'ont d'ailleurs aucune ressemblance avec celles d'un Poirier, habite les États-Unis. On la plante souvent dans les jardins. Ses fruits, mûrs en août, sont assez bons à manger.

Néflier a feuilles cunéiformes. — *Mespilus cuneifolia* Ehrh. Beitr. — *Mespilus punctata* Willd. — Jacq. Hort. Vind. vol. 1, tab. 28. — Watson, Dendr. Brit. tab. 57.

Feuilles cunéiformes, ou cunéiformes-obovales, ou obovales, décurrentes sur le pétiole, acuminées ou tronquées, dentelées presque dès leur base, inégalement dentelées ou incisées-dentelées vers leur sommet (les supérieures des pousses terminales incisées - anguleuses), glabres, plissées. Corymbes lâches, multiflores. Pédoncules et calices légèrement velus. Sépales linéaires-subulés, très-entiers, non glanduleux, plus longs que le tube. Styles 3 ou 4. Pyridion (rouge) subglobuleux ou ovale-globuleux, à 3 ou 4 noyaux.

Arbre s'élevant jusqu'à 20 pieds. Branches étalées, formant une ample tête déprimée. Rameaux grisâtres, touffus, ordinairement inermes. Feuilles longues de 2 à 4 pouces, sur 1 à 2 1/2 pouces de large, fermes mais non coriaces, luisantes : les naissantes légèrement veloutées aux nervures; dentelures très pointues. Pétiole long de 6 à 12 lignes. Corymbes composés de cimules ordinairement triflores. Pédicelles de la longueur du tube calicinal. Corolle blanche, de 8 à 10 lignes de diamètre.

NÉFLIER GLANDULEUX. — *Mespilus glandulosa* Willd. En.
— Watson, Dendr. Brit. tab. 58 (excl. Synon. Pallas.)

Feuilles cunéiformes-obovales ou obovales-rhomboïdales, inégalement dentelées (celles des pousses terminales incisées-dentées
ou anguleuses), décurrentes sur le pétiole, glabres. Pédoncules
et calices glabres. Sépales linéaires-lancéolés, de la longueur des
pétales, glanduleux aux bords (ainsi que les pétioles, les stipules
et les bractées.) Pyridion (écarlate) ovale ou ovale-globuleux, à
5 noyaux.

Grand arbrisseau. Écorce d'un brun pâle. Épines fortes, longues d'environ 2 pouces. Feuilles luisantes, longues de 2 à 3
pouces, sur 1 à 2 1/2 pouces de large. Pétiole long de 6 à 12
lignes. Fleurs blanches, d'environ 8 lignes de diamètre. Pyridions
hauts de 5 à 7 lignes.

Cette espèce, que nous n'avons pas eu occasion d'observer,
est originaire de l'Amérique septentrionale.

b) *Feuilles toutes incisées-pennatifides, anguleuses. Lanières
calicinales réfléchies.*

NÉFLIER DE SIBÉRIE (Pl. 10, fig. E.) — *Mespilus (Cratægus) sanguinea* Pallas, Flor. Ross. tab. 11. — *Mespilus purpurea* Poir. Enc.

Feuilles ovales ou ovales-rhomboïdales, décurrentes sur le pétiole, 7-ou-9-angulaires : angles pointus, inégalement dentelés
ou incisés-dentelés. Corymbes denses, multiflores. Pédoncules et
calices glabres. Sépales triangulaires-lancéolés, plus courts que
la corolle, souvent trifides au sommet. Pyridion (écarlate) subglobuleux, à 2-4 noyaux.

Petit arbre haut de 15 à 20 pieds, ou buisson très-rameux dès la
base, haut de 20 à 30 pieds. Tronc de la grosseur du bras. Rameaux tantôt inermes, tantôt armés de longues épines horizontales.
Écorce rougeâtre. Feuilles fermes, longues d'environ 2 pouces,
sur 1 1/2 à 2 pouces de large : les naissantes un peu veloutées ;
les adultes glabres. Pétiole légèrement velu, long de 4 à 12 lignes. Stipules pectinées ou dentelées, glanduleuses ainsi que les
bractées. Pédicelles parsemés de glandules sessiles. Fleurs blan-

ches, de la grandeur de celles de l'Aubépine. Pyridion du volume
d'un gros Pois.

Cette espèce, qu'on rencontre souvent dans les jardins, croît
dans toute la Sibérie méridionale. C'est à tort que quelques auteurs l'ont réunie au *Mespilus glandulosa* Willd.

NÉFLIER A FEUILLES FLABELLIFORMES (Pl. 10, fig. D.) —
Mespilus flabellata Bosc. in Hort. Par.

Feuilles obovales, ou cunéiformes-obovales, ou obovales-rhomboïdales, ou ovales, acuminées, longuement pétiolées, glabres,
7- ou 9-angulaires ; lobes inégalement dentelés ou incisés-dentelés,
acuminés : les inférieurs divariqués. Pétiole glanduleux. Corymbes lâches, simplement rameux. Pédoncules et calices velus.
Sépales lancéolés-subulés, fimbriolés-glanduleux de même que
les bractéoles et les stipules. Pyridion subglobuleux (rouge), à 3
ou 4 noyaux.

Grand arbrisseau. Feuilles longues de 2 ½ à 3 pouces,
larges de 1 ½ à 3 pouces, fermes, luisantes ; dentelures
pointues, rapprochées, mucronulées par une glandule. Pétiole
long de 1 à 2 pouces. Corymbes larges de 1 à 2 pouces. Pédicelles grêles, plus longs que le tube du calice, parsemés de quelques
glandules sessiles. Corolle blanche, de la grandeur de celle du
Néflier écarlate. Styles plus longs que les étamines, velus à la base.
Pyridion du volume d'une Cerise.

Cette espèce, probablement indigène aux États - Unis, est
cultivée dans les bosquets.

NÉFLIER CELS.—*Mespilus Celsiana* Dum. Cours. Bot. Cult.
Suppl.

Feuilles rhomboïdales, ou ovales-rhomboïdales, ou subdeltoï-
des (les supérieures des pousses terminales ovales, ou ovales-
oblongues), sinuées-pennatifides ou pennatifides-anguleuses,
décurrentes sur le pétiole, pubescentes en dessous aux nervures ;
lobes dentelés, ordinairement pointus : les basilaires souvent divariqués. Corymbes simplement rameux, débordant à peine les
pétioles. Pédoncules et tubes calicinaux velus. Sépales linéaires-

lancéolés, pointus, très-entiers, plus longs que le tube. Pyridion (rouge) ellipsoïde, à 2 ou 3 noyaux.

Petit arbre. Rameaux d'un brun cendré. Feuilles longues de 1 ¹/₂ à 3 pouces, sur une largeur quelquefois presque égale, fermes, un peu luisantes et d'un vert gai en dessus, pâles en dessous. Pétiole long de 4 à 12 lignes. Fleurs blanches, de 8 à 10 lignes de diamètre. Pyridions un peu plus gros que ceux de l'Aubépine.

Ce Néflier, que l'on présume originaire de l'Amérique septentrionale, se cultive dans les bosquets.

Néflier a fruits écarlates. — *Mespilus coccinea* Willd. — Wats. Dendr. Brit. tab. 62. — *Cratægus coccinea* Linn. — Pluck. Alm. tab. 46. fig. 4.

Feuilles subcordiformes, ou ovales, ou subrhomboïdales, subobtuses, scabres en dessus, pubescentes ou cotonneuses en dessous aux nervures, longuement pétiolées, incisées-anguleuses : lobes pointus, inégalement dentelés. Pétioles subglanduleux, velus de même que les pédoncules et les tubes calicinaux. Corymbes lâches, simplement rameux. Sépales linéaires-lancéolés, plus longs que le tube, fimbriolés-glanduleux de même que les stipules et les bractéoles. Pyridion (écarlate) ovale-globuleux, à 4 ou 5 noyaux.

Arbre haut d'une vingtaine de pieds. Branches divariquées, inclinées, brunâtres. Rameaux garnis de longues épines d'un brun noirâtre, subulées au sommet. Feuilles longues d'environ 2 ¹/₂ pouces, sur 2 pouces de large, un peu molles, d'un vert gai. Pétiole long de 1 à 2 pouces. Corymbes courts, à ramules subtriflores. Corolle blanche, de 9 à 10 lignes de diamètre. Styles glabres. Pyridion atteignant le volume d'une grosse Cerise.

Cette espèce, très-commune dans les plantations d'agrément, croît aux États-Unis, depuis la Caroline jusqu'au Canada. Ses fleurs sont très-apparentes, et ses fruits assez bons à manger.

Néflier a fruits noirs (Pl. 10, fig. 1.) — *Mespilus nigra* Willd. — Wats. Dendr. Brit. tab. 64. — *Cratægus nigra* Wald. et Kit. Plant. Hung. Rar. tab. 61. — Lodd. Bot. Cab.

tab. 1021. — Guimp. et Hayn. Fremd. Holz. tab. 106. —
Jaume Saint-Hil. Flore et Pomone franç. tab. 359.

Feuilles ovales ou ovales-oblongues, pétiolées, glabres en
dessus, légèrement veloutées en dessous, cunéiformes ou subcordiformes à la base, incisées-anguleuses, ou pennatifides, ou pennatilobées : lobes ou angles inégalement dentelés. Ramules,
pétioles, pédoncules et tubes calicinaux cotonneux. Corymbes denses, simplement rameux. Lanières calicinales triangulaires-lancéolées, plus courtes que le tube, subdenticulées au sommet, révolutées. Pyridion (noir) sphérique, à 5 noyaux.

Arbre atteignant une quinzaine de pieds de haut, ou buisson.
Rameaux bruns, inermes. Feuilles longues de 1 $^1/_2$ à 3 pouces,
sur 1 $^1/_2$ à 2 $^1/_2$ pouces de large, fermes, d'un vert sombre en
dessus, grisâtres en dessous. Pétiole long de 6 à 12 lignes. Stipules semi-ovales ou cultriformes, dentelées. Corymbes larges
de 1 $^1/_2$ à 2 pouces. Fleurs blanches ou légèrement roses, d'environ 6 lignes de diamètre. Pyridions du volume de ceux de
l'Aubépine.

Ce Néflier, souvent cultivé dans les jardins, habite la Hongrie,
la Croatie et la Transylvanie.

c) *Feuilles pennatiparties ou profondément lobées.*

NÉFLIER A FEUILLES D'ÉRABLE. — *Mespilus acerifolia* Poir.
Enc. — *Mespilus corallina* Desf. Arb. — *Mespilus cordata*
Mill. Ic. tab. 179. — Wats. Dendr. Brit. tab. 63. — Guimp.
et Hayn. Fremd. Holz. tab. 142. — *Cratœgus populifolia* Walt.
Carol.

Feuilles ovales ou cordiformes-ovales, tri- ou quinquélobées,
ou quinquangulaires, ou incisées-anguleuses, longuement acuminées, très-glabres, longuement pétiolées : lobes ou angles
acuminés, incisés-dentelés ou incisés-lobés. Corymbes paniculés. Calices glabres, à dents dressées. Pyridion (petit, écarlate)
globuleux, à 5 noyaux.

Petit arbre à cime touffue. Branches divariquées. Rameaux
bruns, armés de longues épines subulées au sommet. Feuilles
longues de 1 $^1/_2$ à 3 pouces, souvent aussi larges que longues,

luisantes et d'un vert gai en-dessus, fermes, de forme extrêmement variable, souvent semblables (sur la même branche) à celles d'un Peuplier, ou de l'*Érable de Montpellier*, ou de l'*Alisier des bois*. Pétiole grêle, glabre et lisse ainsi que toutes les autres parties herbacées de l'arbre. Pédicelles grêles. Fleurs blanches, de 4 lignes de diamètre. Pyridions de la grosseur d'un Pois, d'un écarlate très-vif, couronnés par le limbe-calicinal.

Cette espèce, indigène dans les États-Unis, n'est pas rare dans les jardins. Elle fleurit après la plupart des autres Néfliers, et ses fruits, d'un rouge de corail, font un très-bel effet.

NÉFLIER A FEUILLES SPATULÉES (Pl. 10, fig. J, j' et j².)
Mespilus spatulata Mich. Flor. Bor. Am.

Feuilles obovales-spatulées ou cunéiformes-spatulées, pétiolées, très-glabres, inégalement crénelées, trilobées au sommet (les supérieures des pousses terminales trifides ou tripartics). Corymbes pauciflores, subpaniculés. Calices glabres (ainsi que les pédoncules), à dents obtuses, très-courtes, réfléchies. Pyridion (écarlate, très-petit) ovale-globuleux, à 5 noyaux.

Petit arbre, haut de 12 à 15 pieds. Rameaux flexueux, armés d'épines grêles, longues de 1 à 2 pouces. Feuilles subcoriaces, luisantes, décurrentes sur le pétiole, longues de 1 pouce à 2 ¹/₂ pouces : celles des pousses terminales accompagnées de grandes stipules cultriformes, incisées. Fleurs petites. Pyridion de la grosseur d'un Pois.

Cette espèce, indigène dans les États-Unis, ressemble, par son feuillage, à l'Aubépine, mais elle est fort distincte par la petitesse de ses fleurs et de ses fruits. On la cultive dans les jardins.

NÉFLIER A FRUITS TURBINÉS. — *Cratœgus turbinata* Pursh, Flor. Am. Sept.

Feuilles cunéiformes-obovales, incisées-dentelées. Corymbes pauciflores. Pédicelles courts. Pyridions turbinés. Rameaux inermes, glabres.

Cette espèce, indigène dans l'Amérique septentrionale, est, selon Pursh, fort distincte de toutes ses congénères.

Néflier a feuilles de Persil. — *Mespilus apiifolia* Mich. Flor. Am. Bor. — *Cratægus oxyacantha* Walt. Flor. Carol.

Feuilles ovales-deltoïdes, incisées-lobées : lobes incisés-dentelés, poilus. Corymbes simples, 5-6-flores. Calices poilus, à lanières dentelées, réfléchies. Styles 2 ou 3.

Arbrisseau haut de 4 à 12 pieds. Feuillage très-élégant. Stipules linéaires-lancéolées, presque glabres. Épines longues de 1 à 2 pouces. Fleurs blanches.

Cette espèce croît dans les États-Unis. Selon Sweet, on la possède en Angleterre depuis 1812.

Néflier hétérophylle (Pl. 10, fig. N.). — *Mespilus heterophylla* Desf. in Hort. Par. — *Cratægus heterophylla* Flugg. Ann. du Mus. v. 12, tab. 38. — Lindl. in Bot. Reg. tab. 1161. — Jaume Saint-Hil. Flor. et Pom. franç. tab. 358. — *Mespilus Aronia* Wats. Dendr. Brit. tab. 165 (Ic. mala).

Feuilles glabres, décurrentes sur le pétiole : les inférieures des ramules latéraux oblongues, dentelées ou tridentées au sommet, ou très-entières : les supérieures cunéiformes, trifides : lobes entiers ou dentelés, ou incisés; feuilles des pousses terminales rhomboïdales, pennatifides : lobes incisés, dentelés. Corymbes lâches, simplement rameux. Pédoncules et calices glabres. Lanières calicinales triangulaires, cuspidées, réfléchies. Fleurs monostyles. Pyridion (rouge) ovoïde ou oblong, à un seul noyau subpentagone.

Petit arbre ordinairement inerme. Feuilles fermes, luisantes, un peu glauques en dessous, longues de 1 à 3 pouces. Stipules des jeunes pousses terminales très-grandes, pennatifides. Fleurs de la grandeur de celles de l'Aubépine, blanches. Pyridion long de 3 à 4 lignes.

Cette espèce est cultivée dans les bosquets. On la croit originaire d'Orient.

Néflier Aubépine (Pl. 10, fig. L. var.). — *Mespilus oxyacantha* Gærtn. Fruct. tab. 87. — Schk. Handb. tab. 132. — Svensk. Bot. tab. 157. — Guimp. Holz. tab. 72. — Flor. Dan.

tab. 634. — Jacq. Austr. tab. 292, fig. 2. — *Cratægus oxya-cantha* Linn. — *Mespilus oxyacanthoïdes* Thuil. — Loisel. — Dec.

Feuilles glabres, cunéiformes, ou cunéiformes-obovales, ou obovales, ou ovales, ou ovales-rhomboïdales, ou ovales-arrondies, décurrentes sur le pétiole, dentelées ou incisées-dentées presque dès leur base, trilobées au sommet (celles des pousses terminales profondément trilobées ou pennatilobées) : lobes arrondis ou pointus : le terminal souvent trilobé ou trifide. Corymbes très-lâches, pauciflores, presque simples. Fleurs digynes. Calices et pédoncules glabres ou velus. Dents calicinales triangulaires, très-courtes, réfléchies. Pyridion (pourpre ou jaune) ellipsoïde ou ovale, à 2 noyaux.

Buisson très-rameux, haut de 6 à 12 pieds, ou petit arbre. Rameaux grisâtres, armés d'épines courtes, fortes, subulées au sommet. Feuilles longues de 1 à 2 pouces, larges de 10 à 20 lignes, fermes, luisantes en dessus, pâles ou un peu glauques en dessous. Pétiole court, ou quelquefois plus long que la lame, souvent légèrement velu. Corymbes 5-9-flores. Pédoncules très-longs, rarement bi- ou triflores. Fleurs blanches, d'un demi-pouce de diamètre. Pyridion haut de 4 à 5 lignes.

Ce Néflier, commun dans toute l'Europe, est vulgairement appelé *Aubépine*, *Épine blanche*, *Noble-Épine*, *Bois de Mai*, noms qui d'ailleurs s'appliquent indistinctement à l'espèce suivante.

Néflier monogyne. — *Mespilus monogyna* Willd. Enum. — Guimp. Holz. tab. 73. — *Cratægus monogyna* Jacq. Flor. Austr. tab. 292, fig. 1. — Flor. Dan. tab. 1162. — *Cratægus oxyacantha* Bull. Herb. tab. 333. — Dec. Fl. Fr. — Engl. Bot. tab. 2504.

Feuilles cunéiformes, ou cunéiformes-obovales, ou rhomboïdales, glabres, décurrentes sur le pétiole, profondément tri- ou quinquéfides (celles des pousses terminales pennatifides ou pennatiparties), très-entières inférieurement : segmens trifides ou incisés-dentés au sommet. Corymbes presque simples ou rameux.

Fleurs monogynes (rarement 2- ou 3-gynes). Calices et pédoncules glabres ou velus. Dents calicinales triangulaires - oblongues, subobtuses, réfléchies, plus courtes que le tube. Pyridion ellipsoïde ou ovale (pourpre), à un seul noyau.

Buisson ou petit arbre, très-semblable au précédent par le port. Incisions des feuilles plus profondes et plus pointues. Fleurs plus petites et plus tardives, blanches (d'un rose plus ou moins vif dans une variété). Pyridion semblable à celui de l'espèce précédente.

Cette espèce, qui est vulgairement confondue avec la précédente sous les mêmes noms, abonde aussi dans toute l'Europe.

Les *Aubépines* font beaucoup d'effet dans les jardins paysagers par l'abondance de leurs fleurs, qui répandent une odeur pénétrante particulière, mais non désagréable. L'*Aubépine à fleurs roses* (variété du *Néflier monogyne*), aussi nommée *Épine de Mahon*, et l'*Aubépine commune à fleurs doubles* se recommandent surtout comme arbrisseaux d'ornement. On cultive aussi une variété *à feuilles panachées*, et une autre à *fruits jaunes*.

Le bois des Aubépines, dur et très-bon pour le chauffage, s'emploie peu dans les arts, parce qu'il a le défaut de se tourmenter beaucoup, et qu'on en trouve rarement de gros troncs. Les tourneurs en tirent parti pour différens ouvrages. Les vaches, les chèvres et les moutons aiment les feuilles des Aubépines. Les fruits peuvent servir à faire une sorte de cidre, en les mettant fermenter avec de l'eau. A leur maturité complète, ces fruits sont farineux et nourrissants, mais très-fades.

L'emploi le plus important et le plus général des Aubépines est pour former des haies : usage auquel les épines fortes et nombreuses dont sont armés les rameaux de ces arbrisseaux les rendent fort propres. Ces haies se tondent facilement, et elles sont d'autant meilleures qu'on les taille plus régulièrement tous les ans.

NÉFLIER FAUX-AZÉROLIER (Pl. 10, fig. B.) — *Mespilus Aronia* Willd. Enum. — *Mespilus Azarolus* Dec. Fl. Franç.

Feuilles cunéiformes, ou spatulées, ou rhomboïdales, décurrentes sur le pétiole, légèrement pubescentes aux bords, trifides ou trilobées au sommet, ou presque triparties; lobes ou segments arrondis ou mucronés : les latéraux ordinairement très-entiers, souvent divariqués; le terminal souvent trilobé ou trifide au sommet. Corymbes simples ou paniculés, assez denses. Calices velus (ainsi que les pédoncules et les jeunes pousses), à dents triangulaires, très-courtes, réfléchies. Styles 2. Pyridion (écarlate) subglobuleux, turbiné à la base.

Petit arbre à rameaux divariqués. Épines courtes, fortes. Feuilles fermes, luisantes en dessus, longues de 1 à 2 pouces, quelquefois aussi larges que longues. Fleurs blanches, d'un demi-pouce de diamètre. Pyridion turbiné avant la maturité, puis subglobuleux, de la grosseur d'une Cerise.

Cette espèce, que l'on confond souvent avec l'*Azérolier*, croît dans l'Europe australe. Ses fruits sont assez bons à manger. On la cultive aussi comme arbrisseau d'agrément.

Néflier Azérolier (Pl. 10, fig. M.) — *Mespilus Azarolus* Linn. — Andr. Bot. Rep. tab. 579. — Lois. in Duham. ed. nov. vol. 4, tab. 42. — Jaume Saint-Hil. Flor. et Pom. franç. tab. 357.

Feuilles trifides ou triparties (celles des pousses terminales subpennatiparties), très-entières et cunéiformes vers la base, décurrentes sur le pétiole, pubescentes en dessous; segments oblongs ou cunéiformes-oblongs, obtus : les latéraux incisés-dentés ou bidentés au sommet, souvent divariqués; le terminal trifide au sommet ou trilobé; dents ou lobules mucronés. Jeunes pousses cotonneuses. Corymbes denses, rameux. Calice velu (ainsi que les pédoncules), à dents triangulaires, pointues, réfléchies, très-courtes. Pyridion (d'un jaune pâle, lavé de rouge d'un côté) subturbiné ou globuleux, pentagone, à 2 ou 3 noyaux.

Petit arbre à rameaux divariqués, peu épineux. Feuilles longues de 1 ½ à 3 pouces, quelquefois larges de près de 3 pouces, fermes, luisantes en dessus. Pétiole pubescent, long de 3 à 12 lignes. Stipules des pousses terminales grandes, foliacées, incisées. Pédoncules secondaires subtriflores, plus courts que les pédicelles. Fleurs blanches, de la grandeur de celles de l'Aubépine. Pyridion atteignant jusqu'à près d'un pouce de diamètre.

Cette espèce, nommée, de même que la précédente, *Azérolier*, ou *Épine d'Espagne*, se cultive fréquemment dans l'Europe australe et en Orient. Ses fruits, qui ont une saveur aigrelette
très-agréable, se servent sur les tables en Italie et en Provence;
on en prépare aussi des confitures. Dans le nord de la France,
où l'on cultive l'Azérolier comme arbrisseau d'agrément, ses
fruits ne sont guère savoureux.

NÉFLIER D'OLIVIER (Pl. 10, fig. G.) — *Mespilus Olive-
riana* Dum. Cours. Bot. Cult. (ex Hort. Par.)

Feuilles longuement pétiolées, plus ou moins cotonneuses en
dessous : les inférieures des ramules cunéiformes, ou cunéiformes-
obovales, ou obovales, presque entières, ou trifides au sommet,
ou courtement trilobées; les supérieures tantôt rhomboïdales,
pennatifides vers leur sommet ou profondément trifides (à lobe
terminal trilobé), tantôt triparties (à lobes basilaires cunéiformes ou cunéiformes-oblongs, dentelés, divariqués ; le lobe terminal pennatifide ou trifide-rhomboïdal), tantôt presque ovales,
tronquées à la base, pennatifides ou pennatilobées. Pétioles, pédoncules et calices cotonneux. Corymbes multiflores, subpaniculés. Dents calicinales très-courtes, recourbées. Pyridions (noirs)
ovoïdes, étranglés au sommet, à 4 ou 5 noyaux.

Petit arbre. Ramules spinescents. Jeunes pousses cotonneuses.
Feuilles longues de 1 à 2 pouces, quelquefois plus larges que longues, d'un vert foncé en dessus, grisâtres en dessous. Pétiole
quelquefois aussi long que la lame. Stipules falciformes, ou cultriformes, ou semi-circulaires, ou semi-cordiformes, entières ou
incisées. Fleurs blanches, de la grandeur de celles de l'Aubépine.
Pyridion de la grosseur de celui de l'Aubépine.

Cette espèce, originaire d'Orient, se cultive dans les plantations d'agrément.

NÉFLIER A FEUILLES DE TANAISIE. — *Mespilus tanacetifolia*
Poir. Encycl. — Smith, Exot. Bot. tab. 85. — Andr. Bot. Rep
tab. 591. *Cratægus tanacetifolia* Pers. — De Cand. Prodr.

Feuilles pubescentes en dessus, presque cotonneuses en dessous, décurrentes sur le pétiole, pennatiparties ou profondément
pennatifides : segments presque imbriqués, oblongs-linéaires.

finement dentelés. Corymbes compactes, subcapitulés. Calices cotonneux (ainsi que les jeunes pousses et les pédoncules) : lobes réfléchis, plus longs que le tube, triangulaires-lancéolés, dentelés. Bractées grandes, fimbriées-glanduleuses de même que les stipules. Styles 5. Pyridion (jaune pâle, lavé de rouge) sphérique, déprimé, pentagone, à 5 noyaux.

Arbre à branches touffues, étalées. Feuilles luisantes en dessus (veloutées étant jeunes), longues de 1 ½ à 2 pouces, hérissées en dessous de courts poils blanchâtres; dentelures mucronulées, glanduliferes. Pétiole court. Pédoncules subtriflores, très-courts. Pédicelles presque nuls. Calices recouverts de bractées. Fleurs blanches, de 8 à 10 lignes de diamètre. Pyridion du volume d'une Cerise, ou même d'un pouce de diamètre.

Cette espèce, l'une des plus élégantes du genre, habite l'Asie mineure, où elle forme un arbre qui, selon Tournefort, atteint la taille d'un Chêne. Les Arméniens en mangent les fruits, qui cependant sont moins bons que les Azéroles. On cultive le *Néflier à feuilles de Tanaisie* dans nos jardins paysagers; mais il y parvient rarement à une quinzaine de pieds de haut.

NÉFLIER ODORANT. — *Mespilus odoratissima* Andr. Bot. Rep. tab. 590. — *Mespilus orientalis* Marsch. Bieb. Flor. Taur. Cauc.

Feuilles cunéiformes-trifides, ou profondément pennatifides, décurrentes sur le pétiole, veloutées en dessus, cotonneuses en dessous : segments linéaires-oblongs ou cunéiformes-oblongs, non imbriqués, dentés au sommet ou 2-ou 3-dentés au côté extérieur. Corymbes compactes, peu rameux. Calices cotonneux (ainsi que les jeunes pousses et les pédoncules) : lobes réfléchis, plus longs que le tube, triangulaires, cuspidés. Styles 5. Pyridion (rouge) subglobuleux.

Petit arbre à rameaux inermes (à l'état cultivé), étalés. Feuilles longues de 1 à 2 pouces. Pétiole court. Pédicelles très-courts. Bractéoles petites, caduques. Fleurs blanches, d'environ 10 lignes de diamètre. Pyridion de la grosseur d'une Cerise.

Le *Néflier odorant* croît en Crimée et dans l'Asie mineure. Cette espèce, qui n'est pas moins belle que la précédente, mérite à juste titre une place dans les jardins paysagers. D'ailleurs ses fruits ont une saveur aigrelette très-agréable, et ils mûrissent parfaitement sous le climat du nord de la France.

Genre COTONÉASTER. — *Cotoneaster* Medik. — Lindl.

Calice turbiné, presque inadhérent, à 5 dents dressées, souvent infléchies et charnues après la floraison. Pétales 5, courtement onguiculés, dressés ou étalés. Étamines courtes, dressées. Ovaires 2 - 5 , subpariétaux, libres entre eux, uniloculaires, biovulés. Pyridion à 2-5 noyaux monospermes.

Arbrisseaux. Jeunes pousses et face inférieure des feuilles ordinairement cotonneuses. Feuilles très-entières (par exception crénelées). Ramules florifères courts, latéraux. Fleurs solitaires, ou géminées, ou ternées, ou disposées en cymes plus ou moins composées. Corolle blanche, ou plus souvent rougeâtre.

Le nom de ce genre lui vient du duvet cotonneux qui recouvre les ramules , la face inférieure des feuilles , les pédoncules et les calices de la plupart des espèces. On en connaît douze ou treize : presque toutes habitent les régions alpines de l'ancien continent ; une espèce seulement a été trouvée dans les Andes du Mexique, par MM. de Humboldt et Bonpland.

Plusieurs *Cotonéaster* sont remarquables par l'aspect pittoresque de leurs fleurs ou de leurs fruits. Nous allons décrire les espèces cultivées comme arbustes d'agrément.

SECTION Ire.

Feuilles crénelées. Fleurs pentagynes. — Arbrisseau épineux.

COTONÉASTER BUISSON ARDENT. — *Cotoneaster Pyracantha* Spach. — *Mespilus Pyracantha* Linn. — Pall. Flor. Ross. tab. 13 , fig. 2. — Schmidt, Arb. tab. 90. — Schk. Handb. tab. 133. — Lobel. Ic. II, p. 182, fig. 1.

Feuilles lancéolées-obovales, ou lancéolées-elliptiques , ou elliptiques, eu elliptiques-oblongues, obtuses ou pointues , glabres : celles des ramules latéraux crénelées ; celles des pousses terminales inégalement dentelées ou incisées-crénelées. Corymbes lâches , multiflores, pubescents. Pyridion (écarlate) globuleux.

Buisson touffu , haut de 3 à 4 pieds. Épines fortes, d'un brun rougeâtre, souvent florifères ou rameuses. Branches diffuses, d'un brun noirâtre. Rameaux divariqués. Ramules florifères très-courts et rapprochés. Feuilles coriaces, luisantes, persistantes, longues de 10 à 18 lignes , sur 5 à 8 lignes de large. Fleurs blanches , très-petites. Corymbes souvent aphylles. Pyridion du volume d'une petite Merise.

Nous n'hésitons pas à placer cette espèce parmi les Cotonéaster : ses ovaires étant parfaitement inadhérents entre eux , et ses dents calicinales charnues, infléchies après la floraison.

Le *Buisson ardent*, indigène dans l'Europe australe, doit son nom à la prodigieuse quantité de fruits d'un rouge éclatant, dont il est orné en automne, et qui persistent sur les branches pendant tout l'hiver. Au mois de mai, il est très-pittoresque par l'abondance de ses fleurs. Aussi recherche-t-on cet arbrisseau pour la décoration des jardins paysagers.

SECTION II.

Feuilles très-entières. Fleurs 2-ou 3-gynes. —Arbrisseaux inermes.

a) *Fleurs solitaires ou géminées, ou en corymbes 3-5-flores.*

COTONÉASTER A PETITES FEUILLES. — *Cotoneaster microphylla* Lindl. in Bot. Reg. tab. 1114.

Feuilles subsessiles, oblongues ou obovales, obtuses ou échancrées, luisantes, coriaces, persistantes, poilues en dessous. Fleurs blanches, solitaires, courtement pédonculées. Pétales étalés, plus longs que le calice.

Cette espèce , indigène au Népaul, forme un petit arbuste toujours vert, à rameaux étalés. Elle se maintient en plein air dans le nord de la France. Ses fleurs, d'un blanc brillant et très-nombreuses, paraissent en juin et sont d'un très-bel effet : elles exhalent une forte odeur d'acide prussique , particularité assez remarquable dans les Pomacées , qui ne contiennent, en général , que de l'acide malique.

COTONÉASTER A FEUILLES D'AIRELLE. — *Cotoneaster rotundifolia* Lindl. in Bot. Reg. tab. 1187.

Feuilles ovales, ou elliptiques, ou obovales, obtuses, pétiolées, coriaces , persistantes, luisantes en dessus , cotonneuses en dessous. Pédoncules 1-3-flores , cotonneux de même que les calices. Pétales étalés, plus longs que le calice. Pyridion subturbiné.

Arbuste à rameaux réclinés ou diffus. Écorce brune. Jeunes pousses poilues. Feuilles longues de 4 à 10 lignes. Fleurs blanches, de 4 à 5 lignes de diamètre.

Cette espèce, non moins élégante que la précédente, est aussi originaire du Népaul.

COTONÉASTER A FEUILLES ACUMINÉES. — *Cotoneaster acuminata* Lindl. in Linn. Trans. v. 13, tab. 9.—*Mespilus acuminata* Lodd. Bot. Cab. tab. 919.

Feuilles ovales ou ovales-lancéolées , acuminées , non persistantes, poilues aux deux faces. Pédoncules très-courts, penchés , 1-3-flores. Calice presque glabre. Pétales dressés, un peu plus longs que le calice. Pyridion (rouge) turbiné.

Arbrisseau haut de 3 à 4 pieds. Rameaux effilés, dressés, brunâtres. Jeunes pousses hérissées. Feuilles longues de 1 à 2 pouces. Pétiole court. Stipules subulées, un peu plus longues que le pétiole. Ramules florifères très-courts. Corolle petite, rose. Pétales suborbiculaires. Pyridion haut de 4 à 5 lignes.

Cette espèce est originaire du Népaul.

COTONÉASTER COMMUN. — *Cotoneaster vulgaris* Lindl. in Trans. Linn. Soc.—*Mespilus Cotoneaster* Linn. —Flor. Dan. tab. 112. —Pall. Flor. Ross. vol. 1, tab. 14. — Guimp. Holz. tab. 71. — Hook. Flor. Lond. tab. 209.

Feuilles elliptiques, ou ovales-elliptiques , ou ovales-orbiculaires , ou ovales, obtuses , mucronulées ou échancrées, presque glabres en dessus, cotonneuses en dessous , non persistantes. Corymbes subsessiles, 2-5-flores (pédicelles quelquefois solitaires ou fasciculés), penchés. Calices glabres, 2-ou-3-gynes. Pétales dressés, à peine plus longs que les lobes du calice. Pyridion (pourpre où rarement jaune) subglobuleux.

Arbrisseau touffu, haut de 2 à 4 pieds. Écorce d'un brun noirâtre ou grisâtre. Rameaux effilés. Feuilles longues de 1 à 1 ¹/₂ pouce non luisantes, d'un vert foncé en dessus. Stipules lancéolées-subulées, plus longues que le pétiole. Fleurs petites , roses. Dents calicinales ovales-triangulaires, obtuses. Pétales orbiculaires, concaves. Filets d'un rose pâle. Pyridion du volume d'un gros Pois.

Cette espèce, très-commune dans les jardins , croît dans les montagnes de presque toute l'Europe.

Cotonéaster cotonneux. — *Cotoneaster tomentosa* Lindl. l. c. — *Mespilus tomentosa* Mill. Dict. — Guimp. et Hayn. Fremd. Holz. tab. 105. — *Mespilus eriocarpa* De. Cand. Fl. Franç. Suppl. — Wats. Dendr. Brit. tab. 55.—*Mespilus coccinea* Wald. et Kit. Plant. Hung. Rar. tab. 256.

Feuilles ovales, ou ovales-elliptiques, ou elliptiques, ou suborbiculaires , très-obtuses et mucronulées , ou courtement acuminées, pubescentes en dessus, cotonneuses en dessous, non persistantes. Corymbes 3-5-flores, dressés après la floraison. Pédicelles allongés, cotonneux de même que les calices. Fleurs 3-5-gynes. Pétales dressés, suborbiculaires, à peine plus longs que les lobes du calice. Pyridion (écarlate) subglobuleux.

Arbrisseau ayant le port du *Cotonéaster commun*, mais plus grand. Feuilles longues de 2 à 3 pouces. Fleurs petites, d'un rose pâle. Dents calicinales triangulaires. Pyridion du volume d'un gros Pois, non penché comme dans l'espèce précédente.

Cette espèce croît dans les Alpes de France , de Suisse et d'Autriche.

b) *Corymbes paniculés, 5-12-flores.*

Cotonéaster a fleurs laches. — *Cotoneaster laxiflora* Jacq. Fil. — Bot. Reg. tab. 1308:

Feuilles ovales, ou ovales-elliptiques, ou elliptiques, ou suborbiculaires, mucronulées ou rétuses, glabres en dessus, cotonneuses en dessous, non persistantes. Pédoncules et pédicelles grêles, inclinés, pubescents. Calice glabre : lobes suborbiculaires, plus courts que la corolle. Pétales dressés, suborbiculaires. Pyridion (d'un bleu noirâtre) subglobuleux.

Arbrisseau haut de 3 à 5 pieds, semblable par le port au *Cotonéaster commun*. Feuilles longues de 1 à 2 pouces, d'un vert pâle en dessus, blanchâtres en dessous. Fleurs petites, très-nombreuses, roses. Pyridion de la grosseur d'un Pois.

Cette espèce, indigène en Sibérie, est fréquemment cultivée comme arbuste d'ornement.

c) *Corymbes denses, multiflores.*

COTONÉASTER DESFONTAINES. — *Cotoneaster Fontanesii* Spach. — *Mespilus racemiflora* Desf. Cat. Hort. Par. ed. 3, p. 409.

Feuilles ovales, ou ovales-elliptiques, ou elliptiques, ou suborbiculaires, très-courtement acuminées, pubescentes en dessus, cotonneuses en dessous, non persistantes. Corymbes subracémiformes, dressés. Calices cotonneux : dents triangulaires, plus courtes que la corolle. Pétales suborbiculaires, étalés. Styles 2. Pyridion (écarlate) subglobuleux, à noyaux accolés.

Buisson haut de 3 à 4 pieds. Rameaux effilés, d'un brun noirâtre ou grisâtre. Feuilles longues de 1 à 2 pouces, semblables à celles du *Cotonéaster commun*, tantôt arrondies, tantôt rétrécies aux deux bouts. Corymbes beaucoup plus courts que les feuilles florales, composés de cimules subtriflores; pédicelles très-courts. Fleurs petites, blanches. Pyridion du volume d'un Pois : dents du calice dressées, non infléchies après la floraison.

Cette espèce, dont on ignore l'origine, mérite la préférence sur la plupart de ses congénères, à cause de l'abondance de ses fleurs et de ses fruits. Ces derniers surtout font un très-bel effet à la fin de l'été.

COTONÉASTER DE LINDLEY. — *Cotoneaster affinis* Lindl. in.

Trans. Linn. Soc. v. 13. — *Mespilus affinis* Don, Prodr. Flor. Nepal.

Feuilles obovales, ou elliptiques, ou elliptiques-oblongues, rétrécies aux deux bouts, mucronulées, glabres en dessus, pubescentes en dessous, non persistantes. Corymbes cimeux, denses, très-rameux. Calices et pédoncules cotonneux.

Buisson haut de 3 à 4 pieds. Feuilles longues de 1 à 2 pouces. Stipules sétacées, plus courtes que le pétiole.

Cette espèce, originaire du Népaul, n'est pas encore commune dans les jardins.

COTONÉASTER DES NEIGES. — *Cotoneaster frigida* Lindl. in Bot. Reg. tab. 1229.

Feuilles lancéolées, ou lancéolées-oblongues, ou lancéolées-elliptiques, mucronulées, glabres en dessus, cotonneuses en dessous, non persistantes. Corymbes très-rameux, cimeux, laineux. Pyridion globuleux (écarlate).

Petit arbre. Rameaux étalés, d'un gris roux. Feuilles longues de 1 $^1/_2$ à 4 pouces. Fleurs blanches, de la grandeur de celles du Prunelier. Fruit pourpre, du volume d'un gros Pois.

Cette espèce élégante habite les Alpes de l'Himalaya, au Népaul; on la cultive en Angleterre depuis 1823.

Genre RAPHIOLÉPIDE. — *Raphiolepis* Lindl.

Limbe calicinal infondibuliforme, caduc. Pétales 5, glabres, dressés. Filets filiformes. Ovaire biloculaire. Styles 2, libres. Pyridion à 2 loges monospermes; endocarpe chartacé. Graines gibbeuses; test coriace, très-épais.

Arbres ou arbrisseaux inermes. Feuilles dentelées ou crénelées, réticulées, coriaces, persistantes. Grappes simples ou rameuses, terminales. Fleurs blanches, accompagnées de bractées subulées et souvent persistantes.

Les *Raphiolépides* croissent dans l'Inde et en Chine. Les quatre espèces que nous allons décrire constituent à elles seules le genre; on les cultive dans les orangeries, comme plantes d'ornement. Dans le midi de la France, elles se maintiennent en plein air.

RAPHIOLÉPIDE DE L'INDE. — *Raphiolepis indica* Lindl. in Trans. Linn, Soc, v. 13, p. 105. — Bot. Mag. tab. 1726. — Schranck, Hort. Mon. tab. 60. — *Cratægus indica* Linn.

Feuilles ovales, rétrécies aux deux bouts, inégalement dentelées. Pétales ovales, acuminés. Étamines plus courtes que les sépales.

Dans la Chine méridionale et dans l'Inde, cette espèce devient un grand arbre. Loureiro rapporte que son bois, très-dur et de couleur rouge, s'emploie fréquemment dans l'économie domestique. Le fruit est d'une saveur agréable.

RAPHIOLÉPIDE A ÉTAMINES ROUGES. — *Raphiolepis phæostemon* Lindl. Coll. Bot. n° 3, in adn. — *Raphiolepis indica* Lindl. in Bot. Reg. tab. 468.

Feuilles lancéolées, acuminées aux deux bouts, inégalement dentelées. Pétales suborbiculaires. Étamines étalées, plus longues que les sépales.

Cette espèce croît en Chine.

RAPHIOLÉPIDE ROUGE. — *Raphiolepis rubra* Lindl. Coll. bot. tab. 5. — *Cratægus rubra* Lour. Flor. Coch.

Feuilles ovales-lancéolées, acuminées aux deux bouts, dentées. Pétales lancéolés. Étamines dressées, plus longues que les sépales.

RAPHIOLÉPIDE A FEUILLES DE SAULE. — *Raphiolepis salicifolia* Lindl. in Bot. Reg. tab. 652.

Feuilles lancéolées, acuminées, également dentelées. Grappes rameuses. Pétales lancéolés, de la longueur des sépales. Étamines conniventes, un peu plus courtes que les pétales.

Cette espèce, indigène en Chine, résiste ordinairement aux hivers des environs de Paris.

Genre PHOTINIA. — *Photinia* Lindl.

Calice turbiné, semi-adhérent, à 5 dents dressées. Pétales 5, ascendants, concaves, suborbiculaires, courtement onguiculés. Ovaire adhérent, velu au sommet, biloculaire. Styles 2, glabres. Pyridion biloculaire : endocarpe cartilagineux.

Arbres. Feuilles grandes, coriaces, luisantes, persistantes, très-entières ou dentelées. Corymbes terminaux, composés de cimes plusieurs fois trichotomes. Fleurs petites, blanches. Fruits petits, glabres.

Ce genre renferme plusieurs arbres précieux pour l'ornement des jardins. On en connaît six espèces, toutes exotiques; les suivantes sont cultivées en Europe.

PHOTINIA GLABRE. — *Photinia serrulata* Lindl.—*Cratægus glabra* Thunp. Jap. — Bot. Mag. tab. 1051. — Lodd. Bot. Cab. tab. 248.

Feuilles elliptiques-oblongues, courtement acuminées, dentelées ; pétiole 3 ou 4 fois plus court que la lame. Pédicelles plus courts que le calice.

Petit arbre très-touffu. Feuilles longues de 4 à 5 pouces, luisantes, d'un vert gai. Corymbes amples, assez denses. Fleurs très-petites.

Cette espèce, indigène en Chine et au Japon, est nommée vulgairement *Alisier luisant*. On la recherche comme arbrisseau d'ornement, à cause de son beau feuillage luisant et toujours vert. Elle résiste en plein air aux hivers des environs de Paris : cependant un froid de — 12° R. la fait souffrir. Ses fleurs paraissent en automne ou au printemps.

PHOTINIA A FEUILLES D'ARBOUSIER. — *Photinia arbutifolia* Lindl. in Bot. Reg. tab. 491.

Feuilles oblongues-lancéolées, inégalement dentelées, courtement pétiolées. Corymbes paniculés. Pédicelles plus courts que le calice.

Cette espèce croît dans la Californie, d'où elle fut transportée en Angleterre par Menzies, en 1796. Plus rustique que la précédente, sans être moins élégante, elle mérite de fixer l'attention des horticulteurs.

PHOTINIA A FEUILLES ENTIÈRES. — *Photinia integrifolia*

Lindl. — *Pyrus integerrima* Wall. in Don, Prodr. Flor. Nepal.

Feuilles elliptiques, très-entières. Rameaux tuberculeux. Corymbes densés, non bractéolés.

Cette espèce, indigène au Népaul, est cultivée en Angleterre depuis 1820.

PHOTINIA DOUTEUX. — *Photinia dubia* Lindl. in Trans. Linn. Soc. v. 13, p. 104, tab. 10. — *Mespilus tinctoria* Don, Prodr. Flor. Nepal.

Feuilles lancéolées, dentelées. Corymbes poilus.

Cette espèce croît au Népaul. On la cultive en Angleterre depuis 1822.

Genre BIBACIER. — *Eriobotrya* Lindl.

Calice turbiné, laineux, à 5 dents obtuses. Pétales 5, barbus, étalés, courtement onguiculés. Étamines courtes, dressées. Styles 5, inclus, filiformes, poilus. Pyridion 5-5-loculaire. Test cartilagineux. Radicule incluse.

Arbrisseaux. Feuilles laineuses en dessous, dentelées. Grappes rameuses, terminales. Bractées caduques, subulées.

Ce genre renferme quatre espèces; outre celles que nous allons décrire, on en connaît deux autres indigènes au Pérou.

BIBACIER DU JAPON.—*Eriobotrya japonica* Lindl. in Trans. Linn. Soc. lc.—*Mespilus japonica* Thunb. Jap.—Vent. Malm. tab. 19. — Bot. Reg. tab. 365. — Duham. ed. nov. vol. 4, tab. 39. — *Cratægus Bibas* Lour. Coch.

Grand arbre (sous le climat du nord de la France, ou en orangerie, le Bibacier ne forme qu'un arbrisseau ou un buisson) Écorce rimeuse, d'un roux cendré. Rameaux subcicatrisés. Ramules épars, étalés, couverts d'un duvet ferrugineux. Feuilles longues de 4 à 7 pouces, sur 1 à 2 pouces de large, rapprochées en rosette vers l'extrémité des ramules, étalées ou réfléchies, sub sessiles, lancéolées-elliptiques, acuminées, denticulées vers leur sommet, glabres en dessus, cotonneuses-ferrugineuses en dessous, fortement penninervées. Stipules ovales, acuminées, pubescentes, de la longueur du pétiole. Panicules courtes, terminales, thyrsiformes, penchées, composées de cymules subtriflores. Pédoncules et calices couverts d'un duvet ferrugineux très-épais. Fleurs blanchâtres, odorantes, de la grandeur de celles de l'Aubépine; pédicelles très-courts, ordinairement ternés. Bractéoles ovales, pointues, concaves, apprimées aux calices. Calice de moitié plus court que la corolle. Pétales étalés, obovales, crénelés, onguiculés, velus en dessus. Ovaire hérissé. Pyridion ellipsoïde, du volume d'une Prune, jaune, pulpeux.

: Le *Bibacier* croît au Japon et en Chine, où on le cultive tant comme arbre d'ornement que comme arbre fruitier. Introduit en 1784, il est devenu depuis une acquisition très-intéressante pour le midi de la France, à cause de la saveur délicieuse de ses fruits. On doit regretter que ce végétal ne s'accommode pas d'un climat moins doux, car il souffre à une température de — 10° ou 12° R. Aux environs de Paris on le cultive dans plusieurs jardins comme arbrisseau d'agrément. Son feuillage est persistant et ressemble à celui du Châtaignier. Ses fleurs, qui se développent soit en automne, soit au printemps, répandent une forte odeur d'amande amère.

On peut multiplier le Bibacier soit de marcottes, soit en le greffant sur Aubépine ou sur Coignassier. D'ailleurs il produit des graines dans le midi de la France.

BIBACIER A FEUILLES ELLIPTIQUES. — *Eriobotrya elliptica* Lindl. — *Mespilus Cuila* Hamilt. in Don, Prodr. Flor. Nepal.

Feuilles planes, elliptiques, subdenticulées : les adultes presque glabres en dessous. Dents calicinales oblongues.

Cette espèce, indigène au Népaul, se cultive en Angleterre depuis 1822.

Genre AMÉLANCHIER. — *Amelanchier* Medik. — Lindl.

Tube calicinal turbiné, semi-adhérent; limbe à 5 lanières persistantes, redressées après la floraison. Pétales 5, dressés ou étalés, allongés. Ovaire adhérent, cotonneux au sommet,

5-loculaire : loges biovulées , subbiloculaires par le rentre-
ment de la suture postérieure. Styles 5, libres, ou plus ou moins
soudés par leur base. Pyridion subquinquéloculaire, profondément ombiliqué au sommet : endocarpe cartilagineux.

Arbres ou arbrisseaux. Feuilles membranacées, non-persistantes, simples, dentelées, non-fasciculés. Fleurs blanches,
en grappes simples. Pédicelles allongés. Bractées lancéolées,
subulées, arides, laineuses, caduques de même que les stipules.

Les *Amélanchiers* croissent en Europe et dans l'Amérique septentrionale. On en connaît sept espèces. Nous allons
décrire celles qui se cultivent dans les jardins paysagers.

SECTION Ire.

Étamines de moitié plus courtes que les lobes du calice. Styles
libres dès leur base, plus courts que les étamines.

AMÉLANCHIER COMMUN. — *Amelanchier vulgaris* Mœnch,
Meth. — *Mespilus Amelanchier* Linn. — Jacq. Flor. Austr.
tab. 3oo. — Mill. Ic. tab. 178. — Guimp. et Willd. Holz.
tab. 74.—*Aronia rotundifolia* Pers. — *Pyrus Amelanchier*
Willd. —*Cratægus rotundifolia* Lamk.

Feuilles elliptiques, ou ovales-elliptiques , ou suborbiculaires
(celles des pousses terminales ovales , acuminées), arrondies
aux deux bouts ou subcordiformes à la base, dentelées : les naissantes cotonneuses en dessous ; les adultes glabres. Grappes assez
denses. Pédicelles laineux. Calices glabres : dents linéaires-lancéolées, dressées. Pétales oblongs spatulés, obtus. Pyridion (d'un
bleu noirâtre) globuleux.

Arbrisseau haut de 3 à 10 pieds, peu feuillé. Rameaux bruns
ou grisâtres. Feuilles longues de 6 à 15 lignes, sur 5 à 12 lignes
de large : les jeunes couvertes en dessous d'un duvet laineux
roussâtre ; dentelures pointues ou mucronulées; pétiole grêle,
souvent presque aussi long que la lame. Ramules florifères très-
courts. Grappes dressées, 4-8-flores. Pétales longs de 5 à 6 lignes.
Pyridion de la grosseur d'une petite Merise.

Cette espèce, qui croît en France, ainsi qu'en beaucoup d'autres contrées de l'Europe moyenne et de l'Europe australe , mérite une place dans les jardins paysagers ; ses fruits d'ailleurs ont une saveur particulière très-agréable ; en Provence on les appelle *Amélanches,* et c'est de là que dérive le nom du genre.

SECTION II.

Étamines presque aussi longues que les lanières calicinales. Styles soudés jusque au-delà du milieu , aussi longs que les étamines ou un peu plus longs qu'elles.

AMÉLANCHIER DU CANADA.—*Amelanchier Botryapium* Ser. in Dec. Prodr. — *Mespilus canadensis* Linn. — *Pyrus Botrya-pium* Linn. fil. —Guimp. et Hayn. Fremd. Holz. tab. 790.— Schmidt , Arb. tab. 84. — *Aronia Botryapium* Pers. — *Cratægus racemosa* Lamk. — *Mespilus arborea* Mich. fil. Arb. v. 3, tab. 11.

Feuilles ovales, ou ovales-elliptiques , ou elliptiques, cuspi-dées ou courtement acuminées , dentelées ou crénelées, cordi-formes à la base : les jeunes floconneuses en dessous ; les adultes glabres. Grappes multiflores, denses. Pédicelles et tubes calicinaux laineux. Lanières calicinales triangulaires, très-pointues, dressées ou étalées, glabres. Pétales oblongs-obovales. Styles de la longueur des étamines. Pyridion (d'un bleu noirâtre) subglobuleux.

Arbre s'élevant quelquefois jusqu'à 40 pieds , ou buisson haut de 10 à 20 pieds. Branches et rameaux bruns, recouverts d'un épiderme grisâtre. Feuilles longues de 1 à 2 pouces, larges de 6 à 18 lignes, d'un vert gai (les jeunes recouvertes en dessous d'un duvet floconneux jaunâtre), membranacées, réticulées ; dente-lures ou crénelures cuspidées ; pétiole ordinairement 2 à 3 fois plus court que la lame. Grappes longues de 1 à 2 pouces. Pé-tales longs d'environ 4 lignes. Pyridion du volume d'un gros Pois.

L'*Amélanchier du Canada* ; qui croît également aux États-Unis, dans toute la chaîne des Alleghanys , se cultive fréquem-ment dans les jardins paysagers. Son fruit , fort bon à manger, est connu en Amérique sous le nom de *Wild pear* (Poire sauvage), et *June Berry* (Baie de juin). « Le bois de cet arbre, dit M. A. » Michaux, est d'une grande blancheur : il offre cela de remar-

» quable, qu'il est entre-croisé longitudinalement de petits vais-
» seaux d'un beau rouge, qui s'anastomosent les uns avec les
» autres. »

AMÉLANCHIER INTERMÉDIAIRE. — *Amelanchier intermedia*
Spach, Monogr. ined.

Feuilles elliptiques, ou elliptiques-oblongues, ou oblongues,
ou ovales-oblongues, ou ovales-elliptiques, courtement acuminées, ou cuspidées, dentelées ou crenelées, subcordiformes à la
base ; les jeunes laineuses en dessous ; les adultes glabres. Grappes assez denses. Pédicelles et tubes calicinaux floconneux. Lanières calicinales glabres en dessous, triangulaires-lancéolées,
très-pointues, plus longues que le tube, réfléchies après l'anthèse.
Pétales obovales-oblongs. Styles un peu plus longs que les étamines. Pyridion (d'un bleu noirâtre) subglobuleux.

Petit arbre. Rameaux divariqués, tortueux, brunâtres ou grisâtres. Feuilles longues de 1 ½ à 3 pouces, larges de 1 à 2
pouces, d'un vert gai (les jeunes recouvertes en dessous d'un
duvet floconneux blanchâtre); dentelures ou crénelures mucronées; pétiole long de 3 à 10 lignes. Pétales longs d'environ 6
lignes, presque étalés. Pyridion de la grosseur d'un Pois.

Cette espèce, qu'on confond tantôt avec la précédente, tantôt
avec la suivante, n'est pas rare dans les jardins. Elle est sans doute
originaire de l'Amérique septentrionale.

AMÉLANCHIER A FEUILLES ALLONGÉES. —*Amelanchier ovalis*
Lindl. — Ser. in Dec. Prodr. — *Cratægus spicata* Lamk. —
Pyrus ovalis Willd.

Feuilles elliptiques, ou elliptiques-oblongues, cuspidées ou
courtement acuminées, profondément dentelées, arrondies ou
rétrécies (rarement subcordiformes) à la base : les jeunes laineuses en dessous ; les adultes glabres. Grappes lâches ; pédicelles
filiformes, velus, très-longs. Tube calicinal floconneux ; lanières
triangulaires-lancéolées, subulées au sommet, glabres en dessous,
réfléchies, plus longues que le tube. Pétales lancéolés-oblongs.
Styles un peu plus longs que les étamines. Pyridion (d'un bleu
noirâtre) subglobuleux.

Petit arore. Rameaux d'un brun roux, recouverts d'un épiderme grisâtre. Feuilles longues de 1 ¹/₂ à 2 ¹/₂ pouces, larges de 8 à 12 lignes, membranacées, d'un vert gai (les jeunes recouvertes en dessous d'un duvet floconneux roussâtre); dentelures très-pointues ou mucronées, rapprochées; pétiole 2 à 3 fois plus court que la lame. Grappes longues de 1 à 2 pouces, 5-8-flores; pédicelles inférieurs 3 à 4 fois plus longs que le calice. Pétales longs de 5 à 6 lignes. Pyridion de la grosseur d'un Pois.

Cette espèce, indigène aux États-Unis, n'est pas rare dans les jardins paysagers. On peut manger ses fruits, comme ceux des espèces précédentes.

AMÉLANCHIER FLEURI. — *Amelanchier florida* Lindl. in Bot. Reg. tab. 1589.

Feuilles elliptiques ou elliptiques-oblongues, obtuses; fortement dentelées vers le sommet, glabres dès leur naissance. Grappes denses, multiflores. Calice glabre en dehors, plus long que les étamines. Pétales linéaires-spatulés.

Arbrisseau. Rameaux dressés, verdâtres ou brunâtres. Feuilles longues de 18 à 24 lignes. Bractées linéaires, pointues.

Cette espèce, découverte par M. Douglas dans le nord-ouest de l'Amérique, a fleuri en 1833 dans le Jardin de la Société horticulturale de Londres.

AMÉLANCHIER A RAMEAUX ROUGES (Pl. 9, fig. R.) — *Amelanchier sanguinea* Lindl. in Bot. Reg. tab. 1171. — *Pyrus sanguinea* Pursh, Flor. Am. Sept. — *Aronia sanguinea* Nutt. Gen.

Feuilles elliptiques-oblongues, ou oblongues, ou ovales-oblongues; glabres dès leur naissance, bordées de dentelures très-pointues. Bractées et stipules plumeuses. Grappes denses, pauci-flores. Calices glabres en dehors. Pétales obovales-oblongs; très-obtus. Pyridion (bleu) ovale-oblong.

Buisson haut de 3 à 4 pieds. Écorce des rameaux rouge. Fleurs de la grandeur de celles de l'*Amélanchier du Canada.*

Cette espèce, indigène dans le nord de l'Amérique, est encore peu répandue dans les jardins.

Genre ARONIA. — *Aronia* Pers.

Calice cyathiforme, quinquédenté : dents dressées pendant
la floraison, puis charnues et rabattues en dedans. Pétales 5,
courtement onguiculés, orbiculaires, non-barbus, réfléchis.
Étamines divergentes, de la longueur des pétales. Styles 5,
libres, laineux à la base. Stigmates petits, capitellés. Pyridion quinquéloculaire, ombiliqué aux deux bouts : endocarpe membraneux.

Arbrisseaux ou petits arbres. Feuilles indivisées, courtement pétiolées (rarement pennatifides ou lyrées, longuè-
ment pétiolées), crénelées : crénelures ordinairement terminées par une glandule mucroniforme; nervures fines, ordinairement curvilignes; côte glanduleuse en dessus. Stipules
petites, caduques. Ramules florifères plus ou moins allongés,
naissant sur le vieux bois. Fleurs petites, en corymbes composés ou décomposés. Corolle blanche. Anthères ayant l'anthèse d'un pourpre violet. Pyridions petits.

Les *Aronia* appartiennent à l'Amérique septentrionale.
On les cultive très-fréquemment comme arbustes d'agrément. Leurs fleurs paraissent au mois de mai, et les nombreux fruits qui les remplacent, à la fin de l'été, ne sont pas
d'un aspect moins pittoresque.

Les espèces de ce genre n'ont été bien distinguées qu'assez récemment, par M. Lindley; auparavant on les con-
fondait presque toutes sous les noms de *Mespilus arbutifolia*
et *Mespilus pyrifolia*.

a) *Feuilles pennatiparties ou lyrées. Corymbes décomposés,
très-denses.*

ARONIA A FEUILLES DE SORBIER. — *Aronia* (*Mespilus*) *sorbifolia* Poir. Enc. — *Cratægus sorbifolia* Desf. Hort. Par. —
Pyrus puria Lindl. in Bot. Reg. tab. 1196.

β? *Pyrus sorbifolia* Watson, Dendr. Brit. tab. 53.

Rameaux réclinés. Feuilles pennatiparties à la base; ou lyrées
(rarement indivisées ou biauriculées): les jeunes cotonneuses (ainsi

que les ramules) en dessous ; les adultes pubescentes à la côte et aux nervures ; segments inégalement crénelés ou dentelés : les latéraux ovales, ou elliptiques, ou oblongs, ou lancéolés-oblongs, obtus ou pointus ; le terminal ovale, ou ovale-rhomboïdal, ou elliptique, ou suborbiculaire, pointu ou arrondi au sommet, très-ample, indivisé, ou pennatifide inférieurement. Pédoncules et calices cotonneux. Pyridion (noir) ellipsoïde ou subturbiné.

Arbrisseau haut de 6 à 8 pieds. Rameaux d'un brun de chocolat. Feuilles de forme très-variable ; celles des ramules floriféres longues de 1 ¹/₂ à 2 pouces, ordinairement obtuses ; les supérieures souvent indivisées ; celles des pousses stériles longues d'environ 4 pouces, sur 2 pouces de large, ordinairement pointues, à pétiole long de 8 à 10 lignes, biauriculé à la base. Cimes multiflores, denses, larges d'environ 2 pouces, débordant les feuilles florales. Corolle large de 4 à 5 lignes. Pyridion haut de 3 à 4 lignes.

Le *Pyrus sorbifolia* Watson, paraît différer de l'espèce que nous venons de décrire, par ses feuilles, ses pédoncules et ses calices tout-à-fait glabres.

On ignore l'origine de l'*Aronia à feuilles de Sorbier*, quoique cet arbuste soit commun dans les jardins.

b) *Feuilles indivisées.*

Aronia densiflore (Pl. 9, fig. N.) — *Aronia densiflora* Spach, Monogr. ined. — *Cratægus arbutifolia* Desf. Hort. Par. — *Pyrus alpina* Willd. En.

Rameaux dressés. Feuilles cotonneuses en dessous ; celles des ramules floriféres oblongues ou elliptiques-oblongues, subacuminées, finement crénelées ; celles des pousses stériles lancéolées, ou lancéolées-oblongues, ou lancéolées-elliptiques, ou lancéolées-obovales, acuminées, doublement dentelées. Corymbes denses, multiflores. Pédoncules et calices cotonneux. Pyridion subturbiné (noirâtre et couvert d'une poussière glauque).

Arbrisseau haut de 4 à 6 pieds. Rameaux d'un brun de chocolat. Ramules cotonneux. Feuilles longues de 1 1/2 à 3 pouces, larges de 10 à 20 lignes. Pétioles longs de 4 à 6 lignes. Pétales longs de 2 lignes. Pyridions hauts de 5 à 6 lignes.

Cette espèce n'est pas rare dans les jardins.

ARONIA GLABRESCENT (Pl. 9, fig. M.)—*Aronia glabrescens* Spach, Monogr. ined.

Rameaux non-inclinés. Feuilles lancéolées, ou lancéolées-obovales, ou lancéolées-elliptiques, courtement acuminées, presque glabres en dessous. Corymbes denses, pauciflores, plus courts que les feuilles. Calices et pédoncules glabres. Pyridions subglobuleux (d'un pourpre violet).

Arbrisseau haut de 3 à 5 pieds. Rameaux d'un brun de chocolat. Feuilles opaques, fortement glanduleuses, longues de 1 $^1/_2$ à 3 pouces, larges de 6 à 15 lignes. Pyridions hauts d'environ 4 lignes.

ARONIA A FEUILLES D'ARBOUSIER (Pl. 9, fig. L.) — *Aronia* (*Pyrus*) *arbutifolia* Lindl. in Trans. of the horticult. Soc. of London, vol. 7, p. 224.

Rameaux brunâtres, dressés. Feuilles lancéolées ou lancéolées-obovales, pointues, cotonneuses en dessous. Corymbes pauciflores, plus courts que les feuilles. Pédoncules et calices cotonneux. Pyridion pyriforme (écarlate).

Tige dressée, nue. Rameaux d'un brun de chocolat. Feuilles longues de 2 à 3 pouces, larges de 9 à 18 lignes, d'un vert pâle; crénelures très-fines. Fruits petits, légèrement cotonneux avant leur maturité.

M. Lindley distingue deux variétés de cette espèce : l'une (*Pyrus arbutifolia β intermedia*) à fruits subglobuleux, brunâtres; l'autre (*Pyrus arbutifolia γ serotina*) à feuilles plus rétrécies aux deux bouts et luisantes en dessus; et à fruits pyriformes, d'abord jaunâtres, finissant par devenir écarlates lors de la maturité. Ces variétés ne nous sont point connues. Le type de l'espèce n'est pas rare dans les jardins.

ARONIA FLEURI. — *Aronia* (*Pyrus*) *floribunda* Lindl. l. c. p. 230, et in Bot. Reg. tab. 1006.

Rameaux grisâtres, réclinés. Feuilles lancéolées, ou lancéo-

ées-obovales, pointues, cotonneuses en dessous. Corymbes multiflores, plus longs que les feuilles. Calices et pédoncules cotonneux. Pyridions (d'un pourpre noir) sphériques.

« Cette espèce, dit M. Lindley, diffère du *Pyrus arbutifolia*
» par ses branches réclinées et touffues, ainsi que par son fruit
» noir. Le port de la plante est plus élégant que celui de ses con-
» génères. »

Aronia déprimé. — *Aronia (Pyrus) depressa* Lindl. l. c.
p. 230.

Tige basse, inclinée. Feuilles oblongues, obtuses, cotonneuses
en dessous. Corymbes de la longueur des feuilles. Calices cotonneux. Pyridions (d'un pourpre noirâtre) pyriformes.

Petit arbrisseau semblable par le port à l'*Aronia melanocarpa*.
Branches inclinées, d'un gris tirant sur le brun. Ramules très-
courts. Feuilles petites, luisantes en dessus, à crénelures très-
fines. Corymbes très-nombreux. Pyridions fort petits, cotonneux,
presque globuleux.

Aronia a fruit noir. *Aronia (Pyrus) melanocarpa* Lindl.
l. c. p. 231.

Tige dressée, glabre. Feuilles oblongues, ou obovales-oblongues, pointues, luisantes, peu glanduleuses, très-glabres ainsi
que les calices. Pyridions (noirs, luisants) turbinés.

Arbrisseau haut de 1 à 2 pieds. Branches dressées, toujours
lisses. Feuilles d'un vert pâle, à crénelures fortes. Fleurs plus petites que dans les espèces précédentes. Jeunes pousses d'un rouge vif.

Cette espèce, qui n'est pas rare dans les jardins des cultivateurs
anglais, nous est inconnue. M. Lindley en indique une variété
(*Pyrus melanocarpa β subpubescens.*—*Mespilus xanthocarpa*
Lodd. Cat.) à jeunes feuilles pubescentes en dessous, et à fruits
jaunâtres.

Aronia pubescent. — *Aronia (Pyrus) pubens* Lindl. l. c.
p. 232.

Tige dressée. Ramules cotonneux. Feuilles oblongues, ou obovales-oblongues, ou obovales, acuminées; les adultes glabres

ainsi que les calices. Corymbes multiflores, lâches. Pyridions
(d'un pourpre noirâtre) sphériques, glabres.

Arbrisseau semblable à l'*Aronia grandifolia*, mais facile à
distinguer à ses ramules incanes et à ses feuilles plus petites. Tiges
dressées, robustes, Feuilles finement crénelées, d'un vert pâle.
Corymbes nombreux, multiflores, plus courts que les feuilles. Pyridions gros, d'un pourpre noir, sphériques, luisans.

ARONIA A GRANDES FEUILLES (Pl. 9, fig. P, p¹. et p².) —
Pyrus grandifolia Lindl. l. c. p. 233, et in Bot. Reg. tab. 1154.

Tige dressée. Ramules presque glabres. Feuilles obovales,
ou oblongues-obovales, courtement acuminées, pointues, glabres
de même que les calices et pédoncules. Corymbes multiflores.
Styles très-laineux. Pyridions sphériques, glabres (d'un pourpre
noirâtre).

Tige dressée, robuste; branches brunes. Feuilles grandes,
d'un vert gai, luisantes en dessus, dentelées. Fleurs plus grandes
que dans les espèces précédentes. Pyridions du volume d'un gros
Pois.

Cette espèce est fréquemment cultivée dans les jardins.

Genre SORBIER. — *Sorbus* Linn.

Calice semi-adhérent, turbiné, à 5 dents dressées pendant
la floraison, puis rabattues en dedans et devenant charnues.
Pétales 5, courtement onguiculés, concaves, réfléchis, poilus ou laineux à la base. Étamines divergentes, aussi longues
que les pétales. Ovaire adhérent, à 5 (quelquefois à 2 ou 4)
loges biovulées. Styles en même nombre que les loges de
l'ovaire, libres, dressés, géniculés vers leur sommet, laineux à leur base; stigmates petits, capitellés. Pyridion globuleux ou subturbiné, ombiliqué aux deux bouts, à 2-4 loges
1-spermes : endocarpe mince, crustacé. Graines planes d'un
côté, convexes de l'autre, acuminées à la base ou aux deux
bouts.

Arbres ou arbrisseaux. Feuilles imparipennées ou pennatiparties. Pétiole commun canaliculé en dessus, glandulifère

à l'insertion de chaque paire de folioles. (Côte des feuilles pennatiparties parsemée de glandules dans presque toute sa longueur.) Folioles (ou segmens) penninervées, sessiles, dentelées vers leur sommet ou dans presque toute leur longueur; base entière, inégale ; le côté supérieur obliquement tronqué; le côté inférieur arrondi. Ramules florifères allongés, naissant du vieux bois. Corymbes subpaniculés, très-amples, composés de cimes trichotomes : les inférieures axillaires, alternes, beaucoup plus courtes que les feuilles; les supérieures subopposées. Pédicelles courts, ternés. Fleurs petites, blanches, légèrement odorantes. Anthères jaunes avant l'anthèse. Pyridions rougeâtres ou pourpres, petits.

Les *Sorbiers* contribuent beaucoup à embellir les jardins paysagers par leur port élégant et par leurs innombrables corymbes de fleurs; les bouquets de fruits écarlates ou pourpres dont ces arbres se couvrent vers la fin de l'été, et qui persistent sur les branches jusqu'en hiver, rendent leur aspect encore plus pittoresque; mais la saveur acerbe de ces fruits ne convient qu'aux oiseaux.

Les Sorbiers aiment les terres légères : on les propage de drageons, de boutures, de graines, ou de greffes soit sur leurs congénères, soit sur Poirier, sur Aubépine, etc.

Les cinq espèces suivantes constituent le genre.

a) *Feuilles pennatiparties à leur base, pennatifides à leur partie supérieure (quelquefois biauriculées à leur base, ou pennatifides dans toute leur longueur) : les segments basilaires non-confluents avec les supérieurs. Pétales laineux à la base.*

Sorbier de Laponie (Pl. 9, fig. J.).— *Sorbus hybrida* Linn. — Flor. Dan. tab. 301. — Svensk Bot. tab. 277. — *Pyrus pinnatifida* Ehrh. — Smith, Engl. Bot. tab. 2331.

Gemmes cotonneuses. Feuilles oblongues ou ovales-oblongues, subobtuses, pubescentes-incanes ou cotonneuses en dessous, à 1-4 paires de segments basilaires non-confluents, oblongs ou oblongs-lancéolés, obtus, dentelés vers leur sommet; lobe terminal très-ample, pennatifide à la base, incisé-denté au sommet. Pédoncules et calices cotonneux, glabrescents après la floraison. Dents calicinales ovales-triangulaires, subobtuses. Pyridion ellipsoïde ou subglobuleux.

Arbre haut de 20 à 25 pieds. Branches touffues, formant une tête ovale-pyramidale. Rameaux d'un brun rougeâtre. Gemmes ovales ou ovales-oblongues, obtuses. Feuilles longues de 3 à 6 pouces, sur 1 à 3 pouces de large, glabres et d'un vert luisant en dessus, couvertes en dessous d'un duvet grisâtre plus ou moins épais. Pétiole long de 1 à 2 pouces, cotonneux. Corymbes denses, subpyramidaux ou très-convexes, larges de 2 à 4 pouces. Pétales ovales-elliptiques, longs de 2 lignes. Pyridions écarlates, de la grosseur de ceux de l'Allouchier. Graines d'un brun de châtaigne.

Ce Sorbier, qui croît en Écosse, en Suède et en Norwége, se plante fréquemment en avenues et dans les bosquets. Ses fruits se colorent d'un rouge très-vif aux approches de l'automne, et ils ne tombent que vers la fin de l'hiver. Malgré leur saveur peu agréable, les paysans suédois les mangent, et, en Écosse, on les emploie à faire des confitures. Le bois de l'arbre est dur : on en fabrique des axes de roues, des essieux, des pieux, des manches d'outils, etc.

b) *Feuilles imparipennées ; folioles presque égales : la terminale seule pétiolulée. Pétales garnis à leur base de quelques poils caducs.*

SORBIER DES OISELEURS (Pl. 9, fig. K et O.) — *Sorbus Aucuparia* Linn. — Engl. Bot. tab. 337. — Flor. Dan. tab. 1034. — Schkuhr, Handb. tab. 133. — Guimp. Holz. tab. 67. — Duham. éd. nov. v. 1, tab. 33. — *Pyrus Aucuparia* Gærtn. Fruct. v. 2, tab. 87, fig. 2. — Svensk Bot. tab. 145.

Gemmes floconneuses. Folioles oblongues ou oblongues-lancéolées, pointues, plus ou moins floconneuses (ainsi que les pédoncules et les calices) en dessous à l'époque de la floraison, plus tard glabres ou glabrescentes ; dentelures acuminées, non-imbriquées. Dents calicinales triangulaires, obtuses. Pyridion (de couleur écarlate ou pourpre) sphérique ou obovale-globuleux.

Arbre haut de 20 à 30 pieds, ou (dans les endroits rocailleux et au sommet des montagnes) buisson n'atteignant quelquefois que 3 à 4 pieds de haut. Tronc d'une grosseur médiocre, revêtu d'une écorce grisâtre. Rameaux souvent inclinés, d'un brun de châtaigne. Gemmes ovales-oblongues, pointues. Feuilles longues de 5 à 10 pouces, horizontales ou pendantes, à 5-7 paires de folioles longues de 1 ½ à 2 pouces, sur 6 à 8 lignes de large, d'un vert gai en dessus, pâles en dessous. Pétiole commun d'abord velu, puis glabre. Corymbes très-convexes, denses, atteignant jusqu'à un demi-pied de large. Pétales suborbiculaires, d'un blanc jaunâtre, larges de 2 lignes. Pyridions très-nombreux sur chaque corymbe, serrés, du volume d'un gros Pois. Graines rousses.

Le *Sorbier des Oiseleurs* ou *Sorbier des Oiseaux*, connu aussi sous le nom vulgaire de *Cochène*, croît dans toute l'Europe ainsi qu'en Sibérie, même dans les régions arctiques : un climat froid lui convient mieux qu'un climat chaud ; car, dans l'Europe australe, il se plaît dans les stations subalpines. Néanmoins il vient à merveille dans nos jardins, qu'il orne de son feuillage léger et touffu, de ses nombreuses fleurs rapprochées en larges parasols, et surtout de ses gros bouquets de fruits d'un rouge éclatant.

Le bois de ce Sorbier, dur et compacte, est employé par les tourneurs, les ébénistes et les charrons ; on lui préfère cependant celui du Cormier. La racine de l'arbre sert à faire des cuillers et des manches de couteaux. Les fruits ont une saveur âpre, astringente et même nauséabonde : l'acide malique y abonde ; néanmoins les habitants du Nord les mangent lorsqu'ils ont été adoucis par les gelées ; ils en préparent aussi, en les faisant fermenter dans de l'eau, une sorte de cidre, ou bien une boisson alcoolique. Le nom de cet arbre lui vient de ce que ses fruits attirent les grives, les merles et autres oiseaux.

SORBIER LAINEUX. — *Sorbus lanuginosa* Kit.

Ce Sorbier ne diffère du précédent, dont il est peut-être une variété, que par ses folioles elliptiques-oblongues, subobtuses, un peu laineuses en dessous même long-temps après la floraison. Ses fruits sont plus petits et de couleur orange.

Le *Sorbier laineux* a été observé en Hongrie par Kitaïbel; il n'est pas rare dans les plantations, et probablement on le retrouvera dans plusieurs des contrées où croît le *Sorbier des Oiseleurs*.

SORBIER D'AMÉRIQUE (Pl. 9, Q, q¹ et q².) —*Sorbus americana* Pursh, Flor. Am. Sept. — *Pyrus americana* Willd. Enum. — Watson, Dendr. Brit. tab. 54.

Gemmes glabres, visqueuses. Folioles oblongues-lancéolées ou ovales-lancéolées, très-pointues, légèrement pubescentes (ainsi que les pétioles) en dessous à l'époque de la floraison, puis très-glabres; dentelures acuminées, très-pointues, presque imbriquées. Pédoncules et calices très-glabres. Dents calicinales triangulaires, pointues. Pyridion (d'un pourpre foncé) sphérique.

Petit arbre haut de 15 à 20 pieds, ayant le port du *Sorbier des Oiseleurs*. Branches d'un brun pâle. Ramules (ainsi que toutes les parties herbacées) glabres après la floraison. Feuilles longues de 8 à 12 pouces; folioles (5 à 8 paires) d'un vert gai en dessus, un peu glauques en dessous, longues de 2 à 2 ½ pouces, sur 8 à 10 lignes de large. Corymbes denses, paniculés, atteignant un demi-pied de large ou plus. Fleurs d'un blanc pur, plus petites et plus tardives que celles du *Sorbier des Oiseleurs*. Pétales suborbiculaires. Pyridion de la grosseur d'un grain de poivre. Graines longues d'une ligne et demie, d'un brun tirant sur le jaune.

Ce Sorbier, originaire du Canada, est cultivé en Europe depuis une cinquantaine d'années. Moins commun dans les plantations que le *Sorbier des Oiseleurs*, il mérite tout autant de fixer l'attention des horticulteurs, à cause de son feuillage très-ample et de sa floraison tardive. Ses fruits sont aussi d'une fort belle apparence.

SORBIER A PETITS FRUITS. — *Sorbus microcarpa* Pursh. — *Sorbus Aucuparia* α Mich. Flor. Bor. Am.

Folioles acuminées, inégalement incisées-dentelées, glabres ainsi que le pétiole commun; dentelures terminées en pointe sétacée.

Buisson. Jeunes ramules cotonneux. Pyridions petits, globuleux, de couleur écarlate.

Cette espèce croît dans les montagnes des États-Unis, depuis la Caroline jusqu'au New-Jersey. Nous n'avons pas eu occasion de l'observer. Suivant Sweet, on la cultive en Angleterre.

SORBIER FERRUGINEUX. — *Sorbus foliolosa* Wall. Plant. Asiat. Rar. tab. 189.

Rameaux subvolubiles. Feuilles à environ 8 paires de folioles oblongues-lancéolées, acuminées, dentelées vers leur sommet, velues en dessous ainsi que les pétioles. Pyridion obovale-arrondi. Gemmes ovales, obtuses, glabres.

Arbrisseau. Rameaux allongés, couverts d'une écorce cendrée. Feuilles longues d'un demi-pied. Folioles longues d'un pouce ou plus : les jeunes couvertes d'un duvet ferrugineux. Fleurs petites, odorantes. Fruit petit, rouge, glabre.

Cette espèce croît au Népaul, dans les régions alpines de l'Himalaya.

Genre CORMIER. — *Cormus* Spach.

Calice turbiné, semi-adhérent, à 5 dents recourbées en dehors, marcescentes. Pétales 5, suborbiculaires, laineux au-dessus de l'onglet, réfléchis. Étamines divergentes, presque aussi longues que la corolle. Ovaire adhérent, à 5 loges biovulées. Styles 5, filiformes, libres, géniculés au sommet, fortement laineux dans toute leur longueur. Stigmates petits, capitellés. Pyridion pyriforme ou subglobuleux, subquinquéloculaire : endocarpe membraneux. Graines solitaires ou géminées, larges, aplaties.

Feuilles imparipennées, multifoliolées. Pétiole commun fortement glanduleux entre chaque paire de folioles. Stipules subulées, caduques. Ramules florifères allongés. Fleurs pétites, blanches, en corymbes irréguliers, très-rameux. Anthères jaunes avant l'apthèsé.

L'espèce dont nous allons parler constitue à elle seule ce genre.

CORMIER CULTIVÉ. — *Cormus domestica* Spach. — *Sorbus domestica* Linn. — Jacq. Austr. tab. 447. — Guimp. Holz. tab. 63. — Duham. ed. nov. v. 1, tab. 44. — *Pyrus domestica* Smith, Engl. Bot. tab. 350. — *Pyrus Sorbus* Gærtn. Fruct. tab. 87.

Arbre haut de 30 à 50 pieds, semblable au *Sorbier des Oiseleurs* par le port et le feuillage. Tronc droit, à écorce d'un brun grisâtre. Branches formant une tête pyramidale assez régulière. Bourgeons gros, visquéux, glabres excepté aux bords des écailles. Feuilles à 11-17 folioles sessiles, horizontales, beaucoup plus longues que les entrenœuds, oblongues ou rarement obovales-oblongues, acuminées, dentelées (dentelures égales, cuspidées), entières et inégalement tronquées à la base, cotonneuses en dessous à l'époque de la floraison, puis presque glabres. Ramules, pétioles, pédoncules et calices d'abord laineux, puis glabres. Corymbes subpaniculés, ou pyramidaux, ou très-convexes : les ramifications inférieures axillaires et beaucoup plus courtes que les feuilles. Pédicelles plus courts que le calice, ordinairement ternés. Pétales longs d'environ 3 lignes. Pyridion de la grosseur d'une très-petite Poire, d'un jaune verdâtre lavé de rouge d'un côté.

Cet arbre, appelé vulgairement *Cormier*, croît dans les forêts des montagnes de l'Europe australe. M. Desfontaines l'a aussi observé en Barbarie. On le retrouve dans plusieurs contrées de la France et de l'Allemagne, mais plus fréquemment à l'état cultivé que sauvage. Pline et Théophraste en font mention sous le nom de *Sorbus*.

Le Cormier n'acquiert tout son développement qu'à un âge très-avancé. M. Loiseleur Deslongchamps en a observé un tronc abattu qui avait douze pieds de tour, et dont il estime l'âge à cinq ou six cents ans. On peut greffer cet arbre sur le Poirier et l'Au-

bépine, mais il ne se multiplie bien que de graines, qu'il faut semer dès la maturité des fruits, à moins qu'on ne veuille les stratifier jusqu'à la fin de l'hiver; il reprend assez difficilement quand il est replanté, de sorte qu'il vaut mieux le semer en place. Il n'est d'ailleurs pas difficile sur la nature du terrain, et vient assez bien partout. Le bois de Cormier est roux, dur, très-compacte; il a le grain fin et prend un beau poli. Selon Varennés de Fenille, il pèse par pied cube, étant vert, plus de soixante-douze livres, et soixante-trois livres environ à l'état sec. Ce bois est très-recherché par les ébénistes, les tourneurs , les menuisiers, les armuriers et les machinistes; on le vend fort cher, surtout quand il a une certaine grosseur.

Les fruits du Cormier, appelés *Sorbes* ou *Cormes*, sont très-acerbes et astringents avant leur parfaite maturité; ils ne deviennent bons à manger qu'en les laissant quelque temps sur de la paille, après les avoir cueillis : alors leur saveur finit par approcher de celle de Nèfles. Les Cormes ne sont guère estimées aux environs de Paris, mais il s'en consomme beaucoup dans plusieurs départemens, ainsi qu'en Allemagne. Dans ce dernier pays on en fait de l'eau-de-vie, et en Bretagne une sorte de cidre assez agréable. On préparait autrefois dans les pharmacies une *confiture* et une *eau distillée de Sorbes* : remèdes astringents hors d'usage aujourd'hui.

Genre ALISIER. — *Cratægus* (Linn.) Spach.

Calice urcéolé, semi-adhérent, quinquédenté : dents recourbées ou dressées pendant la floraison, marcescentes. Pétales 5, cuculliformes, réfléchis ou dressés, laineux au-dessus de l'onglet. Étamines divergentes ou conniventes, presque aussi longues ou un peu plus longues que la corolle. Styles 2, laineux et cohérents inférieurement, divergents ou arqués en dehors vers leur sommet. Stigmates petits, tronqués. Pyridion ombiliqué aux deux bouts, à 2 loges 1-2-spermes : endocarpe membraneux.

Arbres ou arbrisseaux. Feuilles courtement pétiolées, penninervées, non glanduleuses, simples, plus ou moins

profondément dentelées, ou incisées, ou pennatifides, ou
anguleuses, ordinairement cotonneuses en dessous : côtes
et nervures très-saillantes à la face inférieure. Stipules sétacées, très-petites. Ramules florifères allongés. Fleurs de
grandeur moyenne, exhalant une odeur forte, peu agréable,
disposées en cymes très-rameuses. Pédoncules secondaires
irrégulièrement dichotomes : les inférieurs axillaires, alternes ; les supérieurs subopposés. Corolle blanche. Anthères jaunes. Pyridions ovales ou subglobuleux, de grandeur moyenne, farineux.

Les *Alisiers* servent à l'ornement des plantations d'a-
grément par leurs fleurs très-nombreuses, l'aspect pittoresque de leur feuillage blanchâtre, et leurs fruits rouges ou
écarlates. Ces fruits sont très-inférieurs aux Pommes et aux
Poires cultivées : leur saveur cependant n'est point désagréable ; on en fait une espèce de cidre dans les contrées
où ils abondent. Le bois des Alisiers s'emploie à une infinité
d'usages.

Ce genre est propre à l'ancien continent. Il offre des représentants dans toute l'Europe, ainsi que dans les contrées
froides de l'Asie. Nous allons décrire toutes les espèces bien
connues.

SECTION Ire.

*Dents calicinales recourbées en dehors pendant la floraison.
Pétales réfléchis, suborbiculaires, subsessiles, fortement
laineux à la base. Étamines divergentes. (Pyri, sect. III et
IV, sive Aria et Torminaria Sering. in Dec. Prodr.)*

a) *Styles fortement laineux. Feuilles plus ou moins cotonneuses en
dessous, veloutées ou floconneuses en dessus avant leur complet développement.*

ALISIER DU NORD (Pl. 9, fig. F et G).—*Cratægus scandica*
Wahlenb. Flor. Upsal. Amoen.—*Cratægus inermis* Linn. Flor.
Lapp. — *Cratægus Aria α scandica* Linn. Amœn. et Flor.
Suec.—*Cratægus Aria β suecica* Linn. Spec. — *Sorbus scan-*

dica Fries. — *Pyrus Aria* Svensk Bot. tab. 45. — *Pyrus in-termedia* Ehrh.

Gemmes grosses, obtuses, presque glabres. Feuilles floconneuses ou légèrement cotonneuses (grisâtres) en dessous, ovales, ou ovales-oblongues, ou oblongues, subobtuses, cunéiformes à la base, incisées-dentées, ou pennatilobées, ou pennatifides, ou sinuées-pennatifides, inégalement dentelées, à 5-8 paires de nervures distantes, glabrescentes en dessous, subglanduleuses en dessus. Dents calicinales triangulaires, pointues, glabrescentes, un peu plus courtes que le tube. Pyridions (de couleur écarlate), globuleux, ou ovales-globuleux.

Buisson, ou arbre haut de 20 à 30 pieds : tête touffue, ovale-arrondie. Rameaux d'un brun rougeâtre, ponctués. Feuilles longues de 2 à 5 pouces, larges de 1 $^1/_2$ à 3 $^1/_2$ pouces : les naissantes couvertes aux deux faces d'un duvet très-épais, un peu roussâtre ; les adultes luisantes et d'un vert foncé en dessus, plus ou moins grisâtres (quelquefois presque glabres) en dessous : lobes oblongs ou arrondis, obtus, ou pointus, ou acuminés, quelquefois divergents. Pétiole long de 10 à 15 lignes, floconneux ainsi que les pédoncules. Tube calicinal cotonneux. Pétales longs d'environ 3 lignes. Cyme atteignant jusqu'à 5 pouces de diamètre. Pyridion haut de 4 à 6 lignes, sur autant ou un peu moins de diamètre.

Cette espèce, que l'on confond tantôt avec l'*Allouchier*, tantôt avec l'*Alisier de Fontainebleau*, croît dans les Alpes, dans le Jura et dans tout le nord de l'Europe. On la plante très-fréquemment dans les jardins paysagers, où elle devient un arbre de moyenne taille, tandis que dans les montagnes on ne la rencontre ordinairement que sous forme de buisson.

ALISIER ALLOUCHIER (Pl. 9, fig. H.).—*Cratœgus Aria α* Linn. Spec.—*Cratœgus Aria β* Linn. Fl. Suec.—*Pyrus Aria* Ehrh. Beitr. — Willd. Sp. — *Mespilus Aria* Scop. — Flor. Dan. tab. 302. — Lois. in Duham. ed. nov. vol. 4, tab. 34. — *Pyrus edulis* Willd. Enum. — Guimp. et Hayn. Fremd. Holz. tab. 80 (var.)

Gemmes légèrement cotonneuses. Feuilles diversiformes, doublement dentelées ou incisées-dentées vers leur sommet, cotonneuses-blanchâtres en dessous, à 9-13 paires de nervures très-rapprochées, subglanduleuses. Dents calicinales triangulaires ou triangulaires-lancéolées, obtuses ou pointues, plus courtes que le tube, cotonneuses aux deux faces. Pyridion (pourpre) ellipsoïde ou ovale-globuleux. Graines lisses.

Buisson haut de 4 à 10 pieds dans les localités arides ou rocailleuses, ou bien arbre atteignant 30 à 40 pieds de haut. Rameaux dressés, effilés, lisses, d'un brun de châtaigne. Gemmes ovales-oblongues ou oblongues, un peu pointues, en général beaucoup moins grosses que dans les espèces suivantes. Feuilles ovales, ou ovales-elliptiques, ou ovales-oblongues, ou ovales-orbiculaires, ou ovales-rhomboïdales, ou obovales, ou obovales-elliptiques, ou elliptiques, ou elliptiques-oblongues, ou elliptiques-orbiculaires, ou lancéolées-elliptiques (ces nombreuses variations de formes souvent sur un seul et même individu : les feuilles supérieures des pousses terminales ordinairement rétrécies aux deux bouts, et toujours beaucoup plus allongées que les feuilles des ramules latéraux et florifères), luisantes et d'un vert foncé en dessus, plus ou moins blanchâtres en dessous (les naissantes fortement floconneuses en dessus), longues de 2 à pouces, larges de 1 à 3 pouces : sommet arrondi, ou tronqué, ou pointu, ou courtement acuminé; base arrondie ou plus ou moins cunéiforme. Pétiole long de 3 à 12 lignes, fortement cotonneux (très-blanc) de même que les ramules, les pédoncules et les calices. Pétales orbiculaires ou elliptiques-orbiculaires, à peu près de même longueur que les étamines, ou un peu plus longues. Pyrydions hauts d'environ 6 lignes, sur 4 lignes de diamètre, ponctués et floconneux avant leur parfaite maturité.

Cet arbre, nommé vulgairement *Allouchier,* abonde dans toutes les montagnes de la France, et il n'est pas moins répandu dans la plus grande partie de l'Europe. Son bois, fort dur et de couleur blanche, sert à faire toutes sortes d'ustensiles de ménage, des roues de moulin, des peignes, etc.

M. Lindley distingue les variétés suivantes de l'Allouchier :

Allouchier à feuilles obtuses.—*Pyrus Aria obtusifolia* Lindl. in Trans. Hort. Soc. Lond. vol. 7, p. 234.—Flor. Dan. tab. 302. — Feuilles planes, elliptiques, obtuses, dentelées : les adultes glabres en dessus. Gemmes vertes, petites. Ramules de l'année grêles, lisses.

Allouchier à feuilles ondulées. —*Pyrus Aria undulata* Lindl. l. c. — Feuilles planes, elliptiques-lancéolées, larges, ondulées, incisées-dentées, acuminées : les adultes aranéeuses en dessus. Bourgeons très-gros, d'un vert tirant sur le brun.

Allouchier à feuilles étroites.—*Pyrus Aria angustifolia* Lindl. l. c. — Feuilles elliptiques, obtuses, concaves, dentelées : les adultes légèrement cotonneuses en dessus. Bourgeons gros, grisâtres. Pousses terminales lisses. Feuilles de grandeur moyenne.

Allouchier à feuilles pointues.—*Pyrus Aria acutifolia* Lindl. l. c. p. 235.— Feuilles elliptiques, roides, pointues aux deux bouts, concaves, doublement dentelées, glauques, aranéeuses en dessus. Bourgeons gros, grisâtres. Pousses terminales lisses.

Allouchier rugueux.—*Pyrus Aria rugosa* Lindl. l. c.—Feuilles grandes ; ovales-elliptiques ; obtuses, doublement dentelées, luisantes et rugueuses en dessus, cotonneuses-blanchâtres en dessous. Bourgeons gros, d'un vert tirant sur le brun. Pousses terminales très-fortes.

Allouchier à feuilles bullées.—*Pyrus Aria bullata* Lindl. l. c. p. 236. — Feuilles concaves ; elliptiques ; acuminées, bullées, entières vers la base ; profondément dentelées vers le sommet. Bourgeons petits, pubescents. Pousses terminales grêles, pubescentes.

ALISIER D'ORIENT. — *Cratægus* (*Sorbus graeca* Lodd. Cat. — *Pyrus Aria* Sibth. et Smith, Flor. Græc. tab. 479. — *Sorbus nivea* Hortulan.

Feuilles diversiformes, doublement dentelées ou souvent incisées-crénelées au sommet, cotonneuses-blanchâtres en dessous, à 5-8 paires de nervures subglanduleuses en dessus. Dents calicinales triangulaires-lancéolées, pointues, cotonneuses aux deux faces, de la longueur du tube. Pyridion ellipsoïde, pourpre. Graines lisses.

Arbre ayant le port de l'*Allouchier*. Feuilles longues de 2 à 4 pouces, larges de 2 à 3 1/2 pouces, luisantes et d'un vert foncé en dessus, d'un blanc cendré en dessous, obovales, ou cunéiformes-obovales, ou obovales-orbiculaires, ou suborbiculaires (les feuilles supérieures des pousses terminales ordinairement lancéolées, ou lancéolées-elliptiques, ou ovales-elliptiques, courtement acuminées), toujours rétrécies à la base, ordinairement tronquées, ou arrondies au sommet; côte et nervures parsemées en dessus de glandules jaunâtres ou rougeâtres. Pétiole long d'un demi-pouce ou moins, couvert (de même que les jeunes ramules, les pédoncules et les calices) d'un duvet floconneux très-blanc et très-épais. Pétales longs d'environ 4 lignes. Pyridion haut de 4 à 5 lignes, d'un pourpre tirant sur l'écarlate, floconneux et ponctué de blanc avant la maturité.

Cette espèce, beaucoup moins répandue dans les jardins que l'*Allouchier*, a été trouvée dans l'Asie-Mineure et en Grèce par Tournefort, ainsi que par Sibthorp.

ALISIER A FEUILLES FLABELLIFORMES (Pl. 9, fig. E et e).—*Cratægus flabellifolia* Spach, Monogr. ined.—*Pyrus edulis* Wats. Dendrol. Brit. tab. 52 (non Willd.) — *Sorbus corymbosa* Lodd. Cat. — *Cratægus corymbosa* Hort. Par.

Feuilles cunéiformes ou flabelliformes, tronquées (les supérieures des pousses terminales ovales ou ovales - elliptiques), entières ou simplement dentées vers la base, incisées-dentées ou lobées vers le sommet, glabres en dessus dès leur naissance, cotonneuses (très-blanches) en dessous, à 4 ou 5 paires de nervures glanduleuses en dessus. Sépales triangulaires, subobtus, cotonneux aux deux faces, plus courts que le tube. Pyridion sphérique, déprimé, de couleur orange. Graines chagrinées.

Petit arbre, haut de 10 à 15 pieds. Rameaux effilés, d'un brun de châtaigne, ponctués. Feuilles longues d'environ 2 pouces, sur 15 à 20 lignes de large, luisantes et d'un vert foncé en dessus (côte et nervures parsemées d'un grand nombre de glandules jaunâtres), très-blanches en dessous. Lobes obtus ou pointus. Dentelures presque égales, pointues, très-inclinées. Nervures distantes de 3 à 4 lignes. Pétiole long de 4 à 6 lignes, cotonneux ainsi que les pédoncules et les calices. Pétales orbiculaires, longs de 2 à 3 lignes, sur 2 lignes de large. Pyridion haut d'environ 5 lignes, sur 7 lignes de diamètre. Graines brunes, assez grosses.

Cette espèce, très-distincte par la blancheur éclatante de la face inférieure de ses feuilles, est cultivée dans les plantations d'agrément. Selon Watson, elle serait indigène en France, mais il n'en est fait mention dans aucune de nos Flores.

ALISIER A FEUILLES OBTUSES (Pl. 9, fig. A et *a*.)—*Cratægus obtusata* Spach, Monogr. ined. — *Cratægus Aria rotundifolia* Hortul.

Gemmes presque glabres. Feuilles obovales, ou elliptiques, ou elliptiques-obovales, ou obovales-oblongues, arrondies au sommet (les supérieures des pousses terminales lancéolées, ou lancéolées-elliptiques, acuminées, inégalement dentelées ou sinuolées-denticulées, cotonneuses (d'un gris tirant sur le jaune) en dessous, à 8-10 paires de nervures subglanduleuses en dessus. Dents calicinales triangulaires, cuspidées, glabrescentes, plus courtes que le tube. Pyridion ellipsoïde ou ovale-globuleux, de couleur orange.

Arbre haut de 25 à 30 pieds. Branches disposées en tête ovale-arrondie. Rameaux effilés, d'un brun rougeâtre. Bourgeons gros, ovales ou ovales-oblongs, obtus. Feuilles longues de 2 à 3 pouces sur 1 $^1/_2$ à 2 $^1/_2$ pouces de large, luisantes et d'un vert foncé en dessus (les naissantes fortement floconneuses), les adultes très-légèrement cotonneuses en dessous. Côte et nervures roussâtres et presque glabres en dessous, parsemées en dessus de quelques petites glandules jaunâtres. Pétiole long de 8 à 12 lignes, cotonneux. Pédoncules et tubes des calices d'abord floconneux, puis glabres. Pétales ovales-elliptiques, longs d'environ 3 lignes. Pyridion haut de 5 à 6 lignes, sur autant de diamètre. Graines petites, lisses, brunes.

Cet Alisier, dont on ignore l'origine, est commun dans les

plantations. Les pépiniéristes le regardent comme une variété de l'*Allouchier*, mais, par ses fleurs et ses fruits, il se rapproche becucoup plus de l'*Alisier de Fontainebleau* que de toute autre espèce du genre.

ALISIER DE FONTAINEBLEAU (Pl. 9, fig. B, *b*, C et D.)—*Cratœgus latifolia* Poir. Enc. — Lois. in Duham. ed. nov. vol. 4, tab. 35. — *Cratœgus dentata* Thuil. — *Pyrus rotundifolia* Bechstein, Forstbot. tab. 5. — *Pyrus semilobata* Bechst. l. c. tab. 6. — *Pyrus decipiens* Bechst. l. c. tab. 7.

Gemmes presque glabres. Feuilles diversiformes, acuminées, tantôt inégalement dentelées ou incisées-dentelées, tantôt incisées ou anguleuses, veloutées ou floconneuses (grisâtres) en dessous, à 7-12 nervures subglanduleuses. Dents calicinales triangulaires-lancéolées, très-pointues, glabrescentes, un peu plus courtes que le tube. Pyridions globuleux ou ovales-globuleux, de couleur orange.

Arbre haut de 30 à 50 pieds, ou buisson. Branches étalées, disposées en tête ovale, touffue. Ramules d'un brun rougeâtre. Gemmes grosses, ovales, obtuses. Feuilles de forme et de dimension plus variables que dans aucune espèce du genre, longues de 2 à 4 pouces, larges de 15 lignes à 3 ¹/₂ pouces (sur les jeunes pousses stériles nous en avons mesuré d'un demi-pied de long, sur près de 5 pouces de large), luisantes et d'un vert foncé en dessus (les naissantes floconneuses), tantôt légèrement pulvérulentes ou floconneuses, tantôt plus ou moins veloutées en dessous, obovales, ou cunéiformes-obovales, ou obovales-oblongues, ou ovales, ou obovales-rhomboïdales, ou ovales-elliptiques, ou lancéolées-elliptiques, ou lancéolées-oblongues, ou oblongues, à base arrondie, ou subcordiforme, ou tronquée, ou cunéiforme. Lobes plus ou moins profonds, obtus ou acuminés. Dentelures pointues. Nervures et côte munies en dessus de quelques glandules jaunâtres très-rares. Pétiole long de 4 à 6 lignes, cotonneux de même que les pédoncules et les tubes calicinaux. Pétales longs de 3 à 4 lignes. Pyridions hauts de 5 à 7 lignes, sur une largeur à peu près égale, ou un peu moindre, ou un peu plus forte, d'un orange

plus ou moins foncé, quelquefois lavé de rouge : chair jaune.
Graines lisses, brunâtres.

Il n'est pas rare de trouver, sur un seul et même individu de
cette espèce, des feuilles de formes très-différentes ; cependant les
variétés cultivées dans les jardins offrent le plus fréquemment
des feuilles à peu près ovales, très-larges et fortement anguleuses,
mais peu cotonneuses ou presque glabres en dessous.

Cet Alisier est fort commun dans la forêt de Fontainebleau,
d'où lui vient son nom spécifique ; il se trouve probablement
dans plusieurs autres contrées de la France. La beauté de son port
et de son feuillage en ont fait un arbre très-commun dans les jardins
paysagers. Ses fleurs paraissent en mai. Les fruits, assez bons à manger, servent aux campagnards des environs de Fontainebleau à préparer une espèce de cidre. Le bois de l'arbre, blanc et dur comme
celui de l'Allouchier, peut aussi être employé à divers usages.

ALISIER A FEUILLES CUSPIDÉES.—*Cratægus cuspidata* Spach,
Monogr. ined. — *Sorbus vestita* Lodd. Cat.

Feuilles lancéolées ou lancéolées-oblongues, ou lancéolées-elliptiques, longuement acuminées, cuspidées, inégalement dentelées, cotonneuses (d'un blanc tirant sur le jaune) en dessous, à
6-8 paires de nervures fines, distantes, glabrescentes en dessous,
subglanduleuses en dessus.

Rameaux d'un brun rougeâtre. Feuilles longues de 3 à 5 pouces, larges de 1 à 2 ¹/₂ pouces : les naissantes floconneuses en
dessus, les adultes glabres et d'un vert luisant en dessus. Pétiole
long de 4 à 6 lignes, cotonneux ainsi que les jeunes ramules.
Fleurs et fruits inconnus.

Cette espèce, originaire du Népaul, n'est introduite que depuis peu dans les établissemens horticulturaux de la capitale. Ses
feuilles, allongées et longuement acuminées, la font distinguer
sans peine de tous les Alisiers indigènes.

b) *Styles cotonneux à la base. Pétales légèrement barbus. Feuilles
adultes glabres ou presque glabres en dessous (les naissantes floconneuses en dessus, cotonneuses en-dessous.)*

ALISIER COMMUN (Pl. 9, fig. I.) — *Cratægus torminalis*

Linn. — Jacq. Austr. tab. 443. — Flor. Dan. tab. 798. — Loisel. in Duham. ed. nov. vol. 4, tab. 33 et 33 bis. — *Pyrus torminalis* Ehrh. — Engl. Bot. tab. 298. — Guimp. Holz. tab. 80. — *Sorbus torminalis* Crantz, Austr. p. 85.

Gemmes presque glabres. Feuilles pennatilobées ou incisées-anguleuses, acuminées, ovales ou ovales-oblongues (rarement cunéiformes-oblongues), à 3-7 paires de nervures distantes, sub-glanduleuses ; lobes acuminés ou pointus, doublement dentelés : les basilaires divariqués, ordinairement très-prolongés. Tube calicinal cotonneux : dents triangulaires, cuspidées, glabrescentes. Pyridions subglobuleux (de couleur orange, lavés de rouge) ou ovales-globuleux.

Buisson, ou arbre à tronc atteignant 25 à 30 pieds de haut. Écorce grisâtre. Tête ovale, touffue. Rameaux rougeâtres, ponctués de blanc. Bourgeons ovales ou ovales-oblongs, obtus, assez gros. Feuilles souvent longues d'environ 3 $^{1}/_{2}$ pouces, sur 4 pouces de large dans leur plus grand diamètre, ou bien, mais moins habituellement, plus longues que larges (c'est-à-dire que les lobes ou angles basilaires ne sont guère plus prolongés que ceux de la partie supérieure : Voyez Duham. ed. nov. vol. 4, tab. 33 bis.); luisantes et d'un vert gai en dessus, tantôt tout-à-fait glabres, tantôt légèrement pubescentes ou floconneuses en dessous. Pétioles longs de 1 à 2 pouces, couverts, ainsi que les pédoncules et les calices, d'un duvet floconneux non persistant. Fleurs de 4 à 5 lignes de diamètre. Pyridions hauts de 6 à 8 lignes, sur 4 à 6 lignes de diamètre, d'abord d'un brun verdâtre et fortement ponctués, puis de couleur orange lavée de rouge, enfin, par l'effet de la décomposition, d'un brun foncé.

Cet arbre, auquel s'applique d'une manière plus spéciale le nom d'*Alisier*, ou celui d'*Alisier des bois*, habite une grande partie de l'Europe australe et de l'Europe moyenne. Il est commun dans beaucoup de contrées en France, tant en plaine que sur les montagnes. Ses fruits, d'abord un peu astringents, se ramollissent et acquièrent une saveur douceâtre après les premières gelées. Il s'en fait dans certaines contrées une sorte de cidre. Nos anciens médecins les regardaient comme un excellent remède vermifuge. Le bois de l'Alisier est blanc, compacte, d'un grain fin, et conserve bien la couleur qu'on veut lui donner. On l'emploie au charronage ; on en fait des boîtes, des manches d'outils, et il est fort recherché par les tourneurs et par les menuisiers. Le pied cube de ce bois pèse près de 25 kilogrammes. Lorsqu'il est vert, il a une odeur forte et peu agréable, qui se maintient encore quelque temps après sa dessiccation.

SECTION II.

Dents calicinales dressées et presque conniventes pendant la floraison. Pétales dressés, onguiculés, concaves. Étamines conniventes, plus courtes que les pétales.—Feuilles à côte visiblement glanduleuse en dessus. Cymes très-denses, subpyramidales.

a) *Fleurs blanches:*

ALISIER FAUX ALLOUCHIER. — *Cratœgus Pseudaria* Spach, Monogr. ined.

Feuilles cotonneuses (blanchâtres) en dessous. Pédoncules floconneux. Calices cotonneux : dents triangulaires-lancéolées, subulées au sommet, de la longueur du tube, deux fois plus courtes que la corolle. Pétales elliptiques ou ovales-elliptiques, fortement laineux à la base.

Feuilles elliptiques, ou elliptiques-oblongues, ou ovales-elliptiques, obtuses ou courtement acuminées, rétrécies à la base, glabres et d'un vert luisant en dessus, couvertes (ainsi que les pétioles et les ramules) en dessous d'un duvet d'un blanc cendré : dentelures pointues ; nervures fines, rapprochées, au nombre d'environ 10 paires, parsemées en dessus, ainsi que la côte, d'un grand nombre de glandules jaunâtres, allongées. Pétiole long de 2 à 4 lignes. Cymes larges de 1 à 1 ½ pouce. Pétales longs d'environ 3 lignes. Fruits non observés.

Cet Alisier, confondu jusqu'aujourd'hui avec l'*Allouchier*, auquel il ressemble par le feuillage, croît sur les collines calcaires du département de la Côte-d'Or, et probablement dans d'autres contrées de la France.

b) *Fleurs roses.*

ALISIER NAIN. — *Cratægus Chamæmespilus* Jacq. Austr. tab. 234. — *Mespilus Chamæmespilus* Linn. —Guimp. Holz. tab. 70. — *Pyrus Chamæmespilus* Ehrh. —*Aronia Chamæmespilus* Reichenb.

Feuilles acuminées , doublement dentelées : les naissantes poilues aux bords, les adultes glabres aux deux faces. Pédoncules floconneux. Tube calicinal cotonneux à sa partie adhérente ; limbe glabre en dehors ; dents triangulaires-lancéolées, subulées au sommet, cotonneuses en dessus, de la longueur du tube, de moitié plus courtes que la corolle. Pétales obovales, crénelés , laineux à la base : lame à peine 2 fois plus longue que l'onglet. Pyridion (d'un rouge tirant sur l'orange) subglobuleux.

Buisson haut de 3 à 4 pieds. Rameaux bruns, verruqueux. Ramules légèrement velus. Feuilles adultes longues de 2 à 2 ½ pouces, d'un vert gai en dessus, pâles et réticulées en dessous, elliptiques, ou elliptiques-oblongues, ou lancéolées-elliptiques, ou lancéolées, ou lancéolées-obovales, ou obovales ; nervures 6 à 8 paires, filiformes, parsemées en dessus (ainsi que la côte) de nombreuses glandules allongées, brunâtres. Pétiole long de 2 à 3 lignes. Cymes très-denses, petites, plus hautes que larges, à peine d'un pouce de diamètre, recouvertes par les feuilles. Pétales, y compris l'onglet, longs de 2 lignes. Pyridion haut de 4 à 5 lignes. Graines d'un brun roux, de la grosseur de celles du Poirier commun.

Cet Alisier, commun dans les Alpes , se cultive comme arbuste d'agrément. Ses fruits , mûrs en août, sont assez bons à manger.

Genre POIRIER. — *Pyrus* Tournef.

Calice semi-adhérent, urcéolé, très-évasé au-dessus de l'ovaire ; limbe quinquéfide : segmens réfléchis, ou étalés et recourbés pendant la floraison, persistans, marcescens, non-connivens après l'anthèse, séparés par des sinus arrondis. Pétales 5, étalés, concaves, glabres (par exception barbus au-dessus de l'onglet), plus longs que les étamines. Filets divergents. Ovaire à 5 loges biovulées. Styles 5, libres (par exception cohérents de la base jusque vers le milieu moyennant un duvet laineux). Stigmates obliques. Pyridion à 5 loges 1-2-spermes : endocarpe cartilagineux.

Arbres ou buissons. Ramules souvent spinescents : les florifères très-courts, disposés le long des vieux rameaux. Feuilles simples, très-entières ou dentelées, réticulées; côtes et nervures latérales peu saillantes, non glanduleuses; pétiole souvent presque aussi long que la lame, ou plus long. Stipules et bractéoles sétacées ou subulées, caduques. Corymbes simples ou rameux. Fleurs grandes, répandant une odeur forte peu agréable. Corolle blanche. Anthères rouges ou violettes avant l'anthèse. Fruits gros, ordinairement turbinés ou pyriformes.

Ce genre, tel que nous venons de le caractériser, ne renferme que les *Poiriers proprement dits*, tous indigènes dans les contrées tempérées du nord de l'ancien continent.

Sans aucun doute, la culture des *Poiriers* remonte jusqu'à Homère; dans les jardins d'Alcinoüs, l'arbre cité sous le nom d'ὄχνη appartient à ce genre. Les Latins connaissaient déjà plusieurs variétés de Poires: la *Poire Crustumium*, la *Poire de Syrie* et le *Volemum*, cités par Virgile, ont été comparées, sans raison suffisante, à la *Poire Perle*, à la *Bergamotte* et au *Bon-Chrétien*.

Théophraste observe que la fécondité des Poiriers augmente avec leur vieillesse, tandis que Pline affirme arbitrairement que les Poiriers croissent vite et durent peu. Il existe des Poiriers auxquels on attribue trois siècles d'âge, et qui sont encore très-productifs.

Parmi les fruits à pépins, les Poires occupent le premier rang. On les sert toute l'année sur nos tables. Les Poires précoces mûrissent à la fin de juin ou en juillet, et continuent jusqu'au mois d'octobre, où l'on cueille les Poires d'automne; à la fin du même mois, ou dans les premiers jours de novembre, on rentre les Poires d'hiver, qui mûrissent dans le fruitier. Pour conserver les Poires au delà du

terme ordinaire, on les entasse d'abord pendant vingt-quatre heures, et quelquefois plus, quelquefois moins, suivant
la température, dans le fruitier, jusqu'à ce qu'elles soient
bien chargées d'humidité; puis on les essuie avec un linge,
et on les expose à un courant d'air. Lorsqu'elles sont bien
séchées, on les enveloppe chacune de papier; on les range
dans des tiroirs ou sur les planches d'une armoire, à distance
les unes des autres, pour les garantir des gelées et de l'humidité. De la sorte les *Poires de Saint-Germain* se conservent jusqu'en avril, et les Poires tardives dans la même
proportion.

Les Poires à chair fondante et sucrée ont des propriétés
rafraîchissantes et légèrement laxatives, tandis que celles
dont la chair est dure et âpre sont astringentes. On mange
les Poires en compote; on les confit dans le sucre ou l'eau-
de-vie; on les fait sécher au four de différentes manières :
les *Poires tapées* sont une préparation de ce genre. En
coupant les Poires par tranches, et en les infusant dans l'eau
jusqu'à ce que la fermentation s'établisse, on obtient un cidre assez agréable. Le raisiné est une sorte de confiture éco-
nomique, dont le sucre ne fait point partie; il se compose,
soit de Poires et de vin doux, soit de Poires seulement; quelquefois le vin doux se remplace par un sirop extrait des pe-
lures de Poires bouillies dans l'eau.

Avec les mêmes procédés qu'on met en usage pour faire
le cidre, on obtient le *poiré*, qui se fabrique cependant presque toujours sans eau, parce que les Poires contiennent
beaucoup plus de jus que les Pommes. Les fruits les plus
âpres donnent le meilleur suc. On n'ajoute de l'eau que lorsqu'on se propose de boire la liqueur immédiatement après
la fermentation. On récolte les Poires à poiré à deux époques différentes : les Poires tendres en septembre et les Poires dures en octobre. Il n'est pas nécessaire de laisser mûrir
les Poires autant que les Pommes; dès qu'une odeur spéciale annonce leur maturité prochaine, elles sont bonnes à

piler. Il faut avoir soin de rejeter les fruits pourris et mous. Le poiré est moins estimé que le cidre, parce qu'il est capiteux et qu'il attaque les nerfs. Sa saveur est agréable pourtant; il est très-apéritif, et bon pour les personnes qui ont trop d'embonpoint et pour celles qui sont menacées d'hydropisie. La couleur du poiré ressemble beaucoup à celle du vin blanc; aussi sert-il à quelques marchands de vin pour faire des mélanges. Le poiré ne se conserve pas autant que le cidre, à moins d'être mis en bouteilles, dans lequel cas il pétille comme du vin de Champagne. Distillé, il donne une eau-de-vie meilleure que celle extraite du cidre. Converti en vinaigre, il approche de celui qu'on fabrique avec du vin blanc, et se vend quelquefois à la place de cette dernière sorte. Les avantages incontestables des *Poiriers à poiré* devraient engager peut-être les cultivateurs à s'en occuper davantage. Les Poiriers en général, par la disposition spéciale de leurs branches redressées, donnant moins d'ombre que les Pommiers, nuisent peu aux productions qu'on cultive au-dessous.

Le bois des Poiriers est pesant, d'un grain uni et d'une couleur rougeâtre; les vers ne l'attaquent point. Teint en noir, il ressemble complétement à l'Ebène. Il se fend rarement, aussi est-ce un des meilleurs, après le Buis et le Cormier, qu'on puisse employer pour la gravure et la sculpture en bois. Dans l'enfance de cet art en Grèce, un tronc de Poirier, inhabilement dégrossi, remplissait l'office d'une statue divine : ainsi Pausanias rapporte que, dans le principe, la statue de Junon à Argos n'était autre chose qu'un simulacre grossier en bois de Poirier sauvage. On recherche même ce bois, à cause de sa dureté et du poli qu'il prend, pour les ouvrages de tour et les outils de menuiserie. Les luthiers en font des bassons, des flûtes et d'autres instruments; les charpentiers s'en servent pour les menues pièces des rouages des moulins; les menuisiers, pour en faire des meubles, et les ébénistes pour la marqueterie. Le bois des Poiriers cultivés et des Poiriers sauvages est également bon pour le chauffage; il brûle en donnant un feu vif, qui répand beaucoup de chaleur.

Les Poiriers sont moins difficiles que les Pommiers, sur la nature du sol. Ils prospèrent dans les terrains secs et pierreux, et enfoncent leurs racines jusque dans les fentes des rochers. Les gelées printanières cependant diminuent souvent ou font manquer la récolte des Poiriers. Une chaleur excessive, une humidité continue, leur sont aussi nuisibles. Dans les années pluvieuses, les Poires prennent un goût fade; dans les années sèches, leur chair devient pierreuse et le fruit ne grossit pas.

Les Poiriers se multiplient, comme les Pommiers, de graines, de drageons et de greffes. Ceux qu'on élève de graines ne sont communément que des sauvageons, dont les fruits ont une saveur âpre. La greffe, au contraire, conserve et propage les bonnes variétés. Les semis se font ordinairement avec les pepins contenus dans le marc du poiré. La greffe se pratique en écusson à œil dormant, sur de très-jeunes sujets, si l'on veut avoir des arbres d'une taille médiocre et d'une prompte fructification; on prend des sujets de trois ou de quatre ans, si l'on désire des arbres plus élevés. Les Poiriers destinés à former des espaliers se greffent sur Co ignassier. M. Poiteau conseille de ne greffer le Poirier qu'à six ou huit pouces au-dessus de terre; on y trouve, dit-il, un double avantage : si la tige vient à être rompue, on peut rétablir l'arbre, à moins que la fracture n'ait lieu au-dessous de la greffe, ce qui arrive rarement. L'exposition du levant convient aux fruits précoces et même aux fruits d'été, qu'on peut également placer à celle du couchant; mais il faut l'exposition du midi pour les fruits d'hiver. Les Poiriers greffés sur Coignassier préfèrent l'exposition du levant et du couchant. Quand on les place au midi, il faut mettre une planchette ou ardoise devant le tronc, pour le préserver des rayons du soleil pendant les grandes chaleurs.

« Nous invitons les amateurs, dit M. Poiteau, à essayer de

» greffer les Poiriers d'une vigueur modérée, tels que le
» *Doyenné* et le *Beurré*, sur le *Coignassier de Chine*,
» pour voir s'ils ne pourraient pas obtenir des Poiriers à
» peu près aussi nains qu'un Pommier greffé sur *Paradis*. »

Dans le nord de la France, les Poiriers fleurissent généralement vers le milieu d'avril et au commencement de mai.
Ces arbres ne méritent pas moins une place dans les plantations d'agrément que dans les jardins fruitiers. Nous allons
décrire toutes les espèces connues.

SECTION Ire.

Poiriers cultivés comme arbres fruitiers.

Dans cette section, nous réunissons, sans les caractériser, toutes
les espèces ou variétés à fruits appelés vulgairement *Poires à
couteau*. Nous sommes loin de croire, comme la plupart des auteurs, que ces Poiriers sont des variétés du *Poirier commun
sauvage*. Il en est, sans contredit, un certain nombre qui doivent être rapportées aux espèces de la section suivante, soit
comme variétés, soit comme hybrides. D'autres, au contraire,
nous semblent constituer des espèces très-distinctes.

Le nombre des *Poires à couteau* est fort considérable. Le catalogue des arbres fruitiers du Jardin de la Société horticulturale
de Londres en énumère plus de six cents. Nous nous bornerons à
l'indication de celles qu'on cultive le plus généralement en France.
Les lecteurs curieux de plus amples détails à ce sujet, les trouveront
dans les excellents traités spéciaux de Duhamel, de MM. Loiseleur Deslongschamps, Poiteau et Turpin, Noisette, et Jaume Saint-
Hilaire.

Poire Amiré Joannet, Duham. Arb. Fr. 2, p. 125. — Cette
  Poire est la plus hâtive de toutes : elle mûrit dès la Saint-
  Jean.

Poire Petit Muscat, ou *Sept-en-gueule*, Duham. Arb. Fr. 2,
  p. 119, tab. 1. — Nois. Jard. Fruit. tab. 26. — Fruit arrondi, très-petit, d'un goût agréable ; mûr dans le courant de
  juillet.

Poire Muscat Robert, ou *Gros Saint-Jean musqué,* Nois. Jard.
Fruit. tab. 26. — Duham , Arb. Fr. 2 , p. 120, tab. 2. —
Fruits plus gros que ceux du précédent, tendres, sucrés , mûrs
vers la mi-juillet. Le *Muscat fleuri* et le *Muscat royal* sont
deux autres Poires hâtives, plus petites que le *Muscat Robert.*

Poire Aurate , Nois. Jard. Fruit. tab. 26. — Fruit petit , turbiné , tendre, un peu musqué , mûr à la fin de juillet.

Poire Petit Blanquet, ou *Poire à perle.*—Petit fruit subglobuleux, musqué, mûr à la fin de juillet.

Poire Blanquette à longue queue , Nois. Jard. Fruit. tab. 27.
— Fruit petit, pyriforme , blanchâtre , sucré , mûr au commencement d'août.

Poire Blanquet, ou *Gros Blanquet, Roi-Louis,* Duham. Arb.
Fruit. 2 , p. 129. — Fruit moyen, pyriforme , sucré , mûr à
à la fin de juillet.

Poire Madeleine, ou *Citron des Carmes ,* Duham. Arb. Fr. 2 ,
p. 124 , tab. 4. — Nois. Jard. Fruit. tab. 26. — Fruit
moyen , turbiné, fondant, parfumé, mûr à la fin de juillet.

Poire Cuisse-Madame , Nois. Jard. Fruit. tab. 27. — Fruit
moyen , allongé, fondant, un peu musqué , mûr fin juillet.

Poire d'Épargne , ou *Beau présent, Grosse Cuisse-Madame ,*
Duham. Arb. Fr. 2 , p. 133, tab. 7. — Nois. Jard. Fruit.
tab. 27. — Fleurs grandes. Fruit moyen, très-allongé, vert,
fondant, mûr à la fin de juillet.

Poire Bellissime d'été, ou *Suprème,* Poiteau. — Fruit gros, en
forme de calebasse ; chair parfumée , demi-beurrée, d'une saveur agréable, mûr à la fin de juillet.

Poire Bellissime d'automne , ou *Vermillon, Suprème , Petit
Certeau,* Nois. Jard. Fruit. tab. 27. — Fruit moyen, très-
allongé, d'un rouge foncé, demi-fondant, sucré, mûr fin d'octobre.

Poire Bellissime d'hiver, ou *Téton de Vénus ,* Duham. Arb.
Fr. 2 , p. 134. — Fruit gros, presque rond , jaune et rouge,
tendre, mûr de février à mai.

Poire Ognonnet, ou *Archiduc d'été, Amiré rouge, Poire Ognon,* Nois. Jard. Fruit. tab. 27. — Fruit moyen, turbiné, jaune et rouge vif, demi-cassant, mûr au commencement d'août.

Poire Salviati, Nois. Jard. Fruit. tab. 28. — Fruit moyen, rond, jaune et rouge clair, demi-fondant, sucré, très-parfumé, mûr en août.

Poire Orange tulipée, ou *Poire aux mouches,* Nois. Jard. Fruit. tab. 39. — Fruit moyen, vert et brun, rayé de rouge clair et marbré de gris, demi-cassant, mûr en septembre.

Poire Orange rouge d'automne, Nois. Jard. Fruit. tab. 31. — Fruit semblable au précédent, gris et rouge vif, cassant, sucré, musqué, mûr en août.

Poire Orange d'hiver, Nois. Jard. Fruit. tab. 29. — Fruit moyen, rond, vert, cassant, musqué, mûr en février et mars.

Poire Gros Rousselet, ou *Roi d'été,* Nois. Jard. Fruit. tab. 30. — Fruit moyen, pyriforme, vert foncé et rouge-brun, demi-cassant, parfumé, mûr en septembre.

Poire Rousselet de Reims, ou *Petit Rousselet,* Duham. Arb. Fruit. 2, p. 147, tab. 11. — Nois. Jard. Fruit. tab. 31. — Fruit petit, vert foncé, rouge-brun, demi-fondant, musqué, mûr au commencement de septembre ou dès la fin d'août. — Le *Rousselet hâtif* ou *Poire de Chypre* est mûr dès la fin de juillet.

Poire Rousselet d'hiver, Nois. Jard. Fruit. tab. 29. — Fruit petit, mûr en février et mars.

Poire sans peau, ou *Fleur de Guignes,* Nois. Jard. Fruit. tab. 28. — Fruit moyen, pyriforme, vert et jaune, tacheté de rouge, fondant, parfumé, mûr au commencement d'août.

Poire Cassolette, ou *Muscat vert, Friolet, Lèche-Friand,* Nois. Jard. Fruit. tab. 30. — Duham. Arb. Fruit. 2, p. 160, tab. 18. — Fruit petit, cassant, tendre, sucré, musqué, vert clair et rouge, mûr à la fin d'août.

Poire Epine d'été, ou *Fondante, Musquée, Satin vert,* Duham. Arb. Fruit. 2, p. 182, tab. 30. — Nois. Jard. Fruit. tab. 37.

—Fruit moyen, pyriforme, allongé, vert, très-musqué, mûr au commencement de septembre.

Poire Robine, ou *Royale d'été,* Nois. Jard. Fruit. tab. 36. — Fruit moyen, turbiné, court, jaune-piqueté, demi-cassant, sucré, musqué, mûr en août.

Poire Épine rose, ou *Poire de Rose,* Duham. Arb. Fr. 2, p. 176. — Nois. Jard. Fruit. tab. 44. — Fruit gros, sphérique, jaune et rouge clair, demi-fondant, musqué, sucré, mûr en août.

Poire Epine d'hiver, Duham. Arb. Fruit. 2, p. 184, tab. 44, fig. 3. — Nois. Jard. Fruit. tab. 35. — Fruit gros, allongé, vert pâle, fondant, sucré.

Poire Bon-Chrétien d'été, Gracioli, Duham. Arb. Fruit. 2, p. 219, tab. 47, fig. 4. — Nois. Jard. Fruit. tab. 40 et 41. — Fruit moyen, subpyramidal, obliquement tronqué au sommet, bosselé, jaune et rouge clair, cassant, sucré, mûr en septembre.

Poire Bon-Chrétien d'hiver, ou *Poire d'angoisse,* Nois. Jard. Fruit. tab. 42. — Duham. Arb. Fruit. 2, p. 212, tab. 45. — Fruit gros, d'un jaune verdâtre légèrement lavé de rouge; chair ferme, grenue, sucrée. Mûrit en février et se conserve jusqu'en mai. Le *Bon-Chrétien d'Auch* ne diffère du *Bon-Chrétien d'hiver* qu'en ce qu'il mûrit en novembre et décembre.

Poire Beurré gris, Duham. Arb. Fr. 2, p. 196, tab. 38. — Fruit vert et gris, très-fondant, sucré, mûr en septembre.

Poire Beurré blanc, ou *Doyenné blanc, Saint-Michel,* Duham. Arb. Fruit. 2, p. 205, tab. 43.—Nois. Jard. Fruit. tab. 40 et 41.—Fruit gros, presque rond, très-sucré, mûr en septembre.

Poire d'Angleterre, ou *Beurré d'Angleterre,* Duham. Arb. Fruit. 2, p. 197, tab. 39. — Nois. Jard. Fruit. tab. 39. — Fruit moyen, ovoïde, allongé, gris, fondant, mûr en septembre.

Poire Beurré romain, Lois. Nouv. Duham. 6, p. 210, tab. 61.
— Fruit ovoïde, d'un jaune clair, demi-fondant, sucré, parfumé, mûr à la fin de septembre.

Poire Bergamotte d'été, ou *Milan blanc*, *Poire de la Beuvrière*, Nois. Jard. Fruit. tab. 30. — Fruit gros, turbiné, vert gai et roux, presque fondant, acidule, mûr au commencement de septembre.

Poire Bergamotte d'automne, Nois. Jard. Fruit. tab. 29. — Duham. Arb. Fruit. 2, p. 165, tab. 21, et tab. 19, fig. 7.— Fruit gros, turbiné, déprimé, jaune et rouge brun, fondant, sucré, parfumé, mûrit d'octobre à décembre.

Poire Culotte de Suisse, ou *Verte longue panachée*, Lois. Nouv. Duham, v. 6, p. 210, tab. 68, fig. 1.—Fruit allongé, vert, panaché de bandes jaunes; chair fondante, sucrée, musquée. Mûrit à la fin de septembre.

Poire Bergamotte Sylvange, Nois. Jard. Fruit. tab. 55. — Fruit gros, fondant, sucré, mûr en novembre et décembre.

Poire Bergamotte de Fagues ou *d'hiver*, Nois. Jard. Fruit. tab. 33. — Fruit gros, court, turbiné, vert, demi-fondant, mûr en janvier.

Poire Bergamotte de Hollande ou *d'Alençon*, *Amoselle*, Duham. Arb. Fr. v. 2, p. 170, tab. 25. — Nois. Jard. Fruit. tab. 34. — Fruit très-gros, aplati, jaune clair, demi-cassant, d'une saveur relevée, très-tardif; se garde jusqu'en juin.

Poire Bergamotte-crassane, ou *Crassane*, *Crésane*, Duham. Arb. Fruit. 2, p. 166, tab. 22.—Nois. Jard. Fruit. tab. 32. — Fruit gros, arrondi, ombiliqué à la base, gris-vert, très-fondant, sucré. Cette Poire, l'une des meilleures que l'on possède, commence à mûrir à la fin d'octobre et peut se conserver pendant les mois de novembre et de décembre.

Poire cassante de Brest, ou *Chéneau*, Nois. Jard. Fruit. tab. 28. — Fruit moyen, turbiné, allongé, vert gai et rouge clair, cassant, sucré, parfumé, mûr au commencement de septembre.

Poire Sucré vert, Nois. Jard. Fruit. tab. 37. — Fruit moyen, allongé, vert, fondant, sucré, mûr vers la fin d'octobre.

Poire Belle de Bruxelles, ou *Belle d'août*. — Fruit superbe, mûr en août.

Poire Angélique de Bordeaux, ou *Saint-Marcel, gros Franc-Réal*, Nois. Jard. Fruit. tab. 41. — Fruit gros, turbiné, à longue queue, fondant, sucré, mûr en janvier et février.

Poire Angélique de Rome, Nois. Jard. Fruit. tab. 42. — Fruit moyen, fondant, mûr en automne.

Poire Jargonelle, Nois. Jard. Fruit. tab. 38. — Fruit moyen, turbiné, jaune et rouge vif, demi-cassant, musqué, de qualité médiocre, mûr au commencement de septembre.

Poire Messire Jean, ou *Chaulis*, Duham. Arb. Fruit. 2, p. 173, tab. 26. — Nois. Jard. Fruit. tab. 34. — Fruit gros, turbiné, presque rond, cassant, sucré, très-bon, mûr en octobre.

Poire Chaumontel, ou *Bézi de Chaumontel*, Duham. Arb. Fruit. 2, p. 199, tab. 40.—Nois. Jard. Fruit. tab. 39.—Fruit gros, diversiforme, fondant, sucré, excellent, mûr de novembre à janvier.

Poire Bézi de la Motte, Duham. Arb. Fruit. 2, p. 206, tab. 44, fig. 6. — Nois. Jard. Fruit. tab. 35. — Fruit gros, renflé à la base, roux, très-coloré du côté du soleil, cassant, sucré, mûr en octobre et novembre.

Poire Bézi de Montigny. — Nois Jard. Fruit. tab. 35. — Fruit moyen, jaune, fondant, musqué, mûr au commencement d'octobre.

Poire Frangipane, Nois. Jard. Fruit. tab. 41. — Fruit moyen, d'un beau jaune, fondant, sucré, mûr vers la fin d'octobre.

Poire Jalousie, Nois. Jard. Fruit. tab. 41. — Duham. Arb. Fr. 2, p. 225, tab. 52.— Fruit gros, allongé, renflé, roux, très-fondant, mûr vers la fin d'octobre.

Poire de râteau.—Fruit très-gros, turbiné, blanc-verdâtre d'un côté, rougeâtre de l'autre, propre à orner les desserts pendant une partie de l'hiver.

Poire de jardin, Nois. Jard. Fruit. tab. 29. — Fruit gros, arrondi, jaune d'un côté et rouge de l'autre, cassant, sucré, mûr en décembre.

Poire Rousseline, Nois. Jard. Fruit. tab. 31. — Fruit petit, turbiné, sucré, musqué, demi-fondant, mûr en novembre.

Poire Marquise, Nois. Jard. Fruit. tab. 32. — Fruit gros, pyramidal-allongé, jaune, fondant, sucré, mûr en novembre et décembre.

Poire Mansuette solitaire, Nois. Jard. Fruit. tab. 43. — Fruit gros, pyramidal, vert et jaune, demi-fondant.

Poire Martin-Sire, ou *Ronville*.—Fruit pyriforme, vert-clair, cassant, sucré, mûr en janvier.

Poire Martin-Sec, ou *Rousselet d'hiver*, Nois. Jard. Fruit. tab. 32. — Duham. Arb. Fr. 2, p. 152, tab. 14. — Fruit moyen, pyriforme, allongé, roussâtre et rouge vif, cassant, sucré, mûr de novembre à janvier. Cette Poire est l'une des meilleures à manger cuite.

Poire Virgouleuse, ou *Poire-glace*, Nois. Jard. Fruit. tab. 32. — Duham. Arb. Fr. 2, p. 224, tab. 51. — Fruit gros, allongé, jaune, tendre, fondant, parfumé, mûr de novembre à février.

Poire Saint-Germain, Nois. Jard. Fruit. tab. 40. — Duham. Arb. Fruit. 2, p. 212, tab. 45. — Fruit pyramidal-allongé, vert, fondant, mûr de novembre à avril.

Poire Pastorale, ou *Musette d'automne*, *Petit râteau*, Nois. Jard. Fruit. tab. 40. — Fruit gros, très-allongé, jaune, demi-fondant, mûr d'octobre à décembre.

Poire Lansac, ou *Satin*, *Dauphine*, Nois. Jard. Fruit. tab. 36. — Fruit jaune, presque rond, fondant, sucré, mûr depuis octobre jusqu'en janvier.

Poire Royale d'hiver, Nois. Jard. Fruit. tab. 38. — Duham. Arb. Fruit. 2, p. 191, tab. 35. — Fruit subglobuleux ou

turbiné, jaune et rouge, fondant, sucré, mûr de décembre à
février.

Poire Echassery, ou *Bézy de Chassery*, Nois. Jard. Fruit. tab.
37.— Fruit ovale, fondant, sucré, musqué, mûr de novembre à
février.

Poire Ambrette, Nois. Jard. Fruit. tab. 34. — Fruit moyen,
rond, blanchâtre, fin, fondant, sucré, musqué; mûrit de novembre à février.

Poire Bézy de Caissoy, ou *Roussette d'Anjou*, Nois. Jard.
Fruit. tab. 34.—Fruit petit, subglobuleux, jaune-brun, tendre,
fondant, sucré; mûrit de novembre à février.

Poire Double-fleur, ou *Arménie*, Nois. Jard. Fruit. tab. 36.—
Fruit gros, rond, jaune, bon à manger cuit.

Poire Colmar, ou *Poire-manne*, Nois. Jard. Fruit. tab. 32. —
Duham. Arb. Fruit. p. 222, tab. 50. — Fruis très-gros, py-
ramidal-tronqué, vert et rouge, léger, fondant, sucré. Cette
Poire, mûre en janvier, février et mars, est l'une des meilleures que l'on possède.

Poire Passe-Colmar. — Fruit gros, un peu allongé, jaune-citron, succulent, très-sucré, mûr de décembre à février.

Poire impériale à feuilles de Chéne, Nois. Jard. Fruit. tab. 33.
— Fruit mûr en mars et avril, semblable à la *Poire Virgouleuse*.

Poire Catillac, Nois. Jard. Fruit. tab. 43. — Duham. Arb.
Fruit. 2, p. 233, tab. 58, fig. 4. — Fruit très-gros, pyriforme, jaune et rouge-brun, cassant, acerbe. Cette Poire, qui
se conserve tout l'hiver, est très-estimée pour faire des compotes.

Poire Livre, ou *Gros râteau gris*, Duham. Arb. Fruit. 2, p. 235.
— Fruit très-gros, vert-jaunâtre, pointillé de gris, ferme,
acerbe, très-bon cuit, mûr en décembre, janvier et février.

Poire Trésor d'amour, Duham. Arb. Fruit. 2, p. 236. —
Fruit très-gros, jaune-citron, doux, bon à cuire depuis décembre jusqu'en mars.

Poire Tonneau, Nois. Jard. Fruit. tab. 43. — Duham. Arb.
Fruit. 2, p. 237, tab. 58, fig. 5. — Fruit très-gros, en forme
de tonneau, jaune et rouge vif, bon à cuire en février et mars.

Poire Chaptal, Nois. Jard. Fruit. tab. 45. — Fruit gros, pyramidal, vert-jaunâtre, bon à cuire pendant tout l'hiver.

Poire de Naples, Nois. Jard. Fruit. tab. 36. — Fruit moyen,
en forme de calebasse, jaune, lavé de rouge-brun, demi-cassant, sucré, mûr en février et mars.

Poire Chat brûlé. — Fruit moyen, pyriforme, allongé, jaune
et rouge vif; très-bon à cuire en février et mars.

Poire Muscat Lalleman, Nois. Jard Fruit. tab. 38. — Fruit
très-gros, ventru, gris et rouge, fondant, musqué, mûr en
mars, avril et mai.

Poire de quarante onces, Lois. Nouv. Duham. v. 6, p. 240,
tab. 74, fig. 3. — « Excepté le *Bon-Chrétien d'hiver* et la
» *Poire d'amour*, dit M. Loiseleur, qui approchent de la gros-
» seur de cette Poire, toutes les autres lui sont bien inférieu-
» res ; son nom lui vient de la pesanteur qu'elle acquiert sou-
» vent. Sa chair est blanche, ferme, cassante, d'une odeur
» agréable, mais d'une saveur acerbe qui ne permet guère de
» la manger crue ; cuite, elle devient rouge et acquiert une sa-
» veur sucrée fort agréable. Ce beau fruit nous a été commu-
» niqué par M. Audibert, qui la cultive dans ses pépinières à
» Tonnelle près Tarascon. »

SECTION II.

*Corymbes simples ou quelquefois un peu rameux. Pétales non-
laineux au-dessus de l'onglet. Anthères d'un pourpre-violet
avant l'anthèse. Styles libres. — Côte des feuilles non-
glanduleuse.*

R) *Styles légèrement pubescents à leur partie inférieure.*

POIRIER COMMUN. — *Pyrus communis* Linn. — Engl. Bot.
tab. 1784. — Lois. in Duham. ed. nov. vol. 6, tab. 59. —
Guimp. Holz. tab. 75. — Schk. Handb. tab. 134. — Gært. Fruct.

tab. 87. — Reit. et Ab. tab. 21. — *Pyrus communis α Achras* Wallr.

Feuilles ovales ou ovales-lancéolées, acuminées, finement dentelées, longuement pétiolées : les naissantes laineuses ou floconneuses (ainsi que les pédicelles et les calices) en dessous, les adultes très-glabres. Corymbes simples, lâches; pédicelles plus longs que les calices. Segments calicinaux triangulaires-lancéolés, subulés au sommet; de moitié plus courts que la corolle. Pétales elliptiques. Styles de la longueur des étamines. Pyridions turbinés, prolongés sur leur pédoncule.

Arbre pyramidal, atteignant 30 à 40 pieds de haut, sur 6 à 8 pieds de circonférence. Écorce crevassée. Ramules spinescents. Feuilles longues de 1 à 3 pouces, fermes, luisantes, d'un vert gai, réticulées : pétiole aussi long ou quelquefois plus long que la lame. Corymbes 6-12-flores; pédicelles grêles, longs de 12 à 15 lignes. Corolle d'un pouce de diamètre. Pyridions d'abord d'un vert clair, jaunâtres lors de la maturité, ponctués de gris, hauts de 12 à 15 lignes, sur à peu près autant de diamètre; chair blanche, ferme, très-acerbe avant la parfaite maturité.

Ce Poirier croît dans les forêts d'une grande partie de l'Europe. Il fleurit vers la fin d'avril; ses fruits mûrissent en août et en septembre, mais ils ne deviennent mangeables que lorsqu'ils commencent à se décomposer : dans les contrées où ils abondent, on en fait du poiré. Le bois du Poirier sauvage est rougeâtre, dur, pesant, d'un tissu très-uni et très-serré; il prend bien la couleur noire, et ressemble alors à l'ébène. Les menuisiers, les ébénistes et les tourneurs l'emploient fréquemment. Duhamel dit qu'après le bois de Cormier, c'est le meilleur dont on puisse faire usage pour la gravure.

POIRIER A FRUITS DURS. — *Pyrus Achras* Gærtn. Fruct. tab. 87. — *Pyrus communis β Pyraster* Wallr.

Feuilles ovales-orbiculaires ou elliptiques-orbiculaires, courtement acuminées, finement dentelées, plus courtes que leur pétiole : les naissantes floconneuses aux bords; les adultes très-glabres. Pédicelles velus. Calices cotonneux : segments triangulaires, cuspidés, une fois plus courts que la corolle. Pétales elliptiques-orbiculaires. Styles un peu plus longs que les étamines. Pyridion subglobuleux.

Arbre semblable par le port au *Poirier commun.* Feuilles fermes, luisantes, d'un vert foncé, longues de 1 ¼ à 2 pouces, sur presque autant de large. Fruit petit, globuleux, très-pierreux.

Cette espèce, que l'on confond ordinairement avec la précédente, croît dans les mêmes contrées.

POIRIER DE CHINE. — *Pyrus sinensis* Lindl. in Bot. Reg. tab. 1248. — *Pyrus communis* Lour. Flor. Cochinch.

Feuilles lancéolées-elliptiques ou cordiformes, courtement acuminées, dentelées, luisantes, glabres. Corymbes simples ; pédicelles épais, très-longs. Calices glabres en dedans et en dehors. Pyridions pomiformes, verruqueux, osseux.

Arbre semblable au *Poirier commun.* Rameaux plus forts, d'un vert pâle ou d'un brun verdâtre. Feuilles grandes, presque persistantes. Fleurs de près de 2 pouces de diamètre. Fruit acerbe, très-pierreux.

Cet arbre, originaire de la Chine, est cultivé depuis 1820 dans le jardin de la Société horticulturale de Londres. Son fruit n'est pas mangeable, mais ses fleurs et son feuillage sont très-élégants.

b) *Styles à peine plus longs que le tube calicinal, plus ou moins laineux au-dessous de leur partie moyenne.*

POIRIER SAUGER. — *Pyrus salvifolia* De Cand. Fl. Franç. in adn. (non Lindl. in Bot. Reg. tab. 1482.)

Feuilles lancéolées, ou lancéolées-elliptiques, ou lancéolées-oblongues, ou lancéolées-obovales, ou obovales, ou ovales, ou ovales-elliptiques, acuminées, très-entières ou dentelées, ordinairement 2 à 4 fois plus longues que leur pétiole : les naissantes veloutées en dessus, fortement laineuses en dessous ; les adultes glabres en dessus, cotonneuses-incanes ou floconneuses en dessous. Corymbes rameux. Pyridions longuement pédonculés, obovés-turbinés, prolongés sur leur pédoncule.

Arbre ayant le port du *Poirier commun.* Ramules inermes. Feuilles longues de 2 à 4 pouces, sur 6 à 26 lignes de large, de forme très-variable, mais toujours plus ou moins cotonneuses en dessous, même à l'époque de la maturité du fruit. (Nous n'avons pas eu occasion d'observer les fleurs.) Pyridions gros, jaunâtres, hauts de 2 pouces et plus, astringents.

Ce Poirier est fréquemment cultivé dans l'Orléanais sous le nom de *Poirier Sauger,* et dans le département de Seine-et-Oise sous celui de *Poirier de Cirole.* Plusieurs cultivateurs l'appellent aussi *Poirier à feuilles de Laurier.* On regarde son fruit comme l'un des meilleurs pour la fabrication du poiré. Nous joignons ici, d'après M. Poiteau, la nomenclature de quelques autres Poiriers réputés bons au même usage. Nous ignorons si ce sont des variétés du *Poirier Sauger* ou du *Poirier commun,* ou bien des espèces particulières.

Le MOQUE FRIAND, *rouge et blanc.* — Le ROBIN ou GRIS COCHON. — Le GRÉAL. — Le RAGUENET, un des plus productifs et donnant un poiré excellent. — Le POIRIER D'ANGOISSE, HECTOT ou de MIER. — Le POIRIER DE CHEMIN. — La GRIPPE, *grosse, petite* et *d'auge.* — Le GROS VERT. — Le CARISI, *rouge* et *blanc.* — Le BILLON, BINNETOT, ou de BRANCHE, une des meilleures et des plus fertiles espèces. — Le LANTRICCOTIN, CROCHET DE FER, ou POIRIER DE ROUX. — Le GROSMÉNIL. — Le SABOT, très-productif. — Le POIRIER DE MAILLOT.

POIRIER DE MICHAUX. — *Pyrus Michauxii* Bosc, in Poir. Suppl. 4, p. 432. — *Pyrus sinaica* Guimp. et Hayn. Fremd. Holz. tab. 127 (non Thouin).

Feuilles ovales, ou ovales-elliptiques, ou elliptiques, ou lancéolées-elliptiques, ou obovales, ou obovales-spatulées, ou lancéolées, très-obtuses ou pointues, mucronulées, très-entières, 2 à 4 fois plus longues que le pétiole : les jeunes floconneuses en dessus, cotonneuses (ainsi que les pédoncules et calices) en dessous ; les adultes très-glabres aux deux faces, ou floconneuses en dessous. Corymbes rameux, multiflores ; pédicelles 1 à 2 fois

plus longs que les calices. Pyridions subglobuleux ou obovés, à
base prolongée sur le pédoncule.

Petit arbre à rameaux étalés et disposés en tête arrondie. Ramules non spinescents. Feuilles luisantes en dessus, réticulées en
dessous, de forme très-variable (plusieurs individus, que nous
avons observés, nous ont offert chacun toutes les modifications que
nous venons d'indiquer plus haut) : les jeunes (ainsi que les calices et les pédoncules) couvertes d'un duvet floconneux, blanc-
jaunâtre, très-épais surtout à la face inférieure ; celles des rosettes longues de 1 à 2 pouces, larges de 6 à 12 lignes. Pédoncules à peu près de même longueur que les feuilles florales. Segments calicinaux réfléchis. Corolle plus petite que celle du Poirier
commun des bois ; pétales elliptiques ou ovales-elliptiques. Pyridions de la grosseur d'une Poire sauvage, d'un vert jaunâtre, de
la longueur du pédoncule.

Cette espèce, rapportée de Perse par Michaux père, a été mal
à propos indiquée comme propre à l'Amérique septentrionale.
Beaucoup de pépiniéristes la confondent avec le *Poirier Sauger,*
dont elle se distingue facilement par ses feuilles très-entières,
beaucoup plus petites, et couvertes en dessous d'un duvet plus
blanc, plus serré et plus floconneux. Le fruit devient mangeable
à la fin de l'automne ; sa saveur ne diffère pas de celle des Poires
sauvages. Ce Poirier, du reste, n'est pas sans intérêt pour l'hor-
ticulteur, en raison du duvet blanc que ses feuilles conservent
assez long-temps après l'époque de la floraison.

POIRIER A FEUILLES D'AMANDIER. — *Pyrus amygdaliformis*
Villars, Cat. Hort. Argent. — De Cand. Fl. Franç. Suppl. —
Pyrus sylvestris Magnol, Bot. tab. 215. — *Pyrus salicifolia*
Loisel. Not. (non Duham. ed. nov., nec Pallas.) — *Pyrus cu-
neifolia* Gussone, Ic. Plant. Rar. tab. 39. — *Pyrus nivalis*
Lindl. in Bot. Reg. tab. 1484 (non Jacq.)

Feuilles lancéolées, ou lancéolées-spatulées, ou obovales-spatulées, très-obtuses ou pointues, acuminées ou mucronulées,
très-entières ou finement crénelées, 2 à 6 fois plus longues que le
pétiole : les jeunes pubescentes en dessus, cotonneuses-incanes

(ainsi que les calices et pédoncules)en dessous; les adultes glabres ou presque glabres. Corymbes simples : pédicelles 2 à 3 fois plus longs que le calice. Pyridions subglobuleux, à base prolongée sur le pédoncule.

Petit arbre. Rameaux étalés ou inclinés. Ramules souvent spinescents. Feuilles de forme très-variable : les adultes d'un vert luisant en dessus, pâles et réticulées en dessous, longues de 1 à 2 pouces; pétiole long de 2 à 8 lignes. Fleurs de la grandeur de celles du Poirier commun des bois. Segments calicinaux réfléchis. Pyridions de la grosseur d'une petite Poire sauvage.

Ce Poirier croît dans la France méridionale, en Italie, en Istrie, et probablement dans d'autres contrées de l'Europe australe. On le cultive quelquefois comme arbre d'agrément.

Poirier cotonneux. — *Pyrus eriopleura* Reichenb. Flor. Germ. Excurs. p. 630. — Ejusd. Plant. crit. Ic.

Feuilles ovales-elliptiques ou ovales-lancéolées, acuminées, ou cuspidées, ou très-obtuses, légèrement crénelées : les jeunes floconneuses (ainsi que les calices et les pédoncules) en dessous et à la côte de la face supérieure; les adultes glabrescentes; pétiole 1 à 3 fois plus court que la lame. Pyridions subglobuleux, à base prolongée sur le pédoncule.

Ramules inermes. Fleurs de la grandeur de celles du Poirier commun des bois. Pyridions petits, d'un vert foncé.

Cette espèce, qui croît dans les montagnes de la Dalmatie, paraît très-voisine de la précédente.

Poirier nival. —*Pyrus nivalis* Jacq. Flor. Austr. tab. 107. — Sturm, Deutschl. Flor. tab. 36. — Guimp. Hölz. tab. 47 (non Lindl. in Bot. Reg. tab. 1484.)

Feuilles obovales, ou cunéiformes-obovales, ou elliptiques, courtement acuminées, légèrement crénelées au sommet, 2 à 4 fois plus longues que le pétiole : les naissantes cotonneuses aux deux faces; les adultes glabres en dessus, cotonneuses (ainsi que les pédoncules et les calices) en dessous. Corymbes simples. Pyridions globuleux, ombiliqués à la base.

Arbre de moyenne taille. Feuilles longues de 2 à 3 pouces,

couvertes en dessous d'un duvet blanchâtre. Pétiole épais. Fleurs 2 fois plus grandes que celles du Poirier commun sauvage. Pyridions ponctués d'orange, de plus d'un pouce de diamètre.

Ce Poirier, qui peut-être n'est qu'une variété de l'un des trois précédents, se cultive en Autriche dans les vergers et dans les vignobles. Le nom spécifique que lui donne Jacquin est fort impropre, parce qu'il semble dire que l'arbre croît au bord des neiges dans les Alpes. Les paysans en appellent les fruits *Poires nivales* (*Schneebirnen*), parce que ces Poires ne deviennent mangeables que très-tard en hiver.

Le *Poirier nival*, remarquable par la grandeur de ses fleurs et par son feuillage blanchâtre en dessous, mérite d'être cultivé dans les jardins paysagers.

POIRIER A FEUILLES OBLONGUES. — *Pyrus oblongifolia* Spach, Monogr. ined. •

Feuilles oblongues, ou elliptiques, ou elliptiques-oblongues, arrondies aux deux bouts (celles des pousses terminales quelquefois cunéiformes à la base), mucronulées (rarement acuminées), crénelées tout autour, longuement pétiolées : les naissantes glabres en dessus, laineuses (ainsique les pédoncules et calices) en dessous; les adultes glabres aux deux faces, ou plus ou moins floconneuses en dessous. Corymbes simples ou rameux, multiflores. Pyridions turbinés, prolongés sur le pédoncule, à peine plus longs que celui-ci.

Petit arbre. Rameaux étalés. Ramules non spinescents. Feuilles longues d'environ 2 pouces, sur 6 à 10 lignes de large, d'un vert luisant en dessus, pâles en dessous ou plus ou moins couvertes d'un duvet floconneux. Pétiole long de 1 à 1 '/₂ pouce. Fleurs plus petites que celles du Poirier commun sauvage (d'un pouce au plus de diamètre). Pétales elliptiques - oblongs. Pyridions verts, très-granuleux intérieurement, hauts d'environ 1 '/₂ pouce, sur 1 pouce de diamètre.

Cette espèce, dont nous ignorons l'origine, est cultivée dans les plantations d'agrément. On la confond avec le *Poirier du Sinaï*, dont elle diffère beaucoup par la forme de ses feuilles, qui ressemblent aux feuilles du Pêcher.

POIRIER DU SINAÏ. — *Pyrus sinaica* Thouin, in Mem. du Mus. vol. 1, p. 170, tab. 9. — Loisel. in Duhàm. ed. nov. vol. 6, tab. 57. — *Pyrus Sinai* Desfont. Arb. vol. 2, p. 144. (non Watson, Dendrol. Brit., nec Guimp. et Hayn. Fremd. Holz.)

Feuilles lancéolées, ou lancéolées-oblongues, subobtuses, très-entières ou légèrement crenelées, 2 ou 3 fois plus longues que le pétiole : les adultes glabres en dessus, pubescentes-incanes en dessous. Pyridions subglobuleux, déprimés.

Arbre haut d'environ 20 pieds. Rameaux étalés ou inclinés. Ramules non spinescents. Feuilles longues de 2 à 3 pouces, d'un vert sombre en dessus, couvertes en dessous d'un duvet grisâtre. Fleurs de 6 à 8 lignes de diamètre. Pédoncules et calices laineux. Corymbes 6-12-flores. Pyridions verts, du volume d'une grosse Cerise; chaire sèche, insipide.

Ce Poirier, originaire du mont Sinaï, est souvent confondu avec le *Poirier à feuilles de Pêcher*, le *Poirier grisâtre* et le *Poirier de Michaux.*

POIRIER GRISATRE. — *Pyrus canescens* Spach, Monogr. ined.

Feuilles lancéolées, ou lancéolées-elliptiques, ou lancéolées-oblongues, ou oblongues, pointues (rarement lancéolées-obovales, ou ovales-lancéolées, subobtuses), dentelées, 2 à 3 fois plus longues que le pétiole : les naissantes veloutées en dessus, cotonneuses (ainsi que les pétioles et les calices) en dessous; les adultes glabres en dessus, légèrement cotonneuses en dessous. Corymbes simples, multiflores; pédicelles à peine plus longs que les calices. Pyridions turbinés, tronqués à la base, plus longs que leur pédoncule.

Petit arbre. Branches inclinées. Rameaux étalés, roides. Ramules non spinescents. Feuilles adultes longues de 2 à 3 pouces, larges de 10 à 15 lignes, d'un vert sombre en dessus, couvertes en dessous d'un duvet grisâtre plus ou moins épais. Corymbes très-denses, plus courts que les feuilles florales. Fleurs d'environ 10 lignes de diamètre. Pyridions d'un vert gai, ponctués, 2 fois

plus gros qu'une Poire sauvage : chair assez succulente, douceâtre
à la maturité.

L'origine de ce Poirier, assez commun dans les jardins paysagers, nous est inconnue. Il est intermédiaire entre le *Poirier
Sauger* et le *Poirier à feuilles de Saule ;* les jardiniers et les
pépiniéristes le confondent souvent avec le *Poirier du Sinaï.*

Cette espèce est fort pittoresque au moment de sa floraison ;
plus tard, ses rameaux inclinés et son feuillage grisâtre ou argenté
lui donnent un aspect remarquable. Ses fruits deviennent mangeables à la fin de l'automne , et l'on pourrait sans doute les uti-
liser à faire du poiré.

POIRIER A FEUILLES DE SAULE. — *Pyrus salicifolia* Pallas ,
Flor. Ross. tab. 9. — Loisel. in Duham. ed. nov. vol. 6, tab.
56. — Bot. Reg. tab. 514. — Lodd. Bot. Cab. tab. 1120. —
Guimp. et Hayn. Fremd. Holz. tab. 125. .

Feuilles lancéolées , ou lancéolées-linéaires , ou lancéolées-oblongues , obtuses ou pointues, mucronulées, subsessiles ou courtement pétiolées, très-entières (rarement à quelques dents écartées) : les naissantes veloutées en dessus, cotonneuses-argentées en
dessous; les adultes glabres ou floconneuses en dessus, pubescentes ou cotonneuses-incanes en dessous. Corymbes 3-7-flores ,
simples, cotonneux. Pyridions turbinés , tronqués à la base,
ponctués, plus longs que les pédoncules.

Petit arbre haut de 10 à 20 pieds. Branches inclinées ou pendantes. Rameaux divariqués ou étalés. Ramules ordinairement
spinescents : les jeunes cotonneux. Feuilles longues de 1 1/2 à 3
pouces, larges de 3 à 7 lignes, très-long-temps grisâtres ou argentées aux deux faces : la face supérieure finissant par devenir glabre et d'un vert laisant; la face inférieure toujours plus ou moins
argentée. Pédicelles de la longueur du calice. Fleurs de la grandeur de celles du Poirier commun sauvage. Pétales ovales-elliptiques. Pyridions de la grosseur d'une petite Poire sauvage ,
verts, parsemés de points blancs : chair très-pierreuse, sèche ,
fort astringente. Pédoncule du fruit court, épais.

Cette espèce, qui habite les plaines désertes voisines du Caucase, se cultive dans les jardins paysagers. Ses rameaux pendants et son feuillage argenté, font un contraste agréable avec les autres arbres.

Le *Pyrus elœgrifolia* Pallas (Nov. Act. Petrop. vol. 7, pag. 355, tab. 7), ne paraît guère différer du *Poirier à feuilles de Saule*.

Section III.

Corymbes rameux. Anthères rouges avant l'anthèse. Pétales laineux en dessus à leur base. Styles presque aussi longs que les étamines, cohérents par leur moitié inférieure moyennant un duvet laineux. —Pédicelles très-allongés. Côte des feuilles glanduleuse en dessus.

POIRIER A FEUILLES DE POMMIER (Pl. 8, fig. P). — *Pyrus malifolia* Spach, Monogr. ined.

Feuilles elliptiques ou ovales-elliptiques, très-obtuses ou acuminées, arrondies ou subcordiformes à la base (rarement à base cunéiforme), fortement dentelées, plus longues que leur pétiole : les jeunes floconneuses en dessus, légèrement cotonneuses (ainsi que les pédoncules) en dessous ; les adultes glabres en dessus, floconneuses ou presque glabres en dessous. Corymbes lâches, multiflores. Pyridions turbinés, ombiliqués à la base, 1 à 2 fois plus courts que leur pédoncule.

Arbre haut de 30 pieds ou plus, ayant le port d'un Pommier. Branches ascendantes, formant une tête ovale-arrondie. Jeunes rameaux d'un pourpre noirâtre. Ramules inermes. Pousses nouvelles cotonneuses. Feuilles longues de 2 à 3 pouces, sur 1 ¹/₂ à 2 pouces de large, d'un vert gai en dessus; couvertes en dessous, à l'époque de la floraison, d'un léger duvet floconneux et grisâtre; dentelures profondes, pointues, presque égales. Pétiole long de 1 à 2 pouces. Corymbes 12-20-flores : pédoncules inférieurs subtriflores, longs d'environ 2 pouces. Calices fortement cotonneux : segments triangulaires, cuspidés, réfléchis, de la longueur du tube. Corolle d'un pouce de diamètre. Pétales elliptiques-obovales, de moitié plus longs que les étamines. Pyridions jaunes, un peu lavés de rouge d'un côté, longs de 15 à 20 lignes, sur 15 à 18 lignes de diamètre vers leur sommet : chair blanchâtre, fondante, un peu granuleuse, douce.

Ce singulier Poirier, dont nous ignorons l'origine, est confondu avec le *Poirier de Bollwiller*. On le distingue facilement de celui-ci à la forme de ses feuilles, qui, en outre, sont beaucoup moins cotonneuses; à ses corymbes beaucoup plus lâches; à ses fleurs presque deux fois plus grandes; enfin à ses fruits trois ou quatre fois |plus gros, ombiliqués à la base, et moins régulièrement turbinés. Ces fruits sont fort bons à manger en août, et l'on parviendrait sans doute à les améliorer par une culture soignée. L'arbre fleurit au commencement de mai ou vers la fin d'avril; il est fort pittoresque à cette époque. Peut-être est-il une hybride du *Poirier de Bollwiller* et d'un autre Poirier. Nous n'avons pu découvrir de graines dans aucun des fruits que nous avons examinés. Nous n'en connaissons d'ailleurs qu'un seul individu, planté dans la Ménagerie du Jardin du Roi.

POIRIER DE BOLLWILLER (Pl. 8, fig. Q, R, S et T.)—*Pyrus Pollveria* Linn.— Lois. in Duham. ed. nov. vol. 6, tab. 58.— Lindl. in Bot. Reg. tab. 1437. — Guimp. Holz. tab. 76. —*Pyrus Pollwylleriana* C. Bauh. Hist. p. 59, Ic.—Kern. tab. 413 et 414. —*Pyrus irregularis* Knoop. Pomol. 2, tab. 4.—*Pyrus Pollvilla* Gmel. Flor. Bad. — *Pyrus Bollwylleriana* De Cand. Fl. Franç.

Feuilles elliptiques, ou elliptiques-oblongues, ou ovales-oblongues, acuminées, subcordiformes à la base, profondément dentelées (celles des pousses terminales souvent cunéiformes à la base, doublement dentelées ou incisées-dentelées), 2 à 3 fois plus longues que leur pétiole : les jeunes floconneuses (ainsi que les pédoncules) en dessus, laineuses en dessous; les adultes glabres en dessus, cotonneuses-incanes en dessous. Corymbes denses, multiflores, cimeux. Calices cotonneux. Pyridion turbiné, prolongé sur le pédoncule, à peu près aussi long que celui-ci.

Arbre haut de 20 à 30 pieds, et ayant le port d'un Allouchier. Branches formant une tête ovale-arrondie. Rameaux jeunes

d'un pourpre noirâtre. Ramules non-spinescents. Pousses nouvelles cotonneuses. Feuilles longues de 2 à 3 pouces, larges de 15
à 20 lignes, vertes en dessus, toujours grisâtres en dessous ; nervures saillantes à la face inférieure. Pétiole long de 6 à 10 lignes.
Segments calicinaux ovales-triangulaires, cuspidés, réfléchis, de
la longueur du tube. Corolle d'environ 8 lignes de diamètre. Pétales elliptiques, 1 fois plus courts que les étamines. Pyridions
longs d'environ 8 lignes, sur autant de diamètre au sommet, d'un
jaune orange, lavés de rouge d'un côté : chair douce, fondante,
jaunâtre.

Plusieurs auteurs pensent que le *Poirier de Bollwiller* est une
hybride de l'*Allouchier commun* et du *Poirier commun*. Cette
opinion ne semble pas dénuée de fondement, parce que ses caractères tiennent le milieu entre les deux genres, et qu'on ne l'a
jamais trouvé sauvage. Gaspard Bauhin, le premier, signala
son existence dans les jardins du village de Bollwiller, en Alsace.
Ses fruits, mûrs vers la fin d'août, sont assez bons à manger; on
les trouve ordinairement réunis par bouquets pittoresques : aussi
est-ce plutôt pour l'ornement des jardins paysagers, que comme
arbre fruitier, que se cultive cette espèce. Sa floraison a lieu en
mai, une quinzaine de jours plus tard que celle des autres Poiriers.

ESPÈCES INCOMPLÉTEMENT CONNUES.

POIRIER LAINEUX. — *Pyrus lanata* Don, Prodr. Flor. Nepal.
Feuilles elliptiques, acuminées, doublement dentelées, laineuses (ainsi que les ramules) en dessous. Corymbes composés,
laineux. Lobes calicinaux ovales, acuminés.

POIRIER A FEUILLES CRÉNELÉES. — *Pyrus crenata* Don, l. c.
Feuilles elliptiques, pointues, crénelées, longuement pétiolées,
glabres en dessus, cotonneuses en dessous. Corymbes simples, laineux. Lobes calicinaux ovales, pointus.

POIRIER NUSSIA. — *Pyrus Nussia* Don, l. c.
Feuilles elliptiques, mucronées, coriaces, crénelées, glabres :
les naissantes laineuses (ainsi que les ramules) en dessous. Corymbes paniculés, laineux. Pyridions sphériques.

Cette espèce et les deux précédentes croissent au Népaul ; selon Sweet, on les cultive en Angleterre.

Genre POMMIER. — *Malus* Tourn.

Tube calicinal adhérent, resserré à la gorge ; limbe 5-fide ou 5-parti, persistant ou non-persistant, réfléchi, ou connivent, ou infléchi après l'anthèse. Pétales 5, étalés, onguiculés, concaves, non-barbus au-dessus de l'onglet. Étamines environ 20 ; filets subulés, connivents inférieurement, divergents supérieurement. Pyridion (le plus souvent ombiliqué aux 2 bouts) à 5 loges dispermes ; endocarpe cartilagineux.

Arbres. Feuilles incisées ou dentelées, munies en dessus de glandules très-fines le long de la côte et du pétiole (ces glandules sont quelquefois cachées par le duvet qui recouvre les feuilles). Fleurs en ombelles ou en corymbes simples.

Ce genre, ainsi que l'a déjà remarqué M. Loiseleur Deslongchamps, est très-caractérisé par ses filets toujours connivents inférieurement. et recouvrant en partie les styles. Le caractère d'avoir des fruits non-pyriformes et ombiliqués aux deux bouts, n'appartient point à toutes les espèces.

Outre les nombreuses variétés et hybrides de *Pommiers* cultivés comme arbres fruitiers, on en possède plusieurs autres qui font la parure des jardins paysagers. A l'exception de deux espèces, propres aux États-Unis, tous les Pommiers sont indigènes dans l'hémisphère septentrional de l'ancien continent. Nous allons décrire toutes les espèces connues.

SECTION Iʳᵉ.

Tube calicinal glabre, subturbiné. Limbe à segments glabres en dehors, cotonneux en dedans, persistants, étalés pendant la floraison, redressés et connivents après la floraison. Pyridion à base plus ou moins atténuée et peu ou point ombiliquée. — Corymbes subsessiles.

POMMIER DE CHINE. — *Malus spectabilis* Desf. Arb. v. 2,

p. 141.—*Pyrus spectabilis* Ait. Hort. Kew. — Bot. Mag. tab. 267.—Watson, Dendrol. Brit. tab. 50.—*Malus sinensis* Dum. Cours. ed. 2, vol. 5, p. 429.

Feuilles acuminées, dentelées, pubescentes en dessous à la côte : celles des pousses terminales ovales-oblongues ou elliptiques-oblongues; celles des rosettes lancéolées-oblongues ou obovales. Pédoncules pubescents, 4 ou 5 fois plus longs que les calices. Segments calicinaux triangulaires-lancéolés, subobtus, un peu plus longs que les onglets, de moitié plus courts que le tube. Pétales obovales. Styles presque libres, laineux à la base, un peu plus courts que les étamines. Pyridions pyriformes-obovés ou subellipsoïdes, obliques et rétrécis à la base.

Arbre haut de 20 à 30 pieds, très-rameux : tête ovale ou arrondie, touffue. Branches d'un brun pourpre, glabres, cicatrisées, horizontales. Pétiole pubescent, long de 1 à 1 ½ pouce. Feuilles longues d'environ 3 pouces, sur 15 à 20 lignes de large, fermes, d'un vert luisant en dessus, pâles en-dessous. Ombelles 5-8-flores. Pédicelles longs de 15 à 18 lignes. Corolle d'un rose vif avant l'épanouissement, puis d'un rose pâle, large d'un pouce et demi et plus. Anthères jaunes. Pyridion d'un jaune vif, lavé de rouge d'un côté, de la grosseur d'une petite Poire sauvage : deux des loges ordinairement abortives.

Le *Pommier de Chine* ou *Pommier à bouquets*, introduit en Europe depuis 1780, est l'un des plus beaux arbres d'agrément. En avril il se couvre d'une quantité innombrable de fleurs d'un rose vif, légèrement odorantes, d'assez longue durée, parce qu'elles sont semi-doubles. Les fruits, peu nombreux, petits et très-acerbes, ne deviennent mangeables qu'au moment où ils commencent à entrer en décomposition.

POMMIER TOUJOURS VERT. — *Malus sempervirens* Desf. Arb. vol. 2, p. 141.—Lois. in Duham. ed. nov. vol. 6, tab. 43, fig. 1. —Jaume Saint-Hil. Flore et Pom. Franç. tab. 192.—*Pyrus angustifolia* Ait. Hort. Kew. — Watson, Dendrol. Brit. tab. 132. — *Pyrus coronaria* Wangenh. Amer. tab. 21, fig. 47.

Feuilles coriaces, légèrement pubescentes au pétiole et en dessous à la côte : celles des pousses terminales oblongues ou ovales-oblongues, cunéiformes à la base, pointues, incisées-pennatifides (incisions pointues, dentées); celles des rosettes oblongues, ou lancéolées-oblongues, ou spatulées, obtuses, incisées-crénelées ou doublement dentelées. Corymbes 3-5-flores. Pédicelles pubescents, 2 à 3 fois plus longs que les calices. Segments calicinaux triangulaires-lancéolés, pointus, de la longueur du tube, plus courts que les onglets. Pétales orbiculaires ou elliptiques-obovales. Styles laineux inférieurement, soudés par la base, 1 fois plus courts que les étamines. Pyridions pyriformes ou subellipsoïdes, atténués à la base, très-obliques.

Petit arbre haut de 15 à 20 pieds. Rameaux disposés en parasol. Écorce d'un brun noirâtre. Feuilles luisantes en dessus, pâles en dessous, presque persistantes; celles du jeune bois longues d'environ 2 pouces, sur 1 $^{1}/_{2}$ pouce de large à leur base ; celles des rosettes longues de 1 à 2 pouces, sur 6 à 12 lignes de large. Pétiole court. Stipules et bractéoles sétiformes. Pédicelles grêles, rougeâtres, longs d'environ 8 lignes. Calices à sinus obtus. Corolle rose, de 8 à 12 lignes de diamètre. Étamines presque aussi longues que la corolle. Filets très-grêles. Pyridions d'un jaune verdâtre, hauts de 8 à 10 lignes, sur autant de diamètre dans leur plus forte épaisseur : pédoncule assez grêle, épaissi au sommet, horizontal ou ascendant.

Ce Pommier, cultivé en Europe depuis 1750, croît dans les forêts des Carolines et de la Géorgie. Il se recommande par l'élégance de sa cime arrondie, couverte de feuilles jusqu'en décembre, et par le parfum délicieux qu'exhalent ses fleurs, qui paraissent un mois plus tard que celles des Pommiers d'Europe. Les fruits, qui se produisent assez abondamment sous le climat de Paris, tombent des arbres en novembre, long-temps avant la chute des feuilles; leur âpreté est extrême, et on n'y trouve guère de graines fécondes. Ces fruits ressemblent à de petites Poires sauvages, et ils sont très-caractérisés par le prolongement oblique de leur base sur le pédoncule.

Pommier a bouquets.—*Malus coronaria* Mill. Dict.—Desf.

Arb. — Lois. in Duham. ed. nov. vol. 6, tab. 44, fig. 1. —
Jaume Saint-Hil. Flore et Pomone Franç. tab. 101. — Bot. Reg.
tab. 651. — *Pyrus coronaria* Linn. (non Wangenh.)

Feuilles longuement pétiolées, pubescentes en dessous aux nervures, ovales, ou ovales-oblongues, ou ovales-lancéolées; obtuses
ou pointues, subcordiformes à la base, incisées, ou anguleuses,
ou profondément crénelées, ou dentelées. Corymbes 5-7-flores.
Pédicelles glabres, 3 ou 4 fois plus longs que les calices. Segments
calicinaux triangulaires-lancéolés, pointus, un peu plus longs
que le tube, 1 fois plus longs que les onglets. Pétales elliptiques
ou suborbiculaires. Styles presque libres, laineux inférieurement,
de moitié plus longs que les étamines. Pyridions sphériques,
pendants.

Arbre haut de 20 à 30 pieds. Branches étalées. Rameaux d'un
pourpre noirâtre. Feuilles assez fermes, de forme très-variable,
longues de 1 ½ à 2 pouces, sur 12 à 20 lignes de large; incisions
plus ou moins saillantes : les inférieures plus grandes, acuminées;
dentelures arrondies ou pointues. Pétiole pubescent; souvent plus
long que la lame. Stipules et bractéoles sétacées, rougeâtres. Corolle rose; de 15 à 18 lignes de diamètre. Pétales très-obtus,
subdenticulés, d'un tiers plus longs que les étamines. Pyridion
verdâtre, de la grosseur d'une Pomme sauvage.

Ce Pommier, introduit dans nos jardins depuis 1724, croît
dans les montagnes de la Géorgie, des Carolines et de la Virginie. Son port n'est pas moins élégant que celui des espèces précédentes, et, comme le *Pommier toujours vert*, il offre aux horticulteurs l'avantage de fleurir un mois plus tard que les Pommiers
de l'ancien continent. Ses fleurs répandent une odeur délicieuse,
qui peut se comparer à celle des Roses du Bengale. Quant aux
fruits, ils sont très-acides, et on les emploie en Amérique à faire
du vinaigre.

SECTION II.

*Calice cotonneux : tube subturbiné; limbe persistant, réflé-
chi pendant la floraison, puis redressé et connivent. Styles
cohérents par leur moitié inférieure moyennant un duvet*

*laineux, mais non soudés en colonne. Pyridion subpyri-
forme, non-ombiliqué à la base. — Corymbes subsessiles.*

POMMIER HÉTÉROPHYLLE. — *Malus heterophylla* Spach,
Monogr. ined.

Pétioles, corymbes et ramules pubescents ou cotonneux. Feuilles glabres en dessus, pubescentes en dessous : celles des ramules florifères ovales, ou ovales-elliptiques, ou elliptiques, subobtuses, légèrement dentelées ; celles des ramules stériles elliptiques-lancéolées, ou ovales, ou lancéolées-oblongues, incisées-
dentelées, ou anguleuses, ou pennatifides, acuminées, à base tantôt arrondie, tantôt cunéiforme. Corymbes subsexflores. Pédicelles 1 à 2 fois plus longs que le calice. Segments calicinaux
triangulaires-lancéolés, pointus, un peu plus longs que le tube,
2 fois plus longs que les onglets. Pétales elliptiques ou elliptiques-
obovales, 1 à 2 fois plus longs que les étamines. Styles un peu
plus courts que les étamines.

Petit arbre. Rameaux d'un brun pourpre. Feuilles membranacées, d'un vert sombre, un peu luisantes en dessus : celles des
rosettes longues de 1 à 3 pouces, larges de 6 à 15 lignes; celles
des pousses terminales longues de 2 ½ à 3 pouces, sur 1 à 2 pouces de large. Stipules et bractéoles sétiformes. Fleurs très-odorantes. Corolle d'un rose pâle, de 1 ½ pouce de diamètre.

Ce Pommier, dont nous ignorons l'origine, est cultivé dans les
jardins paysagers. On serait tenté de le prendre pour une hybride
du Pommier commun d'Europe et de l'un des Pommiers d'Amérique, si ces espèces fleurissaient à la même époque. Quelques
pépiniéristes le regardent comme une variété du *Malus sempervirens*, opinion qui nous semble tout-à-fait dénuée de fondement.

SECTION III.

*Tube calicinal ovoïde ou subglobuleux ; limbe persistant, ré-
fléchi pendant la floraison, non-connivent après la floraison.
Styles souvent soudés par leur partie inférieure en colonne
glabre à sa base, hérissée ou laineuse vers son sommet.*

Pyridions ovoïdes ou subsphériques, ombiliqués aux deux bouts.—Ombelles simples, sessiles.

a) *Pédicelles de la longueur du calice, ou 1 à 2 fois seulement plus longs que le calice. Styles plus ou moins velus ou laineux, soudés ordinairement jusque vers leur milieu.*

POMMIER PARADIS. — *Malus (Pyrus) paradisiaca* Linn. Syst. — *Malus (Pyrus) præcox* Pallas, Flor. Ross. v. 2, p. 22.

Feuilles acuminées : les naissantes fortement cotonneuses ; les adultes glabres en dessus, pubescentes ou légèrement cotonneuses en dessous : celles des rosettes elliptiques ou elliptiques-lancéolées, crénelées ; celles des pousses terminales ovales, très-inégalement dentelées. Pétioles, pédicelles et tubes calicinaux cotonneux. Segments calicinaux linéaires-lancéolés, plus longs que le tube, 2 fois plus courts que les pétales, cotonneux en dessus, presque glabres en dessous. Styles velus vers la base, de moitié plus longs que les étamines, de moitié plus courts que les pétales : colonne courte.

Buisson s'élevant rarement à plus de 20 pieds. Rameaux disposés en tête arrondie. Racines rampantes, poussant un très-grand nombre de rejets. Feuilles semblables à celles du *Pommier commun.* Pédicelles roides, épaissis vers leur sommet, longs d'environ 6 lignes. Corolle rose, large de 15 à 18 lignes. Pétales courtement onguiculés, ovales-elliptiques. Pyridion petit, sphérique, déprimé et ombiliqué aux deux bouts.

Ce Pommier, nommé vulgairement *Paradis* et *Pommier de Saint-Jean*, est commun dans la Russie méridionale, principalement dans les contrées arrosées par le Volga, le Don et le Dnieper. Son fruit, fade et cotonneux, mais douceâtre, mûrit dès le mois de juillet. Cette espèce, parce qu'elle s'élève fort peu, sert de sujet aux greffes des Pommiers destinés à former des arbres nains. On la multiplie facilement au moyen des nombreux drageons que poussent ses racines, toujours rampantes et non pivotantes comme celles du *Pommier commun.*

Nous n'avons pas eu occasion d'étudier les caractères du *Pommier Doucin* ; mais il paraît qu'il se rapproche beaucoup du

Pommier Paradis. « C'est un arbre, dit M. Loiseleur Des-
» longchamps , qui s'élève moins que le *Pommier franc* , et qui
» donne un fruit arrondi , d'une grosseur médiocre, blanchâtre,
» rouge du côté du soleil , ayant la chair douce et mûrissant au
» mois d'octobre. Il y a cent et quelques années que cette va-
» riété a été trouvée dans des semis, et on ne la multiplie depuis
» que par drageons , dont on forme des sujets qui servent à gref-
» fer toutes sortes de variétés de pommes , parce que les arbres
» ainsi formés s'élèvent moins que ceux greffés sur franc ou sur
» sauvageon , et qu'ils rapportent plus tôt des fruits. »

POMMIER COMMUN.—*Malus communis* De Cand. Fl. Franç.

Feuilles ovales, pointues, dentelées, plus ou moins cotonneuses en dessous. Pétioles , pédicelles et calices cotonneux. Pédicelles
épais, roides, ordinairement plus courts que les calices. Segments
calicinaux lancéolés ou ovales-lancéolés , acuminés ou pointus,
plus longs que le tube. Styles hérissés ou cotonneux en tout ou
en partie, ordinairement plus longs que les étamines. Pyridions
déprimés et ombiliqués aux deux bouts, très-diversiformes.

Arbre haut de 25 à 30 pieds. Racine pivotante , non prolifère. Branches nombreuses , étalées , disposées en tête plus ou
moins arrondie , et ordinairement plus large que haute. Feuilles
longues de 1 à 3 ¹/₂ pouces. Pétiole long de 8 à 12 lignes.
Stipules subulées, rougeâtres. Fleurs grandes , légèrement odorantes. Corolle de 18 à 24 lignes de diamètre, d'un rose vif
avant l'épanouissement , puis d'un rose tendre , ou couleur de
chair. Anthères jaunes. Styles de longueur variable , mais presque toujours plus ou moins saillants , claviformes au sommet.
Stigmates très-épais.

Aucun arbre fruitier n'offre un nombre aussi considérable de
variétés que le Pommier commun cultivé. Le catalogue des fruits
du jardin de la Société horticulturale de Londres, publié en 1826
par M. Sabine, n'en énumère pas moins de douze cents. Nous devons nous restreindre ici à la nomenclature des Pommes les plus
estimées en France.

Pomme Calville d'été, ou *Passe-Pomme ,* ou *Grosse Pomme*

Magdeleine. — Duham. Arb. Fruit. tab. 1. — Nois. Jard. Fruit. tab. 48. — Mûre en juillet.

Pomme Pigèonnet, ou *Petit Pigéonnet.* — Lois. Nouv. Duham. vol. 6, tab. 49, fig. 4. — Ce fruit mûrit à la fin de septembre et peut se conserver jusqu'en novembre.

Pomme Gros Pigeonnet. — Lois. Nouv. Duham. tab. 47, fig. 2. — Cette Pomme mûrit en novembre et décembre.

Pomme Calville rouge d'automne. — Cette variété mûrit au commencement de l'hiver et peut se conserver jusqu'au printemps.

Pomme Calville blanc d'hiver, ou *Bonnet carré.* — Nois. Jard. Fruit. tab. 49. — Duham. Arb. Fruit. 1, tab. 2. — Se cueille à la Saint-Denis et se mange de décembre en avril.

Pomme Calville malingre. — Lois. Nouv. Duham. vol. 6, tab. 47, fig. 3. — Cette variété commence à mûrir en octobre et peut se conserver jusqu'en décembre.

Pomme Calville rouge. — Duham. Arb. Fruit. vol. 1, tab. 3. — Mûrit en novembre et décembre, et se conserve jusqu'en mars.

Pomme Rambour franc, ou *Rambour d'été.* — Duham. Arb. Fruit. vol. 1, tab. 10. — Nois. Jard. Fruit. tab. 52. — Mûr en septembre et en octobre.

Pomme Châtaigne. — Lois. Nouv. Duham. vol. 6, tab. 53, fig. 3. — Cette Pomme commence à mûrir en janvier, et se conserve bien jusqu'au milieu du printemps.

Pomme Gros Faros. — Duham. Arb. Fruit. vol. 1, tab. 4. — Mûrit en automne, et se conserve jusqu'à la fin de février.

Pomme Couchine. — Lois. Nouv. Duham. 6, tab. 46, fig. 1. — Cette variété, au rapport de M. Loiseleur, est très-répandue eu Provence, où on lui donne le nom de *Paradis d'août.* On en cultive dans les mêmes contrées deux sous-variétés, appelées, l'une *Grosse Couchine d'hiver,* l'autre *Grosse Couchine d'été.*

Pomme d'Api. — Duham. Arb. Fruit. vol. 1, tab. 11. —

Nois. Jard. Fruit. tab. 48. — Ce fruit commence à mûrir en décembre et se conserve jusqu'en mai. — On distingue comme sous-variétés les *Apis blancs, rouges, et noirs.*

Pomme Gros Api d'été.—Lois. Nouv. Duham. vol. 6, tab. 46, fig. 2. — Variété cultivée en Provence, mûre à la fin d'août.

Pomme Fenouillet rouge, Bardin, où Courpendu. — Lois. Nouv. Duham. vol. 6, tab. 50, fig. 2. — Nois. Jard. tab. 50. — Fruit mûr en janvier et février.

Pomme Postophe d'été.

Pomme Postophe d'hiver.

Pomme Reinette d'Angleterre, ou Pomme d'or. — Duham. Arb. Fruit. vol. 1, tab. 7.—Nois. Jard. Fruit. tab. 51.—Ce fruit se conserve jusqu'en avril.

Pomme Reinette dorée, ou Reinette tardive, où roussé. — Se conserve jusqu'en avril.

Pomme Reinette blanche. — Lois. Nouv. Duham. vol. 6, tab. 49, fig. 2. — Cette Pomme mûrit en septembre et en octobre; elle se conserve jusqu'en mars.

Pomme Reinette de Hollande. — Lois. Nouv. Duham. vol. 6, tab. 54, fig. 3. — Ce fruit, mûr en novembre et en décembre, n'est pas d'une longue durée.

Pomme Non-Pareille. — Duham. Arb. Fruit. vol. 1, tab. 12, fig. 2. — Cette Pomme mûrit de janvier en mars.

Pomme Haute Bonté. — Duham. Arb. Fruit. vol. 1, tab. 12, fig. 1.—Cette Pomme mûrit en janvier et se conserve jusqu'en avril.

Pomme Reinette franche. — Lois. Nouv. Duham. vol. 6, tab. 54, fig. 2. Nois. Jard. Fruit. tab. 52.—Cette Pomme se conserve bonne d'une année à l'autre.

Pomme Grosse Reinette d'Angleterre. — Duham. Arb. Fruit. vol. 1, tab. 12, fig. 5. — Mûrit en décembre et se conserve jusqu'à la fin de février.

Pomme Reinette grise.—Duham. Arb. Fruit. vol. 1, tab. 9.—

Cette Pomme mûrit en hiver et se conserve presque aussi long-
temps que la Reinette franche.

Pomme Reinette du Canada. — Nois. Jard. Fruit. tab. 52 *bis.*
— Fruit très-gros, se conservant jusqu'en février et mars.

Pomme Reinette d'Espagne. — Variété excellente, se gardant
jusqu'en mars.

Pomme Reinette grise de Granville.

Pomme Reinette de Caux. — Mûrit de décembre en février.

Pomme Reinette Princesse noble.

Pomme Reinette de Bretagne. — Variété excellente, mais
finissant en décembre.

Pomme Cœur de bœuf. — Beau fruit rouge, mûr en décembre.

Pomme Figue sans pepins. — Mûre en mars.

Pomme violette, ou *des Quatre-goûts.* — Mûre en février.

Pomme d'Astracan, ou *Transparente de Moscovie.* — Fruit
mûr en août, de qualité médiocre, mais remarquable par la
transparence de son épicarpe.

Pomme Culotte suisse. — Mûre en décembre.

Pomme Fenouillet gris, ou *Anis.* — Nois. Jard. Fruit. tab. 48.
— Fruit à odeur de Fenouil ou d'Anis; mûr en décembre.

Pomme Fenouillet rouge, Bardin, ou *Azerolly.* — Nois. Jard.
Fruit. tab. 50. — Cette variété se conserve jusqu'en mars.

Pomme de lettre. — Cette Pomme, suivant M. Poiteau, se conserve pendant trois ans.

Pomme douce d'Angers. — Cette variété est aussi d'une fort
longue durée.

Le *Pommier commun,* désigné aussi sous le nom de *Pommier
à couteau,* croît spontanément, selon M. De Candolle, dans quelques parties de la France. Nous pensons néanmoins que plusieurs
des races cultivées dans les jardins sont d'origine exotique, et
même d'espèces différentes; mais les nombreux croisemens de
races, opérés depuis long-temps par les cultivateurs, à l'effet
d'obtenir de nouvelles variétés, empêchent d'en retrouver les types

primitifs. Quoi qu'il en soit, les Pommiers à couteau sont indigènes dans la zone tempérée de l'ancien continent; ils ne résistent
ni à la chaleur des contrées intertropicales, ni aux froids des régions arctiques. C'est dans le nord de la France et de l'Espagne,
ainsi qu'en Angleterre, en Allemagne, et dans les États-Unis
septentrionaux que se produisent les meilleures variétés de Pommes. Le Pommier prospère dans un terrain profond et légèrement
humide; sa végétation languit dans un sol d'argile ou de craie.

« Le Pommier, dit M. Loiseleur, est susceptible de se multi-
» plier par tous les procédés connus; mais le semis, la greffe, les
» drageons et les marcottes sont les seuls que l'on emploie; encore
» n'est-ce guère que pour le *Doucin* et le *Paradis* que l'on est
» dans l'usage de se servir des deux derniers modes de multipli-
» cation indiqués. Lorsque l'on n'a d'autre but, en faisant des
» semis, que de se procurer des sujets propres à être greffés
» dans la suite, le moyen le plus simple, dans ce cas, pour for-
» mer des pépinières, consiste à se procurer, dans les pressoirs
» où l'on fait le cidre, le marc des Pommes pilées. On répand ce
» marc à la surface d'un terrain bien labouré, et on le recouvre
» d'une petite couche de terre légère. Au printemps la germina-
» tion s'opère; les petits plants sortent de terre, mais souvent en
» si grande quantité, et tellement pressés les uns contre les autres,
» qu'il est nécessaire d'en arracher une bonne partie, pour qu'ils
» ne se nuisent pas mutuellement.

» Ce n'est pas là le procédé qu'il faut suivre lorsque l'on cher-
» che à obtenir de nouvelles variétés; alors, loin de prendre les
» graines au hasard, il faut choisir celles des espèces les plus re-
» nommées, et en outre prendre, pour se les procurer, les plus
» beaux fruits possibles. Les Pommes destinées à fournir les pe-
» pins ne doivent être cueillies qu'à l'époque de leur parfaite ma-
» turité, et les pepins doivent être mis en terre aussitôt après en
» avoir été retirés. Au bout d'un an, les jeunes Pommiers peu-
» vent être mis en pépinière. On doit choisir à cet effet un terrain
» qui ait été labouré profondément et à plusieurs reprises, et qui
» soit en repos au moins depuis un an. A défaut de cette dernière
» condition, il convient d'améliorer le sol par des engrais. Un

» terreau végétal sans mélange de fumier, est celui qu'il faut em-
» ployer de préférence.

» Lorsque les Pommiers sont plantés en pépinière, ils exigent
un binage à chaque saison, pour la destruction des mauvaises
» herbes, et un bon labour tous les ans vers la fin de l'automne ou
» le commencement de l'hiver. Si on les destine à croître en plein
» vent, on peut les y disposer de deux manières. La première,
» qui semble d'abord la plus naturelle, est de forcer l'arbre à
» prendre de l'accroissement en hauteur, en coupant au niveau de
» l'écorce une partie des branches latérales. La seconde manière
» consiste à couper les jeunes Pommiers par le pied et rez terre,
» au commencement du printemps de la quatrième année. Il s'é-
» lève bientôt de nouveaux jets, dont on ne conserve qu'un seul,
» qui forme toujours, selon les cultivateurs, une tige plus droite,
» plus saine, plus vigoureuse, que celle qui est le résultat de la
» continuation des pousses successives de plusieurs années. Lors-
» que la tige est parvenue à la hauteur de sept à huit pied, son
» en retranche le sommet. Cette opération s'exécute sur tous les
» arbres à plein vent, quel que soit le procédé qu'on ait suivi pour
» les former. Alors ils cessent de s'élever et ne poussent plus que
» des branches latérales, qui, en attirant toute la séve dans la
» partie supérieure de la tige, la fortifient et la font grossir.

» Lorsque les Pommiers ont six à sept ans, ils sont susceptibles
» d'être greffés en fente. Le moment favorable pour cette opéra-
» tion est la fin de février ou le commencement de mars. Autant
» que possible, il faut choisir, pour l'exécuter, un jour où le so-
» leil soit caché par des nuages. Toutes les sortes de greffe peuvent
» être pratiquées avec succès sur le Pommier ; cependant la greffe
» en fente et celle en écusson sont les seules qu'on emploie ordi-
» nairement.

» Sur le *Doucin* et le *Paradis* on ne pratique que la greffe en
» écusson ; la saison favorable pour cette opération est l'été. Elle
» se fait toujours à quelques pouces de la terre, et l'on choisit gé-
» néralement à cet effet les meilleures variétés. Les Pommiers
» greffés sur *Paradis* restent nains, et on les taille en buisson ou
» en vase. Ceux qui sont greffés sur *Doucin* fournissent des demi-

» tiges, des espaliers, des contre-espaliers, des buissons, des
» quenouilles, des pyramides. Le *Paradis* et le *Doucin* sont très-
» recherchés, à cause de là promptitude avec laquelle ils rap-
» portent. On voit quelquefois un *Paradis* donner du fruit dès la
» seconde année, et l'on est sûr d'en récolter à la troisième ou à
» la quatrième. Les *Doucins* les plus tardifs passent rarement la
» sixième année sans rapporter. Les fruits que l'on obtient sont
» toujours supérieurs, en beauté et en qualité, à ceux des mêmes
» variétés greffées sur d'autres sujets ; mais ces fruits sont toujours
» en petit nombre, et les arbres qui les produisent ne durent pas
» très-long-temps. Si les Pommiers greffés sur franc ne fructi-
» fient que vers la douzième année, ils dédommagent ensuite du
» temps perdu par des récoltes abondantes, qui vont toujours en
» augmentant pendant une longue suite d'années.

» On ne pratique ordinairement la greffe en écusson que sur
» *Doucin* et sur *Paradis* ; cependant on pourrait le faire aussi sur
» franc et sur sauvageon, et même avec avantage : on accélère-
» rait sans doute par ce moyen le moment de la fructification.
» On pourrait, en effet, dès la troisième année, pendant l'été,
» greffer les Pommiers francs, à trois ou quatre pouces de terre,
» en écusson et à œil dormant, et en les rabattant au printemps
» suivant, lorsque la reprise de la greffe serait assurée, on aurait
» dès la quatrième année une assez belle tige, tandis que par
» la méthode ordinaire il faut attendre que les Pommiers aient
» atteint l'âge de six à sept ans pour les greffer, ce qui retarde
» bien certainement l'époque de la récolte. Je crois donc qu'il
» serait avantageux de substituer dans toutes les pépinières la
» greffe en écusson sur franc à la greffe en fente, qui ne peut se
» pratiquer que trois ou quatre ans plus tard.

» L'intervalle qu'il faut mettre entre les Pommiers plantés à
» demeure, varie selon l'espèce et selon la forme qu'on leur a
» donnée. Les arbres à plein vent, disposés en tête arrondie,
» exigent un espace de trente à quarante pieds entre chacun
» d'eux ; les arbres en buisson, en vase, en contre-espalier, doi-
» vent être plantés à douze ou quinze pieds l'un de l'autre, s'ils
» sont sur *Doucin*, et à vingt ou vingt-quatre, s'ils sont sur franc. »

Les Pommiers peuvent vivre deux cents ans et plus , et acquérir avec l'âge de grandes dimensions. On cite, en Angleterre, un Pommier de cent soixante pieds de circonférence à l'extrémité de ses branches.

Le bois de Pommier a le grain fin ; dans les vieux arbres, il offre des veines d'un brun rougeâtre ; aussi est-il recherché des menuisiers, des ébénistes et des tourneurs. Comme bois de chauffage il est avantageux et fournit un bon charbon.

La Pomme est un fruit très-sain : on la donne aux malades et aux convalescents comme raffraîchissante et laxative ; on la prescrit aussi en tisane. L'art des confiseurs a su la mettre à profit , et en faire la base de plusieurs préparations très-estimées. Les chimistes y ont découvert un acide particulier, appelé *acide malique*.

Les *Pommiers à Cidre* doivent probablement être rapportés à plusieurs espèces différentes des *Pommiers à couteau*. Leurs fruits sont acides, ou doux, ou amers. Les Pommes acides donnent un suc léger, d'une saveur peu agréable, et noircissant à l'air ; aussi en emploie-t-on le moins possible dans la fabrication du bon cidre. Celles qui sont douces rendent en abondance un jus doux, clair , mais faible, peu savoureux, et qui ne peut se conserver. Enfin , les pommes amères donnent une liqueur abondante , d'une couleur jaune foncée, grasse, très-épaisse, et susceptible de se garder long-temps. Le meilleur cidre est celui qu'on obtient du mélange convenable de ces deux dernières sortes de Pommes. L'usage du cidre comme boisson est très-favorable à la santé. Dans tous les pays où on en consomme habituellement, la pierre et la gravelle sont , dit-on , très-rares. Les cidres obtenus par une seconde pression , qu'on appelle *cidres moyens* , conviennent surtout aux individus faibles , chétifs , et d'un tempérament bilieux. Ils peuvent être employés avec succès dans les maladies de la peau et dans beaucoup d'affections chroniques de la poitrine, des voies urinaires et du bas-ventre.

Nous joignons ici, d'après M. Poiteau, la nomenclature des Pommes à cidre les plus estimées : *Girard.* — *Lente au gros.* — *Relet.* — *Cocherie flagellée.* — *Doux-Véret.* —

*Guillot Roger. — Saint-Gilles. — Blanc-doux. — Haze.
— Renouvelet. — Fausse-Varin. — Amer-doux blanc.
— Orpolin jaune. — Greffe de Monsieur. — Blanc-mollet.
— Frequin. — Petit Court. — Doux Évêque. — Héronet.
— Amer-doux. — Saint Philibert. — Long-pommier.
— Cimetière. — Avoine. — Ozanne. — Gros doux. —
Moussette. — Gallot. — D'Amelot. — Rouget. — Cul-noué.
— Souci. — Blanchette. — Turbet. — Becquet. — Doux-
ballon. — De rivière. — Préaux. — De côte. — Germanie.
— Béboi. — Marin Onfroi. — Barbarie. — Peau de vache.
— Bédan. — Bouteille. — Petite ente. — Duret. —
Haute bonté. — Chenevière. — De massue. — Fossette. —
Ros. — Prépetit. — Pétas. — Doux. — Belle heure. — Ca-
mière. — Sauvage. — Sapin. — Doux Martin. — Musca-
det. — Tard-fleuri. — A-coup-venant. — Jean Huré.*

Le *Pommier commun* ne mérite pas moins de fixer l'attention
comme arbre d'agrément que comme arbre fruitier ; il est d'un
fort bel effet dans les jardins paysagers. Ses fleurs, d'un rose
plus ou moins vif, paraissent à la fin d'avril ou au commencement de mai.

Pommier dioïque. — *Malus dioica* Lois. in Duham. ed.
nov. vol. 6, tab. 44, fig. 2. — *Pyrus dioica* Willd.

Ce Pommier ne nous paraît pas différer spécifiquement du
Pommier commun, auquel il ressemble par son port et par son
feuillage ; mais il est remarquable par la conformation de ses
fleurs, dépourvues d'étamines, et le plus souvent aussi de pétales,
ou bien n'offrant que des pétales abortifs, linéaires, d'un jaune
verdâtre.

Le *Pommier dioïque*, au rapport de M. Loiseleur, est assez
communément cultivé dans les champs, en Provence. On n'en a
pas encore observé d'individus mâles. Ses fruits, renflés aux
deux bouts et plus étroits dans le milieu, ont ordinairement
deux pouces de hauteur. Leur chair est blanche, aigrelette,
assez tendre, et cependant un peu sèche. On n'y trouve jamais de
pepins.

b) *Pédicelles 2 à 3 fois plus longs que les calices. Styles glabres, soudés seulement par leur base.*

POMMIER A FRUITS ACIDES. — *Malus acerba* Mérat, Flor. Paris.—De Cand. Flor. Franç. suppl. p.530.—Lois. in Duham. ed. nov. vol. 6, tab. 44.—*Malus sylvestris* Mill.—*Pyrus Malus sylvestris* Flor. Dan. tab. 1101.— Engl. Bot. tab. 179.— *Pyrus Malus austera* Wallr.

Feuilles ovales, ou obovales, ou elliptiques, ou ovales-arrondies, ou elliptiques-oblongues, acuminées, dentelées ou crénelées, glabres en dessus, légèrement pubescentes en dessous aux veines et à la côte. Pédicelles et partie adhérente du calice pubescents ou cotonneux. Segments calicinaux triangulaires-lancéolés, glabres en dessous, cotonneux en dessus, un peu plus longs que le tube. Styles un peu plus longs que les étamines. Pyridions subglobuleux, non-pendants.

Arbre de 30 à 40 pieds. Branches étalées ou inclinées, disposées en cime arrondie ou plus large que haute. Ramules souvent spinescents. Feuilles presque glabres dès leur naissance, longues de 1 à 2 ½ pouces, sur 12 à 18 lignes de large; dentelures égales ou inégales, obtuses ou pointues, glanduleuses; pétiole pubérule, 1 à 2 fois plus court que la lame. Stipules rougeâtres, lancéolées-subulées. Ombelles 3-6-flores. Corolle de 12 à 18 lignes de diamètre; pétales elliptiques, obtus, courtement onguiculés, pubescents aux bords, 3 fois plus longs que les étamines, d'un rose vif en dehors, d'un blanc tirant sur le rose en dedans. Pyridion jaunâtre, courtement pédonculé, horizontal ou dressé, de 8 à 12 lignes de diamètre.

Le *Pommier à fruits acides* croît dans les forêts de l'Europe moyenne, et il prospère encore sous des climats beaucoup trop rigoureux pour la culture des Pommiers à fruits doux. Ses Pommes, fort acerbes, même à l'état de parfaite maturité, ne deviennent mangeables que lorsqu'elles commencent à entrer en fermentation. On en prépare du vinaigre dans plusieurs contrées de l'Europe septentrionale.

Quelques auteurs envisagent cette espèce comme le type des

Pommiers à cidre; cette opinion ne nous semble guère applicable qu'aux Pommiers à cidre à fruits acides.

c) Pédicelles 3 à 5 fois plus longs que les calices. Styles soudés en colonne jusqu'au quart ou jusque vers la moitié, plus ou moins velus ou laineux vers le sommet de la colonne et à la base de leur partie libre. (Voy. Pl. 8, D. — Pl. 10, S. — Pl. 9, U.)

POMMIER DESFONTAINES (Pl. 8, fig. A, B, C, D, E et F. — *Malus Fontanesiana* Spach, Monogr. ined. — *Malus hybrida* Desfont. in Hort. Par. (non Loisel. in Duham.) — *Malus astracanica* Dum. Cours. Bot. Cult. vol. 5, p. 426?

Feuilles ovales, ou ovales-oblongues, ou elliptiques-oblongues, acuminées, fortement crénelées ou dentelées : les naissantes un peu cotonneuses en dessous, les adultes presque glabres, ou pubescentes aux nervures. Pédicelles velus, 4 à 5 fois plus longs que le calice. Segments calicinaux triangulaires-lancéolés, pointus, 3 fois plus courts que la corolle, glabres en dessus, légèrement cotonneux en dessous de même que le tube. Styles laineux au dessous du milieu, de moitié plus longs que les étamines, de moitié plus courts que les pétales. Pyridions ovales-globuleux.

Petit arbre à branches redressées ou ascendantes. Feuilles longues de 2 à 4 pouces, larges de 18 à 30 lignes, d'un vert gai, assez fermes; pétiole pubescent, long de 1 à 2 ¹/₂ pouces. Stipules sétacées, denticulées, rougeâtres, beaucoup plus courtes que le pétiole (celles des pousses terminales subfalciformes, foliacées). Ombelles 5-8-flores; pédicelles grêles, longs de 2 à 2 ¹/₂ pouces. Corolle de 2 ¹/₂ pouces de diamètre; pétales ovales-elliptiques, obtus, pubescents aux bords, d'un rose très-pâle en dessous, blancs en dessus. Pyridion jaune, haut d'environ 12 lignes, ordinairement plus gros à la base qu'au sommet.

Cet arbre, originaire, à ce qu'il paraît, de la Sibérie, n'est pas rare dans les plantations d'agrément. Les pépiniéristes le confondent le plus souvent avec le *Pommier à feuilles de Prunier*, sous le nom de *Pommier de Sibérie*, ou *Malus hybrida*. Nous avons cru nécessaire de supprimer ce dernier nom, parce qu'au

Jardin du Roi les deux espèces avaient également été confondues, et le nom de *Malus prunifolia* appliqué à une espèce fort différente, notre *Malus cerasifera.*

Les fleurs du *Pommier Desfontaines*, très-grandes, fort abondantes et odorantes, s'épanouissent en avril ou mai, une quinzaine de jours plus tard que celles du *Pommier à feuilles de Prunier* et du *Pommier à Cerises*. Les fruits, mûrs en août, sont acides, mais assez agréables au goût.

Pommier a feuilles de Prunier (Pl. 9, fig. S,T,U,V,W et X). — *Malus prunifolia* Willd. — *Malus hybrida* Lois. in Duham. ed. nov. vol. 6, tab. 42, fig. 1. — Jaume Saint-Hil. Flore et Pomone Franç. tab. 103.

Feuilles ovales, ou ovales-elliptiques, ou elliptiques, ou elliptiques-oblongues, acuminées, dentelées : les naissantes légèrement cotonneuses; les adultes glabres en dessus, pubescentes en dessous aux nervures et à la côte, ainsi qu'aux bords et au pétiole. Pédicelles velus, 3 à 4 fois plus longs que le calice. Segments calicinaux oblongs-lancéolés, pointus, presque glabres en dessous, cotonneux en dessus de même que le tube, 3 à 4 fois plus courts que la corolle. Styles laineux au-dessous du milieu, un peu plus longs que les étamines, presque 2 fois plus courts que les pétales. Pyridions ovales-globuleux.

Arbre haut de 20 à 30 pieds. Branches dressées ou ascendantes. Feuilles semblables à celles de l'espèce précédente, mais généralement un peu plus pubescentes en dessous. Stipules et bractées linéaires, très-étroites, denticulées, rougeâtres, plus courtes que le pétiole (celles des poussés terminales foliacées, subfalciformes). Ombelles 5-8-flores. Pédicelles grêles, longs de 12 à 15 lignes. Corolle de 2 pouces de diamètre, blanche ou très-légèrement teinte de rose à l'extérieur. Pétales elliptiques, obtus, pubescents aux bords. Pyridions du volume d'une grosse Cerise, jaunes, quelquefois légèrement lavés de rouge d'un côté, couronnés par le limbe calicinal étalé en étoile; chair blanche, acide.

Ce Pommier, fort commun dans les jardins, comme arbre d'agrément, passe pour originaire de la Sibérie; mais il n'est cit par aucun des botanistes qui se sont occupés de la Flore de l'Empire russe. Nous avons fait remarquer plus haut qu'on a coutume de le confondre avec notre *Pommier Desfontaines*, sous le nom de *Pommier de Sibérie* ou *Pommier hybride*. Ses fleurs, qui paraissent en avril, avant celles des Pommiers communs, sont odorantes et font un très-bel effet. L'arbre n'est pas moins agréable à la vue lorsqu'il est chargé de fruits. Ces fruits, d'abord d'une acidité assez agréable, finissent par se ramollir comme les Nèfles, et par en acquérir la saveur. M. Loiseleur pense qu'on pourrait en faire du cidre.

SECTION IV.

Tube calicinal glabre ou pubescent, subovoïde ; limbe réfléchi pendant la floraison, non-persistant. Styles soudés en colonne par leur partie inférieure. Pyridions subglobuleux, ombiliqués aux deux bouts, non-couronnés par le limbe du calice.

POMMIER A CERISES (Pl. 10, fig. O, P, Q, R, S et T).—*Malus cerasifera* Spach, Monogr. ined.—*Malus baccata* Lois. in Duham. ed. nov. vol. 6, tab. 43, fig. 2. — Jaume Saint-Hil. Flore et Pomone Franç. tab. 104. — Watson, Dendrol. Brit. tab. 51 (non *Pyrus baccata* Pallas). —*Malus prunifolia* Desfont. Hort. Paris. (non Willd.)

Feuilles ovales, ou ovales-elliptiques, ou elliptiques, ou elliptiques-oblongues, acuminées, fortement dentelées : les naissantes légèrement cotonneuses ; les adultes glabres en dessus, pubescentes en dessous aux veines et à la côte (ainsi qu'au pétiole). Pédicelles velus, 3 à 4 fois plus longs que les calices. Segments calicinaux linéaires-lancéolés, subulés au sommet, 3 fois plus courts que la corolle, pubescents en dessus, presque glabres en dessous. Styles velus au-dessous du milieu, un peu plus longs que les étamines, 2 fois plus courts que la corolle. Pyridions subglobuleux.

Arbre haut de 20 à 30 pieds. Tronc atteignant 2 pieds de diamètre : écorce rimeuse. Rameaux glabres, verruqueux, inclinés, d'un brun d'Olive. Feuilles semblables à celles des deux espèces précédentes. Pétiole plus long que la lame ou plus court. Stipules sétiformes, rougeâtres, subdenticulées, plus courtes que le pétiole (celles des pousses terminales foliacées, subfalciformes). Ombelles 5-8-flores. Pédicelles grêles, longs de 8 à 12 lignes. Corolle d'environ 18 lignes de diamètre. Pétales elliptiques, obtus, pubescents aux bords, d'un rouge pâle en dessous, blancs en dessus. Pyridions presque sphériques, du volume d'une grosse Cerise, entièrement rouges, ou rouges d'un côté et jaunes de l'autre. Chair blanche, acide. Graines petites, comprimées, oblongues-obovales, brunâtres.

Cette espèce, souvent confondue avec le *Pommier à feuilles de Prunier* et avec le *Pommier à baies*, est cultivée assez fréquemment dans les bosquets. Elle mérite en effet de fixer toute l'attention des horticulteurs. Rien de plus pittoresque que ses innombrables fleurs, qui au printemps répandent leur parfum délicieux ; et lorsqu'à la fin de l'été ses branches sont chargées de fruits, qui ressemblent à de grosses Cerises, l'aspect de l'arbre varie, sans être moins beau. A l'époque de leur maturité, ces fruits sont d'une acidité assez agréable ; ils finissent par se ramollir comme les Nèfles, et par en acquérir le goût. On en vend depuis quelques années chez les marchands de comestibles, pour les desserts.

Le *Pommier à Cerises* est probablement indigène en Sibérie ; mais les botanistes qui ont visité cet immense pays n'en font pas mention. Ses fleurs s'épanouissent en avril ou au commencement de mai.

POMMIER A BAIES.—*Malus baccata* Desfont. Arb. vol. 2, p. 141 (non Lois. in Duham. ed. nov., nec Watson, Dendrol. Brit.) — *Pyrus baccata* Linn.—Pallas, Flor. Ross. tab. 10.—Amman. Stirp. Ruthen. tab. 31.—Guimp. et Hayn. Fremd. Holz. tab. 126.—Jaume Saint-Hil. Flore et Pomone Franç. tab. 106. — *Pyrus microcarpa* Wendl.

Feuilles ovales-elliptiques, ou elliptiques, ou elliptiques-oblongues, longuement acuminées, ou cuspidées, dentelées ou cré-

nelées; très-glabres de même que les pédicelles; segments calicinaux oblongs-lancéolés, pointus; plus longs que le tube, 2 ou
3 fois plus courts que les pétales; pubescents ou cotonneux en
dessus; glabres en dessous. Styles laineux vers leur base; un peu
plus longs que les étamines, 1 à 2 fois plus courts que les pétales.
Pyridions subpyriformes.

Buisson haut d'environ 12 pieds. Racines rampantes, prolifères. Tronc tortueux, de la grosseur du bras; haut de 8 à 4 pieds.
Écorce scabre, rimeuse, cendrée. Branches formant une tête arrondie. Rameaux longs, effilés. Feuilles assez fermes, d'un vert
gai, longues de 2 à 3 pouces, sur 15 à 20 lignes de large; dentelures obtuses ou pointues; droites ou inclinées, souvent doubles; côte parsemée à la face supérieure d'un grand nombre de
glandules ponctiformes, rougeâtres. Stipules sétacées. Ombelles
4-8-flores. Pédicelles grêles; 3 à 5 fois plus longs que le calice.
Tube calicinal glabre. Corolle blanche; d'environ 2 pouces de
diamètre; pétales elliptiques ou elliptiques-oblongs, courtement
onguiculés, pubescents aux bords. Pyridions du volume d'un gros
Pois, rouges d'un côté, jaunes de l'autre; chair blanche, acidule.

Ce Pommier est fort commun dans la Daourie; mais en Sibérie
on ne le trouve point à l'ouest d'Irkutzk. La petitesse de ses fruits
le fait distinguer très-facilement de tous les autres Pommiers. Il
fleurit un peu plus tard que les précédents, auxquels ressemblent
d'ailleurs ses fleurs et son feuillage. Les Russes qui habitent la
Daourie préparent avec les fruits de cet arbre et avec de l'eau,
une espèce de cidre acidule.

Genre COIGNASSIER. — *Cydonia* Tourn.

Tube calicinal adhérent; resserré à la gorge; limbe 5-parti
ou profondément 5-fide, persistant; réfléchi pendant la floraison, puis redressé. Pétales 5, étalés, concaves, courtement
onguiculés. Étamines 20, unisériées, dressées. Styles cohérents vers leur base ou au-dessous du milieu moyennant un
duvet plus ou moins épais. Pyridion à 5 loges polyspermes;
endocarpe cartilagineux. Graines horizontales; test muci-
lagineux.

Arbres ou arbrisseaux. Feuilles entières ou dentelées, non-fasciculées. Fleurs solitaires ou fasciculées, sessiles, terminales. Corolle grande, de couleur rose, ou blanche.

Ce genre, très-caractérisé par son fruit à loges polyspermes, est propre à la zone tempérée de l'hémisphère septentrional. Il ne renferme que les quatre espèces suivantes :

a) *Feuilles très-entières.*

COIGNASSIER COMMUN. — *Cydonia vulgaris* Pers. Ench. — Duham. ed. nov. vol. 4, tab. 36. — *Pyrus Cydonia* Linn. — Jacq. Austr. tab. 342. — Guimp. Holz: tab. 81. — Gærtn. Fruct. 2, tab. 87. — t. et Abel, tab. 50.

Feuilles ovales, ou ovales-elliptiques, ou ovales-oblongues, arrondies ou subcordiformes à la base, obtuses ou courtement acuminées, cotonneuses en dessous. Fleurs solitaires, subsessiles. Tube calicinal ovoïde ; limbe 5-parti : lanières ovales ou oblongues, pointues, bordées de dentelures glanduleuses. Pétales et styles laineux à la base. Pyridion subglobuleux ou pyriforme, cotonneux.

Arbre à tronc tortueux, haut d'environ 20 pieds ; ou buisson de 6 à 12 pieds. Rameaux étalés, brunâtres, ponctués. Jeunes pousses, calices, pétioles et face inférieure des feuilles couverts d'un duvet grisâtre. Stipules ovales ou oblongues, petites, glanduleuses aux bords. Feuilles longues de 2 à 3 pouces. Ramules florifères allongés. Bractées ovales, glanduleuses, caduques. Corolle d'un rose pâle, de 1 ¹/₂ à 2 pouces de diamètre. Pétales elliptiques, obtus et échancrés, 2 fois plus longs que les étamines. Filets glabres, un peu plus longs que les styles. Anthères jaunes. Pyridions d'un jaune vif, couvert d'un duvet floconneux ; chair jaune.

Les variétés les plus notables de ce Coignassier sont les suivantes :

Coignassier à fruits longs ; ou *Coignassier femelle.*

Coignassier à fruits ronds ; ou *Coignassier mâle.*

Coignassier du Portugal (*Cydonia lusitanica* Tourn.) — Cette variété est fort caractérisée par ses fruits très-gros, renflés au milieu, rétrécis et munis de grosses côtes vers les deux bouts. Son feuillage et ses fleurs sont aussi plus grands que ceux du *Coignassier commun.*

Coignassier à fruits lisses, oblongs.

Coignassier à fruits petits, cotonneux, acerbes.

Le *Coignassier commun*, indigène dans l'Asie-Mineure et dans l'île de Candie, est depuis long-temps naturalisé dans toute l'Europe australe. Les Coings étaient appelés par les anciens *Pommes de Cydon*, parce que ces fruits furent introduits en Grèce et en Italie de *Cydonia*, ancienne ville de Candie. Pline dit qu'à Rome on plaçait des Coings sur la tête des statues des dieux qui présidaient au lit nuptial; et, selon Plutarque, une loi de Solon ordonnait aux nouvelles mariées de manger de ce fruit. Plusieurs auteurs modernes pensent aujourd'hui que les pommes du jardin des Hespérides n'étaient autre chose que des Coings, et non des Oranges, comme on l'a cru pendant long-temps.

Les Coings, comme l'on sait, ont une forte odeur particulière, et une saveur astringente qui les rend un peu désagréables au goût; mais il s'en fait une assez grande consommation en compotes, en marmelades, en gelées et en ratafias; ils servent aussi en médecine, à titre de remède tonique. Les graines fournissent, par décoction, un mucilage copieux, qu'on emploie en lotions, contre les inflammations des yeux.

Le Coignassier se plaît dans un terrain léger et frais, à une exposition chaude. On peut le multiplier de graines, de marcottes, de boutures, ou des rejetons que poussent ses racines. Les pépiniéristes ont coutume de greffer sur Coignassier les différentes variétés de Poiriers qu'on veut cultiver en espalier, en buisson, en quenouille ou en pyramide, parce que les arbres qui en proviennent rapportent du fruit dès la troisième ou la quatrième année, et qu'ils sont plus faciles à soumettre à une taille régulière.

Coignassier Sumbosh. — *Cydonia Sumboshia* Hamilt. in Don, Prodr. Flor. Nepal. p. 237.

Feuilles cordiformes-ovales, mucronulées, laineuses en dessous. Stipules elliptiques, pointues, bordées de dentelures glandulifères. Fleurs solitaires. Lanières calicinales oblongues. Pyridions atténués à la base.

Cette espèce, fort voisine du *Coignassier commun*, croît au Népaul. Elle n'est pas encore introduite en Europe.

b) *Feuilles dentelées, presque coriaces.*

Coignassier de Chine. — *Cydonia sinensis* Thouin, Ann. du Mus. vòl. 19, p. 145, tab. 8 et 9. — Loisel. in Duham. ed. nov. vòl. 6, tab. 75. — Bot. Reg. tab. 905.

Feuilles elliptiques, ou elliptiques-oblongues, ou elliptiques-obovales, rétrécies à la base, décurrentes sur le pétiole, acuminées-cuspidées, finement dentelées : les naissantes cotonneuses en dessous ; les adultes glabres en dessus, pubescentés en dessous. Fleurs solitaires. Tube calicinal glabre, lagéniforme ; limbe quinquéfide, évasé à la base : lanières triangulaires-lancéolées, cotonneuses en dessus, 3 ou 4 fois plus courts que la corolle. Styles de la longueur des étamines, cotonneux inférieurement. Pyridion oblong ou ovale-oblong, rétréci à la base, sessile.

Petit arbre. Ramules florifères très-courts. Feuilles luisantes en dessus, pâles et réticulées en dessous, longues de 2 à 3 pouces, sur 1 à 1 ¹/₂ pouce de large ; dentelures égales, glandulifères, presque sétiformes, très-rapprochées. Pétiole court, bordé de glandules stipitées. Stipules ovales ou ovales-lancéolées, foliacées, fimbriolées-glanduleuses, auriculées, de la longueur des pétioles. Bractées conformes aux stipules, mais plus grandes qu'elles. Corolle de 18 à 24 lignes de diamètre, d'un rose vif. Pétales elliptiques ou elliptiques-oblongs, arrondis aux deux bouts de la lame. Stigmates très-gros. Fruit d'un jaune pâle, atteignant jusqu'à 10 pouces de long, sur 4 à 5 pouces de diamètre. Loges contenant 40 à 60 graines bisériées.

Cette espèce, connue en France depuis 1810, n'est cultivée aux

environs de Paris que comme arbre d'ornement. Son feuillage et
ses fleurs sont beaucoup plus élégants que ceux du *Coignassier
commun*. Ses fruits, remarquables par leur grosseur et par leur
belle apparence, ne mûrissent que dans un climat chaud, et
d'ailleurs leur chair est sèche, grenue et plus astringente que
celle de nos Coings ; mais ils répandent un parfum plus suave,
qui se rapproche de l'odeur des Ananas.

COIGNASSIER DE L'INDE. — *Cydonia (Pyrus) indica* Wallich,
Plant. Asiat. Rar. tab. 173.

Feuilles ovales ou ovales-lancéolées, ou cordiformes-ovales,
longuement acuminées, inégalement dentelées (celles des jeunes
pousses quelquefois incisées ou lobées). Ombelles glabres, sessiles,
pauciflores. Styles velus à la base. Pyridions ovales-globuleux,
glabres, légèrement ombiliqués à la base.

Petit arbre. Écorce rousse. Rameaux étalés. Ramules spinescents. Feuilles longues de 2 à 3 pouces. Stipules lancéolées-subulées, dentelées, plus courtes que les pétioles. Fleurs blanches.
Lanières calicinales ovales, acuminées, velues. Pétales ovales.
Étamines de la longueur de la corolle. Fruit haut d'environ 2
pouces, d'un jaune verdâtre, parsemé de taches de couleur orange.

Cet arbre croît dans les montagnes du Silhet. On le cultive depuis plusieurs années chez les pépiniéristes, en pleine terre ; mais
il n'a pas encore fleuri. Les jardiniers le désignent sous les noms
de *Pyrus nepalensis* et *Pyrus heterophylla*. La saveur de son
fruit, selon Wallich, est acerbe et se rapproche de celle du Coing
ordinaire.

Genre CHÉNOMÈLE. — *Chænomeles* Lindl.

Tube calicinal urcéolé, adhérent ; limbe grand, campanulé, persistant, à 5 lobes courts et dressés. Pétales 5, orbiculaires, courtement onguiculés, glabres, étalés. Étamines
environ 40, bisériées, dressées. Styles cohérents inférieurement au moyen d'un duvet court. Pyridion à 5 loges polyspermes.

Arbrisseau. Feuilles coriaces, dentelées, non-glanduleuses. Fleurs latérales, pédicellées, subfasciculées. Corolle blanche ou pourpre, grande.

L'espèce que nous allons décrire constitue à elle seule ce genre.

CHÉNOMÈLE DU JAPON. — *Chœnomeles japonica* Lindl. in Linn. Trans. v. 13, p. 97. — *Pyrus japonica* Thunb. — Bot. Mag. tab. 692. — Loddig. Bot. Cab. tab. 541 (Var. *flore albo.*) — *Malus japonica* Andr. Bot. Rep. tab. 462. — Jaume Saint-Hil. Flore et Pomone Franç. tab. 105. — *Cydonia japonica* Pers. — *Cydonia lagenaria* Lois. Herb. de l'Amat. v. 2, tab. 67, et in Duham. ed.nov. vol. 6, tab. 76. — *Cydonia speciosa* Guimp. et Hayn. Fremd. Holz. tab. 70.

Arbrisseau haut de 5 à 8 pieds. Rameaux étalés ou inclinés, épineux, brunâtres. Feuilles courtement pétiolées, luisantes en dessus, longues de 1 à 2 pouces, sur 6 à 12 lignes de large : les naissantes pubescentes ; les adultes presque glabres ; celles du vieux bois fasciculées aux aisselles des épines, 3 ou 4 fois plus longues que celles-ci, lancéolées, ou lancéolées-elliptiques, ou lancéolées-obovales, obtuses ou pointues, non-stipulées, bordées de dentelures fines, pointues, presque égales, très-rapprochées ; celles des pousses terminales lancéolées ou elliptiques-lancéolées, ou ovales-lancéolées, inégalement et fortement dentelées, munies de grandes stipules foliacées, inadhérentes, semi-cordiformes ou réniformes, dentelées, rétrécies en pétiolule. Fleurs naissant avant les feuilles. Ombelles sessiles, 2-6-flores. Pédicelles courts. Calice glabre : tube (ovaire) plus court que le limbe ; lobes triangulaires ou elliptiques, obtus, ciliolés, un peu plus longs que les onglets. Corolle de 15 à 18 lignes de diamètre, ordinairement d'un pourpre très-vif, rose ou blanche dans des variétés. Étamines presque aussi longues que les pétales : filets filiformes, rouges, un peu plus longs que les styles ; anthères jaunes. Stigmates très-gros.

Ce charmant arbrisseau, nommé vulgairement *Coignassier du Japon* ou *Pommier du Japon*, est introduit en Europe depuis 1796. Il résiste ordinairement aux hivers du nord de la France, mais il paraît qu'il gèle lorsque la température descend jusqu'à

— 15° R. Beaucoup d'amateurs ont soin de le palisser contre un mur exposé au midi. A la beauté des couleurs, ses fleurs joignent l'avantage d'éclore dès les premiers jours du printemps , et de se succéder sans interruption pendant plusieurs mois. Nous n'avons pas eu occasion d'observer le fruit, qui noue très-rarement sous le climat de Paris. On multiplie l'espèce de boutures, de marcottes, et de greffes sur le *Coignassier commun*.

DEUXIÈME CLASSE.

LES TÉRÉBINTHINÉES.

TEREBINTHINEÆ Bartling.

CARACTÈRES.

Arbres ou *arbrisseaux* (rarement sous-arbrisseaux ou herbes). Tige et rameaux cylindriques ou anguleux, très-rarement noueux avec articulation.

Feuilles opposées ou éparses, simples et entières (rarement découpées), ou plus fréquemment pennées, le plus souvent parsemées de glandules ponctiformes contenant de l'huile essentielle ou de la résine. Stipules presque toujours nulles.

Fleurs hermaphrodites ou par avortement unisexuelles, ordinairement régulières; inflorescence variée.

Calice inadhérent, ou très-rarement adhérent, persistant, ou caduc; sépales libres, ou plus ou moins soudés, imbriqués (très-rarement valvaires) en préfloraison.

Disque (quelquefois nul) charnu, annulaire, ou urcéolaire, hypogyne ou adné au fond du calice.

Pétales en même nombre que les sépales, hypogynes ou périgynes, interpositifs; estivation imbricative, ou quelquefois valvaire, ou convolutive, ou contortive.

Étamines en nombre défini par celui des pétales, ou rarement en nombre indéfini, ayant même insertion que la corolle. Filets libres ou très-rarement polyadelphes: les antépositifs quelquefois stériles. Anthères à 2 bourses introrses, s'ouvrant longitudinalement, ou quelquefois s'ouvrant par des pores apicilaires.

Pistil : Ovaires en nombre défini, disjoints ou conjoints. (Quelquefois le pistil est réduit à l'état simple.) Placentaires axiles, 1-2-ou rarement pluri-ovulés.

Péricarpe : Carpelles disjoints, ou connés, drupacés ou capsulaires : sarcocarpe charnu ou coriace, se séparant quelquefois de l'endocarpe ; endocarpe cartilagineux, ou chartacé, ou ligneux.

Graines périspermées ou apérispermées. Périsperme charnu. Embryon rectiligne ou curviligne : radicule ordinairement appointante.

Les *Térébinthinées* renferment les Rutacées, les Térébinthacées et une partie des Orangers de M. de Jussieu. Elles ont de l'affinité avec les Tricoques, les Calophytes, les Gruinales et les Myrtinées. La plupart des Térébinthinées sont aromatiques. Plusieurs offrent des fruits savoureux, ou des amandes mangeables et abondantes en huile grasse.

LES JUGLANDÉES. — *JUGLANDEÆ.*

(*Juglandeæ* De Cand. Théor. Elem. ed. 1 , p. 215. — Bartl. Ord. Nat.
p. 397. — *Terebinthacearum* fam. II, sive *Juglandeæ* Kunth , Gen.
Terebinth. in Ann. des Sc. Nat. II , p. 343. — Blume, Flor. Jav. vol.
2, p. 1. — *Terebinthaceis affinia* Juss. Gen.)

Le genre *Noyer*, ou *Juglans*, est le type de cette famille, très-voisine des Amyridées, tant par le port que par la structure des graines, mais en même temps fort distincte par son calice adhérent, et par ses fleurs mâles, disposées en chatons comme celles des Amentacées.

Les Juglandées forment de grands arbres d'une utilité très-variée, et d'autant plus importans pour nous, que la plupart d'entre eux prospèrent sous nos climats. A l'exception de quelques espèces propres à l'Asie équatoriale, les végétaux de ce groupe croissent dans la zone tempérée de l'hémisphère septentrional : le nouveau continent en est plus richement fourni que l'ancien.

Les parties herbacées des Juglandées sont aromatiques et astringentes. Certaines espèces de l'Inde contiennent des résines. L'amande des fruits est ordinairement huileuse et mangeable.

CARACTÈRES DE LA FAMILLE.

Arbres à ramules cylindriques.
Feuilles alternes, impari-pennées ou rarement pari-pennées, ordinairement non-ponctuées. Stipules nulles.
Fleurs incomplètes, monoïques, ou quelquefois dioïques, axillaires, ou terminales : les mâles en chatons

spiciformes ou paniculés, solitaires ou agrégés; les femelles solitaires, ou géminées, ou ternées, ou en épi.

FLEURS MALES : *Calice* subpédicellé, herbacé, fendu d'un côté, irrégulièrement lobé, staminifère à la partie supérieure, accompagné d'une squamule adnée. — *Corolle* nulle.—*Étamines* en nombre indéterminé (4-36). Filets libres, presque nuls. Anthères dressées, adnées au filet, inappendiculées, à 2 bourses déhiscentes longitudinalement.

FLEURS FEMELLES : *Calice* adhérent à l'ovaire, couronné par un limbe caduc subquadriparti. — *Pétales* 4-6 (ou nuls), soudés par la base, marcescents, insérés entre les styles et le limbe calicinal. — *Ovaire* uniloculaire (incomplétement 2-4-loculaire), uniovulé. Ovule dressé. Styles 2, libres ou soudés, très-courts (quelquefois nuls). Stigmates tantôt claviformes et fimbriés, tantôt soudés en un seul sessile, pelté, quadrilobé.

Péricarpe : Drupe monosperme : sarcocarpe (brou) presque sec ou coriace, épais, séparable du noyau à la maturité, tantôt évalve, tantôt s'ouvrant en 2-4 valves; noyau ligneux, uniloculaire (incomplétement 2-4-loculaire par des cloisons membraneuses ou subéreuses), bipartible.

Graine grosse, dressée, sinuée, quadrilobée à la base. Test membraneux. Périsperme nul. Embryon conforme à la graine : cotylédons épais, charnus (quelquefois foliacés), lobés, chiffonnés; radicule courte, inverse (supère); plumule diphylle, pennée.

Voici les genres qui composent la famille des Juglandées.

Juglans Linn.— *Carya* Nutt. (Hicorius Rafin.)— *Pterocarya* Nutt.—*Engelhardtia* Leschen.

Le genre *Decostea*, rapporté avec doute à cette famille, par M. Kunth, doit en être exclu, selon M. Blume.

Genre NOYER. — *Juglans* Linn.

Fleurs mâles : Chaton imbriqué. Calice squamiforme. Étamines en nombre indéterminé (18 à 36) : anthères submédifixes, didymes, presque sessiles.

Fleurs femelles : limbe calicinal 4-fide. Corolle 4-ou 5-fide, herbacée. Stigmates subsessiles, arqués. Drupe coriace ou spongieux, évalve : noyau rugueux et irrégulièrement sillonné.

Arbres monoïques. Feuilles imparipennées; folioles subopposées. Chatons simples, cylindriques, infra-foliaires (naissant au sommet des ramules de l'année précédente), pendants. Fleurs femelles solitaires ou agrégées, terminales, quelquefois en épis très-lâches.

Le nom latin du Noyer, *Juglans*, formé des deux mots *Jovis glans* (gland de Jupiter), est dû à la supériorité de ses fruits sur ceux du Chêne : les anciens appliquant le plus souvent le nom de Gland à la plupart des fruits analogues à ce dernier. Dans ce même sens, le Noyer se désigne en grec sous le nom de Διὸς βάλανος, Gland des dieux.

Dans ses limites actuelles, le genre Noyer ne renferme que les trois espèces dont nous allons parler. Tous les autres *Juglans* des auteurs appartiennent aux genres *Carya* et *Pterocarya*.

NOYER COMMUN. — *Juglans regia* Linn. —Duham. ed. nov. vol. 4, tab. 47. — Lamk. Ill. tab. 421. — Schk. Handb. tab. 302. — Kern. tab. 10. — Noisette, Jard. Fruit. tab. 16.

Feuilles à 7 ou 9 folioles oblongues ou ovales-oblongues, acuminées, glabres excepté en déssous aux aisselles des veines, presque isomètres, bordées de dentelures écartées. Drupe globuleux, lisse, très-obtus : noyau presque conforme, rugueux.

Arbre s'élevant à 60 pieds, couronné par une tête ample et touffue, étalée. Tronc de couleur cendrée, lisse dans les jeunes arbres, gercé dans les plus vieux et acquérant 8 à 12 pieds de circonférence. Feuilles amples, d'un beau vert. Chatons denses, verts, longs de 3 à 4 pouces. Fleurs femelles solitaires, ou géminées, ou ternées, ou rarement en plus grand nombre, sessiles ou disposées en épi le long d'un axe commun. Drupe ovale-arrondi ou globuleux, d'un beau vert : sarcocarpe (brou) charnu, verdâtre. Amande blanche.

La culture a produit un assez grand nombre de variétés de cet arbre ; les principales sont les suivantes :

— *Noyer à coque tendre,* ou *Noix de mésange.* Coque fort tendre, facile à briser entre les doigts. Amande très-huileuse, et d'une saveur plus recherchée que celle des variétés ordinaires.

— *Noyer tardif,* ou *Noyer de la Saint-Jean.* Variété recommandable pour les contrées exposées aux gelées tardives. Elle ne fleurit qu'à la fin de juin.

— *Noyer à très-gros fruit,* ou *Noix de Jauge.* — Noisette, Jard. Fruit. tab. 16. — Noix très-grosses, mais à amande peu huileuse et se rétractant beaucoup après la maturité.

— *Noyer à coque dure,* ou *Noyer à fruits anguleux.* Coque épaisse, très-dure, anguleuse, mucronée ; amande très-bonne, abondante en huile. Bois plus fort, plus dur et plus agréablement veiné que celui des autres variétés.

— *Noyer à gros fruits longs.* Noix de 15 lignes de diamètre, sur 18 à 20 lignes de longueur ; son amande remplit toujours bien la coque, qui est peu dure. Cette variété est l'une des plus productives.

— *Noix à bijoux.* Fruits très-gros, presque carrés. Amande bonne en cerneaux.

— *Noyer à grappes.* Fruits disposés 15 à 20 ensemble en un épi interrompu. Duhamel en indique deux sous-variétés : l'une à noyau dur, et l'autre à noyau fragile.

— *Noyer bifère (Nux Juglans bifera* Bauh. Pinax, 417.) « Cette variété, observe M. Loiseleur, n'est pas connue dans » les pépinières de Paris et des environs. Garidel, dans son His- » toire des Plantes des environs d'Aix, l'indique comme étant as- » sez commune dans le pays ; mais il n'explique pas si elle donne

» deux récoltes de fruits ; il dit seulement que c'est l'espèce de
» Noix que les Provençaux appellent *Aoustengue*, et qu'on pour-
» rait aussi la nommer *Nux præcox.* »

— *Noyer à petit fruit* (*Nux Juglans fructu minimo*, Garid.
Aix, 329). Cette variété, qu'on trouve en Provence, est rare ,
probablement parce que sa culture offre peu d'avantage, ses fruits
étant de moitié plus petits que les Noix ordinaires ; les arbres en
portent d'ailleurs une très-grande quantité.

— *Noyer hétérophylle.* (*Juglans regia heterophylla* Lois. in
Dict. des Sc. Nat. — *Juglans expansa* Bosc, in Dict. d'Agr.)
« Cette variété, dit M. Loiseleur, est remarquable par ses folioles,
» qui sont toutes de forme et de grandeur différentes : les deux
» inférieures ovales, ou ovales-lancéolées ; toutes les autres deux
» à trois fois plus longues, et les unes lancéolées, entières ou on-
» dulées ; les autres irrégulièrement lobées et diversement laci-
» niées ou pennatifides, même décidément ailées. Outre la phy-
» sionomie particulière que cet arbre reçoit de son feuillage, l'in-
» clinaison de ses branches , presque à la manière du *Frêne*
» *Pleureur*, lui donne encore un port particulier et pittoresque.
» Ses Noix sont arrondies, de la grosseur des Noix communes, et
» leur coque est si tendre qu'elle se brise facilement, pour peu qu'on
» la presse entre les doigts ; l'amande en est d'ailleurs très-bonne.
» Nous devons la connaissance de ce Noyer à M. le Comte de
» Montbron , qui le cultive dans ses propriétés près de Châtelle-
» raut. »

Le *Noyer commun* vient spontanément dans l'Asie mineure,
en Perse, au Caboul, et jusqu'au Cachemire. On le cultive dans
une grande partie de l'Europe, mais un froid d'environ — 20° R.
le fait périr en entier, et souvent ses jeunes branches gèlent à une
température moins rigoureuse. On ignore l'époque positive de l'introduction de cet arbre en Europe. Pline, en donnant une fort bonne
description de ses fruits, ne nous apprend rien sur la date de leur
transport en Grèce et en Italie.

Les propriétés et les usages du Noyer sont trop connus pour
qu'il soit nécessaire d'entrer en de longs détails à leur sujet.
Presque toutes ses parties s'emploient dans les arts, l'économie

domestique, ou la thérapeutique. Son bois, très-dur et susceptible d'un beau poli, est l'un des plus recherchés pour les ouvrages d'ébénisterie. L'écorce sert à la teinture. On use des fruits comme aliment et comme médicament. Les feuilles servent quelquefois à faire des lotions stimulantes et résolutives. La partie charnue du drupe, communément désignée sous le nom de *brou*, a une odeur forte et aromatique, une saveur amère et piquante : c'est une substance stimulante, mais fort peu employée en médecine. On en prépare, par la macération dans l'alcool, une liqueur regardée comme un excellent stomachique. Les Noix renferment une très-grande quantité d'huile grasse, fort bonne à manger, mais susceptible de rancir promptement; les peintres en font un usage très-fréquent. M. Banon, pharmacien à Toulon, est parvenu à extraire du sucre de la séve du Noyer.

On a prétendu que les émanations du Noyer étaient dangereuses, et même qu'elles pouvaient être funestes aux personnes qui y restaient exposées long-temps. Ces assertions sont exagérées. L'odeur forte que répandent ces feuilles, surtout pendant les ardeurs du soleil, peut occasioner des maux de tête; mais elle n'a point les qualités délétères que lui attribuent plusieurs auteurs.

Le Noyer réussit dans des terrains d'une nature très-différente; sa croissance cependant est plus rapide en un sol profond, que sur un fond sec et pierreux; mais dans ce dernier, son bois devient plus beau et de meilleure qualité. Les Noix destinées aux semis, doivent être choisies bien mûres et enterrées, avec leur brou, en automne ou à la fin de l'hiver. Lorsqu'on désire les conserver jusqu'au printemps, il faut les stratifier en les mettant dans un endroit frais, à l'abri des gelées. Quand les sujets ont acquis environ quatre pouces de circonférence, on peut les greffer en flûte, en fente, en écusson à œil poussant, ou en anneau. On n'aime pas planter les Noyers sur la lisière ou au milieu d'un champ, parce que leurs racines latérales, s'étendant très-loin à fleur de terre, épuisent le sol, et que l'ombrage de ces arbres nuit aux autres végétaux.

Noyer noir. — *Juglans nigra* Linn. — Mich. fil. Arb. v. 1, tab. 1. — Watson, Dendrol. Britann. tab. 158. — Duham. Arb. ed. nov. vol. 4, tab. 48.

Feuilles à environ 15 folioles ovales-lancéolées, pointues, dentelées, légèrement pubescentes en dessous et aux bords. Drupe sphérique, chagriné, glabre : noyau un peu comprimé, acuminé, anfractueux.

Arbre haut de 60 à 70 pieds, sur 3 à 4, et quelquefois jusqu'à 6 ou 7 pieds de diamètre. Écorce épaisse, noirâtre, fortement rimeuse sur les vieux individus. Branches horizontales, très-longues. Folioles longues de 2 à 3 pouces. Drupe très-odorant, de 3 à 4 pouces de circonférence, ou quelquefois du double, sur les individus vigoureux. Brou très-épais. Noix très-dure, comme plissée à la surface.

Le *Noyer noir* (*Black Walnut* des Anglo-Américains) croît dans toute l'étendue des États-Unis, depuis la Louisiane jusqu'au-delà du 41ᵉ degré de latitude. Il se plaît dans un sol meuble et profond ; aussi regarde-t-on sa présence comme indice d'un excellent terrain.

« L'aubier du bois du Noyer noir, fraîchement débité, dit
» M. Michaux, est très-blanc, tandis que le cœur est violet ;
» mais bientôt après avoir été exposée à l'air, cette couleur prend
» plus d'intensité et devient presque noire, d'où est venu proba-
» blement à cet arbre le nom de *Noyer noir*. Les qualités qui
» font surtout apprécier son bois, sont : de résister long-temps à
» la pourriture, quoique exposé aux alternatives de la chaleur et
» de l'humidité, pourvu qu'il soit privé de son aubier, qui s'al-
» tère très-promptement ; d'avoir beaucoup de force et de tenir
» bien les clous ; de n'être plus sujet, lorsqu'il est bien sec, à se
» tourmenter, ni à se fendre ; enfin d'avoir le grain assez ferme
» et assez fin pour recevoir un beau poli. Toutes ces propriétés le
» font employer à beaucoup d'ouvrages où il convient très-bien.
» Outre ces divers avantages, il a encore celui de n'être point
» attaqué par les vers. C'est surtout dans l'ébénisterie et dans les
» constructions navales qu'on l'emploie de préférence.

» Le brou qui enveloppe la Noix donne une couleur fort ana-
» logue à celle que fournit notre Noyer d'Europe. On s'en sert
» dans les campagnes pour teindre les étoffes de laine.

» Si nous comparons le *Noyer noir* au Noyer de l'ancien con-

» tinent, sous le rapport des différens degrés d'utilité que l'un et
» l'autre présentent aux arts et au commerce, nous trouverons
» que le bois du *Noyer noir* est plus compacte, plus pesant,
» qu'il est doué de beaucoup plus de force, et qu'il est suscep-
» tible de prendre un beau poli; enfin qu'il n'est pas sujet à être
» attaqué par les vers; propriétés qui, comme nous l'avons vu
» précédemment, le rendent propre non-seulement aux mêmes
» usages que celui que nous possédons, mais encore aux grandes
» constructions. On a planté en même temps et dans le même
» terrain des Noix de l'une et de l'autre espèce, et l'on a observé
» que celles du *Noyer noir* donnent des sujets qui poussent plus
» vigoureusement, et qui s'élèvent à une plus grande hauteur dans
» le même espace de temps. »

Selon Sweet, le *Noyer noir* se cultive en Europe depuis 1629.
On le voit fréquemment dans les parcs et autres plantations d'a-
grément. L'amande de ses Noix est petite et fort inférieure à celle
du *Noyer commun*.

NOYER A ÉCORCE CENDRÉE. — *Juglans cinerea* Linn. — Wats.
Dendr. Brit. tab. 192. — *Juglans cathartica* Mich. fil. Arb.
vol. 1, tab. 2.

Feuilles à environ 15 folioles lancéolées ou oblongues-lancéolées; pétiole velu. Drupe ovale-oblong, mammelonné au sommet,
pubescent, visqueux, longuement pédonculé, pendant : noyau
oblong, acuminé; profondément anfractueux.

Arbre atteignant, dans des localités favorables, 50 pieds d'é-
lévation, sur 10 à 12 pieds de circonférence. Branches horizontales, très-longues, formant une tête ample et touffue. Bois rougeâtre. Folioles longues de 2 à 3 pouces. Chatons cylindriques,
longs de 4 à 5 pouces. Stigmates de couleur rose. Pédoncules des
fruits flexueux, longs de 3 pouces. Drupes de 2 1/2 pouces à
5 pouces de circonférence, couverts de poils glandulifères. Noyau
très-dur, oblong, obtus à la base, terminé en pointe très-aiguë.

Ce Noyer abonde dans tous le nord des États-Unis, ainsi qu'au
Bas-Canada, et dans le bassin de l'Ohio et du Missouri. Dans les
Carolines et en Géorgie, il est confiné aux monts Alleghanys. On

l'appelle *Oil-Nut* et *Butter-Nut*, c'est-à-dire Noix à huile ou
Noix à beurre, parce que l'amande de ses noix est très-huileuse.

« Le *Juglans nigra* et le *Juglans cathartica*, dit M. Mi-
» chaux, ont, dans les premières années, assez de ressemblance
» tant par leur feuillage que par la rapidité avec laquelle ils
» croissent; mais, arrivés à leur entier développement, ils ont
» chacun un port qui leur est propre, et qui les fait reconnaître
» au premier aspect; et, si on vient à examiner leur bois, sur-
» tout lorsqu'il est bien sec, on y trouve des différences bien no-
» tables. Le premier est pesant, fort, et d'une couleur très-rem-
» brunie, tandis que celui dont il est question est très-léger, d'une
» couleur rougeâtre et peu fort; mais ils jouissent tous deux
» également du précieux avantage de résister long-temps à la
» pourriture et de n'être pas attaqués par les vers. C'est à cause
» de son défaut de force et parce qu'il donne rarement des pièces
» d'une grande longueur, que le *Juglans cathartica* n'est point
» apporté dans les villes pour la construction des maisons, quoi-
» qu'on s'en serve quelquefois pour cet usage dans les campagnes.
» Je l'ai souvent vu employé pour en faire les sols et les maisons
» des écuries qui sont construites en bois, et qui reposent immé-
» diatement sur terre; et c'est aussi parce qu'il résiste bien aux
» alternatives de la chaleur et de l'humidité, qu'on en fait de
» bons pieux pour clore les champs.

» La propriété médicale de l'écorce de cet arbre a été constatée
» depuis long-temps dans les États-Unis par plusieurs médecins
» distingués. L'extrait aqueux de cette écorce, ou même sa dé-
» coction adoucie avec du miel, ont été bien reconnus pour un
» des meilleurs cathartiques que possède la matière médicale,
» parce que sa qualité purgative est toujours assurée, et que,
» dans les constitutions les plus délicates, elle opère toujours
» sans causer ni douleur, ni irritation. Enfin, l'expérience a ap-
» pris que, dans bien des cas, elle avait produit d'excellents
» effets dans la dyssenterie. C'est ordinairement sous forme de
» pilules, et à la dose d'un demi-gros jusqu'à un gros, qu'il se
» donne aux personnes adultes. »

Ce Noyer se cultive depuis long-temps en Europe comme arbre
d'ornement.

Génre CARYA. — *Carya* Nutt.

Fleurs mâles : Chaton imbriqué, rameux. Calice squami-forme, triparti. Corolle nulle. Étamines 4-8.

Fleurs femelles : Limbe calicinal quadrifide. Corolle nulle. Style nul. Stigmate quadrilobé. Drupe à sarcocarpe s'ou-vrant du sommet jusque vers le milieu, ou jusqu'à la base, en 4 valves. Noyau subtétragone, lisse.

Arbres monoïques. Bourgeons nus ou recouverts d'écail-les. Feuilles imparipennées, 5-15-foliolées; folioles subses-siles ou pétiolulées, opposées. Chatons mâles infra-foliaires, grêles, ternés sur un court pédoncule commun. Fleurs fe-melles terminant les ramules de l'année. Sarcocarpe charnu ou coriace, quelquefois beaucoup plus épais que le noyau.

Tous les *Carya* habitent l'Amérique septentrionale tem-pérée, où on les désigne sous le nom général de *Hicko-ry's*, mot dont la signification est inconnue, et qui proba-blement appartient à la langue de quelque tribu aborigène de ces contrées.

« Dans aucune partie des États-Unis, dit M. Michaux,
» le bois des Noyers Hickory's n'est employé dans la bâtisse
» des maisons, parce qu'il est trop pesant et sujet à être at-
» taqué par les vers; mais si ces défauts essentiels s'opposent
» à son emploi dans les constructions civiles, les qualités
» qu'il possède d'une autre part le rendent propre à beau-
» coup d'usages, pour lesquels, malgré leur moindre impor·
» tance, il ne pourrait être remplacé aussi avantageusement.
» Ainsi, dans tous les États du Milieu, on s'en sert pour faire
» les essieux des voitures, les manches de cognées et des
» autres outils de charpentier, les grosses vis et surtout
» celles des presses de relieurs. Les bâtons qui forment les
» dos des chaises dites de Windsor, les manches de fouets de
» carrosse, les baguettes de fusil et une foule d'autres usten-
» siles, sont toujours faits en bois d'Hickory. De toutes les
» nombreuses espèces d'arbres qui composent les forêts amé-
» ricaines situées à l'est du Mississipi, les Noyers Hickory's
» sont les seuls qui se soient trouvés parfaitement convenir

» pour faire les cercles de tonneaux et à barrique, ainsi que
» ceux qu'on emploie à donner de la solidité aux caisses des-
» tinées à contenir des marchandises. Dans la marine, l'Hi-
» ckory est fort estimé, à cause de sa très-grande force, pour
» barres de cabestan; aussi s'en sert-on pour cet usage à
» bord de tous les vaisseaux, et il en exporte pour le même
» objet en Angleterre. Doués d'une grande pesanteur, tous
» les bois des Hickory's paraissent contenir, sous un petit vo-
» lume, une masse considérable de matières combustibles,
» car en brûlant ils donnent beaucoup de chaleur, et lais-
» sent un charbon lourd, compacte et qui subsiste long temps
» allumé; sous ce rapport il n'existe pas, sous les mêmes lati-
» tudes, soit en Amérique, soit en Europe, aucun arbre qui
» puisse lui être comparé.

Voici les espèces connues de ce genre.

CARYA PACANIER. — *Carya olivæformis* Nutt. Gen. — *Juglans olivæformis* Mich. fil. Arb. vol. 2, tab. 3.

Bourgeons non écailleux. Feuilles à environ 13 folioles lancéolées, subfalciformes, acuminées, finement dentelées. Drupe oblong-obové, tétragone : noyau oblong, un peu rétréci aux deux bouts, apiculé.

Arbre atteignant 60 à 70 piéds de haut. Feuilles longues d'un pièd à 18 pouces; pétiole légèrement velu; folioles longues de 2 à 3 pouces, ou atteignant jusqu'à 5 pouces dans les jeunes individus. Drupe long de 1 ½ pouce; brou mince (épais de 1 à 2 lignes); noyau mince, cassant.

D'après les observations de M. Michaux, les bords des rivières du Missouri, des Illinois, de Saint-François et des Arkansas sont les endroits où cet arbre se trouve le plus abondamment. Les Français de la haute Louisiane et des Illinois l'ont nommé *Pacanier*, et ses fruits *Noix de Pacane*, termes conservés par les Anglais. Les lieux frais et même très-humides sont ceux qui lui conviennent le mieux.

Les Noix de Pacane font l'objet d'un petit commerce entre la haute et la basse Louisiane. Non-seulement ces Noix sont trèspréférables à-toutes les autres de l'Amérique septentrionale, mais elles ne le cèdent même en rien à celles du *Noyer commun*. M. Michaux pense que, sous ce rapport, le Pacanier mérite de fixer l'attention des Européens, et qu'au moyen d'une culture soignée on parviendrait à en obtenir de très-beaux résultats.

CARYA SILLONNÉ. — *Carya sulcata* Nuttal, Gen. — *Juglans sulcata* Willd. — *Juglans mucronata* Mich. Flor. Am. Bor. — *Juglans laciniosa* Mich. fil. Arb. v. 1, tab. 8.

Bourgeons écailleux. Feuilles à 7 ou 9 folioles obovales-lancéolées, acuminées, dentelées, pubescentes en dessous. Drupe complétement déhiscent, ovale-arrondi, acuminé, caréné; noyau oblong, épais, légèrement comprimé, rostré.

Arbre haut de 60 à 80 pieds, sur 2 à 4 pieds de diamètre. Cime très-ample. « L'épiderme, dit M. Michaux, présente aussi » cette disposition singulière qui a lieu dans le *Juglans squa-* » *mosa* (*Carya alba* Nutt.) Les lames les plus extérieures se » partagent en bandelettes longues de 1 à 3 pieds, qui, se re- » courbant à leurs extrémités, ne tiennent plus que par leur par- » tie moyenne, finissent par tomber, et sont successivement rem- » placées par d'autres, qui offrent le même arrangement. On » remarque seulement que, dans l'espèce qui fait le sujet de cette » description, les lames sont plus étroites et plus nombreuses, » ce qui m'a déterminé à lui donner le nom de *laciniosa*. » Feuilles longues de 8 à 20 pouces; folioles atteignant jusqu'à 20 pouces sur les jeunes individus. Chatons longs de 4 à 6 pouces. Écailles triparties. Fruits longs de 2 pouces, sur 4 à 5 pouces de circonférence : brou très-épais, coriace; noyau dur, jaunâtre.

Ce *Carya*, très-commun à l'ouest des Alléghanys, dans les bas-fonds des vallons de l'Ohio, est rare dans les états maritimes de l'Union. Il porte assez généralement le nom de *Thick-shelled Hickory*, c'est-à-dire Hickory à coque épaisse. L'amande de la Noix est mangeable, mais moins bonne que celle du Pacanier et du *Carya à Noix blanches*.

CARYA A NOIX BLANCHES. — *Carya alba* Nutt. Gen. — *Ju-*

glans alba Linn. — *Juglans squamosa* Mich. fil. Arb. v. 1, tab. 7. — *Juglans compressa* Willd.

Bourgeons écailleux. Feuilles à 5 ou 7 folioles oblongues-lancéolées ou lancéolées-obovales, acuminées, finement dentelées, velues en dessous. Chatons filiformes, glabres. Drupe sphérique, déprimé : noyau comprimé, mince, blanchâtre.

« C'est de tous les Noyers Hickorys, dit M. Michaux, celui
» qui parvient à la plus grande élévation, sur un plus petit dia-
» mètre ; car il acquiert quelquefois 80 à 90 pieds de haut, sur
» moins de 2 pieds d'épaisseur. Son tronc, dépourvu de bran-
» ches dans les trois quarts de sa hauteur, est d'une grosseur ré-
» gulière et presque uniforme jusqu'à la naissance de ses premiè-
» res branches : ce qui en fait un arbre magnifique ; mais ce qui
» lui donne surtout une apparence singulière et le fait reconnaître
» tout de suite à une grande distance, c'est l'aspect que présente
» son tronc, dont l'épiderme se divise naturellement en un grand
» nombre de bandes étroites et longues de 1 à 3 pieds, qui sont
» recourbées en arrière et n'adhèrent plus que par leur partie
» moyenne. Cette exfoliation de l'épiderme n'a lieu que dans les
» arbres qui ont acquis plus de 10 pouces de diamètre, quoi-
» qu'elle s'annonce long-temps auparavant par de longues gerçu-
» res. » Feuilles ordinairement à 5 folioles atteignant jusqu'à
20 pouces de long, d'un vert gai en dessus, finement veloutées
en dessous. Chatons longs de 5 à 6 pouces. Fruits assez généralement de 5 $^{1}/_{2}$ pouces de circonférence : brou épais, à 4 sutures
rentrantes ; noyau petit, blanc, comprimé, tétragone.

« De tous les Noyers de l'Amérique septentrionale que nous
» connaissons, dit M. Michaux, le *Juglans squamosa* (*Carya
» alba*) est celui dont les Noix, après les Pacanes, renfer-
» ment l'amande la plus douce et la plus fournie ; la coquille
» qui la contient est assez mince, quoiqu'elle soit encore suffi-
» samment épaisse pour qu'on soit obligé de casser ces Noix avant
» de les servir sur table. Elles sont assez recherchées ; car elles
» forment un petit article de commerce qui se trouve porté dans
» les listes des exportations des produits du sol des États-Unis.
» Les Indiens qui habitent sur les bords des lacs Érié et Michi-

» gan recueillent ces Noix pour l'hiver; ils en pilent une partie
» et font bouillir la pâte, dont ils retirent une matière hui-
» leuse, qui surnage, et qu'ils mêlent avec leurs alimens. »

» Le bois du *Juglans squamosa*, poursuit M. Michaux, pos-
» sède toutes les propriétés particulières aux Noyers Hickorys,
» qui sont la pesanteur, la force, l'élasticité et la ténacité; comme
» eux, il a le même défaut: celui de pourrir très-promptement
» et d'être attaqué par les vers. Cependant, comme cette espèce
» s'élève à une grande hauteur, sur un diamètre très-uniforme,
» on s'en est quelquefois servi pour faire la quille des vaisseaux.
» On a aussi reconnu que son bois se fendait plus facilement et
» qu'il avait un plus grand degré de souplesse. »

» Je crois donc, observe en terminant M. Michaux, que cet
» arbre doit être introduit dans les forêts européennes, et qu'on
» devra le placer de préférence dans les endroits frais, analogues
» à ceux où on le trouve le plus souvent dans l'Amérique septen-
» trionale. Sa réussite sera certaine dans le nord de l'Europe;
» car il peut supporter les froids les plus rigoureux. »

CARYA COTONNEUX. — *Carya tomentosa* Nuttal, Gen. — *Juglans tomentosa* Mich. Flor. Amer. Bor. — Mich. fil. Arb. v.
1, tab. 6.

Bourgeons écailleux. Feuilles à 7-11 folioles lancéolées-obovales ou obovales-lancéolées, acuminées, légèrement dentelées,
subsessiles, fortement pubescentes en dessous, un peu scabres.
Chatons filiformes, cotonneux. Drupes complétement déhiscents,
subglobuleux, lisses : noyau subhexagone, petit, très-dur.

Arbre haut de 40 à 50 pieds. Feuilles longues de 8 à 9 pouces, d'un vert gai; folioles longues de 4 à 5 pouces, assez semblables aux feuilles du Pêcher. Chatons longs. Étamines 8. Drupe
gros, ovale-arrondi, à 4 angles proéminents et à 2 autres peu
marqués, ou bien quelquefois (selon M. Michaux) parfaitement
rond, avec des sutures rentrantes, ou ovale-oblong, long de
2 pouces, sur 12 à 15 lignes de diamètre, ou de moitié moins
gros. Brou très-épais, presque ligneux à la maturité. Noyau fort
épais, légèrement strié, d'une extrême dureté.

Ce *Carya*, selon Elliot, est l'espèce la plus commune du genre dans le midi des États-Unis, où on lui applique généralement le nom de *Hickory*, sans autre désignation particulière. M. Michaux, qui l'a observé jusque dans l'état de Massachusset, rapporte qu'aux environs de New-York on l'appelle *Mocker-Nut*, c'est-à-dire Noyer à fruits moqueurs, et que les Français des Illinois lui donnent le nom de *Noyer dur*. C'est le seul des Hickorys qui, quoique brûlé tous les ans dans les prairies naturelles du Kentuckey et du Ténessée, ainsi que dans les Pinières (*Pine barrens*) des Carolines, repousse cependant toujours de nombreux rejetons. Le bois de cette espèce, préférable à celui de toutes les autres comme combustible, n'est pas moins recherché pour le charronnage. L'amande des Noix est douce, mais difficile à extraire à cause des cloisons très-fortes qui la partagent.

M. Michaux ne conseille point de multiplier ce *Carya* en Europe, parce que son bois est trop susceptible d'être attaqué par les insectes, et qu'en outre sa végétation est plus lente que celle de tous les autres Hickorys.

CARYA AMER. — *Carya amara* Nuttal, Gen. — *Juglans amara* Mich. Flor. Am. Bor. — Mich. fil. Arb. v. 1, tab. 4.

Bourgeons non-écailleux. Feuilles à 7 ou 9 folioles lancéolées ou lancéolées-oblongues, acuminées, dentelées, glabres excepté aux nervures. Drupe ovale-globuleux ou presque sphérique, acuminé, à 4 côtes saillantes : noyau subobcordiforme, lisse, mucroné, fragile.

Arbre s'élevant, dans des situations favorables, jusqu'à 80 pieds, sur 10 à 12 pieds de circonférence. Écorce non-écailleuse. Bourgeons de couleur jaune. Folioles d'un vert sombre, longues d'environ 6 pouces. Chatons longs de 2 à 3 pouces. Drupe large d'environ 10 lignes, sur 6 à 7 lignes de haut : brou mince, charnu, jamais ligneux; noyau blanc, lisse, assez mince. Amande fortement sinueuse, amère.

Ce *Carya* a été observé par M. Michaux dans toute l'étendue des États-Unis atlantiques, jusqu'au-delà du 43ᵉ degré de latitude. On le désigne sous les noms divers de *Bitter Nut* (Noyer amer), *Swamp Hickory* (Noyer de marais) et *White Hickory* (Noyer blanc). Son bois est inférieur en qualité à celui de presque tous ses congénères, et l'amande de ses Noix est si amère, que même les animaux sauvages né la mangent qu'à la dernière extrémité.

CARYA DES PORCS. — *Carya porcina* Nutt. Gen. — *Juglans porcina* Mich. fil. Arb. v. 1, tab. 9, fig. 3 et 4.—*Juglans obcordata* Willd.

Bourgeons écailleux. Feuilles à 5 à 7 folioles lancéolées ou obovales-lancéolées, acuminées, dentelées, glabres aux deux faces. Drupe subglobuleux, obtus : noyau petit, très-dur.

Arbre haut de 70 à 80 pieds, sur 3 à 4 pieds de diamètre. « Dépourvu de feuilles en hiver, dit M. Michaux, il est facile à » reconnaître à ses dernières pousses, qui sont d'une couleur » brune, de moitié moins grosses que celles des *Carya* (*Juglans*) » *tomentosa* et *squamosa*, terminées par des bourgeons ovales et » très-petits. » Folioles longues de 4 à 5 pouces, et atteignant même jusqu'à 18 pouces sur les arbres qui croissent dans un sol fertile. Chatons filiformes, longs de 2 pouces. Drupe plus large que long, ou tout-à-fait arrondi, de la grosseur du pouce ou moins : noyau épais, à cloisons ligneuses. Amande douce.

Cet arbre, généralement connu aux États-Unis sous le nom de *Pig Nut* et de *Hog Nut* (Noyer des porcs), ou quelquefois encore sous celui de *Broom Hickory* (Noyer à balais), concourt à former la masse des forêts dans la partie atlantique des États du milieu; il n'est pas moins commun dans les basses régions des Carolines et de la Géorgie, et dans ces contrées il devient plus grand que toute autre espèce du genre. On le retrouve au nord jusqu'au Massachusset.

« Le bois du *Juglans porcina*, dit M. Michaux, est sem- » blable, pour la couleur de l'aubier et du cœur, à celui des au- » tres Hickorys; il en possède également tous les avantages et » tous les défauts. Cependant j'ai vu dans les campagnes plusieurs » charrons qui lui trouvaient plus de force et de ténacité, et qui, » pour cette raison, le préféraient aux autres espèces, pour en

» faire des essieux de voitures et des manches de cognées. D'a-
» près ces considérations, je pense que le *Juglans porcina* mé-
» rite d'être introduit dans les forêts européennes ; où sa réussite
» peut à l'avenir être regardée comme certaine. »

L'amande de ce *Carya* est trop petite et trop difficile à extraire
du noyau, pour servir d'aliment à l'homme ; mais les porcs et les
animaux sauvages la recherchent avec avidité dans les forêts.

CARYA GLABRE. — *Carya* (*Juglans*) *glabra* Willd. — *Juglans porcina β ficiformis* Mich. fil. Arb. vol. 1, tab. 9,
fig. 1 et 2.

Cette espèce, que M. Michaux ne considère que comme variété
de la précédente, en diffère par son drupe pyriforme.

CARYA AQUATIQUE. — *Carya aquatica* Nutt. Gen. — *Juglans aquatica* Mich. fil. Arb. vol. 1, tab. 5.

Feuilles à 9 ou 11 folioles sessiles, glabres, lancéolées-falci-
formes, acuminées, légèrement dentelées. Drupe pédonculé,
ovoïde, à sutures proéminentes : noyau subglobuleux, comprimé,
mince, rougeâtre.

Arbre haut de 40 à 50 pieds. Folioles longues de 4 à 5 pouces,
larges de 8 à 9 lignes, d'un vert sombre. Brou peu épais. Noyau
petit, très-tendre, anguleux.

Cette espèce croît dans les marais des Carolines et de la Géorgie. Son amande, très-amère, n'est pas mangeable. Le bois de
l'arbre est peu estimé.

CARYA MUSCADE. — *Carya myristiciformis* Nutt. Gen. —
Juglans myristiciformis Mich. fil. Arb. vol. 1, tab. 10.

Bourgeons écailleux. Feuilles à 5 folioles lancéolées ou-lancéo-
lées-obovales, acuminées, glabres, dentelées, subsessiles. Drupe
ellipsoïde, mammelonné, scabre, sessile : noyau conforme,
mucroné, strié, petit, très-dur ; brou mince.

Noyau petit, lisse, plus épais que l'amande, de couleur brune,
marbré de lignes blanchâtres.

Ce *Carya* a été décrit, par M. Michaux, sur des échantillons
récoltés dans la Caroline méridionale par un nègre. Elliot n'a pas

retrouvé l'espèce. M. Michaux présume qu'elle est moins rare en Louisiane. Le noyau de son drupe ressemble à la Noix Muscade.

Genre PTÉROCARYA. — *Pterocarya* Nuttal.

Ce genre, constitué par une seule espèce, ne diffère du Noyer que par son drupe ailé.

PTEROCARYA A FEUILLES DE FRÊNE. —*Pterocarya (Juglans) fraxinifolia* Poir. Encycl. —*Juglans pterocarpa* Spreng. Syst. — *Rhus obscurum* Marsch. Bieb. Flor. Taur. Cauc.

Arbre d'un très-bel aspect. Tronc haut d'environ 40 pieds. Cime touffue, étalée. Rameaux allongés, nombreux, revêtus d'une écorce très-lisse, d'un brun verdâtre. Bourgeons d'un brun-roux. Feuilles amples, composées d'environ 9 paires de folioles avec une impaire, sessiles, alternes, oblongues-lancéolées, lisses aux deux faces, d'un beau vert-foncé en dessus, plus pâles en dessous, finement dentées, pointues, inéquilatérales à la base, longues d'environ 4 pouces, sur 1 pouce de large. Pétiole commun glabre, cylindrique, strié, renflé à la base, long d'un pied à un pied et demi.

Cet arbre croît dans les provinces persanes qui avoisinent la Caspienne. On le cultive dans les plantations d'agrément ; mais il paraît qu'il ne fructifie point dans le nord de la France.

Genre ENGELHARDTIA. — *Engelhardtia* Leschen.

Fleurs monoïques ou dioïques. — *Fleurs mâles* : Calice squamiforme, tri- ou multiparti. Corolle nulle. Étamines 5. — *Fleurs femelles* : Involucre uniflore, marcescent, inégalement quadrifide, cupuliforme à la base : 5 des lanières accrescentes. Calice sessile, adhérent : limbe 4- ou 5-fide. Corolle nulle. Style indivisé. Stigmates 2-4 (rarement plus de 4), allongés, papilleux, fimbriés. Drupe monosperme, indéhiscent, adhérent à la base de l'involucre devenu triptère : sarcocarpe mince, coriace ; noyau mince, fragile. Cotylédons foliacés.

Arbres de première grandeur. Feuilles paripennées; folioles inéquilatérales, ordinairement parsemées à la face inférieure de points résineux. Fleurs disposées en épis axillaires, simples, solitaires ou fasciculés; épis femelles plus allongés, pendants, un peu lâches; épis mâles grêles, densiflores.

Ce genre intéressant appartient à l'Asie équatoriale. M. Blume en a fait connaître quatre espèces de Java. Une cinquième croît aux Moluques, et une sixième au Népaul. Toutes sont assez remarquables pour que nous entrions en quelques détails à leur sujet.

ENGELHARDTIA A ÉPIS.—*Engelhardtia spicata* Blum. et Fisch. Flor. Jav. v. 2, p. 1 et 5.

Monoïque. Feuilles 5-juguées; folioles pétiolulées, oblongues, acuminées, rétrécies à la base, très-entières, glabres aux deux faces, membranacées.

Arbre haut de 150 à 200 pieds. Tronc fort gros. Branches grosses, alternes, divariquées. Écorce rousse, cicatrisée. Jeunes ramules et pétioles cotonneux-ferrugineux. Feuilles très-étalées; pétiole commun long de 8 pouces à 1 ½ pied; folioles accrescentes, longues de 3 à 7 pouces et plus. Épis (chatons) penchés ou pendants, subterminaux, longs de 9 à 18 pouces, ordinairement unisexuels : les épis mâles naissant au-dessous de l'épi femelle. Fleurs mâles petites, très-nombreuses, 8-13-andres. Fleurs femelles un peu écartées. Limbe de l'involucre à 4 lobes inégaux : l'inférieur très-court; les trois autres oblongs, obtus, très-entiers, foliacés, réticulés; subisomètres. Fruits triptères, disposés en épis longs de 2 à 3 pieds : ailes inégales, longues de 1 à 3 pouces, brunâtres, pubescentes. Noyau petit, ovale-globuleux.

Cet arbre gigantesque croît dans les forêts des montagnes de l'ouest de Java. Les habitans de ces contrées le connaissent sous le nom de *Kihugang*. Son tronc atteint souvent une circonférence telle, que trois hommes ne suffiraient pas pour l'embrasser. Le bois, d'un brun tirant sur le roux, est dur et pesant. Les Javanais l'emploient à des roues de chariot, fabriquées d'une seule coupe horizontale. On en fait aussi d'énormes vases d'une seule pièce.

ENGELHARDTIA SÉLAN. — *Engelhardtia selanica* Blum. et Fisch. Flor. Jav. v. 2, pag. 8 (in adn.) — *Dammara selanica fœmina* Rumph. Amb. vol. 2, p. 168, tab. 56.

Monoïque. Feuilles 12-14-juguées ; folioles subsessiles, ovales-oblongues, obtuses, rugueuses en dessous.

Grand arbre. Écorce épaisse, rousse, rimeuse. Branches grosses, vagues. Folioles longues de 5 à 8 pouces.

Cet arbre est commun dans les Moluques et dans les îles de la Sonde. Il en découle une résine, que les Malais appellent *Sélan* ou *Sila*, et qu'ils emploient généralement en guise de poix.

ENGELHARDTIA DE COLEBROOK. — *Engelhardtia Colebrookeana* Lindl. in Wall. Plant. Asiat. Rar. tab. 208.

Feuilles 4- ou 5-juguées ; folioles entières, oblongues, obtuses : les adultes glabres ; les jeunes cotonneuses. Épis fructifères un peu plus courts que les feuilles. Involucre hispide.

Cette espèce a été découverte au Népaul par M. Wallich.

ENGELHARDTIA A FLEURS D'ÉRABLE. — *Engelhardtia aceriflora* Blum. et Fisch. Flor. Jav. tab. 2 et 5, B. — *Pterima aceriflorum* Reinw. Syllog. II, p. 13, in *Flora*, 1825.

Dioïque. Feuilles 4-8-juguées ; folioles subsessiles, ovales-oblongues, obtuses, arrondies à la base, très-entières, coriaces, pubérules-glanduleuses en dessous aux aisselles des nervures.

Arbre de première grandeur. Écorce épaisse, rougeâtre, rimeuse. Branches fortes, divariquées. Ramules cicatrisés, d'un brun noirâtre : les jeunes cotonneux-roussâtres. Feuilles très-étalées ; folioles longues de 3 à 5 pouces. Fruits disposés en épis d'un demi-pied de long. Involucre semblable à celui de l'*Engelhardtia à épis.*

Cette espèce croît dans les forêts de Java.

ENGELHARDTIA A FOLIOLES CORIACES. — *Engelhardtia rigida* Blum. et Fisch. Flor. Jav. tab. 3. — Blum. Bydr. x, p. 528.

Dioïque. Feuilles 4-8-juguées ; folioles subsessiles, elliptiques, obtuses, rétrécies à la base, réfléchies aux bords, très-entières, coriaces, glabres.

Arbre de première grandeur, couronné par une tête ample et très-rameuse. Ramules divariqués, d'un brun grisâtre, rimeux, tuberculeux : les adultes glabres; les naissants cotonneux. Folioles longues de 1 à 3 pouces. Épis mâles axillaires ou latéraux, solitaires, ou fasciculés, paniculés, subsessiles, dressés, ou étalés, plus courts que les feuilles. Fleurs mâles petites, 5-andres. Fleurs femelles et fruits inconnus.

Cette espèce croît à Java, au mont Salak, à environ 2,500 pieds au dessus du niveau de la mer.

ENGELHARDTIA A FOLIOLES DENTELÉES. — *Engelhardtia serrata* Blum. et Fisch. Flor. Jav. tab. 4, et 5, G.

Dioïque. Feuilles 4-5-juguées; folioles subsessiles, oblongues-lancéolées, acuminées, arrondies à la base, dentelées, coriaces, pubescentes à la côte.

Arbre magnifique, haut de 60 à 100 pieds. Rameaux forts, divariqués. Ramules épars, roussâtres, tuberculeux, cotonneux-jaunâtres ou roussâtres vers leur extrémité. Pétiole commun long de 3 à 4 pouces; folioles inégales : les supérieures beaucoup plus grandes que les inférieures. Épis femelles axillaires, solitaires, très-simples, penchés, longs d'environ 3 pouces. Fruits semblables à ceux des espèces précédentes, disposés en épis interrompus, longs de 5 à 8 pouces. Drupe de la grosseur d'un Pois. (Fleurs mâles inconnues.)

Cet arbre croît dans les forêts élevées de l'ouest de Java, où on le désigne par le nom de *Bajur*. Son bois est blanchâtre et fort propre aux ouvrages de menuiserie.

DOUZIÈME FAMILLE.

LES CASSUVIÉES. — *CASSUVIEÆ.*

(*Terebinthacearum* genn. Juss. — *Cassuvieæ* R. Brown, in Tuckey. Cong. p. 431.— Bartl. Ord. Nat. p. 395.—*Terebinthaceæ* Kunth. — *Terebinthacearum* trib. I, II et III, sive *Anacardieæ*, *Sumachineæ* et *Spondiaceæ* De Cand. Prodr. vol. 2.)

Les propriétés des *Cassuviées* offrent d'étonnants disparates entre les diverses espèces, et souvent entre les différentes parties d'un seul et même végétal. Leurs sucs propres sont tantôt laiteux, âcres et caustiques, comme dans le *Melanorhœa*, le Toxicodendre ou Sumac vénéneux de l'Amérique septentrionale, le Sumac dont les Chinois retirent l'un de leurs vernis les plus estimés, les Sémécarpes, les Anacardiers et autres ; tantôt résineux, comme dans les Pistachiers qui fournissent le Mastic et la Térébinthe. D'autres Cassuviées ont des écorces astringentes et fébrifuges, comme le *Rhus glabra* ; ou employées au tannage, comme le *Sumac des corroyeurs*. Le péricarpe des Anacardiers, ainsi que celui des Sémécarpes, contient un suc plus délétère encore que leurs feuilles et leurs écorces ; mais les amandes renfermées sous ces enveloppes vénéneuses sont comestibles et saturées d'huile grasse. Les Manguiers et les Mombins, au contraire, offrent des drupes à chair succulente, d'une saveur délicieuse, et célèbres par leurs qualités bienfaisantes. Enfin, même dans les Anacardiers et dans les Sémécarpes, le réceptacle charnu qui sert de support à la Noix, loin de participer à la causticité de celle-ci, est un aliment rafraîchissant très-recherché dans les contrées équatoriales. Plusieurs Cassuviées contribuent à l'ornement des jardins paysagers moins par leurs fleurs que par l'élégance de leur port

La plupart des Cassuviées sont cantonnées entre les tropiques. Un certain nombre d'espèces néanmoins habitent la zone tempérée, principalement dans l'Améri que septentrionale ; mais aucune ne s'avance jusqu'aux régions boréales.

CARACTÈRES DE LA FAMILLE.

Arbres ou *arbrisseaux*. Ramules cylindriques.

Feuilles éparses, tantôt simples, entières, penninervées, tantôt imparipennées ou trifoliolées. Stipules nulles.

Fleurs hermaphrodites ou unisexuelles, petites, disposées en épi, ou en grappe, ou en panicule.

Calice inadhérent, quinquéparti (rarement tri- ou quadriparti) : estivation imbricative.

Disque laminaire ou annulaire, adné au fond du calice.

Corolle (quelquefois nulle) régulière, périgyne, insérée au bord du disque. Pétales interpositifs, en même nombre que les lobes du calice : estivation imbricative.

Étamines interpositives et en même nombre que les pétales, ou en nombre double, insérées au bord du disque. Filets libres : quelques-uns parfois stériles.

Pistil : Tantôt et le plus souvent un ovaire simple ; tantôt 3 à 5 ovaires connés dont un seul fertile. Ovules solitaires. Style unique quand l'ovaire est simple ; ou autant de styles qu'il y a de loges à l'ovaire composé.

Péricarpe : Drupe ou Noix monosperme (par exception 2-5-loculaire).

Graine suspendue à un funicule partant du fond de la loge et infléchi au sommet. Périsperme nul. Embryon dressé ou renversé, curviligne : cotylédons tantôt épais, charnus; repliés sur la radicule, tantôt planes et foliacés.

Voici les tribus dans lesquelles se soudivise la famille des Cassuviées et les genres qui y rentrent.

Ire TRIBU. ANACARDIÉES. — *ANACARDIEÆ.*

Péricarpe uniloculaire. Cotylédons charnus.

Anacardium Rottb. (Cassuvium Lamk. Acajuba Gærtn. Rhinocarpus Bertero). — *Semecarpus* Linn. fil. (Anacardium Lamk.) — *Holigarna* Roxb. — *Mangifera* Linn. — *Buchanania* Roxb. — *Cambessedea* Kunth. — *Melanorhœa* Wallich. — *Pistacia* Linn. (Terebinthus Juss.) — *Astronium* Jacq. — *Comocladia* P. Browne. — *Cyrtocarpa* Kunth. — *Picramnia* Swartz. — *Dupuisia* Guillem. et Perrott.

IIe TRIBU. SPONDIACÉES. — *SPONDIACEÆ.*

Drupe 1-5-loculaire.

Spondias Linn. — *Lannea* Guillem. et Perrott.

IIIe TRIBU. SUMACHINÉES. — *SUMACHINEÆ.*

Péricarpe uniloculaire. Cotylédons foliacés.

Rhus Linn. (Toxicodendron Tourn. Mœnch. Pocophorum Neck. Lobadium Rafin. Schmaltzia Desv. — *Heudelotia* Guillem. et Perrott. — *Mauria* Kunth. — *Schinus* Linn. — *Duvaua* Kunth.

Ire TRIBU. **ANACARDIÉES.** — *ANACARDIEÆ*
De Cand. Prodr.

Pétales et étamines insérés au disque ou au calice. Ovaire solitaire, uniloculaire, uniovulé. Cotylédons épais, repliés sur la radicule.

Genre ANACARDIER. —*Anacardium* Rottb.

Fleurs polygames-dioïques. Calice quinquéparti. Pétales 5, linéaires, acuminés, réfléchis. Étamines 10: l'un ou plusieurs des filets plus longs, stériles ou à anthères abortives. Style saillant, simple de même que le stigmate. Noix réniforme, ombiliquée latéralement, sessile sur le pédoncule devenu gros, charnu et pyriforme. Graine conforme au péricarpe. Embryon dressé : cotylédons semi-lunés; radicule saillante.

Arbres. Feuilles entières, penninervées. Fleurs petites, bractéolées, disposées en panicules terminales.

L'espèce que nous allons faire connaître constitue à elle seule ce genre. Les *Anacardium* de Lamarck rentrent dans le genre *Sémécarpe* dont il sera traité plus bas.

ANACARDIER POMIFÈRE. — *Anacardium occidentale* Linn. —Jacq. Am. tab. 181, fig. 35.—Catesb. Carol. v. 3, tab. 9. — Turpin, in Dict. des Scienc. Nat. et in Flor. Méd. Ic.—Tussac, Flor. Antill. vol. 3, tab. 13.—*Cassuvium pomiferum* Lamk.

Arbre de moyenne hauteur. Tronc gros, tortueux, haut d'environ 15 pieds. Écorce grisâtre, de couleur pourpre en dedans, très-astringente. Branches étalées, tortueuses, noueuses. Feuilles elliptiques, très-obtuses, quelquefois échancrées, peu ou point rétrécies à la base, fermes, glabres, longues d'environ 4 pouces, sur 3 pouces de large. Fleurs petites, répandant une odeur de miel. Calice jaunâtre. Pétales rougeâtres. L'un des filets plus long que es autres, dilaté au sommet. Réceptacle fructifère de la forme et de la grosseur d'une Poire, contenant sous une pellicule jaunâtre, ou rougeâtre, ou blanchâtre, une pulpe fongueuse de même couleur. Noix lisse, grisâtre extérieurement, attachée au réceptacle par l'extrémité la plus grosse, et 10 fois environ plus courte que la partie charnue du fruit.

Cet arbre, nommé vulgairement *Pommier d'Acajou*, se cultive généralement dans toute l'Amérique équatoriale. On le croit indigène aux Antilles. La partie succulente et charnue de son fruit, que les créoles appellent *Pomme d'Acajou* (*Cashew Nut*), n'est autre chose que la partie supérieure du pédoncule, qui a pris un développement extraordinaire; sa saveur, d'abord très-acerbe, finit par devenir légèrement acide et astringente. Il s'en prépare, par la fermentation, une boisson vineuse très-agréable, et, par la distillation, une liqueur alcoolique beaucoup plus ardente que le rum ou l'arrak. La manière la plus agréable et la plus saine de manger ces fruits consiste à les couper par quartiers, et à en faire une compote à mi-sucre. Leur jus passe pour un bon remède contre les hydropisies et les obstructions des intestins.

Les Noix du Pommier d'Acajou renferment une amande d'un goût très-agréable, dont on peut extraire, par la pression, une huile douce et bonne à manger; mais la coque contient une huile très-caustique, logée dans des canaux particuliers, dans l'épaisseur des parois. Cette huile cautériserait les lèvres et le gosier des personnes assez imprudentes pour casser les Noix d'Acajou avec les dents. On l'emploie avec succès à extirper les verrues et autres excroissances fongueuses de la peau. Son administration exige néanmoins des précautions. Elle sert en outre à marquer le linge et les toiles, ainsi qu'à vernir les meubles et les boiseries des appartemens. Pour retirer l'amande de la coque sans s'exposer à avoir les mains tachées d'une manière indélébile, on jette les noix dans le feu, et on les y laisse jusqu'à ce que l'huile caustique soit totalement brûlée, ce dont il est facile de s'apercevoir par la cessation des jets de flammes, qui formaient une sorte de feu d'artifice. Une des meilleures façons de manger les amandes d'Anacardier est, selon M. de Tussac, de les cueillir lorsqu'elles sont encore vertes et tendres, et d'en faire des cerneaux. A cet effet, on les ouvre dans l'eau, pour éviter l'effusion de l'huile que peut déjà contenir leur enveloppe. Les amandes mûres remplacent nos Amandes douces, et l'on peut en préparer un bon chocolat.

L'écorce de l'arbre suinte une gomme fine, demi-transparente, semblable à la gomme arabique. Chaque arbre produit une douzaine de livres de cette substance dans le courant d'une année.

Le *Cassuvium* de Rumphius (Herb. Amb. v. 1, p. 177, tab. 9), ou *Cadji* des Malais, paraît être une espèce différente de l'*Anacardium occidentale*. Ses feuilles, fortement rétrécies en coin à la base, exhalent, de même que les fleurs, une odeur forte et désagréable. La partie charnue du pédoncule n'est que deux ou trois fois plus longue que la noix, et Rumphius assure que son astringence empêche de la manger, même à sa parfaite maturité. Quant aux amandes, elles servent d'aliment après avoir été torréfiées. Cette espèce, du reste, n'est pas indigène aux Moluques. On sait qu'elle fût introduite dans l'Inde par les Portugais, durant la seconde moitié du seizième siècle. A Ceylan et dans l'Inde on cultive aussi le vrai *Anacardier pomifère*.

Genre SÉMÉCARPE. — *Semecarpus* Linn. fil.

Fleurs polygames-dioïques. Calice quinquéfide. Pétales 5, oblongs. Étamines 5, toutes fertiles. Ovaire uniloculaire, sessile sur un disque urcéolé. Style triparti, court. Noix comprimée, obcordiforme, sessile sur un réceptacle charnu, subpyriforme. Graine conforme au péricarpe. Embryon renversé : cotylédons charnus; plumule apparente, diphylle; radicule incluse.

Arbres. Feuilles entières, penninervées. Fleurs petites, verdâtres, disposées en panicules terminales et axillaires.

Ce genre ne renferme que deux ou trois espèces, regardées par plupart des botanistes comme variétés du *Semecarpus Anacardium* : opinion qui ne paraît pas fondée sur une observation approfondie.

SÉMÉCARPE A LONGUES FEUILLES. — *Semecarpus Anacar-*

dium angustifolium De Cand. Prodr. —*Anacardium longifo-
lium* Lamk. — Turp. in Chaum. Fl. Méd. tab. 31, et in Dict.
des Scienc. Nat. Ic. —Rumph. Amb. v. 1, tab. 70. —*Anacardium officinarum* Gærtn.

Feuilles lancéolées, glabres en dessus, pubescentes-grisâtres
en dessous.

Tronc droit, élancé, recouvert d'une écorce grisâtre, fendil-
lée sur les individus adultes. Cime ample et touffue. Feuilles longues d'un pied et plus, larges de 4 à 5 pouces. Panicules dressées. Noix luisante, d'abord rouge, ensuite brune. Réceptacle
aussi long que large (de 1 à 2 pouces de diamètre) : sommet presqu'en cône renversé, rugueux ou légèrement sillonné, d'un vert
foncé, ou jaunâtre.

Cet arbre est très-répandu dans les Moluques, dans les Philippines et dans plusieurs parties de l'Inde. Ses Noix, connues en
Europe sous les noms de *Fèves de Malac, Anacardes d'Orient,
Noix d'Anacardes*, occupaient une place distinguée dans l'ancienne thérapeutique. On allait jusqu'à leur attribuer la propriété
merveilleuse d'éclaircir les idées et de fortifier la mémoire. Leur
saveur se rapproche de celle des Châtaignes ou des Pistaches. Les
Hindous et les habitans des Philippines s'en nourrissent, après les
avoir fait torréfier, afin de consumer le péricarpe, qui renferme,
comme celui de l'*Anacardier pomifère*, une huile extrêmement
caustique. Ces amandes se mangent aussi confites soit au sel, soit
au sucre. Le réceptacle charnu, qui sert de support à la Noix, est
fort astringent avant la maturité, mais il finit par devenir assez
doux ; dans plusieurs îles des Moluques, on vend cette denrée au
marché. L'huile contenue dans les vaisseaux du péricarpe est
d'une telle âcreté, qu'elle enflamme sur-le-champ la peau, et les
empreintes qu'elle y laisse ne s'effacent que long-temps après. On
l'emploie dans l'art vétérinaire à la cautérisation des ulcères. Les
fruits verts pilés et mêlés avec une dissolution alkaline et du vinaigre, donnent une encre excellente. Toutes les parties de l'arbre
sont saturées d'un suc laiteux presque aussi caustique que l'huile
du péricarpe : cependant les jeunes feuilles encore molles, loin
de participer à ces propriétés, ont un goût légèrement astringent

et aromatique; les Malais les mangent toutes crues, soit avec le poisson, soit avec d'autres mets.

SÉMÉCARPE A LARGES FEUILLES.—*Semecarpus Anacardium obtusiusculum* De Cand. Prodr.—*Anacardium latifolium* Lam. Dict. — *Semecarpus Anacardium* Linn. fil. ex Roxb. Corom. v. 1, pag. 13, tab. 12.

Feuilles obovales-oblongues, très-obtuses, échancrées à la base, glabres en dessus, scabres et blanchâtres en dessous.

Arbre de première grandeur. Tronc droit, élancé. Écorce grisâtre, scabreuse, contenant une gomme blanche insipide. Feuilles longues de 9 à 18 pouces, sur 4 à 8 pouces de large. Pétiole long de 1 ½ à 2 pouces. Panicules amples, terminales, feuillées à la base, composées de grappes spiciformes. Fleurs d'un jaune verdâtre, glomérulées. Réceptacle fructifère subpyriforme, aussi grand que la noix, charnu, jaunâtre à la maturité. Noix lisse, luisante, noirâtre : écorce extérieure coriace ; écorce intérieure osseuse ; parenchyme à cellules tubuleuses, remplies de suc propre caustique, résineux, d'abord blanchâtre, noirâtre à la maturité du fruit.

Cet arbre abonde dans toutes les contrées montueuses de l'Inde. La mollesse de son bois et le suc âcre qu'il contient, empêchent de le travailler. Rarement on mange ses amandes ; mais le support charnu des noix est fort recherché par les Hindous ; ils le font rôtir sous les cendres chaudes, et sa saveur alors devient comparable à celle d'une Pomme cuite. A l'état cru, il n'est point comestible à cause de son astringence. Les fruits verts bien pilés tiennent lieu de glu. Le suc propre contenu dans le parenchyme du péricarpe s'emploie à la guérison des affections dartreuses, des verrues et autres excroissances de la peau. Roxburgh, tout en assurant que ce remède est souvent couronné de succès, avertit aussi que dans bien des cas il fait plus de mal que de bien. Les médecins hindous font entrer ce même suc dans une composition qui passe pour un spécifique contre toutes les maladies syphilitiques. Enfin on s'en sert généralement pour imprimer des marques ineffaçables aux toiles de coton ; à cet effet on le mêle avec de la chaux vive.

Genre MANGUIER. — *Mangifera* Linn.

Fleurs polygames. Calice quinquéparti, caduc. Étamines 5 : quatre des filets souvent stériles. Style simple. Drupe à noyau monosperme, évalve, hérissé de pointes ligneuses. Graine ovale-oblongue. Embryon rectiligne : cotylédons charnus; radicule courte.

Arbres. Feuilles entières, penninervées. Fleurs petites, en panicules terminales. Fruits mangeables.

Les *Manguiers* sont fort mal connus quant à leurs caractères distinctifs. M. De Candolle n'en énumère que quatre espèces, dont deux sont indiquées plutôt que décrites. Dans le catalogue du Jardin de Calcutta, Roxburgh en cite trois autres. Toutes les espèces habitent l'Asie équatoriale.

MANGUIER COMMUN. — *Mangifera indica* Linn. — Hort. Malab. v. 4, tab. 1 et 2. — Rumph. Amb. v. 1, p. 93, tab. 25 — Gærtn. Fr, v. 2, p. 96. — Turp. in Dict. des Sciences Nat. Ic. — Andr. Bot. Rep. tab. 425. — Tussac, Flor. Antill. vol. 2, tab. 15.

Feuilles oblongues-lancéolées, pétiolées. Panicules dressées. Corolle étalée. Une seule étamine fertile. Drupe subréniforme, glabre.

Arbre très-élevé, semblable au Chêne par le port. Rameaux gros mais fragiles, étalés. Feuilles longues de 6 à 8 pouces, sur 2 pouces de large; coriaces, glabres, d'un vert foncé. Panicules amples, composées de grappes grêles. Fleurs verdâtres, bractéolées. Drupe succulent, très-variable dans ses dimensions, sa couleur et sa forme. (Selon Rumphius, il existe plusieurs espèces que les botanistes modernes confondent comme variétés du *Manguier commun.*) Noyau large, aplati, hérissé de soies jaunâtres. Amande amère.

Ce Manguier est l'un des arbres fruitiers les plus généralement cultivés dans toute l'Asie équatoriale, et à plusieurs degrés de latitude au nord du tropique. Des voyageurs anglais l'ont observé donnant encore de bons fruits, jusque vers le 33ᵉ degré de latitude, dans l'Inde septentrionale. Il paraîtrait donc que certaines espèces ou variétés de Manguiers sont susceptibles de se naturaliser sur les côtes de la Barbarie, ou même en Europe, dans les localités favorables à la culture de l'Oranger. Le Manguier n'a été introduit aux Indes occidentales qu'en 1782; mais aujourd'hui il y est fort commun.

Le nom de *Manga*, donné par les Malais aux fruits des Manguiers, a été conservé dans celui de *Mangues*, ou *Mangos*. On assure que le nombre des variétés cultivées se monte à près de quatre-vingts, toutes différentes de forme, de qualité ou de couleur. Quelques-unes ont une saveur de térébenthine très-prononcée; d'autres sont sucrées, acidules et relevées d'un arome délicieux. En exceptant le Mangoustan et les meilleures variétés d'Ananas, aucun fruit de la zone équatoriale n'est préférable à certains Mangos. Les variétés les plus recherchées sont le *Mango vert*, d'un volume très-considérable; le *Mango Prune*, très-petit, peu filandreux et ayant un goût de Prune; le *Mango Péche* et le *Mango Abricot*. Les Mangues passent pour des fruits très-salubres; on les mange crues, ou trempées dans du vin sucré, ou confites. La médecine les met en usage comme spécifique contre le scorbut, et en général comme remède dépuratif. Les amandes des Manguiers, trop amères pour être comestibles, s'emploient comme vermifuge dans quelques contrées des Indes. Le suc propre de l'écorce de l'arbre, mêlé avec du blanc d'œuf et un peu d'opium, est administré avec succès dans les dyssenteries et les diarrhées. Ce suc propre, ainsi que celui contenu dans les feuilles, a, selon Rumphius, une odeur de Carotte. L'écorce de la racine est styptique et possède une saveur de Moutarde : les Malais en assaisonnent plusieurs de leurs mets.

Les Manguiers sont extrêmement productifs et ils croissent avec une grande rapidité. Leur bois est mou et d'aucun emploi dans les arts. Le seul poids des fruits suffit souvent pour rompre les branches les plus grosses.

Selon Sweet, le Manguier, en serre chaude, produit de bons fruits, dès que les individus ont acquis le développement nécessaire. Sa culture exige une terre composée de terreau de bruyère et d'argile sablonneuse ou de *loam*, ainsi que des arrosemens modérés. A défaut de graines, on peut le multiplier de boutures qui s'enracinent assez facilement dans le sable, lorsqu'on prend soin de les recouvrir d'un bocal.

Rumphius cite deux espèces de Manguiers, sauvages dans les forêts des Moluques. L'une a le tronc plus droit et plus élevé que les Manguiers cultivés ; son fruit est d'un brun tirant sur le vert ou sur le jaune, à chair épaisse, très-fibreuse et d'une saveur peu agréable : on le mange confit dans du vinaigre avant sa maturité. L'autre espèce s'élève plus encore que la première ; son fruit est ovoïde-oblong, poilu, de couleur brunâtre, à noyau très-gros et à chair mince, insipide.

L'auteur que nous venons de citer parle encore d'un autre Manguier, qu'on cultive fréquemment à Java et à Batavia, sous le nom de *Wani*. Ses fleurs, de couleur purpurine, sont disposées en longues grappes pendantes. Le fruit, presque aussi gros que celui du *Manguier fétide*, offre une chair blanchâtre et assez savoureuse ; il contient un noyau oblong, long de 4 pouces, sur 2 pouces de large.

Manguier Fétide.—*Mangifera fœtida* Lour. Flor. Cochinch. — *Manga fœtida* Rumph. Amb. v. 1, p. 98, tab. 29.

Feuilles lancéolées, pétiolées. Panicules dressées. Pétales réfléchis. Drupe cordiforme-ovale, arrondi, pubescent.

Arbre à tronc droit. Cime moins ample que celle du *Manguier commun*. Feuilles longues de 14 à 16 pouces, d'un vert sombre, fermes, résineuses. Panicules très-amples. Fleurs couleur de chair ou rougeâtres. Fruit du volume d'un très-gros poing, d'un vert livide avant la maturité, et finissant par jaunir. Noyau très-gros. Chair peu épaisse, d'une saveur de Térébenthine peu agréable.

Cet arbre croît aux Moluques, aux îles de la Sonde, et, selon Loureiro, en Cochinchine. On fait peu de cas de ses fruits à cause de leur saveur résineuse, et ils sont même réputés malsains. Le suc propre du tronc de l'arbre est caustique.

Manguier a fleurs laches. — *Mangifera laxiflora* Desrouss. in Lamk. Dict.

Feuilles lancéolées, sessiles. Panicules lâches, pendantes. Étamines toutes fertiles. Drupe subglobuleux.

Cette espèce est cultivée à l'Ile-de-France.

MANGUIER A FEUILLES OPPOSÉES. — *Mangifera oppositifolia* Roxb. Cat. Calc.

Cette espèce, originaire du Pégou, n'est pas décrite par l'auteur, qui en cite deux variétés : l'une à fruits doux, et l'autre à fruits acides.

Genre **PISTACHIER.** — *Pistacia* Linn.

Fleurs dioïques, apétales.—*Fleurs mâles* en chatons à écailles uniflores : Calice quinquéfide. Étamines 5 ; anthères tétragones, subsessiles.—*Fleurs femelles* en grappes lâches. Calice tri- ou quadrifide. Ovaire tri-bi- ou uniloculaire. Stigmates 3, épais. Drupe sec, ovoïde : noyau osseux, le plus souvent uniloculaire et monosperme (quelquefois il subsiste une ou deux loges abortives). Graines solitaires, attachées au fond de la loge : périsperme nul ; cotylédons épais, charnus, huileux; radicule supère, latérale.

Arbres ou arbrisseaux. Feuilles coriaces, pennées. Fleurs petites, apétales.

Ce genre se compose de sept espèces. On en a trouvé une au Mexique et une dans l'Asie équatoriale. Les cinq autres croissent en Orient, dans l'Europe australe et dans l'Afrique septentrionale. Toutes sont assez remarquables pour que nous entrions en quelques détails à leur sujet.

a) Feuilles imparipennées, non-persistantes. (TEREBINTHUS Tourn.)

PISTACHIER CULTIVÉ. — *Pistacia vera* Linn. — Blackw. Herb. tab. 461. — Duham. ed. nov. v. 4, tab. 17.— *Pistacia trifolia* Linn? — *Pistacia Narbonensis* Linn. —*Pistacia reticulata* Willd?

Feuilles à 3 ou 5 folioles (rarement à une seule) ovales, ou ovales-oblongues, mucronées, rétrécies à la base. Drupe ovoïde-oblong ou subglobuleux. Panicules rameuses, plus courtes que les feuilles.

Arbre de 20 à 30 pieds de haut. Branches et rameaux étalés. Ramules tuberculeux. Feuilles pubescentes étant jeunes ; les adultes glabres, coriaces, tantôt à deux paires de folioles distantes : la foliole terminale presque confluente avec la paire supérieure ; tantôt à une seule paire, distante de la foliole terminale. Panicules latérales, subterminales, denses, pubescentes. Drupe roussâtre, contenant une amande d'un vert clair, connue sous le nom de *Pistache*.

On trouve souvent sur la même branche des feuilles de 3, de 5, et d'une seule foliole ; mais le *Pistacia trifolia* Linn., et le *Pistacia reticulata* Willd., paraissent différer du *Pistachier commun* par d'autres caractères.

Ce Pistachier est originaire de Syrie. Ses fruits, selon Pline, furent pour la première fois apportés à Rome vers la fin du règne de Tibère, par Vitellius. Aujourd'hui cet arbre est généralement cultivé dans toute l'Europe australe, et on le trouve même naturalisé en plusieurs localités. Le climat du nord de la France n'est plus assez chaud pour que le Pistachier y produise des fruits, quoiqu'il résiste en général à la rigueur des hivers. Chardin rapporte qu'on récolte des Pistaches excellentes dans la Perse septentrionale, à Casbin, par exemple, où la température hivernale est beaucoup plus rude qu'à Paris.

Les Pistaches se mangent crues comme les amandes douces. Les confiseurs en préparent différentes espèces de dragées ; on les emploie aussi pour faire des tourtes, des crèmes et des glaces. Elles sont bonnes aux émulsions adoucissantes, ainsi que toutes les graines oléagineuses. Autrefois elles entraient dans différentes préparations pharmaceutiques ; mais on leur préfère les Amandes douces.

En Sicile, on féconde artificiellement les Pistachiers femelles qui se trouvent trop éloignés des mâles, en coupant les branches de ces derniers et en les suspendant au-dessus des premiers. Cette opération, qui ne manque jamais son but, s'appelle *tuchiarare*. Quelquefois aussi on ente des bourgeons mâles sur les individus femelles.

PISTACHIER TÉRÉBINTHE. — *Pistachia Terebinthus* Linn. —

Blackw. Herb. tab. 78. — Duham. ed. 1, vol. 2, tab. 87. —
J. Bauh. Hist. 1, p. 278, Ic.

Feuilles à 5 ou 7 folioles oblongues-lancéolées ou ovales-lancéolées, obtuses, rétrécies à la base. Panicules rameuses, presque
aussi longues que les feuilles. Drupe globuleux, rugueux.

Buisson peu élevé, dans l'Europe méridionale; arbre assez grand
en Orient et en Barbarie. Pétiole marginé. Folioles sessiles, un
peu coriaces : les adultes glabres. Panicules naissant vers le sommet des ramules, au-dessous des feuilles, presque aussi longues
que celles-ci. Anthères et stigmates de couleur pourpre. Drupe de
la grosseur d'un Pois.

Cette espèce croît en Orient, en Barbarie et dans l'Europe
australe. Les Grecs la connaissaient sous le nom de *Tereminthos,*
dont celui qu'elle porte aujourd'hui n'est qu'une faible altération.
Dans les pays chauds, le suc résineux que contient le *Térébinthe*
découle spontanément de l'écorce. Cette résine, d'abord liquide
et d'un blanc jaunâtre, tirant quelquefois sur le vert ou sur le
bleu, ne tarde pas à s'épaissir et à se dessécher plus ou moins au
contact de l'air. Elle est connue sous le nom de *Térébenthine de
Chio,* parce que c'est principalement dans cette île qu'on la recueille. Les habitants du pays rendent ce produit plus abondant,
en entaillant le tronc et les branches des Térébinthes; et puis
tous les matins ils recueillent le suc qui a suinté dans l'intervalle. Un arbre de 60 ans, et dont le tronc a 4 à 5 pieds de circonférence, ne donne néanmoins qu'une douzaine d'onces de résine par an. Aussi la Térébenthine de Chio est-elle assez chère
sur les lieux mêmes où on la récolte. La plus grande partie se
consomme en Orient. Les dames grecques et musulmanes en ont
presque toujours dans leur bouche. Elles regardent cet usage
comme un bon moyen de consolider les dents et de les entretenir
blanches, de rendre l'haleine agréable et d'exciter l'appétit. La
Térébenthine était d'un usage médicinal dès le temps d'Hippocrate; mais elle ne jouit que des propriétés excitantes communes à
beaucoup d'autres substances résineuses. Les anciens médecins et
chirurgiens la préconisaient comme remède résolutif, vulnéraire
et balsamique.

La résine liquide connue dans le commerce sous le nom de *Térébenthine de Venise*, et qui passait pour être la même que la *Térébenthine de Chio*, n'est autre chose que le produit du *Mélèze commun*.

PISTACHIER DE L'ATLAS. — *Pistacia atlantica* Desfont. Flor. Atlant.

Feuilles à 7 ou 9 folioles oblongues-lancéolées, mucronulées, deltoïdes à la base, un peu ondulées : les latérales subsessiles ; la terminale tantôt écartée de la paire supérieure, et décurrente sur le pétiole, tantôt insérée au même point que la paire supérieure. Pétiole grêle, à rebord cartilagineux. Drupe ovale-globuleux.

Arbre d'un port très-élégant. Tronc haut de 60 pieds, sur 2 à 3 pieds de diamètre. Drupe du volume d'une petite Merise.

Cette espèce a été découverte par M. Desfontaines dans l'Atlas, aux environs de Tunis. Il découle de son tronc et de ses rameaux, particulièrement en été, un suc résineux d'un jaune pâle, d'une saveur et d'une odeur aromatiques, comme le Mastic de l'île de Chio. Ce suc se condense en gouttes ou en plaques plus ou moins grandes. Les Maures lui donnent le nom de *Heulé*, et ils l'emploient à peu près aux mêmes usages que le Mastic d'Orient ; ils le mâchent surtout pour se parfumer la bouche et pour donner plus d'éclat à leurs dents. Les fruits, appelés *Tum*, sont légèrement acides ; on les mange avec les Dattes.

PISTACHIER ? HUILEUX. — *Pistacia oleosa* Lour. Flor. Coch. — *Cas ambium* Rumph. Amb. v. 1, tab. 57.

Feuilles paripennées ou imparipennées, à 4-7 folioles ovales-lancéolées, obtuses. Drupe subglobuleux. Grappes simples, pendantes.

Arbre assez élevé : tête peu touffue. Folioles longues de 7 à 8 pouces, sur 1 ½ pouce de large : les naissantes de couleur rouge. Grappes grêles, simples, pendantes, 2 à 3 fois plus courtes que les feuilles. Cotylédons inégaux.

Cet arbre, qui probablement appartient à un autre genre, croît à Java, à Sumatra, à Timor, dans plusieurs des Moluques, et, selon Loureiro, en Cochinchine. La chair de son drupe est d'une saveur vineuse assez agréable. On retire de ses amandes une huile grasse, qui a la propriété de ne jamais rancir et de se concréter comme du suif au bout d'un certain temps; elle sert à différentes préparations médicales et cosmétiques, ainsi qu'à brûler.

b) *Feuilles paripennées, persistantes.* (LENTISCUS Tourn.)

PISTACHIER LENTISQUE. — *Pistacia Lentiscus* Linn. — Blackw. Herb. tab. 195. — Duham. ed. nov. v. 4, tab. 18.

Feuilles à 4 ou 5 paires de folioles ovales, ou lancéolées, ou ovales-lancéolées, ou oblongues-lancéolées, ou linéaires-lancéolées, obtuses ou pointues, mucronulées, alternes ou opposées. Pétioles ailés, carénés. Grappes simples, subgéminées, beaucoup plus courtes que les feuilles. Drupe lisse, globuleux.

Arbrisseau haut de 12 à 15 pieds. Rameaux nombreux, tortueux. Chatons mâles très-denses, longs au plus d'un pouce. Anthères purpurines. Drupe rouge avant la maturité, puis noir et luisant, de la grosseur d'un Pois : noyau lenticulaire.

Le *Lentisque* vient spontanément tout autour du bassin de la Méditerranée. C'est lui qui produit le célèbre *Mastic de Chio*; il est cultivé de temps immémorial dans cette île, et, à ce qu'il paraît, dans d'autres contrées de l'Orient.

« Pour obtenir le Mastic, dit Olivier (*Voyage dans l'Empire*
» *Ottoman*, v. 1 , p. 292), l'on fait au tronc et aux principales
» branches du *Lentisque* de légères et nombreuses incisions, de-
» puis le 15 jusqu'au 20 juillet, selon le calendrier grec. Il
» découle peu à peu de toutes ces incisions un suc liquide, qui
» s'épaissit insensiblement et reste attaché à l'arbre en larmes
» plus ou moins grosses, ou qui tombe et s'épaissit à terre lors-
» qu'il est très-abondant. Le premier est le plus recherché; on le
» détache avec un instrument de fer tranchant, d'un demi-pouce
» de largeur à son extrémité. Souvent on place des toiles au-des-
» sous de l'arbre, afin que le mastic qui en découle ne soit pas
» imprégné de terre. Selon les réglemens faits à ce sujet, la pre-
» mière récolte ne peut avoir lieu avant le 27 août; elle dure huit
» jours consécutifs, après lesquels on incise de nouveau jus-

» qu'au 25 septembre ; alors se fait la seconde récolte, qui
» dure encore huit jours. Passé ce temps on n'incise plus les ar-
» bres ; mais on recueille, jusqu'au 19 novembre, le lundi et le
» mardi de chaque semaine, le Mastic qui continue de couler. Il
» est défendu ensuite de ramasser cette production.

    » On m'a fait part d'une expérience qui mérite d'être connue.
» Comme il est défendu de cultiver le *Lentisque* hors les limites
» tracées par le gouvernement, un Turc crut éluder la loi et ob-
» tenir néanmoins du Mastic en greffant le *Lentisque* sur de jeu-
» nes *Térébinthes.* Les greffes réussirent parfaitement bien ;
» mais cet homme fut très-étonné, quelques années après , de
» voir couler des incisions qu'il fit, une substance qui joignait
» à l'odeur et aux qualités du Mastic la liquidité de la Téré-
» benthine.

    » Le produit total du Mastic recueilli à Chio chaque année,
» s'élève à plus de cent cinquante mille livres. La meilleure et
» la plus belle qualité est envoyée à Constantinople, pour le pa-
» lais du Grand-Seigneur. La seconde qualité est destinée pour
» le Caire et passe dans les harems des Mamelouks. Les négo-
» cians obtiennent ordinairement un mélange de la troisième et
» de la quatrième qualité. »

    Dans tout l'Orient, les femmes mâchent presque continuelle-
ment du Mastic, surtout le matin. Il parfume l'haleine, fortifie
les gencives, et contribue à conserver la blancheur des dents.
Les orientaux brûlent le Mastic dans des cassolettes pour parfumer les appartements ; il entre dans la composition de diverses eaux de senteur. Autrefois, les médecins l'administraient
comme remède stomachique et pectoral ; mais aujourd'hui il n'est
guère employé en thérapeutique.

    Dans le Levant et en Espagne on retire, par expression, des
fruits du *Lentisque*, une huile qui s'emploie soit à l'éclairage,
soit à la préparation de certains médicamens ; elle sert aussi à l'assaisonnement des mets. Au temps de Pline, on confisait ses fruits
comme on fait des Olives.

Genre CYRTOCARPE. — *Cyrtocarpa* Kunth.

Fleurs polygames. Calice quinquéparti, persistant : lanières subulées, étalées. Disque orbiculaire, grand, à 10 crénelures. Pétales 5, insérés sous le disque, sessiles, ovales-elliptiques, persistants. Préfloraison imbricative. Étamines 10, libres. Style indivisé. Stigmate quadrifide. Drupe obovale-elliptique, muni vers sa partie moyenne de cinq tubercules : noyau très-dur.

L'espèce que nous allons décrire constitue à elle seule le genre.

CYRTOCARPA ÉLANCÉ. — *Cyrtocarpa procera* Kunth, in Humb. et Bonpl. Nov. Spec. et Gen. vol. 7, tab. 519.

Arbre de première grandeur. Rameaux lisses; écorce d'un pourpre brun. Ramules velus. Feuilles imparipennées, composées de 5 à 7 paires de folioles opposées, très-entières, cotonneuses aux deux faces. Panicules solitaires, spiciformes, naissant vers l'extrémité des ramules, au-dessous des feuilles. Drupe de la forme d'une Olive.

Cette espèce a été observée par MM. de Humboldt et Bonpland dans l'Amérique équatoriale, où l'on en mange les amandes.

Genre MÉLANORHÉA. — *Melanorhœa* Wallich.

Calice calyptriforme, quinquénervé, caduc. Corolle à 5 ou 6 pétales accrescents, oblongs, connés par la base, imbriqués en préfloraison. Étamines innumérables, libres, persistantes. Ovaire stipité, lenticulaire, oblique, uniloculaire, uniovulé. Style latéral. Stigmate petit, convexe. Carcérule coriace, subréniforme, oblique, stipité, accompagné de la corolle très-amplifiée. Embryon curviligne : cotylédons épais, charnus; radicule latérale, ascendante, repliée sur le tranchant des cotylédons.

Arbres ayant le port des *Anacardiers*. Suc propre visqueux, ferrugineux, noircissant promptement au contact de l'air. Rameaux disposés en cime touffue. Feuilles simples,

très-entières, coriaces, penninervées. Fleurs en panicules latérales ou axillaires.

Outre l'espèce dont nous allons parler, ce genre en renferme encore une autre peu connue.

MÉLANORHÉA VERNIS DU SIAM.—*Melanorhœa usitáta* Wall.
Plant. Asiat. Rar. tab. 11 et 12.

Tronc atteignant 40 pieds de haut et plus, sur 12 pieds environ de circonférence, peu au-dessus de la surface du sol. Écorce
rimeuse, brunâtre. Bois d'un brun roux, assez semblable à
l'Acajou. Ramules épais, cylindriques, velus. Gemmes axillaires et terminales, ovoïdes, pointues. Feuilles étalées en rosette
vers l'extrémité des ramules, obovales ou lancéolées-obovales,
obtuses ou rétuses, subsinuées, longues d'un demi-pied à un
pied : les naissantes couvertes d'un duvet ferrugineux ; les adultes
presque glabres. Pétiole court, épais. Panicules fructifères rapprochées en corymbe, pendantes, lâches, velues, peu rameuses,
longues de 5 à 7 pouces. Carcérule subglobuleux, déprimé, de
la grosseur d'une Cerise. Pétales étalés, longs de 2 à 3 pouces,
d'abord pourpres, puis brunâtres.

Cet arbre, nommé *Tsit-Si* par les Birmans et *Khéu* par les habitans du Munipor, produit le fameux *Vernis du Siam*. On est
certain qu'il croît dans toutes les contrées comprises entre les 74°
et 97° degrés de Long. E. Greenw., et depuis le 25° degré de Lat.
N. jusqu'au 14° Lat. S.—M. Wallich penche à croire qu'il habite
aussi la Chine, et que le vernis tant vanté de ce pays ne diffère
pas de celui du Siam. Dans la grande vallée du Kubbu, province
de Munipor, le *Melanorhœa utilis* forme des forêts avec le *Saul*
(*Shorea robusta*), le célèbre *Teak* (*Tectona grandis*) et le gigantesque *Dipterocarpus*.

« Le *Melanorhœa utilis*, dit M. Wallich, perd ses feuilles en
» novembre; il en reste dépouillé jusqu'au mois de mai, époque
» à laquelle il reproduit des fleurs. Il est en pleine végétation pen-
» dant toute la saison des pluies. Toutes ses parties sont saturées
» d'un suc visqueux et épais, de couleur brunâtre, mais noir-
» cissant promptement au contact de l'air. — L'*Edinburgh*

» *Journal of Science*, vol. III, p. 96 à 100, contient deux ar-
» ticles curieux, concernant les effets délétères du vernis qu'on re-
» tire de cet arbre. C'est un fait digne de remarque, et je puis
» l'affirmer comme certain, que jamais les Hindous, ni les Birmans,
» n'éprouvent le moindre accident après avoir manié ce suc. Les
» étrangers seuls, et principalement les Européens, en sont
» dangereusement affectés. J'en ai souvent tenu du frais et du sec
» entre mes mains, sans être incommodé; mais il est plusieurs
» cas à ma connaissance, où ce contact fut suivi d'érysipèles dou-
» loureux. Le Dr Brewster en fut gravement atteint, et l'un
» de ses domestiques faillit en être la victime à deux reprises.

» La méthode mise en usage par les Birmans pour obtenir le
» vernis est fort simple. Des articulations d'un Bambou mince,
» fermées à l'un des bouts et taillées en bec à l'autre, sont en-
» foncées par leur extrémité pointue dans les entailles qu'on pra-
» tique à l'écorce du tronc et des grosses branches. On retire ces
» tuyaux au bout de vingt-quatre ou de quarante-huit heures, et
» l'on en vide le contenu, qui dépasse rarement un quart d'once,
» dans un panier de Bambou vernissé. Dans la saison de la ré-
» colte, qui dure aussi long-temps que l'arbre reste dépouillé de
» ses feuilles, un seul tronc est souvent hérissé de plus de cent
» tuyaux. On estime à cinq à douze livres de vernis le produit
» annuel de chaque arbre. »

Le vernis du *Melanorhœa* sert aux Birmans à enduire tous
leurs ustensiles de ménage, destinés à contenir des alimens soit
solides, soit liquides. M. Wallich n'a pas pu apprendre au juste
le procédé en usage. Le vernis s'applique, soit au naturel, soit
teint en différentes couleurs, par couches très-minces; mais avant
cette opération, les objets subissent une certaine préparation avec
de la poudre d'os calcinés. Il paraît essentiel que la dessiccation se
fasse peu à peu, car les objets nouvellement vernissés sont dépo-
sés dans des caveaux, où ils restent pendant plusieurs mois.

IIᵉ TRIBU. **LES SPONDIACÉES.** — *SPONDIACEÆ* Kunth.

Disque 10-crénelé, entourant la base de l'ovaire. Pétales 5, insérés sous le disque; préfloraison valvaire ou im-bricative. Étamines 10. Ovaire 5-loculaire ou par avor-tement 2- ou 4-loculaire; loges uniovulées. Styles 5. Drupe à noyau 2-5-loculaire. Périsperme nul. Cotylé-dons planes d'un côté, convexes de l'autre. — Feuilles imparipennées.

Genre MOMBIN. — *Spondias* Linn.

Calice 5-fide, coloré. Pétales 5, oblongs, étalés : préfloraison subvalvaire. Étamines 8-15. Styles, dressés, divergents. Drupe empreint des restes des styles : noyau 2-5-loculaire, hérissé ou fibreux en-dehors; loges monospermes.

Arbres. Feuilles imparipennées ou rarement simples, non-persistantes. Fleurs polygames ou diclines, petites, disposées en grappe ou en panicule.

Section Iʳᵉ. MOMBIN Dec. Prodr.

Noyau fibreux, non-hérissé, à loges connées. — Folioles très-entières.

Mombin Cirouellier. — *Spondias purpurea* Linn. Spec.— *Spondias Mombin* Linn. Syst. — *Spondias Myrobalanus* Jacq. Amer. tab. 88. — Sloan. Jam. v. 2, tab. 219, fig. 3 ad 5. — *Spondias Cirouelia* Tussac, Flor. Antill. v. 3, tab. 8.

Feuilles à 7-11 folioles luisantes, subsessiles, ovales-oblon-gues, rétrécies aux deux bouts, très-entières ou dentelées vers leur sommet. Pétiole comprimé. Grappes caulinaires et terminales, simples, fasciculées, ou solitaires. Sépales et pétales obtus. Éta-mines 10. Drupe ovoïde, ou oblong, obtus, ou pointu.

Tronc haut de 30 pieds, ou le plus souvent moins élevé. Fleurs rougeâtres. Drupe du volume d'un œuf de pigeon, ordinairement rougeâtre, ou quelquefois lavé de jaune et de pourpre : pulpe jaune, peu abondante, odorante, douce et acidule.

Cet arbre, indigène, selon Jacquin, dans la province de Carthagène, est généralement cultivé aux Antilles, où on le désigne sous le nom de *Cirouellier*. Les Créoles aiment à sucer la pulpe de ses fruits, qui est un peu acidule; mais les Européens n'en font pas grand cas. M. de Tussac observe que les feuilles de cette espèce ne paraissent que long-temps après les fleurs, lorsque les fruits ont déjà atteint le tiers de leur grosseur, et qu'elles retombent lors de la maturité de ces derniers; en sorte qu'à une époque on voit l'arbre en fleurs, sans avoir de feuilles, et à une autre époque, on le voit couvert de fruits mûrs, également sans feuilles. Les branches du Cirouellier prennent très-facilement racine, et l'on en fait souvent des clôtures vivantes.

MOMBIN JAUNE. — *Spondias lutea* Linn. Spec. — *Spondias Myrobalanus* Linn. Syst. — *Spondias Mombin* Jacq. Amer. — Mer. Surin. tab. 13.

Feuilles à 7-17 folioles glabres, luisantes, ovales-oblongues, ou ovales-lancéolées, terminées en pointe obtuse. Pétiole cylindrique. Grappes terminales, paniculées, pendantes. Sépales et pétales pointus. Étamines 10.

Grand arbre. Tête ample, touffue. Écorce rimeuse, de couleur cendrée. Feuilles longues de près d'un pied. Fleurs blanchâtres. Drupe de la grosseur d'un œuf de pigeon, ellipsoïde, jaune, ou lavé de rouge : pulpe odorante, succulente, acidule.

Cette espèce croît spontanément dans les Antilles et dans l'Amérique méridionale, où il porte les noms de *Mombin* et de *Hobo*.

« Le Mombin, dit M. de Tussac, est en même temps un des » plus communs et un des plus beaux arbres que produise la Na- » ture, dans un climat où elle semble avoir tout fait sur de gran- » des et belles proportions. Il se fait surtout remarquer à deux

» époques différentes : au printemps, il se couvre d'une infinité
» de fleurs, qui font l'ornement d'un dôme immense d'une élé-
» gante verdure. A l'automne, la décoration, pour être changée,
» n'en est pas moins agréable ; la multiplicité des grappes de jo-
» lis fruits dont l'arbre est chargé, présente encore un tableau
» d'abondance qui plaît aux yeux ; mais il est trompeur, car ces
» fruits, d'une odeur suave, ne sont pas mangeables crus. On en
» fait des gelées fort bonnes et fort saines, qu'on peut donner
» même à des malades.

    » La grande et presque seule utilité des fruits du Mombin, est
» d'engraisser les porcs, dont la chair, sous la zone torride, est
» d'un meilleur goût et moins indigeste qu'en Europe, et où leur
» graisse est seule employée dans les cuisines en place d'huile et
» de beurre, dont on manque souvent dans les Antilles. Les
» amandes de ces fruits passent pour délétères ; elles sont très-
» amères, et contiennent peut-être de l'acide prussique.

    » On fait une décoction avec les bourgeons, ou jeunes rameaux
» de Mombin, contre les maladies des yeux ; on met aussi ces mê-
» mes bourgeons dans les bains chauds, comme astringents pro-
» pres à raffermir la peau. Le bois de Mombin est blanc, mou,
» filandreux ; on ne l'emploie à rien, pas même à brûler ; il sort
» de son écorce une gomme très-limpide, qui pourrait être em-
» ployée dans les arts. Les branches de Mombin prennent si faci-
» lement de boutures, qu'on les emploie fréquemment pour faire
» des clôtures. »

MOMBIN DU MALABAR. — *Spondias Mangifera* Pers. Ench.
—Hort. Malabar. v. 1, tab. 50.— *Mangifera pinnata* Linn.—
Spondias amara Lamk.

Feuilles à 7-11 folioles ovales ou oblongues, acuminées, très-
entières. Pétiole cylindrique. Panicules rameuses, velues. Pétales
recourbés, légèrement ciliés. Étamines 10. Drupe ovale, pendant.

    Tronc gros, très-élevé. Fruits de couleur verdâtre ou jaunâtre,
de la grosseur d'une Prune : pulpe douce, acidule.

    Cette espèce croît au Malabar, où on la nomme *Ambulam.*

Son écorce, ses bourgeons et ses feuilles sont astringents et aromatiques. Les Hindous les emploient en décoction contre la dyssenterie et d'autres maladies. Ses fruits sont fort recherchés dans l'Inde.

MOMBIN A PETITS FRUITS. — *Spondias microcarpa* Guillem. et Perrott. in Flor. Seneg. v. 1, p. 151, tab. 40.

Feuilles à 3-9 folioles opposées, elliptiques, acuminées, glabres, inéquilatérales à la base. Pétales 4, oblongs, obtus. Étamines 8. Drupes (jaunes, de la grosseur d'un grain de raisin) 2-4-loculaires, disposés en grappe.

Arbre haut de 50 à 60 pieds, très-rameux presque dès la base. Rameaux et ramules très-longs, pendants. Feuilles longues de près d'un pied. Folioles coriaces, d'un vert glauque, longues de 3 à 6 pouces, sur 2 $^r/_2$ pouces de large. Fleurs mâles très-petites, jaunâtres, en panicules axillaires, solitaires, pédonculées, plus longues que les feuilles. Fleurs femelles en grappes presque simples, plus longues que les feuilles. Noyau du drupe offrant d'un côté des lacunes irrégulières.

Cette espèce à été observée au Sénégal par MM. Perrottet et Leprieur.

MOMBIN BIRR. — *Spondias Birrea* Guillem. et Perrott. in Flor. Seneg. v. 1, p. 152, tab. 41.

Feuilles à 13-21 folioles obovales, obtuses aux deux bouts, mucronulées, glabres, pétiolulées. Pétales 5, oblongs, obtus, réfléchis. Étamines 15. Drupes subsolitaires, obovales, très-obtus : noyau 1-2-loculaire.

Arbre haut de 15 à 20 pieds, touffu, très-rameux, dénué de feuilles pendant une partie de l'année. Feuilles naissant après les fleurs. Folioles coriaces (quelquefois elliptiques ou suborbiculaires), longues d'environ 1 pouce. Fleurs dioïques : les mâles très-petites, en épis longs de 1 à 2 pouces, terminaux, ordinairement fasciculés à 2-4, courtement pédonculés. Drupe de la grosseur d'une *Mirabelle*.

Cette espèce, observée par MM. Perrottet et Leprieur dans le pays de Walo et dans les montagnes des environs de Saint-Louis, est nommée dans ces contrées *Birr*. Son fruit, charnu, doux et bon à manger, fournit aux nègres une liqueur alcoolique, dont ils font un usage assez fréquent. L'amande que renferme le noyau contient beaucoup d'huile.

Section II. CYTHERÆA De Cand. Prodr.

Noyau hérissé de pointes ligneuses redressées et entre-croi-sées. Loges (carpelles) disjointes supérieurement. — Fo-lioles dentelées.

MOMBIN DE CYTHÈRE. —*Spondias dulcis* Forst. —*Spondias cytherea* Sonnerat, Voyage, vol. 2, tab. 123. —Jacq. Hort. Schœnbr. tab. 272. — Tussac, Flor. Antill. vol. 3, tab. 28.

Feuilles à 11 ou 13 folioles ovales-oblongues, acuminées, den-telées. Pétiole cylindrique. Panicules terminales, dressées. Sépa-les arrondis. Pétales oblongs, obtus. Drupe ovoïde, obtus.

Tronc assez élevé, couvert d'une écorce lisse, verte, ou brunâ-tre. Bois blanc, tendre. Fleurs blanchâtres. Drupe d'un jaune orange, du volume d'une grosse Prune. Pulpe jaunâtre, molle, odorante, sucrée et acidule.

Cette espèce est originaire de Taïti, où elle porte le nom de *Hévy*. On la cultive fréquemment aux Antilles et dans d'autres établissemens coloniaux. Son fruit se préfère à celui des autres Mombins. On assure que sa saveur est analogue à celle de la Pomme de Reinette, et qu'on peut en préparer une boisson semblable au cidre.

[IIIe TRIBU. **SUMACHINÉES.** — *SUMACHINEÆ*
De Cand. Prodr.

Pétales et étamines insérés au disque ou au calice. Ovaire solitaire, uniloculaire, uniovulé. Graine pendante : funicule ascendant du fond de la loge; cotylédons foliacés; radicule commissurale.

Genre SUMAC. — *Rhus* Linn.

Fleurs le plus souvent polygames par avortement. Calice petit, quinquéparti, persistant. Pétales 5, ovales, étalés. Étamines 5 (stériles ou abortives dans les fleurs femelles). Ovaire subglobuleux, uniloculaire. Styles 3 (quelquefois nuls). Stigmates 3 (quelquefois sessiles). Drupe presque sec : noyau osseux, uniloculaire, monosperme (quelquefois 2 ou 3-sperme).

Arbres ou arbrisseaux. Feuilles alternes, diversement composées (par exception simples). Inflorescence axillaire ou terminale, ordinairement paniculée. Fleurs petites, jaunâtres ou blanchâtres. Bourgeons non-écailleux.

Ce genre renferme environ quatre-vingt espèces, dont quelques-unes seulement sont indigènes; les autres appartiennent à des climats plus chauds : on en trouve un assez grand nombre en Chine et au Japon, au cap de Bonne-Espérance, aux États-Unis, ainsi que dans la zone équatoriale des deux continents.

Presque tous les *Sumacs* exhalent, lorsqu'on les froisse, une odeur de térébenthine; plusieurs contiennent un suc laiteux corrosif ou âcre, qui cause des érysipèles; quelques-uns sont employés au tannage; d'autres fournissent des vernis. Parmi les espèces susceptibles de venir en plein air en France, il en est qui font un effet pittoresque dans les bosquets, par les panicules pourpres qui terminent leurs rameaux, et par leur feuillage, qui prend dans l'arrière-saison une teinte rouge.

Les Sumacs se propagent avec facilité de drageons et d'éclats de racines. Ces dernières tracent au loin, et poussent un grand nombre de rejets, surtout dans un sol léger.

Voici les espèces les plus intéressantes:

SECTION Iʳᵉ. COTINUS Tourn. — De Cand. Prodr.

Fleurs polygames-monoïques. Drupe semi-cordiforme, obli-que, réticulé, glabre, mucroné latéralement. Noyau trian-gulaire. —Feuilles simples. Panicules lâches. Fleurs stéri-les très-nombreuses. Pédicelles se changeant après la flo-raison en queues plumeuses.

SUMAC FUSTET. — *Rhus Cotinus* Linn. — Jacq. Austr. tab. 210. — Guimp. Holz. tab. 30. — Duham. ed. nov. vol. 2, tab. 49. — *Cotinus Coggygria* Scop. Carn. — *Cotinus Coccygria* Mœnch.

Feuilles obovales, ou elliptiques-obovales, ou elliptiques, très-obtuses ou rétuses, très-entières, lisses, très-glabres. Panicules terminales, très-lâches, composées de cymes trichotomes, multi-flores, divariquées, longuement pédonculées.

Buisson touffu, haut de 3 à 6 pieds. Toutes les parties de la plante (excepté les pédicelles des panicules fructifères) très-gla-bres. Feuilles d'un vert gai, fermes, longues de 1 à 2 pouces. Pétiole long de 4 à 8 lignes. Bractées petites, spatulées ou li-néaires. Panicules longues de 3 à 4 pouces. Fleurs petites, d'un jaune verdâtre.

Le *Fustet*, indigène dans l'Europe australe, se cultive dans tous les jardins paysagers, à cause de l'aspect élégant de son feuil-lage et de ses panicules, qui ressemblent, après la floraison, à des houppes de duvet. Les parties vertes de l'arbrisseau exha-lent, lorsqu'on les froisse, une odeur aromatique très-agréable. Le bois et l'écorce des racines donnent une couleur rousse ou jaune, avec laquelle on teint les étoffes : usage déjà connu du temps de Pline. Les rameaux et les feuilles servent, en Italie, au tannage. Le bois, de couleur jaune et veiné de verdâtre, est assez dur ; il prend un beau poli. Les ébénistes et les luthiers en font différents ouvrages. Enfin on a reconnu à l'écorce des propriétés fébrifuges très-prononcées.

Section II. METOPIUM De Cand. Prodr.

Fleurs hermaphrodites. Drupe ovale-oblong, sec, glabre. Noyau grand, membranacé. — Feuilles imparipennées.

Sumac Métopion. — *Rhus Metopium* Linn. — Sloan. Hist. v. 2, tab. 199, fig. 5.

Feuilles très-glabres, 5-foliolées. Folioles ovales, très-entières, pétiolulées.

Ce Sumac croît à la Jamaïque. Il en découle une résine appelée par les Créoles *Doctor-Gum*, c'est-à-dire, gomme de médecin.

Section III. SUMAC De Cand. Prodr. (*Rhus* et *Toxicodendron* Tourn.)

Fleurs hermaphrodites ou dioïques. Drupe souvent velouté. Noyau lisse ou strié.—Feuilles imparipennées ou digitées-trifoliolées. Pétiole commun ailé ou aptère. Fleurs en panicule.

a) *Drupe suborbiculaire, comprimé, recouvert d'un duvet hérissé très-dense. Fleurs polygames-dioïques. Panicules terminales. — Feuilles imparipennées.*

Sumac des corroyeurs. — *Rhus Coriaria* Linn. — Clus. Hist. p. 17, Ic. — Sibth. et Smith, Flor. Græc. tab. 290. — Duham. ed. nov. vol. 2, tab. 46.

Feuilles 5-7-juguées. Pétiole commun velu de même que les ramules, ailé ou marginé vers son sommet. Folioles ovales, ou ovales-lancéolées, ou lancéolées, ou elliptiques, obtuses ou acuminées, dentelées, non-glauques, velues en dessous à la côte et aux nervures. Panicules terminales, très-denses, composées d'épillets simples. Calices pubescents. Pétales ovales, obtus. Drupe velouté.

Buisson haut de 5 à 10 pieds. Rameaux étalés. Feuilles longues de 4 à 8 pouces. Folioles longues de 6 à 20 lignes : dentelures rapprochées ou écartées, obtuses ou pointues. Panicules longues de 2 à 4 pouces. Fleurs d'un jaune verdâtre. Fruits petits, recouverts d'un duvet velouté roussâtre.

Ce Sumac, connu sous les noms vulgaires de *Roux, Roure des corroyeurs*, ou *Vinaigrier*, est indigène dans le midi de la France, ainsi que dans toute l'Europe australe et en Orient. On peut le cultiver en pleine terre sous le climat de Paris ; mais il faut l'abriter des vents du nord, et le couvrir lorsque l'hiver est rigoureux. D'ailleurs les différentes espèces de l'Amérique septentrionale sont plus pittoresques et plus rustiques.

Le *Sumac des corroyeurs*, déjà signalé par Dioscoride et Pline comme servant à tanner les cuirs, est fréquemment employé à la fabrication des maroquins. En Espagne, on en coupe les jets à fleur de terre, on les fait sécher et on les réduit en une poudre qui est le *Sumac* du commerce. L'écorce des tiges teint en jaune, et celle des racines en brun. Les fruits passaient autrefois pour antiscorbutiques et antidyssentériques ; leur saveur est acidule et agréable. Les anciens en assaisonnaient les viandes, et les Orientaux les mangent en guise de Câpres.

SUMAC DE VIRGINIE. — *Rhus typhina* Linn. — Duham. ed. nov. vol. 2, tab. 47. — Watson, Dendr. Brit. tab. 17.

Feuilles 6-10-juguées. Pétiole commun immarginé, hérissé (ainsi que les ramules) de poils horizontaux. Folioles oblongues-lancéolées, longuement acuminées, dentelées, glabres en dessus, glauques et pubescentes en dessous. Panicules thyrsiformes (les fructifères compactes), composées d'épis très-denses, rameux. Calice pubescent. Pétales obovales-lancéolés. Drupe hérissé.

Buisson haut de 10 à 15 pieds, ou arbrisseau. Feuilles longues de 1 pied et plus. Folioles fermes, luisantes en dessus, longues de 2 à 3 pouces. Panicules longues de 6 à 12 pouces. Fleurs d'un jaune verdâtre. Sépales lancéolés, pointus. Pétales rougeâtres au sommet. Drupe de la grosseur d'une Lentille, hérissé de poils courts, raides, très-denses, d'un pourpre noir.

Cette espèce, cultivée depuis long-temps en Europe pour l'ornement des jardins, croît dans les États-Unis et au Canada. Son feuillage, qui prend en automne une belle teinte rouge, et ses fruits, rapprochés en gros bouquets d'un pourpre noirâtre, ont un effet très-pittoresque. Le bois est satiné, d'une couleur jaune tirant sur le vert; il prend un beau poli, et quoiqu'il ait peu de dureté, les ébénistes pourraient en tirer parti. Les feuilles et l'écorce s'emploient, en Amérique, au tannage des cuirs. Les fruits du *Sumac de Virginie* ont les mêmes propriétés que ceux de *Sumac des corroyeurs*.

SUMAC A FLEURS VERTES. — *Rhus viridiflora* Poir. Encycl.

Ce Sumac ne paraît différer du précédent que par ses folioles plus étroites et glabres en dessous, ainsi que par ses pétioles moins hérissés. On le cultive aussi dans les jardins.

SUMAC GLABRE. — *Rhus glabra* Linn. — Watson, Dendr. Brit. tab. 15.

Feuilles 8-10-juguées, très-glabres ainsi que les ramules; pétiole commun immarginé; folioles oblongues ou oblongues-lancéolées, acuminées, dentelées ou dentées, glauques en dessous. Panicules subpyramidales, denses, composées de thyrses compactes. Pédicelles courts, en grappes subcorymbiformes. Calices glabres. Pétales elliptiques, pointus. Drupe velouté.

Arbrisseau stolonifère, haut de 6 à 10 pieds. Branches et pétioles souvent pourprés. Feuilles longues de 1 pied et plus. Folioles longues de 2 à 3 pouces. Panicule longue de 4 à 6 pouces. Fleurs d'un jaune verdâtre. Drupe recouvert d'un duvet rouge.

Cet arbrisseau, indigène dans les États-Unis, n'est pas rare dans les jardins. Il possède les mêmes propriétés que le *Sumac de Virginie*. Kalm dit que ses feuilles, bouillies avec les drupes, donnent une teinture noire.

SUMAC ÉLÉGANT. — *Rhus elegans* Ait. Hort. Kew.—Wats. Dendr. Brit. tab. 16. — Catesb. Carol. App. tab. 4.

Feuilles 8-10-juguées, très-glabres; pétiole commun immarginé; folioles oblongues-lancéolées, acuminées, dentelées, glauques en dessous. Panicules thyrsiformes, composées de grappes rameuses. Pédicelles de la longueur des fleurs. Calices glabres. Pétales lancéolés, pointus. Drupe velouté.

Arbrisseau haut de 7 à 8 pieds. Branches glabres. Pétiole commun long d'un pied et plus. Folioles longues de 2 à 3 pouces. Panicules longues de 4 à 6 pouces. Fleurs petites, très-nombreuses, écarlates. Sépales lancéolés, pointus. Drupes couverts d'un duvet rouge:

Cette espèce, originaire de la Caroline, se cultive comme arbrisseau d'ornement. Ses fleurs écarlates la font très-facilement distinguer de la précédente, et lui donnent un fort bel aspect; mais elle s'accommode mal du climat du nord de la France.

SUMAC NAIN. — *Rhus pumila* Mich. Flor. Bor. Am.

Feuilles multijuguées; pétiole commun et ramules pubescents; folioles elliptiques, incisées-dentées, cotonneuses en dessous. Drupe velouté.

Arbuscule ne s'élevant qu'à un pied.

Cette espèce, indigène dans la Caroline, passe pour être aussi vénéneuse que les *Rhus venenata, Toxicodendron* et *radicans.* (Voyez plus bas.)

SUMAC COPAL. — *Rhus copallina* Linn. — Jacq. Hort. Schœnbr. tab. 341.

Feuilles 5-6-juguées; pétiole commun ailé ou marginé, articulé, légèrement cotonneux de même que les ramules; folioles oblongues, ou oblongues-lancéolées, ou ovales-lancéolées, brusquement acuminées, obliques à la base, très-entières, glabres et luisantes en dessus, pubescentes en dessous. Panicules feuillées à la base, diffuses, denses, décomposées : pédicelles très-courts, en grappe. Calice glabre, minime. Pétales ovales, beaucoup plus grands que le calice. Drupe ovale, pubescent.

Buisson stolonifère, haut de 4 à 12 pieds. Branches effilées, recouvertes d'un duvet très-fin. Pétiole commun long de 8 à 12 pouces : articulations bordées d'une aile étroite, rétrécie aux deux bouts; folioles presque coriaces, longues de 1 $^1/_2$ à 3 pouces. Panicules longues de 4 à 8 pouces; les ramifications inférieures partant de l'aisselle d'une feuille, et plus courtes que celle-ci. Fleurs petites, d'un jaune foncé.

Ce Sumac, fréquemment cultivé dans les jardins, croît aux États-Unis, depuis la Caroline jusqu'au Canada. Ce n'est point lui qui produit le *Copal* du commerce, comme on le croyait autrefois ; car cette gomme résine provient d'un arbre inconnu, indigène au Mexique. Selon Elliot, les fruits du *Sumac Copal* ont une saveur acide agréable : les habitans des Carolines et de la Géorgie en préparent une boisson rafraîchissante.

SUMAC A FLEURS BLANCHATRES. — *Rhus leucantha* Jacq. Hort. Schœnbr. tab. 342.

Cette espèce diffère de la précédente en ce qu'elle est plus basse et non-stolonifère, que ses pétioles sont moins ailés et ses folioles ovales ou oblongues. Elle habite également les États-Unis et se cultive comme arbuste d'agrément.

b) *Drupe subglobuleux. Fleurs hermaphrodites ou dioïques. Panicules axillaires. Feuilles uni - ou pluri-juguées avec impaire. Pétiole commun immarginé.* (Toutes les espèces de cette sous-division paraissent être plus ou moins vénéneuses.)

SUMAC VÉNÉNEUX. — *Rhus venenata* Dec. Prodr. — Dill. Elth. tab. 292, fig. 377. — *Rhus Vernix* Linn. Spec. (non Thunb.) — Bigel. Med. Bot. p. 96, tab. 10. — *Toxicodendron pinnatum* Mill. Dict.

Feuilles 4-6-juguées, très-glabres ; folioles ovales, ou ovales-lancéolées, ou elliptiques, ou elliptiques-oblongues, cuspidées, brusquement rétrécies à la base, très-entières, pétiolulées, concolores. Panicules presque aussi longues que les feuilles, lâches, racémiformes, composées de grappes rameuses ; pédicelles pubérules, plus longs que les fleurs, souvent en cime ou en corymbe. Pétales linéaires-oblongs. Drupe blanc : noyau strié.

Arbrisseau haut de 6 à 10 pieds. Branches glabres. Feuilles longues de 8 à 15 pouces ; folioles longues de 1 à 3 pouces, larges de 15 à 18 lignes. Fleurs très-petites, jaunâtres.

Le *Sumac vénéneux* croît dans l'Amérique septentrionale,

depuis la Caroline jusqu'au Canada ; on le nomme dans ces contrées *Poison Wood* (Bois vénéneux) et *Poison Sumach.* Au rapport de Kalm, ses exhalaisons sont extrêmement vénéneuses ;
elles produisent sur la peau des cloches et des pustules très-
douloureuses ; la fumée même du bois, lorsqu'on le brûle,
est très - malfaisante. Toutes les personnes cependant n'en
sont point affectées. Le suc de la plante est aussi nuisible aux uns
sans l'être aux autres. L'auteur que nous venons de citer assure
en avoir éprouvé de mauvais effets dans un moment où il trans-
pirait beaucoup.

SUMAC VERNIS. — *Rhus vernicifera* Dec. Prodr. — *Rhus
Vernix* Linn. Mat. Med. (non Spec.)—Thunb. Jap. —Kæmpf.
Amœn. tab. 792. — *Rhus juglandifolium* Wallich. — Don,
Prodr. Flor. Nepal. (non Willd.)

Feuilles 5-ou-6-juguées ; pétiole commun cotonneux de même
que les ramules ; folioles ovales, acuminées, très-entières, presque glabres en dessus, veloutées en dessous.

Ce Sumac, petit arbre haut d'environ douze pieds, croît au
Japon et au Népaul. Son suc propre donne un fort beau vernis ,
dont les Japonais ont coutume d'enduire tous leurs vases et ustensiles de ménage. Ce vernis n'exige presque aucune préparation
avant d'être appliqué ; on le purge seulement des immondices qui
s'y trouvent mêlées ; on y ajoute une centième partie d'huile des
graines du *Bignonia tomentosa*, et quelquefois des substances
colorantes ; mais au rapport de Kæmpfer, les récoltes qu'on en
fait au Japon ne suffiraient pas à la consommation, si l'on ne se servait, pour premier enduit, d'une autre sorte de vernis d'une qualité inférieure , venant du Siam. Les émanations du vernis du
Sumac font enfler les lèvres et les narines , et occasionent des
maux de tête aux ouvriers qui l'emploient ; aussi ceux qui veulent
prévenir ces accidents, se couvrent-ils le visage d'un masque.
Kæmper ajoute que les émanations de l'arbre sont si malfaisantes, qu'elles produisent des exanthèmes sur la peau des en-
fans qui restent quelque temps dans son voisinage.

Les fruits du *Sumac Vernis*, bouillis et mis à la presse, donnent une sorte de cire, qui sert aux Japonais à faire des chandelles.

SUMAC FAUX VERNIS. — *Rhus succedanea* Thunb. Jap. — Kæmpf. Amœn. Exot. tab. 795.

Feuilles persistantes, glabres, 5-7-juguées; folioles oblongues-lancéolées, acuminées, luisantes en dessus, concolores et réticulées en dessous. Drupe ovale : noyau lisse.

Ce Sumac croît au Japon et en Chine. Au rapport de Thunberg, il donne un vernis comparable à celui de l'espèce précédente; mais son produit est peu considérable. Ses graines, bouillies dans de l'eau et soumises toutes chaudes à l'action de la presse, laissent couler une huile concrète, qui prend, en se refroidissant, la consistance du suif. On l'emploie au Japon à faire des chandelles.

SUMAC RADICANT. — *Rhus radicans* Linn. — *Toxicodendrum vulgare* Bot. Mag. tab. 1806. — *Rhus Toxicodendron* Duham. ed. nov. vol. 2, tab. 48 (non Linn.) — *Toxicodendron vulgare* et *Toxicodendron volubile* Mill. Dict.

Feuilles pennées-trifoliolées, longuement pétiolées; pétiole et ramules glabres ou presque glabres; folioles ovales, ou ovales-oblongues, ou lancéolées-oblongues, acuminées, entières ou subsinuolées, glabres en dessus, pubescentes en dessous à la côte. Panicules courtes, lâches, composées de grappes plus ou moins rameuses; pédicelles filiformes, 2 à 3 fois plus longs que les calices. Fleurs dioïques. Drupe (blanc) ovale-globuleux : noyau sillonné.

Arbuste sarmenteux, grimpant quelquefois jusqu'à la hauteur de 30 à 40 pieds; tiges radicantes, grêles. Feuillage semblable à celui d'un Haricot; pétiole long de 3 à 4 pouces; folioles longues d'environ 3 pouces, sur 1 à 2 pouces de large, membranacées, d'un vert foncé en dessus. Fleurs petites, jaunâtres. Pétales ovales-lancéolés, réfléchis. Drupes de la grosseur d'un petit Pois.

Cette espèce, indigène dans l'Amérique septentrionale, participe aux propriétés malfaisantes du *Sumac Toxicodendre*. Elle se

cultive comme objet de curiosité; mais on ferait bien de l'exclure
des plantations d'agrément.

Sumac Toxicodendre. — *Rhus Toxicodendron* Linn. —
Cornut. Canad. tab. 97. — Park. Theat: p: 697, fig. 5.

Tige faible, dressée, non-radicante. Feuilles pennées-trifoliolées; pétiole commun et ramules presque cotonneux; folioles ovales ou ovales-oblongues, acuminées, pubescentes ou cotonneuses
en dessous : celles des feuilles inférieures sinuées ou lobées; celles des feuilles supérieures entières ou anguleuses. Panicules courtes, lâches, composées de grappes plus ou moins rameuses. Pédicelles filiformes, 2 à 3 fois plus longs que les calices. Drupe
(blanc) ovale-globuleux : noyau sillonné.

Arbrisseau haut de 2 à 6 pieds. Folioles des feuilles inférieures
diversement lobées ou incisées. Inflorescence et fruits semblables
à ceux de l'espèce précédente.

Cette espèce, non moins célèbre que la précédente par ses qualités malfaisantes, croît dans l'Amérique septentrionale. Le suc qui
découle de ses branches ou de ses tiges, lorsqu'on les entaille, est
très-caustique et d'une odeur désagréable; il produit sur la peau
des excoriations, suivies d'érysipèle et d'ulcères ou d'éruptions très-
douloureux, qui persistent quelquefois pendant plusieurs mois.
(Le Dr Barton assure que l'application d'une dissolution de su-
blimé corrosif est un remède très-efficace contre les affections de
cette nature.) Le contact seul d'une partie quelconque du végétal,
ou même ses émanations, agissent d'une manière à peu près semblables sur beaucoup de personnes, tandis que d'autres n'en
éprouvent aucun mauvais effet. Pris à l'intérieur, le suc du
Sumac Toxicodendre ne devient dangereux qu'à forte dose,
et il a été administré avec succès dans le traitement des éruptions
cutanées chroniques.

D'après les expériences de M. Van Mons, pharmacien à
Bruxelles, les effets délétères du *Toxicodendre* tiennent moins
au suc gommo-résineux contenu dans ses feuilles et dans son
écorce, qu'à un gaz hydrogène carboné, exhalé par la plante
lorsqu'elle n'est pas frappée directement des rayons du soleil,

c) *Feuilles digitées-trifoliolées.*

SUMAC GLAUQUE. — *Rhus glauca* Desf. Arb. v. 2, p. 326.

Folioles obcordiformes ou cunéiformes-obovales, sessiles, très-entières, luisantes, persistantes, plus longues que le pétiole, souvent glauques et pulvérulentes ; la terminale plus grande que les latérales.

Cette espèce, indigène au cap de Bonne Espérance, et très-distincte par son feuillage glauque, se cultive dans les collections de serre tempérée.

SUMAC A FEUILLAGE LUISANT. — *Rhus lucida* Linn. — Burm. Afr. tab. 91, fig. 2.

Folioles cunéiformes-obovales, ou spatulées-obovales, rétuses, glabres, luisantes, persistantes, très-entières ; pétiole commun plus court que les folioles. Grappes simples ou rameuses, axillaires, plus courtes que les feuilles. Drupe (blanchâtre) globuleux.

Petit arbre. Folioles longues de 10 à 18 lignes : la terminale plus grande que les latérales. Fleurs petites, d'un jaune verdâtre. Drupe de la grosseur d'un petit Pois.

Ce Sumac, originaire du cap de Bonne-Espérance, n'est pas rare dans les collections de serre.

SUMAC VELU. — *Rhus villosa* Linn. fil. — Pluk. Alm. tab. 219, fig. 8. — *Rhus incanum* Mill. Dict.

Folioles obovales, ou lancéolées-obovales, ou elliptiques-obovales, pointues, ou obtuses, ou rétuses, très-entières, scabres en dessus, pubescentes en dessous. Pétiole commun aussi long que les folioles, cotonneux de même que les ramules. Panicules axillaires, racémiformes, un peu plus longues que les pétioles.

Arbrisseau. Feuilles coriaces, persistantes ; folioles longues d'environ 2 pouces. Fleurs très-petites, jaunâtres.

Cette espèce habite le Cap ; on la cultive dans les collections de serre tempérée.

SUMAC A FLEURS ATOMAIRES. — *Rhus atomaria* Jacq. Hort. Schœnbr. tab. 343.

Folioles obovales, mucronées, très-entières, glabres en dessus, veloutées (ainsi que les ramules et les pétioles) en dessous. Panicules terminales, très-rameuses.

Cette espèce croît au Cap. On la cultive dans les collections de serre tempérée.

SUMAC HÉTÉROPHYLLE. — *Rhus heterophylla* Desfont. Cat. Hort. Par. — Poir, Encycl. Suppl.

Feuilles simples ou 3-5-foliolées, très-glabres. Folioles lancéolées, ou lancéolées-elliptiques, ou oblongues-lancéolées, mucronées, très-entières, luisantes, coriaces.

Arbrisseau à rameaux effilés, anguleux. Folioles longues de 2 à 5 pouces.

Cette espèce, très-distincte par son feuillage, est cultivée dans les collections de serre. On ignore son origine.

SUMAC LISSE. — *Rhus lævigata* Linn.

Folioles obovales-spatulées, ou lancéolées-spatulées, obtuses ou pointues, mucronées, révolutées aux bords, très-entières, glabres, luisantes, coriaces, persistantes. Petiole commun immarginé, plus court que les folioles. Panicules terminales, lâches, décomposées, très-grêles.

Cet arbrisseau, indigène au Cap, orne les collections de serre tempérée.

SUMAC FLEXIBLE. — *Rhus viminalis* Ait. Hort. Kew. — Jacq. Hort. Schœnbr. tab. 344.

Folioles lancéolées ou lancéolées-linéaires, mucronées, subsinuolées, glabres, coriaces, persistantes, luisantes ; pétiole commun court, canaliculé. Panicules axillaires et terminales, plus courtes que les pétioles.

Ramules longs, effilés, flexibles, pendants. Folioles longues de 3 à 5 pouces, larges de 2 à 6 lignes. Fleurs très-petites.

Cette espèce, remarquable par ses longs rameaux flexibles et pendants, ainsi que par ses folioles très-allongées, se cultive fréquemment dans les serres. Elle est indigène au cap de Bonne-Espérance.

Sumac a feuilles ondulées. — *Rhus undulata* Jacq. Hort. Schœnbr. tab. 346.

Folioles lancéolées-spatulées, dentelées, ondulées. Panicules axillaires, de la longueur des feuilles.

Ce Sumac, originaire du Cap de Bonne-Espérance, se cultive dans les serres.

Sumac dioïque. — *Rhus dioica* Brouss. — Willd. Enum. — *Rhus oxyacanthoides* Poir. Encycl.

Rameaux épineux, divariqués. Folioles glabres, cunéiformes, dentées vers leur sommet; pétiole immarginé, plus court que les folioles. Panicules axillaires et terminales, petites, peu rameuses.

Ce Sumac, semblable par son port à une Aubépine, croît en Sicile et en Barbarie; il est cultivé dans les Orangeries.

Section IV. THEZERA De Cand. Prodr.

Styles 3, courts, distincts. Drupe subglobuleux, lisse, muni au sommet de 3 tubercules; noyau comprimé. Feuilles digitées (3-ou-5-foliolées); folioles sessiles. Fleurs dioïques, en grappes terminales.

Sumac Thézéra. — *Rhamnus pentaphylla* Desf. Flor. Atlant. v. 1, pag. 267, tab. 77. — *Rhamnus siculus* Boccon. Sicul. tab. 21. — *Rhus Thezera* Pers. Ench.

Rameaux épineux, divariqués. Feuilles 3-ou-5-foliolées; pétiole ailé ou marginé; folioles linéaires-cunéiformes, glabres, entières, ou dentées vers leur sommet, ou trifides, ou tridentées.

Buisson haut de 12 à 20 pieds. Feuilles persistantes; folioles subcoriaces, longues d'un demi-pouce à un pouce, larges de 1 à 4 lignes. Drupe petit, rouge.

On trouve ce Sumac en Barbarie et en Sicile. Son écorce teint en rouge et s'emploie au tannage. Les fruits ont une saveur acidule agréable.

Section V. LOBADIUM Rafin.

Fleurs polygames-dioïques. Étamines alternant chacune avec une glandule hypogyne bilobée. Styles 3, courts, distincts.

Drupe velu, légèrement comprimé : noyau lisse. — Arbrisseaux aromatiques. Feuilles digitées-3-foliolées ; folioles sessiles, fortement dentées ou incisées à leur moitié supérieure. Grappes denses, courtes, écailleuses, disposées en épis axillaires.

SUMAC AROMATIQUE. — *Rhus aromatica* Ait. Hort. Kew. — *Myrica trifoliata* Hortul.

Ramules et pétioles hérissés. Folioles dentées ou incisées-dentées, acuminées, veloutées en dessous : les latérales ovales; la terminale ovale-rhomboïdale, plus grande.

Arbrisseau touffu, haut de 2 à 4 pieds. Folioles longues de 1 $^1/_2$ à 2 pouces, larges de 10 à 18 lignes, d'un vert sombre, coriaces, presque persistantes.

Cette espèce, indigène dans la Géorgie et dans la Caroline, se cultive comme arbuste d'agrément, à cause de l'odeur agréable qu'exhalent ses feuilles lorsqu'on les froisse; mais elle ne résiste pas toujours aux hivers du nord de la France.

SUMAC ODORANT. — *Rhus suaveolens* Ait. Hort. Kew.—*Lobadium suaveolens* Sweet, Hort. Brit.—*Schmalzia suaveolens* Desv. — *Toxicodendron crenatum* Mill. Dict.

Ramules et feuilles très-glabres. Folioles subobtuses, incisées-crénelées : les latérales ovales; la terminale cunéiforme-rhomboïdale ou ovale-rhomboïdale.

Cette espèce croît aux États-Unis. Elle participe aux propriétés odorantes de la précédente et se cultive également comme plante d'agrément.

Genre DUVAUA. — *Duvaua* Kunth.

Fleurs monoïques ou dioïques. Calice quadrifide, persistant. Pétales 4, concaves. Étamines 8 ou 10, insérées sous le disque : les 4 interpositives plus longues. Disque urcéolé, 8-denté. Ovaire sessile, uniovulé, conique (stérile dans les fleurs mâles). Styles 3 ou 4, fort courts. Stigmates capitellés. Drupe subglobuleux, comprimé, à noyau coriace. Graine solitaire, pendante, apérispermée : cotylédons planes; radicule supère, allongée.

Arbres épineux, glabres. Feuilles simples, entières, ou dentées, coriaces. Grappes axillaires, multiflores. — Organes floraux quelquefois en nombre quinaire.

Trois ou quatre espèces du Chili et une espèce d'Owaïhi constituent ce genre. On cultive ces plantes dans les Orangeries, et elles sont sans doute susceptibles de croître en plein air dans le midi de la France; toutes offrent un port élégant et des feuilles aromatiques.

DUVAUA A FEUILLES OVALES.—*Duvaua ovata* Lindl. in Bot. Reg. tab. 1568.

Feuilles ovales, dentées, obtuses ou pointues, plus courtes que les grappes. Fleurs 8-andres ou 10-andres.

Feuilles tantôt ovales et pointues, tantôt oblongues ou obovales et obtuses. Grappes denses. Fleurs blanchâtres.

DUVAUA A RAMEAUX PENDANTS. — *Duvaua dependens* Dec. Prodr. — *Amyris polygama* Cay. Ic. v. 3, tab. 239.

Feuilles ovales-lancéolées, entières ou subtrifides, de la longueur des grappes. Fleurs ordinairement octandres.

DUVAUA A LARGES FEUILLES.—*Duvaua latifolia* Lindl. in Bot. Reg. tab. 1580.

Feuilles oblongues, sinuolées-denticulées, pointues, ondulées, un peu plus courtes que les grappes. Fleurs ordinairement octandres.

Arbrisseau à odeur de Térébenthine. Feuilles luisantes, d'un vert sombre, fortement ondulées, courtement pétiolées. Grappes denses. Fleurs verdâtres. Pétales elliptiques, obtus.

Cette espèce et les deux précédentes croissent au Chili, où on les nomme vulgairement *Huinghan*. Les naturels du pays préparent avec leurs fruits une boisson alcoolique. M. Lindley remarque que les feuilles de ces arbres, coupées par morceaux et jetées dans de l'eau, offrent le même phénomène que nous allons signaler au sujet du *Schinus Molle*.

Duvaua? a feuilles dentées. — *Duvaua? dentata* De Cand. Prodr. — *Schinus dentatus* Andr. Bot. Rep. tab. 620.

Feuilles lancéolées, dentées, un peu plus courtes que les grappes.

Cette espèce est indigène dans l'île d'Owaïhi.

Genre MOLLÉ. — *Schinus* Linn.

Fleurs dioïques. Calice 5-parti. Pétales 5, elliptiques, onguiculés. — *Fleurs mâles* : Étamines 10. Pistil rudimentaire. —*Fleurs femelles* : Filets 10, stériles. Ovaire non-stipité. Style nul. Stigmates 5 ou 4, ponctiformes. Drupe pisiforme, presque sec, à un seul noyau (rarement à 2 ou à 5) osseux, monosperme, creusé en dedans de 6 cavités (contenant de l'huile essentielle). Graine suspendue, comprimée, apérispermée; cotylédons planes; radicule infère.

Arbres ou arbrisseaux à suc propre résineux et aromatique. Feuilles imparipennées. Fleurs petites, jaunâtres, disposées en panicules axillaires.

Ce genre, propre à l'Amérique, renferme quatre ou cinq espèces, parmi lesquelles la suivante seule mérite de trouver place dans ce recueil.

Mollé poivré. —*Schinus Molle* Linn. — Mill. Ic. tab. 246. — Gaertn. Fruct. v. 1, tab. 140. —Duham ed. nov. vol 6, tab. 10.

Arbre toujours vert. Rameaux longs, flexibles, pendants. Ramules effilés. Feuilles longues d'un demi-pied à un pied et plus, pétiolées, 19-31-foliolées; folioles linéaires-lancéolées, ou oblongues-lancéolées, ou ovales-lancéolées, subfalciformes, mucronées, cunéiformes à la base, très-entières ou plus ou moins dentelées, subsessiles, alternes ou opposées, inégales, longues de 1 à 3 pouces, sur 3 à 6 lignes de large : la terminale souvent beaucoup plus longue que les latérales. Panicules longues d'un demipied et plus, dressées, nues, très-lâches, flexueuses : pédicelles en cimes irrégulièrement trichotomes. Drupe rougeâtre, de la rosseur d'un petit Pois.

Ce *Mollé*, appelé vulgairement *Poivrier d'Amérique*, croît au Pérou. Connu en Europe depuis 1592, il est fort commun dans les collections d'Orangerie, et il résiste en plein air au climat du midi de la France.

La pulpe des fruits du Mollé est douce et agréable au goût. Selon Feuillée, les naturels du Pérou en préparent une boisson rafraîchissante, d'une saveur vineuse ; ils en obtiennent aussi du vinaigre. Le suc propre des feuilles jouit d'une saveur poivrée, et forme, en se concrétant, une substance comparable à la Gomme Elémi, qu'on met en usage au Pérou comme remède détersif, ainsi que contre les ophthalmies. La décoction de l'écorce du Mollé s'emploie en lotions, pour guérir les tumeurs et les inflammations.

« Si on casse les feuilles du *Mollé*, dit M. Desfontaines, et
» qu'on en jette les parcelles sur une eau limpide, on les voit se
» mouvoir par secousses, et glisser rapidement à la surface du
» liquide. Ces mouvemens, qui durent pendant un temps assez
» long, sont dus au suc résineux qui s'amasse en gouttelettes à
» l'ouverture des vaisseaux rompus, et qui, venant à s'échapper
» subitement, donnent une impulsion rétrograde aux petits
» fragments de feuilles. »

Genre MAURIA. — *Mauria* Kunth.

Fleurs hermaphrodites. Calice 4- ou 5-lobé, urcéolé, persistant. Pétales 4 ou 5, élargis à la base. Disque annulaire. Étamines 8 ou 10, insérées sous le disque. Ovaire nonstipité, uniloculaire, uniovulé. Style très-court. Stigmate épais, 3-5-gone. Drupe ellipsoïde, oblique, comprimé, légèrement charnu.

Arbres. Feuilles simples ou imparipennées. Panicules axillaires et terminales.

Ce genre, propre à l'Amérique équatoriale, ne renferme que deux espèces, dont la suivante est la plus remarquable.

MAURIA A FEUILLES SIMPLES. — *Mauria simplicifolia* Humb. Bonpl. et Kunth, Nov. Gen. et Spec. v. 7, tab. 605. — *Litrea venenosa* Miers, Travels in Chili.

Rameaux glabres, brunâtres. Feuilles elliptiques ou elliptiques-obovales, obtuses, cunéiformes à la base, décurrentes sur le pétiole, très-entières; coriaces, glabres; longues de 3 à 4 pouces, sur 2 pouces environ de large. Panicules bractéolées, pédonculées, longues de 2 à 3 pouces. Pétales ovales-oblongs, pointus. Drupe ellipsoïde, oblique, long de 5 à 6 lignes.

Cet arbre croît au Pérou et au Chili. Son bois, fort dur et solide, sert aux constructions et à une infinité d'autres usages. Son suc propre produit les mêmes accidents que celui du Toxicodendre de l'Amérique septentrionale, et l'on assure même que les émanations de l'arbre sont nuisibles.

TREIZIÈME FAMILLE.

LES CONNARACÉES. — *CONNARACEÆ*.

(*Connaraceæ* R. Brown, in Tuckey. Cong. p. 431. — Kunth, Terebinth. p. 26.— Baril. Ord. Nat. p. 394. *Terebinthacearum* trib. VII,
De Cand. Prodr. v. II, p. 84.)

Ce petit groupe, propre à la zone équatoriale, ne renferme aucun végétal dont l'histoire soit assez importante
pour être traitée en détail : nous nous bornerons donc
ici à l'exposition de ses caractères.

CARACTÈRES DE LA FAMILLE.

Arbres ou *arbrisseaux*.

Feuilles pennées ou trifoliolées, éparses, non-ponctuées. Stipules nulles.

Fleurs hermaphrodites ou polygames, disposées en
grappes axillaires, ou en panicules terminales.

Calice inadhérent, persistant, quinquéparti ; estivation imbricative ou rarement valvaire.

Disque annulaire.

Corolle à 5 pétales interpositifs, caducs, insérés au
fond du calice ; estivation imbricative ou rarement valvaire.

Étamines en nombre double de celui des pétales et
ayant même insertion que ceux-ci, libres ou connées
par la base.

Pistil : Ovaires 5, ou par avortement 4, 3, 2, ou 1 seul,
disjoints, renfermant chacun 2 ovules ascendants, collatéraux. Styles en même nombre que les ovaires, distincts,
chacun terminé par un stigmate très-simple.

Péricarpe : Carpelles 5, ou moins (le plus souvent un

seul carpelle parfait), sessiles ou stipités, monospermes, bivalves, s'ouvrant ou quelquefois restant clos.

Graines ascendantes, arillées, attachées à l'angle central du carpelle, ou un peu au-dessus du fond. Périsperme nul, ou rarement charnu. Embryon rectiligne : radicule courte, épaisse, située au bout supérieur de la graine; plumule diphylle ; cotylédons foliacés lorsqu'il y a périsperme, charnus lorsque le périsperme manque.

Voici les genres qui rentrent dans cette famille.

Connarus Linn. — (Rourea Aubl. Robergia Schreb. Malbrancia Neck.) — *Omphalobium* Gærtn. — *Eurycoma* Jack. — ? *Tetradium* Lour.

QUATORZIÈME FAMILLE.

LES AMYRIDÉES. — *AMYRIDEÆ.*

(*Terebinthacearum* genera Juss. — *Amyrideæ* R. Brown, in Tuckey.
Cong. p. 431.—Bartl. Ord. Nat., p 393.—*Burseraceæ* et *Amyrideæ*
Kunth, Gen. Tereb.— De Cand. Prodr. v. II, p. 75 et 81.)

Ce groupe, très-voisin des Connaracées et des Cassuviées, appartient exclusivement à la zone équatoriale.
Les végétaux qui en font partie contiennent en général
des sucs propres résineux ou balsamiques, et plusieurs
espèces produisent des substances telles que l'*Oliban* ou
Encens, le *Baume de la Mecque*, la gomme *Élémi*. Dans
fort peu d'Amyridées, le suc propre est âcre ou caustique. Les fruits des *Canarium* fournissent des amandes
comestibles.

CARACTÈRES DE LA FAMILLE.

Arbres ou *arbrisseaux.*

Feuilles éparses (rarement opposées), imparipennées
ou trifoliolées, souvent ponctuées. Folioles très-entières
ou dentelées. Stipules le plus souvent nulles.

Fleurs hermaphrodites ou unisexuelles, petites, axillaires ou terminales, disposées en grappe ou en panicule.

Calice inadhérent, persistant, divisé en 4 ou 5
(rarement en 3) lobes plus ou moins profonds.

Disque libre ou adné au calice.

Pétales interpositifs, en même nombre que les divisions calicinales, insérés au disque (subpérigynes ou hypogynes), non-onguiculés, ou, par exception, courtement onguiculés, caducs (très-rarement cohérents) : estivation valvaire ou imbricative.

Étamines ayant même insertion que les pétales, en même nombre qu'eux , ou en nombre double, ou triple, ou quadruple des pétales, libres.

Pistil: Ovaire 2-5-loculaire, ou rarement uniloculaire. Ovules ordinairement géminés dans chaque loge. Stigmates en même nombre que les loges de l'ovaire, sessiles, ou portés sur un seul style, ou rarement sur plusieurs styles distincts.

Péricarpe : Drupe charnu ou coriace, souvent valvé, à 2-5 noyaux distincts, ou à un seul noyau 2-5-loculaire, ou rarement à un seul noyau uniloculaire. Rarement le péricarpe est capsulaire.

Graines solitaires dans chaque loge. Périsperme nul. Embryon rectiligne : radicule supère ; cotylédons foliacés et chiffonnés , ou rarement charnus.

Voici les tribus et les genres qui composent la famille :

Ire TRIBU. **AMYRIDÉES VRAIES.** — *AMYRIDEÆ.*

Ovaire uniloculaire.
Elaphrium Jacq. — *Amyris* Linn. (Elemifèra Plum.) — *Spathelia* Linn.

IIe TRIBU. **BURSÉRACÉES.** — *BURSERACEÆ.*

Ovaire 2-5-loculaire.
Boswellia Roxb. — *Balsamodendron* Kunth. — *Iciça* Aubl. — *Protium* Burm. — *Bursera* Jacq. — *Marignia* Commers. (Dammara Gærtn.) — *Colophonia* Commers. — *Canarium* Linn. (Pimela Lour.) — *Hedwigia* Swartz. (Tetragastris Gærtn. Caproxylon Tussac.) — *Sorindeia* Pet. Thou. — *Garuga* Roxb. — *Poupartia* Commers. — *Philagonia* Blum. — *Tapiria* Juss. (Tapirira Aubl. Salaberria Neck. Joncquetia Schreb.)

Iʳᵉ TRIBU. LES AMYRIDÉES VRAIES. — *AMYRIDEÆ*
De Cand. Prodr.

Ovaire solitaire, uniloculaire, biovulé.

Genre ÉLAPHRION. — *Elaphrium* Jacq.

Calice quadriparti, caduc. Pétales 4. Étamines 8, de la longueur du calice. Style court. Stigmate bifide. Capsule globuleuse, uniloculaire, monosperme. Graine enveloppée de pulpe.

Arbres. Feuilles imparipennées; pétiole commun souvent marginé. Grappes terminales, agrégées.

Ce genre, rangé par M. De Candolle dans les Rutacées, renferme quatre ou six espèces. Voici celle qui mérite d'être citée.

ÉLAPHRION COPAL. — *Elaphrium copalliferum* De Cand. Prodr. — Hern. Mex. p. 45, fig. 1.

Feuilles pubescentes. Folioles ovales, dentées. Grappes interrompues, de la longueur des feuilles. Fleurs subsessiles, fasçiculées.

Ce végétal croît au Mexique. Son nom spécifique semble indiquer qu'il est l'un de ceux qui produisent la résine connue dans le commerce sous le nom de *Copal*.

Genre AMYRIS. — *Amyris* Linn.

Fleurs hermaphrodites. Calice quadridenté, persistant. Pétales 4, hypogynes, onguiculés, imbriqués en préfloraison. Étamines 8, plus courtes que les pétales. Ovaire uniloculaire, sessile sur un disque charnu. Stigmate sessile. Drupe à noyau monosperme.

Arbres ou arbrisseaux. Feuilles diversement composées; folioles ponctuées. Fleurs blanches, paniculées.

Ce genre, composé de quatorze espèces, appartient à l'Amérique équatoriale. Tous les *Amyris* contiennent des sucs propres résineux et balsamiques. Voici les espèces les plus remarquables :

AMYRIS DE PLUMIER. — *Amyris Plumieri* De Cand. Prodr. — Plum. ed. Burm. tab. 100. — *Amyris elemifera* Linn. Spec. (excl. syn. Catesb.)

Feuilles pennées 3-ou 5-foliolées ; folioles pétiolulées, ovales, acuminées, dentelées, velues en dessous.

Cette plante, indigène aux Antilles, passait longtemps pour produire la résine appelée *Gomme Elémi;* opinion qui ne paraît pas fondée, car on ignore toujours l'origine de cette substance.

AMYRIS VÉNÉNEUX.—*Amyris toxifera* Willd. Spec.—Catesb. Carol. v. 1, tab. 40. — Pluck. tab. 201, fig. 3.

Feuilles à 5 ou 7 folioles pétiolulées, ovales, subcordiformes, acuminées. Grappes simples, de la longueur du pétiole commun.

Petit arbre. Feuilles longues de 7 à 8 pouces. Grappes fructifères lâches, pendantes. Drupe pyriforme, pourpre, à noyau très-dur.

Cet arbre croît dans les îles de Bahama et aux Antilles. Selon Catesby, il suinte de son tronc une liqueur noire comme de l'encre, réputée vénéneuse par les habitants. Les oiseaux sont très-friands de la chair des drupes.

Genre SPATHÉLIA. — *Spathelia* Linn.

Fleurs hermaphrodites. Calice 5-parti, membraneux, coloré. Corolle hypogyne, pentapétale : estivation imbricative. Étamines 5 : filets courts, velus, dilatés et biappendiculés vers leur base. Ovaire conique, triangulaire, à 3 loges biovulées. Stigmates 3, sessiles. Drupe ovale, à 5 angles ailés, ou quelquefois biloculaire et diptère. Graines solitaires, triquètres, pendantes. Périsperme charnu. Cotylédons minces, linéaires-oblongs.

Arbres à feuilles imparipennées. Panicules terminales, très-amples.

L'espèce suivante est la seule qu'on puisse rapporter avec certitude à ce genre.

Spathélia a feuilles de Sumac.—*Spathelia simplex* Linn. — Browne, Jam. tab. 187. — Sloan. Jam. v. 2, tab. 171. — Bot. Reg. tab. 670.

Tronc peu ou point rameux, cylindrique. Feuilles couronnantes, multijuguées. Folioles subalternes, sessiles, lancéolées, ou oblongues-lancéolées, arrondies à la base, crénelées, pubescentes en dessous. Panicule dressée, décomposée, subpyramidale. Axe velu. Pédicelles courts ou nuls. Sépales elliptiques, pointus. Pétales plus longs que le calice, oblongs, obtus.

Cet arbre magnifique orne les forêts des montagnes de la Jamaïque. Son tronc, grêle et cylindrique, s'élève en colonne, comme celui des Palmiers, jusqu'à cinquante pieds. Il se couronne par une touffe pyramidale de feuilles étalées, dont les inférieures ont environ cinq pieds de long : les supérieures diminuent graduellement jusqu'au sommet. Le bouquet de feuilles se termine par une énorme panicule de près de six pieds de haut, dont les ramifications inférieures mesurent quelquefois quatre pieds. Les fleurs, d'un pourpre violet, ont un pouce et demi de diamètre. Cette superbe inflorescence se découvre à de grandes distances.

Le *Spathélia* se cultive dans les serres chaudes, comme plante d'ornement.

IIᵉ TRIBU. LES BURSÉRACÉES. — *BURSERACEÆ*
Kunth. — De Cand. Prodr.

Ovaire 2-5- loculaire : loges biovulées. Stigmates en même nombre que les loges de l'ovaire. Drupe à noyau 2-5-loculaire.

Genre BOSWELLIA. — *Boswellia* Roxb.

Fleurs hermaphrodites. Calice quinquédenté, persistant. Pétales 5, obovales-oblongs, étalés, à bords incombants en préfloraison. Étamines 10, insérées à un disque cupuliforme, crénelé, entourant la base de l'ovaire. Ovaire oblong. Style simple. Stigmate capitellé. Capsule trigone, triloculaire, s'ouvrant de la base au sommet en 3 valves. Graines ailées, solitaires dans chaque loge.

Arbres. Feuilles imparipennées; folioles opposées, dentelées. Fleurs très-petites, disposées en grappe ou en panicule.

Les *Boswellia* habitent l'Inde. On ne connaît que les trois espèces que nous allons décrire.

BOSWELLIA GLABRE.—*Boswellia glabra* Roxb. Corom. v. 3, tab. 207. — Rumph. Amb. v. 2, tab. 50. — *Canarium balsamiferum* Willd.

Folioles lancéolées, obtuses, glabres. Grappes simples, terminales, plus courtes que les feuilles.

Cette espèce, qui croît aux Moluques et dans les montagnes de la côte de Coromandel, forme un arbre de première grandeur. Son bois, dur, pesant et fort durable, est très-recherché pour les constructions. On l'emploie généralement à la mâture des petites embarcations. L'écorce suinte une grande quantité de résine odorante, dont on se sert communément au Bengale en guise de poix, et que les Hindous brûlent comme encens dans leurs temples.

BOSWELLIA HÉRISSÉ. — *Boswellia hirsuta* Smith, in Rees. Cycl. — Rumph. Amb. v. 2, tab. 51. — *Canarium hirsutum* Willd. Spec.

Folioles oblongues-lancéolées, hérissées, profondément dentelées. Grappes axillaires, multiflores, simples, plus courtes que les feuilles.

Cette espèce croît aux Moluques, où elle est appelée *Camacoan*, nom par lequel on désigne dans le pays plusieurs autres Amyridées. Il en découle, selon Rumphius, une résine d'une odeur tout-à-fait analogue à celle de l'ambre.

BOSWELLIA OLIBAN. — *Boswellia serrata* Roxb. — Colebrook, in Asiat. Res. v. 9, p. 377, Ic. pict. — *Boswellia thurifera* Roxb. Cat. Hort. Calc.

Folioles ovales, acuminées, pubescentes. Grappes axillaires, simples, grêles, pubescentes, plus courtes que les feuilles.

Arbre très-élevé. Feuilles ordinairement à 21 folioles. Pétioles cotonneux. Fleurs petites, blanchâtres. Pétales oblongs, obtus, cotonneux en dehors. Capsule lisse, de la grosseur d'une Olive.

Cet arbre, commun dans les montagnes du Bengale, est appelé par les Hindous *Salaï*, *Salé* et *Sila*; en sanscrit, on le désigne sous les noms de *Sallaci*, *Cuduri*, *Cunduruci*, etc. C'est lui qui produit le véritable *Encens* ou *Oliban*, substance sur l'origine de laquelle on n'avait que des notions fausses, jusqu'à une époque encore très-récente.

Genre BALSAMIER. — *Balsamodendron* Kunth.

Fleurs diclines. Calice quadridenté, persistant. Pétales 4, linéaires-oblongs : estivation valvaire-indupliquée. Étamines 8, insérées sous un disque annulaire; filets alternants chacun avec une glandule. Style simple, court, obtus. Drupe (ou baie) ovoïde, pointu, marqué de 4 sillons, uni- ou biloculaire : loges monospermes.

Arbres ou arbrisseaux. Feuilles tri- ou quinquéfoliolées; folioles sessiles, non-ponctuées.

Les *Balsamiers* doivent leur nom aux substances balsamiques qu'ils produisent : le célèbre *Baume de la Mecque* est de ce nombre. Le genre renferme quatre ou cinq espèces, que Linné avait réunies aux *Amyris*.

BALSAMIER DE LA MECQUE. — *Balsamodendron gileadense* et *Balsamodendron Opobalsamum* Kunth. — *Amyris gileadensis* et *Amyris Opobalsamum* Linn. — *Amyris Opobalsamum* Forsk. Descr. — Turpin, in Chaum. Fl. Méd. tab. 58, et in Dict. des Sc. Nat. Ic. — Vahl. Symb. v. 1; tab. 11. — Prosp. Alp. 2, tab. 60. — *Balsamea meccanensis* Gleditsch., Act. Soc. Cur. Nat. Berol. v. 3, p. 127.

Feuilles à 3-7 folioles ovales, pointues ou obtuses, sessiles, très-entières. Pédicelles uniflores, plus courts que les feuilles.

Arbrisseau haut de 5 à 7 pieds. Rameaux nombreux, flexueux. Drupe rouge, de la grosseur d'un Pois.

Cette espèce croît en Arabie, principalement aux environs de la Mecque. Pendant les chaleurs de la canicule, son tronc et ses rameaux distillent un suc résineux, d'une odeur très-suave, que l'on désigne sous les noms variés de *Baume de la Mecque*, *Baume de Judée*, *Baume d'Égypte*, *Baume du grand Caire*, *Baume de Constantinople*, *Baume blanc*, etc. On facilite par des incisions l'écoulement de ce baume, auquel on attribue en Orient des qualités merveilleuses, et dont le prix est énorme. Aussi n'est-il réservé qu'aux riches. Quand la distillation de ce suc vierge a cessé, on coupe les rameaux et les jeunes tiges qui, soumises à l'ébullition dans l'eau, donnent une résine liquide, claire, transparente, légère, destinée aux dames turques, qui l'emploient comme cosmétique et comme parfum. Une seconde ébullition, beaucoup plus forte et plus longue que la première, exprime un suc résineux plus épais, plus fixe, moins diaphane. Cette troisième sorte, apportée par les caravanes, est la seule qui soit livrée au commerce; encore est-elle souvent altérée par la Térébenthine ou par des huiles grasses. Quant au vrai Baume de la Mecque, il passe, chez les Musulmans, pour un antidote infaillible contre la peste et une foule d'autres maladies. Pendant longtemps, sa réputation n'était pas moins grande en Europe; mais aujourd'hui il est tout-à-fait hors d'emploi en thérapeutique.

BALSAMIER KATAF. — *Balsamodendron Kataf* Kunth. — *Amyris Kataf* Forsk. Descr.

Feuilles trifoliolées. Folioles glabres, dentelées au sommet. Pédoncules biflores. Baie globuleuse, ombiliquée au sommet.

Cet arbre croît dans l'Yémen. Selon Forskal, on en prépare une poussière rouge, très-odorante, dont les femmes arabes ont coutume de se parfumer les cheveux.

BALSAMIER KAFAL. — *Balsamodendron Kafal* Kunth. — *Amyris Kafal* Forsk. Descr.

Feuilles trifoliolées. Folioles dentelées au sommet, velues. Baie comprimée, apiculée.

Cet arbre habite les mêmes contrées que le précédent. Son bois, de couleur rouge et très-odorant, est, selon Forskal, l'objet d'un commerce assez étendu. On le transporte en Égypte, où l'on imprègne de sa fumée les vases de terre destinés à contenir de l'eau. Cet arbre produit aussi une gomme purgative.

Genre ICIQUIER. — *Icica* Aubl.

Fleurs ordinairement hermaphrodites. Calice quadri- ou quinquédenté, persistant. Disque orbiculaire. Pétales 4 ou 5, non-rétrécis à la base, insérés sous le disque; estivation valvaire. Étamines 8 ou 10. Ovaire 4- ou 5-loculaire; loges bi-ovulées. Style court. Stigmates 4 ou 5. Capsule 2-5-valve, contenant 2-5 noyaux enveloppés d'une pulpe charnue.

Arbres. Feuilles imparipennées, non-ponctuées. Grappes le plus souvent simples, axillaires. Fleurs blanches.

Ce genre, propre à l'Amérique équatoriale, se compose d'environ quinze espèces, dont les plus remarquables sont les suivantes :

ICIQUIER HÉTÉROPHYLLE. — *Icica heterophylla* De Cand. Prodr. — *Icica Aracouchini* Aubl. Guian. tab. 133. — *Amyris heterophylla* Willd.

Feuilles à 3 ou 5 folioles acuminées, ovales, pétiolulées. Grappes simples, un peu plus courtes que les feuilles.

Arbre à tronc haut d'environ 15 pieds, sur 8 à 9 pouces de diamètre. Rameaux grêles. Feuilles distiques. Capsule verte, s'ouvrant en 2-4 valves coriaces. Pulpe blanche, succulente. Noyaux anguleux.

Cette espèce a été observée par Aublet dans les forêts de la Guiane. Lorsqu'on entaille son écorce, il en découle une liqueur jaunâtre, balsamique et aromatique, qui se conserve longtemps liquide. Les naturels du pays la nomment *Aracouchini,* et l'emploient comme vulnéraire. Les Caraïbes se parfument avec ce baume, en le mêlant avec de l'huile de *Carapa* et du *Rocou.*

ICIQUIER ENCENS.—*Icica guianensis* Aubl. Guian. tab. 131.

Feuilles à 3 ou 5 folioles pétiolulées, oblongues, acuminées. Pédoncules corymbifères, multiflores, beaucoup plus courts que les feuilles.

Arbre à tronc haut de 15 à 18 pieds. Écorce roussâtre. Bois blanchâtre, léger. Corolle verdâtre. Capsule jaunâtre, coriace. Pulpe succulente, rouge. Noyaux jaunâtres.

Cette espèce croît sur les plages et dans les forêts de la Guiane. « L'on ne saurait, dit Aublet, entamer l'écorce où le bois de cet » arbre, sans qu'il en découle un suc résineux, balsamique, » amer, dont l'odeur approche beaucoup de celle du Citron. Ce » suc, épaissi et desséché, devient une résine blanchâtre ou jau- » nâtre; on l'emploie à Cayenne, dans les églises, en guise d'en- » cens, et c'est pour cette raison que l'arbre est appelé par les ha- » bitants *Bois d'encens.* Le fruit est à peu près de la grosseur » d'une Noisette. Les nègres sucent avec plaisir la substance qui » enveloppe les noyaux; elle est douce et agréable au goût. »

ICIQUIER SEPTEMFOLIOLÉ. —*Icica heptaphylla* Aubl. Guian. tab. 130. — *Amyris ambrosiaca* Willd.

Feuilles à 5 ou 7 folioles pétiolulées, oblongues, acuminées. Grappes subcorymbiformes, pauciflores, au moins 6 fois plus courtes que les feuilles.

Arbre à tronc haut de 30 pieds et plus, sur 2 pieds de diamé- tre. Écorce roussâtre. Bois blanc à la circonférence, rougeâtre au centre. Pétales blancs, longs, pointus, réfléchis au sommet. Cap- sule coriace. Pulpe rouge.

Cet arbre, nommé par les Galibis *Arouaou,* croît dans les grandes forêts de la Guiane. En entamant l'écorce de son tronc ou de ses grosses branches, il en découle un suc clair, transpa- rent, balsamique, qui devient une résine dont quelques habitants se servent pour parfumer les appartements. La pulpe des fruits est d'un goût agréable.

ICIQUIER TACAMAHAC. — *Icica Tacamahaca* Kunth, in Humb. et Bonpl. Nov. Gen. et Spec.

Feuilles à 5 folioles elliptiques-oblongues, acuminées. Panicules axillaires, 3 fois plus courtes que les feuilles.

Cet arbre, indigène dans l'Amérique équatoriale, produit une résine odorante, semblable au *Tacamahac*.

ICIQUIER CÈDRE. — *Icica altissima* Aubl. Guian. tab. 132.

Feuilles à 7 folioles pétiolulées, ovales-oblongues, acuminées. Grappes simples, plus courtes que les pétioles.

Arbre à tronc haut de 60 pieds, sur 3 à 4 pieds de diamètre. Bois rougeâtre, plus léger que l'eau lorsqu'il est sec. Capsules à valves charnues, rouges intérieurement. Pulpe blanche, succulente. Noyaux noirs.

Cette espèce habite les grandes forêts de la Guiane. Les habitants l'appèlent *Cèdre blanc*, et ils en distinguent une variété sous le nom de *Cèdre rouge*. Son bois s'emploie à la charpente des bâtiments et à la construction des pirogues. L'écorce contient un suc résineux et balsamique. La substance pulpeuse qui enveloppe les noyaux est douce et agréable au goût; les créoles la sucent avec plaisir.

Genre BURSÉRA. — *Bursera* Jacq.

Fleurs polygames. Calice petit, à 3-5 lobes obtus. Corolle à 2-5 pétales étalés : estivation valvaire. Étamines 6 ou 8. Disque annulaire, crénelé. Ovaire triloculaire. Style court ou presque nul. Stigmate trifide ou capitellé. Drupe oblong, succulent, trivalve, subtrigone. Noyau un peu charnu, uniloculaire, monosperme. Graine pendante, apérispermée. Embryon rectiligne : cotylédons chiffonnés; radicule courte.

Arbres. Feuilles simples ou imparipennées. Fleurs en grappes axillaires.

Ce genre se compose de trois espèces, indigènes dans l'Amérique équatoriale. En voici la plus intéressante :

BURSÉRA GUMMIFÈRE. — *Bursera gummifera* Jacq. Amer. tab. 65. — Turp. in Dict. des Sciences Nat. Ic.

Arbre de première grandeur. Cime ample et touffue. Feuilles à 3-9 folioles (quelquefois à une seule) caduques, pétiolulées, ovales, pointues, luisantes, très-entières. Fleurs petites, inodores, blanchâtres. Pétales ovales, acuminés. Drupe verdâtre ou rougeâtre, très-résineux.

Cet arbre croît aux Antilles et dans l'Amérique méridionale. Les habitants de ces contrées le désignent vulgairement sous le nom de *Gommier* ou *Gomart*, parce qu'il en suinte une gomme-résine très-abondante, qu'on emploie à divers usages d'économie domestique.

Genre CANARION. — *Canarium* Linn.

Fleurs dioïques ou polygames. Calice urcéolé, tridenté. Pétales 3, concaves, connivents, imbriqués en préfloraison. Étamines 6 (rarement 7 ou 8). Disque urcéolé. Ovaire ovale-globuleux, triloculaire. Style court. Stigmates 3, ponctiformes. Drupe charnu; noyau triloculaire, ou uniloculaire par avortement. Graines apérispermées, pendantes, géminées dans chaque loge, ou par avortement solitaires. Cotylédons tripartis : lobules oblongs, foliacés, contournés.

Arbres. Feuilles imparipennées, quelquefois stipulées : folioles pétiolulées; stipules caduques. Fleurs en grappe ou en panicule.

Ce genre, qui appartient à l'Asie équatoriale, se compose de onze espèces, toutes fortement résineuses; quelques-unes produisent des amandes huileuses et mangeables. Voici les espèces intéressantes :

CANARION CULTIVÉ.—*Canarium commune* Linn.—Rumph. Amb. v. 2, tab. 47.—*Canarium Mehenbethene* Gært. Fr. v. 2, tab. 102. — Kœn. Ann. bot. v. 1, p. 260, tab. 7, fig. 2. — Rumph. Amb. v. 2, tab. 48 (var.)

Feuilles à 7-13 folioles longuement pétiolulées, ovales-oblongues, acuminées, très-entières, glabres. Panicules terminales. Drupe uniloculaire. Fleurs glomérulées, subsessiles, dibractéolées.

Grand arbre. Écorce blanchâtre. Rameaux étalés. Stipules grandes, profondément dentelées. Feuilles longues de 6 à 8 pouces. Fleurs dioïques. Drupe globuleux ou ellipsoïde, plus ou moins gros, quelquefois du volume d'une Noix ou d'un œuf de pigeon : brou glauque, ou noirâtre, ou bleuâtre; noyau osseux ou fragile.

Cet arbre, cultivé très-fréquemment aux Moluques et dans plusieurs parties de l'Inde, se retrouve dans la Nouvelle-Guinée. Son nom malais est *Canari*. On en connaît plusieurs variétés, ou peut-être a-t-on confondu sous le même nom des espèces différentes. Rumphius remarque que le tronc de toutes offre à la base de grosses excroissances, semblables à des bornes, et atteignant quelquefois 10 à 12 pieds de haut. On sait que cette particularité se retrouve dans le *Cyprès chauve* de la Louisiane (*Schubertia disticha* Mirb.)

Les amandes du *Canarion cultivé* forment la nourriture habituelle des Malais. On les mange crues ou accommodées de différentes manières. Leur saveur se rapproche de celle des Amandes douces; mais elles donnent la dyssenterie avant leur parfaite maturité, et ne conviennent en aucun cas aux tempéraments délicats. On en retire, par expression, une huile grasse, employée soit à la préparation des aliments, soit à brûler. On fait encore de ces amandes pilées, mêlées avec du sagou, ou avec du riz et du sucre, des gâteaux dont les habitants des Indes font leurs délices.

CANARION SAUVAGE. —*Canarium sylvestre* Gærtn. Fr. v. 2, tab. 102.

Feuilles à 3 ou 5 folioles lancéolées-oblongues, très-entières. Fleurs en grappes terminales.

Arbre moins élevé que le *Canarion cultivé*. Drupe triloculaire ou rarement quadriloculaire, long d'environ 2 pouces, noirâtre à la maturité; noyau osseux.

Cette espèce croît aux Moluques, dans les forêts des montagnes. On en retire une résine liquide, employée dans le pays en guise de poix. Les amandes du fruit sont mangeables; mais on ne les recherche guère, parce que le noyau est trop difficile à casser.

CANARION A PETIT FRUIT. — *Canarium microcarpum* Willd. — Rumph. Amb. v. 2, tab. 54.

Feuilles à 5-9 folioles ovales-lancéolées, acuminées, glabres, très-entières. Grappes axillaires, multiflores, allongées, pendantes après la floraison. Drupe ellipsoïde, obtus.

Arbre assez élevé. Drupe de la grosseur d'une Olive, d'un bleu noirâtre.

Cette espèce, indigène aux Moluques et en Cochinchine, produit une résine huileuse, d'une odeur analogue à un mélange de Styrax liquide et d'essence de Citron. Le volume peu considérable de ses fruits fait qu'on ne les recherche pas comme aliment.

CANARION BLANC. — *Canarium album* De Cand. Prodr. — *Pimela alba* Lour. Flor. Cochinch.

Feuilles à 11-13 folioles scabres, ovales-lancéolées. Grappes denses, subterminales. Drupe à noyau triloculaire.—Folioles longues d'un demi-pied.

Cette espèce croît en Chine et en Cochinchine. On fait dans ces pays une grande consommation de ses amandes.

CANARION PIMEL. — *Canarium Pimela* Kœnig. — Blum. Bydr.

Folioles oblongues, acuminées, très-entières, glabres. Stipules nulles. Grappes subterminales, agrégées. Fleurs fasciculées, non-bractéolées.

Cette espèce croît dans les forêts de l'ouest de Java.

CANARION DENTICULÉ. — *Canarium denticulatum* Blum. Bydr.

Folioles elliptiques-oblongues, acuminées, dentelées vers leur sommet, presque glabres. Stipules amplexicaules, laciniées. Panicules subterminales (par la chute des feuilles). Fleurs glomérulées, subsessiles, dibractéolées.

CANARION HISPIDE. — *Canarium hispidum* Blum. Bydr.

Folioles oblongues, acuminées, subcordiformes à la base, inéquilatérales, très-entières, scabres en dessous. Stipules minimes,

pétiolaires. Grappes subterminales (par la chute des feuilles),
agrégées. Fleurs subfasciculées , non-bractéolées. Fruit scabre.

Cette espèce a été découverte à Java par M. Blume. Les habitants de l'île l'appellent *Biru* et *Surian*.

CANARION GIGANTESQUE. — *Canarium altissimum* Blum.
Bydr.

Folioles oblongues, cuspidées, subcordiformes à la base, très-entières , poilues aux deux faces, bordées de cils roides. Stipules petites, subulées, pétiolaires. Grappes axillaires , simples. Fruits hispides.

Cet arbre, indigène dans les montagnes de Java, est appelé *Kiharpan* par les Malais.

CANARION LITTORAL. — *Canarium littorale* Blum. Bydr.

Folioles elliptiques-oblongues, acuminées, denticulées, cotonneuses aux nervures de la face inférieure. Stipules nulles. Panicules terminales, lâches. Fleurs glomérulées , bractéolées.

Cet arbre a été découvert par M. Blume, dans l'île de Nusa Kambinga.

Genre HEDWIGIA. — *Hedwigia* Swartz.

Fleurs polygames ou hermaphrodites. Calice 4-ou 5-denté, persistant. Pétales 4 ou 5 , connés jusqu'au milieu : estivation valvaire. Disque cupuliforme, sinuolé. Étamines 8 ou 10, adnées à la base de la corolle. Ovaire à 4 ou 5 loges. Style nul. Stigmate 4- ou 5-sulqué. Drupe 3-5-gone, à 2-5 noyaux uniloculaires; chair mince, coriace. Graines suspendues, apérispermées. Cotylédons épais, charnus. Radicule supère, incluse.

L'espèce suivante constitue à elle seule ce genre.

HEDWIGIA SUCRIER. — *Hedwigia balsamifera* Swartz, Flor. Ind. Occid. — *Tetragastris ossea* Gærtn. Fruct. v. 2, tab. 109. — *Bursera balsamifera* Pers. Ench. — *Caproxylon Hedwigii* Tussac, Flor. Antill. vol. 4, p. 87, tab. 30.

Arbre de première grandeur. Tronc droit, recouvert d'une

écorce cendrée. Cime ample. Branches vagues. Feuilles imparipennées, 3-juguées. Folioles lancéolées, pointues, très-entières,
pétiolulées, longues de 2 à 3 pouces. Fleurs très-petites, en
grappes lâches, axillaires, pendantes.

« Le *Sucrier* ou *Bois cochon* (*Hog Wood* des Anglais), que
» l'on trouve dans toutes les Antilles, jouit, dit M. de Tussac,
» d'une réputation que je n'ose affirmer bien méritée. Les flibus-
» tiers, qui chassaient beaucoup les sangliers, ont assuré que
» lorsqu'ils avaient blessé un de ces animaux, il allait trouver
» un Sucrier et en incisait l'écorce avec ses défenses, ce qui oc-
» casionait l'effusion d'une espèce de baume, contre lequel il
» frottait sa blessure, qui ne manquait pas de se cicatriser promp-
» tement. Ce qu'il y a de certain, c'est que le baume qui sort de
» cet arbre est comparable, pour l'efficacité, à toutes les espèces
» de baumes connus, même ceux de la Mecque et du Pérou. Le
» baume du Sucrier est très-rare par l'insouciance naturelle des
» créoles, qui pourraient, avec le bel arbre qui le produit, for-
» mer des avenues qui réuniraient l'utile à l'agréable. Ce baume
» se conserve très-long-temps dans un état de fluidité; ce n'est
» qu'à la longue qu'il prend la consistance d'une résine; il est
» d'une couleur verdâtre, tirant un peu sur le roux; il a une
» odeur aromatique très-agréable. Outre l'emploi qu'on en fait
» pour panser les plaies, on s'en est servi, dit-on, avec succès,
» pris intérieurement, dans les maladies des poumons. On con-
» serve ce baume dans de petites calebasses; il se vend fort cher,
» même dans les Antilles.

» On retire des graines du Sucrier, par expression, une huile
» balsamique qu'on recherche beaucoup pour les maladies de la
» poitrine. Les enfants sucent avec plaisir la pulpe qui entoure
» ses graines; elle est fort douce.

» On fait avec le bois du Sucrier des bardeaux pour couvrir les
» cases : cette espèce de couverture conserve moins la chaleur que
» les ardoises, et est moins chère; on en fait aussi des douves
» pour les barriques à sucre; mais comme ce bois est un peu rou-
» geâtre, il a l'inconvénient de colorier un peu le sucre. »

Genre SORINDÉIA. — *Sorindeia* Pet. Thou.

Fleurs polygames-dioïques. Calice urcéolaire, quinquédenté. Pétales 5, lancéolés : estivation valvaire. — *Fleurs mâles :* Étamines 16-28, insérées au fond du calice. — *Fleurs hermaphrodites :* Étamines 5 : filets courts. Ovaire conique. Stigmates 5, sessiles. Drupe à noyau oblong, comprimé, filamenteux. Embryon épais, apérispermé.

On ne connaît de ce genre que l'espèce dont nous allons parler.

Sorindéia de Madagascar. — *Sorindeia madagascariensis* Pet. Thou. Gen. Madag.

Arbrisseau à tige faible. Feuilles imparipennées. Folioles alternes. Pétioles ligneux. Fleurs purpurines, disposées en grappes axillaires et terminales.

Ce végétal croît à Madagascar, où les colons le connaissent sous le nom de *Manguier à grappes.* Son fruit est mangeable, mais il a un arrière-goût de Térébenthine.

Genre GARUGA. — *Garuga* Roxb.

Fleurs hermaphrodites. Calice campanulé, quinquédenté. Pétales 5, insérés au calice. Étamines 10, ayant même insertion que les pétales et alternant par paires avec une glandule. Ovaire ovoïde. Style filiforme. Stigmate quinquélobé. Drupe globuleux, charnu, contenant 5 (ou par avortement 2-4) noyaux irréguliers, uniloculaires, monospermes.

Arbres. Feuilles imparipennées, stipulées; folioles subsessiles, crénelées. Fleurs en panicule.

Ce genre ne renferme que deux espèces : l'une de Madagascar; l'autre de l'Inde. La dernière est la seule qui mérite une mention particulière.

Garuga a feuilles pennées. — *Garuga pinnata* Roxb. Corom. tab. 208. — Hort. Malab. v. 4, tab. 33.

Tronc droit, très-élevé. Écorce lisse, de couleur cendrée.

Branches peu nombreuses. Feuilles rapprochées vers le sommet des ramules, longues de 6 à 12 pouces. Folioles ovales, obtuses, crénelées, un peu velues. Stipules petites, falciformes, pointues. Panicules axillaires, solitaires, simples, de moitié moins longues que les feuilles. Fleurs petites, jaunes, inodores. Drupe du volume d'une Noix Muscade. Noyaux très-durs, bosselés.

Cet arbre croît dans les contrées montueuses de presque toute l'Inde. Ses feuilles, qui tombent à la fin de la saison pluvieuse, reparaissent avec les fleurs, en février et mars. Le bois, tendre et spongieux, est peu utile. Le fruit se mange rarement cru, à cause de son âpreté ; mais il prend un goût excellent lorsqu'on le confit au sucre, et, ainsi préparé, il s'en fait une grande consommation dans l'Inde.

Genre MARIGNIA. — *Marignia* Commers. — Kunth.

Fleurs hermaphrodites. Calice quinquéfide, persistant, à lobes pointus. Pétales 5, deux fois plus longs que le calice : estivation valvaire. Disque non-crénelé. Étamines 10, de la longueur du calice. Ovaire globuleux, quinquéloculaire. Stigmate subsessile, subquinquélobé. Drupe couronné par le stigmate : noyaux 1 à 5, enveloppés d'une substance pulpeuse. Graines pendantes, apérispermées : cotylédons foliacés ; radicule supère.

Arbres. Feuilles imparipennées, stipulées ; folioles coriaces. Fleurs en panicules axillaires et terminales.

Voici les deux espèces qui constituent ce genre :

MARIGNIA DAMMAR. —*Marignia acutifolia* De Cand. Prodr. *Dammara nigra* Rumph. Amb. v. 2, tab. 52.

Feuilles à 9 folioles ovales-lancéolées, pointues : les naissantes poilues ; les adultes glabres. Panicules plus courtes que les feuilles, pendantes après la floraison. Drupe ellipsoïde, acuminé, à un seul noyau.

Arbre de moyenne stature. Stipules petites. Drupe noirâtre, de la grosseur d'un Gland.

Cette espèce croît aux Moluques, où elle porte le nom de *Dammar*. Il en découle un suc résineux, qui se concrète difficilement et qu'on emploie en guise de goudron.

MARIGNIA A FOLIOLES OBTUSES. — *Marignia obtusifolia* De Cand. Prodr. — *Dammara graveolens* Gærtn. Fr. v. 2, p. 100, tab. 203 (non. Lamk., nec Link.)— *Bursera obtusifolia* Lamk. Dict.

Folioles glauques, obovales, obtuses.

Cet arbre croît à l'Ile-de-France, où il porte le nom vulgaire de *Colophane bâtard*.

QUINZIÈME FAMILLE.

LES AURANTIACEES. — *AURANTIACEÆ.*

(*Aurantiorum* sect. II, Juss. Gen. — *Hesperidearum* sect. II, Venten. Tabl. III, p. 154. —*Aurantiaceæ* Corréa , in Ann. du Mus. vol. 6, p. 376. — Mirb. Bull. Philom. 1813, p. 579. — De Cand. Prodr. vol. 1, p. 505. — Bartl. Ord. Nat. p. 392.)

Le genre des Orangers et des Citronniers est le type de cette belle famille, qui joint les formes les plus élégantes à une immense utilité. Plusieurs botanistes ont désigné le même groupe sous le nom poétique de *Hespéridées*, faisant allusion aux célèbres *Pommes d'or* de la fable, qui, selon l'opinion des commentateurs de cette antique tradition, n'étaient autre chose que des Oranges ou des Citrons. En général, les fruits des Aurantiacées sont comestibles et d'une saveur délicieuse. Les qualités rafraîchissantes de leur pulpe viennent d'un acide végétal particulier, que les chimistes appellent *Acide citrique*. Les fleurs des Aurantiacées répandent les parfums les plus suaves. Les feuilles abondent en huiles essentielles aromatiques, contenues dans une multitude de glandules ponctiformes : particularité qui se retrouve dans les pétales et dans l'écorce des fruits. Ces huiles possèdent des propriétés toniques et excitantes fort prononcées. Le bois d'un grand nombre d'espèces offre un grain très-fin, et sert dans les arts.

On ne connaît guère plus de cinquante espèces d'Aurantiacées, mais le nombre des variétés cultivées va à l'infini. L'Asie équatoriale est la patrie de la plupart des espèces. L'Amérique, jusques aujourd'hui, n'en a offert qu'une seule. Deux espèces ont été observées à

Madagascar et à l'Ile-de-France, et deux autres dans la
Polynésie. On en indique onze en Chine et au Japon,
mais la plupart de celles qu'on y trouve au nord du tropique, ont été introduites par la culture.

CARACTÈRES DE LA FAMILLE.

Arbres ou *arbrisseaux*, presque toujours très-glabres.
Ramules axillaires souvent spinescents.

Feuilles éparses, coriaces, persistantes, pétiolées,
simples, ou composées avec impaire : lame souvent articulée au pétiole, parsemée de glandules ponctiformes.
Stipules nulles.

Fleurs hermaphrodites (rarement polygames), régulières, blanches, ou rougeâtres, ou jaunes, axillaires ou
terminales.

Calice inadhérent, urcéolé, ou campanulé, 4- ou 5-
fide (par exception tridenté), marcescent.

Disque annulaire, hypogyne.

Pétales en même nombre que les sépales, interpositifs, insérés au disque, non-onguiculés, distincts, ou cohérents par leur base, légèrement imbriqués et plus
longs que le calice avant la floraison.

Étamines en même nombre que les pétales, ou en nombre double ou multiple des pétales, insérées au disque,
unisériées. Filets aplatis, libres ou diversement soudés
par leur base, subulés au sommet. Anthères basifixes ou
juxta-basifixes, à 2 bourses parallèles s'ouvrant chacune
par une fente longitudinale; connectif articulé au filet,
souvent glanduleux au sommet.

Pistil : Ovaire inadhérent, bi- ou pluriloculaire. Style
indivisé, cylindracé. Stigmate lobé ou crénelé, épais.
Ovules solitaires, ou géminés, ou innumérables dans
chaque loge.

Péricarpe : Baie bi- ou pluriloculaire : épicarpe adhérent à l'endocarpe, coriace, évalve, parsemé de glandules ponctiformes, convexes ou concaves ; endocarpe membraneux ; cloisons solubles, membraneuses ; loges pulpeuses, ou succulentes, ou moins souvent charnues.

Graines solitaires, ou innumérables dans chaque loge, superposées, suspendues à l'angle interne, souvent à plusieurs embryons. Test coriace. Chalaze cupulaire. Raphé superficiel. Périsperme nul. Embryon rectiligne : cotylédons grands, charnus, biauriculés à la base ; radicule courte, incluse, appointante ; plumule perceptible.

Voici les genres dont se compose la famille des Aurantiacées :

Atalantia Corr.—*Triphasia* Lour.—*Limonia* Linn. — *Cookia* Sonner. (Quinaria Lour. Aulacia Lour.) — *Murraya* Kœnig (Marsana Sonner. Chalcas Lour.) — *Aglaja* Lour. — *Bergera* Kœn. — *Clausena* Burm. — *Glycosmis* Corr. — *Feronia* Corr. — *Ægle* Corr. — *Citrus* Linn.

Genre ATALANTIA. — *Atalantia* Correa.

Calice quadriparti. Corolle tétrapétale. Étamines 8 ; monadelphes. Filets libres au sommet, alternativement plus longs et plus courts. Pistil velu. Baie à 4 loges monospermes.

ATALANTIA MONOPHYLLE. — *Atalantia monophylla* Corr. — *Limonia monophylla* Roxb. Corom. vol. 1, tab. 83.

Épines courtes, solitaires, axillaires. Feuilles simples, entières, oblongues ou ovales-oblongues, obtuses, subsessiles. Stipules subulées. Fleurs axillaires, petites, fasciculées ou en grappes courtes. Fruit sphérique (de là grosseur d'une Noisette).

Cet arbre, qui croît dans les forêts de la côte de Coromandel, constitue jusques aujourd'hui à lui seul ce genre.

Genre TRIPHASIA. — *Triphasia* Lour.

Calice triparti. Corolle à 3 pétales inégaux, dressés. Étamines 6, ou rarement 5, anthères subsagittiformes. Fruit triloculaire, trisperme. Graines pluri-embryonnées.

Arbrisseaux épineux. Feuilles simples ou pennées-trifoliolées. Fleurs solitaires, axillaires.

Ce genre ne contient que deux espèces, indigènes dans l'Inde et aux Molluques. La suivante est cultivée dans les serres, comme plante d'ornement.

TRIPHASIA TRIFOLIÉ. — *Triphasia trifoliata* Andr. Bot. Rep. tab. 143. — *Limonia trifoliata* Linn. — Jacq. Ic. Rar. tab 463. — *Limonia Aurantiola* Lour. — Riss. et Poit. Hist. tab. 108.

Folioles ovales, courtement pétiolulées, souvent échancrées, glabres, petites. Baie rouge, ovale.

Arbrisseau haut de 5 pieds. Rameaux étalés, tortueux. Fleurs blanches, de la grandeur de celles de l'Oranger.

Loureiro rapporte que ce *Triphasia* est l'une des plantes d'agrément les plus recherchées par les Chinois. Le fruit contient une pulpe inodore, visqueuse et de saveur sucrée. On le mange dans les contrées où il est indigène. Les rameaux sont flexibles et se prêtent facilement à toutes les formes qu'on veut leur donner.

Genre LIMONIA. — *Limonia* Linn.

Calice 4- ou 5-parti. Corolle 4- ou 5-pétale. Étamines libres, en nombre double des pétales, ou quelquefois en même nombre que les pétales. Fruit à 4 ou 5 loges monospermes.

Feuilles simples, ou trifoliolées, ou pennées avec impaire; pétiole tantôt ailé, tantôt aptère.

On connaît une dizaine d'espèces de *Limonia*, indigènes dans l'Inde et dans les îles de l'Afrique équatoriale. Nous devons faire observer que le *Limonier* ne fait pas partie de ce genre, comme le pourrait faire croire son nom.

LIMONIA ACIDE. — *Limonia acidissima* Linn. — Rumph. Amb. v. 2, tab. 43.

Feuilles imparipennées, bijuguées. Folioles obovales, émarginées. Pétiole ailé. Épines axillaires, solitaires. Fleurs blanches, en courtes panicules axillaires. Fruit globuleux, jaune.

Arbrisseau indigène dans l'Inde, et fréquemment cultivé dans tous les établissemens coloniaux des pays chauds. Ses fruits ont une odeur très-aromatique; leur pulpe, d'une acidité agréable, sert à faire des confitures et des boissons rafraîchissantes.

LIMONIA CRÉNELÉ. — *Limonia crenulata* Roxb. Corom. tab. 86.

Feuilles à 5 ou 7 folioles elliptiques-oblongues, obtuses, crénelées. Pétiole ailé. Épines solitaires, axillaires. Fleurs petites, blanches, en grappes ou en corymbes pauciflores. Pétales lancéolés, étalés. Fruit globuleux, noir, du volume d'un gros Pois.

Cette espèce, qui habite la côte de Coromandel et les montagnes voisines, forme quelquefois un arbre de moyenne taille. Ses fleurs sont très-odorantes.

LIMONIA QUINQUÉFOLIOLÉ. — *Limonia pentaphylla* Retz. Obs. — Roxb. Corom. tab. 84.

Feuilles à 3 ou 5 folioles oblongues, entières, lisses. Grappes terminales et axillaires, souvent rameuses, pubescentes-ferrugineuses. Baie globuleuse, pulpeuse, lisse, rouge, du volume d'une Cerise.

Buisson très-rameux. Folioles luisantes, longues de 2 à 3 pouces. Fleurs blanches, petites.

Cette espèce est commune sur-toute la côte orientale de l'Inde. Ses feuilles répandent un arome particulier. Ses fleurs sont extrêmement odorantes.

LIMONIA LAURÉOLE. — *Limonia Laureola* De Cand. Prodr. — Wall. Plant. Asiat. Rar. tab. 245.

Feuilles simples, subopposées, ou ternées, oblongues-lancéolées, pointues aux 2 bouts. Corymbes terminaux, denses, ovoïdes. Pétales oblongs, obtus, 3 fois plus longs que le calice. Baie ovoïde.

Arbrisseau inerme, très-glabre, haut d'environ 4 pieds. Rameaux cylindriques, subdichotomes. Feuilles luisantes, d'un vert sombre, longues de 3 à 5 pouces. Fleurs abondantes, petites, d'un jaune pâle, très-odorantes. Baie de la grosseur d'une Olive.

Cette espèce, dont le port est en tout semblable au *Lauréole*, croît dans les montagnes du Népaul, ainsi qu'au Sirmore et au Kamoun. Toutes ses parties vertes exhalent une forte odeur de Citron. Cet arbrisseau serait une précieuse acquisition pour nos jardins, car le climat de ses contrées natales fait présumer qu'il résisterait même aux hivers du nord de la France.

Genre COOKIA. — *Cookia* Sonnerat.

Calice 5-fide. Corolle à 5 pétales concaves, velus. Étamines 10 : filets libres, linéaires; anthères suborbiculaires. Ovaire velu, 5-loculaire. Fruit pulpeux, à 1-5 loges monospermes.

Arbrisseaux. Feuilles imparipennées; folioles alternes, inéquilatérales.

Cookia ponctué.—*Cookia punctata* Retz.—Jacq. Schœnbr. v. 1, tab. 101.— Rumph. Amb. vol. 1, tab. 55. — *Quinaria Lansium* Lour. Flor. Cochinch.

Rameaux non-épineux, verruqueux. Feuilles à 5 folioles alternes, péciolulées, ovales-oblongues, acuminées ou obtuses, légèrement crénelées, ou entières, ou sinuolées. Panicules terminales, rameuses, très-amples. Pétales acuminés. Fruit velu, jaunâtre, globuleux. Graines vertes, luisantes, sillonnées.

Arbrisseau haut d'une dizaine de pieds, indigène aux Moluques. Ses fleurs, qui exhalent une odeur très-agréable, forment des panicules d'un demi-pied à un pied de long. Le fruit, de la grosseur d'une Noix, contient une pulpe mangeable, d'une saveur acidule, mêlée d'un léger goût de Térébenthine.

On cultive cette espèce en Chine ainsi que dans les serres.

L'*Aulacia falcata* Lour., est une autre espèce de *Cookia* (C. *falcata* Dec.), indigène en Cochinchine.

Genre MURRAYA. — *Murraya* Linn.

Calice 5-parti. Pétales 5, connivents à la base, étalés au sommet. Étamines 10; filets libres ou monadelphes par la base. Baie biloculaire, ou par avortement uniloculaire : loges monospermes. Graines appendantes. Test laineux. Oreillettes des cotylédons fort petites.

Arbrisseaux. Feuilles imparipennées. Fleurs axillaires ou terminales, en corymbe ou en panicule.

Ce genre ne renferme que deux espèces, dont la suivante est la plus remarquable.

MURRAYA BUIS DE CHINE. — *Murraya exotica* Linn. — Murr. Comm. Gœtt. v. 9, p. 186, tab. 1.—Bot. Reg. tab. 434. — *Chalcas japonensis* Loureir. — *Marsana buxifolia* Sonner. Voyage, tab. 139.

Folioles alternes, obovales, ou obovales-oblongues, échancrées, pétiolulées. Pétiole commun velu. Corymbes multiflores, plus courts que les feuilles. Fruit globuleux, ordinairement monosperme.

Arbrisseau assez élevé. Rameaux cylindriques, flexueux, verruqueux. Fleurs semblables à celles de l'Oranger, très-odorantes.

Cette plante, qui croît aux Indes, est fréquemment cultivée dans les serres. On la nomme vulgairement *Buis de Chine*, parce que ses folioles ressemblent aux feuilles du Buis.

Genre FÉRONIA. — *Feronia* Corr.

Calice cupuliforme, 5-parti. Pétales-5, oblongs. Étamines 10 : filets dilatés à la base, libres. Baie à 5 loges polyspermes : épicarpe ligneux; cloisons épaisses, charnues.

Arbres épineux. Feuilles imparipennées; folioles opposées, pétiolulées. Panicules axillaires et terminales.

Ce genre ne contient que deux espèces, dont voici la plus remarquable.

FÉRONIA POMMIER D'ÉLÉPHANT. — *Feronia elephantum* Corr. — Roxb. Corom. tab. 141.

Arbre assez élevé. Tronc droit. Écorce rimeuse, noirâtre. Branches vagues, peu nombreuses. Épines axillaires, solitaires, dressées, très-pointues, quelquefois nulles. Feuilles longues de 3 à 5 pouces, composées de 5 ou 7 folioles presque égales, lisses, d'un vert sombre, oblongues, obtuses ou échancrées. Pétiole légèrement ailé. Panicules petites, terminales et axillaires, nues ou feuillées. Fleurs lavées de rouge, polygames. Calice petit, à dents pointues. Pétales beaucoup plus longs que le calice, étalés. Baie globuleuse, du volume d'une grosse Pomme. Épicarpe gris, scabreux, ligneux.

Cet arbre est commun dans les montagnes de la plus grande partie de l'Inde. Les Anglais l'appellent *Pommier d'éléphant,* parce que l'écorce de son fruit ressemble à la peau de ce mammifère. La pulpe de ce fruit est généralement recherchée par les Hindous, et même par les Européens. Lorsqu'on entaille le tronc de l'arbre, il en suinte une gomme transparente qui, selon Roxburgh, est préférable à toute autre substance gommeuse, pour la peinture en miniature.

Genre ÉGLÉ. — *Ægle* Corr.

Calice campanulé, 3- ou 5-denté. Pétales 3 ou 5, étalés, acuminés. Étamines 32-36, libres ou polyadelphes : anthères linéaires, mucronées. Fruit globuleux, déprimé, multiloculaire ; épicarpe ligneux ; loges polyspermes. Test charnu, cotonneux. Cotylédons à oreillettes très-courtes.

Outre l'espèce que nous allons décrire, ce genre en renferme une autre, qui habite le Japon.

Églé Marmel. — *Ægle Marmelos* Corr. — Roxb. Corom. tab. 143. — *Cratœva Marmelos* Linn.

Arbre assez élevé. Tronc droit, couvert d'une écorce cendrée. Branches vagues. Épines (quelquefois nulles) axillaires, solitaires ou géminées, très-fortes et acérées. Feuilles à 3 folioles lancéolées ou ovales-lancéolées, terminées en pointe obtuse, crénelées, inégales. Fleurs toutes hermaphrodites, blanches, de la grandeur de celles de l'Oranger. Panicules terminales, feuillées, pauciflores. Fruit de la grosseur d'un petit Melon. Épicarpe grisâtre, très-dur, presque lisse. Loges 12-16, remplies d'une pulpe jaunâtre, visqueuse, très-tenace.

Cet arbre, nommé vulgairement *Marmel*, croît dans les montagnes de la côte de Coromandel. Son fruit, d'une saveur délicieuse et d'un arome exquis, est fort recherché dans l'Inde. Roxburgh assure qu'il est très-nutritif, et qu'en outre il possède des propriétés laxatives. Sa pulpe contient une matière gluante très-tenace, qu'on peut soutirer en fils longs de plusieurs aunes.

Le bois du *Marmel*, qui s'emploie à beaucoup d'usages, est d'un brun clair, marbré de veines plus foncées.

Genre CITRONNIER. — *Citrus* Linn.

Calice cupuliforme, 5-fide (quelquefois 3-ou 4-fide). Étamines 20-60 : filets polyadelphes ; anthères oblongues. Style cylindrique, épais. Stigmate entier ou crénelé, déprimé. Baie à 7-12 loges polyspermes, pulpeuses. Test mince. Cotylédons à oreillettes très-courtes.

Arbres ou arbrisseaux, souvent armés d'épines axillaires. Feuilles unifoliolées. Pétioles souvent ailés.

Ce genre comprend non-seulement les *Citronniers* ou *Limoniers*, mais aussi les *Orangers*, les *Bigaradiers*, les *Cédratiers*, les *Limettiers* et les *Pampelmousiers*. Linné n'y admettait que deux espèces : le *Citrus medica* ou *Cédratier*, et le *Citrus Aurantium* ou *Oranger*. Dans un ouvrage excellent et très-étendu sur l'histoire des Orangers cultivés en Europe, MM. Risso et Poiteau ont décrit et en partie figuré 169 variétés, qu'ils classent sous huit sections. Nous donnerons ici l'extrait de ce travail, le plus complet et le plus récent qui existe sur la matière.

La culture en plein air, des espèces de ce genre, ne s'étend pas, en Europe, à une latitude plus septentrionale que celle de la Provence : encore n'y réussit-elle guère qu'aux environ d'Hières. Une température de quelques degrés au-dessous de zéro du thermomètre de Réaumur, pour peu qu'elle soit continué, fait périr ces végétaux. On a remarqué que

l'Oranger supportait, sans souffrir, un froid passager de —4°
R. Dans le midi du Devonshire, et particulièrement aux environs de Saltcombe, l'une des localités les plus chaudes de
l'Angleterre, on voit dans quelques jardins des Orangers qui
ont résisté en plein air, depuis plus d'un siècle, aux hivers
les plus rudes du pays; les fruits que produisent ces arbres
sont aussi beaux que les Oranges du Portugal.

Les Orangers se multiplient de graines, de boutures, de
marcottes, et de greffes. Les graines, qu'on a soin de choisir
dans des fruits très-mûrs, doivent être semées au printemps
(immédiatement après avoir été retirées de la pulpe), à 4 pouces de distance les unes des autres, sous châssis, ou dans une
exposition bien chaude. La terre qu'on emploie ordinairement à ces sortes de semis est un mélange, par parties égales,
de terre franche et de terreau bien consommé. Les jeunes
plants exigent des arrosements fréquents et modérés. La coutume généralement suivie, est de lever, à la fin de l'année, chaque pied, et de le replanter dans un pot. Rozier préfère attendre la fin de la seconde année pour cette opération,
pourvu qu'on ait eu soin de semer les graines à distance convenable.

Pour les boutures, on choisit une branche jeune, saine,
droite, de la longuenr d'un pied environ, que l'on enfonce
à 3 ou 4 pouces dans une terre préparée comme celle qui sert
aux semis. On tient le pot ou la caisse à l'ombre et dans un
lieu chaud, jusqu'à ce que la bouture ait repris.

Parmi toutes les méthodes qu'on met en usage pour greffer les Orangers, il en est une, connue sous le nom de *greffe
à l'anglaise* ou *greffe de Pontoise*, qu'on emploie fréquemment pour avoir des arbres nains, couverts de fleurs et de
fruits. Elle consiste à unir un rameau tout formé et prêt à
fleurir, à un sujet venu de graine et n'ayant que deux ou
trois ans. Cette opération s'exécute en entaillant la greffe et
le sujet en biseau de la même longueur, et en les réunissant
de manière que les écorces se rapportent bien exactement.

On a beaucoup varié la composition des terres destinées à

nourrir les Orangers cultivés en caisse. L'essentiel est que
cette terre soit légère, et qu'elle contienne en même temps
une grande quantité de carbone. Voici une composition
recommandée par M. Bosc comme l'une des meilleures :
« A une terre franche et depuis longtemps mise en tas,
» on mélange partie égale en hauteur de fumier de vache
» à moitié consommé. L'année suivante, on travaille cette
» terre en la changeant de place deux fois ; l'année d'a-
» près, on la mélange avec moitié de terreau d'une cou-
» che de fumier de cheval. On la laisse encore un an en
» tas, que l'on change de place deux ou trois fois, en
« perfectionnant autant que possible le mélange. Pendant
» l'hiver de l'année où l'on doit employer cette terre, on y
» mêle encore un douzième de crottin de mouton, un ving-
» tième de fiente de pigeon et un quarantième de poudrette.
» Le tout est de nouveau bien mélangé à deux reprises dif-
» férentes. Ainsi on met trois ans et demi à composer cette
» terre, qui pendant ce temps reste exposée en plein air,
» d'abord en tas allongés, ensuite alternativement en cône
» très-élevé et en dos d'âne circulaire. Plus elle est maniée
» souvent, et plus elle a de qualité. Si on l'employait au mo-
» ment de sa fabrication, l'excès de carbone qu'elle contient
» alors, ferait périr les arbres, « brûlerait les racines » comme
» disent les jardiniers. »

La végétation de l'Oranger est rapide, soit pour les branches, soit pour les racines ; ces dernières remplissent tellement la caisse la plus grande, qu'à la fin de la seconde année
elles en tapissent les parois intérieures, ainsi que le fond.
Au bout de ce temps, il devient nécessaire d'enlever le che-
velu et de retrancher les racines à trois ou quatre pouces ; s'il
se trouve de grosses racines, il importe de ne pas les couper
en bec de flûte, mais le plus rond qu'il sera possible, parce
qu'une plaie oblique a de la peine à se cicatriser. On a coutume, dans presque tous les pays, d'arroser chaque pied d'O-
ranger, immédiatement après l'encaissement, de ce qu'on
nomme une *lessive.* Cette préparation consiste en général

dans un mélange de crottin de cheval et de mouton, de fumier de vache, de lie de vin, etc. L'opération, très-bonne en elle-même, se fait à contre-temps, dans ce cas, puisque la terre des caisses est déja préparée avec soin. En employant cette lessive un mois plus tard, son efficacité sera beaucoup plus assurée.

L'époque la plus opportune pour la taille des Orangers est, suivant les uns, immédiatement au sortir des arbres de la serre, et, suivant d'autres, après la floraison. Rozier, qui se range du côté des premiers, donne les détails suivants sur cette opération : « Deux sortes de branches s'offrent d'a-
» bord, savoir : des bois de la pousse précédente, et des bour-
» geons nés durant le séjour des Orangers dans la serre. Les
» premiers se sont allongés, ou, n'ayant pas eu le temps de se
» former en entier, sont fluets ou ont péri durant l'hiver; la
» peau des seconds est flasque ou trop tendre, et ils ne résis-
» tent point au grand air; il faut donc les recéper ou rabattre,
» et la vraie saison est le printemps. On taille encore toutes
» les branches qui s'emportent, qui excèdent, ou qui s'abais-
» sent trop; celles dont l'extrémité est fluette; celles qui,
» ayant poussé doubles ou triples, n'ont pas été éclaircies
» lors de l'ébourgeonnement, ou qui sont nées postérieure-
» ment à cette époque; on les taille partout où se trouvent
» de bons yeux, et on les arrête dessus. Si l'on trouve qu'un
» Oranger a poussé plus d'un côté que de l'autre, ou qu'il
» paraisse vouloir s'y jeter, on laisse au côté fougueux beau-
» coup de branches et de bourgeons, dussent-ils faire un peu
» confusion. Au contraire, on soulage amplement le côté fai-
» ble ; par ce moyen, le côté fort étant plus chargé, fait un
» emploi de séve plus considérable que si on le tenait court.
» L'Oranger a une sorte d'inclination à pousser des tiges
» longuettes, à larges feuilles, qui se rabattent horizontale-
» ment et tombent sur les inférieures. On remédiera à cet
» inconvénient en taillant court, et en les mettant sur un œil
» du dehors, pour faire éclore des bourgeons montant per-
» pendiculairement. Il arrive encore à l'Oranger de produire

» des branches fortes et bien nourries, qui ne sont pas néan-
» moins des gourmands. Comme elles dérangent sa belle or-
» donnance, et que l'arbre est d'ailleurs suffisamment rem-
» pli, il faut les supprimer. Quantité de petits jets ont poussé,
» en juillet et en août, aux aisselles des branches fortes; on
» a négligé de les ôter lors de l'ébourgeonnement, et plu-
» sieurs ont grossi et se sont *aoûtés* : c'est encore à la taille
» qu'ils doivent être retranchés. Les Orangers font ordinai-
» rement éclore trois ou quatre bourgeons ensemble; c'est le
» plus droit, le mieux nourri, le mieux placé, qu'il faut con-
» server. On les visitera une fois par mois, et vers le solstice
» d'été, tous les quinze jours. Depuis la fin d'août jusqu'au
» temps où on les serre, l'ébourgeonnement ne doit plus
» avoir lieu. »

La tête d'un Oranger doit toujours être proportionnée et
à la capacité de la caisse où il se trouve placé, et à la qualité
de la terre qui le nourrit. En conséquence, lorsque cette tête,
malgré les tailles et les ébourgeonnages annuels, est parvenue à une trop grande largeur, qu'on s'aperçoit qu'elle
commence à souffrir, ce qui arrive tous les six à huit ans, on
raccourcit ses branches sur le vieux bois, à quelques pouces
seulement au-delà de la dernière opération de ce genre. L'arbre est ainsi presque complétement dépouillé de feuilles, et
ne porte pas de fleurs pendant deux ans. Mais il repousse des
bourgeons vigoureux, qui sont facilement dirigés pour former une tête bien touffue et également garnie; ensuite ses
fleurs sont plus belles et plus nombreuses qu'auparavant.

Sous le climat de Paris, on ne laisse jamais les Orangers
plus longtemps en plein air, que vers le milieu d'octobre.
Il est essentiel que la rentrée se fasse par un beau temps, et
que les arbres soient placés à des distances convenables dans
l'orangerie, afin que l'air puisse circuler librement autour
de leurs têtes. Les arrosements doivent être très-rares pendant l'hiver, car l'Oranger redoute autant l'humidité que le
froid. La sortie varie, selon la saison, du milieu d'avril au
milieu de mai. Il est inutile que la température d'une oran-

geric dépasse 8° à 10° R. Lorsqu'à cause d'un froid long et rigoureux, l'air ne peut pas être renouvelé, on place sur les poêles des terrines remplies d'eau, laquelle, en s'évaporant, rend à l'atmosphère l'humidité qui s'est perdue par l'action du feu. Enfin on profite de la saison de repos, pour nettoyer les branches et les feuilles des Orangers.

Section Iʳᵉ. ORANGERS A FRUIT DOUX.

Arbres. Feuilles ovales-oblongues, pointues, quelquefois dentelées ; pétiole plus ou moins ailé. Fleurs blanches. Fruit multiloculaire, subglobuleux, obtus, rarement acuminé ou mammelonné, d'un jaune d'or ou rougeâtre : vésicules de l'épicarpe convexes ; pulpe douce, très-succulente.

Tous les auteurs s'accordent à dire que l'*Oranger à fruit doux* croît spontanément dans les provinces méridionales de la Chine, ainsi qu'aux Moluques, aux Marianes, dans la Nouvelle-Calédonie et dans la Polynésie ; mais il existe différentes opinions quant à sa transplantation dans les parties occidentales de l'ancien continent. La plupart des écrivains en attribuent la conquête aux Portugais. M. Galesio, au contraire, assure que les *Orangers à fruit doux* sont arrivés par l'Arabie dans la Grèce et dans les îles de l'Archipel. Quoi qu'il en soit, il est certain que l'Oranger était inconnu en Europe jusqu'à la fin du quatorzième siècle, mais que, vers le milieu du quinzième siècle, ce fruit y était déjà fort répandu.

Voici les variétés signalées par MM. Risso et Poiteau :

— ORANGER FRANC Riss. et Poit. Hist. Nat. des Orang. tab. 3.

Rameaux épineux. Feuilles ovales, pointues, pétiolées: Pétiole légèrement ailé. Fruits de moyenne grosseur, plus ou moins globuleux, d'un jaune doré, légèrement chagrinés. Pulpe très-douce.

Arbre s'élevant, sur les bords septentrionaux de la Méditerranée, jusqu'à 24 pieds ; sa tête acquiert une trentaine de pieds de circonférence. Dans les pays plus chauds, il devient une fois plus haut. Ses fruits mûrissent plus vite et résistent à un froid plus considérable que ceux de toutes les autres variétés de l'espèce.

— ORANGER DE LA CHINE Riss. et Poit. l. c. tab. 4.

Feuilles ovales-oblongues. Fruits arrondis, souvent déprimés, de grosseur moyenne : épicarpe lisse, fin, luisant, d'un jaune doré.

Arbre haut de 12 à 15 pieds. Tronc couvert d'une écorce glàbre et luisante. Fleurs de moyenne grandeur.

Les fruits de cet Oranger, en général moins sujets à la gelée que ceux des variétés suivantes, sont très-répandus dans le commerce sous le nom d'*Oranges du Portugal*; leur eau est excellente, relevée, moins douce cependant que celle de l'*Orange franche* et de quelques autres.

— ORANGER A FRUIT PRÉCOCE Riss. et Poit. l. c.

Feuilles ovales, pointues. Fruits gros, globuleux, fermes : épicarpe d'un jaune rouge, lisse, épais, fort adhérent à la pulpe.

Tige s'élevant dans le midi de l'Europe à environ 15 pieds. Rameaux courts, droits, parsemés d'épines.

Les fruits de cet arbre ont la propriété de mûrir longtemps avant les autres, même sans en excepter l'*Oranger franc*.

— ORANGER A FRUIT DÉPRIMÉ Riss. et Poit. l. c. tab. 5.

Feuilles ovales-oblongues. Fruit de grandeur moyenne, lisse, déprimé aux 2 bouts, d'un jaune foncé.

Arbre assez élevé. Rameaux longs, touffus, quelquefois épineux.

Cet Oranger, assez remarquable par la forme de ses fruits, n'est pas fort commun.

— ORANGER PYRAMIDAL Riss. et Poit. l. c.

Feuilles ovales-oblongues. Fruits petits, arrondis, très-glabres, légèrement cannelés, d'un jaune pâle.

Tige grêle. Rameaux longs, droits, très-nombreux : épicarpe assez épais ; pulpe d'un jaune rougeâtre.

Cet Oranger, disent les auteurs cités, ne mérite une place que dans les collections, à cause de son port pyramidal. Les fruits sont négligés dans le commerce, en raison de leur peu de volume.

— ORANGER A FEUILLES D'YEUSE Riss. et Poit. l. c. tab. 6.

Feuilles ovales, ondulées. Fruits globuleux ou ovoïdes, glabres, d'un jaune foncé.

Petit arbre très-touffu. Tige très-rameuse. Rameaux courts, droits. Pulpe des fruits très-sucrée.

Le port de cet Oranger est très-pittoresque. Sa floraison est bisannuelle. Ses fruits, d'un goût excellent, mûrissent fort vite.

— ORANGER A FEUILLES CRÉPUES Riss. et Poit. l. c.

Feuilles oblongues, étroites, crépues. Fruits arrondis, déprimés, d'un beau jaune tirant sur le rouge.

Tronc d'un gris obscur. Rameaux fort longs, parsemés de petites épines droites et aiguës.

Le port de cet arbre, observent MM. Risso et Poiteau, est majestueux ; il s'élève jusqu'à une vingtaine de pieds, dans le même climat où le précédent ne parvient qu'à 6 pieds ; mais ses fruits mûrissent plus tard et n'ont jamais un goût aussi agréable.

— ORANGER A FRUIT PYRIFORME Riss. et Poit. l. c. tab. 7.

Feuilles elliptiques, pointues. Fruit grand, turbiné : épicarpe lisse, peu épais, d'un jaune vif.

Cet Oranger, fort distinct par la forme de son fruit, atteint une hauteur de 20 pieds, et craint peu le froid du midi de l'Europe. Ses fruits mûrissent en mars et se conservent très-bien dans les plus longs transports.

— ORANGER A LARGES FEUILLES Riss. et Poit. l. c.

Feuilles ovales-oblongues, pointues. Fruits grands, globuleux : épicarpe mince, d'un beau jaune.

Arbre haut de 15 à 20 pieds ; tête parfaitement arrondie. Fruits (le plus souvent en bouquets) très-doux, résistants presque autant que ceux de l'*Oranger de Chine* aux intempéries de l'hiver.

— ORANGER DE GÊNES Riss. et Poit. l. c. tab. 8.

Feuilles ovales-oblongues. Fleurs terminales tripétales. Fruits de grandeur moyenne, subglobuleux, marqués de sillons à la base, un peu chagrinés, d'un beau jaune-rouge.

Rameaux petits, courts, touffus, disposés en tête arrondie. Pulpe jaune au centre, rougeâtre à la circonférence, à eau sucrée très-agréable.

— ORANGER A FLEURS DOUBLES Riss. et Poit. l. c.

Feuilles ovales-oblongues, Fleurs doubles. Fruits subglobuleux, subdéprimés, lisses, souvent sétifères, d'un jaune foncé rougeâtre.

Tige droite. Rameaux courts, anguleux, munis de petites épines. Fruits contenant le rudiment plus ou moins développé d'un autre fruit qui sort par une ouverture apicilaire arrondie.

— ORANGER DE NICE Riss. et Poit. l. c. tab. 9.

Feuilles ovales, pointues. Fruits grands, globuleux, déprimés aux deux bouts; épicarpe épais, chagriné, d'un jaune vif.

Tige élevée, droite, vigoureuse, terminée en tête ample et touffue. Fleurs d'une grosseur remarquable.

Cet Oranger, remarquent les auteurs cités, forme, par l'abondance de ses fleurs et de ses fruits, l'une des productions agricoles les plus lucratives des environs de Nice. Ses fruits sont estimés dans le commerce par l'avantage qu'ils ont de se conserver sains pendant les plus longs transports.

— ORANGER A PETIT FRUIT Riss. et Poit. l. c. tab. 10.

Feuilles ovales-oblongues. Fruits petits, globuleux : épicarpe épais, d'une jaune pâle.

Plusieurs jardiniers sont d'avis que cet Oranger est la première des variétés introduites dans les jardins de Nice. Du reste on ne la cultive pas beaucoup.

— ORANGER A FRUIT NAIN Riss. et Poit. l. c. — *Citrus sinense* Tournef. — *Petit Oranger de la Chine* Encycl. — *Citrus Aurantium minutissimum* Lois. in Duham. ed. nov.

Tige grêle, lisse. Fleurs petites. Fruits du volume de ceux du *Bigaradier chinois*.

— Oranger a fruit bosselé Riss. et Poit. . c. tab. 11. — *Oranger tortu* Encycl. — *Citrus Aurantium gibbosum* Risso, Ann.

Feuilles ovales-oblongues, crépues. Fruits arrondis, assez gros, d'un jaune foncé, gibbeux d'un côté; épicarpe mince.

Petit arbre. Tige haute de 6 pieds, lisse, rameuse. Rameaux courts, anguleux, tortueux.

Cet Oranger, cultivé dans les jardins de Nice, fleurit chaque année; il donne peu de fruits, lesquels sont constamment difformes; leur pulpe est très-sapide, mais moins douce que dans la plupart des autres variétés.

— Oranger a fruit cornu Riss. et Poit. l. c. tab. 12.—*Cirus Aurantium corniculatum* Lois. in Duham. ed. nov.

Feuilles petites. Fruits ovales, souvent sillonnés, corniculés; épicarpe épais, lisse, d'un jaune foncé.

Tige de moyenne hauteur, grisâtre. Rameaux très-courts. Fruits munis d'appendices en forme de cônes, de doigts ou de cornes, qui partent de la base et ne gardent aucune proportion ni dans la longueur, ni dans leur direction. Pulpe sucrée, très-agréable.

— Oranger de Malte Riss. et Poit. l. c. tab. 13. — *Citrus Aurantium hierochunticum* Riss. Ann. — *Orange rouge de Portugal, Orange Grenade, Orange de Malte*, Nouv. Dict. d'Hist. Nat.

Feuilles ovales-oblongues; pétiole légèrement ailé. Fruits de grosseur moyenne : épicarpe chagriné, rougeâtre; pulpe purpurine, très-douce.

Tige d'un gris foncé, se terminant par une forte tête de rameaux courts, quelquefois munis d'épines très-courtes.

— Oranger a pulpe rouge Riss. et Poit. l. c.

Feuilles ovales-oblongues; pétiole légèrement ailé. Fruits de grosseur moyenne, globuleux, souvent déprimés au sommet : épicarpe mince, jaune; pulpe douce, rouge.

Rameaux munis d'épines plus longues que dans l'*Oranger de Malte*. Fleurs à 4 ou 6 pétales.

— ORANGER DE MAJORQUE Riss. et Poit. l. c. tab. 14. — *Aurantium lusitanicum* Lois. in Duham. ed. nov.

Feuilles ovales-oblongues , pointues. Fruits sphériques, lisses, de grosseur moyenne : épicarpe assez mince, d'un jaune vif ; pulpe très-douce.

Arbre haut d'environ 18 pieds. Rameaux droits, très-longs, munis de petites épines qui disparaissent sur le vieux bois.

Les fruits de cet Oranger se débitent à Paris sous le nom d'*O- ranges du Portugal*, quoique l'Oranger cultivé sous le nom de *Portugais* porte des fruits bien différents.

— ORANGER A FRUIT CACHETÉ Riss. et Poit. l. c.

Feuilles ovales, pointues. Pétiole ailé. Fruits globuleux, de gros- seur moyenne , marqués comme d'une empreinte de cachet sur l'un des cotés du sommet ; épicarpe d'un jaune vif.

— ORANGER A FRUIT MAMMIFÈRE Riss. et Poit. l. c. tab. 15.

Feuilles ovales-oblongues, pointues. Fruits ovoïdes-globuleux, mammelonnés , de grosseur moyenne, d'un beau jaune.

Bel arbre à tige élevée et vigoureuse. Rameaux parsemés de petites épines qui disparaissent sur le vieux bois.

— ORANGER A FRUIT LIMÉTIFORME Riss. et Poit. l. c.

Feuilles ovales-oblongues, étroites. Fruits globuleux, sillon- nés, mammelonnés, d'un jaune pâle.

Tige élevée. Rameaux épars, glabres, très-longs. Fleurs peu nombreuses. Épicarpe mince ; pulpe d'un jaune-rougeâtre, peu succulente, assez douce.

De tous les Orangers mentionnés jusqu'ici, observent MM. Risso et Poiteau, il n'en est aucun qui craigne autant le froid des hi- vers du midi de l'Europe.

— ORANGER A FRUIT OBLONG Riss. et Poit. l. c. tab. 16.

Feuilles ovales-oblongues, étroites. Fruits ovoïdes-allongés : épicarpe glabre, d'un jaune rougeâtre ; pulpe purpurine.

Arbre haut de 10 à 12 pieds. Tête touffue, composée de rameaux nombreux, munis de petites épines. Pulpe succulente, fort douce.

« On distingue aisément cet Oranger, disent MM. Risso et Poi-
» teau, de la multitude d'espèces et variétés cultivées dans le midi
» de l'Europe, à l'élégance de son port, ainsi qu'à la forme oblon-
» gue de ses fruits, qui sont souvent réunis en grappes et forment
» des bouquets très-élégants. »

ORANGER A FRUIT ELLIPTIQUE Riss. et Poit. l. c. tab. 17.
Feuilles ovales-oblongues, quelquefois crépues. Fruits petits, ellipsoïdes : épicarpe lisse, jaune; pulpe douce, rougeâtre.

Petit arbre, tortu et difforme. Rameaux diffus, longs, flexibles.

ORANGER A FRUIT OLIVIFORME Riss. et Poit. l. c. — *Citrus Aurantium olivæforme* Lois. in Duham. ed. nov.
Feuilles petites, ovales. Fruits ovoïdes-allongés, de la grosseur d'une Olive; épicarpe doux comme la pulpe.

Cette espèce, cultivée en Chine, n'est connue que par la description des Jésuites, qui se bornent à dire qu'on en mange le fruit tout entier; son écorce est suave et sa pulpe très-douce.

ORANGER A FRUIT TORULEUX Riss. et Poit. l. c. tab. 18.
Fruits déprimés, sillonnés, d'un jaune foncé, de grosseur moyenne.
Tige élevée. Rameaux longs, glabres. Fruits marqués de 10 à 12 sillons qui vont aboutir au sommet, duquel s'élève ordinairement un petit mammelon obtus.

Cet arbre s'élève jusqu'à 15 pieds, dans les environs de la ville de Nice; il est plus sensible au froid que la plupart de ses congénères; sa floraison est bisannuelle; ses fruits, quoique doux, ne sont point estimés, parce que leur forme ne plaît guère, et qu'ils contiennent peu de suc.

— ORANGER A FRUIT CHARNU Riss. et Poit. l. c.
Feuilles ovales-oblongues, pointues. Fruits sphériques, très-lisses, d'un jaune-rouge foncé; épicarpe charnu.

Arbre de moyenne hauteur, peu cultivé. Rameaux confus, pressés. Écorce du fruit très-épaisse, compacte; suc doux, peu abondant.

— ORANGER A FRUIT RUGUEUX Riss. et Poit. l. c. tab. 19.

Feuilles ovales-lancéolées, pointues; souvent plissées et rapprochées en rosette. Fruits gros, déprimés à la base et au sommet, striés, granuleux : épicarpe épais, spongieux; suc aqueux.

Tige élevée, droite. Rameaux lisses, assez nombreux.

« La facilité avec laquelle cet arbre prospère sur le territoire de » Nice, nous porte à croire, disent les auteurs cités, qu'il est un » de ceux qu'on pourrait le plus aisément acclimater hors de la » zone où les autres variétés cessent de croître. »

— ORANGER A FRUIT RIDÉ Riss. et Poit. l. c.

Feuilles ovales-allongées, étroites. Fruits petits, arrondis, granuleux, ridés : épicarpe épais, d'un jaune-rouge foncé; pulpe peu sucrée.

Arbre très-fertile, mais peu cultivé, à cause de la petite dimension de ses fruits et de leur peu de durée.

— ORANGER POMMIER D'ADAM DES PARISIENS Riss. et Poit. l. c. tab. 20.

Feuilles larges, lancéolées, acuminées. Fruits ovales-arrondis, de grandeur moyenne, légèrement mamelonnés, fermes, lisses, d'un jaune vif : sarcocarpe épais, mou, doux; pulpe légèrement acide.

— ORANGER MANDARIN. — *Citrus nobilis* Loureir. Flor. Coch.—Bot. Reg. tab. 211.—Andr. Bot. Rep. tab. 608.

Feuilles lancéolées. Pétioles aptères. Fruits gros, arrondis, un peu déprimés : épicarpe tuberculeux, un peu épais, succulent, rougeâtre; pulpe rouge, très-savoureuse.

Tige de moyenne hauteur. Rameaux ascendants, inermes.

Cet Oranger se cultive fréquemment en Cochinchine et aux environs de Canton. Son fruit, selon Loureiro, est préféré à celui de toutes les autres variétés connues en Chine, et il atteint usqu'à 5 pouces de diamètre. Les Anglais cultivent ce fruit sous le nom d'*Orange Mandarin*.

— ORANGER A LONGUES FEUILLES Riss. et Poit. l. c. tab. 22.

Feuilles oblongues-lancéolées, dentées. Fruits gros, ovoïdes, lisses, mamelonnés, d'un jaune doré : épicarpe mince ; pulpe aqueuse, peu sucrée.

Tige peu élevée. Rameaux épars, parsemés de petites épines. Vésicules de l'épicarpe planes, concaves. Fruit très-beau pour la forme et l'aspect, mais de qualité médiocre.

— ORANGER MULTIFLORE Riss. et Poit. l. c. — *Citrus Aurantium multiflorum* Lois. in Duham ed. nov.

Feuilles elliptiques, pointues. Fleurs agglomérées. Fruits de grosseur médiocre, subglobuleux : épicarpe mince, glabre, d'un beau jaune ; pulpe douce.

Tige très-haute ; tête arrondie.

« Rien n'est beau, remarquent MM. Risso et Poiteau, comme
» cet arbre au printemps. La grande masse de fleurs et de fruits
» dont il est couvert, contrastant agréablement avec la verdure
» de son feuillage, lui donne un aspect aussi riche que varié. On
» le rencontre assez fréquemment dans les jardins de Nice. »

— ORANGER A FEUILLES ÉTROITES Riss. et Poit. l. c. tab. 22.

Feuilles petites, très-étroites. Fruits petits, arrondis : épicarpe lisse, jaune ; pulpe pourpré, très-douce.

Tige élevée. Tête peu régulière, à rameaux courts, diffus, munis de quelques petites épines jaunâtres.

Cet Oranger s'élève à environ seize pieds, sur le territoire de Nice ; il fleurit chaque printemps, mais ne fructifie abondamment que tous les deux ans.

— ORANGER A FRUIT TARDIF Riss. et Poit. l. c. tab. 23.

Feuilles ovales-oblongues. Fruits gros, arrondis, déprimés : épicarpe d'un jaune pâle ; pulpe douce.

Tige haute, d'un gris cendré obscur. Rameaux longs, droits, un peu diffus.

Cette Orange répand une très-bonne odeur. Elle est assez fréquente dans les jardins de Nice, et l'expérience a démontré que, dans les régions propres à la culture des Orangers, l'exposition septentrionale lui est plus favorable que les autres.

— ORANGER A FRUIT SANS PEPINS Riss. et Poit. l. c.

Feuilles ovales-oblongues, pointues. Fruits petits, globuleux, glabres; pulpe très-rouge, douce.

Tige de hauteur moyenne, grisâtre. Rameaux assez longs, garnis de quelques petites épines.

— ORANGER DE GRASSE Riss. et Poit. l. c. tab. 24. — *Citrus Aurantium Grassense* Lois. in Duham. ed. nov. v. 7, tab. 33, fig. 1.

Feuilles ovales-oblongues, pointues. Fruits gros, sphériques, rarement déprimés, toujours ombiliqués aux deux bouts, rugueux: épicarpe d'un jaune pâle; pulpe jaune, sapide.

Cet Oranger est peu cultivé sous le rapport de l'utilité, parce que ses fruits ont l'écorce épaisse et qu'ils ne peuvent supporter de longs trajets.

ORANGER A FRUIT CONIFÈRE Riss. et Poit. l. c., tab. 25. — *Citrus Aurantium vulgare* Riss. Ann. — *Citrus Bigaradia acuminata* Lois. in Duham. ed. nov. v. 7, tab. 24, fig. 3.

Feuilles petites, ovales-allongées. Fruits gros, ovales-arrondis, terminés par un mammelon conique: épicarpe lisse, assez épais, d'un jaune pâle; pulpe aqueuse, moitié douce et moitié acide, mêlée d'un peu d'amertume.

Tige droite, d'un gris foncé. Rameaux courts, diffus, munis de quelques petites épines.

« Cet arbre, observent MM. Risso et Poiteau, est très-rare » aux environs de Nice : gracieux dans sa forme, et beau par son » feuillage, si ses fruits réunissaient l'utilité à l'agrément, il » formerait sans contredit le plus riche et le plus bel ornement » des jardins. »

— ORANGER IMBIGO Riss. et Poit. l. c.

Fruits gros, sphériques, lisses et luisants : épicarpe mince ; pulpe visqueuse, très-douce.

Tige élevée, garnie de rameaux grêles, longs, diffus, parsemés de petites épines.

Cet Oranger, très-distinct par sa pulpe visqueuse, est cultivé au Brésil et dans d'autres contrées de l'Amérique méridionale, où les habitans lui donnent le nom d'*Imbigo*.

— ORANGER PORTUGAIS Riss, et Poit. l. c. tab. 26.

Feuilles ovales-elliptiques, pointues aux deux bouts, étroites. Fruits de grosseur moyenne, tantôt arrondis, tantôt allongés, légèrement ridés, d'un jaune vif : épicarpe assez mince ; pulpe jaune (rouge dans une variété), savoureuse, douce.

Arbre élancé. Rameaux menus, dressés.

Cet Oranger est cultivé par les jardiniers de Paris ; mais les Oranges dites *du Portugal*, par les fruitiers de la capitale, ne proviennent pas de la même variété.

— ORANGER D'OTAÏTI Riss. et Poit. l. c. tab. 27.

Tige basse, inerme. Feuilles ovales, pointues aux deux bouts. Fruit petit, ovale, un peu chagriné : épicarpe mince ; pulpe douceâtre, fade.

— ORANGER A FRUIT CHANGEANT Riss. et Poit. l. c. tab. 28. — *Aurantium variegatum* Tourn. — *Citrus Aurantium fructu variegato* Lois. in Duham. ed. nov. vol. 7, tab. 26, fig. 1.

Feuilles ovales-oblongues ou linéaires, panachées ; pétiole nu ou légèrement ailé. Fruits ovoïdes-allongés, ou sphériques, ou turbinés, quelquefois mamelonnés au sommet : épicarpe épais, ridé et chagriné ; pulpe peu abondante, légèrement sucrée.

Tige droite, de hauteur moyenne. Rameaux courts, irréguliers, minces, tortueux. Vésicules de l'épicarpe concaves.

Cette espèce est remarquable par la diversité de son feuillage, ainsi que par la forme variée et la légèreté de ses fruits mûrs, qui, même étant frappés par la gelée, continuent d'adhérer fortement à la branche qui les porte.

ORANGER TURC Riss. et Poit. l. c. tab. 29. — *Aurantium striatum* Tournef. — *Citrus Aurantium lunatum* Desf. Hort. Par.

Feuilles panachées, souvent crépues d'un côté : les unes ovales-oblongues, acuminées ; les autres lancéolées. Fruits petits, arrondis ; marqués de bandes longitudinales rugueuses, d'abord vertes, plus tard rougeâtres.

SECTION II. BIGARADIERS, ou ORANGERS A FRUIT ACIDE ET AMER.

Arbres généralement moins hauts que les Orangers à fruits doux : Pétioles ordinairement plus élargis, Fleurs plus grandes, plus odorantes. Fruits du volume et de la forme des Oranges douces, mais différents en ce que leur épicarpe est plus raboteux, qu'il devient d'un jaune plus rougeâtre dans la maturité ; et en ce que sa pulpe contient un suc acide, mêlé d'amertume, qui le rend moins propre que celui des Limons à faire des boissons rafraîchissantes, mais qui assaisonne très-agréablement les viandes et les poissons. Ces différences subissent quelquefois des modifications et ne suffiraient pas toujours pour faire distinguer un BIGARADIER d'un ORANGER A FRUIT DOUX ; mais les Oranges douces ont les vésicules d'huile essentielle convexes, tandis qu'elles sont toujours concaves dans les Bigarades. Cette dernière différence, disent MM. Risso et Poiteau, offre seule un caractère plus solide et moins équivoque que toutes les autres ensemble, et elle mérite toute l'attention des Physiologistes, par ses singuliers rapports avec la nature du suc que contient l'intérieur du fruit.

Le *Bigaradier* ne fut point connu des anciens Romains. Son introduction en Occident est due aux Arabes, qui l'apportèrent de l'Inde et le répandirent, vers le dixième siècle, dans tous les pays où ils avaient établi leur domination. Le fruit du Bigaradier est connu, sur tout le littoral de la Méditerranée, sous les noms variés de *Narandi, Citrangolo, Melarancio, Citrone, Melangolo, Biga-*

rat, Citron amer. Les médecins arabes employaient les Bigarades dès le commencement du quatrième siècle de l'hégire. Dans le midi de l'Europe, ces fruits à peine développés, qui tombent pendant les fortes chaleurs de l'été, sont ramassés avec soin et séchés à l'ombre : ainsi préparés, ils servent dans la teinture. A mesure que leur maturité avance, on les cueille, on les enveloppe dans du papier et on les expédie vers le Nord. Quand ils sont parvenus à leur dernier degré de développement, on les coupe en deux et l'on en sépare l'écorce, dont se fait la liqueur de table appelée *Curaçao*, des élixirs stomachiques, des confitures, etc. L'écorce fraîche des Bigarades s'emploie également à la confection de différentes confitures; on préfère à cet usage la variété nommée *Chinette*. Enfin, on en retire une huile essentielle d'une odeur pénétrante, qui approche de celle de l'Orange, du Limon et de la Bergamotte. Les fleurs des Bigaradiers se préfèrent à celles des Orangers proprement dits, pour la distillation de l'*Eau de fleur d'Oranger;* elles fournissent une huile essentielle connue dans le commerce sous le nom de *Néroli :* cette essence, la plus estimée de toutes celles du genre *Citrus*, entre dans un nombre infini de parfumeries. L'huile essentielle dite *Petit grain,* s'obtient des feuilles de Bigaradier. L'infusion de ces feuilles est un excellent stomachique.

MM. Risso et Poiteau décrivent les variétés suivantes de Bigaradiers :

—BIGARADIER FRANC Riss. et Poit. l. c. tab. 3o.—*Aurantium sylvestre* Tourn.—*Citrus Aurantium* Linn.—*Citrus Bigaradia* Lois. in Duham. ed. nov.

Rameaux épineux. Feuilles elliptiques, pointues; pétiole ailé. Fleurs très-blanches. Fruits de grosseur moyenne, globuleux (quelquefois ovoïdes, et déprimés au sommet), lisses, ou quelquefois rugueux, d'un jaune vif; pulpe acide et amère.

Dans l'Inde et dans la Chine cet arbre parvient à une élévation considérable : dans les régions tempérées de l'Europe il atteint à peine une trentaine de pieds de haut. Tige droite, grisâtre, terminée par des rameaux touffus et garnis de longues épines verdâtres. Fruit d'un jaune qui passe au rouge-orangé foncé.

C'est à cette variété que se rapporte l'arbre qu'on cultive à l'orangerie de Versailles, sous le nom de *Grand Bourbon* ou *Grand Connétable*, et qui fut semé en 1421 dans le jardin d'une reine de Navarre.

— BIGARADIER A FRUIT CORNICULÉ Riss. et Poit. l. c. tab. 30. — *Citrus Bigaradia corniculata* Lois. in Duham. ed. nov. vol. 7, tab. 30, fig. 4, 5 et 6.

Feuilles ovales-lancéolées. Fruits arrondis, légèrement déprimés, corniculés : épicarpe assez épais, d'un jaune rougeâtre; pulpe acidule et amère.

Outre les excroissances singulières qui distinguent la plupart des fruits dans ce Bigaradier, il se reconnaît encore en ce que le style de sa fleur dépasse souvent les pétales quand ils ne sont encore qu'en bouton. Cet arbre parvient à la hauteur de dix-huit pieds, dans le midi de l'Europe. On le cultive plus particulièrement pour sa fleur, qui sert à la composition des pommades et des eaux de senteur. Distillée, elle donne une huile essentielle des plus suaves, et une *Eau de Bigarades* excellente. Ses fruits entrent dans le commerce, pour assaisonner les viandes et les poissons. Les fleuristes de Paris l'estiment beaucoup, à cause de la grandeur et de la suavité de ses fleurs.

— BIGARADIER A FRUIT SILLONNÉ. — *Citrus Bigaradia sulcata* Lois. in Duham. ed. nov. vol. 7, pag. 33, fig. 3.

Feuilles ovales-oblongues, pointues. Fruits globuleux, sillonnés, ombiliqués au sommet : épicarpe assez épais ; pulpe acidule et amère.

— BIGARADIER A FRUIT FÉTIFÈRE Riss. et Poit. l. c. tab. 33. — *Oranger femelle* Encycl.

Fruits gros, arrondis, déprimés, fétifères : épicarpe mince ; pulpe acidule et amère.

Arbre de moyenne hauteur. Fleurs simples, ou plus ou moins doubles.

Ce Bigaradier est remarquable en ce que son off fruitre au sommet une ouverture, bouchée par les rudimens de plusieurs autres fruits. Son intérieur présente toujours de grandes irrégularités : on trouve vers la circonférence dix ou douze loges assez grandes, et au centre un nombre indéterminé d'autres loges, plus petites et très-inégales.

— BIGARADIER A FRUIT CANNELÉ Riss. et Poit. l. c.

Feuilles oblongues, pointues. Fruits de grosseur moyenne, arrondis, canaliculés : épicarpe un peu épais ; pulpe acidule, légèrement amère.

Tige élevée : écorce brune. Rameaux touffus.

— BIGARADIER A FRUIT CUPULÉ Riss et Poit. l. c, tab. 34.

Feuilles ovales. Calice charnu, persistant. Fruits gros, arrondis, quelquefois appendiculés : épicarpe épais ; pulpe acide.

Arbre vigoureux, d'un beau port, très-rameux ; rameaux droits, roides.

— BIGARADIER A GRAND CALICE Riss et Poit. l. c.

Feuilles ovales-oblongues, pointues. Calice charnu, accrescent. Fruits de grosseur moyenne, arrondis, quelquefois déprimés aux 2 bouts, lisses : épicarpe assez épais ; pulpe acidule, légèrement amère.

Cet arbre n'a que six à neuf pieds de haut, dans les jardins de Nice. Tête arrondie. Floraison bisannuelle.

— BIGARADIER RICHE DÉPOUILLE Riss. et Poit. l. c. tab. 35. — *Citrus Bigaradia crispa* Lois. in Duham. ed. nov. vol. 7, tab. 32, fig. 1. — *Oranger à feuilles coquillées* Encycl.

Feuilles ovales, obtuses, crépues, très-rapprochées. Fruits arrondis, déprimés, rugueux, souvent aréolés au sommet : épicarpe assez épais ; pulpe acide et amère.

Tige très-courte. Rameaux disposés en tête arrondie. Pétiole aptère.

Cet arbre est cultivé dans toutes les Orangeries de France, et en pleine terre dans l'Europe méridionale. On le connaît depuis longtemps sous les noms de *Riche dépouille* , *Bouquetier* , *Oranger à feuilles frisées* ou *crépues.*

— Bigaradier multiflore Riss. et Poit. l. c.

Feuilles ovales-oblongues, pointues. Fleurs très-abondantes. Fruits petits, globuleux : épicarpe assez épais ; pulpe légèrement acide et amère.

Tige basse, droite. Rameaux courts, très-rapprochés, armés dans leur jeunesse de petites épines.

« Si l'on excepte le *Bigaradier chinois* et ses variétés, disent » MM. Risso et Poiteau, cet arbre est le plus petit des *Orangers* » *à fruits amers ;* mais la nature l'a richement dédommagé de » la médiocrité de sa taille par l'abondance des fleurs qui le » parent chaque année, et qui le rendent aussi utile qu'agréa- » ble. »

— Bigaradier violet Riss. et Poit. l. c. tab. 36. — *Citrus Bigaradia violacea* Lois. in Duham. ed. nov. vol. 7, tab. 34.

Feuilles ovales. Fleurs tantôt jaunes, tantôt d'un rouge violet. Fruits petits, arrondis, rugueux : les uns jaunes ; les autres violets avant la maturité ; pulpe acide et amère.

Ce Bigaradier est d'un aspect très-agréable par le mélange de ses fleurs blanches et violettes.

— Bigaradier a fleurs doubles Riss. et Poit. l. c.

Feuilles ovales-oblongues. Fleurs doubles. Fruits globuleux, granuleux : épicarpe épais ; pulpe acide et amère.

— Bigaradier Spatafore Riss. et Poit. l. c. tab. 37.

Feuilles oblongues, pointues. Fruits sphériques , luisants , très-lisses : épicarpe d'un jaune pâle ; sarcocarpe très-épais ; pulpe moitié douce, moitié amère.

Arbre élevé, d'un port irrégulier. Rameaux grêles, courts , flexibles.

Le fruit du *Bigaradier Spatafore* est presque tout écorce ; sa substance, ferme et compacte , forme, avec le sucre, une excel- lente confiture.

— Bigaradier a fruit mamelonné Riss. et Poit. l. c. tab. 38.

Feuilles ovales ou oblongues, légèrement crépues, pointues. Fruits arrondis, mamelonnés au sommet : épicarpe mince ; pulpe acide et amère.

Arbre haut de 10 à 15 pieds. Tige brune. Rameaux courts, droits, érigés et réunis par paquets.

— Bigaradier a longues feuilles Riss. et Poit. l. c. tab. 39.

Feuilles oblongues, acuminées, longuement pétiolées. Fruits sphériques, mamelonnés : épicarpe rugueux, jaunâtre ; pulpe acidule et amère.

Tige petite, grêle. Rameaux menus, diffus ; munis de quelques épines.

Ce Bigaradier, selon les auteurs cités, est l'un de ceux qui résistent le moins à la rigueur des hivers de l'Europe australe.

— Bigaradier de Volcamer Riss. et Poit. l. c. tab. 40.

Feuilles petites, oblongues, pointues, longuement pétiolées. Fruits ovoïdes, mamelonnés au sommet : épicarpe épais, sub-verruqueux ; pulpe acidule et amère.

—Bigaradier a fruits en grappe Riss. et Poit. l. c. — *Citrus Bigaradia racemosa* Lois. in Duham. ed. nov. vol. 7.

Feuilles ovales-oblongues, pointues. Fruits petits, en grappe : pulpe acidule, légèrement amère.

Tige élevée, rameuse. Rameaux courts, très-rapprochés.

Ce Bigaradier est d'un fort bel effet en hiver, par l'abondance de ses fruits.

— Bigaradier de Naples Riss. et Poit. l. c.

Feuilles ovales, allongées. Fruits gros, sessiles, turbinés, jaunes ; pulpe acide et amère.

— Bigaradier a fruit sans graines Riss. et Poit. l. c. tab. 41.

Feuilles ovales, obtuses, ou pointues. Fruits de grosseur moyenne, arrondis, souvent aréolés au sommet ou mamelonnés : épicarpe assez épais; pulpe acidule et amère. Graines nulles.

Tige élevée. Rameaux courts, très-rapprochés.

— BIGARADIER ITAN Riss. et Poit. l. c. — Rumph. Amb.

Feuilles ovales. Pétioles fortement ailés. Fruits sphériques, déprimés : épicarpe assez épais, aréolé; pulpe acidule, visqueuse.

Cet arbre, qui se cultive aux Moluques, est inconnu en Europe.

— BIGARADIER GALLÉSIO Riss. et Poit. l. c. tab. 42.

Feuilles ovales-oblongues. Fruits gros, sphériques, déprimés, d'un rouge-orange foncé; pulpe acide et amère.

Ce Bigaradier est cultivé dans les jardins de Nice. Les auteurs que nous venons de citer le recommandent comme donnant des sujets forts et vigoureux, qui résistent mieux que la plupart des autres Bigaradiers aux intempéries des saisons.

— BIGARADIER A GROS FRUIT Riss. et Poit. l. c. tab. 43.

Feuilles grandes, allongées, pointues. Fruits très-gros, sphériques, déprimés, sillonnés, rugueux : pulpe assez douce, légèrement amère.

Tige de hauteur moyenne, grisâtre. Rameaux confus.

Cet arbre, observent MM. Risso et Poiteau, est assez multiplié sur le territoire de Nice. Ses fleurs sont les plus recherchées, pour la confection des pétales sucrés connus dans le commerce sous le nom de *Fleurs d'Oranger pralinées.*

— BIGARADIER D'ESPAGNE Riss. et Poit. l. c. tab. 44. — *Citrus Bigaradia hispanica* Lois. in Duham. ed. nov. vol. 7, tab. 3, fig. 3.

Feuilles grandes, ovales-oblongues, sinuées, révolutées. Fruits gros, arrondis, déprimés aux 2 bouts, striés, rugueux; pulpe peu succulente, légèrement douceâtre.

Tige haute, lisse, d'un vert foncé. Rameaux courts.

— BIGARADIER DE FLORENCE Riss et Poit. l. c. tab. 45.

Feuilles elliptiques, petites. Fruits gros, arrondis, souvent aréolés au sommet, courtement pédonculés : pulpe acide et amère.

Tige de hauteur moyenne. Rameaux assez longs, droits, touffus.

— BIGARADIER A FRUIT COURONNÉ Riss. et Poit. l. c. tab. 46.

Feuilles ovales-oblongues, longuement pétiolées. Fruits sphériques, glabres, aréolés au sommet : pulpe douceâtre et amère.

Arbre haut d'environ 10 pieds, dans les jardins de Nice. Rameaux courts, quelquefois épineux.

— BIGARADIER A FRUIT LISSE Riss. et Poit. l. c.

Feuilles ovales-lancéolées, pointues. Fruits arrondis, très-lisses : pulpe douceâtre et amère.

— BIGARADIER A FRUIT DOUX Riss. et Poit. l. c. tab. 47.

Feuilles ovales-oblongues, érigées, longuement pétiolées. Fruits globuleux, lisses : pulpe douceâtre.

Tige élevée. Rameaux touffus, nombreux, un peu épineux.

— BIGARADIER A FEUILLES DE SAULE Riss. et Poit. l. c. tab. 48.

Feuilles linéaires-lancéolées. Fruits petits, arrondis ou ellipsoïdes : pulpe douceâtre et amère.

Cet arbre est commun chez les fleuristes.

— BIGARADIER CHINOIS Riss. et Poit. l. c. tab. 49. — *Citrus sinensis* β Willd. — *Citrus Bigaradia sinensis* Lois. in Duham. ed. nov. vol. 7, tab. 23.

Feuilles petites, ovales, pointues. Fruits petits, globuleux, déprimés à la base et au sommet, ombiliqués : épicarpe assez épais, d'un jaune rougeâtre ; pulpe acide et amère.

Tige basse, scabreuse. Rameaux droits, rapprochés.

Ce charmant arbrisseau fait l'ornement des jardins par sa forme élégante, le grand nombre et la beauté de ses fleurs. Il n'est pas moins recherché sous le rapport de l'utilité, puisqu'on retire de ses fleurs une *Eau de Bigarade* très-estimée, et que ses fruits font d'excellentes confitures.

. — Bigaradier a feuilles de Myrte Riss. et Poit. l. c. tab. 5o. — *Citrus Bigaradia myrtifolia* Lois. in Duham. ed. nov. vol. 7.

Feuilles petites, ovales-oblongues, acuminées. Fruits petits, globuleux, un peu ombiliqués : épicarpe d'un jaune rougeâtre, chagriné ; pulpe fade.

Cet arbrisseau est fort recherché pour orner les appartemens. On dit que les Chinois en sèment les graines, par rayons, et qu'il ne s'élève pas plus haut que le Buis qu'on emploie en Europe au même usage ; il fleurit et fructifie dans cet état, et fait des bordures aussi utiles qu'agréables.

— Bigaradier bicolore Riss. et Poit. l. c. tab. 5i. — *Oranger Suisse* Encycl.

Feuilles ovales-oblongues, sinuées, panachées : les unes difformes ; les autres entières, planes. Fruits arrondis, marqués de bandes longitudinales d'abord vertes, puis d'un rouge-orange : pulpe légèrement acide.

Cet arbre a de grands rapports avec l'*Oranger Turc* et l'*Oranger à fruits changeants.* Il offre le singulier caractère d'avoir les vésicules d'huile essentielle convexes sur les parties jaunes de son fruit, et concaves sur les parties rouges.

— Bigaradier Bizarrerie Riss. et Poit. l. c. tab. 5a. — *Citrus Bigaradia Bizaria* Lois. in Duham. ed. nov. vol.7.

Feuilles oblongues, acuminées, souvent crépues ou difformes ; pétiole nu, ou souvent ailé. Fleurs : les unes rouges en dehors ; les autres blanches. Fruits : les uns sphériques et homogènes; les autres moitié Bigarade, moitié Limon ou Citron, ovoïdes ou coniques, souvent relevés de côtes saillantes : pulpe très-douce dans les uns, acide et amère dans les autres.

L'origine de cet arbre, longtemps couverte du voile du charlatanisme, resta mystérieuse pendant une trentaine d'années ; mais enfin Pierre Noto, médecin de Florence, parvint à savoir comment ce véritable Protée avait été obtenu, et en fit l'objet d'une dissertation, publiée en 1674. Selon l'auteur cité, ce Bigaradier, aujourd'hui généralement connu sous le nom de *Bizar-rerie*, est un arbre provenu de graine et manqué à la greffe. Ses singuliers caractères ont été remarqués en 1644, par un jardinier de Florence, qui, ayant oublié ou négligé de le regreffer selon l'usage, s'aperçut que les branches qui avaient repoussé sur le sauvageon produisaient ces fruits extraordinaires.

SECTION III. BERGAMOTTIERS.

Rameaux épineux ou inermes, ascendants. Feuilles pointues ou obtuses, oblongues. Fleurs petites, blanches, très-sua-ves. Fruits de grosseur moyenne, pyriformes ou dépri-més, lisses ou chagrinés, d'un jaune pâle : vésicules d'huile essentielle concaves ; pulpe légèrement acide et d'un arome très-agréable.

Les *Bergamottiers*, peu cultivés dans le midi de la France, sont fort répandus en Sicile. L'*Essence de Bergamotte* se retire de l'écorce de leurs fruits.

Voici les variétés de Bergamottiers, décrites par MM. Risso et Poiteau.

BERGAMOTTE ORDINAIRE Riss. et Poit. l. c. tab. 53. — *Citrus Limetta Bergamia* Lois. in Duham. ed. nov, vol. 7.

Rameaux légèrement épineux, ascendants, fragiles. Feuilles oblongues, discolores ; pétiole ailé. Fleurs blanches, petites. Fruits pyriformes, lisses, d'un jaune pâle : pulpe verte, légère-ment acide, très-aromatique.

Tige élevée, assez rameuse. Style souvent persistant.

Les fleurs de ce *Bergamottier* sont recherchées pour leur excel-lente odeur. Leur huile essentielle et celle contenue dans l'écorce du fruit deviennent, entre les mains des parfumeurs, la base d'une infinité de préparations. L'art est même parvenu à mettre en œu-vre l'écorce entière du fruit : après l'avoir vidée, séchée, et ra-mollie dans l'eau, on l'introduit dans un moule, et on la convertit en bonbonnières, qui conservent une odeur fort agréable.

— BERGAMOTTIER A FRUIT PYRIFORME Riss. et Poit. l c. tab. 54.

Cette variété ne diffère de la précédente que par ses fruits pyriformes et chagrinés.

— BERGAMOTTIER A PETIT FRUIT Riss. et Poit. 1. c. — *Citrus Aurantium Bergamium* Lois. in Duham. ed. nov. vol. 7.

Feuilles ovales - allongées, pointues; pétiole marginé. Fruits de grandeur moyenne, globuleux : épicarpe lisse, d'un jaune pâle ; pulpe acidule, aromatique.

Tige droite. Rameaux longs, divergents, légèrement épineux.

— BERGAMOTTIER MELLAROSE Riss. et Poit. 1. c. tab. 55.

Feuilles ovales-oblongues, obtuses; pétiole nu. Fruits subglobuleux, déprimés, aréolés au sommet, sillonnés : épicarpe d'un jaune pâle; pulpe légèrement acide.

Tige droite. Rameaux gros, roides.

Sur le littoral septentrional de la Méditerranée, cet arbre ne parvient ordinairement qu'à dix pieds d'élévation ; mais il est très-agréable à la vue, et de tout temps il a été recherché pour embellir les jardins.

BERGAMOTTIER MELLAROSE A FLEURS DOUBLES Riss. et Poit. 1. c. tab. 56.

Feuilles ovales, obtuses. Fleurs semi-doubles. Fruits gros, déprimés, légèrement sillonnés, hiants et fétifères au sommet : pulpe acidule.

Cette variété, rare sur le littoral de la Méditerranée, parvient à la hauteur de douze à quinze pieds.

SECTION IV. LIMETIERS.

Rameaux ascendants. Feuilles ovales, ou obovales, ou oblongues; pétiole presque nu. Fleurs petites, blanches. Fruits ovoïdes ou globuleux, d'un jaune pâle, souvent mamelonnés au sommet : vésicules d'huile essentielle concaves; pulpe douceâtre, ou fade, ou légèrement amère.

Le *Limetier* et ses variétés ne sont presque d'aucun usage dans la parfumerie : on retire cependant de l'écorce de leur fruit une huile essentielle, qui entre dans quelques compositions de toi-

lette et dans les liqueurs de table. Ces écorces, séchées et pulvé-
risées , servent aussi pour différentes poudres de senteur. Les
Limettes ne s'exportent guère pour le Nord.

a) *Épicarpe mince ; pulpe douceâtre.*

LIMETIER ORDINAIRE Riss. et Poit. l. c. tab. 57.—*Citronnier
Limetier* Lois. in Duham. ed. nov. v. 7 , tab. 26, fig. 2, (excl.
syn.)

Feuilles ovales-oblongues, dentelées, pointues , ou obtuses.
Fruits de grosseur moyenne, lisses , couronnés par un large
mamelon déprimé.

Tige droite, assez élevée. Rameaux diffus, irréguliers : la plupart érigés. Dents calicinales pointues, très-courtes. ⋅

Cet arbre fleurit toute l'année, dans les jardins de Nice , et s'y
élève à dix à vingt pieds : Mathæus Sylvaticus, écrivain du
13ᵉ siècle , fait mention du Limetier , et dit qu'à cette époque il
était cultivé sur le littoral de la Méditerranée , depuis le pied
des Alpes maritimes, jusqu'aux Apennins Liguriens. Aujourd'hui
on le cultive peu dans cette contrée, et on le regarde plutôt comme
arbre de collection que comme arbre utile.

—LIMETIER A PETIT FRUIT Riss. et Poit. l. c. tab. 58.—*Citrus
Limetta fructu parvo* Lois. in Duham. ed. nov. vol. 7, p. 74.

Feuilles obovales, obtuses, dentelées. Fruits petits, arrondis,
lisses, terminés par un mamelon conique.

— LIMETIER A ÉPICARPE ACRE Riss. et Poit. l. c.

Feuilles ovales-oblongues. Fruits petits, sphériques, mamelonnés : épicarpe luisant, très-âcre, d'un jaune verdâtre ; pulpe
douce, sapide.

On cultive cette variété dans les environs de Rio Janeïro , et
ailleurs dans l'Amérique méridionale , où les habitants lui ont
donné le nom de *Lima.*

b) *Épicarpe mince ; pulpe légèrement acide.*

— LIMETIER D'ESPAGNE Riss. et Poit. l. c. — *Citrus Limetta hispanica* Lois. in Duham. ed. nov.

Feuilles ovales - allongées. Fruits arrondis, mamelonnés au sommet : épicarpe presque lisse.

Tige de hauteur moyenne. Rameaux diffus.

Cette variété, remarquable par la saveur acidule de ses fruits, est peu répandue dans le midi de la France ; mais en Espagne, sa culture remonte à des temps très-réculés.

c) *Épicarpe épais ; pulpe douceâtre , fade.*

—LIMETIER DE ROME Riss. et Poit. l. c. — *Citrus Limetta romana* Lois. in Duham. ed. nov. vol. 7.

Feuilles ovales-oblongues , pointues. Fruits arrondis , rugueux.

Tige de hauteur moyenne. Rameaux épars , courts.

—LIMETIER A FRUIT TUBERCULÉ Riss. et Poit. l. c. — *Citrus Limetta tuberculata* Lois. in Duham. ed. nov.

Feuilles ovales-oblongues. Fruits presque arrondis, tuberculeux, sillonnés, d'un jaune pâle.

d) *Épicarpe épais ; pulpe douce.*

— LIMETIER DES ORFÈVRES Riss. et Poit. l. c. tab. 58. — *Limonellus aurarius* Rumph. Amb. v. 2, tab. 3o. — *Citrus Hystrix* De Cand. — *Citronnier Hérisson* Lois. in Duham. ed. nov. vol. 7, tab. 39, fig. 1.

Rameaux épineux. Feuilles petites, ovales, crénelées vers leur sommet ; pétiole obovale-cunéiforme , presque aussi long que la lame. Fleurs petites, en grappes. Fruits petits , arrondis ou pyriformes.

Tiges basses, très-rameuses, diffuses.

Cette espèce est cultivée aux Moluques, où les Orfèvres se servent du suc de ses fruits pour nettoyer leurs ouvrages. A l'île de France, on en fait des haies impénétrables.

e) *Épicarpe épais ; pulpe acide.*

— LIMETIER POMME D'ADAM Riss. et Poit. l. c. tab. 6o.

Feuilles petites , ovales-oblongues, rapprochées ; pétiole à aile

étroite. Fruits gros, arrondis , rugueux, mamelonnés au sommet : épicarpe d'un jaune clair.

Tige basse, grêle. Rameaux courts; horizontaux, armés de
petites épines.

Sur les bords de la Méditerranée , cet arbre ne parvient qu'à
sept ou huit pieds d'élévation ; il fleurit trois fois l'année. Son
fruit se nomme vulgairement *Pomme d'Adam.*

Section V. POMPELMOUSES.

*Tige inerme ou épineuse. Feuilles grandes ; pétiole à aile
large. Fleurs très-grandes , blanches. Fruits le plus souvent très-gros , arrondis ou pyriformes , d'un jaune pâle :
vésicules d'huile essentielle planes ou convexes; sarcocarpe
épais, spongieux, rougissant dans quelques espèces au contact de l'air ; pulpe verdâtre , peu aqueuse , d'une saveur
douce légèrement sapide.*

Les *Pompelmouses* sont en général peu cultivés en Europe, si
ce n'est comme arbres d'agrément. Dans le Midi on propage pourtant depuis plusieurs années le *Pompelmouse Pomme d'Adam,*
parce que ses fruits servent à faire des confitures très-agréables :
leur parfum joint à la suavité de la Bigarade, celle de l'Orange et
de la Limette; ils s'emploient aux mêmes usages que ces dernières,
avec la différence que la confiture en est plus exquise.

Les principales variétés de Pompelmouses sont les suivantes :

— POMPELMOUSE POMPOLÉON Riss. et Poit. l. c. tab. 61. —
Limo decumanus Rumph. Amb. v. 2, tab. 96, fig. 1.

Feuilles ovales-oblongues , pointues, ou obtuses. Fleurs ponctuées de vert à la face extérieure , souvent 4-pétales. Fruits très-
gros, arrondis, déprimés à la base et au sommet : épicarpe lisse,
épais ; vésicules presque planes.

Arbre s'élevant à la stature ordinaire des Orangers. Rameaux
gros , cassants, peu divergens. Étamines 40 à 50.

— POMPOLÉON ORDINAIRE Riss. et Poit. l. c. tab. 62 et 63.

— POMPOLÉON A FEUILLES CRÉPUES Riss. et Poit. l. c. tab. 64.

— POMPELMOUSE CHADEC Riss. et Poit. l. c. tab. 65 et 66. — Sloane, Jam. p. 42, tab. 12.

Feuilles oblongues, acuminées. Pétiole à aile large. Fruit gros, pyriforme, d'un jaune pâle : pulpe verte, aromatique, douce, sapide.

A la Jamaïque, cette variété produit quelquefois des fruits de la grosseur d'une tête d'homme.

— POMPELMOUSE A GRAPPES Riss. et Poit. l. c. — *Aurantium verrucosum* Rumph. Amb. v. 2, tab. 35.

Pétiole presque aptère. Fruits sphériques, en grappe. Pulpe douce, vineuse.

Selon Rumph, cet arbre devient le plus grand de tous les Orangers. Ses fruits sont réunis par grappes, au nombre de quinze à dix-huit. M. de Tussac remarque qu'on le cultive aussi aux Antilles, et qu'il est d'un aspect magnifique.

SECTION VI. LUMIES.

Tiges, rameaux et feuilles comme dans les Limoniers. Fleurs rouges à la face extérieure. Fruits le plus souvent de la forme des Limons : pulpe douce ; vésicules d'huile essentielle convexes ou concaves.

Les *Lumies* en général, et principalement celles connues sous le nom de *Pérettes*, servent à faire des confitures excellentes et très-parfumées. Voici les variétés décrites par MM. Risso et Poiteau :

a) *Fruits cédratiformes* (PÉRETTES).

LUMIE POIRE DU COMMANDEUR Riss. et Poit. l. c. tab. 67.

Feuilles ovales, pointues, légèrement dentées. Fruits gros, lisses, pyriformes, d'un vert-jaune très-pâle : pulpe acidule.

Cette espèce est encore rare dans le commerce.

— LUMIE DE SAINT-DOMINGUE Riss. et Poit. l. c.

Feuilles petites, ovales; pétiole ailé. Fruits ovales-arrondis, mamelonnés, d'un jaune clair : pulpe acidule, peu agréable.

Cette Lumie est aujourd'hui peu cultivée en Italie.

— LUMIE RHÉGINE Riss. et Poit. l. c.

Feuilles ovales-allongées; pétiole à aile étroite. Fruits ovales-oblongs, scabreux, mamelonnés, d'un jaune pâle : pulpe âcre, acide.

Cet arbre supporte difficilement le climat du littoral septentrional de la Méditerranée.

—LUMIE CONIQUE Riss. et Poit. l. c.

Feuilles petites, étroites, oblongues, mucronées. Fruits coniques, mamelonnés, d'un jaune pâle : épicarpe épais; pulpe douceâtre.

Rameaux nombreux, flexibles, garnis d'épines acérées.

—LUMIE JARETTE Riss. et Poit. l. c.

Rameaux épineux. Feuilles ovales-allongées; pétiole légèrement ailé. Fruits gros, pyriformes, striés vers leur pédoncule, lisses : épicarpe épais, d'un jaune pâle ; pulpe acidule et âcre.

Cette Lumie est très-rare en Italie. Ses fruits se rapprochent quelquefois de certains Cédrats par la forme, et grossissent à tel point qu'on les prendrait pour des Poncires.

— LUMIE DE VALENCE Riss. et Poit. l. c.

Rameaux épineux. Feuilles ovales-oblongues, dentelées ; pétiole ailé. Fruits gros, arrondis, presque lisses, d'un jaune pâle : pulpe acidule, agréable.

Les fruits de cette Lumie pèsent quelquefois jusqu'à dix livres.

— LUMIE DE GALICE Riss. et Poit. l. c.

Feuilles ovales-oblongues. Fruits très-gros, ovales-allongés : épicarpe très-épais, d'un jaune pâle; pulpe fade.

b) *Fruits limoniformes, à pulpe sucrée.*

— LUMIE DOUCE Riss. et Poit. l. c. — *Citrus Limon dulce* Lois in Duham. ed. nov. (excl. syn.)

Feuilles oblongues, érigées. Fruits gros, ovales-oblongs, mamelonnés au sommet : épicarpe mince ; pulpe douce.

Tige haute, garnie de rameaux nombreux, rapprochés, munis de petites épines.

Cette variété est connue en France sous le nom de *Citron doux.*

— LUMIE SACCHARINE Riss. et Poit. l. c. — *Citrus Limon saccharatum* Lois. in Duham. ed. nov. vol. 7, p. 83.

Feuilles ovales-lancéolées. Fruits de grosseur moyenne, ovales, acuminés : épicarpe mince, lisse, d'un jaune pâle ; pulpe succulente, sucrée.

Tige de moyenne hauteur. Rameaux longs, peu nombreux.

Cette Lumie est peu cultivée.

— LUMIE A PULPE D'ORANGE Riss. et Poit. l. c.

Feuilles ovales-oblongues, pointues, dentées. Fruits oblongs, lisses, mamelonnés au sommet : épicarpe assez mince ; pulpe d'un jaune rougeâtre, douce.

— LUMIE A PULPE ROUGE Riss. et Poit. l. c. tab. 68.

Feuilles ovales-oblongues. Fruits ovales-allongés, verruqueux, mamelonnés au sommet ; épicarpe assez mince ; pulpe d'un jaune rougeâtre, douce.

c) *Fruits limoniformes, à pulpe fade.*

—LUMIE LIMETTE Riss. et Poit. l. c. tab. 69. — *Citrus Limetta limoniformis* Lois. in Duham. ed. nov. vol. 7. (excl. syn.)

Feuilles ovales-oblongues, dentées. Fruits ovales, rétrécis à la base, mamelonnés au sommet, scabres, luisants, d'un jaune vif : épicarpe ferme ; pulpe douceâtre.

Tige grêle. Rameaux diffus, cassants, munis de petites épines.

Cette Lumie fleurit quatre fois l'an.

SECTION VII. LIMONIERS.

Tige arborescente. Rameaux effilés, flexibles, quelquefois épineux. Feuilles ovales ou oblongues, ordinairement den-

telées, d'un vert jaunâtre; pétiole marginé. Fleurs de grandeur moyenne, lavées de rouge en dehors, blanches en dedans, pentapétales. Étamines polyadelphes ou quelquefois libres. Ovaire d'abord vert, puis rouge, et enfin verdâtre. Style cylindrique, terminé en stigmate toruleux et capitellé. Fruit d'un jaune clair, ovale-oblong, rarement globuleux, terminé en mamelon plus ou moins long : surface lisse, ou rugueuse, ou sillonnée; épicarpe ordinairement assez mince; vésicules d'huile essentielle concaves; pulpe abondante, pleine d'un suc très-acide et savoureux.

Les *Limoniers*, assez improprement nommés *Citronniers* à Paris, sont très-multipliés en Italie. Les Limons les plus recherchés ont l'écorce mince, beaucoup de pulpe, une eau fortement acide, et tempérée par un parfum agréable.

La végétation des Limoniers est vigoureuse; leur feuillage, quoique moins touffu que celui des Orangers, est d'un aspect agréable. Pendant toute l'année ils sont parés à la fois de fleurs et de fruits.

Le Limonier est indigène dans l'Inde. On croit généralement que les Califes le transportèrent en Occident, à l'époque de leurs conquêtes. Il fut trouvé en Syrie et en Palestine par les croisés, vers la fin du onzième siècle. A la même époque il abondait déjà en Afrique et en Espagne; mais il paraît certain que son introduction en Sicile et en Italie est due aux croisés.

On sait que le jus des Limons ou Citrons sert de base à la boisson rafraîchissante connue sous le nom de *Limonade*, qui s'administre souvent comme remède calmant, dans les irritations gastriques. Le *Sirop de Limons* est d'un emploi tout aussi fréquent. Personne n'ignore l'usage qui se fait des Citrons comme assaisonnement. Enfin, l'huile essentielle de l'écorce de ces fruits constitue la base de plusieurs préparations pharmaceutiques, et les parfumeurs en font une grande consommation. Plusieurs variétés de Limons à écorce épaisse servent à préparer d'excellentes confitures : on en fait des compotes à tranches, qu'on tire au candi, ou de la marmelade. La superficie de ces mêmes écorces, fincment coupée en rond, confite au sucre, ensuite glacée, entre dans le commerce sous le nom de *Zeste d'Italie*. Dans le midi de l'Europe, on fait sécher les écorces de toutes les variétés de Limons et on les envoie dans le Nord , pour servir d'assaisonnement.

Voici les variétés de Limoniers décrites par MM. Risso et Poiteau :

— LIMONIER SAUVAGE Riss. et Poit. l. c. tab. 70. — *Citrus medica Limon* Linn.

Feuilles ovales, pointues ; pétiole marginé. Fruits petits , ovoïdes, d'un jaune pâle, lisses, mamelonnés au sommet : épicarpe mince.

Tige droite, élevée. Rameaux nombreux , hérissés d'épines.

On cultive peu ce Limonier, à cause des grosses et nombreuses épines dont il est armé; son fruit est cependant très-bon.

— LIMONIER INCOMPARABLE Riss. et Poit. l. c. tab. 71. — *Citrus Limonum incomparabile* Lois. in Duham. ed. nov. vol. 7, p. 79.

Feuilles oblongues, pointues. Fruits gros , ovales-arrondis, mamelonnés au sommet, lisses, d'un jaune clair : épicarpe épais ; pulpe acidule, agréable.

Tige de moyenne grandeur. Rameaux étalés, divisés.

— LIMONIER GENTIL Riss. et Poit. l. c.

Feuilles ovales, pointues. Fruits ovales, petits : épicarpe d'un vert jaunâtre, lisse ; pulpe très-acide.

Tige assez élevée. Rameaux peu nombreux, distants. . .

— LIMONIER A FRUIT CANNELÉ Riss. et Poit. l. c. tab. 72. — *Citrus Limonium striatum* Lois. in Duham. ed. nov.

Feuilles ovales ou obovales-arrondies. Fruits subglobuleux ou ovales, sillonnés, mamelonnés au sommet : épicarpe lisse, jaunâtre ; pulpe acide, agréable.

— LIMONIER A PETIT FRUIT Riss. et Poit. l. c. — *Citrus Limonum pusillum* Lois. in Duham. ed. nov. vol. 7, p. 79.

Feuilles petites, ovales-oblongues. Fruits petits, subglobuleux : épicarpe mince, lisse, d'un jaune verdâtre.

— LIMONIER DE CALABRE Riss. et Poit. l. c.
Feuilles ovales-arrondies. Fruits petits, subglobuleux, très-lisses : épicarpe mince, odorant, jaune.
Tige peu élevée. Rameaux petits, confus, divergents, épineux.

— LIMONIER CALY Riss. et Poit. l. c. — *Citrus Limonum Caly* Lois. in Duham. ed. nov. vol. 7, pag. 82.
Feuilles ovales-lancéolées. Fruits ovales-globuleux : épicarpe mince, très-lisse, d'un vert jaunâtre.
Le *Limon Caly* est un de ceux qui contiennent le plus de suc en proportion de leur volume.

— LIMONIER BIGNETTE Riss. et Poit. l. c. tab. 73. — *Citrus Limonum Bignetta* Lois. in Duham. ed. nov. vol. 7, tab. 25, fig. 3.
Feuilles ovales-oblongues. Fruits globuleux, déprimés, terminés en mamelon obtus : épicarpe mince, jaunâtre, presque lisse.
Tige très-lisse. Rameaux touffus.
De tous les Limoniers cultivés dans les jardins du littoral septentrional de la Méditerranée, cette variété, selon MM. Risso et Poiteau, est l'une des plus productives, et dont les fruits contiennent le plus de suc. Ces fruits, n'entrant pas facilement en fermentation, sont préférés par le commerce pour les transports lointains.

— LIMONIER BIGNETTE A GROS FRUIT Riss. et Poit. l. c. tab. 74.
Feuilles ovales, obtuses. Fruits de grosseur moyenne, ovoïdes, presque lisses, mamelonnés : épicarpe lisse, d'un jaune pâle.
Rameaux longs, garnis de petites épines.
Parmi les Limons que le commerce envoie à Paris chaque année, on remarque bien plus souvent celui-ci que le précédent.

—.LIMONIER DE SBARDONE Riss. et Poit. l. c. tab. 75. — *Citrus Limonum Sbardonii* Lois. in Duham. ed. nov. vol. 7, p. 81.

Feuilles ovales-oblongues, rétrécies aux 2 bouts, denticulées. Fruits ovoïdes, légèrement rugueux, souvent mamelonnés, et terminés par le style : épicarpe assez épais; pulpe verdâtre.

— LIMONIER ROSOLIN Riss. et Poit. l. c. tab. 76. — *Citrus Limonum Rosolinum* Lois. in Duham. ed. nov. vol. 7, p. 82.

Feuilles ovales ou oblongues, dentelées. Fruits assez gros, ovales ou arrondis, lisses : pulpe légèrement acide.

— LIMONIER A FRUIT SANS GRAINES Riss. et Poit. l. c.

Feuilles ovales-oblongues. Fruits de grosseur moyenne, ovales : épicarpe mince, lisse, d'un jaune verdâtre; pulpe acide. Graines nulles.

— LIMONIER PONZIN Riss. et Poit. l. c. tab. 77. — *Citrus Limonum Ponzinum* Lois. in Duham. ed. nov. vol. 7, p. 81.

Feuilles allongées. Fruits gros, obovales, sillonnés à la base, mamelonnés au sommet : épicarpe épais; pulpe légèrement acide.

Tige élevée, vigoureuse, garnie de rameaux nombreux, épineux.

Les fruits de cet arbre acquièrent un volume assez considérable; mais ils sont peu recherchés, à cause de l'épaisseur de leur écorce et du peu d'acidité de leur pulpe.

— LIMONIER A FLEURS DOUBLES Riss. et Poit. l. c.

Les fruits de ce Limonier n'en contiennent pas d'autres bien formés dans leur intérieur, mais seulement des rudimens, représentés par des loges surnuméraires et placées au centre.

— LIMONIER DE LIGURIE Riss. et Poit. l. c.

Feuilles ovales-oblongues, pointues. Fruits de grosseur moyennne, ovales, ventrus, obtus, rétrécis à la base; d'un jaune verdâtre, lisses ou légèrement rugueux : pulpe faiblement acide.

— LIMONIER ROSE Riss. et Poit. l. c. — *Citrus Limonum roseum* Lois. in Duham. ed. nov. vol. 7. tab. 26, fig. 5.

Feuilles ovales-oblongues. Fruits de grosseur moyenne, un peu déprimés : épicarpe épais, d'un jaune pâle ; pulpe succulente, acide.

— LIMONIER BARBADORE Riss. et Poit. l. c. — *Citrus Limonum Barbadorum* Lois. in Duham. ed. nov. vol. 7, p. 83.

Feuilles ovales-lancéolées, dentées. Fruits ovales ou subglobuleux, presque lisses : épicarpe épais, d'un jaune pâle ; pulpe acide, agréable.

Tige élevée, vigoureuse. Rameaux nombreux, allongés, étalés, un peu épineux.

Le *Limon Barbadore* acquiert quelquefois le poids d'une livre, mais il passe promptement à la fermentation.

— LIMONIER DE NAPLES Riss. et Poit. l. c.

Feuilles petites, ovales-oblongues. Fruits ovoïdes, un peu rugueux : épicarpe mince ; pulpe acide.

— LIMONIER A FRUIT ROND Riss. et Poit. l. c. tab. 78.

Feuilles ovales, pointues, Fruits de grosseur moyenne, subglobuleux, lisses : épicarpe mince ; pulpe agréablement acide.

Tige droite, grisâtre. Rameaux épineux.

— LIMONIER PETIT CÉDRAT Riss. et Poit. l. c.

Feuilles allongées ; pétioles linéaires. Fruits petits, ovales, lisses, d'un jaune pâle : épicarpe épais, aromatique ; pulpe peu acide.

— LIMONIER D'ESPAGNE Riss. et Poit. l. c.

Feuilles elliptiques. Fruits petits, globuleux, lisses : épicarpe mince, d'un jaune pâle ; pulpe agréablement acide.

Tige élevée. Rameaux longs, assez érigés, munis de très-petites épines.

Selon les auteurs précités, il est peu de Limons qui, à volume égal, contiennent autant de suc d'un acide agréable.

— LIMONIER BALOTIN Riss. et Poit. l. c. tab. 79 et 80. —

Citrus Limonum Balotinum Lois. in Duham. ed. nov. vol. 7, p. 80.

Feuilles ovales, obtuses, ou pointues, dentelées. Fruits gros, arrondis, déprimés aux 2 bouts, terminés par un mamelon écrasé, obtus : épicarpe épais; pulpe acide.

Arbre fort-gros. Rameaux roides, peu divisés, érigés, munis de petites épines.

LIMONIER MELLAROSE Riss. et Poit. l. c. tab. 81.

Feuilles ovales-oblongues ou lancéolées, dentelées. Fruits de grosseur moyenne, arrondis, lisses, déprimés à la base, mamelonnés au sommet; épicarpe lisse; pulpe acide.

—LIMONIER PÉRETTE DE SAINT-DOMINGUE Riss. et Poit. l. c. tab. 82. — *Citrus Bergamia Peretta* Lois. in Duham. ed. nov. vol. 7, tab. 24, fig. 2.

Rameaux épineux. Feuilles petites, cunéiformes, mucronées. Fruits petits, pyriformes, lisses : style persistant; épicarpe épais; pulpe agréablement acide.

Tige grêle, grisâtre. Rameaux érigés, roides.

Cette variété, qu'on ne cultive à Nice que comme arbre d'agrément, est très-fréquente à Saint-Domingue.

— LIMONIER PÉRETTE SPATAFORE Riss. et Poit. l. c.

Feuilles ovales, pointues, légèrement dentées. Fruits de grosseur moyenne, pyriformes : style persistant; épicarpe assez mince; pulpe acide.

—LIMONIER PÉRETTE STRIÉE Riss. et Poit. l. c.

Feuilles ovales-oblongues; pétioles linéaires. Fruits striés et sillonnés, obovales, mamelonnés : épicarpe assez mince; pulpe acidule, sapide.

— LIMONIER PÉRETTE DE FLORENCE Riss. et Poit. l. c. tab. 83.

Rameaux épineux, effilés. Feuilles oblongues-spatulées, dentelées. Fruits subpyriformes, verruqueux, d'un jaune pâle : style souvent persistant ; épicarpe assez mince ; pulpe acide.

Arbre élevé. Rameaux longs, flexibles.

— LIMONIER PÉRETTE LONGUE Riss. et Poit. l. c.

Feuilles allongées, acuminées, dentées. Fruits oblongs, sub-claviformes, mamelonnés : épicarpe mince ; pulpe agréablement acide.

Tige faible. Rameaux longs, flexibles.

— LIMONIER ORDINAIRE Riss. et Poit. l. c. tab. 84. — *Citrus Limonum vulgare* Lois. in Duham. ed. nov. vol. 7, tab. 28, fig. 1 et 2.

Feuilles ovales-oblongues. Fruits ovales-oblongs, lisses ; épicarpe d'un jaune pâle, mince ; pulpe acide.

Tige élancée, lisse, grisâtre. Rameaux longs, touffus.

Cette variété est l'une des plus multipliées de celles qu'on cultive en pleine terre dans l'Europe australe. Les fruits de sa première floraison sont allongés, tandis que ceux des seconde et troisième floraisons sont pour la plupart arrondis.

— LIMONIER CÉRIESC Riss. et Poit. l. c. tab. 85. — *Citrus Limonum Ceriescum* Lois. in Duham. ed. nov. vol. 7, tab. 27, fig. 1 ad 7, et tab. 30, fig. 1 et 2.

Feuilles ovales-oblongues. Fruits gros, ovales ou arrondis, souvent tuberculeux, mamelonnés au sommet : épicarpe épais ; pulpe acidule.

« Ce sont les *Limoniers* principalement, disent MM. Risso et
» Poiteau, qui, dans la famille des Aurantaciées, présentent le
» plus grand nombre de variétés bizarres. L'espèce dont nous
» nous occupons l'emporte sur toutes les autres dans ses méta-
» morphoses ; ses fruits, naturellement ovales, se chargent quel-
» quefois d'excroissances en longues pointes droites ou courbées,
» roulées en spirale, imitant des doigts, des ergots, des cor-
» nes, etc. ; souvent plusieurs fruits sont greffés ensemble par le
» milieu et libres dans le reste ; d'autres affectent la forme d'une
» couronne : et ce sont les fleurs du printemps qui ordinairement
» produisent toutes ces monstruosités. »

— Limonier de Gaete Riss. et Poit. l. c. tab. 86. — *Citrus Limonum cajetanum* Lois. in Duham. ed. nov. vol. 7, p. 85.

Feuilles oblongues, pointues. Fruits gros, ovales-oblongs, tuberculeux : épicarpe épais, douceâtre ; pulpe acide.

Tige droite, peu élevée, d'un gris cendré. Rameaux longs, munis de petites épines.

— Limonier a fruit fusiforme Riss. et Poit. l. c. tab. 88.

Feuilles oblongues, arrondies au sommet, rétrécies à la base. Fruits allongés, rétrécis aux 2 bouts, un peu rugueux : épicarpe épais ; pulpe acide.

Tige droite, glabre. Rameaux très-longs, flexibles.

Cette variété, fort remarquable par la forme de son fruit, se cultive dans plusieurs jardins de Nice.

— Limonier a fruit oblong Riss. et Poit. l. c. tab. 88.

Feuilles ovales, pointues aux 2 bouts. Fruits oblongs, ventrus, lisses ou rugueux, d'un jaune pâle, terminés par un long mamelon : épicarpe assez épais ; pulpe agréablement acide.

Tige élancée. Rameaux nombreux, droits, longs, flexibles.

Cet arbre végète vigoureusement dans le midi de la France ; ses rameaux, longs et flexibles, se prêtent fort bien à l'espalier, et les jardiniers savent le palisser avec une régularité remarquable : on assure qu'il est moins sensible au froid que la plupart de ses congénères.

Limonier impérial Riss. et Poit. l. c. tab. 89. — *Citrus Limonum imperiale* Lois. in Duham. ed. nov. vol. 7, p. 86.

Feuilles ovales-oblongues, pointues aux 2 bouts. Fruits gros, obovales-oblongs, rugueux, mamelonnés au sommet : épicarpe épais ; pulpe acide.

Cet arbre, l'un des plus beaux de son genre, produit aussi des fruits remarquables par leur volume et par la qualité du suc qu'ils contiennent. Il est assez multiplié sur le territoire de Nice.

— Limonier Laure Riss. et Poit. l. c. — *Citrus Limon Laura* Lois. in Duham. ed. nov. vol. 7, p. 85.

Feuilles ovales-oblongues. Fruits très-gros, obovales-oblongs, souvent pyriformes, rugueux : épicarpe très-épais, d'un jaune pâle; pulpe acide.

Tige haute, vigoureuse, grisâtre. Rameaux longs, distants, munis de quelques épines.

— LIMONIER A GRAPPES Riss. et Poit. l. c. tab. 90.

Feuilles ovales-oblongues, dentelées. Fruits en grappe, de grosseur moyenne, oblongs, ventrus, souvent terminés par un bec courbé : épicarpe assez mince; pulpe acide.

Tige d'un gris foncé. Rameaux nombreux, divergents, munis de quelques épines très-courtes.

Cet arbre est recommandé comme très-productif.

LIMONIER DE REGGIO Riss et Poit. l. c. — *Citrus Limonum Rheginorum* Lois. in Duham. ed. nov. vol. 7, p. 87.

Feuilles oblongues, subspatulées. Fruits gros, ovales-oblongs, tuberculeux, mamelonnés au sommet : épicarpe épais, d'un jaune verdâtre; pulpe acidule.

Tige droite, très-élevée. Rameaux longs, flexibles, épineux.

Les fruits de ce Limonier sont produits en petit nombre; mais leur grosseur approche quelquefois de celle des *Limons impériaux*.

— LIMONIER DE SAINT RÉMI Riss. et Poit. l. c. — *Citrus Limonum Sancti Remi* Lois. in Duham. ed. nov. vol. 7, p. 86.

Feuilles ovales-lancéolées. Fruits gros, ovales-oblongs, tuberculeux, mamelonnés au sommet : épicarpe assez épais; pulpe acide.

Tige haute, d'un gris foncé. Rameaux droits, espacés, munis de quelques épines.

L'acide citrique se trouve en plus grande abondance dans le suc du *Limon de Saint Rémi* que dans celui de la plupart des autres Limons.

— LIMONIER DE NICE Riss. et Poit. l. c. tab. 91.

Feuilles ovales-oblongues, pointues aux 2 bouts. Fruit gros, tuberculeux, sillonné transversalement, terminé en mamelon : épicarpe rugueux; pulpe acide.

La hauteur moyenne de cet arbre est d'environ 12 pieds. Il diffère de la plupart des Limoniers par ses longs rameaux droits, élancés, sans aucune épine. Il n'est guère productif dans l'Europe méridionale.

— LIMONIER PARADIS Riss. et Poit. l. c.— *Citrus Limonum Paradisi* Lois. in Duham. ed. nov. vol. 7, p. 87.

Feuilles oblongues, rétrécies aux 2 bouts. Fruits gros, oblongs, mamelonnés au sommet : épicarpe très-épais, lisse, d'un jaune pâle ; pulpe presque nulle, légèrement acide.

Tige élevée. Rameaux assez longs, cassants, munis de petites épines.

La surface unie de ce fruit, sa forme allongée, sa pulpe en très-petite quantité ou nulle, le rendent très-facile à distinguer.

— LIMONIER FERRARIS Riss. et Poit. l. c. tab. 92. — *Citrus Limonum Ferrari* Lois. in Duham. ed. nov. vol. 7, p. 88.

Feuilles ovales-oblongues. Fruits gros, obovales, verruqueux terminés par un mamelon fort petit : épicarpe épais, d'un jaune vif; pulpe acidule.

Tige droite. Rameaux grêles, un peu inclinés, garnis de quelques petites épines.

Le *Ferraris* est une des variétés les plus belles et les plus rares de Limonier.

— LIMONIER AMALFI Riss. et Poit. l. c. tab. 93. — *Citrus Limonum Amalphitanum* Lois. in Duham. ed. nov. vol. 7, p. 88.

Feuilles ovales-lancéolées, souvent subspatulées. Fruits ovales-oblongs, subrugueux, rétrécis à la base, terminés en mamelon conique : épicarpe assez épais ; pulpe agréablement acide.

Tige haute, couverte d'une écorce cendrée. Rameaux nombreux, grêles, armés de longues épines.

Ce Limonier, rare aux environs de Nice, mérite cependant

d'être multiplié, à cause de la beauté de ses fruits, qui sont très-succulents.

— Limonier de Calcédoine Riss. et Poit. l. c.

Feuilles ovales-allongées. Fruits gros, ovales, d'un jaune verdâtre : épicarpe très-épais; pulpe acidule.

Tige haute, d'un gris foncé. Rameaux longs, espacés, fragiles.

La chair considérable de ce fruit et la petite quantité de pulpe qu'il renferme, le rapprochent beaucoup des Cédrats.

— Limonier a deux mamelons Riss. et Poit. l. c. tab. 94. — *Citrus Limonum bimamillatum* Lois. in Duham. ed. nov. vol. 7, tab. 27, f. 1.

Feuilles ovales-oblongues. Fruits de moyenne grosseur, obovales-oblongs, mamelonnés aux 2 bouts : épicarpe mince; pulpe agréablement acide.

Tige haute, cendrée. Rameaux diffus, munis de petites épines.

Cet arbre produit quelquefois des fruits irréguliers, divisés en cornes, en becs, en doigts, etc.

Section VIII. CÉDRATIERS ou CITRONNIERS VRAIS.

Tige arborescente. Rameaux courts, roides, inermes ou épineux. Feuilles oblongues, dentelées. Fleurs violettes en dehors. Fruits le plus souvent gros, verruqueux et sillonnés : chair (sarcocarpe) très-épaisse, tendre; pulpe légèrement acide.

Les *Cédratiers*, selon MM. Risso et Poiteau, se confondent dans beaucoup de variétés avec les *Limoniers*, ou plutôt plusieurs Limons à chair épaisse viennent se confondre avec le Cédrat, de telle sorte qu'on ne distingue plus la ligne de démarcation qui les séparait.

Le fruit du *Cédratier* était connu des anciens sous le nom de *Pomme de Médie*, parce qu'on le cultivait dans ce pays longtemps avant qu'il ne fût introduit en Europe. Théophraste est le premier qui en ait donné une description détaillée. Pline, en ajoutant quelques particularités à la description de Théophraste, lui appliqua le nom de *Citrus*. Il paraît que dès la fin du second siècle, le Cédratier abondait dans l'Europe méridionale.

Dans les pays où les Cédratiers sont communs, on retire de leurs fruits une huile essentielle limpide, d'un jaune verdâtre, un peu plus légère que celle des Limons, et d'un arome très-suave. Cette essence entre dans la composition de l'*Eau de Cologne*, et elle sert de base à plusieurs autres eaux de toilette. L'écorce des Cédrats est d'un emploi fréquent chez les confiseurs et chez les liquoristes ; les pharmaciens en font aussi diverses préparations. Les anciens vantaient les qualités bienfaisantes de ce fruit, et ils le regardaient comme un antidote.

Voici les variétés de Cédratiers décrites par MM. Risso et Poiteau :

a) *Poncires.*

— CÉDRATIER ORDINAIRE Riss. et Poit. l. c. tab. 96. — *Malus medica* Bauh. — *Citrus medica* Linn.

Feuilles oblongues, pointues. Fruit souvent gros, obovale-oblong, jaune, verruqueux, sillonné : chair épaisse ; pulpe acide.

Tige droite, d'un gris rayé de blanc. Rameaux roides, divisés, munis [de longues épines. Fruit d'abord pourpre : il verdit ensuite, et devient, dans sa maturité, d'un beau jaune safran.

Sur les bords de la Méditerranée, cet arbre, dont le port est très-majestueux, s'élève jusqu'à vingt pieds et plus.

— CÉDRATIER A FRUIT EN CALEBASSE Riss. et Poit. l. c.

Feuilles oblongues, larges, crépues. Fruits gros, lagéniformes, subrugueux : chair très-épaisse ; pulpe peu abondante.

— CÉDRATIER PONCIRE Riss. et Poit. l. c. tab. 98.

Feuilles ovales. Fruits gros, ovales, tuberculeux et rugueux, d'un jaune pâle : chair très-épaisse ; pulpe acide.

Le *Poncire*, connu aussi sous le nom de *Cédrat monstrueux*, est peu multiplié, et cultivé seulement par les curieux. On ne l'admet pas dans le commerce, parce qu'il se froisse facilement et qu'il passe en peu de temps à la fermentation putride.

— Cédratier a gros fruit Riss. et Poit. l. c. tab. 97 et 98.
— *Citrus medica fructu maximo* Lois. in Duham. ed. nov.

Feuilles oblongues. Fruit très-gros, oblong, fortement tuberculeux et mamelonné à toute la surface, d'un jaune pâle : chair très-épaisse ; pulpe verdâtre, acide.

Tige haute, très-vigoureuse. Rameaux diffus, garnis de longues épines très-aiguës.

Les fruits de ce Cédratier, qu'on connaît aussi sous le nom de *Cédratier de Gênes*, sont les plus gros du genre. Il leur faut une exposition très-abritée et de fréquents arrosemens en été.

— Cédratier a fruit cornu Riss. et Poit. l. c. — *Citrus medica fructu cornuto* Lois. in Duham. ed. nov.

Feuilles ovales-oblongues. Fruits gros, corniculés : chair très-épaisse ; pulpe acide.

b) Vrais Cédrats.

— Cédratier de Salo Riss. et Poit. l. c. tab. 99. — *Citrus medica saloniana* Lois. in Duham. ed. nov. vol. 7, tab. 24, fig. 4.

Feuilles oblongues, dentelées. Fruits de grosseur moyenne, ovales, lisses, terminés en gros mamelon : chair épaisse ; pulpe agréablement acide.

Tige de moyenne hauteur. Rameaux diffus, munis d'épines.

Cet arbre, fréquemment cultivé dans les jardins de l'Italie, résiste mieux aux hivers du midi de la France que le *Cédratier de Florence*. Ses fruits sont recherchés dans le commerce.

— Cédratier a fleurs doubles Riss. et Poit. l. c.

Feuilles oblongues. Fleurs doubles ou semi-doubles. Fruits arrondis, prolifères : chair épaisse ; pulpe acidule.

Le *Cédratier à fleurs doubles* est fort vigoureux, quoique d'une moyenne hauteur ; la plupart de ses fleurs sont semi-doubles et stériles ; ses fruits en renferment presque toujours un autre dans leur intérieur, et ils affectent différentes formes plus ou moins bizarres.

— Cédratier a fruit doux Riss. et Poit. l. c.

Feuilles oblongues, pointues. Fruits de grosseur moyenne, oblongs, acuminés, rugueux : chair épaisse ; pulpe douce.

Cette variété, observent MM. Risso et Poiteau, ayant les fleurs purpurines en dehors et le suc de la pulpe non-acide, se range naturellement parmi les Lumies.

— CÉDRATIER DE FLORENCE Riss. et Poit. l. c. tab. 102. — *Citrus medica florentina* Desf. Cat. Hort. Par. — Lois. in Duham. ed. nov. vol. 7, tab. 24.

Feuilles ovales. Fruits de grosseur moyenne, coniques, acuminés : chair épaisse ; pulpe acide.

Tige peu élevée, grisâtre. Rameaux droits, épineux.

« Cette variété, disent MM. Risso et Poiteau, est une des plus » belles et des plus justement recherchées de toute la tribu des » *Cédratiers*. L'arbre plaît à la fois par la beauté de son port, la » fraîcheur de son feuillage, par le grand nombre de ses fleurs, » qui exhalent, même au milieu de l'hiver, le parfum le plus » agréable. Si l'on ajoute à ces agréments qu'il l'emporte sur tous » les autres par l'arome et la délicatesse de sa chair, on con- » viendra que le Cédratier de Florence est une précieuse acquisi- » tion pour l'agriculture. »

Une particularité fort remarquable et digne de toute l'attention des physiologistes, c'est qu'à quelques degrés au-dessous de zéro du thermomètre de Réaumur, les fleurs de ce Cédratier et de quelques autres noircissent et se dessèchent ; les fruits mûrs gèlent et tombent en putréfaction, tandis que les jeunes fruits à peine développés des mêmes arbres résistent à cette basse température et continuent à prendre de l'accroissement.

— CÉDRATIER A FRUIT ALLONGÉ Riss. et Poit. l. c. — *Citrus medica fructu elongato* Lois. in Duham. ed. nov. (excl. syn.)

Feuilles ovales-allongées. Fruits petits, ovales-oblongs, longuement acuminés : chair épaisse ; pulpe acide.

On confond habituellement ce *Cédratier* avec le précédent.

— CÉDRATIER A FRUIT RUGUEUX Riss. et Poit. l. c. tab. 103.

Feuilles oblongues, acuminées. Fruits petits, rugueux, mamelonnés, relevés de côtes saillantes : chair épaisse ; pulpe verdâtre, peu succulente, légèrement acide.

Cette variété est cultivée dans quelques jardins de Nice.

c) *Cédratiers limonés.*

— CÉDRATIER DE ROME Riss. et Poit. l. c. tab. 104.

Feuilles oblongues, dentées. Fruits pyriformes, lisses, mamelonnés : chair épaisse; pulpe acide.

— CÉDRATIER A FRUIT SILLONNÉ Riss. et Poit. l. c. — *Citrus medica fructu sulcato* Lois. in Duham. ed. nov. vol. 7, tab. 35, fig. 2.

Feuilles ovales, pointues. Fruits de grosseur moyenne, coniques, souvent irréguliers, profondément sillonnés et tuberculeux : chair épaisse; pulpe acide.

— CÉDRATIER A FRUIT A CÔTES Riss. et Poit. l. c. tab. 105, et 106 bis.

Feuilles obovales, pointues, petites. Fruit gros, ovale-arrondi, légèrement mamelonné, relevé d'un grand nombre de côtes peu saillantes : chair très-épaisse, blanche; pulpe en petite quantité, très-acide.

Cette variété est l'une des plus intéressantes par l'épaisseur et les qualités de la chair de ses fruits, qui sert à faire d'excellentes confitures et à aromatiser les liqueurs.

— CÉDRATIER A FRUIT GLABRE Riss. et Poit. l. c.

Feuilles allongées. Fruits ovales, glabres, terminés en mamelon conique : chair épaisse ; pulpe acide.

Tige assez élevée. Rameaux étalés, nombreux, diffus.

— CÉDRATIER A FRUIT LIMONIFORME Riss. et Poit. l. c. tab. 107.

Feuilles ovales ou obovales. Fruits ovales, presque glabres : chair épaisse; pulpe jaune, légèrement acide.

— CÉDRATIER A PETIT FRUIT Riss. et Poit. l. c.

Feuilles ovales-oblongues, dentelées. Fruits petits, presque coniques, rugueux : chair épaisse; pulpe acide.

SEIZIÈME FAMILLE.

LES ZYGOPHYLLÉES.—*ZYGOPHYLLEÆ*.

(*Rutacearum* sectio I, Juss. Gen. — *Zygophylleæ* R. Brown, Gen.
Rem. in Flind. Voy. vol. II, p. 545. — De Cand. Prodr. vol. I,
p. 703.—Juss. fil. Rutaceæ, pag. 67. — Bartl. Ord. Nat. p. 390.)

Cette famille, qui se compose d'environ cinquante espèces, est dispersée dans les zones tempérées des deux
hémisphères. On n'a observé qu'un petit nombre d'espèces dans la zone équatoriale, et il n'en croît aucune
dans les contrées boréales.

La plupart des *Zygophyllées* n'offrent qu'un intérêt
purement scientifique ; toutefois les Gayacs, végétaux
importants à cause de leurs propriétés médicinales, appartiennent à ce groupe. Plusieurs autres Zygophyllées contribuent à orner les serres.

Caractères de la Famille.

Arbres, ou *arbrisseaux*, ou *herbes*. Ramules à peu près
cylindriques, souvent noueux avec articulation.

Feuilles opposées, imparipennées, ou paripennées,
(rarement simples) : pétiole commun mucroné ; folioles
sessiles, entières, presque toujours opposées, inéquilatérales, non-ponctuées. Stipules latérales.

Fleurs régulières (par exception irrégulières), hermaphrodites. Pédoncules uniflores ou moins fréquemment bi- ou triflores, solitaires, ou rarement fasciculés,
axillaires, ou plus souvent naissants entre les deux stipules d'une paire de feuilles.

Calice inadhérent, persistant, ou caduc, 4- ou 5-
parti : estivation imbricative ou très-rarement valvaire.

Disque oblitéré, ou annulaire et sinué, ou composé de glandules distinctes, hypogyne.

Pétales 4 ou 5, hypogynes, onguiculés, interpositifs, fort petits avant l'anthèse : estivation convolutive.

Étamines hypogynes, libres, caduques, en nombre double des pétales. Filets dilatés à la base, inappendiculés, ou naissants à la face externe d'une languette squamiforme. Anthères ovales, basifixes ou supra-basifixes, à 2 bourses parallèles, juxtaposées, introrses ; connectif oblitéré, inappendiculé.

Pistil : Ovaire indivisé, à 4 ou 5 loges opposées aux pétales. Ovules géminés ou en plus grand nombre dans chaque loge, suspendus à l'angle interne, ou rarement ascendants. Style simple. Stigmate simple ou lobé.

Péricarpe : Tantôt capsule sèche ou légèrement charnue, 4- ou 5-loculaire, septicide, ou loculicide, ou à la fois septicide et loculicide ; tantôt, mais rarement, se séparant en plusieurs coques indéhiscentes, à plusieurs compartiments transverses, monospermes.

Graines le plus souvent en nombre moindre des ovules, tantôt comprimées et scabres, tantôt ovoïdes et lisses. Test mince. Périsperme corné (par exception nul), blanchâtre. Embryon vert : radicule éloignée du hile ; cotylédons foliacés.

La famille est constituée par les genres suivants :

Ire TRIBU. **TRIBULÉES.** — *TRIBULEÆ.*

Carpelle indéhiscent, monosperme, ou à plusieurs compartiments transverses monospermes. Périsperme nul.

Tribulus Linn.—*Ehrenbergia* Martius. — *Kallstrœmia* Scop.

II᷎ TRIBU. ZYGOPHYLLÉES VRAIES. — *ZYGOPHYLLEÆ GENUINÆ.*

Capsule à plusieurs loges ordinairement déhiscentes. Graines nombreuses, ou par avortement solitaires. Périsperme plus ou moins épais.

Fagonia Linn. — *Seezenia* R. Br. — *Rœpera* Juss. fil. — *Zygophyllum* Linn. (Fabago Tourn.) — *Larrea* Cavan. — *Porlieria* Ruiz et Pav. — *Guajacum* Linn.

　　　　Genres voisins des Zygophyllées :

Chitonia Moç. et Sess. — *Melianthus* Linn.

Ire TRIBU. TRIBULÉES. — *TRIBULEÆ* Juss. fil.

Style court. Stigmate large, à 5-10 côtes. Péricarpe à loges indéhiscentes, tuberculeuses ou épineuses en dehors, divisées en dedans en plusieurs compartiments transverses, monospermes (sans avortement). Périsperme nul.

(Cette tribu n'offre aucune plante assez remarquable pour être décrite ici.)

IIe TRIBU. ZYGOPHYLLÉES VRAIES. — *ZYGO-PHYLLEÆ VERÆ* Juss. fil.

Style aminci au sommet en stigmate simple ou 4-5-fide. Loges du péricarpe ordinairement déhiscentes, inermes en dehors, non-cloisonnées en dedans, à plus d'une graine, ou, par avortement, à une seule graine. Périsperme corné.

Genre FABAGELLE. — *Zygophyllum* Linn.

Calice 5-parti : lanières un peu inégales. Pétales 5, onguiculés. Étamines 10 ; filets un peu inégaux, appendiculés. Gy-

nophore convexe ou concave, court (quelquefois nul). Ovaire
5-loculaire, pentagone; loges bi- ou pluri-ovulées. Style
simple. Stigmate pointu. Capsule pentagone ou pentaptère,
5-loculaire. 5-valve, septicide, ou rarement loculicide.
Graines subréniformes, comprimées, scabres, suspendues.
Périsperme mince.

Arbrisseaux, ou sous-arbrisseaux, ou herbes. Feuilles con-
juguées : folioles souvent charnues, planes, ou rarement cylindracées; pétiole souvent aplati, quelquefois presque nul.
Stipules membraneuses. Pédicelles solitaires ou géminés, inter-stipulaires. Pétales rouges, ou blancs, ou jaunes, souvent
marqués d'une tache basilaire violette ou rougeâtre.

Les *Fabagelles* croissent dans l'Afrique australe et dans
l'Afrique boréale, ainsi qu'en Orient; une espèce aussi a été
observée au Mexique, et une autre dans l'Amérique méridionale. Le nombre des espèces connues est de vingt; nous allons en décrire quelques-unes qu'on cultive dans les jardins,
ou dans les serres, comme plantes d'ornement.

FABAGELLE COMMUN. — *Zygophyllum Fabago* Linn.

Feuilles bifoliolées, pétiolées; folioles planes, glabres, obovales. Pédicelles dressés. Calices glabres. Pétales indivisés.

Herbe vivace, touffue, haute de 2 pieds. Pétales blancs, maculés d'orange.

Cette espèce croît en Crimée et dans l'Asie mineure.

FABAGELLE FÉTIDE. — *Zygophyllum fœtidum* Schrad. et
Wendl. Sert. Hannov. tab. 9. — Bot. Mag. tab. 372.

Feuilles bifoliolées, pétiolées; folioles planes, glabres, obovales. Fleurs nutantes. Pétales réfléchis, incisés.

Arbrisseau. Pétales de couleur orange, marqués d'une tache
purpurine.

Cette espèce croît au cap de Bonne-Espérance.

FABAGELLE MORGSANE. — *Zygophyllum Morgsana* Linn.
— Dillen. Elth. tab. 116, fig. 141.

Feuilles bifoliolées, courtement pétiolées; folioles planes, glabres, obovales; pétiole spinescent. Fleurs nutantes. Capsules bouffies, 4-ou-5-ptères.

Arbrisseau tortueux, haut de 3 à 4 pieds. Fleurs jaunes.

Cette espèce croît au cap de Bonne-Espérance.

ZYGOPHYLLE A RAMEAUX RECOURBÉS. — *Zygophyllum retro-fractum* Jacq. Schœnb. tab. 354. (an Thunb?)

Feuilles bifoliolées, sessiles; folioles obovales, obtuses, planes, glabres. Stipules lancéolées, pointues. Pédoncules dressés, de la longueur des feuilles. Pétales très-entiers. Capsules subglobuleuses, à côtes carénées.

Arbrisseau touffu, glabre, roide, toujours vert; haut de 3 à 4 pieds. Rameaux diffus et recourbés dans leur vieillesse. Fleurs d'un pouce de diamètre, d'un jaune foncé.

Cette espèce habite le cap de Bonne-Espérance.

Genre PORLIÉRIA. — *Porlieria* Ruiz et Pav.

Calice 4-parti. Pétales 4, courtement onguiculés. Étamines 8; filets appendiculés à la base. Gynophore court. Ovaire 4-sulqué, à 4 loges quadriovulées. Ovules suspendus. Styles 4, soudés presque jusqu'au sommet. Péricarpe charnu, globuleux, quadrilobé, 4-loculaire. Graines solitaires par avortement, ovoïdes, lisses. Périsperme épais. Embryon courbé.

L'espèce dont nous allons parler constitue à elle seule le genre.

PORLIÉRIA HYGROMÉTRIQUE. — *Porlieria hygrometrica* Ruiz. et Pav. Flor. Peruv. vol 4, ined. tab. 343 (ex Sweet. Hort. Brit.) — Juss. fil. Rutac. tab. 16, n° 6.

Arbrisseau à rameaux roides, étalés. Feuilles opposées, paripennées (de leur aisselle naissent des ramules alternes, ou bien une autre paire de feuilles portée sur un ramule presque nul, et, dans ce cas, les feuilles paraissent comme fasciculées-ternées); folioles subopposées, 7-ou 8-juguées, linéaires. Stipules petites, spinescentes. Pédicelles fasciculés.

Cette plante croît au Pérou et au Chili. Ses folioles, étalées quand l'atmosphère est pur, s'appliquent les unes contre les autres à l'approche d'une pluie.

Genre GAYAC. — *Guajacum* Linn.

Calice 5-parti : lanières inégales. Pétales 5, onguiculés. Étamines 10; filets inappendiculés. Ovaire stipité, 2-5-gone, 2-5-loculaire; loges à 8 ovules suspendus. Style court, pointu. Péricarpe courtement stipité, légèrement charnu, 2-5-loculaire, à 2-5 angles saillants, comprimés. Graines solitaires par avortement, ovoïdes, lisses, pendantes. Périsperme épais. Embryon subrectiligne.

Arbres à bois très-dur. Ramules noueux avec articulation, opposés tantôt à une feuille, tantôt à un autre ramule plus court. Feuilles opposées, paripennées; folioles au nombre de 2 à 14, coriaces, réticulées. Pédicelles inter-stipulaires, géminés. Fleurs bleues. Anthères spiralées après l'anthèse.

Les *Gayacs* sont remarquables par la beauté de leurs fleurs et par la dureté de leur bois. Celui-ci, d'une saveur amère un peu âcre, possède des propriétés stimulantes, diaphorétiques, diurétiques et légèrement purgatives. Les vertus médicinales de ce bois, qui se retrouvent aussi dans l'écorce, les feuilles et les fleurs, sont dues à une gomme-résine, laquelle découle spontanément des arbres.

Le bois de Gayac, à cause de sa grande dureté, s'emploie aux Antilles à la construction des roues de moulins à sucre, et à des manches d'outils ou autres ustensiles. On le recherche pour les poulies dont on se sert sur les navires. Susceptible d'un beau poli, les menuisiers, les ébénistes et les tourneurs en tirent souvent parti.

Tous les *Gayacs* habitent l'Amérique équatoriale. On en connaît cinq espèces; les plus intéressantes sont les deux suivantes :

GAYAC OFFICINAL. — *Guajacum officinale* Linn. — Lamk. Ill. tab. 342. — Pluck. tab. 35, fig. 4. — Clus. Exot. p. 314.

Ic. — Sloan. Hist. tab. 222, fig. 3. — Tussac, Flor. Antill.
v. 4, tab. 35. — Turp. in Dict. des Sciences Nat. et in Flor.
Méd. Ic. — Juss. fil. Rutac. tab. 16, n° 7.

Feuilles à 2 ou 3 paires de folioles ob ovales ou ovales, obtuses.

Arbre s'élevant à environ 40 pieds, sur 4 à 5 pieds de circonférence. Bois d'un brun jaunâtre, à veines fortement curvilignes; écorce lisse, épaisse, grisâtre. Rameaux glabres, nombreux, articulés. Folioles longues de 1 1/2 pouce, larges de 1
pouce. Baie subcordiforme, à 2 angles un peu comprimés sur les
côtés, tronquée au sommet, mucronulée.

Cet arbre croît aux Antilles et dans l'Amérique méridionale.
Les naturels de la Guiane l'appellent *Guaïac*, nom qui a passé
dans notre langue.

« Le Gayac, dit M. de Tussac, sous plusieurs rapports, tient
» un des premiers rangs dans le règne végétal; son bois est pres-
» que le seul employé (aux Antilles) dans les constructions navales
» pour faire des moufles et des poulies; les fabricants de meu-
» bles en font aussi des roulettes pour les lits et pour les tables.
» Dans les cantons où cet arbre est commun, on l'emploie à faire
» des poteaux; car son bois, au lieu de pourrir dans la terre, s'y
» durcit.

» Il sort abondamment du tronc de cet arbre une résine d'une
» odeur aromatique agréable, et d'un jaune un peu verdâtre, dont
» les médecins et les empiriques font un fréquent usage dans le
» pays comme dépurative, antisyphilitique, antiscorbutique, etc.
» Les dames créoles, pour conserver leurs dents et préserver
» les gencives des atteintes du scorbut, ont l'habitude de se
» rincer la bouche tous les matins, avec de l'eau contenant quel-
» ques gouttes d'une dissolution de résine de Gayac dans du rum.
» On retire de la pulpe qui enveloppe les graines de gayac, une
» huile très-amère, qui est un purgatif très-violent. On se sert
» quelquefois des feuilles de gayac pour blanchir le linge; il
» paraît que ces feuilles contiennent beaucoup de potasse. »

GAYAC A FEUILLES DE LENTISQUE. — *Guajacum sanctum*
Linn. — Commel. Hort. 1, tab. 88. — Plucken. tab. 94, fig. 4.

Feuilles à 5-7 paires de folioles ovales, obtuses, mucronulées;
pétioles et ramules pubescents.

Arbre moins élevé que le *Gayac officinal*. Bois jaune;
écorce épaisse, noirâtre en dehors. Rameaux noueux. Fruit tétragone.

Cette espèce croît dans les mêmes contrées que la précédente.

GENRES VOISINS DES ZYGOPHYLLÉES.

Genre MÉLIANTHE. — *Melianthus* Linn.

Calice grand, coloré, 5-parti; lanières inégales : l'inférieure plus courte, écartée des supérieures, gibbeuse et cuculliforme vers la base, munie en dedans d'une glandule necta-
rifère. Pétales 5, plus courts que le calice, liguliformes : les
4 inférieurs déclinés, libres à la base et au sommet, cohérents vers le milieu; le supérieur très-court ou nul. Étamines 4, hypogynes : les 2 supérieures libres; les 2 inférieures
plus courtes, connées par leur base; anthères incombantes.
Ovaire 4-sulqué, à 4 loges incomplètes vers leur sommet,
chacune à 2-4 ovules attachés au bord des cloisons. Style
simple, tubuleux, courbé en dedans au sommet. Stigmate
subquadrifide. Capsule accompagnée des enveloppes florales
marcescentes, membraneuse, bouffie, loculicide 4-valve, à
4 angles ailés : loges 4, incomplètes, monospermes. Graines
subglobuleuses, luisantes. Périsperme charnu, épais. Embryon axile, verdâtre, subcylindracé : cotylédons linéaires-
ovales, un peu plus longs que la radicule.

Arbrisseaux. Feuilles alternes, imparipennées; folioles
dentelées, inéquilatérales, décurrentes d'un côté; pétiole ailé
entre les folioles, nu à la base. Stipules tantôt latérales et distinctes, tantôt soudées en une seule très-grande, intra-pétio-
laire, adnée. Grappes axillaires ou terminales; pédicelles
courts, unibractéolés. Estivation des sépales convolutive.
Pétales cotonneux vers leur partie moyenne.

Les *Mélianthes* croissent au cap de Bonne-Espérance. On
les cultive dans les serres tempérées, plutôt à cause de l'élé-

gance de leur feuillage que pour la beauté de leurs fleurs. Le nom de *Mélianthe* fait allusion au miel que ces fleurs contiennent en grande abondance. Le genre se compose des trois espèces suivantes :

MÉLIANTHE A LARGES FOLIOLES. — *Melianthus major* Linn. — Lamk. Ill. tab. 552. — Bot. Reg. tab. 45.

Folioles glabres aux deux faces. Stipules connées, ovales. Grappes pyramidales, dressées. Loges 4-ou 5-ovulées.

Arbrisseau haut de 7 à 8 pieds. Racines traçantes. Feuilles grandes, persistantes ; folioles glauques, ovales-oblongues, longues de 2 à 3 pouces. Fleurs d'un rouge-brun. Bractées ovales, pointues. Les 2 divisions supérieures du calice oblongues ; les 2 autres lancéolées. Capsules grosses, quadrifides.

Les feuilles de cette plante ont une odeur analogue à celle de l'*Iris fétide*. La glande calicinale suinte pendant tout le temps de la floraison une liqueur noirâtre, dont la saveur est un peu vineuse. Cette matière, dont les Hottentots font leurs délices, est si abondante, qu'elle se répand sur les feuilles et sur le sol.

On peut cultiver ce Mélianthe en pleine terre, aux environs de Paris, en le plantant au pied d'un mur exposé au midi, et en le couvrant pendant les gelées. On multiplie l'espèce de rejetons ainsi que de boutures.

MÉLIANTHE A FOLIOLES ÉTROITES. — *Melianthus minor* Linn. — Bot. Mag. tab. 301.

Folioles glabres en dessus, incanes en dessous. Ramules légèrement cotonneux. Stipules distinctes, linéaires. Grappes axillaires, denses. Loges 4-ou 5-ovulées.

Arbrisseau haut de 4 à 6 pieds. Feuilles persistantes ; folioles ovales-oblongues, étroites, longues de 2 à 4 pouces. Fleurs rougeâtres. Capsule cotonneuse, de la grosseur d'une petite Noix.

MÉLIANTHE VELU. — *Melianthus comosus* Vahl. — Commel. Rar. v. 4, tab. 4.

Folioles velues en dessus, cotonneuses en dessous. Stipules distinctes. Bractées cordiformes. Grappes lâches, pendantes, extra-axillaires. Loges biovulées.

DIX-SEPTIÈME FAMILLE.

LES RUTACEES. — *RUTACEÆ*.

(*Rutaceæ* Bartl. Ord. Nat. p. 389. — *Rutacearum* Genn. Juss. — De
Cand. — *Ruteæ* Juss. fil. Mém. Rutac. p. 78.)

Ce groupe, établi par M. Adrien de Jussieu sous le
nom de *Rutées*, ne renferme que quelques-uns dés genres des Rutacées de l'illustre auteur du Genera.

Les *Rutacées* croissent dans la zone tempérée de l'hémisphère septentrional et principalement dans les contrées voisines de la Méditerranée. On n'en a observé aucune en Amérique. Le nombre de toutes les espèces
connues ne se monte pas à plus de trente. Caractérisées
par une saveur amère particulière et par une odeur très-
pénétrante, la plupart de ces plantes agissent d'une manière énergique sur l'économie animale. Aussi la Rue
occupait-elle une des premières places dans la thérapeutique, dès le temps d'Hippocrate.

CARACTÈRES DE LA FAMILLE.

Herbes ou *Sous-arbrisseaux*. Tiges et rameaux cylindriques.

Feuilles éparses, composées, ou décomposées, rarement simples, presque toujours parsemées de glandules
transparentes ponctiformes. Stipules nulles.

Fleurs hermaphrodites, régulières, terminales, jaunes ou rarement blanches, solitaires ou disposées en
cime.

Calice persistant, 4- ou 5-parti : estivation imbricative.

Gynophore épais, stipitiforme, peu adhérent au calice,

souvent muni de glandules ponctiformes placées devant les étamines.

Pétales 4 ou 5, hypogynes, caducs, interpositifs, onguiculés, souvent cuculliformes : estivation contortive ou convolutive.

Étamines hypogynes, caduques, en nombre double (rarement en nombre triple) des pétales. Filets libres, ou monadelphes par leur base. Anthères dressées, oblongues, obtuses, échancrées à la base, à deux bourses parallèles, juxta-posées, déhiscentes longitudinalement; connectif non-surmonté d'une glandule.

Pistil : Ovaire 4- ou 5-loculaire (par exception 3-loculaire): loges opposées aux pétales. Ovules en nombre indéfini, ou, par exception, en nombre défini. Style indivisé, dressé, filiforme ou triquètre. Stigmate obtus, 3- ou 5-sulqué, ou anguleux.

Péricarpe : Capsule 3-4- ou 5-coque : coques disjointes vers leur sommet, s'ouvrant par la suture antérieure ou très-rarement par la suture postérieure, le plus souvent polyspermes. Placentaires axiles.

Graines suspendues ou adnées, réniformes, scrobiculées, non-arillées. Périsperme charnu. Embryon inclus, arqué : radicule supère ; cotylédons linéaires ou oblongs, foliacés en germination.

Voici les genres qui constituent la famille des Rutacées.

Peganum Linn. — *Ruta* Linn. — *Aplophyllum* Juss. fil. — *Bœnnighausenia* Reichenb.

Genre ayant de l'affinité avec les Rutacées :

Cyminosma Gaertn. (Jambolifera Linn. Gela Lour.)

Genre PÉGANE. — *Peganum* Linn.

Calice 5-parti, persistant; lanières entières ou pennatifides, linéaires. Pétales 5, presque égaux, entiers, trinervés. Étamines 15, plus courtes que les pétales : quelques-unes abortives; filets glabres, ailés à la base ; anthères linéaires-oblongues. Disque épais, court, cupuliforme, pétalifère et staminifère au bord. Ovaire stipité, globuleux, trilobé, à 3 loges multiovulées. Ovules appendants. Style simple, dressé, claviforme au sommet, tordu en spirale après la floraison. Capsule tricoque, sphérique, loculicide-trivalve.

On ne connaît de ce genre que l'espèce dont nous allons parler.

Pégane Harmel. — *Peganum Harmala* Linn. — Juss. fil Rutac. tab. 16, n° 8. — Lamk. Ill. tab. 401. — Bull. Herb. tab. 343. — Flor. Græc. tab. 456.

Herbe vivace, rameuse, haute d'environ 2 pieds. Tiges ascendantes, flexueuses. Feuilles non-ponctuées, sessiles, multifides : lanières linéaires. Stipules sétiformes. Pédoncules oppositifoliés, subterminaux, uniflores, plus courts que les feuilles. Pétales blancs, veinés de vert.

Cette plante croît en Orient et dans l'Europe australe. Les Arabes lui donnent le nom de *Harmel*. Toutes ses parties exhalent une odeur désagréable lorsqu'on les froisse. On assure qu'elle possède des vertus anthelmintiques, emménagogues et sudorifiques.

Genre RUE. — *Ruta* Linn.

Calice court, 4-parti. Pétales 4, plus longs que les sépales, onguiculés : lame cuculliforme, souvent laciniée ou sinuée. Étamines 12; filets subulés, glabres : les 4 antépositifs plus courts que les pétales; les 8 interpositifs plus longs; anthères ovales, obtuses. Gynophore court, élargi à la base, muni à son pourtour de 8 glandules nectarifères. Ovaires 4, accolés inférieurement contre un axe central, chacun à 6-12 ovules bisériés, adnés; placentaire épais. Style indivisé, naissant du sommet de l'axe central. Stigmate terminal, 4-sulqué. Capsule à 4 coques libres vers leur sommet, déhiscentes par la face antérieure.

Herbes vivaces, ou sous-arbrisseaux. Feuilles pennées ou décomposées, ponctuées. Ramules florifères axillaires ou terminaux, tantôt dichotomes, tantôt irrégulièrement rameux, nus ou bractéolés. Fleurs jaunes, ou rarement blanches, disposées en grappes ou en corymbes cimeux ; (le plus souvent il naît dans les bifurcations une fleur sessile, dont toutes les parties sont en nombre quinaire.)

Ce genre se compose de dix espèces, réparties entre les différentes contrées de la zone tempérée de l'hémisphère septentrional. L'odeur des *Rues* est fort désagréable ; leur saveur, âcre et amère. Elles ont des propriétés stimulantes, antispasmodiques, antihystériques, emménagogues et anthelmintiques.

Voici les espèces les plus remarquables :

RUE COMMUNE. — *Ruta graveolens* Linn. — Blackw. Herb. tab. 7. — Bull. tab. 85. — Turp. in Fl. Méd. Ic.

Feuilles surdécomposées (à contour ovale) : folioles obovales-spatulées, presque égales. Pétales entiers, obtus aux 2 bouts. Coques arrondies au sommet.

Racine ligneuse, rameuse. Tiges hautes de 1 ¹/₂ à 2 pieds, dressées, très-glabres ainsi que toute la plante, glauques, ponctuées, suffrutescentes. Pennules inférieures des feuilles plus longues que les pennules supérieures ; folioles un peu charnues. Sépales ovales, pointus. Pétales jaunes.

La *Rue commune* abonde dans l'Europe australe, et elle se cultive fréquemment dans les jardins. Malgré son odeur et sa saveur désagréables, les anciens Romains en assaisonnaient souvent leurs aliments, et de nos jours encore on la mange en salade, en Italie. Cette plante, qui jadis formait la base de plusieurs préparations pharmaceutiques, ne s'emploie guère maintenant que dans la composition du *Vinaigre des quatre voleurs*.

RUE A FEUILLES ÉTROITES. — *Ruta angustifolia* Pers. Ench. — Reichenb. Plant. Crit. vol. 8, Ic. 1062.

Feuilles glauques (à contour oblong), décomposées ; folioles cunéiformes-oblongues, presque égales. Pétales fimbriés. Coques dressées, cuspidées.

Sous-arbrisseau à tiges ascendantes. Fleurs jaunes.

Cette espèce, indigène dans l'Europe australe, est cultivée dans les orangeries, comme plante d'ornement.

Rue a feuilles pennées. — *Ruta pinnata* Linn. — Bot. Reg. tab. 307.

Feuilles à 5 ou 7 folioles distantes, discolores, oblongues ou oblongues-lancéolées, obtuses, crénelées, rétrécies en pétiolule. Cimes axillaires et terminales, pauciflores, rapprochées en panicule feuillée. Pétales entiers, ondulés.

Arbrisseau haut de 3 à 4 pieds. Tige dressée. Feuilles glabres, étalées, pétiolées : les supérieures sessiles, unifoliolées. Fleurs jaunes.

Cette Rue croît aux Canaries. On la cultive pour l'ornement des orangeries.

DIX-HUITIÈME FAMILLE.

LES DIOSMÉES. — *DIOSMEÆ*.

(*Rutacearum* genn. Juss. — De Cand. — *Diosmearum* genn. R. Brown. —
Diosmeæ Juss. fil. Mém. Rutac. pag. 83. — Bartl. Ord. Nat. p. 229.)

Parmi les familles qui composent la classe des Térébinthinées, celle des *Diosmées* est la plus riche en espèces, et la plus importante sous le rapport thérapeutique. Les écorces des Diosmées américaines contiennent en général un principe fortement amer, astringent, doué de vertus fébrifuges et anthelmintiques très-efficaces. La célèbre *Écorce d'Angusture* provient d'un arbre de ce groupe. Plusieurs autres Diosmées servent aux Brésiliens en guise de Quinquina. Les glandules des feuilles des Diosmées renferment des huiles essentielles, odorantes et aromatiques dans beaucoup d'espèces; mais fétides dans d'autres. Les fleurs, qui exhalent souvent des parfums délicieux, flattent les yeux par l'élégance de leurs formes ou par l'éclat de leurs couleurs.

On connaît environ cent quatre-vingts espèces de Diosmées. Presque toutes croissent dans l'Australasie, dans les contrées de l'Afrique voisines du cap de Bonne-Espérance, et dans l'Amérique méridionale. Les Dictames ou Fraxinelles sont les seuls représentants de la famille, dans la zone tempérée de l'hémisphère septentrional.

CARACTÈRES DE LA FAMILLE.

Arbrisseaux ou *arbuscules* (par exception herbes). Ramules cylindriques ou peu anguleux.

Feuilles opposées ou éparses, coriaces, simples, ou composées (trifoliolées ou imparipennées), presque toujours ponctuées à la face inférieure. Stipules nulles ou glanduliformes.

Fleurs hermaphrodites (par exception unisexuelles par avortement), régulières ou irrégulières, blanches ou rouges, disposées en ombelles ou en corymbes axillaires, ou quelquefois solitaires et terminales.

Calice inadhérent; persistant, à 5, ou, moins souvent, à 4 divisions plus ou moins profondes : estivation imbricative.

Disque nul, ou urcéolaire, entourant la base du pistil, tantôt inadhérent, tantôt plus ou moins adné au calice.

Pétales périgynes ou hypogynes (insérés au bord du disque), interpositifs, en même nombre que les divisions du calice, caducs ou rarement persistants, le plus souvent onguiculés, libres, imbriqués avant l'épanouissement; rarement non-onguiculés, soudés en tube, valvaires en préfloraison. (Par exception la corolle manque.)

Étamines tantôt en nombre égal aux pétales et interpositives, tantôt en nombre double des pétales : les unes interpositives; les autres antépositives : celles-ci souvent stériles, squamuliformes, ou pétaloïdes. Filets libres, subulés. Anthères supra-basifixes, versatiles, à 2 bourses parallèles, introrses, déhiscentes longitudinalement; connectif articulé au filet, souvent surmonté d'un appendice glandulaire.

Pistil : Ovaires 4 ou 5, ou, par avortement, moins de 4 (par exception un ovaire solitaire), disjoints ou plus ou moins conjoints par leur bord antérieur, placés devant les pétales. Ovules géminés (rarement 4) dans chaque ovaire, collatéraux ou superposés. Styles en même nombre que les ovaires, subinfra-apicilaires, naissants de l'angle interne, tantôt soudés dans toute leur longueur en un seul, tantôt libres à la base et cohérents seulement vers leur sommet. Stigmates connés en capitule 3- ou 5-sulqué ou lobé.

Péricarpe : Carpelles 5, 4, ou 3 (par exception un carpelle solitaire), plus ou moins cohérents , souvent corniculés postérieurement au-dessous du sommet, monospermes ou dispermes , déhiscents par la sature antérieure. Sarcocarpe scabre, subcoriace, veiné en travers, glanduleux ou muriqué , se séparant de l'endocarpe à la maturité. Endocarpe cartilagineux, très-lisse, élastiquement bivalve (1).

---

(1) « La structure de l'ovaire des Diosmées , dit M. Adrien de Jussieu
» (*Mem. sur les Rutacées*, p. 20), se modifie à mesure que celui-ci passe à
» l'état de fruit. L'endocarpe se solidifie peu à peu , et se sépare en même
» temps du sarcocarpe. Sa forme rappelle celle d'une coquille bivalve, et
» pourrait être comparée particulièrement à celle d'une moule : il présente
» deux extrémités, l'une supérieure et l'autre inférieure, deux faces latérales plus ou moins convexes, et deux bords plus ou moins aigus qui
» les réunissent , l'un externe , et l'autre interne. Les deux valves sont
» ligneuses et se touchent par leurs bords, partout, si ce n'est pourtant
» dans une partie de l'interne, où elles laissent entre elles un écartement.
Cet intervalle est rempli par une membrane qui passe de l'une à l'autre.
» Celle-ci, ou légèrement charnue, ou plus ordinairement très-ténue,
» est épaissie au milieu par le passage des vaisseaux de la graine qui la pénètrent ; et comme, après l'avoir percée, ils s'insèrent à la graine presque immédiatement , la membrane paraît elle-même séminifère.

» Lorsque la maturité est parfaite, le sarcocarpe de chaque coque
» s'ouvre en haut et en dedans, suivant un sillon longitudinal qu'on
» voyait longtemps d'avance. On aperçoit alors sa surface intérieure
» couverte de vaisseaux saillans et lignifiés qui, de son bord interne, se
» dirigent vers l'externe en divergeant, et se dessinent à l'extérieur par
» des côtes transversales. L'endocarpe est libre dans la cavité de la coque,
» si ce n'est vers sa membrane, par laquelle il conserve encore , avec les
» autres parties, quelques adhérences. Mais il ne tarde pas lui-même à
» s'ouvrir ; ses deux valves s'écartent élastiquement, se contournent diversement sur elles-mêmes , et chassent les graines en dehors. Dans cet
» écartement, la membrane , déchirée à son contour, ou tombe de son
» côté, ou reste attachée à la graine. Dans ce dernier cas, on la trouve

Graines oblongues, obtuses, lisses. Périsperme charnu ou nul. Embryon rectiligne ou curviligne : radicule le plus souvent supère ; cotylédons oblongs, foliacés en germination.

Dans son savant travail sur les Rutacées, M. Adrien de Jussieu classe les genres des Diosmées en quatre tribus, savoir :

Ire TRIBU. **DIOSMÉES EUROPÉENNES.** (*Dictamnea* Bart.)

Fleurs irrégulières. Pétales et étamines hypogynes. Ovaires disjoints , quadriovulés. — Feuilles imparipennées.

Dictamnus Linn. (Fraxinella Tourn.).

IIe TRIBU. **DIOSMÉES AFRICAINES.** (*Diosmea legitima* Bartl.)

Fleurs régulières. Pétales et étamines périgynes. Ovai-

» appliquée sur l'ombilic de cette graine, si une seule a mûri ; mais alors ,
» en la soulevant, on peut voir à côté les restes de l'autre ovule avorté.
» Si les deux graines sont venues à maturité, on les voit en général su-
» perposées, appuyées l'une sur l'autre par leurs extrémités en rapports,
» qui se sont aplaties ; et la membrane s'étend le long de leur bord in-
» terne, élargie à leur point de contact entre lequel elle envoie deux pro-
» longemens-trnasversaux.

» Cet endocarpe a été longtemps décrit, par les botanistes, sous le
» nom impropre d'arille cartilagineux bivalve. On a rectifié ensuite cette
» fausse idée ; mais le nom d'arille a été appliqué alors à la membrane
» qui persiste autour de l'ombilic de la graine. Cette erreur est naturelle ,
» lorsqu'on considère la graine isolée ; mais si on l'observe en place , et
» qu'on suive le développement du fruit, on reconnaît nécessairement
» qu'on s'est trompé , et que ce prétendu arille appartient à l'endocarpe.
» La structure remarquable de celui-ci, quelque nom qu'on lui donne,
» a été souvent signalée comme le caractère distinctif des Diosmées ; et,
» en effet, elle en fournit un excellent. Cependant elle ne leur appartient
» pas exclusivement ; et l'on en retrouve un analogue dans les fruits d'au-
» tres familles, dans celui du Buis , par exemple. »

res biovulés. Styles connés. Périsperme pelliculaire ou nul.—Feuilles simples.

Euchætis Bartl. et Wendl. — *Diosma* Linn. — *Coleonema* Bartl. et Wendl. — *Acmadenia* Bartl et Wendl. — *Adenandra* Willd. (Glandulifera Wendl. Okenia Dietr.) — *Barosma* Willd. (Baryosma R. et S. Parapetalifera Wendl. Hartogia Berg.) — *Agathosma* Willd. (Bucco Wendl.) — *Macrostylis* Bartl. et Wendl. — *Calodendron* Thunb. (Pallasia Houtt.) — *Polembryum* Juss. fil. — *Empleurum* Soland.

IIIe TRIBU. **DIOSMÉES AUSTRALASIENNES.** (*Boroniea* Bartl.)

Fleurs régulières. Pétales et étamines hypogynes. Ovaires disjoints , biovulés. Périsperme charnu, épais. — Feuilles simples ou composées.

Correa Smith. (Mazeutoxeron Labill.) — *Diplolæna* R. Br. — *Phebalium* Vent. — *Philotheea* Rudg. — *Crowea* Smith. — *Eriostemon* Smith. — *Boronia* Smith. — *Zieria* Smith.

IVe TRIBU. **DIOSMÉES AMÉRICAINES.**

Section i. **PILOCARPÉES.** — (*Pilocarpeæ* Juss. fil.)

Fleurs régulières. Pétales et étamines hypogynes. Ovaires biovulés, ou très-rarement uniovulés. Périsperme charnu, ou nul. Cotylédons grands, ovales. — Feuilles simples ou composées.

Melicope Forst. — (Entoganum Banks.) — *Evodia* Forst. — *Esenbeckia* Kunth. — *Metrodorea* Aug. Saint-Hil. — *Pilocarpus* Vahl, — *Hortia* Vandell. — *Choisya* Kunth.

Section ii. **CUSPARIÉES.** — *(Cuspariæ* De Cand.)

Fleurs le plus souvent irrégulières. Disque urcéolaire. Ovai-
res biovulés. Périsperme nul. Embryon curviligne. Co-
tylédons grands , souvent ridés en travers. — Feuilles
uni- ou trifoliolées.

Spiranthera Aug. Saint-Hil. (Terpnanthus Nees et
Mart.) — *Almeidea* Aug. Saint-Hil. (Aruba Nees et
Mart.) — *Galipea* Aubl. (Cusparia Humb. Bonplandia
Willd. Angostura R. et S. Conchocarpus Mik. Ravia
Nees et Mart. Obentonia Velloz. Raputea Aubl. Sciuris
Schreb. Pholidandra Neck.) — *Diglottis* Nees et Mart.
— *Ticorea* Aubl. (Ozophyllum Schreb. Sciuris Nees et
Mart.) — *Erythrochiton* Nees et Mart. — *Moniera* Aubl.
(Aubletia Rich.)

Ire TRIBU. **DIOSMÉES EUROPÉENNES.** — *DIOSMEÆ*
EUROPEÆ Juss. fil.

Fleurs irrégulières. Pétales 5, libres. Étamines 10, libres,
hypogynes. Disque nul. Ovaires 5, disjoints , chacun à
4 ovules. Styles en même nombre que les ovaires, connés
vers le sommet. Graines à test noir, luisant, mince.
Périsperme charnu, blanc. Embryon concolore : radicule
courte; cotylédons ovales, juxtaposés.
Feuilles alternes, imparipennées. Fleurs irrégulières , dis-
posées en grappes terminales.

Ce groupe n'est constitué que par un petit nombre d'espèces, qui appartiennent toutes au genre suivant.

Genre DICTAME. — *Dictamnus* Linn.

Calice court, caduc, 5-parti : les 2 lanières inférieures ordinairement plus longues. Pétales 5, onguiculés, lancéolés,

inégaux, irrégulièrement étalés (l'inférieur décliné). Étamines 10, déclinées ; filets subulés : 5 plus longs que les pétales. Ovaires 5, tuberculeux, hispides, connés par la base, portés sur un stipe glabre. Style décliné, hispidule à la base. Stigmate obtus, papilleux. Péricarpe à 5 coques bivalves, verticillées, connées par la base, 2-3-spermes.

Herbes vivaces. Feuilles imparipennées, 4-6-juguées ; folioles dentelées, ponctuées. Grappes simples ou rameuses. Pédoncules bractéolés à la base ; pédicelles bractéolés à la base et au milieu. Fleurs grandes, blanches ou purpurines. Ramules, pédoncules, pédicelles, bractées, face extérieure des sépales ainsi que des pétales, pistil et péricarpe hérissés d'un grand nombre de poils glandulifères.

Outre les trois espèces dont nous allons faire mention, ce genre en renferme une quatrième, indigène en Daourie.

a) *Sépales inégaux.*

Dictame à fleurs rouges. — *Dictamnus albus* Linn. — Jacq. Austr. tab. 428. — Schk. Handb. tab 114. — *Dictamnus Fraxinella* Pers. — Link. — Juss. fil. Rutac. tab. 5, n° 12.

Pétiole commun ailé. Grappes rameuses. Fleurs rouges.

Racine composée de grosses fibres blanches. Tiges hautes de 2 à 3 pieds, dressées, presque simples. Feuilles 7-11-foliolées ; folioles elliptiques ou oblongues, obtuses ou pointues, opposées, sessiles, luisantes aux deux faces, légèrement pubescentes ; pétiole canaliculé : aile denticulée, révolutée aux bords. Grappes 12-15-ou pluriflores. Fleurs un peu penchées, de près de 2 pouces de diamètre. Pédoncules d'un brun roux, un peu plus courts que les fleurs : les inférieurs 2-ou 3-flores. Sépales étalés, lancéolés, pointus, d'un brun roux. Pétales lancéolés, d'un rose vif, veinés de pourpre.

Le *Dictame rouge*, nommé vulgairement *Fraxinelle*, à cause de la similitude de ses feuilles avec celles du Frêne, habite les endroits rocailleux dans l'Europe méridionale, dans l'Europe centrale et en Orient. Son nom de *Dictame blanc*, fait allusion à la couleur de ses racines. Toute la plante exhale une odeur forte, pénétrante, analogue à celle de Citron, et due à l'huile volatile contenue dans les glandules dont elle est couverte. Par un atmosphère chaud et serein, surtout le soir, ces glandules prennent feu à l'approche d'une bougie allumée, et il se produit une espèce d'éclair, qui n'endommage point la plante.

Les racines du Dictame ont une saveur aromatique : elles passent pour sudorifiques, toniques, emménagogues et antiputrides; mais en général on les emploie peu aujourd'hui. Dans le midi de l'Europe, les fleurs de cette espèce servent à distiller une eau très-odorante.

La *Fraxinelle* produit un fort bel effet dans les parterres. Elle aime l'exposition du midi. Sa floraison a lieu en mai et juin. Sa multiplication se fait d'éclats ou de graines; celles-ci doivent être semées dès leur maturité.

DICTAME A FLEURS BLANCHES. — *Dictamnus albus* Link. Enum.

D'après la plupart des auteurs, cette plante n'est qu'une variété de la précédente. Elle en diffère en ce qu'elle est moins grande dans toutes ses parties, que ses pétioles ne sont point ou presque point ailés, et en ce que ses fleurs sont blanches. Elle habite les mêmes contrées que le *Dictame à fleurs rouges*. On la cultive également dans les jardins.

b) *Sépales presque égaux.*

DICTAME A FOLIOLES ÉTROITES. — *Dictamnus angustifolius* Sweet, Brit. Flow. Gard. ser. 2, tab. 93.

Folioles lancéolées-oblongues, pointues, fortement dentelées, obliques à la base. Pétiole marginé. Grappes simples. Pétales (étroits, rouges) lancéolés.

Herbe semblable au *Dictame rouge* par le port. Feuilles 9-13-foliolées. Folioles pubescentes en dessous. Grappes multiflores. Sépales petits, linéaires, pointus, brunâtres. Pétales d'un rose vif, veinés de pourpre.

Cette espèce, indigène en Sibérie, n'est pas encore commune dans les jardins.

IIe TRIBU. **DIOSMÉES DU CAP.** — *DIOSMEÆ CAPENSES*. Juss. fil.

Pétales (rarement nuls) 5 , libres. Étamines 5, périgynes, libres , souvent alternantes avec 5 filets stériles opposés anx pétales. Disque soudé à la base du calice. Ovaires 1-5, connés, chacun biovulé. Ovules juxtaposés ou superposés. Styles complètement soudés en un seul. Test luisant, lisse. Périsperme pelliculaire ou nul. Embryon concolore : radicule courte , dressée; cotylédons ovales. Arbuscules rameux. Feuilles simples, opposées ou éparses, souvent recouvrantes, tantôt planes , tantôt cylindracées , ou subtriquétres par l'enroulement de leurs bords , presque toujours fort courtes. Fleurs axillaires ou terminales, solitaires, ou fasciculées, ou très-rarement paniculées.

Genre CALODENDRE. — *Calodendron* Thunb.

Calice court, 5-parti : lanières roides, étalées. Disque court, tubuleux. Pétales beaucoup plus longs que le calice, insérés à la base du disque, étroits, oblongs, réfléchis, pubescents en dehors. Filets 10, adnés au disque par leur base : 5 stériles, pétaloïdes, tuberculeux, terminés par une glandule ovale ; 5 fertiles : anthères ovales , glanduleuses au sommet, caduques. Style oblong , défléchi. Stigmate terminal, inapparent. Ovaire longuement stipité. Ovules superposés. Capsule stipitée, spinelleuse, pentagone, 5-loculaire, 5-valve; loges dispermes.

L'espèce suivante , qui se cultive dans les collections de serre tempérée, constitue à elle seule le genre. C'est l'unique arbre de tout le groupe des Diosmées du cap de Bonne-Espérance.

CALODENDRE DU CAP. — *Calodendron capense* Thunb. —

Dictamnus Calodendron Lamk. Ill. tab. 344, fig. 2. — Juss.
fil. Rutac. tab. 19, n° 16.

Arbre à rameaux opposés ou verticillés-ternés. Feuilles opposées, pétiolées, grandes, bordées de glandules dentiformes. Pédoncules terminaux, trichotomes; pédicelles comprimés, dilatés
au dessous de la fleur.

Genre ADÉNANDRE. — *Adenandra* Willd.

Calice quinquéparti, ponctué. Disque staminifère au bord.
Pétales plus longs que le calice, courtement onguiculés. Étamines 10, hispides : 5 stériles, terminées par une glandule
concave ou globuleuse; 5 fertiles, plus courtes : anthères grandes, ovales, surmontées d'une glandule pédicellée, cochléa-
riforme ou rarement globuleuse, d'abord dressée, puis ré-
fléchie. Ovaires parsemés de glandules stipitées. Style plus
court que le calice, dilaté vers le sommet. Stigmate terminal, quinquélobé. Capsule pentacoque, hérissée de soies
glandulifères.

Arbrisseaux. Feuilles éparses ou rarement opposées, planes, coriaces, ponctuées, calleuses au sommet, comme crénelées par des glandules marginales; pétiole court, biglanduleux à la base. Fleurs blanchâtres, ou couleur de chair,
ou rougeâtres, grandes, terminales, solitaires ou en ombelles
simples, bractéolées; bractées souvent géminées et opposées.

Les *Adénandres* sont de petits arbrisseaux très-élégants,
d'un port semblable à celui des Bruyères. On en connaît onze
espèces. Nous allons indiquer celles qu'on cultive dans les
serres.

ADÉNANDRE UNIFLORE.—*Adenandra uniflora* Willd. Enum.
— *Diosma uniflora* Linn. Spec. — Schrad. Sert. Hann. 1,
tab. 8. — Bot. Mag. tab. 273. — Herb. de l'Amat. vol. 2.

Feuilles oblongues-lancéolées, glabres, révolutées aux bords.
Fleurs terminales, solitaires. Calices ciliés.

Rameaux pubescents, d'un jaune pâle. Corolle blanche en
dessus, rose en dessous. Calice rougeâtre.

ADÉNANDRE A GRANDES FLEURS. — *Adenandra (Diosma) amœna* Loddig. Bot. Cab. tab. 161. — Bot. Reg. tab. 553.

Feuilles ovales, glabres. Fleurs terminales, solitaires, sessiles. Calices légèrement ciliés. Pétales submucronés.

Fleurs de près d'un pouce de diamètre. Pétales blancs en dessus, roses en dessous.

ADÉNANDRE ÉLÉGANTE. — *Adenandra (Diosma) speciosa* Bot. Mag. tab. 1271. — *Adenandra umbellata* Willd. Enum.

Feuilles oblongues, subovales, légèrement ciliées. Fleurs en ombelle terminale. Calices ciliés.

Rameaux rouges. Ombelles 3-5-flores. Pétales blancs en dessus, roses en dessous.

ADÉNANDRE ODORANTE. — *Adenandra fragrans* R. et S. Syst. — *Diosma fragrans* Bot. Mag. tab. 1519.

Feuilles oblongues, glanduleuses, glabres. Pédicelles visqueux, agrégés, subterminaux, presque 2 fois plus longs que les feuilles. Calices imberbes. Pétales échancrés, roses.

Genre COLÉONÈME. — *Coleonema* Bartl. et Wendl.

Calice quinquéparti. Disque quinquélobé au bord. Pétales 5, étalés : onglets larges, canaliculés. Étamines 10 : 5 stériles, plus courtes, atténuées et glandulifères au sommet; 5 fertiles : anthères suborbiculaires, surmontées d'une petite glandule sessile. Ovaire pentacéphale, glabre. Ovules superposés. Style de la longueur des filets, dilaté au sommet. Stigmate capitellé, papilleux, à 5 sillons peu profonds. Capsule à 5 coques corniculées, comprimées, ruguleuses.

Ce genre renferme trois espèces, dont la suivante est fréquemment cultivée dans les serres.

COLÉONÈME A FLEURS BLANCHES. — *Coleonema alba* Bartl. et Wendl. — Juss. fil. Rutac. tab. 191, n° 17. — *Diosma alba* Thunb. — *Diosma rubra* Hortor. — *Adenandra alba* R. et S.

Arbrisseau. Feuilles éparses, courtes, linéaires, mucronées, carénées, parsemées de glandules scabres. Fleurs blanches, axillaires-subterminales, solitaires, courtement pédicellées ; bractées nombreuses, apprimées, sépaliformes.

Genre DIOSMA. — *Diosma* Berg. — Willd.

Calice quinquéparti. Disque à bord libre, divisé en 5 lobes alternes avec les sépales. Pétales 5, plus longs que les sépales, entiers. Étamines 5, plus courtes que les pétales ; filets glabres, subulés ; anthères suborbiculaires, surmontées d'une glandule sessile. Ovaire glabre, 5-lobé au sommet. Ovules superposés. Style court, glabre, non-dilaté, souvent arqué. Stigmate petit, capitellé, 5-sulqué. Capsule à 5 coques courtement corniculées.

Arbrisseaux. Feuilles éparses ou opposées, linéaires, pointues, canaliculées, dentelées, ponctuées. Fleurs blanches ou rougeâtres, tantôt solitaires vers l'extrémité des ramules, tantôt agrégées en corymbe ; pédicelles courts, bractéolés ; bractées petites, quelquefois opposées.

Les *Diosma* ressemblent en général aux Bruyères par le port. Plusieurs espèces ornent les serres tempérées. On cultive ces plantes en terre de bruyère, ou dans un mélange de terre de bruyère et de terre franche. Leur multiplication peut se faire de boutures, de marcottes, et de graines. Elles ont besoin d'être placés très-près du jour. Ces remarques, concernant la culture des *Diosma*, s'appliquent également aux autres genres du même groupe.

Les glandules dont sont parsemées les feuilles des *Diosma*, contiennent une huile essentielle âcre, stimulante, et d'une odeur extrêmement forte. Les Hottentots mêlent de la poudre de ces feuilles avec la graisse dont ils ont coutume de se barbouiller. L'odeur des fleurs, quoique moins forte que celle des feuilles, est rarement agréable.

Dans ses limites actuelles, ce genre ne renferme qu'environ treize espèces. Voici celles qu'on cultive le plus souvent :

a) *Feuilles opposées.*

DIOSMA SUCCULENT. — *Diosma succulenta* Wendl. Coll. vol. 1, tab. 1.

Feuilles linéaires, carénées, pointues, un peu charnues, ciliées, érigées. Fleurs terminales, subsessiles.

DIOSMA CUPRESSIFORME. — *Diosma cupressina* Thunb. — Wendl. Coll. vol. 2, tab. 61. — Lodd. Bot. Cab. tab. 3o3.

Feuilles oblongues-lancéolées, carénées, apprimées, scabres aux bords. Fleurs terminales, subsolitaires.

b) Feuilles éparses.

DIOSMA ROUGE. — *Diosma rubra* De Cand. Prodr. — Bot. Reg. tab. 563.—*Diosma ericifolia* Andr. Bot. Rep. tab. 451.

Feuilles linéaires, subtrigones, carénées, mucronées, glabres ou ciliées ; glandules de la face inférieure bisériées. Fleurs terminales, presqu'en ombelle. Calices glabres. Pétales dressés.

Calices rougeâtres. Pétales d'un blanc rosé.

DIOSMA HÉRISSÉ.— *Diosma hirsuta* Thunb. — Wendl. Coll. vol. 1, tab. 27.

Feuilles linéaires, carénées, mucronées, hérissées de poils mous. Pédoncules terminaux, uniflores, presqu'en corymbe. Rameaux et calices hérissés.

Pétales d'un bleu très-pâle.

DIOSMA A LONGUES FEUILLES. — *Diosma longifolia* Wendl. Coll. vol. 1, tab. 19.

Feuilles linéaires, cuspidées, glabres. Fleurs subterminales, peu nombreuses.

Pétales d'un bleu très-pâle.

Genre BAROME. — *Barosma* Willd.

Calice quinquéfide ou quinquéparti, ponctué. Disque à bord fort court. Pétales 5, courtement onguiculés. Étamines 10 : 5 stériles, pétaloïdes, non-onguiculées, ciliées et subglanduleuses au sommet; 5 fertiles, plus longues, interpositives, glabres ou hispidules, subulées : anthères ovales, surmontées d'une petite glandule, ou quelquefois non-glandulifères. Style de la longueur des pétales, légèrement arqué, aminci au sommet. Stigmate petit, quinquélobé. Ovaire souvent tuberculeux. Ovules superposés. Capsule à 5 coques auriculées, glanduleuses.

Arbrisseaux. Feuilles opposées ou éparses, coriaces, planes, ponctuées, tantôt denticulées, tantôt presque entières, ou révolutées aux bords. Fleurs blanches ou rougeâtres, tantôt terminant des ramules pédonculiformes, tantôt fasciculées et naissant de gemmes axillaires polyphylles.

Le port des *Barômes* est le même que celui des *Diosma*. Ils contiennent aussi des huiles essentielles d'une odeur fort pénétrante. M. Adr. de Jussieu admet dans ce genre neuf espèces. Nous allons faire connaître celles qui sont communes dans les serres.

BARÔME A FEUILLES DENTELÉES. — *Barosma serratifolia* Willd. En.—Bot. Mag. tab. 456.—Loddig. Bot. Cab. tab. 373.

Feuilles linéaires-lancéolées, glabres, glanduleuses. Pédicelles solitaires, dibractéolés au-dessus du milieu.

BARÔME ODORANT. — *Barosma odorata* R. et S. Syst. — Wendl. Coll. v. 1, tab. 15. — *Diosma latifolia* Lodd. Bot. Cab. tab. 456.

Feuilles ovales-oblongues, crénelées, glabres. Pédicelles solitaires, dibractéolés sous la fleur.

BARÔME A LARGES FEUILLES. — *Barosma latifolia* R. et S. Syst. — Andr. Bot. Rep. tab. 33.

Feuilles ovales, crénelées, pubescentes. Ramules légèrement cotonneux. Pédicelles latéraux, uniflores, rapprochés en grappe.

BARÔME A FEUILLES CRÉNELÉES. — *Barosma crenata* Bartl. et Wendl. — Loddig. Bot. Cab. tab. 404.

Feuilles ovales, pointues, dentelées. Pédicelles solitaires, feuillus.

BARÔME A FEUILLES OVALES. — *Barosma ovata* Bartl. et Wendl. — *Diosma ovata* Bot. Mag. tab. 1616.

Feuilles ovales-elliptiques ou obovales, glabres, entières, parsemées en dessous de glandules ferrugineuses. Pédicelles non-bractéolés, souvent géminés.

Genre AGATHOSMA. — *Agathosma* Willd.

Calice 5-parti. Disque court, glanduleux. Pétales 5, plus longs que le calice : onglets étroits, allongés, souvent hispidules ; limbe étalé. Filets 10 : 5 stériles, conformes aux pétales, glanduleux au sommet ; 5 fertiles, interpositifs, subcylindracés : anthères orbiculaires, surmontées d'une petite glandule globuleuse. Ovaires 2-3-céphale, hispidule au sommet. Ovules juxtaposés. Capsule à 2 ou 3 coques corniculées.

Arbrisseaux. Feuilles éparses, petites, courtes, étroites, le plus souvent subtrigones, entières ou denticulées, ordinairement ponctuées. Fleurs rougeâtres, ou roses, ou blanches, agrégées au sommet des ramules. Pédoncules uniflores, souvent munis vers leur partie moyenne de bractéoles alternes, sétiformes.

Ce genre renferme trente et quelques espèces, qui ressemblent aux *Diosma* par le port, mais leurs feuilles et leurs fleurs ont une odeur aromatique fort agréable. Nous ne ferons mention que des espèces généralement répandues dans les serres.

AGATHOSMA A FEUILLES OBTUSES. —*Agathosma obtusa* De Cand. Prodr. — *Diosma ciliata* Lodd. Bot. Cab. tab. 210. — *Bucco obtusa* R. et S. Syst.

Feuilles lancéolées, obtuses, ciliées, étalées. Pédicelles en ombelles denses. Ovaires glabres. Fleurs rougeâtres.

AGATHOSMA CILIÉ. — *Agathosma (Diosma) ciliata* Linn. — Bot. Reg. tab. 366.

Feuilles lancéolées, acuminées, ciliées, ponctuées en dessous et pilifères à la côte. Pédicelles poilus, agrégés en ombelle.

AGATHOSMA ACUMINÉ. — *Agathosma acuminata* Wendl. Collect. vol. I, tab. 28.

Feuilles ovales, subcordiformes, longuement acuminées, ciliées, étalées. Pédicelles velus, agrégés en ombelle. Calices glabres.

Fleurs d'un bleu pâle.

AGATHOSMA IMBRIQUÉ. — *Agathosma imbricata* Willd.
Enum. — Wendl. Coll. v. 1, tab. 9.

Feuilles ovales, acuminées, imbriquées, ponctuées, ciliées.
Fleurs capitulées. Calices presque glabres. Pétales et étamines
barbus à la base.

Fleurs d'un pourpre pâle.

AGATHOSMA CERFEUIL. — *Agathosma (Diosma) Cerefolium*
Vent. Malm. tab. 93.

Feuilles lancéolées-linéaires, pointues, recouvrantes, ciliées.
Fleurs en capitules. Pédicelles et calices velus. Ovaires glabres.

Les feuilles de cette plante répandent, lorsqu'on les froisse,
une odeur analogue à celle du Cerfeuil.

AGATHOSMA DE WENDLAND. — *Agathosma Wendlandiana*
De Cand. Prodr. — *Bucco villosa* Wendl. Coll. v. 1, tab. 2.

Feuilles linéaires-lancéolées, pointues, canaliculées, imbriquées, glanduleuses, velues. Fleurs en ombelles denses. Pédicelles
pubérules. Calices presque glabres.

AGATHOSMA HÉRISSÉ. — *Agathosma (Diosma) hirta* Vent.
Malm. tab. 72. — Bot. Reg. tab. 369.

Feuilles linéaires-lancéolées, recouvrantes, presque concaves,
hérissées en dessous. Corymbes multiflores.

Fleurs d'un pourpre plus ou moins foncé.

AGATHOSMA DIOÏQUE. — *Agathosma (Diosma) dioica* Bot.
Reg. tab. 502.

Rameaux effilés, subverticillés. Feuilles glabres, oblongues-
lancéolées, étalées : les inférieures opposées en quinconce ; les supérieures verticillées-ternées. Pédoncules axillaires, subternés,
2 fois plus courts que les feuilles.

Arbrisseau très-touffu, glabre, haut de 2 à 3 pieds. Fleurs
violettes, en grappes lâches feuillées.

AGATHOSMA LANCÉOLÉ. — *Agathosma lanceolata* Willd.
— Bot. Reg. tab. 476.

Feuilles éparses, étalées, nombreuses, très-petites, ovales, ou oblongues-lancéolées, obtuses, ciliées. Fleurs en ombelles terminales.

Petit arbrisseau touffu, très-résineux. Fleurs petites, violettes.

Genre EMPLÈVRE. — *Empleurum* Soland.

Calice 4-fide. Disque et corolle nuls. Étamines 4 : filets subulés, hypogynes ; anthères épaisses, glandulifères au sommet. Ovaire uniloculaire, terminé en corne comprimée. Style latéral, cylindrique, infléchi, glabre. Stigmate pointu. Ovules juxta-posés. Péricarpe unicoque, corniculé.

L'espèce suivante est la seule qu'on connaisse de ce genre.

EMPLÈVRE DENTELÉ. — *Empleurum serrulatum* Soland. in H. Kew. — Smith, Exot. Bot. v. 2, tab. 63.

Arbrisseau. Feuilles linéaires-oblongues, ensiformes, glabres, ponctuées en dessous, crénelées. Fleurs solitaires, ou géminées, ou ternées, axillaires, polygames par avortement ; pédoncules courts.

Cette plante est cultivée dans les serres.

IIIᵉ TRIBU. DIOSMÉES AUSTRALASIENNES. — *DIOSMEÆ AUSTRALASICÆ* Juss. fil.

Fleurs régulières. Pétales libres ou cohérents. Étamines hypogynes, en même nombre que les pétales, ou plus souvent en nombre double des pétales et antépositives : filets libres ou rarement soudés, filiformes ou linéaires ; anthères souvent munies d'un appendice apicilaire. Disque nul. Ovaires en nombre égal aux pétales, disjoints, biovulés. Ovules superposés : le supérieur ascendant ; l'inférieur suspendu. Styles en même nombre que les ovaires, soudés vers le sommet. Graines à test un peu épais. Périsperme épais. Embryon concolore, grêle,

cylindracé: radicule rectiligne, plus longue que les coty-
lédons; cotylédons linéaires, juxtaposés.
Arbres ou arbrisseaux. Feuilles opposées ou alternes,
simples, ou quelquefois ternées, ou imparipennées. Fleurs
axillaires ou terminales, tantôt sessiles et accompagnées
d'un involucre commun, tantôt pédonculées; pédoncules
uni- ou pluriflores, bractéolés.

La plupart des *Diosmées Australasiennes* habitent les
régions extra-tropicales de la Nouvelle-Hollande.

Genre CORRÉA. — *Correa* Smith.

Calice cupuliforme, presque entier, ou 4-lobé. Pétales 4,
longs, connivents, ou cohérents en tube. Étamines 8 :
les 4 antépositives plus courtes; filets glabres, subulés, ou dilatés au-dessus de la base; anthères oblongues. Gynophore
court, lobé, staminifère au pourtour. Ovaires 4, couverts d'un
duvet étoilé. Styles glabres, soudés. Stigmate quadrilobé.
Péricarpe à 4 coques disjointes.

Arbrisseaux. Feuilles opposées, simples, entières, ponctuées. Fleurs solitaires, ou géminées, ou ternées, courtement
pédonculées, terminant des ramules axillaires. Ramules,
feuilles, pédoncules, calices et face extérieure des pétales recouverts d'une pubescence étoilée ou pulvérulente.

Les *Corréa* sont précieux pour l'ornement des serres tempérées. Quelques-uns peuvent être cultivés en pleine terre
dans le midi de la France. Voici les cinq espèces qui constituent le genre :

CORRÉA A FLEURS BLANCHES. — *Correa alba* Andr. Bot. Rep.
tab. 18. — Vent. Malm. tab. 13. — Bot. Reg. tab. 515.

Feuilles ovales ou obovales, courtement pétiolées, obtuses,
vertes en dessus, cotonneuses-blanchâtres en dessous. Pédoncules
solitaires, courts, penchés. Dents calicinales pointues. Pétales
libres, recourbés, oblongs, obtus.

Arbrisseau haut d'environ 4 pieds. Rameaux étalés. Corolle

blanche (rougeâtre dans une variété), d'un demi-pouce de diamètre.

Cet arbrisseau est commun dans les orangeries. Dans la Nouvelle-Galles du Sud, les colons font fréquemment usage de l'infusion de ses feuilles. M. R. Brown assure que, lorsque ce thé est préparé convenablement, il ne diffère guère du thé de la Chine.

Corréa roux. — *Correa rufa* Gært. Fr. v. 3, p. 155, tab. 210.—*Mazeutoxeron rufum* Labill. Voyage, v. 2, p. 41, tab. 17.

Feuilles ovales-oblongues, vertes en dessus, cotonneuses-ferrugineuses en dessous. Dents calicinales larges, très-obtuses. Pétales libres.

Corréa élégant. — *Correa pulchella* Bot. Reg. tab. 1224.

Feuilles ovales ou cordiformes, obtuses, ondulées : les jeunes pubescentes ; les adultes glabres. Fleurs solitaires, pendantes. Corolle tubuleuse, renflée, quadridentée. Étamines saillantes.

Rameaux verdâtres. Fleurs de couleur écarlate, longues d'un pouce.

Cette espèce l'emporte sur ses congénères, par l'élégance de ses fleurs.

Corréa a fleurs vertes. — *Correa viridis* Smith, Exot. Bot. vol. 2, tab. 72.—Bot. Reg. tab. 3. — *Correa viridiflora* Andr. Bot. Rep. tab. 436. — *Correa reflexa* Vent. Malm. tab. 13.

Feuilles subsessiles, réfléchies, ridées, vertes en dessus, blanchâtres en dessous, cordiformes ou ovales-oblongues, ondulées. Fleurs solitaires ou géminées, pendantes. Corolle tubuleuse, cylindracée, à 4 dents étalées. Calice denticulé.

Arbrisseau à rameaux étalés : pubescence étoilée : rougeâtre. Fleurs verdâtres.

Corréa bicolore. — *Corréa speciosa* Ait. Hort. Kew. — Bot. Reg. tab. 26. — Andr. Bot. Rep. tab. 653.

Arbrisseau couvert de poils rougeâtres, étoilés. Feuilles courtement pétiolées, oblongues ou ovales-oblongues, obtuses, étalées, vertes en dessus, blanchâtres en dessous. Fleurs terminales et latérales, dressées, subsessiles. Corolle tubuleuse-cylindracée, à 4 dents étalées. Style barbu inférieurement.

Cette espèce très-élégante, qui fleurit dans les orangeries en mars et en avril, a le port du *Corréa à fleurs vertes;* mais sa corolle est plus allongée, verte vers son sommet et pourpre vers sa base.

Genre CROWÉA. — *Crowea* Smith.

Calice 5-parti. Pétales 5. Étamines 10 : les 5 antépositives plus courtes; filets plus courts que les pétales, linéaires, ciliés, connivents en tube; anthères cordiformes-oblongues, munies d'un long appendice apicilaire barbu. Gynophore disciforme, quinquélobé. Ovaires 5, glabres. Styles soudés, courts, apicilaires. Stigmate capitellé, 5-sulqué. Diérésile à 5 coques monospermes.

L'espèce que nous allons décrire constitue à elle seule le genre.

CROWÉA A FEUILLES DE SAULE. — *Crowea saligna* Smith. — Andr. Bot. Rep. tab. 79. — Vent. Malm. tab. 7. — Bot. Mag. tab. 989. — Herb. de l'Amat. vol. 6. — Juss. fil. Mém. Rutac. tab. 21, n° 24.

Arbrisseau haut de 3 pieds et plus. Tige dressée, triangulaire. Rameaux alternes, anguleux. Feuilles alternes, simples, lancéolées, pointues, très-entières, ponctuées, décurrentes, d'un vert gai. Pédoncules axillaires, uniflores, courts, accompagnés de bractéoles squamiformes et imbriquées. Sépales spatulés, légèrement ciliés. Pétales ovales-lancéolés, roses. Coques ridées.

Cette espèce, indigène dans la Nouvelle-Galles du Sud, est une plante très-élégante, qui fleurit dans les serres depuis août jusqu'en novembre.

Genre ÉRIOSTÈME. — *Eriostemon* Smith.

Calice 5-parti, persistant. Pétales 5, marcescents. Étamines 10 : les 5 antépositives plus courtes; filets plus courts que les pétales, libres, planes, hispides, ciliés, souvent atténués au sommet; anthères cordiformes, appendiculées au sommet. Gynophore disciforme. Ovaires 5, glabres. Styles naissants de l'angle interne, soudés en un seul, glabre ou hispide. Stigmate capitellé, 5-sulqué. Diérésile à 5 coques 1-2-spermes.

Arbrisseaux. Feuilles alternes, simples, entières, ponctuées, quelquefois mucronées. Pédoncules axillaires, tantôt simples, 1-flores, munis de bractées imbriquées, ou verticillées, ou opposées; tantôt ramifiés en 4 ou 5 pédicelles bractéolés à la base et disposés en ombelle. Pubescence étoilée.

Ce genre renferme cinq espèces. Nous allons décrire celles qu'on cultive en serre comme plantes d'ornement.

ÉRIOSTÈME A FEUILLES DE BUIS. — *Eriostemon buxifolium* Smith.

Feuilles elliptiques ou obovales, glabres, mucronées. Ramules poilus, cylindriques: Fleurs axillaires, subsessiles, glabres. Filets hispides.

Cette espèce croît au port Jakson.

ÉRIOSTÈME A FEUILLES DE SAULE. — *Eriostemon salicifolium* Smith. — Bot. Mag. tab. 2854.

Feuilles linéaires-lancéolées, très-entières, glabres. Ramules triquétres. Fleurs axillaires, subsessiles, solitaires, bractéolées à la base. Calices et pétales cotonneux en dehors. Filets hispides.

Cette espèce est originaire du port Jackson.

Genre BORONIA. — *Boronia* Smith.

Calice 4-parti ou 4-fide. Pétales 4, marcescents. Étamines 8 : les 4 antépositives plus courtes; filets plus courts que les pétales, libres, ciliés ou tuberculeux, linéaires, souvent dila-tés au sommet; anthères cordiformes, souvent munies d'un petit appendice apicilaire. Gynophore disciforme, à bord entier ou sinué. Ovaires 4, glabres. Styles apicilaires, soudés presque dès la base en un seul, court, glabre. Stigmate ter-minal, capitellé. Diérésile à 4 coques quelquefois légumini-formes.

Arbrisseaux. Feuilles opposées, simples ou imparipennées (quelquefois sur le même individu), entières ou dentelées, ponctuées. Pédoncules terminaux, ou plus souvent axillaires vers l'extrémité des ramules, tantôt simples et 1-flores, tan-tôt une ou plusieurs fois dichotomes; pédicelles articulés et dibractéolés à la base et au milieu; bractéoles petites, oppo-sées. Fleurs roses, ou pourpres, ou rougeâtres, odorantes.

Les *Boronia* croissent dans la Nouvelle-Hollande, depuis le tropique jusqu'à la terre de Diémen. Plusieurs espèces, que nous allons faire connaître, se distinguent par l'élégance de leurs fleurs, et sont cultivées dans les collections de serre.

a) *Feuilles imparipennées; foliole terminale sessile.*

Boronia a feuilles pennées. — *Boronia pinnata* Smith, Transact. tab. 4. — Bot. Mag. tab. 1763. — Andr. Bot. Rep. tab. 58. — Vent. Malm. tab. 38. — Herb. de l'Amat. vol. 7.

Feuilles à 5-9 folioles très-glabres, linéaires, pointues. Pé-doncules dichotomes. Fleurs octandres.

Arbuscule à tige grêle, haute d'environ 2 pieds. Fleurs roses. Pétales ovales.

Cette espèce, originaire de la Nouvelle-Galles du Sud, fleurit dans les serres de février en mai. L'odeur de ses feuilles est ana-logue à celle du Myrte. Ses fleurs sentent l'Aubépine.

Boronia ailé. — *Boronia alata* Smith.

Feuilles à environ 11 folioles crénelées, révolutées, poilues en dessous aux nervures. Pédoncules dichotomes; bractées fim-briées. — Fleurs blanchâtres.

Boronia fleuri. — *Boronia floribunda* Sieber. —Reichenb. Hort. Bot. tab. 71.

Feuilles à 7 folioles lancéolées, innervées, mucronées, dentelées vers le sommet; pétiole commun ailé. Pédicelles axillaires et terminaux, subternés.

Arbrisseau haut de 3 pieds. Rameaux étalés. Écorce d'un brun noirâtre. Ramules anguleux, rougeâtres. Feuilles d'un vert foncé, longues d'un pouce. Fleurs roses, d'un pouce de diamètre. Calice petit : lanières ovales-acuminées. Pétales ovales, acuminés, 5 fois plus longs que les sépales.

Cette espèce, l'une des plus élégantes du genre, a été découverte par Sieber dans les Montagnes bleues, non loin de Sidney.

Boronia a petites feuilles. — *Boronia microphylla* Reichenb. Hort. Bot. tab. 53.

Feuilles à 11 ou 13 folioles sessiles, obovales ou obcordiformes, mucronées. Fleurs terminales, ternées.

Arbuscule rameux, haut de 2 pieds. Feuilles longues d'un pouce. Calice 4-fide : lanières ovales, acuminées. Corolle 3 fois plus longue que le calice; pétales roses, ovales, pointus.

Cette espèce, remarquable par ses feuilles semblables à celles d'une Coronille, est originaire des mêmes localités que la précédente.

Boronia trifoliolé. — *Boronia triphylla* Reichenb. Hort. Bot. tab. 73.

Feuilles à 3 folioles linéaires ou lancéolées-linéaires, pointues, révolutées aux bords, cotonneuses en dessous: la terminale 2 fois plus grande que les latérales. Pédicelles solitaires, axillaires, filiformes, plus longs que les feuilles.

Arbuscule haut de $^1/_2$ à 2 pieds. Rameaux étalés, rougeâtres. Folioles terminales longues d'un pouce. Calice cotonneux : lanières ovales. Pétales ovales, pointus, roses, 2 fois plus longs que le calice.

Cette espèce croît dans les mêmes lieux que les deux précédentes.

b) *Feuilles simples.*

Boronia dentelé. — *Boronia serrulata* De Cand. Prodr. — Bot. Reg. tab. 842.

Sous-arbrisseau touffu, à ramules tétragones. Feuilles imbriquées, glabres, trapézoïdes, pointues, dentelées supérieurement. Pédoncules courts, terminaux, en corymbes quinquéflores. Sépales petits, acuminés. Bractées ovales, dentelées.

Cette espèce, originaire du port Jackson, est très-distincte par ses capitules d'un rose vif.

Boronia denticulé. — *Boronia denticulata* Smith. — Bot. Reg. tab. 1000.

Herbe vivace, glabre. Rameaux cylindriques. Feuilles linéaires-lancéolées, denticulées, rétrécies en pétiole. Corymbes latéraux et terminaux. Pédicelles claviformes, bractéolés. Sépales ovales, pointus. — Fleurs violettes.

Cette espèce croît au port du Roi Georges.

Boronia a feuilles de Lédon. — *Boronia ledifolia* Gay, Diss. de Lasiopet. — Reichenb. Hort. Bot. tab. 74.

Feuilles linéaires-lancéolées, très-entières, cotonneuses en dessous; pédoncules axillaires, uniflores, dibractéolés au milieu. Filets hispides.

Cette espèce croît dans la Nouvelle-Hollande orientale.

Genre ZIÉRIA. — *Zieria* Smith.

Calice 4-parti. Pétales 4. Etamines 4, plus longues que les pétales; filets subulés, glabres, chacun porté sur une glandule; anthères cordiformes, mobiles. Disque semi-adhérent. Ovaires 4, glabres. Styles naissants de l'angle interne, soudés supérieurement en un seul, court, glabre. Stigmate capitellé, quadrilobé. Diérésile 4-coque.

Arbres ou arbrisseaux. Feuilles opposées, pétiolées, le plus souvent trifoliolées, quelquefois simples et composées sur le même individu, ponctuées. Pédoncules axillaires, ou rarement terminaux, uniflores, ou plus souvent dichotomes ou trichotomes; ramifications articulées et dibractéolées. Fleurs petites, blanches. Pubescence étoilée.

Ce genre, propre à la Nouvelle-Hollande intra-tropicale,

renferme neuf espèces. Les suivantes se cultivent comme plantes d'ornement de serre tempérée.

ZIÉRIA LANCÉOLÉ. — *Zieria lanceolata* R. Brown. — *Zieria Smithii* Andr. Bot. Rep. tab. 606. — Bot. Mag. tab. 1395. — Bonpl. Nav. tab. 24. — *Zieria trifoliata* Delaun. Herb. de l'Amat. vol. 3.

Ramules pubescents. Folioles lancéolées, planes, pointues. Pédoncules trichotomes, de la longueur des feuilles.

Arbuscule haut de 2 à 3 pieds. Rameaux rougeâtres, glanduleux.

Cette plante fleurit de mai jusqu'en automne.

ZIÉRIA A GRANDES FEUILLES. — *Zieria macrophylla* De Cand. Prodr.

Ramules pulvérulents. Folioles oblongues, pointues aux deux bouts, planes, glabres. Panicules trichotomes, plus courtes que les feuilles.

ZIÉRIA LISSE. — *Zieria lævigata* Smith.

Ramules glabres. Folioles linéaires, révolutées aux bords, glabres, plus longues que le pétiole. Cimes 2 fois trichotomes, plus courtes que les feuilles.

ZIÉRIA A PETITES FEUILLES. — *Zieria microphylla* Bonpl.

Ramules soyeux. Folioles linéaires, révolutées aux bords, glabres en dessus, soyeuses en dessous. Pédoncules subtriflores.

ZIÉRIA POILU. — *Zieria pilosa* Rudge, in Trans. Linn. Soc. vol. 10, p. 293, tab. 17, fig. 2.

Folioles lancéolées, poilues en dessous. Pédoncules uniflores.

IVᵉ TRIBU. **DIOSMÉES AMÉRICAINES.** — *DIOSMEÆ AMERICANÆ* Juss. fil.

SECTION Iʳᵉ **PILOCARPÉES.** — *Pilocarpeæ* Juss. fil.

Fleurs régulières. Pétales libres. Étamines hypogynes, en même nombre que les pétales. Ovaires le plus souvent disjoints, biovulés, ou rarement uniovulés. Ovules colla-

*téraux ou superposés. Styles soudés dans toute leur lon-
gueur ou seulement vers leur sommet. Graines à tégument
testacé ou moins souvent membranacé. Périsperme charnu, ou quelquefois nul. Radicule courte, rectiligne. Cotylédons grands, ovales.*

*Arbres, ou arbrisseaux, ou sous-arbrisseaux. Feuilles al-
ternes ou opposées, 1-ou 2-foliolées, ou plus souvent 3-
foliolées. Pédoncules axillaires ou terminaux. Fleurs en
grappe, ou en corymbe, ou en panicule.*

« Cette section, dit M. A. de Jussieu, n'est pas suffisamment définie.
» Elle se rapproche des Cuspariées par le port, la présence du disque,
» et la structure du péricarpe. Elle ne diffère des Zanthoxylées que par
» des fleurs hermaphrodites et un endocarpe solubile du sarcocarpe. Enfin,
» elle est voisine des Simaroubées par le *Pilocarpus*, qui offre des ovai-
» res uniovulés, et par plusieurs espèces qui possèdent les mêmes pro-
» priétés médicinales. »

Genre ÉSENBECKIA. — *Esenbeckia* Kunth.

Calice 5-parti, persistant. Pétales 5, étalés, insérés sous
le disque. Étamines 5, ayant même insertion que les pétales: filets subulés, glabres; anthères cordiformes. Disque cupuliforme, crénelé, hypogyne. Ovaire sessile, 5-lobé, 5-locu-
laire, tuberculeux. Ovules collatéraux. Style court, infra-apicilaire. Stigmate subcapitellé. (Fruit inconnu.)

Arbres. Feuilles alternes, trifoliolées avec articulation, ou
1-foliolées, très-entières, ponctuées. Panicules composées de
thyrses axillaires et terminaux, munis d'une bractée à leur
base. Pédicelles bractéolés à la base et au milieu. Fleurs très-
petites.

Ce genre, dédié au célèbre naturaliste Nees d'Esenbeck,
contient deux espèces, indigènes dans l'Amérique méridionale. Celle dont nous allons traiter est très-remarquable par
ses vertus médicinales.

ÉSENBECKIA FÉBRIFUGE. — *Esenbeckia febrifuga* Juss. fil.

Mém. sur les Rutac. in adnot. — *Evodia febrifuga* Aug. Saint-Hil. Plant. us. des Bras. tab. 4.

Grand arbre. Ramules anguleux, rouges, pubescents au sommet. Feuilles pétiolées, glabres, trifoliolées ; folioles lancéolées-elliptiques, subacuminées, courtement pétiolulées, longues de 2 à 7 pouces : les 2 latérales plus courtes que l'intermédiaire ; pétiole commun de la longueur des folioles. Panicule pubescente, pédonculée, pyramidale, longue de 4 à 5 pouces ; pédicelles filiformes, courts, disposés en grappes ou en ombelles pauciflores. Sépales petits, arrondis, pubescents, presque étalés. Pétales linéaires-oblongs, obtus, pubescents en dessous, ponctués, plus longs que les étamines.

Cet arbre croît au Brésil, dans les bois élevés de la province des Mines, où on le nomme vulgairement *Tres folhas vermelhas*, *Larangeira do mato* et *Quina*. L'écorce, et même le bois, sont extrêmement amers et astringents ; on les substitue avec beaucoup de succès au *Quinquina du Pérou* ; surtout comme vermifuges. « L'efficacité de ce remède, dit M. Aug. de Saint-Hilaire, » doit être d'autant moins révoquée en doute, que ses propriétés » se retrouvent dans une plante de la même famille, le fameux » *Cuspare* (*Galipea febrifuga* A. Saint-Hil.), qui fournit l'É- » *corce d'Angusture*. Je soupçonne que c'est à l'*Evodia febrifuga* » qu'il faut rapporter une écorce très-vantée, qu'on apporte à » Rio-Janeiro, sous le nom de *Casca de Larangeira da terra*, » et dans laquelle on assure avoir trouvé de la Cinchonine. »

Genre PILOCARPE. — *Pilocarpus* Vahl.

Calice court, 5-denté. Pétales 5, réfléchis, insérés à la base d'un gynophore hémisphérique ou disciforme. Étamines 5, plus longues que les pétales et insérées plus haut ; filets subulés, réfléchis ; anthères orbiculaires. Ovaires 5, petits, enfoncés dans le gynophore, 1-2-ovulés. Ovules superposés. Styles infra-apicilaires, connivents, très-courts. Stigmates connés en un seul 5-sulqué. Étairion à 5-coques monospermes. Graine apérispermée. Radicule courte, incluse.

Petits arbrisseaux. Feuilles alternes et opposées (souvent

sur le même individu), ponctuées, tantôt simples et entières ou 2-3-lobées, tantôt 2-3-foliolées. Grappes ou épis terminaux ou latéraux; pédicelles bractéolés à la base et au sommet. Fleurs purpurines ou verdâtres, petites. Pétales valvaires en préfloraison.

Ce genre renferme quatre espèces, toutes indigènes dans l'Amérique équatoriale. Nous allons en décrire les plus notables.

PILOCARPE A ÉPIS. — *Pilocarpus spicata* Aug. Saint-Hil. Hist. des Plantes remarq. des Bras. p. 146, tab. 16.

Feuilles lancéolées ou lancéolées-oblongues, acuminées, sub-obtuses, très-glabres. Grappes spiciformes, grêles, denses; fleurs subsessiles.

Arbrisseau haut de 18 à 30 pouces, très-glabre. Tige dressée. Feuilles longues de 6 à 7 pouces, larges de 18 à 30 lignes : les inférieures alternes; les supérieures opposées ou ternées, ou bien toutes alternes; pétiole rougeâtre, long de 3 à 12 pouces. Grappes courtement pédonculées, ou sessiles, longues de 6 à 13 pouces, larges de 3 à 4 lignes. Fleurs verdâtres, larges d'une ligne. Coques longues de 1 à 4 lignes, ovoïdes, obtuses, comprimées, striées transversalement.

Cette plante a été découverte par M. Aug. de Saint-Hilaire au Brésil, dans les forêts des environs de Saint-Paul.

PILOCARPE PAUCIFLORE.—*Pilocarpus pauciflora* Aug. Saint-Hil. Flor. Bras. Merid. vol. 1, tab. 17.

Feuilles lancéolées ou lancéolées-obovales, arrondies ou brusquement rétrécies en pointe mousse. Grappes lâches, pubescentes, pauciflores; pédicelles presque étalés, plus longs que la fleur.

Arbrisseau grêle, peu rameux, haut d'environ 3 pieds. Ramules légèrement pubescents. Feuilles glabres, larges de 3 à 4 pouces : les supérieures souvent opposées; pétiole long d'environ 1 pouce. Grappes sessiles ou pédonculées, longues de 4 à 5 pouces. Pédicelles longs de 2 à 3 lignes. Fleurs de 2 à 3 lignes de diamètre.

Cette espèce a été observée par M. Aug. de Saint-Hilaire, dans les forêts vierges du Brésil méridional.

Genre HORTIA. — *Hortia* Vandell.

Calice turbiné, pentagone, 5-denté, persistant. Pétales 5, oncinés, réfléchis, barbus en dedans, insérés à la base d'un gynophore déprimé, glanduleux, plus large que l'ovaire. Étamines 5, insérées plus haut que la corolle : filets aplatis, tuberculeux ; anthères supra-basifixes, immobiles, ovales. Ovaires à 5 coques biovulées. Ovules superposés. Style apicilaire, épais, court, conique, pentagone, coloré. Stigmate continu, 5-sulqué. Péricarpe (baie ou capsule) à 2-5 loges 1-2-spermes. Embryon axile dans un périsperme charnu : radicule rectiligne, courte ; cotylédons grands, obovales.

Sous-arbrisseaux. Feuilles alternes, simples, grandes, entières, ponctuées. Pédoncules terminaux, épais, bractéolés, formant un corymbe très-rameux. Fleurs roses.

L'espèce qui constitue ce genre est remarquable par ses propriétés médicinales.

HORTIA DU BRÉSIL. — *Hortia brasiliana* Aug. Saint-Hil. Plant. usuelles des Bras. tab. 17.

Sous-arbrisseau très-glabre, ayant le port du *Daphne Laureola*. Tiges épaisses, très-feuillées, simples ou peu rameuses, longues de 1 à 2 pieds. Feuilles longues de 4 à 7 pouces, larges de 12 à 18 lignes, luisantes, spatulées-oblongues, très-obtuses, rétrécies en pétiole très-court ; veines proéminentes. Corymbe large de 4 à 5 pouces, dense. Calice petit. Pétales longs de 3 à 4 lignes, lancéolés-linéaires, pointus. Étamines dressées, glabres, de la longueur des pétales. Fruit obové, obtus, long d'environ 7 lignes.

« Cette plante, dit M. Aug. de Saint-Hilaire, croît assez com» munément dans les pâturages naturels de la partie la plus occi» dentale de la province des Mines, et dans ceux du midi de la » province de Goyaz. Le nom vulgaire de *Quina* lui a été donné, » comme à tant d'autres, à cause des propriétés fébrifuges de son » écorce. Elle ne peut cependant être considérée que comme un » succédané assez inutile, puisque le *Strychnos Pseudo-Quina* » croît à peu près dans les mêmes lieux. Quoi qu'il en soit, on

» doit voir dans l'*Hortia brasiliana* la confirmation des proprie-
» tés fébrifuges des Rutacées. »

SECTION II. **CUSPARIÉES**. — *Cusparieæ* De Cand. (*Fra-
xinellæ* Nees et Mart.*)

*Fleurs régulières ou plus souvent irrégulières. Pétales 5,
tantôt libres, tantôt connés en corolle lobée, ou campanulée, ou subinfondibuliforme. Étamines des corolles gamopétales libres ou plus souvent soudées par leurs
filets au tube, tantôt en même nombre que les lobes et
toutes anthérifères, tantôt au nombre de 5 à 7, dont
quelques-unes sans anthères. Étamines des corolles
idiopétales libres, toutes anthérifères. Disque urcéolaire,
engaînant la base du pistil. Ovaires en même nombre
que les pétales, ordinairement disjoints, biovulés. Ovules superposés. Styles soudés dès la base ou seulement
au sommet. Graines subglobuleuses : tégument mince. Périsperme nul. Cotylédons convolutés, souvent plissés en
travers, biauriculés au sommet. Radicule incluse, re-
courbée vers le hile.
Arbres, ou arbrisseaux, ou sous-arbrisseaux (très-rarement herbes). Feuilles alternes, ou par exception subopposées, 1-foliolées ou plus habituellement 3-foliolées
(souvent sur la même branche), très-entières. Pédoncules axillaires ou terminaux. Fleurs en grappe, ou en
corymbe, ou en panicule. Sucs propres souvent amers.*

Genre SPIRANTHÉRA. — *Spiranthera* A. Saint-Hil.

Calice court, hémisphérique, 5-fide. Pétales 5, libres,
dressés, très-longs, linéaires, subfalciformes, un peu inégaux. Étamines un peu plus courtes que les pétales ; filets
filiformes, tuberculeux ; anthères linéaires, basifixes, rou-

lées en spirale après l'anthèse. Disque campanulé. Ovaires velus, conjoints par la base, stipités. Styles soudés en un seul
infra-apicilaire; plus long que les pétales. Stigmate 5-lobé,
orbiculaire. Étairion 5-coque.

Arbrisseau. Feuilles alternes, pétiolées, trifoliolées. Pédoncules axillaires et terminaux, subtriflores; pédicelles
bractéolés, en ombelle. Fleurs grandes, blanches, très-odorantes.

Voici la seule espèce que renferme ce genre:

SPIRANTHÉRA ODORANT. — *Spiranthera odoratissima* Aug.
Saint-Hil. Hist. des Plant. rem. des Bras. tab. 17.

Tiges simples, dressées, anguleuses, glabres (comme toute la
plante), hautes de 1 à 2 pieds. Pétiole renflé aux 2 bouts, long
d'environ 3 pouces; folioles sessiles, ovales-lancéolées ou lancéolées-oblongues, acuminées, pointues, subrévolutées aux bords,
longues de 2 à 3 pouces. Pédoncules de la longueur des pétioles :
les terminaux courts, rapprochés en corymbe. Pédicelles courts.
Fleurs longues d'environ 18 lignes. Calice pubescent : incisions
triangulaires, pointues.

Cette plante a été trouvée par M. Aug. de Saint-Hilaire au Brésil, dans les *Campos* élevés, limitrophes des provinces des Mines
et de Goyaz. Ses fleurs, assez semblables à celles de la *Fraxinelle*, répandent une odeur de Chèvrefeuille très-suave. La latitude et la hauteur où croît la plante, font espérer qu'on pourrait la
cultiver dans l'Europe australe.

Genre ALMÉIDÉA. — *Almeidea* Aug. Saint-Hil.

Calice petit, 5-denté ou 5-fide. Pétales 5, longs, égaux,
libres, spatulés. Étamines 5, plus courtes que les pétales;
filets aplatis, barbus au-dessus du milieu; anthères linéaires-
cordiformes. Disque cupuliforme. Ovaires glabres, conjoints
inférieurement. Styles soudés dès la base. Stigmate orbiculaire, 5-lobé. Capsule par avortement à 1 ou 2 coques 1- ou
rarement 2-spermes.

Arbres ou arbrisseaux. Feuilles alternes (les supérieures

quelquefois opposées), simples, très-entières; pétioles renflés au sommet. Panicules terminales, pédonculées, diversement composées; ramifications bractéolées à la base; pédicelles bractéolés au milieu. Fleurs grandes, blanches, ou roses, ou rouges, ou bleues.

Les cinq espèces connues de ce genre sont toutes indigènes
au Brésil : elles se distinguent par une inflorescence d'une
rare beauté; mais on n'en possède encore aucune en Europe.

ALMÉIDÉA LILAS. — *Almeidea lilacina* Aug. Saint-Hil.
Plant. rem. des Bras. p. 144, tab. 15.

Feuilles obovales, ou lancéolées-obovales, ou ovales-lancéolées,
ou oblongues, obtuses ou échancrées. Thyrse terminal, pyramidal, composé de corymbes irréguliers ou bifides : axe pubescent.
Calice campanulé ou turbiné, 5-lobé. Pétales obtus, pubescents.

Petit arbre, haut d'une quinzaine de pieds. Feuilles glabres,
longues de 2 à 3 pouces, larges de 12 à 18 lignes. Thyrse long
d'un demi-pied ou moins : ramules étalés ou ascendants, courts,
rapprochés, 3- ou pluriflores. Fleurs couleur lilas, larges d'un
pouce.

M. Aug. de Saint-Hilaire a observé cette espèce dans les forêts
vierges de la province de Rio-Janeiro.

ALMÉIDÉA ROUGE. — *Almeidea rubra* Aug. Saint-Hil. Flor.
Bras. Merid. vol. 1, tab. 18.

Feuilles lancéolées ou lancéolées-oblongues, obtuses, ou échancrées, ou rétrécies en pointe mousse. Thyrse racémiforme, composé de cimes 2 ou 3-flores, subsessiles ; axe glabre. Calice cupuliforme, 5-denticulé. Pétales très-obtus, pubescents.

Arbrisseau à rameaux dichotomes. Feuilles glabres, longues
de 3 à 5 pouces, larges de 12 à 18 lignes. Thyrse long d'environ 3 pouces. Fleurs longues d'un demi-pouce. Pétales épais,
rouges. Coques longues de 5 à 6 lignes, comprimées, suborbiculaires.

Cette espèce a été trouvée par M. Aug. de Saint-Hilaire aux
environs de Saint-Paul.

ALMÉIDÉA BLEU. — *Almeidea cærulea* Aug. Saint-Hil. l. c.
— *Aruba cærulea* Martius, in Nov. Act. Nat. Cur. p. 174,
tab. 27.

Feuilles lancéolées-oblongues, acuminées: obtuses (quelquefois échancrées). Thyrses terminaux, pyramidaux-oblongs, composés de grappes ou de cimes subtriflores : axe glabre. Calice
cupuliforme, 5-parti. Pétales elliptiques-oblongs, obtus. Filets
presque linéaires.

Petit arbre très-glabre, haut d'environ 10 pieds. Écorce blanche. Feuilles coriaces, longues de 8 pouces, sur 2 à 3 pouces de
large; pétiole long de 1 à 2 pouces. Thyrse plus court que le pédoncule. Fleurs bleues, de la forme et de la grandeur de celles
de l'Oranger.

Cette espèce a été découverte par le prince Maximilien de
Neuwied, au Brésil, dans les forêts vierges des bords de l'Ilhéos.

ALMÉIDÉA BLANC. — *Almeidea alba* Aug. Saint-Hil. l. c. —
Mart. l. c. p. 174, tab. 28.

Feuilles obovales, courtement acuminées, obtuses. Grappes
terminales, unilatérales, bifides. Calice turbiné, 5-denticulé,
soyeux. Pétales oblongs-obovales, obtus, soyeux. Filets spatulés, cuspidés.

Arbrisseau haut de 6 à 8 pieds. Feuilles très-coriaces, longues d'environ 7 pouces, sur 3 pouces de large; pétiole long d'un
pouce ou moins. Pédoncule plus long que les feuilles. Grappes
courtes, spiciformes. Fleurs longues de près d'un pouce.

Cette espèce a été découverte au Brésil par M. de Martius.

ALMÉIDÉA ACUMINÉ. — *Almeidea acuminata* Aug. Saint-
Hil. l. c. — *Aruba acuminata* Mart. l. c. p. 175, tab. 28, et
tab. 19, fig. H.

Feuilles lancéolées-oblongues, acuminées aux 2 bouts, pointues.
Panicules terminales, thyrsoïdes, composées de cimes dichotomes pauciflores; pédoncule commun pubescent. Calice urcéolé,
5-denté. Pétales oblongs-spatulés, soyeux, obtus. Filets linéaires, apiculés.

Arbre haut de 10 à 20 pieds. Écorce de couleur grisâtre.

Feuilles luisantes, longues de 5 à 6 pouces, larges de 1 ¹/₂ pouce ; pétiole long d'un pouce. Panicule longue de 2 à 3 pouces ; pédoncule plus court que les feuilles. Fleurs longues d'un demi-pouce. Calice pourpre. Pétales roses, blanchâtres aux bords. Coques obovales, comprimées, noirâtres, rugueuses, de la grosseur d'une Noisette.

Cette espèce a été trouvée par M. de Martius au Brésil, dans les forêts vierges de la province des Mines.

Genre GALIPÉA. — *Galipea* Aubl.

Calice petit, cupuliforme, 5-denté ou 5-fide. Pétales 5, un peu inégaux, cohérents, ou connivents en cloche : tube court, ordinairement pentagone ; limbe 5-fide, étalé. Étamines en même nombre que les pétales et toutes anthérifères ; ou bien au nombre de 6 ou de 8, dont 2 ou 4 stériles ; filets adhérents au tube de la corolle, aplatis ou cotonneux, souvent saillants ; anthères cordiformes-oblongues, recourbées après l'anthèse. Disque cupuliforme. Ovaires et styles tantôt conjoints, tantôt plus ou moins disjoints. Stigmates distincts, suborbiculaires. Péricarpe par avortement à 2 coques.

Arbres ou arbrisseaux. Feuilles alternes, unifoliolées ou digitées-3-4- ou 5-foliolées (avec articulation), ponctuées. Pédoncules communs axillaires ou extra-axillaires. Fleurs en grappe, ou en corymbe, ou en panicule. Pédicelles courts, bractéolés. Corolle verdâtre, ou rouge, ou blanche, ou bleue.

Ce genre, propre à l'Amérique méridionale (à l'exception d'une espèce trouvée aux Antilles), se compose d'environ seize espèces. Plusieurs d'entre elles sont remarquables comme plantes officinales ; la plupart se distinguent par l'élégance de leur inflorescence, et seraient de précieuses acquisitions pour les serres. Voici les espèces les plus notables :

a) Feuilles 3- ou pluri-foliolées.

GALIPÉA HÉTÉROPHYLLE.—*Galipea heterophylla* Aug. Saint-Hil. Plant. rem. Bras. p. 131, tab. 12.

Feuilles longuement pétiolées, 3- ou 5-foliolées; folioles lancéolées ou lancéolées-elliptiques, ou oblongues, pointues, pubescentes en dessous. Thyrses supra-axillaires, longuement pédonculés, racémiformes, composés d'ombelles 5-7-flores, subsessiles. Corolle campanulée, subdiadelphe. Calice cupuliforme, 5-fide. Pétales linéaires-spatulés. Étamines 5, dont 2 stériles. Péricarpe 2-coque.]

Arbrisseau haut de 4 à 5 pieds. Tige grêle, dressée, simple. Feuilles ramassées vers le sommet de la tige; pétiole commun long de 6 à 14 pouces; folioles pétiolulées, longues de 3 à 8 pouces. Pédoncules trigones, longs de près d'un pied, terminés par un thyrse long de 3 à 4 pouces. Fleurs longues d'un pouce. Ovaires velus, soudés au sommet. Coques subglobuleuses, comprimées, velues.

Cette espèce a été observée par M. Aug. de Saint-Hilaire dans les forêts vierges de la province de Rio-Janeiro.

b) Feuilles unifoliolées.

GALIPÉA PENTAGYNE.— *Galipea pentagyna* Aug. Saint-Hil. l. c. p. 131, tab. 14, A.

Feuilles lancéolées, pointues, très-glabres. Grappes axillaires et extra-axillaires, rameuses, rapprochées en panicule terminale. Pédoncules aplatis. Calice campanulé, 5-denté. Corolle pentapétale, révolutée, tubuleuse inférieurement. Étamines dont 3 stériles. Coques disjointes.

Tige haute de 4 à 5 pieds, grêle, presque simple. Feuilles coriaces, courtement pétiolées, longues de 5 à 15 pouces. Grappes pédonculées, ascendantes, longues de 4 à 8 pouces : ramules pluriflores, très-étalés. Styles courts, subulés, recourbés, pubescents. Ovaires très-velus.

Cette plante a été observée par M. Aug. de Saint-Hilaire dans les bois vierges de la province de Rio de Janeiro. Ses feuilles ont une odeur de Citron.

GALIPÉA A GRANDES FEUILLES.—*Galipea macrophylla* Aug. Saint-Hil. l. c.—*Conchocarpus macrophyllus* Mikan, Delect. Bras. vol. 1, tab. 2.

Feuilles longuement pétiolées, linéaires-elliptiques, subobtuses, glabres. Grappes extra-axillaires, pubescentes, interrompues. Fleurs fasciculées. Calice turbiné-campanulé, presque entier, pentagone. Corolle tubuleuse, subbilabiée : pétales linéaires-lancéolés, pubescents. Étamines 7 ou 8, submonadelphes : 2 fertiles, incluses ; les autres stériles, saillantes.

Tige frutescente, simple, haute d'environ 6 pieds., de la grosseur du doigt. Feuilles subcoriaces, longues de près d'un pied, larges de 2 à 3 pouces ; pétiole rougeâtre, long de 5 à 6 pouces. Grappes longues de 1 à 2 pieds et plus ; pédoncules et axe glabres, d'un pourpre noirâtre ; glomérules tribractéolées. Calice pulvérulent, ferrugineux. Pétales couleur de chair. Filets aplatis, glabres. Anthères linéaires-oblongues, pubescentes, acuminées. Ovaires disjoints. Styles soudés presque dès la base. Stigmate claviforme.

Cette espèce, remarquable par la beauté de ses fleurs et de son feuillage, croît dans les forêts vierges du Brésil méridional.

GALIPÉA PENTANDRE. — *Galipea pentandra* Aug. Saint-Hil. l. c. p. 134, tab. 13.

Feuilles lancéolées, acuminées, ou cuspidées, obtuses, glabres, courtement pétiolées. Grappes axillaires, simples, lâches, pauciflores, plus courtes que les feuilles. Calice cupuliforme, 5-fide, pointu. Corolle subinfondibuliforme : pétales linéaires-lancéolés, pointus, velus. Étamines 5, toutes fertiles, incluses.

Arbrisseau haut de 4 à 5 pieds, rameux dès la base. Feuilles longues de 4 à 5 pouces ; pétiole long d'un pouce ou moins. Grappes dressées, subsexflores ; pédicelles courts, tribractéolés à la base. Fleurs blanches, longues d'un demi-pouce. Filets linéaires, velus. Ovaire velu, 5-coque. Style court, conique, pentagone.

Cette espèce a été observée par M. Aug. de Saint-Hilaire dans la province de Saint-Paul, sur les bords du Rio Pardo.

GALIPÉA RÉSINEUX. — *Galipea resinosa* Aug. Saint-Hil. — *Ravia resinosa* Mart. l. c. p. 169. tab. 23.

Feuilles ovales ou ovales-lancéolées, acuminées. Capitules pédonculés, terminaux, denses, tantôt solitaires, tantôt agrégés en ombelle sessile ou pédonculée. Calice 5-denté. Pétales linéaires, obtus, pubescents, réfléchis. Étamines fertiles 1 ou 2, un peu plus longues que les stériles.

Arbrisseau glabre, haut de 6 à 8 pieds, irrégulièrement di- ou trichotome. Feuilles longues d'environ 3 pouces; pétiole long d'un pouce ou moins. Pédoncules plus courts que les feuilles. Fleurs petites, blanchâtres. Fruit verdâtre, semblable par sa forme à celui du Ricin.

Cet arbrisseau a été observé par le Prince Maximilien de Neuwied, dans les forêts vierges du Brésil.

GALIPÉA A ÉPIS. — *Galipea Fontanesiana* Aug. Saint-Hil. — *Ravia racemosa* Mart. l. c. p. 169, tab. 24.

Feuilles lancéolées ou lancéolées-oblongues, pointues ou échancrées. Épis terminaux et latéraux, interrompus, multiflores, grêles : fleurs glomérulées. Calice cupuliforme, 5-denté. Pétales linéaires, obtus, cotonneux, connivents en tube, réfléchis au sommet. Étamines fertiles 2, plus courtes que les stériles.

Arbrisseau haut de 6 à 8 pieds. Feuilles longues d'un demipied et plus, larges de 1 à 2 pouces. Épis plus courts que les feuilles; glomérules 3-6-flores. Fleurs petites, blanches.

Cette espèce croît dans les mêmes contrées que la précédente.

GALIPÉA SPATULÉ. — *Galipea cuneifolia* Aug. Saint-Hil. — *Conchocarpus cuneifolius* Mart. l. c. p. 161, tab. 21.

Feuilles subsessiles, obovales-spatulées, subobtuses. Grappes extra-axillaires, spiciformes, interrompues, bractéolées : fleurs fasciculées. Calice cyathiforme, 5-denté. Corolle bilabiée : pétales linéaires-oblongs, presque libres. Étamines 5 : 2 fertiles, courtes; 3 stériles, incluses.

Arbrisseau haut de 3 à 6 pieds. Tige simple. Feuilles couronnantes, presque étalées, longues de 12 à 15 pouces, sur 2 à 3 pouces de large. Pédoncule commun de la longueur des feuilles, nu à sa moitié inférieure; fascicules pauciflores, accompagnés d'une grande bractée foliacée. Calice rougeâtre. Corolle petite, blanche.

Cet arbrisseau élégant, dont le port rappelle les *Théophrasta,* a été observé par le Prince Maximilien de Neuwied, dans les forêts vierges de la province de Bahia.

GALIPÉA A GRANDES FEUILLES. — *Galipea macrophylla* Aug. Saint-Hil. — *Conchocarpus macrophyllus* Mik. Delect. Flor. Bras. 1, tab. 2.

Feuilles elliptiques-oblongues, pétiolées, pointues ou obtuses. Panicules extra-axillaires, racémiformes, interrompues, composées de grappes simples, solitaires, ou fasciculées, multiflores, bractéolées à la base. Calice tubuleux, 5-denticulé. Corolle pubescente, hypocratériforme, subbilabiée. Étamines 7 : 2 fertiles, incluses ; 5 stériles, saillantes.

Arbuscule glabre. Tige simple, effilée, haute de 5 à 6 pieds. Feuilles longues de 8 à 12 pouces, larges de 2 ¹/₂ à 4 pouces ; pétiole long de 4 à 5 pouces. Pédoncule commun rougeâtre, un peu arqué au sommet, de la longueur des feuilles, nu dans les deux tiers inférieurs. Bractées lancéolées, sessiles. Fleurs unilatérales, subsessiles, bractéolées.

Cette espèce, qui se distingue comme la précédente par un port très-élégant, croît dans les montagnes du Brésil méridional.

Genre TICORÉA. — *Ticorea* Aubl.

Calice 5-fide ou 5-denté, petit. Corolle infondibuliforme : limbe 5-fide, égal ou inégal, étalé. Étamines tantôt 5, toutes anthérifères, tantôt 5-8 dont 3-6 stériles ; filets aplatis, adnés au tube de la corolle ; anthères basifixes, adnées, vides et renflées inférieurement. Disque cupuliforme. Ovaire 5-coque. Style de la longueur du tube. Stigmate 5-lobé. Regmate à 5 coques monospermes.

Arbres ou arbrisseaux très-aromatiques. Feuilles alternes, unifoliolées avec articulation, ou trifoliolées ; folioles entières, ponctuées. Ramules florifères terminaux, aphylles. Fleurs blanches ou jaunâtres, ponctuées ou tuberculeuses, disposées en grappe, ou en corymbe, ou en panicule ; pédicelles bractéolés.

Les *Ticoréa* croissent au Brésil et à la Guiane. On en connaît sept espèces, dont les suivantes sont les plus curieuses.

TICORÉA FÉTIDE.—*Ticorea fœtida* Aubl. Guian. tab. 277.—
Ozophyllum trifoliolatum Willd.

Folioles lancéolées - elliptiques, acuminées ou cuspidées, subsessiles. Cimes longuement pédonculées, subtrifurquées, composées de grappes spiciformes, pauciflores. Calice campanulé, 5-lobé, 6 ou 7 fois plus court que la corolle. Étamines 5 , toutes fertiles.

Arbrisseau. Tiges simples ou rameuses, hautes d'environ 10 pieds. Pétiole long de 6 à 8 pouces; folioles molles, lisses, inégales : l'intermédiaire plus grande, atteignant jusqu'à 1 pied et plus de long, sur 4 pouces de large. Pédoncule long de plus d'un pied : rameaux courts. Fleurs alternes, blanches, longues d'un pouce.

Cet arbrisseau croît à la Guiane. Les feuilles, lorsqu'on les écrase, exhalent une odeur désagréable, approchante de celle de la Stramoine. Les fleurs ressemblent à celles du Jasmin.

TICORÉA FÉBRIFUGE. — *Ticorea febrifuga* Aug. Saint-Hil.
Plant. usuelles des Bras. tab. 16.

Folioles pétiolulées, lancéolées, rétrécies en longue pointe obtuse ou échancrée. Thyrse subpyramidal, dense, composé de corymbes 6-8-flores. Calice campanulé, 5-denté, beaucoup plus court que la corolle. Étamines 5-8, dont 3-6 stériles.

Grand arbre, ou quelquefois arbrisseau. Rameaux glabres. Bourgeons pubescents. Pétioles longs de 10 à 24 lignes; folioles inégales, longues de 2 à 5 pouces, larges de 9 à 18 lignes. Thyrse long d'environ $^1/_2$ pied. Corolle blanche, longue d'un pouce.

Cette plante a été observée par M. Aug. de Saint-Hilaire, dans les forêts de la partie occidentale de la province des Mines. Son écorce, fort amère et astringente, a beaucoup d'analogie avec celle de l'*Évodia febrifuga*. M. Aug. de Saint-Hilaire pense qu'on pourrait la substituer avec succès au Quinquina, dans le traitement des fièvres intermittentes. Ses propriétés fébrifuges lui ont valu le nom de *Quina*, que lui donnent les habitans du pays où elle croît.

TICORÉA A FLEURS DE JASMIN. — *Ticorea jasminiflora* Aug.

Saint-Hil. Plantes rem. Bras. tab. 14, D. — *Sciuris multiflora*
Nees et Mart. in Nov. Act. Nat. Cur. vol. XI, p. 55, tab. 18,
fig. A.

Folioles lancéolées, acuminées, obtuses ou échancrées, pétiolulées. Panicules lâches, racémiformes, oblongues, composées de ramules subsexflores. Calice cupuliforme, 5-denté, beaucoup plus court que la corolle. Étamines 5-8, dont 3-6 stériles.

Arbrisseau haut de 7 à 8 pieds, le plus souvent rameux dès la base. Ramules grêles. Pétiole long de 1 à 2 pouces; folioles d'un vert gai, longues de 1 à 6 pouces : les latérales plus petites que l'intermédiaire. Panicules dressées ou quelquefois penchées, longues de 3 à 6 pouces. Fleurs blanches, longues de plus d'un pouce.

Cette espèce, fort semblable à la précédente, croît dans les forêts dites *Capuceiras,* dans les provinces de Rio de Janéiro et de Minas Geraës. Les habitants de ces contrées boivent le suc de ses feuilles, pour rémédier à la maladie dite *Bobas.*

TICORÉA BRACTÉOLÉ. — *Ticorea bracteata* Aug. Saint-Hil.
— *Sciuris bracteata* Nees et Mart. in Nov. Act. Nat. Cur. vol.
XI, p. 56, tab. 20.

Feuilles à 3 folioles lancéolées, ou lancéolées-oblongues, ou lancéolées-obovales, acuminées, pointues. Panicules terminales, très-longues, spiciformes, interrompues, composées de glomérules sessiles et pédonculées, multiflores, bractéolées. Calice campanulé, 5-fide : lanières linéaires-lancéolées, très-pointues. Étamines 7, dont 2 fertiles et 5 stériles.

Arbrisseau haut d'environ 6 pieds. Rameaux dressés, glanduleux. Folioles longues de 5 à 6 pouces; pétiole long de 4 à 5 pouces. Panicule longue d'un demi-pied et plus, portée sur un pédoncule un peu plus court qu'elle. Corolle blanche : tube cotonneux; limbe subbilabié, d'un demi-pouce de diamètre.

Cette espèce a été observée par le prince Maximilien de Neuwied, au Brésil, dans les forêts vierges des bords de l'Arassatiba.

TICORÉA UNIFOLIOLÉ. — *Ticorea simplicifolia* Aug. Saint-Hil. — *Sciuris simplicifolia* Nees et Mart. l. c.

Feuilles oblongues-lancéolées , acuminées aux deux bouts. Panicules terminales, racémiformes, composées de grappes simples, multiflores. Calice campanulé, pubescent, à 5 dents pointues. Étamines 6 ou 7 ; dont 2 fertiles.

Petit arbre. Tronc haut de 10 à 13 pieds. Rameaux touffus. Feuilles longues de 24 à 30 lignes, larges de 12 à 18 lignes ; pétiole long d'environ 1 pouce. Fleurs subsessiles; bractées subulées, pubescentes. Corolle hypocratériforme, pubescente : tube long, étroit; limbe subbilabié, de moitié plus court que le tube.

Cette espèce a été trouvée par M. de Martius , au Brésil, dans la province des Mines.

Ticoréalongiflore.—*Ticorea longiflora* De Cand. in Mém. du Mus. vol. 9, p. 146, tab. 9.

Feuilles à 3 folioles pétiolulées, oblongues ou lancéolées-oblongues, longuement acuminées, obtuses. Pédoncules pubescents, 2 ou 3 fois plus longs que les pétioles; cimes bifurquées, multiflores. Fleurs subsessiles, bractéolées. Calice cupuliforme, minime, 5-denté. Étamines 5, saillantes, toutes fertiles.

Ramules et pétioles pubescents dans leur jeunesse. Folioles longues de 5 à 7 pouces : les latérales inéquilatérales à la base; la terminale plus grande; pétiole long de 2 à 3 pouces. Cime sub-20-flore, resserrée. Corolle d'un vert jaunâtre, pubescente en dehors : tube grêle , long de 2 pouces; lobes oblongs, obtus, beaucoup plus courts que le tube.

Cette espèce croît à la Guiane.

Ticoréa a fleurs pédicellées. — *Ticorea pedicellata* De Cand. l. c. p. 145 , tab. 8.

Feuilles à 3 folioles subsessiles, lancéolées-oblongues, acuminées. Pédoncules glabres, plus longs que les feuilles. Cime bifurquée, composée de 2 grappes pauciflores. Calice cupuliforme, 5-denté.

Folioles peu coriaces, longues de 6 à 8 pouces, larges de 2 à 3 pouces. Pédoncule épais, long d'un pied. Grappes courtes, recourbées, lâches; pédicelles épais, longs de 2 à 6 lignes. Coques oblongues, obtuses, comprimées.

Cette espèce habite la Guiane.

Genre ÉRYTHROCHITON. — *Erythrochiton* Nees et Mart.

Calice grand, tubuleux, comprimé, quinquécosté, bilabié : lèvres presque égales : la supérieure entière ou tridentée; l'inférieure toujours entière. Pétales 5, soudés en corolle hypocratériforme : limbe un peu béant. Étamines 5, toutes fertiles; filets soudés entre eux et au tube; anthères lancéolées. Disque urcéolaire, débordant l'ovaire. Ovaire 5-coque. Style de la longueur du tube de la corolle. Stigmate obtus, 5-sulqué. Capsule 5-coque.

Voici la seule espèce connue de ce genre :

ERYTHROCHITON DU BRÉSIL. — *Erythrochiton brasiliense* Nees et Mart. in Nov. Act. Nat. Cur. vol. xi, p. 165, tab. 22 et tab. 18, C.

Petit arbre à tronc simple, haut de 8 à 10 pieds. Feuilles éparses, étalées horizontalement, subterminales, glabres, coriaces, luisantes, cunéiformes-lancéolées, pointues, très-entières, longues de 12 à 15 pouces, larges de 2 à 3 pouces; pétiole long de 3 à 4 pouces. Pédoncules communs trigones, longs d'environ 16 pouces, nus presque jusqu'au sommet. Fleurs grandes, fasciculées, subsessiles, accompagnées de deux bractéolées subulées ; fascicules 3-4- ou pluriflores, rapprochés en grappe et accompagnés d'une grande bractée lancéolée, foliacée. Calice glabre, pourpré, long de 15 lignes. Corolle blanche, glabre : tube cylindrique, de la longueur du calice; limbe de 1 $^1/_2$ à 2 pouces de diamètre : lobes ovales-oblongs, obtus. Coques ovoïdes, comprimées.

Ce magnifique végétal, semblable à un *Théophrasta* par le port, a été découvert par M. de Martius au Brésil, dans la province des Mines.

DIX-NEUVIÈME FAMILLE.

LES ZANTHOXYLEES.—*ZANTHOXYLEÆ.*

(*Terebinthacearum* genn. Juss. — *Diosmearum* genn. et pleræque
Pteleaceæ Kunth. — *Zanthoxyleæ* Juss. fil. Mém. Rutac. pag. 114.
— Bartl. Ord. Nat. pag. 385.)

Environ soixante-dix arbres ou arbrisseaux, presque
tous indigènes dans la zone équatoriale, constituent cette
famille, dont le nom dérive du *Zanthoxylum* ou Clavalier,
genre qui, à lui seul, renferme plus des trois quarts des
espèces connues.

En général les *Zanthoxylées* sont aromatiques. Quelques-unes passent pour de puissants remèdes diurétiques et sudorifiques. L'écorce du *Brucea* s'emploie en
Abyssinie contre les dyssenteries. L'horticulture trouve
parmi les Zanthoxylées plusieurs arbres d'ornement.

Caractères de la Famille.

Arbres ou *arbrisseaux*. Rameaux ordinairement cylindriques.

Feuilles éparses ou opposées, simples ou plus souvent
composées (paripennées ou imparipennées), presque
toujours ponctuées. Stipules nulles.

Fleurs unisexuelles par avortement, régulières, axillaires, ou terminales.

Calice inadhérent, persistant ou caduc, 4- ou 5-parti
(rarement 3-parti) : estivation imbricative, ou par exception valvaire.

Disque inapparent, ou court et stipitiforme.

Pétales hypogynes, interpositifs, caducs, en même

nombre que les divisions du calice. (Par exception, la corolle manque.) Estivation presque contortive.

Étamines (nulles ou abortives dans les fleurs femelles) hypogynes, en même nombre que les pétales et inter-positives, ou rarement en nombre double des pétales. Filets libres. Anthères à 2 bourses.

Pistil (abortif dans les fleurs mâles) : Ovaires en même nombre que les pétales, ou en nombre moindre, disjoints ou plus ou moins soudés. Ovules géminés (rarement 4) dans chaque ovaire, juxta-posés ou rarement superposés, attachés à l'angle central. Styles entièrement libres, ou libres à la base et soudés supérieurement lorsque les ovaires sont cohérents. Stigmates distincts ou soudés.

Péricarpe : Baie ou capsule 2-5- loculaires; plus souvent 1 à 5 carpelles disjoints, bivalves, charnus ou rarement drupacés : endocarpe souvent soluble du sarco-carpe.

Graines solitaires ou géminées dans chaque loge ou dans chaque carpelle, souvent lisses, luisantes : test fragile. Perisperme charnu. Embryon inclus, rectiligne ou subcurviligne : radicule supère ; cotylédons ovales.

La famille se compose des genres suivants :

Dictyoloma Juss. fil. — *Galvezia* Ruiz et Pav. — *Brucea* Mill. (Gonus Lour.) — *Brunellia* Ruiz et Pav. — *Zanthoxylum* Linn. (Xanthoxylum Smith. Fagara Linn. Pterota Adans. Ochroxylum Schreb. Kampmannia Rafin. Langsdorfia Leand. Pohlana Nees et Mart. Aubertia Bory) — *Labordia* Gaudich. — *Boymia* Juss. fil. — *Toddalia* Juss. (Crantzia Schreb. Scopolia Smith.) — *Vepris* Commers. — *Ptelea* Linn. (Bellucia Adans.) — *Ailantus* Desfont.

Genre BRUCÉA. — *Brucea* Mill.

Fleurs diclines. Calice 4-parti. Pétales 4, un peu plus courts que le calice. — *Fleurs mâles :* Étamines 4, courtes, insérées au pourtour d'un disque 4-lobé. — *Fleurs femelles :* Étamines 4, stériles. Gynophore 4-lobé. Ovaires 4, chacun terminé par un style pointu et réfléchi. Étairion à 4 drupes monospermes.

Arbrisseaux. Feuilles imparipennées; folioles opposées, entières ou dentelées, non-ponctuées. Fleurs minimes, rougeâtres, disposées en épis axillaires, interrompus, composés de glomérules subsessiles, bractéolés. Ramules, pédoncules, pétioles, nervures et quelquefois les deux faces des feuilles couvertes d'un duvet ferrugineux velouté.—Les organes floraux sont quelquefois en nombre quinaire.

Outre l'espèce dont nous allons parler, on connaît deux autres *Brucéa*, indigènes dans l'Asie équatoriale.

BRUCÉA ANTI-DYSSENTÉRIQUE. — *Brucea antidyssenterica* Mill. — *Brucea ferruginea* Lhérit. Stirp. tab. 10. — *Wooginoos* Bruce, Voyage, tab. 43.

Arbrisseau haut de 5 à 6 pieds. Feuilles grandes, rapprochées en rosette vers l'extrémité des ramules, composées d'environ 13 folioles ovales ou ovales-lancéolées, pointues. Ramules, pétioles, bords et nervures des folioles, ainsi que les calices couverts d'un duvet ferrugineux. Panicules spiciformes.

Cette plante croît en Abyssinie. Son écorce, d'une grande amertume, est connue dans le commerce sous le nom de *Fausse Angusture :* MM. Pelletier et Caventou y ont découvert une substance alcaline particulière, que ces chimistes appellent *Brucine.* Au rapport de Bruce, les Abyssiniens emploient l'écorce du *Brucéa* contre les dyssenteries, si fréquentes dans ces contrées, et il assure en avoir lui-même fait usage avec succès.

Genre GALVÉZIA. — *Galvezia* Ruiz et Pav.

Fleurs diclines. Calice 4-parti. Pétales 4, plus longs que le calice. — *Fleurs mâles :* Étamines 8 : les 4 antépositives plus courtes que les pétales; filets subulés, glabres, insérés vers la base d'un gynophore oblong et portant 3 ou 4 ovaires stériles. — *Fleurs femelles* : Gynophore tétragone, charnu. Ovaires 4, disjoints, chacun à 2 ovules collatéraux. Styles terminaux, libres inférieurement, soudés supérieurement. Stigmates soudés en un seul à 4 lobes. Étairion à 4 (ou moins de 4 par avortement) drupes monospermes. Graines ovoïdes. Embryon rectiligne.

On ne connaît de ce genre que l'espèce dont nous allons parler.

GALVÉZIA PONCTUÉ. — *Galvezia punctata* Ruiz et Pav. Flor. Peruv. tab. 35.

Arbre. Feuilles simples, opposées ou verticillées-ternées, très-glabres, ponctuées, courtement pétiolées, oblongues-lancéolées, dentelées, coriaces, persistantes. Panicules axillaires, trichotomes, munies aux ramifications de 2 bractées opposées; pédicelles bractéolés. Fleurs petites : les femelles moins nombreuses, naissant sur des rameaux différens (peut-être sur des individus différens). Corolle blanchâtre. Drupes ovales, comprimés.

Cet arbre croît au Chili, où on le nomme vulgairement *Pitao*. Ses feuilles sont fortement aromatiques. Le drupe, dont la chair est très-amère, passe chez les Chiliens pour un excellent stomachique.

Genre CLAVALIER. — *Zanthoxylum* (Linn.) Kunth. —De Cand. — A. Saint-Hil.

Fleurs diclines. Calice court, 3-5-parti. Pétales (quelquefois nuls) en même nombre que les sépales.—*Fleurs mâles* : Étamines en même nombre que les sépales, insérées vers la base d'un gynophore portant les rudiments d'un pistil simple ou multiple. — *Fleurs femelles* : Étamines nulles ou très-courtes, squamiformes, sans anthères, ou à anthères abortives. Ovaires tantôt en même nombre que les sépales, ou, plus souvent, en nombre moindre, chacun contenant 2 ovules juxtaposés, suspendus. Styles tantôt libres, tantôt soudés au sommet, quelquefois très-courts ou même presque nuls. Stigmates libres ou soudés en un seul à plusieurs lobes. Gynophore subglobuleux ou subcylindracé. Étairion à 1-5 carpelles sessiles ou stipités, bivalves, 1- ou 2-spermes. Graines solitaires et globuleuses, ou géminées et hémisphériques, luisantes, noires. Embryon rectiligne ou plus souvent subcurviligne.

Arbres ou arbrisseaux. Ramules., pétioles et nervures des feuilles souvent aiguillonnés. Feuilles alternes ou opposées, simples, ou trifoliolées, ou imparipennées, ou paripennées, souvent ponctuées; pétiole commun quelquefois ailé .Fleurs petites, verdâtres ou blanchâtres, axillaires ou terminales, bractéolées, fasciculées, ou disposées en épi, ou en grappe, ou en cyme, ou en corymbe, ou en panicule. Pétales contournés avant l'épanouissement.

Ce genre renferme une cinquantaine d'espèces, la plupart indigènes dans l'Amérique équatoriale. Quelques-unes seulement ont été trouvées dans l'Amérique septentrionale, dans l'Amérique australe, en Afrique, ou en Asie. Nous allons décrire celles qui offrent de l'intérêt.

SECTION Ire. ZANTHOXYLUM Linn.

Fleurs apétales. Calice pentasépale. Gynophore cylindracé. Ovaires 5. Styles libres, claviformes. Stigmates cohérents.

CLAVALIER A FEUILLES DE FRÊNE. — *Zanthoxylum fraxineum* Willd. Spec. — De Cand. Prodr. — *Zanthoxylum ramiflorum* Mich. Flor. Amer. Bor. — Duham. ed. nov. vol. 1, tab. 97.

Feuilles à 9 ou 11 folioles ovales, pointues, dentelées, glabres, ponctuées; pétioles cylindriques, inermes. Aiguillons stipulaires. Fleurs fasciculées, latérales. Carpelles stipités.

Arbre haut d'environ 20 pieds. Bois jaunâtre; écorce noirâtre en dehors. Aiguillons courts, très-durs, élargis à la base. Carpelles chagrinés, rouges en dedans.

Cet arbre, indigène dans les États-Unis, est nommé vulgairement *Frêne épineux*. On le cultive dans les bosquets. En Amérique, il passe pour un puissant remède diurétique et sudorifique. Ses capsules et ses graines sont très-aromatiques,

Section II. OCHROXYLUM Schreb.

*Sépales, pétales et étamines en nombre quinaire. Ovaires or-
dinairement au nombre de trois.*

CLAVALIER TRICARPE. — *Zanthoxylum tricarpum* Mich.
Flor. Am. Bor. — Catesb. Carol. v. 1, tab. 26.

Feuilles à 7 ou 9 folioles très-glabres, pétiolulées, falciformes-
lancéolées, dentelées, ponctuées. Panicules terminales, composées
de petites ombelles. Pétales ovales, beaucoup plus longs que le
calice. Styles et stigmates libres. Carpelles monospermes.

Arbre haut de 12 à 20 pieds, sur 6 à 10 pouces de diamètre.
Branches étalées, armées de nombreux aiguillons très-pointus,
fortement dilatés à la base, ovoïdes, atteignant quelquefois un
pouce de diamétre.

Ce Clavalier croît sur les côtes de la Caroline et de la Géorgie,
où il porte le nom de *Prickly Ash* (Frêne épineux). Ses feuilles,
très-aromatiques, possèdent la propriété d'exciter la salivation,
non-seulement lorsqu'on les mâche, mais encore quand on les administre à l'intérieur; selon le Dr Barton, elles sont un excellent
remède contre la paralysie des muscles du gosier.

CLAVALIER DES ANTILLES. — *Zanthoxylum Clava herculis*
Linn. Spec. (excl. syn.) — *Zanthoxylon caribæum* Lamk. —
Pluck. tab. 239, fig. 4.

Feuilles à 9-13 folioles ovales-oblongues, pointues, sinuolées,
inéquilatérales, sessiles, ponctuées, très-glabres.; pétiole commun aiguillonné. Panicules terminales ou latérales.

Arbre haut de 15 à 20 pieds. Cime très-touffue. Rameaux vagues, recouverts d'une écorce grise. Aiguillons courts, géminés,
élargis à la base.

Cette espèce croît dans les Antilles. Son écorce passe pour fébrifuge et vulnéraire. Son bois peut servir à teindre en jaune;
mais la couleur qu'il donne est peu fixe.

CLAVALIER DU SÉNÉGAL. — *Zanthoxylum senegalense* De
Cand. Prodr. — Guillem. et Perrott. in Flor. Seneg. vol. 1,
p. 140. — *Fagara xanthoxyloides* Lamk. Dict.

Tige très-rameuse, aiguillonnée, roide. Feuilles à 5 ou 7 folioles alternes, elliptiques, très-entières, subacuminées, coriaces, ponctuées en dessous; pétioles et nervures aiguillonnés. Fleurs pentandres.

Petit arbre haut de 10 à 15 pieds, rameux dès la base. Grappes axillaires et terminales, agrégées. Fleurs petites, blanchâtres, bractéolées, monoïques ou dioïques par avortement. Carpelle solitaire, globuleux, monosperme.

Cette espèce croît au Sénégal et dans la Guinée. « A raison des
» nombreux aiguillons dont ses tiges et ses rameaux sont armés,
» disent MM. Guillemin et Perrottet, on pourrait en former des
» haies impénétrables. Thonning, qui a vu la même plante sur les
» côtes de la Guinée, dit que son bois est dur et a la couleur
» jaune du Buis; qu'il sert à des usages d'ébénisterie et qu'il rem-
» place en quelque sorte l'Acajou. Cependant les planches qu'on
» peut en faire, n'ont guère que cinq ou six pouces de largeur et
» environ cinq pieds de longueur. Les nègres réduisent en pou-
» dre l'écorce de ce *Zanthoxylum*, qui est astringente, et, après
» l'avoir délayée dans de l'eau, ils s'en frottent les membres af-
» fectés de rhumatisme. »

SECTION III. AMPACUS Rumph.

Feuilles trifoliolées. Sépales et pétales en nombre quaternaire.

CLAVALIER A LARGES FEUILLES. — *Zanthoxylum latifolium.*
— *Evodia latifolia* De Cand. Prodr. — *Ampacus latifolia*
Rumph. Amb. vol. 2, p. 186, tab. 61.

Folioles ovales, pointues, cotonneuses en dessous. Panicules axillaires, de la longueur du pétiole.

Arbre. Feuilles longuement pétiolées, opposées; folioles longues de 7 à 8 pouces.

Cet arbre croît aux Moluques, où il porte le nom d'*Ampac*. Toutes ses parties répandent une forte odeur hircine. L'écorce suinte une résine que les Malais emploient en guise de poix. La décoction des feuilles passe pour détersive.

SECTION IV. LANGSDORFIA Leand.

*Fleurs ordinairement pentandres et pentapétales. Pistil sou-
vent solitaire.*

CLAVALIER A FEUILLES DE SORBIER. — *Zanthoxylum sorbifo-
lium* Aug. Saint-Hil. Flor. Bras. Merid. vol. 1 , tab. 15.

Rameaux aiguillonnés. Feuilles à 5-11 folioles ovales-oblongues, subrétuses, crénelées , glabres; pétiole aiguillonné, aplati,
aptère. Panicules axillaires, terminales, courtes, denses, rameuses;
pédicelles très-courts, fasciculés. Carpelles solitaires.

Arbre à tronc droit. Écorce lisse , grisâtre. Rameaux dressés ,
grêles. Ramules inermes ou légèrement aiguillonnés. Feuilles paripennées ou imparipennées, longues de 3 à 5 pouces; folioles longues de 15 à 24 lignes , larges de 4 à 5 lignes, ponctuées. Aiguillons courts, rectilignes. Panicules pubescentes, subsessiles ,
longues de 2 à 3 pouces. Fleurs très-nombreuses, d'environ 2
lignes de diamètre. Sépales ovales, pointus. Pétales lancéolés-ellip-
tiques, verdâtres. Drupe globuleux, noirâtre, du volume d'une
graine de Chanvre.

Cette espèce a été observée par M. Aug. de Saint-Hilaire au
Brésil, dans les forêts voisines de Saint-Paul.

CLAVALIER HIVERNAL. — *Zanthoxylum hyemale* Aug.
Saint-Hil. Plant. us. des Bras. tab. 37.

Feuilles à 7-13 folioles subsessiles, obovales , obtuses , crénelées, glabres, glanduleuses ; pétiole commun aptère. Panicules
axillaires et terminales, plus courtes que les feuilles , composées
de grappes spiciformes. Fleurs 4-pétales.

Arbre armé d'aiguillons , fort variable dans ses dimensions ,
restant quelquefois très-petit dans les endroits découverts, et acquérant une grande hauteur dans les forêts. Feuilles paripennées
ou imparipennées , longues de 3 à 4 pouces. Folioles opposées ou
subalternes, subsessiles, longues de 9 à 12 lignes, coriaces, ponctuées. Panicules longues d'environ 2 pouces. Fleurs fort-petites,
blanchâtres. Sépales ovales, obtus. Pétales ovales-oblongs , concaves, obtus. Coques subglobuleuses, stipitées, comprimées, longues de 2 lignes.

Cet arbre a été trouvé par M. Aug. de Saint-Hilaire, au Paraguay, et entre les 29ᵉ et 33ᵉ degrés de lat., dans le midi du Brésil, où on le nomme *Coentrilho*. Il fleurit au milieu de l'hiver. Lorsqu'il vient en forêts, il fournit un excellent bois de construction.

Genre TODDALIA. — *Toddalia* Juss.

Fleurs diclines. Calice court, quinquédenté. Pétales 5, plus longs que le calice, étalés.—*Fleurs mâles* : Étamines 5, plus longues que les pétales, insérées vers la base d'un gynophore portant un rudiment de pistil. — *Fleurs femelles* : Filets 5, très-courts, stériles. Gynophore court, 5-sulqué. Ovaire ovoïde, charnu, à 5 loges contenant chacune 2 ovules superposés. Stigmate subsessile, pelté, 5-lobé. Péricarpe charnu, ponctué, 5-sulqué, à 5 loges monospermes. Graines réniformes-anguleuses. Embryon arqué.

Arbrisseaux. Feuilles alternes, trifoliolées ; folioles ponctuées, quelquefois biglanduleuses à la base. Panicules axillaires, solitaires ou rarement géminées; pédicelles bractéolés. Ramules, pétioles, nervures et pédoncules munis d'aiguillons dans plusieurs espèces. — Les organes floraux sont quelquefois en nombre quaternaire.

Ce genre appartient à l'Asie et à l'Afrique équatoriales. On en connaît sept espèces. La suivante est la plus intéressante, parce qu'elle pourrait être naturalisée en France.

TODDALIA FLEURI. — *Toddalia floribunda* Wall. Plant. Asiat. Rar. vol. 3, p. 17. tab. 232. — *Xanthoxylon floribundum* Wall. Cat.

Arbrisseau couvrant de ses sarments les arbres les plus élevés. Tige cylindrique, d'un pouce environ de diamètre, brunâtre, couverte de gros tubercules coniques, rapprochés, scabreux, d'environ un pouce de long. Rameaux aiguillonnés, pubescents. Feuilles rapprochées, pétiolées, trifoliolées, inermes; folioles sessiles, oblongues-lancéolées, acuminées, coriaces, luisantes. Fleurs petites, verdâtres, fasciculées, disposées en grappes axillaires et terminales. Pétales linéaires-lancéolés, pointus.

Cette espèce croît dans les montagnes les plus élevées du Népaul.

Genre PTÉLÉA. — *Ptelea* Linn.

Fleurs diclines. Calice court, 4- ou 5-parti. Pétales 4 ou
5, étalés. — *Fleurs mâles* : Étamines 4 ou 5, plus longues
que les pétales; filets épaissis et hérissés inférieurement,
insérés vers la base d'un gynophore portant les rudiments
du pistil. — *Fleurs femelles* : Étamines 4 ou 5: filets très-
courts; anthères abortives. Gynophore convexe. Ovaire comprimé, à 2 loges contenant chacune 2 ovules superposés.
Style court. Stigmate bilobé. Péricarpe : Samare renflée au
centre, orbiculaire, réticulée, ailée au pourtour, à 2 loges
monospermes. Graines oblongues. Embryon rectiligne.

L'espèce que nous allons décrire constitue à elle seule le
genre.

PTÉLÉA TRIFOLIOLÉ.—*Ptelea trifoliata* Linn.—Duham. ed.
nov. v. 1, tab. 57. — Schmidt, Arb. v. 1, tab. 76. — Dill.
Elth. tab. 122.—Mill. Ic. tab. 211.—Turp. in Dict. des Scienc.
Nat. Ic. — Guimp et Hayn. Fremd. Holz. tab. 74.

Buisson haut de 6 à 12 pieds. Branches étalées : écorce d'un
gris cendré, lisse. Rameaux cylindriques, pubescents dans leur
jeunesse. Feuilles à 3 (ou rarement à 5) folioles ponctuées, sessiles,
vertes en dessus, pâles en dessous, ovales, rétrécies aux 2 bouts,
acuminées, crénelées, pubescentes, veineuses, longues de 2 à 3
pouces, larges de 1 à 2 pouces : les latérales inéquilatérales; pétiole, commun, long de 2 à 3 pouces, pubescent. Fleurs petites,
d'un blanc verdâtre, disposées en panicules terminales composées
de corymbes multiflores. Pédicelles bractéolés. Calice velu, à segmens subulés. Pétales ovales, 4 ou 5 fois plus longs que le calice.
Fleurs mâles quelquefois à 6 ou 7 étamines inégales. Ovaire quelquefois 3-loculaire. Péricarpe jaunâtre, semblable à celui des
Ormes.

Le *Ptéléa* croît dans l'Amérique septentrionale, depuis la Caroline jusqu'en Pensylvanie. Cet arbuste se plante souvent dans

les bosquets : son port est élégant; ses fleurs, qui paraissent en été, répandent une odeur suave.

Genre AILANTE. — *Ailantus* Desfont.

Fleurs polygames. — *Fleurs mâles* : Calice quinquéfide. Pétales 5, plus longs que le calice, étalés. Étamines 10 : les 5 antépositives plus courtes que les pétales ; les 5 autres plus longues. Disque central, pétalifère et staminifère au pourtour, couronné par un annule à 5 plis, chacun enveloppant le rudiment d'un ovaire. — *Fleurs hermaphrodites* : Calice, corolle et disque comme dans les fleurs mâles. Étamines en nombre moindre. Ovaires 3-5, disjoints, comprimés. Styles latéraux. Stigmates étalés. Samares en même nombre que les ovaires, linguiformes, comprimées, membranacées, réticulées, renflées et uniloculaires au centre. Graines solitaires, comprimées, suspendues. Périsperme mince, adhérent à l'épisperme. Embryon rectiligne : radicule courte, supère; cotylédons foliacés.

Grands arbres. Feuilles paripennées ou imparipennées ; folioles opposées, inéquilatérales, entières ou dentées, non-ponctuées. Fleurs verdâtres ou jaunâtres, petites, fasciculées : fascicules disposés en panicules terminales, amples, rameuses; pédicelles bractéolés.

On connaît quatre espèces d'*Ailantes ;* une d'elles croît en Chine, une aux Moluques, et deux habitent l'Inde. Le nom du genre dérive du mot malais *ailanto.* Voici les deux espèces les plus remarquables :

AILANTE GLANDULEUX. — *Ailantus glandulosa* Desf. in Act. Acad. Par. 1786, p. 263, tab. 8. — L'hérit. Sert. v. 1, tab. 84. — Duham. ed. nov. vol. 1, p. 162, tab. 35. — Watson, Dendrol. Brit. tab. 104. — *Ailantus procera* Salisb. — *Rhus Hypsolodendron* Mœnch. — *Rhus Cacodendron* Ehrh.

Feuilles imparipennées ; folioles ovales-oblongues, acuminées, bordées vers leur base de larges dentelures glanduleuses en dessous. Samares obtuses.

Arbre très-élevé. Racine stolonifère, d'un jaune pâle. Tronc droit, cylindrique. Écorce grisâtre. Rameaux très-étalés, un peu inclinés, fragiles, nus. Feuilles pétiolées, longues de 7 à 20 pouces; pétiole commun pubescent, cylindrique; folioles luisantes en dessus, pâles en dessous, glabres : les inférieures alternes ; les supérieures opposées. Stipules subulées, caduques. Panicules longues de 6 à 8 pouces, dressées. Fleurs petites, verdâtres. Ovaires rougeâtres. Samares oblongues, rougeâtres, longues de 15 lignes à 2 pouces.

Cette espèce, nommée vulgairement *Vernis du Japon*, est originaire de la Chine ; le Père d'Incarville en envoya des graines en Europe, vers le milieu du dernier siècle ; aujourd'hui cet arbre abonde dans les parcs et dans les bosquets. L'*Ailante glanduleux* offre un aspect fort pittoresque, à cause de ses grandes feuilles, rapprochées en longues touffes aux extrémités des rameaux. Son feuillage, qui se conserve jusqu'au mois de novembre, n'est point attaqué par les insectes. Malgré la croissance très-rapide de l'arbre, le bois en est beau, satiné, très-dur, fort propre aux ouvrages de marqueterie, et l'on assure qu'il vaut celui du Noyer.

L'Ailante réussit dans les terrains médiocres, mais il préfère un sol léger. La multiplication se fait de drageons, ou de tronçons de racines. On voit rarement ses fruits, parce que la plupart des individus qu'on cultive en France sont mâles.

AILANTE GIGANTESQUE. — *Ailantus excelsa* Roxb. Corom. vol. 1, tab. 23.

Feuilles paripennées ; folioles ovales-lancéolées, pointues, bordées de larges dentelures non-glanduleuses. Samares stipitées, pointues, lancéolées.

Tronc droit, très-élancé. Écorce lisse, de couleur cendrée. Branches nombreuses, ascendantes. Feuilles rapprochées en grandes touffes vers l'extrémité des ramules, longues d'environ 3 pieds, composées de 10 à 14 paires de folioles glabres, longues d'environ 4 pouces, sur 2 pouces de large. Panicules très-amples. Fleurs jaunâtres.

Cet arbre croît dans les montagnes de la côte de Coromandel. Son bois, de couleur blanche, est peu durable; mais il sert aux Hindous à faire des radeaux.

LES SIMAROUBEES. — *SIMARUBEÆ.*

(*Simarubaceæ* Rich. Anal. du Fruit, p. 21. — *Simarubeæ* De Cand. in Ann. du Mus. vol. XVII, p. 323; et Prodr. vol. I, p. 733. — Juss. fil. Mém. Rutac. p. 129. — Bartl. Ord. Nat. p. 384.)

Les *Simaroubées* sont remarquables par le principe très-amer contenu dans leurs feuilles, dans leurs bois, et surtout dans leurs écorces. Le *Quassia* et les *Simaruba* possèdent ces qualités au plus haut degré. Du reste, le nombre des espèces de cette famille se borne à une quinzaine : aucune d'entre elles n'a été observée dans les régions situées en dehors des tropiques.

Caractères de la Famille.

Arbres ou *arbrisseaux*.

Feuilles éparses, pennées (rarement simples), non-ponctuées.

Fleurs hermaphrodites, ou par avortement unisexuelles, disposées en ombelle, ou en grappe, ou plus souvent en panicule; pédicelles bractéolés.

Calice inadhérent, persistant, à 4 ou 5 divisions plus ou moins profondes : estivation imbricative.

Gynophore court, subcylindracé.

Pétales 4 ou 5 , hypogynes (insérés à la base du gynophore), interpositifs, caducs, plus longs que le calice, contournés avant l'épanouissement.

Étamines ayant même insertion que la corolle, en nombre double des pétales. Filets libres, portés chacun au dos d'une squamule. Anthères supra-basifixes, à

2 bourses parallèles, conjointes, chacune s'ouvrant par une fente longitudinale.

Pistil : Ovaires 4 ou 5, disjoints, placés devant les pétales. Ovules solitaires, suspendus vers le sommet de l'angle interne. Styles en même nombre que les ovaires, apicilaires, soudés presque dès leur base en un seul à 4 ou 5 sillons. Stigmate arrondi ou lobé.

Péricarpe : Etairion à 4 ou 5 drupes (ou moins de 4, par avortement) verticillés, monospermes.

Graines suspendues. Test membraneux. Périsperme nul. Embryon rectiligne : radicule supère, presque incluse; cotylédons épais, charnus.

Les Simaroubées diffèrent des Ochnacés par leur style non-gynobasique; elles se distinguent des Diosmées et des Zanthoxylées par des ovaires uniovulés.

Voici les genres qui rentrent dans la famille des Simaroubées :

Quassia Linn. — *Simaruba* Aubl. — *Simaba* Aubl. (Aruba Aubl. Zwingera Schreb. Phyllostemma Neck.) — *Samadera* Gærtn. (Samandura Linn. Locandi Adans. Vittmannia Vahl. Niota Lamk. Biporeia Pet. Thou. Mauduyta Commers.) — *Nima* Hamilt. — *Harrisonia* R. Br.

Genre QUASSIA. — *Quassia* (Linn.) De Cand.

Fleurs hermaphrodites. Calice court, 5-parti. Pétales 5, beaucoup plus longs que le calice, connivents en tube. Étamines 10, plus longues que les pétales. Ovaires 5, portés sur un gynophore débordant. Styles soudés presque dès leur base en un seul très-long. Stigmate 5-sulqué. Étairion à 5 drupes.

Ce genre porte le nom d'un nègre, qui en fit connaître les propriétés. L'espèce dont nous allons parler est la seule qu'on y admette aujourd'hui.

QUASSIA AMER. — *Quassia amara* Linn. fil. Suppl.—Loddig. Bot. Cab. tab. 172. — Bot. Mag. tab. 497.

Grand arbre. Feuilles pétiolées, à 3 ou 5 folioles opposées, ovales-lancéolées, acuminées, glabres, très-entières; pétiole commun ailé, articulé à l'insertion des folioles. Fleurs grandes, rouges, subunilatérales, disposées en grappes lâches, simples, ou rameuses, terminales. Pédicelles dibractéolés et articulés au-dessous du sommet, unibractéolés à la base. Bractéoles linéaires. Sépales ovales. Corolle grande : pétales ovales-oblongs, presque obtus. Gynophore charnu, renflé, débordant le calice. Drupes ovales, obtus.

Cet arbre, qui fournit le fameux *Bois de Quassia*, croît en Guiane, et il est naturalisé aux Antilles. On ne connaît aucune autre substance végétale qui possède le principe purement amer à un degré plus intense que ce bois et son écorce. Linné assure que le bois des racines est préférable à celui du tronc et des branches. Il se fait, comme l'on sait, une assez forte consommation de Bois de Quassia en médecine; et beaucoup de brasseurs l'emploient en guise de houblon.

Le *Quassia amer* mérite d'orner les serres. Sa culture, selon Sweet, réussit à merveille dans un composé de terre argileuse et de sable de bruyère. La multiplication se fait de boutures bien aoûtées, qu'on plante dans du sable sous un bocal, en ayant soin de ne pas les dépouiller de leurs feuilles.

Genre SIMAROUBA. — *Simaruba* Aubl.

Fleurs diclines. Calice petit, cupuliforme, 5-denté ou 5-parti. Pétales 5, étalés, plus longs que le calice. — *Fleurs mâles :* Étamines de la longueur des pétales, insérées autour d'un gynophore portant 5 ovaires rudimentaires. — *Fleurs femelles :* Gynophore non-débordant. Ovaires 5, entourés de 10 étamines squamuliformes, très-courtes, hérissées. Styles courts, soudés presque dès la base. Stigmate 5-lobé. Étairion à 5 drupes.

Arbres. Feuilles pennées; folioles alternes, très-entières,

luisantes en-dessus. Panicules axillaires ou terminales, composées de petites grappes accompagnées à leur base d'une bractée foliacée; pédicelles bractéolés. Fleurs grisâtres ou verdâtres, petites, quelquefois purpurines aux bords.

Ce genre, compris par Linné dans le *Quassia*, se compose de trois espèces, indigènes dans l'Amérique équatoriale.

Les deux suivantes sont les plus intéressantes :

SIMAROUBA OFFICINAL.—*Simaruba officinalis* De Cand. Prodr. — *Simaruba amara* Aubl. Guian. tab. 331 et 332. — Turp. in Flor. med. tab. 327. — *Quassia Simaruba* Linn.

Arbre de première grandeur. Tronc haut de 60 pieds et plus, sur 2 $^1/_2$ pieds de diamètre. Écorce lisse, grisâtre. Bois léger, blanc. Feuilles à 2-9 paires de folioles alternes, ovales, acuminées, lisses, courtement pétiolulées, longues de 4 à 5 pouces, sur 1 $^1/_2$ pouce de large. Panicules éparses. Fleurs très-petites. Pétales pointus, blanchâtres. Drupes ovoïdes, noirâtres, de la grosseur d'une Olive.

Le *Simarouba officinal* croît dans les grandes forêts de la Guiane. Ses racines, qui sont fort grosses, s'étendent au loin à fleur de terre; leur écorce, d'une amertume pure et très-intense, fut employée, de temps immémorial, par les naturels du pays, contre les fièvres et les dyssenteries. Aublet, le premier, a fait connaître en Europe les propriétés de cette écorce, qui jouissait pendant quelque temps d'une grande célébrité, et qui occupait le premier rang parmi les remèdes toniques; mais aujourd'hui la thérapeutique la met peu en usage.

SIMAROUBA A FLEURS PANACHÉES. — *Simaruba versicolor* Aug. Saint-Hil. Plantes usuelles des Brasiliens, tab. 5.

Folioles elliptiques-oblongues, obtuses, échancrées, subsessiles, glabres en dessus, poilues en dessous. Panicules terminales, lâches.

Arbrisseau haut de 5 à 10 pieds, commun dans les provinces méridionales du Brésil. On considère l'infusion de son écorce dans de l'eau-de-vie, comme un spécifique contre la morsure des serpents ; son amertume la rend très-propre à la destruction de la vermine.

Le *Simaruba excelsa* De Cand. (*Quassia excelsa* Swartz), doit, selon M. Adrien de Jussieu, être exclu de ce genre, et peut-être même de la famille des Simaroubées. Quoi qu'il en soit, l'écorce et le bois de ce végétal possèdent un principe amer analogue à celui des vrais *Simarouba*.

Genre SIMABA. — *Simaba* (Aubl.) Aug. Saint-Hil.

Fleurs hermaphrodites. Calice petit, à 4 ou 5 dents ou divisions plus ou moins profondes. Pétales 4 ou 5, étalés. Étamines 8 ou 10, un peu plus courtes que les pétales. Gynophore débordant ou non-débordant. Ovaires en même nombre que les pétales, ou rarement en nombre moindre. Styles libres à la base, soudés supérieurement. Stigmate 4- ou 5-lobé, ou denticulé, ou sillonné. Étairion à 4 ou 5 drupes secs.

Arbres ou arbrisseaux. Feuilles variant sur les mêmes rameaux tantôt à une seule foliole, tantôt à plusieurs folioles opposées ou rarement subalternes, très-entières, coriaces, luisantes. Fleurs blanchâtres, ou verdâtres, ou rougeâtres, axillaires, ou plus souvent en grappes ou en panicules terminales ; pédicelles bractéolés.

Les *Simaba* ont des écorces, des feuilles et des fruits amers et aromatiques. Leurs fleurs répandent une odeur de miel fort prononcée. Le genre appartient à l'Amérique méridionale ; il renferme huit espèces, dont les plus notables sont les suivantes :

Simaba de la Guiane. — *Simaba guianensis* Aubl. Guian. tab. 153. — *Zwingera amara* Willd.

Feuilles à 3 ou 5 folioles ovales-oblongues, acuminées aux deux bouts, échancrées. Grappes axillaires.

Arbrisseau haut de 7 à 8 pieds. Tige droite, cylindrique. Rameaux étalés. Fleurs petites, blanchâtres.

SIMABA MULTIFLORE. — *Simaba floribunda* Aug. Saint-Hil. in Mem. du Mus. v. 10, p. 277.

Feuilles imparipennées ; folioles glabres, lancéolées-elliptiques, un peu obtuses. Panicules terminales, amples, rameuses.

Arbrisseau haut d'environ 10 pieds. Tige grêle. Folioles longues de 2 à 5 pouces. Panicules pubescentes. Fleurs verdâtres.

Cette espèce a été découverte au Brésil, par M. Auguste de Saint-Hilaire.

SIMABA FERRUGINEUX. — *Simaba ferruginea* Aug. Saint-Hil. l. c.

Feuilles imparipennées ; folioles elliptiques, très-obtuses, pubescentes et nerveuses en dessous. Panicules terminales, subsessiles, plus courtes que les feuilles.

Arbuscule haut de 2 à 3 pieds. Rameaux, face inférieure des feuilles, axe des panicules, et calices couverts d'un duvet ferrugineux. Pétales linéaires, verdâtres, cotonneux.

Cette espèce a été trouvée au Brésil par M. Auguste de Saint-Hilaire.

SIMABA ODORANT. — *Simaba suaveolens* Aug. Saint-Hil. l. c.

Feuilles paripennées : les supérieures quelquefois simples ; folioles elliptiques ou elliptiques-orbiculaires, très-obtuses, glabres. Grappes terminales, lâches, rameuses.

Rameaux tétragones, couverts d'un duvet cendré. Grappes pubescentes, longues d'environ 5 pouces. Corolle blanche.

M. Aug. de Saint-Hilaire a découvert cette espèce au Brésil.

VINGT-UNIÈME FAMILLE.

LES OCHNACÉES. — *OCHNACEÆ*.

(*Ochnaceæ* De Cand. in Ann. du Mus. vol. XVII, p. 398; Prodr. v. I,
pag. 735. — Bartl. Ord. Nat. p. 383. — Cfr. Aug. Saint-Hil. Mém.
sur le Gynobase, in Mem. du Mus. v. X, p. 129.)

Presque toutes les *Ochnacées* offrent la singulière
structure du pistil, qu'on retrouve dans les Labiées et
dans un grand nombre de Borraginées. Malgré cette
organisation remarquable, jointe à un port particulier,
les Ochnacées sont si voisines des Simaroubées, que le
seul caractère essentiel qui les distingue de ces dernières
consiste dans leurs ovules solitaires, ascendants du fond
de la loge, et non suspendus. Les Ochnacées ont en outre de l'affinité avec les Annonacées et les Magnoliacées.

Quoique peu connues sous le rapport de leurs propriétés, il paraît que les Ochnacées sont, en général,
amères et astringentes. L'élégance de leur feuillage et
de leurs fleurs fait regretter que la plupart des espèces
ne se prêtent pas facilement à la culture en serre.

On connaît environ cinquante espèces de cette famille. A l'exception de deux, observées au cap de Bonne-
Espérance, toutes habitent la zone torride, soit dans
l'ancien, soit dans le nouveau continent.

CARACTÈRES DE LA FAMILLE.

Arbres ou *arbrisseaux* (rarement sous-arbrisseaux), le
plus souvent très-glabres. Sucs propres aqueux, souvent
amers. Ramules cylindriques.

Feuilles alternes, simples, penninervées, entières ou

légèrement dentées; pétiole court. Stipules libres, petites, quelquefois caduques ou inapparentes.

Fleurs hermaprodites, ou polygames par avortement, rosacées, ordinairement jaunes, disposées en grappe, ou en corymbe, ou en panicule, ou rarement solitaires. Pédoncules axillaires ou terminaux; pédicelles articulés au milieu ou à la base.

Calice inadhérent, 5-parti, persistant : sépales égaux, imbriqués en préfloraison.

Disque nul.

Gynophore épais, disciforme, inadhérent.

Pétales hypogynes, caducs, en nombre égal aux sépales et interpositifs, ou rarement en nombre double des sépales : préfloraison imbricative.

Étamines hypogynes (insérées à un rebord saillant du gynophore), tantôt en même nombre que les pétales et alternes avec eux, tantôt, mais rarement, en nombre double des pétales, ou en nombre indéfini. Filets libres, souvent persistants, quelquefois très-courts ou presque nuls. Anthères caduques, basifixes, immobiles, à 2 bourses parallèles, conjointes, déhiscentes chacune par un pore apicilaire, ou rarement par une fente latérale.

Pistil : Ovaires 5-10, disjoints, rangés circulairement, uniloculaires, uniovulés. Ovules ascendants du fond de la loge. Style gynobasique, persistant, rectiligne, onciné, ou subulé, indivisé, ou fendu au sommet en autant de dents qu'il y a d'ovaires au pistil. Stigmate terminal, petit, entier, ou denticulé. (Par exception : Pistil à ovaires soudés en un seul pluriloculaire, stylifère au sommet.)

Péricarpe : Cénobion à 1-10 drupes ou baies monospermes, portés sur le gynophore amplifié.

Graines ascendantes ou inverses, solitaires. Périsperme

nul ou charnu. Embryon rectiligne, de là longueur du périsperme : radicule courte, ordinairement infère ; cotylédons charnus ou foliacés.

La famille des Ochnacées renferme les genres suivans :

Ire TRIBU. **OCHNÉES.** — *OCHNEÆ.*

Graines apérispermées.

Ochna Linn. — *Diporidium* Bartl et Wendl. — *Gomphia* Schreb (Ouratea Aubl. Correia Velloz. Cittorhynchus Willd. Gærtn.)—*Walkera* Schreb. (Meesia Gærtn.)

IIe TRIBU. **CASTÉLÉES.** — *CASTELEÆ.*

Graines périspermées, inverses.

Castela Turp.

GENRE ANOMALE.—*Ovaire pluriloculaire, stylifère au sommet.*

Elvasia De Cand.

Ire TRIBU. **OCHNÉES.** — *OCHNEÆ.* De Cand.

Ovules ascendants. Graines apérispermées.

Genre OCHNA. — *Ochna* Linn.

Calice 5-parti. Pétales 5 ou 10. Étamines innumérables : filets grêles ; anthères linéaires ou ovales, déhiscentes latéralemen. Ovaires 5-10. Style indivisé, ou 5-10-fide au sommet. Stigmates inapparents. Carpelles drupacés.

Arbres ou arbrisseaux. Bourgeons écailleux. Ramules florifères raccourcis, naissant sur le vieux bois, au-dessous des jeunes pousses terminales. Feuilles annuelles, plus ou moins dentées. Fleurs en corymbes ou en grappes solitaires ou agrégés. Corolle blanche ou jaune.

Les *Ochna* ont le port et l'inflorescence des Cerisiers ; ils se distinguent en général par leur élégance. Les espèces énumérées dans le Prodrôme de M. De Candolle habitent toutes l'ancien continent, où elles sont distribuées comme suit : Inde 5, Népaul 1, Arabie 1, Ile-de-France et Madagascar 3, Sierra-Léone 1, Afrique australe tempérée 2.

Voici les espèces les mieux connues :

a) *Style indivisé.*

OCHNA A FEUILLES-OBTUSES. — *Ochna obtusifolia* De Cand. Ochnac. Monogr. tab. 11. — *Ochna squarrosa* Linn.

Feuilles cunéiformes-obovales, arrondies au sommet, légèrement dentelées. Grappes lâches, courtes. Fleurs 8- ou 10-pétales. Pétales elliptiques-oblongs, obtus, plus longs que les sépales. Anthères linéaires, 3 fois plus longues que les filets.

Écorce de couleur cendrée. Feuilles longues de 2 à 3 pouces, larges de 15 à 30 lignes. Pédicelles grêles. Fleurs d'environ 18 lignes de diamètre. Sépales oblongs, obtus, un peu plus longs que les étamines. Style saillant. Drupes obovales, du volume d'un gros Pois.

Cette espèce croît dans l'Inde.

OCHNA MULTIFLORE. — *Ochna multiflora* De Cand. l. c. tab. 13.

Feuilles oblongues ou lancéolées-oblongues, pointues, subcrénelées. Grappes solitaires, sessiles, lâches, multiflores. Fleurs pentapétales, 3 ou 4 fois plus courtes que les pédicelles. Pétales obovales, de la longueur des sépales. Anthères minimes, ovales. Drupes subréniformes.

Feuilles longues d'environ 3 pouces, larges de 12 à 18 lignes. Grappes longues de 4 pouces, 6-12-flores ; pédicelles grêles : les inférieurs longs d'un pouce et plus ; les supérieurs plus courts. Fleurs d'un pouce de diamètre. Sépales ovales-oblongs, un peu plus longs que les étamines. Filets capillaires. Drupe du volume d'un petit Haricot.

Cette plante, originaire de Sierra-Leone, est quelquefois cultivée dans les serres chaudes.

b) *Style fendu au sommet.*

OCHNA DE L'ILE-DE-FRANCE. — *Ochna mauritiana* Lamk. — De Cand. l. c. tab. 15.

Feuilles lancéolées ou elliptiques-lancéolées, subobtuses, dentelées. Corymbes subsessiles ou pédonculés, solitaires ou subpaniculés. Fleurs à 5 pétales ovales-arrondis, 2 ou 3 fois plus longs que les sépales. Styles 5-6-fides. Anthères ovales, minimes.

Arbre à écorce de couleur cendrée. Feuilles longues de 1 à 2 pouces. Corymbes 5-12-flores, quelquefois racémiformes, tantôt solitaires, tantôt à 2 ou à 3 sur le même rameau. Corolle de 6 à 15 pouces de diamètre. Sépales elliptiques-oblongs, obtus. Drupes obovés.

Cette espèce croît à l'Ile-de-France, où elle est appelée *Bois de Jasmin*. Ce nom lui vient probablement de l'odeur suave de ses fleurs, qui du reste sont semblables à celles de notre Cerisier.

Genre GOMPHIA. — *Gomphia* Linn.

Calice 5-parti; sépales ordinairement colorés : les 2 intérieurs membraneux aux bords. Pétales 5. Étamines 10, conniventes : filets presque nuls; anthères linéaires-subulées, tétragones. Ovaires 5 (par exception 6 ou 7), oblongs-obovales, obliques, ascendants. Gynophore 5-gone, columnaire, court.

Petits arbres, ou arbrisseaux, ou rarement sous-arbrisseaux. Stipules distinctes, ordinairement caduques, ou bien intrafoliaires, soudées, persistantes. Fleurs bractéolées, en grappes simples ou paniculées, axillaires ou terminales, jaunes; pédicelles articulés par la base, anguleux.

Ce genre renferme environ trente-six espèces, toutes indigènes dans la zone équatoriale. Ces plantes se distinguent par un port très-fleuri, et par un feuillage d'une grande beauté.

Voici les espèces les plus notables :

a) *Anthères ridées transversalement.*

Gomphia glauque. — *Gomphia glauca* Aug. Saint-Hil. Flor. Bras. Merid. v. 1, tab. 13.

Feuilles ovales-elliptiques ou ovales-oblongues, subcordiformes à la base, courtement acuminées, glauques : les supérieures denticulées ; les inférieures dentelées. Grappes terminales, simples, densiflores. Pétales obovales-arrondis, un peu plus longs que les sépales.

Arbrisseau. Feuilles rapprochées, recouvrantes, longues de 2 à 4 pouces, sur 18 à 30 lignes de large. Stipules petites, linéaires-oblongues, acuminées. Grappes subsessiles, longues d'environ 2 pouces. Corolle d'un pouce de diamètre, d'un jaune doré. Baies obovales-globuleuses.

M. Aug. de Saint-Hilaire a découvert cette espèce au Brésil, dans les savanes de la province des Mines, non loin de San-Francisco.

Gomphia nain. — *Gomphia nana* Aug. Saint-Hil. l. c. tab. 2.

Feuilles ovales ou obovales-oblongues, acuminées ou obtuses, dentelées, pubescentes. Panicule terminale, feuillée à la base, composée de grappes rameuses. Pédicelles subternés, en cime. Pétales obovales-arrondis, de la longueur des sépales. Style onciné, tronqué.

Sous-arbrisseau à tiges nombreuses, simples, dressées, pubescentes, hautes de 6 à 18 pouces. Feuilles longues de 3 à 4 pouces, sur 18 à 24 lignes de large. Stipules sublinéaires, acuminées, persistantes. Panicule longue d'un demi-pied à un pied : rameaux étalés, multiflores, longs de 3 à 5 pouces ; pédoncules secondaires courts, biflores. Bractées linéaires, pointues, caduques.

Cette espèce a été découverte par M. Aug. de Saint-Hilaire au Brésil, dans la partie occidentale de la province des Mines.

Gomphia a feuilles d'Olivier. — *Gomphia oleæfolia* Aug. Saint-Hil. Plant. Rem. Bras. p. 124, tab. 9.

Feuilles lancéolées ou lancéolées-oblongues, subobtuses, très-entières, révolutées aux bords, pubescentes. Thyrse terminal, sub-pyramidal, pédonculé, composé de grappes lâches, multiflores; pédicelles solitaires, épars. Pétales oblongs-obovales, un peu plus longs que les sépales. Style rectiligne, subulé.

Arbrisseau à tiges droites, hautes de 2 à 4 pieds. Rameaux pubescents. Feuilles longues de 2 pouces, larges d'un demi-pouce. Stipules subulées, caduques. Thyrse long de 3 à 5 pouces : rameaux ascendants, nombreux, rapprochés. Calice jaunâtre : sépales oblongs-lancéolés, obtus. Corolle d'un demi-pouce de diamètre. (Fruit inconnu.)

Cette espèce croît au Brésil, dans les forêts de la province des Mines. ·

GOMPHIA A GRAPPES PENDANTES.— *Gomphia dependens* De Cand. in Ann. du Mus. vol. 17, tab. 17.

Feuilles lancéolées, obtuses, denticulées. Grappes terminales, longuement pédonculées, pendantes, lâches, composées d'ombelles subtriflores, subsessiles. Sépales obovales, un peu plus longs que les pétales. Style subrectiligne.

Arbrisseau. Turions à écailles grandes, lancéolées, très-pointues. Feuilles atteignant près d'un pied de long, larges d'environ 2 pouces. Stipules oblongues-lancéolées, persistantes, connées. Pédoncule filiforme, long de plus d'un pied, non-florifère dans la moitié inférieure. Corolle jaune, d'un demi-pouce de diamètre.

Cette espèce, très-distincte par ses longs pédoncules pendants et son superbe feuillage, a été découverte à Madagascar par M. du Petit-Thouars.

GOMPHIA ANGULEUX. — *Gomphia angulata* De Cand. l. c. tab. 18.

Feuilles spathulées-oblongues, subobtuses, sinuolées-dentées, cordiformes à la base. Stipules soudées, persistantes. Thyrse terminal, pyramidal-oblong, composé de cymules 2-4-flores. Pétales cunéiformes-obovales, un peu plus longs que les sépales.

Arbrisseau. Rameaux rougeâtres. Stipules ovales-triangulaires, pointues. Feuilles longues d'un demi-pied et plus, larges d'environ 2 pouces. Thyrse long d'un pied à 15 pouces. Corolle d'un pouce de diamétre.

Cette espèce croît à Madagascar.

GOMPHIA DE LA GUIANE.—*Gomphia guianensis* De Cand. l. c. tab. 20. — *Ouratea guianensis* Aubl. Guian. tab. 152. — *Ochna guianensis* Lamk.

Feuilles ovales-oblongues ou elliptiques-oblongues, arrondies aux deux bouts, échancrées, très-entières. Panicule terminale, thyrsiforme, composée d'ombelles 3- ou pluriflores, subsessiles. Pétales obovales-arrondis, un peu plus longs que les sépales.

Tronc haut de plus de 60 pieds; écorce épaisse, rougeâtre. Cime ample, diffuse. Feuilles longues d'environ 1 pied, larges de 2 à 3 pouces. Panicule longue d'un demi-pied : rameaux étalés. Fleurs de près d'un pouce de diamétre. Drupes subglobuleux.

Cet arbre, dit Aublet, est l'un des plus grands de la Guiane. Ses fleurs répandent une odeur qui approche beaucoup de celle de la Giroflée.

GOMPHIA A LONGUES FEUILLES. — *Gomphia longifolia* De Cand. l. c. tab. 21.

Feuilles oblongues-lancéolées, pointues, cordiformes à la base, très-entières. Panicule terminale, composée de plusieurs thyrses pyramidaux, écartés, à cymules triflores, subsessiles. Pétales obovales, un peu plus longs que les sépales.

Feuilles atteignant jusqu'à 15 pouces de long, sur 3 à 4 pouces de diamétre à la base. Panicule ample, longue d'un demi-pied et plus : rameaux secondaires étalés, peu nombreux, longs de 4 à 5 pouces. Fleurs jaunes, d'un pouce de diamètre. Drupes ovales-arrondis, de la grosseur d'un Pois.

Cette espèce, très-remarquable par son superbe feuillage, croît à la Guadeloupe.

GOMPHIA ACUMINÉ. — *Gomphia acuminata* De Cand. l. c. tab. 25.

Feuilles ovales ou elliptiques-oblongues, brusquement acuminées, dentelées, cunéiformes et entières vers la base. Grappes axillaires et terminales : rameaux courts, pauciflores, ascendants, écartés. Pétales obovales, obliques, de la longueur des sépales.

Feuilles concolores, peu luisantes, longues de 3 à 4 pouces, larges de 12 à 18 lignes. Grappes de la longueur des feuilles, Fleurs d'un pouce de diamètre.

Cette espèce croît au Brésil.

GOMPHIA A FEUILLES DE LAURIER. — *Gomphia laurifolia* Swartz. — De Cand. l. c. tab. 26.

Feuilles lancéolées-elliptiques, pointues, très-entières. Panicules terminales, composées de thyrses subpyramidaux, courts, très-étalés. Pétales ovales-arrondis, un peu plus longs que les sépales. Ovaires 8.

Feuilles longues de 4 à 5 pouces, sur 2 pouces de large. Panicule d'environ 5 pouces de diamètre, moins longue que large. Thyrses composés de grappes rapprochées, subcorymbiformes. Fleurs d'un demi-pouce de diamètre. Sépales oblongs, pointus.

Cette espèce croît aux Antilles et à la Guiane.

GOMPHIA A PETITES FLEURS.—*Gomphia parviflora* De Cand. l. c. tab. 27.

Feuilles lancéolées ou lancéolées-oblongues, pointues ou obtuses, très-entières. Panicules terminales, subsessiles, composées de grappes simples, multiflores, lâches, écartées. Pétales cunéiformes-obovales, un peu plus longs que le calice.

Arbuste très-glabre, à rameaux grêles. Feuilles longues de 2 à 3 pouces, larges de 7 à 12 lignes. Panicules longues de 2 à 3 pouces : rameaux grêles, peu nombreux, presque étalés. Fleurs d'environ 4 lignes de diamètre. Sépales ovales-oblongs, pointus.

Cette espèce croît au Brésil, dans les forêts vierges de la province des Mines.

GOMPHIA GRANDIFLORE. — *Gomphia grandiflora* De Cand. l. c. tab. 17.

Feuilles ovales-lancéolées, longuement acuminées, très-entières.

Panicules terminales, composées de grappes simples, ascendantes, très-écartées. Pétales obovales, un peu plus longs que les sépales.

Feuilles longues de 2 à 4 pouces. Stipules pointues, submembranacées. Panicule longue de 3 à 4 pouces : rameaux au nombre de 2 à 4 ; pédicelles longs d'un pouce. Fleurs rapprochées, d'un pouce et demi de diamètre. Sépales oblongs-lancéolés.

Cette espèce croît au Brésil, dans le province de Rio-Negro.

GOMPHIA LUISANT. — *Gomphia nitida* Swartz.

Feuilles lancéolées-oblongues, dentelées vers leur sommet, pointues. Panicules terminales, subpyramidales, composées de thyrses nombreux. Pétales cunéiformes-obovales, échancrés, plus longs que les sépales. Drupes colorés.

Feuilles longues de 3 à 4 pouces, larges d'environ 2 pouces. Panicule longue de 5 à 6 pouces ; pédicelles subternés, presque en cyme. Fleurs d'un pouce de diamètre. Sépales oblongs, obtus. Drupes horizontaux, de la grosseur d'une Noisette.

Cette espèce croît aux Antilles.

GOMPHIA A SIX DRUPES. — *Gomphia hexasperma* Aug. Saint-Hil. Plant. Us. des Bras. tab. 38.

Feuilles ovales ou oblongues-lancéolées, acuminées, légèrement crénelées, très-entières à la base, inéquilatérales. Panicules terminales, subpyramidales, composées de grappes simples ou rameuses, étalées. Pétales obovales-orbiculaires. Ovaires 6 ou 7. Gynophore obpyramidal.

Petit arbre tortueux, rameux, glabre ; écorce subéreuse. Feuilles longues d'environ 4 ¹/₂ pouces, larges de 1 ¹/₂ pouce. Panicules subsessiles, longues de 4 à 5 pouces. Sépales oblongs, d'un jaune-verdâtre. Pétales d'un jaune doré.

Cette plante croît au Brésil, où M. Aug. de Saint-Hilaire l'a observée en abondance dans le district de Minas-Novas, et dans la partie de la province des Mines appelée le *désert du Rio San-Francisco*. Les habitants du pays emploient l'écorce de ce *Gomphia* pour guérir les plaies des bestiaux, causées par les piqûres des insectes.

GOMPHIA GLABRE. — *Gomphia glaberrima* Pal. Beauv. Flor. Owar. tab. 71.

Feuilles subsessiles, glabres, luisantes, lancéolées, très-pointues, dentelées, très-entières vers la base. Grappes lâches, terminales; pédicelles presque étalés, épars, plus longs que les fleurs. Sépales ovales, pointus, plus courts que la corolle. Pétales cunéiformes obovales, échancrés.

Arbrisseau. Feuilles longues de 3 à 5 pouces, larges de 12 à 15 lignes. Grappes multiflores, pédonculées, longues d'environ 4 pouces. Fleurs d'un jaune vif, d'un pouce de diamètre.

Cette espèce a été trouvée par Palisot de Beauvois, dans les déserts de l'intérieur d'Oware. Elle forme un arbrisseau très-élégant par la couleur de ses fleurs d'un jaune brillant.

GOMPHIA RÉTICULÉ. — *Gomphia reticulata* Pal. Beauv. l. c. tab. 72.

Feuilles glabres, réticulées, lancéolées, acuminées, dentelées, très-entières vers la base. Panicules terminales, diffuses, subsessiles, composées de grappes interrompues. Pédicelles filiformes, presque étalés, plus longs que les fleurs. Sépales oblongs, acuminés, plus courts que la corolle. Pétales obovales.

Arbrisseau. Ramules poilus. Feuilles longues de 3 à 4 pouces, larges de 6 à 18 lignes. Panicules à 3-5 grappes, longues de 2 à 4 pouces. Fleurs d'un demi-pouce de diamètre.

Cette espèce habite les mêmes contrées que la précédente.

GOMPHIA DU MALABAR. — *Gomphia malabarica* De Cand. — Hort. Malab. vol. 5, tab. 52.

Feuilles ovales-lancéolées ou oblongues-lancéolées, sinuolées-denticulées, luisantes, innervées. Panicules axillaires et terminales.

Arbrisseau haut d'environ 10 pieds. Feuilles longues de 2 à 5 pouces, larges de 1 à 2 pouces. Fleurs jaunes.

Cette espèce croît au Malabar. Selon Rheede, on prépare avec son écorce pulvérisée et de l'huile, un onguent employé contre les maladies de la peau. La décoction des feuilles passe pour fébrifuge.

Genre WALKÉRIA. — *Walkeria* Schreb.

Calice 5-sépale. Pétales 5. Étamines 5 : anthères ovales. Cénobion à drupes obovés-réniformes.

Ce genre, très-imparfaitement connu, ne se compose que de deux espèces : l'une de la Guiane, l'autre de l'Inde.

WALKÉRIA DENTELÉ. — *Walkeria serrata* Willd.—*Meesia serrata* Gærtn. Fruct. vol. 1, p. 344, tab. 70. — Hort. Malab. vol. 5, tab. 48.

Arbrisseau à tige grêle, haute d'environ 12 pieds. Feuilles lancéolées ou elliptiques-lancéolées, dentelées, longues de 2 à 4 pouces. Grappes subcorymbiformes. Fleurs jaunes, inodores. Sépales lancéolés.

On trouve cette plante au Malabar et à Ceylan. Ses feuilles ont une saveur amère et astringente. Rheede leu r attribue des propriétés toniques, et il assure que leur décoction guérit les affections scorbutiques.

GENRE ANOMALE, A OVAIRE PLURILOCULAIRE, STYLIFÈRE AU SOMMET.

Genre ELVASIA. — *Elvasia* De Cand.

Calice 4-sépale. Pétales 4. Étamines 8: filets grêles, plus longs que les anthères ; anthères ovales, biporeuses au sommet. Ovaire quadrilobé, quadriloculaire. Stigmate subcapitellé. (Fructification inconnue.)

Feuilles coriaces, très-entières (ou bordées de dentelures visibles seulement à la loupe), striées en dessous de nombreuses veines transverses, parallèles. Panicules terminales, composées de grappes simples ou rameuses. Fleurs petites.

Voici la seule espèce connue de ce genre.

ELVASIA CALOPHYLLE. — *Elvasia calophylla* De Cand. l. c tab. 31.

Arbrisseau très-glabre : écorce grisâtre, raboteuse. Feuilles elliptiques, ou oblongues-lancéolées, rétrécies aux deux bouts, subobtuses, longues de 3 à 4 pouces, sur 1 à 2 pouces de large. Panicule solitaire, subsessile; multiflore, presque thyrsiforme; longue de 2 à 3 pouces; pédicelles courts; fleurs rapprochées, larges de 2 à 3 lignes. Sépales elliptiques, obtus. Pétales obovales, un peu plus longs que les sépales et les étamines.

Cette plante, indigène au Brésil, est remarquable par la beauté de son feuillage, qui ressemble à celui d'un *Calophyllum*.

LE⬤ TRICOQUES.

TRICOCCÆ Bartl.

CARACTÈRES.

Arbres, ou *arbrisseaux*, ou rarement *herbes*. Sucs propres souvent laiteux. Rameaux presque toujours cylindriques et inarticulés.

Feuilles éparses ou opposées, simples (très-rarement composées), indivisées, ou rarement palmatifides, non-ponctuées. Stipules (quelquefois nulles) petites, caduques, ou spinescentes.

Fleurs hermaphrodites ou unisexuelles, complètes ou incomplètes, petites, le plus souvent régulières. Inflorescence variée.

Calice adhérent ou inadhérent, à 3-5 divisions plus ou moins profondes : estivation imbricative ou valvaire.

Disque inapparent, ou laminaire, ou annulaire, hypogyne ou périgyne.

Corolle quelquefois nulle. Pétales hypogynes ou périgynes (quelquefois épigynes), en même nombre que les divisions calicinales, interpositifs, onguiculés ou non-onguiculés, quelquefois cohérents par la base, caducs ou quelquefois marcescents.

Etamines ayant même insertion que la corolle, le plus souvent en même nombre que les pétales (quelquefois en nombre moindre, ou en nombre indéfini), interpositives ou antépositives. Filets libres ou monadelphes. Anthères inappendiculées, ordinairement déhiscentes par des fentes longitudinales.

Pistil : Ovaires 2-5 (le plus souvent 3 , très-rarement plus de 5), accolés contre un axe central , ou connés en un seul ovaire pluriloculaire. Placentaires axiles. Ovules ascendants ou renversés, le plus souvent en nombre défini. Styles (quelquefois nuls) en même nombre que les loges, ou soudés en un seul. Stigmates en même nombre que les loges, simples ou rameux, quelquefois sessiles.

Péricarpe sec ou charnu : endocarpe ligneux, ou cartilagineux , ou membranacé, souvent élastiquement bivalve. Carpelles indéhiscents , ou déhiscents par la suture antérieure (rarement par la suture dorsale), se séparant le plus souvent les uns des autres.

Graines souvent arillées. Périsperme charnu ou très-rarement pelliculaire. Embryon rectiligne , axile : radicule appointante; cotylédons planes , indivisés, le plus souvent foliacés.

Cette classe renferme les Staphyléacées, les Hippocratéacées, les Célastrinées, les Pittosporées, les Aquifoliacées, les Rhamnées , les Bruniacées, les Empétrées, les Euphorbiacées , et les Stackhousées.

VINGT-DEUXIÈME FAMILLE.

LES STAPHYLEACEES. — *STAPHY-LEACEÆ*.

(*Celastrinearum* trib. I, sive *Staphyleaceæ* De Cand. Prodr. vol. II, p. 2. — *Staphyleaceæ* Bartl. Ord. Nat. p. 381.)

Ce groupe, établi par M. de Candolle comme tribu de ses Célastrinées, ne renferme qu'un fort petit nombre d'espèces, parmi lesquelles se trouvent plusieurs arbrisseaux d'agrément.

Caractères de la Famille.

Arbrisseaux non-lactescents. Rameaux noueux avec articulation.

Feuilles opposées, imparipennées, ou trifoliolées; folioles dentelées. Stipules latérales, membranacées, caduques.

Fleurs hermaphrodites ou polygames, régulières, disposées en grappe, ou en panicule; pédicelles bractéolés à la base.

Calice inadhérent, coloré, persistant ou caduc, 5-parti : estivation imbricative.

Disque charnu, 5-10-gone, inadhérent, épaissi aux bords.

Pétales 5, libres, interpositifs, caducs, hypogynes, insérés sous le disque, ou au disque même.

Étamines 5, interpositives, dressées, ayant même insertion que les pétales. Filets libres, subulés. Anthères ovales ou oblongues, submédifixes, incombantes, caduques, à deux bourses contiguës, parallèles, déhiscentes latéralement, confluentes vers leur sommet et prolongées en appendice terminal.

Pistil : Ovaires 2 ou 3, uniloculaires, plus ou moins connés. Ovules quaternés, bisériés, collatéraux, attachés horizontalement à l'angle interne. Styles 2 ou 3, terminaux, libres. Stigmates obtus, cohérents.

Péricarpe : Carpelles 2 ou 3, 2-ou 3-spermes, tantôt folliculaires et déhiscents par la suture antérieure, tantôt charnus et indéhiscents.

Graines horizontales, osseuses, subglobuleuses, tronquées au hile, non-arillées. Périsperme nul, ou minée et charnu. Embryon rectiligne : radicule appointante ; cotylédons épais.

Les *Staphyléacées*, selon M. Bartling, sont plus voisines des Sapindacées que des Frangulacées et des Célastrinées.

La famille ne se compose que des deux genres suivants :

Staphylea Linn. (Staphylodendron Tourn.) — *Turpinia* Venten. (Dalrymplea Roxb.)

Genre STAPHYLÉA. — *Staphylea* Linn.

Calice coloré, 5-parti. Pétales 5, redressés. Disque urcéolaire. Étamines 5. Ovaire 2- ou 3-loculaire. Styles 2 ou 3, cohérents vers leur sommet. Péricarpe à 2 on 3 follicules plus ou moins soudés, libres vers leur sommet, déhiscents par la suture antérieure, 1- ou 2-spermes. Graines osseuses, tronquées à la base.

Arbrisseaux : Feuilles trifoliolées ou imparipennées ; folioles stipellées. Panicules terminales, racémiformes, pendantes, composées de cymules pauciflores. Fleurs blanches. Embryon vert.

Outre les deux espèces que nous allons décrire, ce genre en renferme trois autres, indigènes dans l'Amérique méri-

dionale, et une quatrième, qui croît au Japon. Les *Staphyléa*
se multiplient facilement de boutures, de marcottes, et d'é-
clats de racines.

STAPHYLÉA A FEUILLES PENNÉES. — *Staphylea pinnata* Linn.
— Engl. Bot. tab. 1560.—Reitt. et Abel, tab. 42. — Guimp.
et Willd. Holz. tab. 36. —Schk. Handb. tab. 84. —Duham.
ed. nov. vol. 2, tab. 77. — *Staphylodendron pinnatum* Scop.
Carn.

Feuilles à 5 ou 7 folioles oblongues, ou oblongues-lancéolées,
ou lancéolées-oblongues, finement dentelées, longuement acuminées, glabres : les latérales sessiles ; la terminale plus ou moins
pétiolulée. Sépales et pétales oblongs, obtus, de longueur presque égale. Étamines presque incluses. Style saillant. Follicules
libres vers leur sommet, bouffis, membranacés.

Arbrisseau haut de 8 à 12 pieds, ou quelquefois petit arbre
atteignant une vingtaine de pieds de haut, sur 6 à 8 pouces de
diamètre. Écorce lisse, luisante : celle des branches adultes striée
de vert et de blanc ; celle des ramules verte et luisante. Rameaux
opposés, noueux. Feuillage semblable à celui du Noyer, d'un
vert gai ; folioles longues de 2 à 3 pouces, sur 12 à 18 lignes de
large : la terminale plus large que les latérales ; dentelures cartilagineuses au sommet. Stipules membraneuses, lancéolées ; stipelles minimes, sétiformes. Grappes longuement pédonculées.
Fleurs campanulées, longues de 3 à 4 lignes. Anthères réniformes, rougeâtres. Follicules réticulés, acuminés, soudés jusqu'au
milieu ou au-delà, longs d'environ 1 pouce. Graines brunâtres,
subglobuleuses, légèrement comprimées, tronquées à la base, du
volume d'un gros Pois.

Cet arbrisseau, commun dans le midi de l'Europe, et qu'on
retrouve aussi dans quelques parties de l'Europe centrale, porte
les noms vulgaires de *Faux Pistachier, Pistachier sauvage* et
Nez coupé : ce dernier nom lui vient de la forme de ses graines.

Le *Staphyléa à feuilles pennées* fait un fort bel effet dans les
bosquets, par l'abondance de ses fleurs, qui paraissent en mai.
L'amande de ses graines est d'un goût semblable à celui des Pis-

taches; on dit néanmoins qu'elle provoque des nausées lorsqu'on en mange beaucoup : aussi ces graines ne sont-elles recherchées que par les enfants. Dans plusieurs contrées on en retire, par expression, une huile douce et résolutive. En Italie, on les emploie à faire des chapelets. Les fleurs non-épanouies et confites au vinaigre, peuvent tenir lieu de câpres. Le bois, léger, ferme, d'un grain fin et d'une couleur verdâtre, sert à des ouvrages de tour.

STAPHYLÉA TRIFOLIOLÉ. — *Staphylea trifoliata* Linn. — Schmidt, Oestr. Baumz. v. 2, tab. 81.—Lobel, Ic. 2, tab. 103, fig. 2.

Feuilles à 3 folioles ovales, ou ovales-lancéolées, ou lancéolées-obovales, finement dentelées, longuement acuminées, pubescentes en dessous : les latérales sessiles; la terminale pétiolulée; dentelures cartilagineuses au sommet; pétiole commun cilié. Pétales obovales, ciliés à la base, un peu plus longs que les sépales. Étamines et styles peu saillants. Follicules apiculés, cohérents presque jusqu'au sommet.

Arbrisseau haut de 6 à 12 pieds. Branches dressées, cylindriques, lisses, brachiées. Folioles longues de 1 à 3 pouces; pétiole commun long de 1 à 2 pouces. Stipules et stipelles comme dans l'espèce précédente. Fleurs un peu plus petites. Sépales oblongs. Styles velus à la base. Follicules membranacés, bouffis, réticulés, longs de 1 ¹/₂ pouce. Graines comprimées, d'un brun tirant sur le gris, du volume d'un petit Pois.

Cette espèce, qui croît dans les États-Unis, se cultive fréquemment dans les plantations d'agrément.

VINGT-TROISIÈME FAMILLE.

LES HIPPOCRATÉACÉES. — *HIPPOCRA-TEACEÆ.*

(*Hippocrateaceæ* Humb. Bonpl. et Kunth , Nov. Gen. et Spec. vol. V, p. 135. — De Cand. Prodr. v. I, p. 56.—Bartl. Ord. Nat. p. 380. — *Hippocraticeæ* Juss, in Ann. du Mus. vol. XVIII, p, 483.—R. Brown, in Tuckey. Congo, p. 427.)

Les Botanistes ne sont point d'accord sur la place que doivent occuper les *Hippocratéacées* dans la série des familles végétales. Dans le Genera , M. de Jussieu avait mis le genre *Hippocratea* à la suite des Acérinées , avec lesquelles il a quelques rapports. Plus tard , le même auteur forma de ce genre et de plusieurs autres la famille des *Hippocraticées*, qu'il considère toujours comme très-voisine des Acérinées. M. Kunth et, à son exemple, M. de Candolle, classent les Hippocratéacées entre les Marcgraviacées et les Erythroxylées. Dans l'ordre suivi par M. A. de Saint-Hilaire , les Hippocratéacées se trouvent entre les Vinifères et les Malpighiacées. Selon MM. R. Brown et Bartling, les Hippocratéacées offrent de nombreuses affinités avec les Célastrinées.

Cette famille dont on connaît environ soixante-dix espèces, appartient à la zone équatoriale. Elle ne se distingue ni par l'élégance de ses formes, ni par aucune propriété marquante. Toutefois, quelques Hippocratéacées produisent des fruits mangeables.

CARACTÈRES DE LA FAMILLE.

Arbrisseaux souvent sarmenteux ou grimpants (rarement arbres).

Feuilles simples, opposées, très-entières ou dentées, penninervées, coriaces. Stipules petites, caduques.

Fleurs hermaphrodites, régulières, petites, axillaires, ou terminales, disposées en fascicules ou en grappes, ou en cymes, ou en panicules.

Calice inadhérent, persistant, petit, 5-fide (rarement 4- ou 6-fide).

Disque urcéolé ou plane, inadhérent, hypogyne.

Pétales 5, égaux, interpositifs, hypogynes, presque imbriqués en préfloraison.

Étamines 5 (rarement 4 ou 5), insérées au disque. Filets libres à leur partie supérieure, le plus souvent soudés à la base en androphore urcéolaire, charnu, engaînant tout l'ovaire. Anthères terminales, à une seule bourse déhiscente transversalement au sommet, ou rarement à 2 bourses déhiscentes longitudinalement.

Pistil : Ovaire inadhérent, trigone, triloculaire, recouvert par le disque ou par l'androphore. Ovules le plus souvent en nombre indéfini, subbisériés, attachés à l'angle interne. Style indivisé ou nul. Stigmate simple ou trifide.

Péricarpe : Capsule triloculaire, ou baie triloculaire (quelquefois par avortement uniloculaire), ou bien 1-3 carpelles samaroïdes, bivalves, 1-loculaires : loges oligospermes ou polyspermes.

Graines ascendantes, apérispermées, bisériées. Embryon rectiligne : radicule appointante; cotylédons planes, elliptiques-oblongs, charnus.

La famille se compose des genres suivants :

Hippocratea Linn. — *Anthodon* Ruiz et Pav. (Anthodus Martius.) — *Raddisia* Leand. — *Salacia* Linn. (Tontelea Aubl. Tonsella Schreb. Calypso Pet. Thou. Sicelium. P. Browne.) — *Johnia* Roxb.

Genres rapportés avec doute aux Hippocratéacées.

Trigonia Aubl. — *Lacepedea* Humb. Bonpl. et Kth.

Genre HIPPOCRATÉA. — *Hippocratea* Linn.

Calice 5-fide ou 5-lobé. Pétales souvent fovéolés au sommet. Étamines 3 : anthères à une seule bourse. Diérésile à 3 coques uniloculaires, bivalves, horizontalement comprimées et carénées. Graines couronnées par une grande aile latérale provenant de l'expansion du funicule.

Ce genre contient vingt-trois espèces, dont trois croissent en Afrique, cinq aux Indes et aux Moluques, et les autres dans l'Amérique équatoriale. En voici les plus remarquables :

HIPPOCRATÉA A FRUITS OBCORDIFORMES. — *Hippocratea obcordata* Lamk. — *Hippocratea scandens* Jacq. Am. tab. 9.

Rameaux et ramules brachiés. Feuilles ovales ou ovales-lancéolées, dentelées ou entières, luisantes, pétiolées. Corymbes axillaires et terminaux, rameux. Sépales et pétales obtus. Coques obcordiformes.

Cette espèce croît aux Antilles et dans la Nouvelle-Espagne. Elle forme un arbuste grimpant, qui est du petit nombre des végétaux susceptibles de résister aux ardeurs de la saison sèche de ces contrées, sans jamais se dégarnir de feuilles.

HIPPOCRATÉA DE L'INDE. — *Hippocratea indica* Roxb. Corom. vol. 2, tab. 130.

Feuilles elliptiques, pointues, dentelées, glabres, luisantes, subsessiles. Panicules axillaires et terminales, divariquées, bifurquées, composées de cymes trichotomes. Pédoncules un peu moins longs que les feuilles. Coques oblongues, dispermes.

Grand arbrisseau grimpant, cirrifère. Vrilles simples, ligneuses. Feuilles longues d'environ 2 pouces. Fleurs roses, très-petites.

On trouve cette espèce dans les forêts de la côte de Coromandel.

HIPPOCRATÉA ARBORESCENT. — *Hippocratea arborea* Roxb. Corom. vol. 3, tab. 205.

Feuilles courtement pétiolées, pendantes, elliptiques, rétrécies aux deux bouts, acuminées, dentelées, glabres. Panicules axillaires, divariquées, composées de cymes trichotomes; pédoncules communs un peu plus longs que les pétioles. Sépales arrondis. Pétales ovales-oblongs. Diérésiles à 3 coques oblongues, arrondies aux deux bouts, dispermes.

Arbre d'un port élégant. Feuilles luisantes, longues de 6 à 7 pouces, sur 3 pouces de large. Fleurs petites, d'un jaune verdâtre.

Cette espèce croît dans l'intérieur de l'Inde.

Genre SALACIA. — *Salacia* Linn.

Calice 5-parti. Pétales 5, étalés. Disque urcéolaire, charnu. Étamines 3 : filets connivents inférieurement; anthères adnées, didymes. Ovaire à 3 loges multiovulées. Style épais, très-court. Baie subglobuleuse, à 2 ou 3 loges monospermes par avortement. Graines ovales, coriaces.

Ce genre renferme une vingtaine d'espèces, indigènes dans la zone équatoriale soit de l'ancien, soit du nouveau continent. En voici les plus intéressantes :

SALACIA FAUX PRINOS. — *Salacia prinoides* Blum. Bijd. vol. 5, p. 221.

Pédoncules axillaires, agrégés, uniflores, plus longs que les pétioles. Feuilles elliptiques, dentelées au sommet. Baie globuleuse, 1-3-sperme.

Tiges sarmenteuses. Feuilles luisantes en dessus, pâles en dessous. Sépales imbriqués, arrondis. Baie cortiquée, de couleur orange.

Cette espèce a été trouvée par M. Blume dans l'île de Nusa Kambanga, où les habitants en mangent le fruit. L'écorce et les racines ont des propriétés astringentes.

SALACIA A GRANDES FEUILLES. — *Salacia macrophylla* Blum. l. c. p. 221.

Pédoncules fasciculés, uniflores, plus courts que le pétiole. Feuilles elliptiques, pointues aux deux bouts, glabres, luisantes.

Ce *Salacia* habite les mêmes contrées que le précédent, et ses fruits sont aussi mangés par les habitants.

SALACIA DE LA COCHINCHINE. —*Salacia cochinchinensis* Lour. Flor. Cochinch.

Feuilles pétiolées, glabres, ovales, acuminées, dentelées. Pédoncules axillaires, uniflores, fasciculés. Baie uniloculaire, trisperme.

Arbrisseau très-rameux, haut d'environ 6 pieds. Fleurs petites, d'un jaune rougeâtre. Baie rougeâtre.

Cette espèce, qui croît en Cochinchine, produit également des fruits mangeables.

Genre LACÉPÉDÉA. — *Lacepedea* Kunth.

Calice 5-parti : sépales elliptiques, inégaux. Pétales courtement onguiculés, obovales-oblongs. Étamines 5, libres : anthères à 2 bourses longitudinalement déhiscentes. Ovaire à 5 loges 8-ovulées. Style trisulqué. Stigmate subtrilobé. Disque annulaire, 10-lobé. Baie ellipsoïde, tricuspidée, à 5 loges 2- ou 5-spermes. Graines réniformes.

La seule espèce connue de *Lacépédéa* est la suivante :

LACÉPÉDÉA ÉLÉGANT. — *Lacepedea insignis* Humb. Bonpl. et Kunth, Nov. Gen. et Spec. vol. 5, tab. 444.

Petit arbre haut de 12 à 18 pieds. Rameaux cylindriques, rougeâtres, glabres. Feuilles opposées, pétiolées, lancéolées-oblongues, pointues, dentelées, glabres, luisantes, longues de 4 pouces, sur 16 à 18 lignes de large. Panicules solitaires, terminales, pédonculées, composées de grappes rameuses. Bractées petites, ovales-oblongues, ciliées. Fleurs blanches, odorantes, de la grandeur de celles de l'*Épine Vinette*. Fruits de la grosseur d'un Pois.

Cet arbre a été observé par MM. de Humboldt et Bonpland, aux environs de Xalapa.

VINGT-QUATRIÈME FAMILLE.

LES CELASTRINÉES. — *CELASTRINÉÆ.*

(*Rhamnorum* genn. Juss. — *Celastrineœ* R. Brown, in Flinder's Voy.
v. 2, p. 328. — Ach. Rich. Élém. Bot. , p. 554. — Bartl. Ord. Nat.
p. 378. — *Celastrinearum* trib. II, sive *Evonymeœ* De Cand. Prodr.
v. 2, p. 3.)

Cette famille, qui renferme une centaine d'espèces,
se compose d'une partie des Rhamnées de M. de Jussieu. La plupart des *Célastrinées* croissent dans les contrées intertropicales; on en trouve aussi dans les zones
tempérées des deux hémisphères, mais les régions arctiques n'en possèdent aucune.

Une grande partie des Célastrinées équatoriales ne
sont connues qu'incomplètement, et il ne paraît pas
qu'elles offrent beaucoup de végétaux remarquables par
leur utilité ; mais parmi les espèces susceptibles de pros-
pérer sous le climat de la France, on trouve les *Evonymus* ou *Fusains*, et plusieurs autres non moins dignes
d'attention comme arbustes d'agrément. Les fruits des
Célastrinées et les graines qu'ils contiennent possèdent
souvent des propriétés purgatives ou émétiques.

CARACTÈRES DE LA FAMILLE.

Arbres ou *arbrisseaux* non-lactescents. Ramules cylindriques ou tétragones.

Feuilles éparses ou opposées, simples, penninervées,
très-entières ou dentées, pétiolées. Stipules petites, caduques.

Fleurs hermaphrodites, régulières, petites, blanchâtres ou verdâtres, disposées en cime, ou en fascicule, ou
rarement solitaires.

Calice inadhérent, 4-6-parti, persistant : estivation imbricative.

Disque plane ou annulaire, plus ou moins adhérent au fond du calice.

Pétales 4-6, interpositifs, non-onguiculés, planes, insérés au bord du disque, non-persistants, imbriqués en préfloraison.

Étamines 4-6, interpositives, insérées au disque ou sous son bord. Filets libres. Anthères introrses, incombantes, à 2 bourses contiguës (ou quelquefois divergentes inférieurement), déhiscentes chacune par une fente longitudinale.

Pistil : Ovaire inadhérent, enfoncé dans le disque, 2-5-loculaire. Ovules solitaires ou en nombre défini dans chaque loge, ascendants, attachés à l'angle interne. Styles en même nombre que les loges de l'ovaire, libres ou connés, souvent courts ou presque nuls. Stigmates simples.

Péricarpe : Capsule 2-5-loculaire, 2-5-valve, loculicide. Rarement drupe presque sec, à noyau 1- ou 2-loculaire; ou bien carcérule samaroïde. Loges monospermes, ou oligospermes, ou rarement polyspermes.

Graines ascendantes, ou quelquefois suspendues par renversement, arillées (rarement non-arillées). Périsperme charnu. Embryon rectiligne, axile, vert : radicule courte, infère, appointante; cotylédons planes, foliacés, entiers.

La famille renferme les genres suivants :

Evonymus Linn. — *Celastrus* Linn. (Catha Forsk. Evonymoides Mœnch. Hænkea Ruiz et Pav.) — *Maytenus* Feuill. — *Polycardia* Juss. — *Elæodendron* Jacq. (Rubentia Commers. Schrebera Retz. Portenschlagia

Trattin.) — *Ptelidium* Pet-Thou. (Seringia Spreng.) — *Dulongia* Humb. Bonpl. et Kunth.

Genres rapportés avec doute aux Célastrinées.

Alzatea Ruiz et Pav. — *Tralliana* Lour. — *Perrottetia* Kunth. — *Schœffera* Jacq.

Genre FUSAIN. — *Evonymus* Linn.

Calice petit, presque plane, 4-6-lobé, réfléchi après la floraison. Disque plane. Pétales 4-6, étalés. Étamines 4-6. Styles nuls ou soudés en un seul. Capsule 3-5-loculaire, 3-5-coque, loculicide : loges 1-4-spermes. Graines grosses, arillées, luisantes.

Arbrisseaux. Rameaux tétragones, brachiés. Feuilles opposées. Stipules nulles ou inapparentes. Fleurs petites, disposées en cimes solitaires, axillaires, longuement pédonculées, simples ou plusieurs fois trichotomes.

Plusieurs *Fusains* se cultivent soit dans les serres, soit dans les bosquets. Leurs capsules, qui prennent une teinte rouge en automne, font un effet pittoresque. On multiplie ces arbustes de drageons, de marcottes, de greffes, et de graines; ils s'accommodent des terrains les plus médiocres.

Le genre renferme une quinzaine d'espèces, toutes indigènes dans la zone tempérée de l'hémisphère septentrional. En voici les plus remarquables :

a) *Feuilles non-persistantes.*

FUSAIN D'EUROPE. — *Evonymus europæus* Linn. — Engl. Bot. tab. 362. — Flor. Dan. tab. 1049. — Bull. Herb. tab. 135. — Gærtn. Fruct. vol. 2, tab. 113, fig. 2. — Guimp. et Hayn. Holz. tab. 16.

Ramules lisses. Gemmes ovales, obtuses (vertes). Feuilles lancéolées, ou lancéolées-oblongues, ou lancéolées-elliptiques, acuminées, dentelées, glabres. Cimes 3- ou 7-flores; pédoncules comprimés, presque dressés. Pétales lancéolés-oblongs. Capsule rugueuse, coriace, tétracéphale : valves obcordiformes ; angles saillants.

Arbrisseau haut de 6 à 12 pieds ; rarement petit arbre s'élevant à environ 20 pieds, sur un demi-pied de diamètre : cime divariquée. Écorce des branches grisâtre. Rameaux verdâtres. Gemmes petites, à 4 ou 6 écailles ovales-oblongues, obtuses. Feuilles longues de 1 ½ à 3 ½ pouces, larges de 6 à 18 lignes, d'un vert gai. Pédoncules grêles, ordinairement plus courts que les feuilles. Pétales d'un jaune verdâtre. Filets courts, verdâtres. Capsule d'un rose vif. Arille de couleur orange. Graines blanches, luisantes.

On possède dans les jardins une variété *à fruits blancs*, une autre *à fruits pourpres*, et enfin une *à feuilles panachées de jaune*.

Ce Fusain, qu'on désigne vulgairement sous les noms de *Fusin*, *Fusaire*, *Bonnet de prêtre*, *Bonnet d'évêque* et *Bois à lardoires*, croît dans toute l'Europe australe, ainsi que dans l'Europe moyenne. Il fleurit en mai, et ses fruits, dont les valves persistent fort long-temps après la déhiscence, sont mûrs en automne.

Le *Fusain d'Europe* se plante fréquemment dans les bosquets ; les haies qu'on en forme n'offrent pas beaucoup de résistance. Toutes ses parties ont une odeur nauséabonde, et les bestiaux n'en mangent point les feuilles ; cependant L'Écluse assure que les chèvres les broutent assez volontiers. Quant aux fruits, ils sont fortement purgatifs et émétiques, mais on ne les emploie pas en médecine : on dit qu'ils donnent la mort aux chèvres et aux brebis. On peut en extraire des teintures jaunes, ou rouges, ou vertes. Dans plusieurs contrées on exprime des graines une huile bonne à brûler. Le bois, d'un jaune pâle, très-dur et d'un grain fin, est propre à toutes sortes d'ouvrages de tour ou de marqueterie. C'est avec des baguettes de ce Fusain, brûlées dans un tube de fer, qu'on fait les crayons de charbon dont les dessinateurs se servent pour tracer leurs esquisses. Ce même charbon est l'un des meilleurs pour la fabrication de la poudre à canon.

FUSAIN GALEUX. — *Evonymus verrucosus* Linn. — Jacq.
Flor. Austr. tab. 49.—Schmidt, Oestr. Baumz. v. 2, tab. 72.
— Guimp. Holz. tab. 17. — Duham. ed. nov. vol. 3, tab. 8.

Rameaux verruqueux. Gemmes ovales, pointues (verdâtres).
Feuilles ovales, ou ovales-lancéolées, ou lancéolées, ou lancéolées-oblongues, ou obovales-lancéolées, acuminées, dentelées,
glabres. Cimes 5-ou 7-flores, divariquées ; pédoncules filiformes,
presque horizontaux. Fleurs 4- ou 5-andres. Pétales ovales-orbiculaires. Capsule presque lisse, mince, 4- ou 5-gone : angles peu
saillants ; valves obcordiformes.

Buisson haut de 5 à 6 pieds. Rameaux bruns, couverts (ainsi
que les ramules et les pétioles) de petites verrues d'un brun
roux. Gemmes petites, à 4 ou 6 écailles ovales, acuminées.
Feuilles longues de 2 à 3 pouces, larges de 1 à 2 pouces, d'un
vert gai, ordinairement plus courtes que les pédoncules. Pédicelles capillaires. Pétales d'un brun rougeâtre. Capsule rose ou
blanche. Arille de couleur orange. Graines noires, luisantes.

Cette espèce, commune en Hongrie, en Autriche et dans plusieurs autres contrées d'Allemagne, se cultive fréquemment dans
les bosquets. Elle fleurit en mai et en juin. Son bois, d'un jaune
pâle, est plus dur que celui de l'espèce précédente.

FUSAIN A LARGES FEUILLES. — *Evonymus latifolius* Scop.
Carn. — Jacq. Flor. Austr. tab. 289.—Schmidt, Oestr. Baumz.
vol. 2, tab. 74. — Guimp. Holz. tab. 18. — Duham. ed. nov.
vol. 3, tab. 7.

Ramules lisses. Gemmes cylindracées-coniques, très-pointues.
Feuilles oblongues, ou elliptiques-oblongues, ou ovales-oblongues, acuminées, dentelées, glabres. Cimes 7- ou pluriflores ;
pédoncules grêles, presque dressés. Fleurs pentandres. Pétales
obovales-orbiculaires. Capsules minces, rugueuses, subpentago-
nes : angles ailés ; valves obovales.

Arbrisseau haut de 12 à 15 pieds et plus. Ramules non-ailés :
écorce verdâtre. Gemmes longues de près d'un pouce, à 6 ou
8 écailles ovales, obtuses, brunâtres. Feuilles longues de 3 à
4 pouces, sur 1 ¼ à 2 pouces de large, d'un vert foncé en des-

sus, pâles en dessous; pédoncule long de 1 ¼ à 2 pouces. Corolle d'un jaune verdâtre. Capsule subglobuleuse, grosse, d'un rose vif. Arille de couleur orange. Graines blanchâtres.

Cette espèce, qui croît dans les Alpes, est fort recherchée pour l'ornement des bosquets.

FUSAIN POURPRE NOIR. — *Evonymus atropurpureus* Jacq. Hort. Vind. vol. 2, tab. 120.

. Rameaux lisses. Feuilles oblongues, ou lancéolées-oblongues, ou lancéolées-elliptiques, acuminées, dentelées, glabres en dessus, pubérules en dessous. Cimes 7-ou pluriflores; pédoncules grêles, comprimés, presque dressés. Fleurs subtétrandres. Pétales orbiculaires. Capsule subtétragone, lisse, aptère, profondément sillonnée.

Arbrisseau haut de 10 à 15 pieds. Rameaux subquadrangulaires, rayés de vert. Feuilles de la grandeur de celles de l'espèce précédente, un peu luisantes en dessus, plus longues que les pédoncules. Pétales d'un pourpre noirâtre. Fruit rouge.

Ce Fusain, originaire des États-Unis, n'est pas rare dans les jardins.

b) *Feuilles persistantes, coriaces.*

FUSAIN DU JAPON. — *Evonymus japonicus* Thunb. Prodr.

Feuilles ovales, obtuses, dentées. Pédoncules comprimés, dichotomes ou trichotomes, plus longs que les feuilles. Fleurs tétrandres. Capsule subglobuleuse, 3- ou 4-sulquée.

Cette espèce, indigène au Japon, se cultive dans les collections d'orangerie.

FUSAIN A FEUILLES LUISANTES. —·*Evonymus lucidus* Don, Prodr. Flor. Nepal.

Feuilles elliptiques-oblongues, dentelées, courtement acuminées. Stipules lancéolées, acuminées, luisantes., dentelées. Pédoncules comprimés, di- ou trichotomes, plus courts que les feuilles. Fleurs quadrifides.

FUSAIN A PETITES FLEURS.—*Evonymus micranthus* Don, l. c.

Feuilles elliptiques-oblongues ; acuminées, dentelées. Cimes multiflores ; pédoncules de moitié plus courts que les feuilles. Fleurs quadrifides.

Fusain grandiflore. — *Evonymus grandiflorus* Wall. in Roxb. Flor. Ind. ; ejusd. Tent. Flor. Nepal. vol. 1 , tab. 3o ; et Plant. Asiat. Rar. tab. 254.

Feuilles elliptiques-oblongues et acuminées, ou obovales et obtuses, dentelées. Pédoncules presque aussi longs que les feuilles. Capsules lisses. — Fleurs blanches, d'un demi-pouce de diamètre.

Fusain sarmenteux. — *Evonymus echinata* Wallich. — Bot. Mag. tab. 2767. — *Evonymus scandens* Graham.

Feuilles ovales-lancéolées, acuminées aux deux bouts, dentelées. Cimes dichotomes ; pédoncules dressés, filiformes, plus courts que les feuilles. Fleurs tétrandres. Pétales crénelés, réfléchis. Capsules spinelleuses, subglobuleuses, tronquées aux deux bouts.

Arbuste grimpant, à sarments radicants, très-longs, cylindriques. Feuilles de la grandeur de celles du *Fusain d'Europe.* Stipules petites, lacérées. Corolle petite, d'un jaune blanchâtre. Capsule verdâtre, du volume d'un gros Pois.

Cette espèce et les trois précédentes croissent au Népaul : on les cultive depuis quelques années en Angleterre, où elles prospèrent en plein air.

Fusain d'Amérique. — *Evonymus americanus* Linn. — Duham. ed. nov. vol. 3, tab. 9. — *Evonymus sempervirens* Marsh. Arb.

Ramules tétragones. Gemmes ovales, pointues. Feuilles ovales, ou ovales-lancéolées, ou lancéolées, ou lancéolées-oblongues, courtement acuminées ou subobtuses, dentelées, glabres, très-courtement pétiolées. Pédoncules filiformes, triflores, plus courts que les feuilles, presque horizontaux. Fleurs pentandres. Pétales orbiculaires. Capsules muriquées, subglobuleuses, 3-5-sulquées, coriaces.

Arbrisseau haut de 3 à 5 pieds. Rameaux divariqués, verdâtres. Feuilles longues de 1 à 2 ½ pouces, larges de 6 à 10 lignes, d'un vert foncé. Pédicelles très-courts, divariqués. Pétales d'un rouge verdâtre. Capsule rose, du volume d'une petite
Cerise. Arille de couleur écarlate.

Cette espèce, indigène aux États-Unis, est assez rare dans les
jardins : elle ne prospère qu'en terre de bruyère.

FUSAIN A FEUILLES ÉTROITES. — *Evonymus angustifolius*
Pursh, Flor. Am. Sept.

Rameaux tétragones. Gemmes petites, pointues. Feuilles lancéolées-linéaires, ou lancéolées-oblongues, ou linéaires-oblongues, ou
linéaires-lancéolées, acuminées, subsessiles, glabres, légèrement dentelées. Pédoncules filiformes, uniflores, 2 à 4 fois plus
courts que les feuilles. Fleurs pentandres. Pétales orbiculaires.
Capsules muriquées, subglobuleuses.

Arbrisseau à rameaux presque dressés. Écorce verte. Feuilles
longues de 2 à 3 pouces, larges de 3 à 6 lignes. Fleurs et fruits
semblables à ceux de l'espèce précédente.

Ce Fusain, originaire de la Géorgie d'Amérique, est moins
répandu encore que le précédent.

FUSAIN NAIN. — *Evonymus nana* Marsch. Bieb. Flor. Taur.
Cauc. Suppl.

Ramules anguleux, effilés. Feuilles lancéolées-linéaires, très-
étroites, obtuses, subdenticulées, subsessiles, éparses ou subopposées. Pédoncules capillaires, plus courts que les feuilles, 1-
3-flores. Fleurs tétrandres. Pétales ovales, pointus. Capsules
minces, lisses, rétrécies à la base, subtétraquètres: valves obcordiformes.

Sous-arbrisseau touffu, irrégulièrement rameux, ayant le port
du *Genista linifolia*. Feuilles d'un vert très-foncé, longues de
6 à 18 lignes, larges de 1 à 3 lignes. Fleurs très-petites, d'un
rouge verdâtre; pédicelles divariqués.

Cette espèce, très-distincte de toutes ses congénères, croît au
Caucase. On la cultive au Jardin du Roi.

Genre CÉLASTRUS. — *Celastrus* Linn.

Calice 5-lobé. Disque charnu, à 10 stries. Pétales 5. Étamines 5. Ovaire petit, à moitié recouvert par le disque. Un seul style. Stigmates 2 ou 3. Capsule 2- ou 3-loculaire, 2- ou 3-valve, loculicide : cloisons complètes ou incomplètes. Graines solitaires, arillées.

Arbrisseaux. Feuilles entières ou dentelées. Pédoncules axillaires ou terminaux, multiflores.

Les *Célastrus* croissent presque tous dans les régions équatoriales, ou dans les contrées les plus chaudes des zones tempérées. On en connaît environ soixante-dix espèces, dont voici les plus remarquables :

a) *Feuilles non-persistantes. Panicules terminales, solitaires, racémiformes.*

CÉLASTRUS GRIMPANT. — *Celastrus scandens* Linn. — Duham. Arb. vol. 1, tab. 95. — Schkuhr, Handb. tab. 47.

Feuilles oblongues, ou elliptiques-oblongues, ou lancéolées-elliptiques, acuminées aux deux bouts, dentelées, glabres. Fleurs dioïques. Capsules (de couleur écarlate) ovales-globuleuses, trisulquées, tricéphales, subchartacées.

Arbuste grimpant, très-touffu. Sarments longs, grêles, volubiles, anguleux. Gemmes ovales-coniques, petites, pointues Feuilles membranacées, d'un vert foncé, longues de 2 à 3 pouces; pétiole long de 4 à 8 lignes. Panicules denses, longues de 1 à 2 pouces, courtement pédonculées; pédicelles subfasciculés. Fleurs petites, verdâtres. Capsules du volume d'un gros Pois. Arille pourpre.

Cette espèce, indigène dans les États-Unis, s'emploie à couvrir des berceaux, des murs, ou des treillages. Ses sarments se roulent autour des arbres qu'ils rencontrent, et les étouffent en les privant d'air. Les graines, recouvertes de leur arille pourpre, et qui restent attachées aux valves longtemps après la déhiscence des capsules, font un contraste pittoresque avec la couleur écarlate de ces dernières.

Le *Célastrus grimpant* se plaît dans les terrains frais et légers; on le multiplie avec la plus grande facilité de marcottes, ou de graines, qu'il faut semer au commencement du printemps.

b) *Feuilles persistantes. Fleurs fasciculées ou en cyme, axillaires.*

CÉLASTRUS FAUX OLIVIER. — *Celastrus oleoides* Lamk. Ill. — *Celastrus oleifolia* Pers. Ench.

Rameaux inermes. Feuilles ovales-lancéolées, pointues, très-entières, glabres; pétiole court, subamplexicaule. Cymes axillaires et latérales, pauciflores.

Cette espèce croît au cap de Bonne-Espérance. On la cultive dans les serres tempérées, de même que les suivantes.

CÉLASTRUS A FEUILLES LUISANTES. — *Celastrus lucidus* Linn. — L'hérit. Stirp. 1, tab. 25. — *Cassine concava* Lamk. Dict.

Rameaux inermes. Feuilles obovales, ou elliptiques, ou suborbiculaires, ou elliptiques-obovales, obtuses ou rétuses, très-entières, marginées, réticulées, fort coriaces. Pédicelles axillaires, fasciculés, filiformes, courts.

Cette espèce croît au cap de Bonne-Espérance.

CÉLASTRUS A FEUILLES DE CASSINÉ. — *Celastrus cassinoides* L'hérit. Sert. Angl. tab. 10.

Rameaux inermes. Feuilles ovales, pointues aux deux bouts, dentelées. Pédicelles géminés ou ternés, axillaires, très-courts.

Cette espèce habite les Canaries.

CÉLASTRUS COMESTIBLE. — *Celastrus edulis* Vahl, Symb. — *Catha edulis* Forsk. Descr.

Rameaux inermes. Feuilles subopposées, elliptiques, bordées de dentelures obtuses. Cymes axillaires, dichotomes. Capsules trigones ou tétragones, oblongues, obtuses. Arille aliforme, incomplet.

On cultive ce *Célastrus* dans l'Yémen, où ses feuilles sont mangées en guise d'herbe potagère.

CÉLASTRUS A FEUILLES DE BUIS. — *Celastrus buxifolius* Linn. — Bot. Mag. tab. 74.

Rameaux épineux. Feuilles ovales, ou obovales, ou lancéolées-obovales, ou obovales-spatulées, obtuses, ou rétuses, ou
pointues, dentées ou très-entières, subsessiles. Cimes axillaires,
dichotomes, multiflores, plus longues que les feuilles..

Buisson divariqué, haut de 3 à 4 pieds. Feuilles longues de
6 à 15 lignes. Fleurs d'environ 3 lignes de diamètre, blanches.

CÉLASTRUS MULTIFLORE. — *Celastrus multiflorus* Lamk.
Dict. — *Celastrus cymosus* Soland. in Bot. Mag. tab. 2070.

Rameaux épineux. Feuilles obovales, ou obovales-spatulées,
ou obovales-rhomboïdales, ou obovales-lancéolées, ou lancéolées-elliptiques, ou ovales-rhomboïdales, obtuses, ou rétuses,
ou pointues, mucronulées, dentelées, courtement pétiolées. Cimes axillaires, multiflores, denses, souvent plus longues que
les feuilles.

Buisson haut de 4 à 6 pieds. Épines subulées au sommet, de
longueur et de force très-variables : celles des jeunes pousses
souvent feuillées. Feuilles longues de 6 à 18 lignes. Fleurs petites, blanches, très-nombreuses.

CÉLASTRUS À ÉPINES ROUGES. — *Celastrus pyracanthus* Linn.
— Bot. Mag. tab. 1157. — Mill. Ic. tab. 87.

Rameaux épineux. Feuilles lancéolées-obovales, ou lancéolées-
spatulées, ou lancéolées-oblongues, ou obovales-spatulées,
acuminées, obtuses, denticulées vers leur sommet, subsessiles.
Cimes axillaires, pauciflores, divariquées : pédoncules plus courts
que les feuilles.

Buisson. Ramules et épines rougeâtres. Feuilles longues de 1
à 2 pouces, luisantes en dessus. Fleurs blanches, d'environ
6 lignes de diamètre.

Cette espèce, ainsi que les deux précédentes, croissent au cap
de Bonne-Espérance, et se rencontrent fréquemment dans les
collections. On les recherche à cause de l'abondance de leurs
fleurs, qui se succèdent pendant tout l'été.

VINGT-CINQUIÈME FAMILLE.

LES PITTOSPORÉES.—*PITTOSPOREÆ.*

(*Pittosporeæ* R. Brown, Gen. Rem. in Flind. Voy. vol. 2, p. 542.—De Cand. Prodr., v. 1 , p. 345. — Bartl. Ord. Nat., p. 377.)

Une trentaine d'espèces exotiques, en grande partie propres à la Nouvelle-Hollande, composent ce petit groupe, que M. de Candolle place entre les Trémandrées et les Frankéniacées. Plusieurs *Pittosporées* sont fort recherchées comme plantes d'agrément.

CARACTÈRES DE LA FAMILLE.

Arbres ou *arbrisseaux*. Sucs propres non-laiteux. Ramules cylindriques.

Feuilles éparsés, simples, entières, pétiolées, penninervées. Stipules nulles.

Fleurs hermaphrodites (rarement polygames), régulières, axillaires ou terminales, solitaires ou agrégées.

Calice inadhérent, caduc, 5-sépale, ou 5-parti, ou 5-fide : estivation imbricative.

Disque inapparent.

Pétales 5, hypogynes, interpositifs, caducs, onguiculés : onglets larges, connivents, quelquefois cohérents; lames étalées, imbriquées en préfloraison.

Étamines 5, hypogynes, alternes avec les pétales. Filets libres. Anthères dressées, basifixes, à 2 bourses contiguës, parallèles, longitudinalement déhiscentes (quelquefois déhiscentes par des pores apicilaires).

Pistil : Ovaire à 2-5 loges multiovulées. Un seul style. Stigmates petits, en même nombre que les loges de l'ovaire.

Péricarpe : Capsule ou baie 2-5-loculaires : loges quelquefois incomplètes. Placentaires centraux.

Graines en nombre indéfini, quelquefois enveloppées dans une pulpe gélatineuse. Périsperme charnu. Embryon petit, inclus, situé dans la région du hile : radicule allongée ; cotylédons minimes.

Voici les genres qui rentrent dans la famille des Pittosporées :

Billardiera Smith. — *Sollya* Lindl. — *Pittosporum* Banks.—*Bursaria* Cavan. (Itea Andr.) — *Senacia* Commers. Pet. Thou.

Genre BILLARDIÉRA. — *Billardiera* Smith.

Calice à 5 sépales acuminés. Pétales 5 : onglets rapprochés, subconvolutés aux bords. Étamines 5. Baie ellipsoïde, couronnée par le style.

Sous-arbrisseaux grimpants. Pédicelles axillaires, 1- ou 2-flores.

Ce genre, dont on connaît huit espèces, appartient à la Nouvelle-Hollande : on en cultive plusieurs dans les serres tempérées comme plantes d'agrément. Les fruits des *Billardiéra* sont mangeables. Voici les espèces les plus notables :

BILLARDIÉRA GRIMPANT.—*Billardiera scandens* Smith, Exot. Bot., tab. 1. — Sweet, Flor. Austral., tab. 54. — *Billardiera canariensis* Wendl. Hort. Herr., v. 3, tab. 15.

Ramules velus. Feuilles linéaires-oblongues, entières. Pédicelles uniflores, velus, plus courts que les pétales. Baies veloutées.

Feuilles longues de 1 ½ pouce, sur 2 lignes de large. Pétales d'un jaune pâle.

BILLARDIÉRA A FLEURS CHANGEANTES. — *Billardiéra mutabilis* Salisb. Parad. Lond., tab. 48. — Bot. Mag., tab. 1313.

Ramules légèrement velus. Feuilles lancéolées-linéaires, entières. Pédicelles uniflores, glabres, de la longueur des pétales. Baies glabres.

Pétales d'abord jaunes, puis d'un pourpre violet.

BILLARDIÉRA A LONGUES FLEURS. — *Billardiera longiflora* Labill. Nov. Holl., tab. 89. — Bot. Mag., tab. 1507.

Ramules presque glabres. Feuilles oblongues ou linéaires, entières. Pédicelles uniflores, glabres, de moitié plus courts que les pétales. Baies (bleues) subglobuleuses, toruleuses, glabres. — Fleurs d'un jaune pâle.

BILLARDIÉRA A FEUILLES ÉTROITES. — *Billardiera angustifolia* de Cand. Prodr., v. 1, p. 345.

Ramules pubescents. Feuilles linéaires, entières, planes, glabres. Pédicelles uniflores, glabres. Baies oblongues, glabres.

Genre SOLLYA. — *Sollya* Lindl.

Calice minime, 5-parti : l'une des lanières dissemblable. Pétales 5, un peu inégaux, connivents presque en cloche. Étamines 5 ; anthères linéaires-sagittiformes, conniventes en cône, soudées au sommet, déhiscentes par des pores apiciaires. Ovaire cylindrique, biloculaire. Stigmate à 2 lobes obtus. Péricarpe fusiforme, chartacé, sec, polysperme.

Arbrisseaux subvolubiles. Feuilles persistantes. Cimes oppositifoliées. Fleurs bleues.

Ce genre, propre à la Nouvelle-Hollande, ne contient que l'espèce que nous allons signaler, et qui se cultive dans les serres tempérées.

SOLLYA HÉTÉROPHYLLE. — *Sollya heterophylla* Lindl. in Bot. Reg., tab. 1466. — *Billardiera fusiformis* Labill. Nov. Holl., tab. 90.

Arbuscule diffus. Ramules d'un brun rougeâtre. Feuilles d'un vert sombre, lancéolées ou ovales-lancéolées : les inférieures dentelées ; les supérieures très-entières ; pétioles des feuilles dentelées ailés. Cimes subsexflores, nutantes : pédoncules filiformes, plus

longs que les feuilles; pédicelles bractéolés. Calice rougeâtre :
4 des sépales ovales, acuminés; le cinquième oblong, cuspidé.
Corolle comme campanulée, longue d'environ 5 lignes. Pétales
oblongs, obtus, plus longs que les étamines.

Cette espèce, qui habite la côte sud-ouest de la Nouvelle-
Hollande et la terre de Diémen, n'est pas encore commune dans
les collections. Ses fleurs, qui se succèdent pendant plusieurs
mois, font un fort joli effet.

Genre PITTOSPORE. — *Pittosporum* Banks.

Calice 5-sépale. Pétales 5 : onglets connivents en tube.
Étamines 5. Capsule uniloculaire, 2- ou 3-valve, loculicide.
Graines trigones, enveloppées dans une pulpe résineuse.

Arbrisseaux. Feuilles très-entières, coriaces, persistantes.
Fleurs terminales, blanches, nombreuses, disposées en ombelle, ou en corymbe, ou en panicule. Pédicelles bractéolés à
la base.

Les fleurs de plusieurs *Pittospores* exhalent une odeur
de Jasmin. Ce genre, réparti entre la Nouvelle-Hollande,
les Canaries, le cap de Bonne-Espérance, l'Afrique équatoriale et la Chine, renferme treize espèces. Voici celles
qu'on rencontre souvent dans les serres tempérées.

PITTOSPORE A FEUILLES CORIACES. — *Pittosporum coriaceum*
Ait. Hort. Kew. — Andr. Bot. Rep., tab. 151. — Lodd. Bot.
Cab., tab. 569.

Feuilles obovales ou oblongues-obovales; obtuses, très-glabres. Ombelles et calices velus. Sépales oblongs, obtus. Pétales
linéaires, obtus. Capsules bivalves.

Rameaux subverticillés. Feuilles longues de 2 pouces. Pédicelles de la longueur du pédoncule. Corolle 1 fois plus longue
que le calice.

Cette espèce est originaire des Canaries.

PITTOSPORE A FLEURS VERDATRES. — *Pittosporum viridiflo-
rum* Sims, Bot. Mag., tab. 1684.

Feuilles cunéiformes-obovales, rétuses, glabres, luisantes en dessus, réticulées en dessous. Panicules denses, subglobuleuses, glabres de même que les calices. Sépales ovales. Pétales lancéolés, pointus, recourbés. Capsules bivalves.

Rameaux alternes, tuberculeux. Feuilles longues de 2 pouces et plus. Corolle d'un jaune verdâtre.

Cette espèce croît au cap de Bonne-Espérance.

PITTOSPORE TOBIRA. — *Pittosporum Tobira* Ait. Hort. Kew. — Bot. Mag. tab. 1396. — *Evonymus Tobira* Thunb. Jap.

Feuilles obovales, ou cunéiformes-obovales, ou obovales-spatulées, très-obtuses ou rétuses, très-glabres. Corymbes pubescents, presque simples. Sépales petits, ovales. Pétales oblongs-obovales, recourbés. Capsules 2-5-valves.

Ramules et feuilles subverticillés. Feuilles longues de 1 ½ à 2 ½ pouces, très-coriaces, luisantes en dessus, réticulées; pétiole court. Corymbes ou ombelles multiflores, denses. Corolle d'un blanc pur.

Cette espèce, originaire du Japon, est surtout remarquable par le parfum de ses fleurs, lesquelles paraissent, en serre tempérée, dès les premiers jours du printemps.

PITTOSPORE A FEUILLES ONDULÉES. — *Pittosporum undulatum* Andr. Bot. Rep. tab. 393. — Vent. Hort. Cels. tab. 76. — Delaun. Herb. de l'Amat. v. 2, tab. 36. — Bot. Reg. tab. 16.

Feuilles lancéolées ou lancéolées-elliptiques, acuminées, ondulées aux bords, très-glabres. Panicules subcorymbiformes, pubescentes. Sépales oblongs-lancéolés, acuminés, 2 fois plus courts que la corolle. Pétales lancéolés-oblongs, obtus, recourbés. Capsule obovée, coriace, bivalve.

Petit arbre très-touffu. Ramules et feuilles subverticillés. Feuilles longues de 2 à 3 pouces; pétiole court; nervures latérales très-fines. Fleurs blanches, odorantes, longues de 6 lignes. Capsule de la grosseur d'une Noisette.

Cette espèce est indigène dans la Nouvelle-Galles du Sud, et non aux Canaries, comme il a été avancé à tort. Elle est très-robuste et fleurit dès la fin de l'hiver.

PITTOSPORE RÉVOLUTÉ. — *Pittosporum revolutum* Ait.
Hort. Kew. — Bot. Reg. tab. 186. — Lodd. Bot. Cab.
tab. 5o6.

Feuilles lancéolées-elliptiques, acuminées ou subobtuses, subrévolutées aux bords, glabres en dessus, pubescentes-ferrugineuses en dessous (les adultes presque glabres). Ombelles ou
corymbes sessiles ou subsessiles, cotonneux. Sépales oblongs-
lancéolés, acuminés, 1 fois plus courts que la corolle. Corolle
ovoïde-urcéolée, à lobes obtus, recourbés.

Ramules (pubescents) et feuilles subverticillés. Feuilles longues de 2 à 3 pouces; pétiole court; nervures fines, peu nombreuses. Pédicelles courts. Fleurs longues de 6 lignes. Calice
rougeâtre. Corolle blanche.

Cette espèce habite la Nouvelle-Hollande. Elle fleurit, en
orangerie, dès la fin de l'hiver.

PITTOSPORE COTONNEUX. — *Pittosporum tomentosum* Bonpl.
Nav. tab. 21. — Sweet, Flor. Austral. tab. 33.

Feuilles obovales-oblongues, pointues aux 2 bouts, glabres en
dessus, cotonneuses en dessous, subrévolutées aux bords. Pédoncules agrégés.

PITTOSPORE ROUX. — *Pittosporum fulvum* Rudge, in Trans.
Soc. Linn. v. 10, p. 298, tab. 20. — Sweet, Flor. Austral.
tab. 25.

Feuilles lancéolées, obtuses : nervures et pétioles cotonneux
ainsi que les ramules. Pédoncules agrégés. Calices étalés.

Cette espèce et la précédente, assez rares dans les collections,
sont originaires de la Nouvelle-Hollande.

PITTOSPORE FERRUGINEUX. — *Pittosporum ferrugineum*
Ait. Hort. Kew. ed. 2. — Bot. Mag. tab. 2075.

Feuilles lancéolées-elliptiques, acuminées, glabres en dessus,
cotonneuses-ferrugineuses au pétiole et en dessous aux nervures.
Panicules corymbiformes.

Cette espèce, qui croît dans la Guinée, se cultive dans les
serres chaudes.

PITTOSPORE A FEUILLES DE CORNOUILLER. — *Pittosporum cornifolium* Cunningh. ined. ex Hook. in Bot. Mag. tab. 3161.

Feuilles lancéolées-elliptiques, obtuses. Pédicelles terminaux, filiformes, velus, en ombelle pauciflore. Sépales étalés, linéaires-lancéolés, subulés, caducs, ciliés. Pétales linéaires-lancéolés, pointus.

Arbrisseau grêle : rameaux effilés, subverticillés. Feuilles longues de 2 à 3 pouces, coriaces, luisantes. Pédicelles longs de 1 à 1 ½ pouce. Fleurs petites. Corolle d'un brun tirant sur le roux.

Cette espèce, fort distincte par son port, fut découverte en 1826, à la Nouvelle-Zélande, par M. Cunningham, et introduite par lui au Jardin de Kew. C'est une plante parasite, végétant principalement sur les troncs et sur les grosses branches du *Kaikaiti* ou *Dacrydium cupressinum*.

Genre BURSARIA. — *Bursaria* Cavan.

Calice petit, 5-denté. Pétales 5, libres dès leur base. Étamines 5. Capsule comprimée, substipitée, obcordiforme, biloculaire, bivalve. Graines à arille résineux.

Arbrisseaux. Feuilles fasciculées. Fleurs petites, blanches, disposées en panicules terminales subthyrsiformes.

On ne connaît de ce genre que l'espèce dont nous allons parler.

BURSARIA ÉPINEUX. — *Bursaria spinosa* Cavan. Ic. v. 4, tab. 350. — Bot. Mag. tab. 1767. — *Itea spinosa* Andr. Bot. Rep. tab. 314. — *Cyrilla spinosa* Spreng. Syst.

Buisson touffu, peu élevé. Rameaux épineux : épines subulées, solitaires au centre des fascicules de feuilles, longues de 4 à 6 lignes. Feuilles longues de 4 à 8 lignes, submembranacées, presque innervées, subsessiles, cunéiformes-oblongues, ou obovales-spatulées, rétuses, très-entières. Panicules longues de 3 à 5 pouces, assez denses, composées de grappes simples dont les inférieures partent de l'aisselle d'une feuille raccourcie ; pédicelles filiformes, non-bractéolés, de la longueur des fleurs. Pétales lancéolés-oblongs, obtus, étalés, longs de 2 lignes. Étamines aussi longues que la corolle.

Cette espèce, indigène dans la Nouvelle-Hollande, se cultive dans les serres tempérées. Elle fleurit au printemps.

VINGT-SIXIÈME FAMILLE.

LES AQUIFOLIACÉES.—*AQUIFOLIACEÆ*.

(*Rhamnorum* genn. Juss.—*Aquifoliaceæ* Bartl. Ord. Nat. p. 376.—De
Cand. Théor. Élém. ed. 1, p. 217. — Ach. Rich. Élém. p. 555. —
Celastrinearum trib. III, De Cand. Prodr. v. II, p. 11. — *Ilicineæ*
Ad. Brongn. in Annal. des Scienc. Nat. v. 10, p. 329.)

Les *Aquifoliacees* ou *Ilicinees*, établies par M. de Candolle sur l'une des sections des Rhamnées de M. de Jussieu, croissent dans les régions équatoriales, et dans les
zones tempérées de presque tout le globe. Le nombre
des espèces connues se monte à une centaine.

L'horticulture trouve parmi les Aquifoliacées bon
nombre d'arbustes, que leur feuillage élégant et toujours
vert rend précieux pour l'ornement des jardins paysagers. Beaucoup d'espèces possèdent des propriétés purgatives, ou émétiques, ou astringentes. Le fameux *Thé
du Paraguay* est une espèce de *Houx* ou *Ilex*, genre
qu'on envisage comme type du groupe.

CARACTÈRES DE LA FAMILLE.

Arbres ou *arbrisseaux* non-lactescens. Rameaux cylindriques ou tétragones.

Feuilles opposées ou éparses, simples, pétiolées, penninervées, indivisées (souvent bordées de dents spini-
formes), glabres, souvent coriaces. Stipules nulles.

Fleurs hermaphrodites, ou par avortement unisexuelles, régulières, petites, blanchâtres, ou verdâtres, solitaires, ou fasciculées : pédoncules simples ou dichotomes, axillaires.

Calice petit, persistant, inadhérent, 4-6-parti : estivation imbricative.

Disque inapparent.

Pétales 4-6, hypogynes, interpositifs, caducs, non-
onguiculés, souvent soudés par la base: estivation imbricative.

Étamines en même nombre que les pétales, interpositives, hypogynes. Filets souvent adnés à la base de la
corolle. Anthères basifixes, dressées, à 2 bourses parallèles, longitudinalement déhiscentes; connectif continu au filet.

Pistil : Ovaire 2-6-loculaire (le plus souvent 3-5-locu-
laire). Ovules solitaires dans chaque loge, suspendus au
sommet de l'angle interne. Stigmate sessile ou subsessile,
4-6-lobé.

Péricarpe : Drupe à 2-6 noyaux ligneux ou fibreux,
monospermes, évalves.

Graines suspendues, non-arillées : funicule cupuliforme; hile terminal, ponctiforme; raphé rectiligne;
test lisse, coriace. Périsperme charnu. Embryon petit,
rectiligne, axile, blanchâtre : radicule supère.

Voici les genres dont se compose cette famille.

Cassine Linn. (Maurocenia Mill.) — *Hartogia* Thunb.
(Schrebera Thunb.) — *Myginda* Jacq. (Rhacoma Linn.
Crossopetalum P. Brown.) — *Ilex* Linn. (Aquifolium
Tourn. Gærtn.) — *Botryceras* Willd. — *Prinos* Linn.
(Ageria Adans. Winterlia Mœnch.) — *Nemopanthes* Ra-
fin. (Ilicioides Dum. Cours.) — *Sphærocarya* Wall.

Genres rangés avec doute à la suite des Aquifoliacées.

Skimmia Thunb. — *Lepta* Lour. — *Brexia* Noronh.
(Venana Lamk.)

Genre CASSINÉ. — *Cassine* Linn.

Calice petit, 5-parti. Pétales 5, étalés. Étamines 5. Ovaire triloculaire. Style nul. Stigmates 3. Drupe presque sec: noyau mince, 3-loculaire, 3-sperme.

Arbrisseaux. Ramules tétragones. Feuilles opposées, glabres, coriaces, persistantes. Fleurs petites, blanches, disposées en cimes axillaires, trichotomes.

Ce genre, propre au cap de Bonne-Espérance, ne renferme que quatre ou cinq espèces, dont les deux suivantes se cultivent souvent dans les serres tempérées.

CASSINÉ A FEUILLES CONCAVES. — *Cassine Maurocenia* Linn. — Dillen. Elth. tab. 121, fig. 147. — *Maurocenia Frangularia* Mill. Dict.

Feuilles elliptiques, ou ovales-elliptiques, ou obovales, très-obtuses, submucronulées, très-entières, marginées, subsessiles, réticulées en dessous. Cimes subsessiles, multiflores.

Feuilles d'un vert pâle, très-coriaces, longues de 1 à 3 pouces, larges de 10 à 18 lignes. Cimes très-denses.

CASSINÉ DU CAP. — *Cassine capensis* Linn. — Burm. Afr. tab. 85. — Dill. Elth. tab. 236.

Feuilles ovales, ou ovales-oblongues, ou oblongues, obtuses, rétrécies à la base, sinuolées-crénelées, marginées, courtement pétiolées. Cimes multiflores, pédonculées, divariquées.

Feuilles longues de 2 à 3 pouces, sur 10 à 18 lignes de large, d'un vert foncé. Cimes beaucoup plus courtes que les feuilles.

Genre MYGINDA. — *Myginda* Jacq.

Calice petit, 4-fide. Pétales 4, étalés. Étamines 4, courtes. Ovaire subglobuleux. Style court ou nul. Stigmates 4. Drupe 1-loculaire, monosperme.

Arbrisseaux à ramules tétragones. Feuilles opposées, coriaces, persistantes. Pédoncules trifides au sommet, ou trichotomes, axillaires.

Ce genre, propre à l'Amérique équatoriale, renferme une dizaine d'espèces, parmi lesquelles la suivante seule offre quelque intérêt.

MYGINDA DIURÉTIQUE. — *Myginda uragoga* Jacq. Am. tab. 16. — Tussac, Flor. Antill. 2, tab. 23.

Arbrisseau haut de 7 à 8 pieds. Feuilles pubescentes, lancéolées ou ovales-lancéolées, finement denticulées, courtement pétiolées. Fleurs petites, de couleur pourpre. Pédoncules axillaires, trichotomes. Pétales arrondis. Drupe globuleux, de couleur rouge, de la grosseur d'un Pois.

Cet arbrisseau croît aux Antilles, où l'on emploie la décoction de ses racines comme remède diurétique.

Genre HOUX. — *Ilex* Linn.

Calice 4- ou 5-denté. Corolle 4- ou 5-partie, rotacée (rarement à pétales libres dès la base). Étamines 4 ou 5. Ovaire non-stipité, 4- ou 5-loculaire. Stigmates 4 ou 5, sessiles, quelquefois soudés en un seul. Drupe à 4 ou 5 noyaux monospermes, oblongs, ombiliqués au sommet.

Arbrisseaux. Feuilles persistantes, coriaces. Pédoncules multiflores. Fleurs hermaphrodites (rarement dioïques ou polygames par avortement).

On trouve des *Houx* dans les contrées tempérées des deux hémisphères, ainsi que dans les régions équatoriales. Ce genre renferme environ quarante espèces, parmi lesquelles plusieurs se cultivent comme arbustes d'agrément. En voici les plus notables :

HOUX COMMUN. — *Ilex Aquifolium* Linn. — Engl. Bot. tab. 496. — Flor. Dan. tab. 508. — Guimp. Holz. tab. 5. — Schk. Handb. tab. 28. — Gærtn. Fruct. tab. 92. — Duham. Arb. ed. nov. vol. 1, tab. 1.

Feuilles ovales, ou ovales-oblongues, ou ovales-lancéolées, ou oblongues, ou elliptiques-oblongues, sinuées-dentées (rarement très-entières), mucronées, courtement pétiolées, glabres :

dents spinescentes. Cimes axillaires, denses, sessiles: pédicelles presque en ombelle. Drupe globuleux : noyaux striés.

Arbre pyramidal, touffu, haut de 20 à 40 pieds, sur 1 pied de diamètre ; ou plus souvent buisson. Écorce du tronc et des vieilles branches grisâtre. Rameaux verticillés; ramules verdâtres. Feuilles éparses, longues de 2 à 3 ½ pouces, larges de 12 à 18 lignes, très-coriaces, luisantes et d'un vert foncé en dessus, pâles et veincuses en dessous. Fleurs petites, d'un blanc sale. Lobes de la corolle suborbiculaires, concaves, étalés. Drupe du volume d'un gros Pois, charnu, ombiliqué, écarlate (blanc ou jaune dans des variétés).

Cette espèce offre plusieurs variétés notables dans la forme de ses feuilles ; telles sont les suivantes :

— *Houx de Mahon* (*Ilex balearica* Desfont. Arb.) — Feuilles ovales, pointues, planes, très-entières ou bordées de dents spinescentes.

— *Houx à feuilles épaisses.* — Feuilles larges, très-épaisses.

— *Houx Hérisson* (*Ilex ferox*). — Feuilles bullées, plus ou moins hérissées de spinules.

— *Houx à feuilles en scie.* — Feuilles étroites, bordées de spinules très-longues et très-rapprochées.

Ces variétés se cultivent fréquemment dans les jardins ; on en possède en outre d'autres à feuilles panachées de blanc ou de jaune.

Le *Houx commun* croît dans les forêts de l'Europe australe et de l'Europe moyenne; mais il manque au-delà du 51e degré de latitude. Il fleurit en mai et en juin. Ses fruits, mûrs en automne, persistent sur les branches jusqu'au printemps, et lui donnent un aspect fort pittoresque. Aussi cet arbre est-il recherché pour l'ornement des bosquets. Comme il se façonne facilement à toutes les formes, on en fait souvent des haies, qui sont durables et d'une bonne défense. Tous les terrains lui conviennent, pourvu qu'ils ne soient pas marécageux. On le multiplie en semant ses graines, en pleine terre et à l'ombre, dès la fin de l'automne. Quant aux différentes variétés, elles ne se propagent guère que par greffes.

Le bois du Houx est souple, d'une grande dureté, blanchâtre, ou jaunâtre, ou verdâtre (brunâtre au centre), d'un grain fin et très-serré : il prend bien le noir et toute autre couleur ; sa pesanteur spécifique est plus forte que celle de l'eau : le pied cube, sec, pèse près de vingt-quatre kilogrammes. On en fait des manches de fouets et d'outils, des engrénures de roues, des ouvrages de tour et de marqueterie. Il est aussi très-bon pour la charpente ; mais comme on en trouve peu d'une assez forte dimension, on ne l'emploie que bien rarement à cet usage. L'écorce du Houx se préfère à celle de tous les autres arbres, pour la confection de la glu : à cet effet, on en enlève toute la surface et on ne conserve que les lames intérieures ; on les broie dans un mortier jusqu'à ce qu'elles soient converties en une pâte que l'on met pourrir dans une cave, ou dans une terre humide, pendant quinze jours. On lave cette pâte dans l'eau, pour en séparer toutes les fibres, puis on la renferme dans un vase bien clos, après y avoir ajouté un peu d'huile de Noix.

Les baies de Houx sont purgatives et émétiques, mais la médecine ne les met point en usage ; elles servent de nouriture aux grives et à d'autres oiseaux, pendant l'hiver. La décoction des racines passe pour émolliente ; celle des feuilles a été vantée comme sudorifique, pectorale et diurétique.

A l'époque où les denrées coloniales étaient très-chères, les graines de Houx figuraient parmi les substances qu'on cherchait à substituer au Café ; en Corse, à ce qu'on assure, elle servent encore à cet usage.

Houx de madère. — *Ilex Perado* Ait. Hort. Kew. — Lodd. Bot. Cab. tab. 549. — *Ilex maderiensis* Lamk. — Duham. ed. nov. vol. 1, tab. 2.

Feuilles ovales, acuminées, ou obtuses et échancrées, luisantes, très-entières ou bordées de dentelures très-écartées. Ombelles courtes, pauciflores, axillaires. Drupe ovoïde.

Arbre de la grandeur et du port d'un Oranger. Feuilles pétiolées, larges, planes, non-ondulées, d'un beau vert. dentelures non-spinescentes. Fleurs rougeâtres, plus grandes que celles du *Houx commun*. Fruits d'un beau rouge; plus gros que ceux du *Houx commun*.

Cette espèce, originaire de Madère, se cultive comme arbre d'ornement, dans les orangeries.

HOUX A FEUILLES OPAQUES. — *Ilex opaca* Ait. Hort. Kew. — Wats. Dendrol. Brit. tab. 3.

Feuilles ovales, ou ovales-elliptiques, ou elliptiques, ou elliptiques-oblongues, sinuées-dentées, planes, non-luisantes, courtement pétiolées : dents spinescentes. Pédoncules 1-3-flores, épars à la partie inférieure des jeunes pousses. Drupes ovoïdes.

Arbre atteignant, dans les localités favorables, 30 à 40 pieds de haut, sur 2 pieds de diamètre. Cime compacte, dense, oblongue-pyramidale. Écorce grisâtre ou d'un brun noirâtre. Rameaux alternes. Feuilles longues de 2 à 3 pouces, coriaces, glabres, d'un vert sombre. Fleurs petites, blanches. Sépales pointus. Fruits de couleur écarlate.

Le *Houx à feuilles opaques* croît dans les forêts des États-Unis, depuis la Floride et la Louisiane, jusqu'en Pensylvanie. Son bois, très-semblable à celui du *Houx d'Europe*, est d'un fréquent emploi, en Amérique, dans l'ébénisterie et dans la marqueterie. Placé dans les plantations d'arbres verts, ce Houx produit un fort bel effet par la teinte sombre de son feuillage et par la couleur écarlate de ses fruits.

HOUX A FLEURS LACHES. — *Ilex laxiflora* Lamk. Dict.

Feuilles ovales, sinuées-dentées, épineuses, coriaces, glabres. Stipules subulées. Pédoncules supra-axillaires, épars, multiflores. Dents calicinales pointues. Drupes jaunes.

Ce Houx, que plusieurs auteurs regardent comme une variété du précédent, croît en Caroline.

HOUX DE CHINE. — *Ilex sinensis* Sims, Bot. Mag. tab. 2043.

Feuilles oblongues, rétrécies aux deux bouts, cartilagineuses et denticulées aux bords : dentelures mucronulées; pétiole et côte velus. Cimes latérales, dichotomes.

Ce Houx, indigène en Chine , se cultive dans les orangeries.

Houx Dahoon. — *Ilex Dahoon* Walt. Carol. — Wats.
Dendr. Brit. tab. 114. — *Ilex Cassine* Willd. Hort. Berol. v.
1, tab. 31.

Feuilles lancéolées-elliptiques , ou lancéolées-oblongues, presque entières, ou dentées, subrévolutées aux bords, pubescentes
en dessous de même qu'au pétiole. Panicules latérales ou subterminales, denses, multiflores, pubescentes.

Arbrisseau. Tige roide, dressée. Branches vertes, pubescentes. Feuilles longues d'environ 3 pouces, luisantes en dessus.
Fleurs petites, blanches, glomérulées. Sépales pointus, poilus
au sommet. Lobes de la corolle oblongs, obtus, plus longs que
les étamines.

Cette espèce, qui croît dans le midi des États-Unis, se cultive comme arbrisseau d'agrément ; mais elle ne résiste pas toujours aux hivers du nord de la France.

Houx a feuilles de Laurier. — *Ilex Cassine* Ait. Hort.
Kew. (var *latifolia*). — Duham. Arb. ed. nov. vol. 1, tab. 3.

Feuilles lancéolées, ou lancéolées-oblongues, ou lancéolées-
elliptiques, ou lancéolées-obovales, subacuminées, presque entières, pubérules en dessous. Pédoncules latéraux et axillaires,
courts, veloutés, 1-7-flores.

Arbrisseau. Jeunes ramules veloutés. Feuilles longues de 2 à
3 pouces, luisantes en dessus ; dentelures nulles ou très-écartées,
acuminées. Fleurs petites, blanches.

Cette espèce, originaire de la Caroline, n'est pas rare dans
les orangeries.

Houx a feuilles étroites. — *Ilex angustifolia* Muhlg.
Cat. — *Ilex ligustrina* Elliot, Sketch.

Feuilles lancéolées, ou lancéolées-linéaires, ou lancéolées-
oblongues, acuminées, très-pointues, très-entières ou subdenticulées, pubescentes en dessous à la côte, et au pétiole. Pédoncules latéraux et axillaires, épars, 1-3-flores, pubescents.

Buisson très-rameux. Jeunes ramules pubescents. Feuilles

longues de 1 à 2 pouces, larges de 4 à 6 lignes, très-coriaces, luisantes en dessus, presque innervées. Pédoncules et pédicelles courts. Fleurs petites, blanches.

Cette espèce, indigène aux États-Unis, se cultive assez souvent dans les jardins.

HOUX A FEUILLES DE MYRTE. — *Ilex myrtifolia* Walt. Carol. — Elliot, Sketch. — Duham. Arb. ed. nov. vol. 1, tab. 4. — *Ilex angustifolia* Pursh, Flor. Am. Sept. — *Ilex rosmarinifolia* Lamk.

Feuilles linéaires, ou linéaires-oblongues, ou linéaires-lancéolées, très-entières, ou denticulées vers leur sommet, mucronées, glabres. Pédoncules latéraux, épars, très-courts, glabres, ordinairement uniflores.

Arbrisseau ou buisson. Branches roides, étalées. Ramules pubescents. Feuilles longues à peine de 1 pouce, sur 2 à 3 lignes de large, luisantes en dessus, ordinairement arrondies à la base; pétiole très-court, pubescent. Fleurs petites, blanches.

Cette espèce, très-distincte par la petitesse de ses feuilles, croît dans le midi des États-Unis.

HOUX WATSON. — *Ilex Watsoniana* Spach, ined. — *Ilex angustifolia* Wats. Dendrol. Brit. tab. 4. (non Muhlg. nec Pursh. — an Willd?)

Feuilles lancéolées, ou lancéolées-linéaires, acuminées, fortement dentelées vers leur sommet, glabres. Corymbes axillaires et latéraux, épars. Pédoncules 3-7-flores.
Arbrisseau. Branches roides, dressées. Feuilles coriaces, luisantes, longues de 1 $\frac{1}{2}$ à 2 $\frac{1}{2}$ pouces, sur 2 à 4 lignes de large; pétiole court, pubescent. Fleurs petites, blanches. Dents calicinales pointues. Corolle à lobes oblongs, obtus.

Cette espèce, fort différente de la précédente, avec laquelle elle a été confondue, croît dans les États-Unis.

HOUX TROENE. — *Ilex ligustrina* Jacq. Ic. Rar. vol. 2, tab. 110. (non *Ilex vomitoria* Linn.)

Feuilles lancéolées, ou lancéolées-oblongues, ou rhomboïda-

les-lancéolées, obtuses, fortement crénelées, pubescentes en dessous à la côte. Pédicelles recourbés, fasciculés à la base des
ramules.

Buisson à rameaux divariqués. Ramules glabres. Feuilles longues d'environ 2 pouces, sur 6 lignes de large, luisantes, coriaces. Pétiole court, pubescent. Pédicelles grêles. Fleurs petites,
blanches.

Cette espèce, indigène aux États-Unis, se cultive dans les
jardins.

Houx émétique. — *Ilex vomitoria* Ait. Hort. Kew. — *Ilex
Cassena* Walt. Flor. Carol. — Elliot, Sketch.

Feuilles ovales, ou elliptiques, ou ovales-oblongues, ou elliptiques-oblongues, obtuses aux deux bouts, glabres, bordées de crénelures mucronulées. Pédoncules axillaires, fasciculés, courts,
pubescents, triflores.

Arbrisseau haut de 6 à 15 pieds. Branches effilées, dressées.
Ramules étalés, glabres. Feuilles luisantes, très-coriaces, longues de 10 à 15 lignes; pétiole court, glabre. Fleurs petites,
blanches. Dents calicinales minimes. Lobes de la corolle obtus.
Drupe globuleux, écarlate.

Cette espèce croît sur les côtes du midi des États-Unis, où on
la désigne généralement sous le nom de *Cassiné*, et les habitants en ornent souvent leurs jardins. Une légère décoction de ses
feuilles est tonique et diurétique; mais, prise à forte dose, elle
devient émétique et purgative.

Houx Thé du Paraguay. — *Ilex paraguarensis* Aug. Saint-
Hil. in Mém. du Mus. vol. 9, p. 351. — *Ilex paraguensis*
Lamb. Monogr. Pin. ed. 2, Append. tab. 4.

Feuilles cunéiformes-obovales, ou lancéolées-obovales, ou lancéolées-oblongues, subobtuses, dentées. Cimes axillaires, subsessiles, multiflores. Drupe globuleux : noyaux striés et transversalement rugueux.

Grand arbre ayant le port d'un Citronnier. Rameaux touffus.
Feuilles luisantes, coriaces, longues d'environ 3 pouces, sur 1
¹/₂ pouce de large : dents obtuses, mucronulées; pétiole très-

court. Cimes dichotomes ou trichotomes, denses. Fleurs blanches, de la grandeur de celles du *Houx commun*. Sépales suborbiculaires, concaves. Pétales suborbiculaires. Filets très-courts. Stigmate quadrilobé. Drupe rouge, de la grosseur d'un grain de Poivre.

Ce Houx, célèbre sous les noms de *Maté*, *Herbe du Paraguay* et *Thé du Paraguay*, croît non-seulement au Paraguay, mais aussi dans une grande partie du Brésil méridional : M. Aug. de Saint-Hilaire l'a rencontré dans les provinces des Mines et de Saint-Paul, où les habitants l'appellent *Gongonha*. Dès le commencement du dix-septième siècle, l'infusion des feuilles de l'arbre était fort en usage, comme thé, dans tout le Paraguay ; c'est aux aborigènes du pays qu'on en doit la découverte. La coutume de prendre cette boisson à toutes les heures du jour, a passé au Pérou ainsi qu'au Chili. L'expression de *Maté* ne s'appliquait dans l'origine qu'à la théière qui sert à la préparation.

On estime qu'au Paraguay il se récolte, chaque année, cinq millions de livres de Maté. La fabrication de ce thé est fort simple : à cet effet, on coupe les branches de l'arbre avec leurs feuilles, et on les fait sécher au-dessus d'un grand feu. Cette opération terminée, on détache les feuilles des branches, on les assortit et on les foule dans de grands paniers ; mais elles ne sont livrées au commerce qu'un mois après la dessiccation.

Les créoles de l'Amérique méridionale attribuent au Thé du Paraguay des vertus innombrables, qui se réduisent, à ce qu'il paraît, à des propriétés diurétiques et apéritives. On assure même que l'abus de cette boisson produit des effets pernicieux sur la santé.

Houx MARTIN. — *Ilex Martiniana* Lamb. Monogr. Pin. ed. 2, Append. p. 8, tab. 5.

Feuilles elliptiques ou elliptiques-oblongues, acuminées, dentelées, arrondies ou cunéiformes à la base. Grappes rameuses, subfasciculées. Drupe globuleux : noyaux trigones, lisses.

Arbre touffu. Rameaux roides. Feuilles longues de 2 à 5 pouces, larges de 1 1/2 à 3 pouces, luisantes, coriaces, ponctuées en dessous ; dentelures mucronées ; pétiole très-court. Grappes glabres, dressées, longues de 1 à 1 $^1/_2$ pouce. Fleurs petites, blanches. Sépales orbiculaires, pubescents aux bords. Pétales arrondis. Drupe globuleux, rouge, de la grosseur d'un grain de Poivre.

Cette espèce, indigène dans la Guiane, est fort semblable à celle qui produit le Thé du Paraguay, et peut-être pourrait-on l'employer aux mêmes usages.

Houx Faux Maté. — *Ilex Gongonha* Lamb. Monogr. Pin. ed. 2, Append. p. 7, tab. 6. — *Cassine Gongonha* Martius, Reis. Brasil.

Feuilles elliptiques, mucronées, piquantes, bordées de dentelures spinelleuses. Epis subgéminés, rameux, pubescents. Fleurs pentandres. Style presque aussi long que l'ovaire.

Arbre haut de 10 à 20 pieds, touffu, très-rameux. Écorce grisâtre. Feuilles longues de 3 à 5 pouces, sur 1 $^1/_2$ à 2 $^1/_2$ pouces de large ; dentelures écartées, piquantes ; pétiole à peine long d'un demi-pouce. Épis cimeux, longs de 1 à 2 pouces. Sépales ovales, obtus, incanes en dehors. Pétales obovales-oblongs.

Cette espèce, indigène dans les provinces du Brésil méridional, a été signalée à tort, par quelques auteurs, comme identique avec celle qui fournit le Maté ou Thé du Paraguay.

Genre PRINOS. — *Prinos* Linn.

Les *Prinos* ne diffèrent des *Houx* que par leurs fleurs 5- ou 6-fides, pentandres ou hexandres, et le plus souvent dioïques ou polygames par avortement ; leur drupe contient 5 ou 6 noyaux.

On connaît douze espèces de ce genre. Celles dont nous allons parler se cultivent comme arbrisseaux d'ornement, en pleine terre : ils ne prospèrent qu'à l'ombre et en terreau de bruyère.

a) *Feuilles non-persistantes.*

Prinos a feuilles non-persistantes. — *Prinos deciduus* De

Cand. Prodr. — *Ilex prinoides* Ait. Hort. Kew. — Wats. Dendr. Brit. tab. 115.

Feuilles lancéolées ou lancéolées-oblongues; pointues, dentelées, pubescentes en dessous à la côte. Pédicelles subfasciculés à la base des ramules. Fleurs quadrifides.

Buisson haut de 6 à 8 pieds. Rameaux bruns ou grisâtres. Ramules étalés. Feuilles fasciculées au sommet des ramules, longues d'environ 2 pouces, sur 4 à 6 lignes de large, luisantes en dessus, presque innervées : côte saillante en dessous; pétiole court, pubescent. Pédicelles courts. Drupe globuleuse de la grosseur d'un grain de Poivre, de couleur écarlate.

Cette espèce croît aux États-Unis, depuis la Géorgie jusqu'en Virginie.

PRINOS VERTICILLÉ.—*Prinos verticillatus* Willd. — Guimp. et Hayn. Fremd. Holz. tab. 56. (non Wats. Dendrol. Brit.)

Feuilles lancéolées-oblongues, ou lancéolées-obovales, acuminées, inégalement dentelées, glabres. Pédoncules axillaires, 5-7-flores, presque aussi longs que les pétioles. Fleurs sexfides, en ombelle.

Arbrisseau haut de 10 à 12 pieds. Feuilles longues de 2 à 3 pouces, sur 10 à 15 lignes de large; dentelures fines, rapprochées; pétiole long de 4 à 6 lignes. Fleurs petites, blanches. Sépales oblongs, obtus. Pétales obovales-arrondis. Drupe écarlate.

Cette espèce habite les États-Unis.

PRINOS À FEUILLES DE PADUS.— *Prinos padifolius* Willd. Enum.

Feuilles ovales, courtement acuminées, dentelées, rugueuses; pubescentes en dessous. Pédoncules axillaires, 5-7-flores, presque aussi longs que les pétioles. Fleurs sexfides, en ombelle.

Arbrisseau haut de 6 à 8 pieds. Fleurs blanches. Fruit inconnu.

Cette espèce est originaire de la Pensylvanie.

PRINOS DOUTEUX. — *Prinos ambiguus* Pursh, Flor. Am. Sept. (non Mich.) — Wats. Dendrol. Brit., tab. 29.

Feuilles oblongues, ou elliptiques-oblongues, ou ovales-oblongues, rétrécies à la base, acuminées, inégalement dentelées, rugueuses, pubescentes en dessous. Ombelles axillaires, subsessiles. Fleurs 5 ou 6-fides.

Buisson. Rameaux bruns, étalés. Ramules glabres. Feuilles longues de 2 à 3 pouces, larges de 12 à 18 lignes, réticulées en dessous, d'un vert sombre; dentelures profondes, très-pointues, presque imbriquées; pétiole·long de 4 à 6 lignes, pubescent. Fleurs petites, d'un blanc verdâtre.

PRINOS A FEUILLES ENTIÈRES. — *Prinos integrifolius* Elliot, Sketch. — *Prinos ambiguus* Nuttal (ex Elliot).

Feuilles elliptiques, très-entières, mucronées, pétiolées, glabres aux deux faces. ·Fleurs femelles solitaires, longuement pédonculées.

Petit arbre. Écorce lisse, blanchâtre. Feuilles longues d'environ 18 lignes, sur 1 pouce de large; pétiole long d'un demi-pouce. Pédoncules fructifères, souvent longs de 2 pouces.

Cette espèce croît dans le midi des États-Unis.

PRINOS LISSE. — *Prinos lævigatus* Pursh, Flor. Am. Sept. — Wats. Dendr. Brit. tab. 28.

Feuilles lancéolées, ou lancéolées-elliptiques, acuminées, fortement dentelées, pubescentes en dessous à la côte et aux veines. Pédoncules uniflores, très-courts : ceux des fleurs mâles épars; ceux des fleurs femelles. axillaires, solitaires. Corolle sexfide.

Arbrisseau peu élevé. Branches de couleur olive. Feuilles longues d'environ 18 lignes, sur 5 à 8 lignes de large, luisantes en dessus; dentelures pointues; pétiole court, pubérule. Fleurs petites, blanches. Sépales et pétales obtus.

Cette espèce croît dans les Alléghany's.

PRINOS LANCÉOLÉ. — *Prinos lanceolatus* Pursh, Flor. Am. Sept. — Elliot, Sketch.

Feuilles lancéolées, finement dentelées, pointues, glabres aux deux faces. Fleurs femelles éparses, subgéminées, pédonculées, sexfides. Fleurs mâles agrégées , triandres. — Drupe petit, écarlate.

Cette espèce croît dans la Caroline et dans la Géorgie.

b) *Feuilles persistantes.*

PRINOS GLABRE. — *Prinos glaber* Linn. — Wats. Dendr. Brit. tab. 27.— Duham. Arb. ed. nov. vol. 3, tab. 54.

Feuilles lancéolées, ou lancéolées-obovales, ou cunéiformes-oblongues, très-obtuses ou courtement acuminées, dentelées au sommet, mucronées, glabres. Pédoncules axillaires, plus longs que les pétioles, 1-3-flores. Fleurs 6-8-fides.

Buisson haut de 3 à 5 pieds. Rameaux effilés. Ramules courts, légèrement pubescents dans leur jeunesse. Feuilles longues de 1 à 1 1/2 pouce, larges de 5 à 8 lignes, coriaces, luisantes, presque innervées; dentelures 1 ou 2 de chaque côté; pétioles longs de 3 à 5 lignes, légèrement pubescents de même que les pédoncules. Fleurs petites, blanches. Sépales obtus. Pétales obtus, réfléchis. Drupe noir, luisant, de la grosseur d'un Pois.

Cette espèce , qui croît dans les États-Unis, depuis la Floride jusqu'au Canada, n'est pas rare dans les jardins.

PRINOS CORIACE. — *Prinos coriaceus* Pursh, Flor. Am. Sept. — Elliot, Sketch. — *Prinos atomarius* Nuttal, Gen. (ex Elliot).

Feuilles lancéolées, ou lancéolées-obovales, ou ovales, très-entières ou dentelées vers leur sommet, ponctuées en dessous. Fleurs femelles solitaires, ordinairement 8-fides. Fleurs mâles octandres, en corymbes subsessiles, multiflores.

Arbrisseau haut de 5 à 6 pieds. Feuilles coriaces, luisantes , larges : dentelures pointues.

Genre NÉMOPANTHE. — *Nemopanthes* Rafin.

Fleurs polygamies-dioïques. Calice minime. Pétales 5, non-cohérents , oblongs-linéaires, caducs. Étamines 5. Ovaire hémisphérique, visqueux. Stigmates 3 ou 4, sessiles. Drupe subglobuleux, à 3 ou 4 noyaux.

L'espèce que nous allons décrire constitue à elle seule ce genre.

Némopanthe du Canada. — *Nemopanthes canadensis* de Cand. in Mém. Soc. Genev. 1, p. 44; Plant. Rar. Hort. Genev. tab. 3. — *Ilex canadensis* Mich. Flor. Am. Bor., v. 2, p. 299, tab. 49.

Arbrisseau très-rameux, divariqué. Écorce brune. Feuilles longues de 12 à 18 lignes, souvent fasciculées sur le vieux bois, lancéolées, ou lancéolées-oblongues, ou oblongues-lancéolées, ou ovales-lancéolées, acuminées, très-pointues, très-entières ou bordées de quelques dentelures écartées. Pédicelles fasciculés, filiformes, presque aussi longs que les feuilles. Fleurs très-petites, d'un blanc verdâtre. Drupe pisiforme, de couleur écarlate.

Cet arbrisseau, indigène au Canada, se cultive dans les jardins, en terre de bruyère.

VINGT-SEPTIÈME FAMILLE.

LES RHAMNÉES. — *RHAMNEÆ.*

(*Rhamnorum* genn. Juss. — *Rhamneæ* R. Brown, Gen. Rem, in Flind.
Voy. vol. 2, p. 554. — De Cand. Prodr., vol. 2, p. 19. — Ad. Brongn.
Mém. sur les Rhamn. in Ann. des Sciences Nat., vol. 10, p. 320. —
Bartl. Ord. Nat., p. 375.)

Cette famille, qui dans ses limites actuelles ne corres-
pond qu'aux sections III et IV des *Rhamnées* de M. de
Jussieu, offre des représentants dans toutes les contrées
du globe, à l'exception des régions arctiques. Le nombre
des espèces, dont on connaît plus de deux cents, augmente à mesure qu'on s'approche des tropiques.

Bon nombre d'arbrisseaux et d'arbustes de ce groupe
se cultivent pour l'ornement des jardins et des bosquets.
Les propriétés des Rhamnées exotiques sont en général
peu connues. Beaucoup de Rhamnées indigènes offrent
ceci de particulier, que leurs baies et leur liber possèdent
des vertus purgatives très-énergiques. Certaines espèces
produisent des fruits qui servent à teindre en vert ou en
jaune. La chair des drupes de plusieurs Jujubiers fournit
un aliment sain et agréable au goût.

CARACTÈRES DE LA FAMILLE.

Arbres, ou *arbrisseaux*, ou *sous-arbrisseaux*. Sucs propres aqueux. Ramules souvent spinescents.

Feuilles simples, éparses (très-rarement opposées),
pétiolées, penninervées ou triplinervées, indivisées. Stipules (rarement nulles) inadhérentes, petites, caduques,
ou quelquefois spinescentes et persistantes.

Fleurs régulières, hermaphrodites, ou par avortement polygames, ou monoïques, ou dioïques, petites, verdâtres, ou rarement colorées, solitaires, ou fasciculées, ou disposées en cyme, ou en ombelle, ou en épi, ou rarement en capitule ou en panicule. Pédoncules axillaires, ou moins souvent terminaux.

Calice adhérent, ou moins souvent inadhérent, 4- ou 5-fide : tube plane, ou hémisphérique, ou campanulé, ou subcylindracé ; lanières du limbe à estivation valvaire.

Disque laminaire, tapissant le fond ou les parois du tube calicinal, souvent bordé par un bourrelet plus ou moins saillant.

Pétales (quelquefois nuls) en même nombre que les divisions du calice et insérés entre celles-ci sous le rebord du disque, onguiculés, souvent minimes et squamiformes : lame souvent cuculliforme on condupliquée, enveloppant les étamines.

Étamines antépositives, courtes, en même nombre que les pétales. Filets librés. Anthères incombantes, versatiles, introrses, ordinairement à 2 bourses parallèles, déhiscentes longitudinalement (rarement à une seule bourse arquée ou réniforme); connectif inapparent.

Pistil : Ovaire 2-4-loculaire (le plus souvent 3-loculaire), adhérent, ou semi-adhérent, ou quelquefois inadhérent. Ovules solitaires, ascendants. Styles en même nombre que les loges de l'ovaire, souvent soudés en un seul. Stigmates ordinairement distincts.

Péricarpe 2-4-loculaire, ou rarement uniloculaire par avortement, le plus souvent indéhiscent et drupacé, rarement capsulaire.

Graines solitaires, ascendantes, subsessiles, non-arillées : test très-lisse ; raphé latéral ou dorsal. Périsperme charnu, ordinairement très-mince. Embryon rectiligne : radicule courte, infère ; cotylédons planes, juxtaposés, charnus.

La famille se compose des genres suivans :

Paliurus Tourn. (Aspidocarpus Neck. Aubletia Lour.) — *Zizyphus* Tourn. — *Condalia* Cavan. — *Berchemia* Neck. (Œnoplea Hedw.)—*Ventilago* Gærtn. — *Sageretia* Brongn. — *Rhamnus* Linn. (Marcorella Neck. Cervispina Dill. Mœnch. Frangula Tourn. Mœnch.) — *Scutia* Commers. — *Retanilla* Brongn. — *Colletia* Kunth. — *Hovenia* Thunb. — *Colubrina* Rich. — *Ceanothus* Linn. (Forrestia Rafin.)—*Willemetia* Brongn. — *Pomaderris* Labill. (Pomatoderris Schult.) — *Cryptandra* Smith. — *Trichocephalus* Brongn. — *Phylica* Linn. — *Soulangia* Brongn. — *Gouania* Linn. — (Retinaria Gærtn.) — *Crumenaria* Mart.

Genres placés avec doute à la suite des Rhamnées.

Goupia Aubl. (Glossopetalum Schreb.) — *Carpodetus* Forst. — *Olinia* Thunb. — *Opilia* Roxb.

Genre PALIURE. — *Paliurus* Tourn.

Calice rotacé, 5-parti : segmens étalés, ovales, pointus. Pétales obovales-spathulés, onguiculés, convolutés. Disque plane, pentagone. Étamines plus longues que les pétales : anthères ovales, biloculaires. Ovaire triloculaire, à moitié enfoncé dans le disque. Styles 3, très-courts, soudés par la base. Carcérule osseux, 2-3-loculaire, subhémisphérique, dilaté au sommet en aile orbiculaire, subéreuse. Graines comprimées, sessiles : périsperme très-mince.

Arbrisseaux. Feuilles alternes-distiques, trinervées, courtement pétiolées. Épines stipulaires, inégales : l'une dressée, subulée ; l'autre oncinée, plus petite. Cymes axillaires, courtement pédonculées, bifides : pédicelles tantôt en ombelle, tantôt en corymbe ou en grappe. Fleurs petites, jaunâtres.

On ne peut rapporter avec certitude à ce genre que les deux espèces suivantes :   .

PALIURE ARGALOU. — *Paliurus australis* Gærtn. Fruct. 1, tab. 43, fig. 5. — Sibth. et Smith, Flor. Græc., tab, 240. — *Paliurus aculeatus* Lamk.—Duham., ed. nov., vol. 3, tab. 17. —Bot. Mag., tab. 1893. — *Rhamnus Paliurus* Linn.—Pallas, Flor. Ross., tab. 64. *Zizyphus.Paliurus* Willd.

Ramules légèrement pubescents d'un côté. Feuilles ovales, ou ovales-elliptiques, ou ovales-oblongues, subobtuses, apiculées, finement crénelées ou dentelées, subcordiformes et obliques à la base. Rebord du péricarpe subcrénelé.

Arbrisseau, ou buisson haut de 8 à 15 pieds. Écorce d'un brun de chocolat. Rameaux très-nombreux, flexueux, divariqués. Ramules effilés. Feuilles longues de 1 à 2 pouces, larges de 6 à 15 lignes, luisantes et d'un vert foncé en dessus, pâles en dessous ; pétiole long de 2 à 6 lignes. Aiguillons de longueur très-variable, d'un brun roux, luisants, dilatés à la base. Cymes 5- ou pluriflores, débordant les pétioles, ou plus courts qu'eux. Péricarpe jaunâtre ou rougeâtre, dilaté au sommet en disque de 10 à 15 lignes de diamètre.

Cet arbrisseau, qu'on nomme vulgairement *Argalou*, *Épine du Christ*, et *Porte-Chapeau*, abonde dans toute la région méditerranéenne. Dans le Midi, on l'emploie à faire des haies, et dans le nord de la France il trouve quelquefois place dans les jardins paysagers.

PALIURE DU NÉPAUL. —*Paliurus virgatus* Don, Prodr. Flor. Nep. — Bot. Mag., tab. 2535.

Ramules glabres. Feuilles cordiformes-obliques ou elliptiques, acuminées, trinervées. Rebord du péricarpe très-entier.

Arbrisseau très-rameux, haut d'environ 10 pieds. Tige de la grosseur du doigt. Écorce grisâtre. Branches horizontales. Ramules inclinés. Épines subulées, brunâtres. Feuillés longues de 1 à 3 pouces, sur $^1/_2$ à 1 pouce de large. Cymes de la longueur des pétioles. Fruit d'environ 1 pouce de diamètre.

Cette espèce, indigène dans le haut Népaul, est parfaitement rustique sous le climat de l'Angleterre, où on la possède depuis une dizaine d'années.

Genre JUJUBIER. — *Zizyphus* Tourn. Desf.

Calice rotacé, 5-parti : lanières étalées, subtriangulaires, carénées. Pétales obovales-spathulés, convolutés, onguiculés, réfléchis en dehors. Étamines de même longueur que les pétales, ou plus longues, défléchies : anthères ovales, biloculaires ; disque plane, pentagone. Ovaire 2-3-loculaire, enfoncé dans le disque. Styles 2 ou 3, divergents ou soudés. Stigmate petit. Drupe charnu : noyau anfractueux ou rugueux, osseux, 2- ou 3-loculaire, ou, par avortement, 1-loculaire. Graines sessiles, convexes d'un côté, planes de l'autre.

Arbres ou arbrisseaux. Rameaux effilés, flexueux. Feuilles alternes, subdistiques, trinervées. Stipules ou toutes deux spinescentes : l'une rectiligne, l'autre falciforme ; ou l'une spinescente, et l'autre caduque ou abortive. Cymes solitaires, axillaires, pauciflores, ordinairement subsessiles.

Ce genre renferme une quarantaine d'espèces, dont la plupart habitent la zone équatoriale de l'ancien continent. Plusieurs *Jujubiers* sont remarquables comme arbres fruitiers. Nous allons traiter des espèces les plus intéressantes.

JUJUBIER COMMUN.—*Zizyphus vulgaris* Lamk. Ill.,tab. 185, fig. 1.—Sibth. et Smith, Flor. Græc., tab. 241. — Guimp. et Hayn. Fremd. Holz., tab. 118.—*Zizyphus sativa* Desf. Arb.— Duham., ed. nov., vol. 3, tab. 16. (Non Gærtn.) — *Zizyphus Jujuba* Mill. (non Lamk.). — *Rhamnus Zizyphus* Linn.— Pall. Flor. Ross. tab. 59.

Feuilles ovales ou ovales-oblongues, subrétuses, dentelées, subinéquilatérales ou cordiformes à la base, glabres de même que les ramules. Drupe ovale-oblong ou ellipsoïde : noyau subfusiforme, mucroné aux deux bouts, rugueux.

Buisson, ou arbre haut de 15 à 20 pieds. Rameaux tortueux. Feuilles lisses, subcoriaces, longues de 10 à 18 lignes, sur 6 à

12 lignes de large. Cymes subsessiles, 3-7-flores. Drupe de la forme et de la grosseur d'une Olive, rougeâtre. .

Ce Jujubier, originaire de Syrie, se cultive fréquemment dans toutes les contrées voisines de la Méditerranée. Il fût transporté en Italie du temps de Pline. Ses fruits, connus sous le nom de *Jujubes*, sont fort nutritifs et d'un goût douceâtre assez agréable; leurs propriétés adoucissantes et pectorales les font rechercher pour diverses compositions pharmaceutiques. Le bois de l'arbre est dur, pesant, roussâtre, et susceptible d'un beau poli.

Le *Jujubier commun* se multiplie facilement de graines et de drageons; il se plaît dans les terrains légers, sablonneux et secs. On peut le cultiver en pleine terre dans le nord de la France, en le plantant contre un mur exposé au midi, et en le couvrant de paillassons pendant l'hiver. Malgré ces précautions, il ne s'élève jamais beaucoup, parce que les gelées en font souvent périr les jeunes branches.

JUJUBIER DE CHINE. — *Zizyphus sinensis* Lamk.

Ramules et calices légèrement pubescents. Feuilles ovales-oblongues, ou ovales-lancéolées, subobtuses, mucronulées, obliques, bordées de dentelures fortes et très-pointues. Drupe ovale : noyau conforme, obtus; mucroné, rugueux.

Petit arbre très-semblable au précédent par le port et le feuillage. Aiguillons nuls ou peu nombreux sur les rameaux adultes. Drupe moins allongé que celui de l'espèce précédente, roussâtre.

Ce Jujubier, qui passe pour originaire de Chine, est cultivé en plein air au Jardin des Plantes; mais il ne fructifie que dans des contrées plus méridionales. D'ailleurs, ses fruits ne diffèrent point, pour la saveur, de ceux du *Jujubier commun*.

JUJUBIER DES LOTOPHAGES. — *Zizyphus Lotus* Desfont. in Act. Acad. 1788, p. 443, tab. 21. — Shaw, Itin. n° 631, Ic.

Feuilles ovales, ou ovales-oblongues, ou oblongues, ou elliptiques-oblongues, obtuses, finement crénelées, glabres; pétioles, ramules et calices veloutés. Drupe subglobuleux.

Buisson haut de 3 à 6 pieds. Branches tortueuses, inclinées, garnies d'aiguillons géminés. Feuilles plus petites que celles du

Jujubier commun. Fruit de la grosseur d'une Prunelle sauvage, rougeâtre à la maturité.

« Cet arbrisseau, dit M. Desfontaines, est très-commun dans
» le royaume de Tunis, particulièrement sur les confins du dé-
» sert et aux environs de la petite Syrte, pays autrefois habité
» par les Lotophages. Il paraît bien certain que c'est là le véri-
» table *Lotos* dont ces peuples se nourrissaient, et on ne saurait
» guère en douter d'après un passage de Polybe, qui assure
» avoir vu lui-même le Lotos. »

» » Le Lotos des Lotophages, dit cet historien, est un arbris-
» » seau rude et armé d'épines. Ses feuilles sont petites, vertes et
» » semblables à celles du Rhamnus. Ses fruits, encore tendres,
» » ressemblent aux baies du Myrte; lorsqu'ils sont mûrs, ils se
» » teignent d'une couleur rousse; ils égalent en grosseur les Oli-
» » ves rondes, et renferment un noyau osseux dans leur inté-
» » rieur. » »

» Cette description convient parfaitement au *Zizyphus Lotus,*
» et ne saurait s'appliquer à aucun autre arbre du pays des anciens
» Lotophages, où j'ai résidé pendant longtemps. Polybe ne s'est
» pas borné à le décrire, il a aussi donné des renseignemens sur
» la manière dont on préparait le Lotos. »

» » Lorque le fruit est mûr, les Lotophages le cueillent, l'écra-
» » sent et le renferment dans des vaisseaux; ils ne font aucun
» » choix des fruits qu'ils destinent à la nourriture des esclaves,
» » mais ils choisissent ceux qui sont de meilleure qualité, pour les
» » hommes libres. On les mange ainsi préparés; leur saveur ap-
» » proche de celle des Figues ou des Dattes. On en fait aussi une
» » sorte de vin en les mêlant avec de l'eau. Cette liqueur est très-
» » bonne, mais elle ne se conserve pas au-delà de dix jours. » »

» Aujourd'hui, les habitans des bords de la petite Syrte et du
» voisinage du désert recueillent encore les fruits du Jujubier
» que je regarde comme le Lotos; ils les vendent dans les mar-
» chés, les mangent comme autrefois, et en nourrissent même
» les bestiaux. Ils en font aussi une boisson en les broyant et les
» mêlant avec de l'eau. Enfin, la tradition que ces fruits ser-

» vaient anciennement de nourriture aux hommes, 's'est con-
» servée parmi ces peuples. »

Il ne sera pas inutile d'observer que les anciens avaient aussi donné le nom de *Lotos* au *Micocoulier de Provence*, au *Nymphéa bleu*, et au *Nélumbo*.

JUJUBIER NAPÉCA. — *Zizyphus Spina Christi* Willd. — *Rhamnus Spina Christi* Linn. — Desf. Atl. — *Zizyphus Napeca* Lamk. — Plucken. Almag. tab. 216, fig. 6.

Feuilles ovales, obtuses, dentées, glabres ou pubescentes en dessous. Aiguillons géminés, étalés. Pédoncules cotonneux. Drupe ovale-globuleux.

Grand arbrisseau. Rameaux peu flexueux, inermes ou aiguillonnés. Feuilles plus grandes que celles du *Jujubier commun*. Drupe de la grosseur d'une petite Noix.

Cette espèce, qui croît en Barbarie, en Égypte, en Arabie et en Orient, produit aussi un fruit bon à manger.

JUJUBIER DE BACLE. — *Zizyphus Baclei* de Cand. Prodr. —Guillem. et Perrott. in Flor. Seneg., v. 1, p. 144, tab. 37.

Feuilles ovales, acuminées, crénelées, quelquefois inéquilatérales à la base, glabres ou pubérules aux nervures et au pétiole. Aiguillons subgéminés : l'un réfléchi. Corymbes axillaires. Drupe ovale-globuléux : noyau ligneux, rugueux.

Buisson très-rameux, haut de 10 à 12 pieds. Tiges diffuses, aiguillonnées, cylindriques, glabres. Écorce brune, lisse. Rameaux divariqués. Feuilles longues de 1 à 3 pouces, sur 1 ¹/₂ à 2 pouces de large, trinervées, courtement pétiolées, vertes aux deux faces. Corymbes axillaires et terminaux. Fleurs petites, blanchâtres. Drupe de la grosseur d'une petite Cerise, presque sec, d'un pourpre noirâtre.

« Cet arbrisseau, disent MM. Perrottet et Guillemin, exces-
» sivement commun dans toute la Sénégambie, est couvert de
» fruits qui ne sont point comestibles comme ceux des autres es-
» pèces de *Zizyphus*. Ils sont très-amers, et passent même, dans
» l'opinion des nègres, pour vénéneux. Les racines sont astrin-
» gentes et employées en décoction pour arrêter les écoulements

» blennorrhagiques. Les aiguillons dont sont armées les branches
» de l'arbrisseau, le rendent très-propre à former des haies dé-
» fensives. »

JUJUBIER COTONNEUX. — *Zizyphus Jujuba* Lamk. Encycl.
— Rumph. Amb., vol. 2, tab. 36. — Hort. Malab., vol. 4,
tab. 31.

Feuilles ovales-arrondies, obtuses, presque entières, cotonneuses-incanes en dessous. Aiguillons subsolitaires, recourbés.
Corymbes axillaires, cotonneux. Noyau du drupe oblong ou subfusiforme, mucroné, anfractueux.

Arbre de grandeur médiocre, très-rameux. Rameaux cotonneux. Fruits jaunâtres ou rougeâtres, de la grosseur d'une
Olive.

Cette espèce se cultive fréquemment dans l'Asie équatoriale,
où son fruit est très-estimé.

JUJUBIER A ÉPINES RECTILIGNES. — *Zizyphus orthacantha*
De Cand. Prodr. — Guillem. et Perrott. in Flor. Seneg. v. 1,
p. 145.

Feuilles ovales, presque entières, obtuses ou pointues, glabres en dessus, cotonneuses (de même que les ramules et les pétioles) en dessous (duvet incane ou ferrugineux). Aiguillons
géminés : l'un plus long, dressé ; l'autre réfléchi. Corymbes axillaires, cotonneux. Drupe globuleux : noyau ligneux, biloculaire,
tuberculeux en dehors.

Buisson haut de 8 à 12 pieds, très-rameux. Tiges diffuses,
épineuses, longues, flexibles, cylindriques. Écorce rimeuse,
grisâtre. Rameaux divariqués, grêles. Aiguillons roux. Feuilles
trinervées, d'un vert glauque en dessus. Fleurs petites, cotonneuses-blanchâtres. Corymbes presque sessiles. Drupe de la grosseur d'une Merise sauvage, d'un jaune tirant sur le rouge : chair
sucrée, presque sèche.

Ce Jujubier, selon les observations de MM. Leprieur et Perrottet, abonde sur les bords du Sénégal ainsi que dans toute la
Sénégambie. Ses fruits sont recherchés par les nègres qui les ap-
portent aux marchés de Saint-Louis et de Gorée. Ils les écrasent

et les font fermenter avec de l'eau ; de cette manière ils en préparent une piquette assez agréable et rafraîchissante.

Genre BERCHÉMIA. — *Berchemia* Neck.

Tube calicinal hémisphérique ; limbe à 5 lanières dressées. Pétales convolutés on cuculliformes. Étamines dressées ; anthères incluses ou saillantes, ovales, biloculaires. Disque annulaire, presque plane, inadhérent. Ovaire biloculaire, à moitié enfoncé dans le disque. Styles courts, connés. Stigmates 2. Drupe presque sec, oblong : noyau ligneux, biloculaire. Graines à test fibreux, adhérent au péricarpe. Périsperme très-mince.

Arbrisseaux très-rameux, quelquefois sarmenteux. Feuilles alternes, penninervées : nervures obliques, rapprochées, presque simples. Panicules terminales, composées d'ombelles axillaires.

Les *Berchémia* se distinguent par l'élégance de leurs feuilles et de leur inflorescence. On en connaît six espèces, dont voici la plus remarquable :

BERCHÉMIA VOLUBILE. — *Berchemia volubilis* de Cand. Prodr. — *Rhamnus volubilis* Linn. fil. — Jacq. Ic. Rar., tab. 336. — *Zizyphus volubilis* Willd.

Rameaux glabres, subvolubiles, inermes. Feuilles oblongues ou lancéolées-elliptiques, pointues aux deux bouts, ondulées ou sinuolées aux bords, glabres. Fleurs dioïques.

Arbuste sarmenteux, très-rameux. Feuilles subcoriaces et luisantes, d'un vert foncé en dessus, pâles en dessous, nerveuses, longues de 2 pouces et plus, sur 9 à 12 lignes de large. Drupe de couleur pourpre, ordinairement monosperme.

Cette espèce, indigène dans le midi des États-Unis, mérite d'orner les jardins.

Genre SAGÉRÉTIA. — *Sageretia* Brongn.

Calice urcéolé, 5-fide : lanières pointues, dressées, carénées en dessus. Pétales convolutés ou cuculliformes, obovales, biloculaires. Disque cupuliforme, épais, appliqué contre l'ovaire mais non-adhérent. Ovaire presque inclus, inadhérent, triloculaire. Style très-court, épais. Stigmates 3 ; ou un seul stigmate trilobé. (Péricarpe inconnu.)

Arbrisseaux. Rameaux grêles, effilés. Ramules souvent spinescents. Feuilles subopposées, courtement pétiolées, dentelées, penninervées. Épis simples ou rameux, interrompus, axillaires, ou terminaux.

Ce genre, établi par M. Ad. Brongniart aux dépens des *Rhamnus*, renferme huit espèces, dont la suivante est la plus remarquable :

SAGÉRÉTIA FAUX THÉ. — *Sageretia theezans* Brongn. — *Rhamnus theezans* Linn. — *Rhamnus Thea* Osbeck, Rm. 232.

Arbrisseau sarmenteux. Rameaux divariqués, spinescents. Feuilles ovales, obtuses, glabres, dentelées : celles de la base des rameaux souvent opposées. Épis terminaux, subpaniculés, composés de glomérules.

Cette espèce est commune en Chine, où les pauvres font usage de l'infusion de ses feuilles, en guise de Thé.

Genre NERPRUN. — *Rhamnus* Linn.

Calice urcéolé, 4- ou 5-fide : lanières dressées ou étalées, pointues. Pétales nuls ou planes, échancrés, dressés. Étamines courtes : anthères ovales, à 2 bourses divergentes inférieurement. Disque laminaire, tapissant le tube calicinal. Ovaire inadhérent, 5- ou 4-loculaire. Styles 3 ou 4, soudés ou plus ou moins libres et divergents. Stigmates petits, papilleux. Drupe subglobuleux, baccien, à 3 ou 4 nucules cartilagineuses. Graines planes ou condupliquées.

Arbres ou arbrisseaux. Feuilles alternes, pétiolées, entières ou dentées, penninervées (nervures rectilignes ou curvilignes), persistantes ou caduques. Stipules non-spinescentes. Fleurs axillaires, diversement disposées.

M. de Candolle énumère dans son Prodrome cinquante-sept espèces de ce genre ; mais plusieurs d'entre elles constituent aujourd'hui le genre *Sageretia* de M. Ad. Brongniart, et une quinzaine d'autres sont fort mal connues. La plupart des *Nerpruns* habitent la zone tempérée de l'hémisphère septentrional. Leurs fruits en général possèdent des propriétés purgatives, et ceux de plusieurs espèces servent à teindre en jaune ou en vert. On multiplie les Nerpruns de graines, de drageons, de marcottes, et de greffes ; ils s'accommodent en général de tous les terrains.

Voici les espèces les plus remarquables :

Section Ire. RHAMNUS Brongn. (*Rhamnus* et *Alaternus* Tourn.)

Fleurs le plus souvent dioïques et quadrifides. Graines creusées d'un sillon longitudinal profond : raphé superficiel au fond du sillon. Embryon curviligne.—Feuilles coriaces et à veines vagues, ou membranacées et penninervées.

a) Alaternes. — *Fleurs en grappes subcorymbiformes. Feuilles persistantes.*

Nerprun Alaterne.—*Rhamnus Alaternus* Linn.—Duham. ed. nov., vol. 3, tab. 14,—Turp. in Dict. des Scienc. Nat. Ic.

Feuilles ovales, ou ovales-lancéolées, ou ovales-orbiculaires, ou ovales-elliptiques, ou elliptiques, acuminées, submucronées, dentelées ou denticulées (entières dans une variété), glabres, coriaces. Fleurs dioïques.

Buisson s'élevant, dans les contrées méridionales, jusqu'à 20 pieds. Rameaux diffus, nombreux. Ramules inermes. Feuilles de grandeur et de forme très-variables, luisantes. Grappes denses. Fleurs quinquéfides. Drupe noirâtre, de la grosseur d'un Pois.

L'*Alaterne*, qui croît spontanément dans toute la région méditerranéenne, est très-recherché dans le nord de la France pour la décoration des jardins paysagers, où il produit un effet pittoresque, surtout en hiver, par son feuillage persistant et d'un vert gai. On en possède plusieurs variétés parmi lesquelles les plus remarquables sont : l'Alaterne à feuilles rondes et presque entières (*Rhamnus balearicus* Hort. Par. — *Rhamnus rotundifolius* Dum. Cours.); l'Alaterne à feuilles cordiformes ; l'Alaterne commun à feuilles ovales, et enfin l'Alaterne à feuilles panachées. Dans le midi, on emploie l'Alaterne à faire des haies, qui d'ailleurs ne durent pas très-long temps.

NERPRUN DE L'ÉCLUSE. — *Rhamnus Clusii* Willd. — Clus. Hist., p. 5o, Ic.

Ce Nerprun ne diffère de l'*Alaterne*, dont il est peut être une variété, que par ses feuilles lancéolées. On le trouve aussi dans l'Europe australe, et il n'est pas rare dans les jardins des environs de Paris.

NERPRUN GLANDULEUX. — *Rhamnus glandulosus* Ait. Hort. Kew. — Vent. Malm., tab. 34.

Feuilles ovales, subobtuses, légèrement dentelées ou crénelées, glabres, 2-4 glanduleuses à la côte. Fleurs hermaphrodites.

Petit arbre. Feuilles longues de 1 à 2 pouces, larges de 10 à 15 lignes, munies vers leur base, aux aisselles des nervures, de grosses glandules. Ramules non-spinescents, légèrement pubescents.

Cette espèce, indigène aux Canaries et à Madère, se cultive dans les collections d'orangerie.

NERPRUN A FEUILLES ENTIÈRES. — *Rhamnus integrifoliüs* de Cand. Cat. Hort. Monsp. — *Rhamnus coriacea* Nees, Hor. Phys. Berol., tab. 15.

Feuilles oblongues ou elliptiques-oblongues, ou elliptiques-lancéolées, acuminées, très-pointues, très-entières, glabres. Fleurs hermaphrodites, apétales.

Petit arbre. Ramules non-spinescents, couverts d'une poussière grisâtre. Feuilles longues de 1 à 2 pouces, très-coriaces.

Cette espèce, qu'on cultive aussi dans les orangeries, croît dans les régions voisines du sommet du pic de Ténériffe.

NERPRUN HYBRIDE. — *Rhamnus hybridus* L'hérit. Sert. Angl., tab. 5.

Feuilles oblongues ou ovales-oblongues, acuminées, subobtuses, glabres, subcoriacées : dentelures rapprochées, courbées en dedans, obtuses, ou mucronulées par une glandule. Fleurs hermaphrodites.

Buisson ou petit arbre haut de 10 à 15 pieds. Rameaux inermes. Feuilles longues de 2 à 3 pouces.

Cette espèce, qu'on cultive très-fréquemment dans les jardins, est, selon L'héritier, une hybride de l'*Alaterne* et du *Nerprun des Alpes*. Son feuillage, très-élégant, ne tombe qu'à la fin de décembre, et lorsque l'hiver n'est pas très-rude, il persiste jusqu'au printemps. Les fleurs paraissent en avril.

b) NERPRUNS VRAIS. — *Fleurs fasciculées. Feuilles non-persistantes.*

NERPRUN A LONGUES FEUILLES.—*Rhamnus longifolius* Dum. Cours. Bot. Cult.—Link. Enum.—*Rhamnus Willdenowianus* Schult. Syst.

Rameaux inermes. Feuilles lancéolées ou lancéolées-elliptiques, acuminées, glabres en dessus, pubescentes en dessous aux aisselles des nervures : dentelures pointues, inégales, écartées. Fascicules pauciflores ; pédicelles filiformes.

Petit arbre. Feuilles longues de 2 à 3 pouces, un peu luisantes, fermes : nervures fines, curvilignes, écartées.

Cette espèce, dont on ignore l'origine, se cultive dans les collections d'orangerie.

NERPRUN FAUX PRINOS. — *Rhamnus prinoides* L'hérit. Sert. 6, tab. 9.

Feuilles ovales-lancéolées, acuminées, dentelées, luisantes. Pédicelles subgéminés. Fleurs polygames.

Cette espèce, indigène au cap de Bonne-Espérance, se cultive dans les serres tempérées.

NERPRUN PURGATIF.—*Rhamnus catharticus* Linn.—Duham. éd. nov., vol. 3, tab. 10.—Engl. Bot., tab. 1629.—Flor. Dan. tab. 850. — Schk. Handb., tab. 46. — Guimp. Holz., tab. 13.

Rameaux étalés ; spinescents. Feuilles ovales, ou ovales-elliptiques, ou ovales-orbiculaires, ou ovales-oblongues, ou elliptiques-oblongues, ou lancéolées-oblongues, acuminées, longuement pé-

tiolées, subseptuplinervées, glabres en dessus, pubescentes en
dessous aux nervures : dentelures fines, très-rapprochées, courbées en dedans, mucronulées. Fascicules multiflores. Fleurs polygames, quadrifides; pédicelles plus longs que les calices. Drupe
(noir) globuleux, à 4 noyaux.

Buisson haut de 10 à 15 pieds, ou rarement petit arbre. Écorce
lisse, d'un brun tirant sur le roux : celle des ramules grisâtre.
Feuilles longues de 1 à 2 pouces, sur 10 à 15 lignes de large;
pétiole glabre ou pubescent, long de 6 à 12 lignes. Drupe de la
grosseur d'un Pois : noyaux ovales-trigones.

Ce Nerprun, connu sous les noms vulgaires de *Noirprun* et
Bourguépine, abonde en France de même que dans presque
toute l'Europe. On le plante souvent dans les jardins paysagers,
et l'où peut en former des haies assez solides. Ses fruits sont fortement purgatifs : les campagnards en font quelquefois usage à la
dose de vingt à trente; mais ce remède ne saurait convenir qu'à
des constitutions très-robustes. Cueillis avant la maturité, ces
mêmes fruits donnent une teinture jaune, peu estimée à cause de
son peu de fixité. La couleur appelée *Vert de vessie*, se prépare en concentrant le suc des fruits mûrs et en y ajoutant de l'A-
lun. L'écorce fraîche du *Nerprun purgatif* possède toutes les propriétés des fruits de l'arbre; à l'état sec elle donne une teinture brune. Le bois des racines, d'un jaune tirant sur le brun et
d'un aspect satiné, est très-compacte : on peut l'employer à des
ouvrages de tour et de marqueterie. Les chèvres et les moutons
aiment les feuilles, mais le bétail n'y touche point.

Nerprun Graine d'Avignon.—*Rhamnus infectorius* Linn.
— Duham. Arb. ed. nov., vol. 3, tab. 11. — Guimp. et Hayn.
Fremd. Holz., tab. 99.

Rameaux spinescents, diffus. Feuilles lancéolées, ou lancéolées-elliptiques, ou ovales, paucinervées, finement crénelées,
glabres en dessus, pubescentes en dessous aux nervures. Fascicules
pauciflores. Fleurs quadrifides, polygames-dioïques, toutes pé-
talifères. Pédicelles plus longs que les calices. Drupe (noir) obcordiforme, à 2 noyaux.

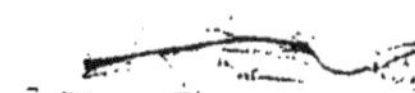

Arbuste diffus, haut de 2 à 3 pieds. Feuilles longues de 1 à 2 pouces. Drupe de la grosseur d'un Pois.

Cette espèce abonde dans toute l'Europe australe. Ses fruits, de même que ceux du *Nerprun des rochers*, recueillis verts, se trouvent dans le commerce sous le nom de *Graine d'Avignon* : ils servent à teindre en jaune; mais la couleur qu'ils donnent n'est pas très-fixe. On prépare aussi, par la décoction de ces mêmes fruits avec du blanc de céruse, la substance tinctoriale appelée *Stil de grain*. Les fruits mûrs du *Nerprun Graine d'Avignon* participent aux propriétés purgatives communes à la plupart de ses congénères.

NERPRUN DES ROCHERS. — *Rhamnus saxatilis* Linn. — Jacq. Flor. Austr., tab. 53. — Guimp. et Hayn. Fremd. Holz., tab. 97.

Tiges diffuses ou ascendantes. Rameaux spinescents, divariqués. Feuilles ovales, ou obovales, ou ovales-elliptiques, finement crénelées, paucinervées, presque glabres. Fascicules pauciflores. Fleurs quadrifides, polygames-dioïques : les femelles apétales ; pédicelles plus longs que les calices. Drupe (noir) obovale.

Arbuste rameux dès la base, haut de 2 à 3 pieds. Feuilles longues de 1 à 2 pouces. Drupe de la grosseur d'un Pois.

Cette espèce croît dans l'Europe australe. Ses fruits servent aux mêmes usages que ceux de l'espèce précédente.

NERPRUN TINCTORIAL. — *Rhamnus tinctorius* Wald. et Kit. Plant. Hung. Rar., tab. 255. — Clus. Hist., p. 111, Ic. (ex Reichenb.)

Tige dressée. Rameaux étalés, pubescents, subinermes. Feuilles ovales, ou ovales-lancéolées, ou lancéolées, ou lancéolées-elliptiques, inégalement crénelées, paucinervées, glabres en dessus, fortement pubescentes en dessous aux nervures. Fascicules pauciflores. Fleurs quadrifides, polygames-dioïques ; pédicelles plus longs que les calices. Drupe (noir) obcordiforme.

Buisson haut de 4 à 5 pieds. Écorce grisâtre. Feuilles longues de 1 à 2 pouces : nervures fines, arquées ; crénelures ou dentelures courbées en dedans, souvent mucronulées par une glandule ;

pétiole court, presque cotonneux. Drupe de la grosseur d'un Pois.

Cette espèce, que l'on confond souvent avec les deux précédentes, croît aussi dans l'Europe australe : ses fruits servent également dans la teinture.

NERPRUN A BOIS ROUGE. — *Rhamnus Erythroxylon* Pall. Flor. Ross. tab. 62; Itin. ed. Gall. tab. 90.

Tige dressée. Rameaux spinescents, étalés. Feuilles lancéolées-linéaires, dentelées, glabres. Fleurs hermaphrodites, 4-fides, subsolitaires; pédicelles courts. Drupe obovale.

Arbrisseau haut de 4 à 5 pieds. Tige tortueuse. Feuilles petites, coriaces, presque innervées.

Ce Nerprun croît dans les steppes de la Mongolie. Son bois, très-dur et de couleur rouge, est employé par les Kalmouks à faire toutes sortes d'ustensiles.

NERPRUN LYCIET. — *Rhamnus lycioides* Linn. — Cavan. Ic. tab. 182.

Tige dressée. Rameaux divariqués, spinescents. Feuilles linéaires ou linéaires-spathulées, subobtuses, innervées, glabres, très-entières. Fleurs hermaphrodites, 4-fides : pédicelles courts; fascicules pauciflores. Drupe (noir) obcordiforme.

Arbrisseau tortueux, haut de 4 à 5 pieds. Feuilles petites, très-étroites. Drupe du volume d'un gros Pois.

Cette espèce, indigène dans l'Europe australe, se cultive quelquefois comme arbuste d'agrément.

NERPRUN A FEUILLES D'AMANDIER. — *Rhamnus amygdalinus* Desfont. Flor. Atlant.

Tiges diffuses. Rameaux divariqués, spinescents. Feuilles lancéolées, subobtuses, mucronulées, très-entières, glabres, coriaces, non-réticulées.

Cette espèce, qui croît dans l'Atlas et dans l'Archipel, fournit la *Graine jaune* du commerce.

NERPRUN A FEUILLES D'AUNE.—*Rhamnus alnifolius* L'hérit. Sert. Angl. p. 5. — Guimp. et Hayn. Fremd. Holz. tab. 61.

Rameaux inermes. Feuilles elliptiques , ou elliptiques-oblongues, ou elliptiques-obovales, subacuminées, inégalement crénelées, glabres, multinervées : nervures arquées. Fascicules pauciflores. Fleurs polygames-dioïques, quadrifides. Drupe turbiné.

Petit arbre ou buisson. Écorce d'un brun roux. Feuilles longues de 2 à 3 pouces , larges de 12 à 18 lignes, d'un vert gai , membranacées : crénelures courbées en dedans, mucronulées. Stipules ovales-oblongues, subscarieuses, rougeâtres, plus longues que les pétioles. Pédicelles plus longs que les calices. Segments calicinaux triangulaires, pointus.

Ce Nerprun , indigène dans les États-Unis, se cultive dans les jardins paysagers.

NERPRUN DES ALPES. — *Rhamnus alpinus* Linn. — Duham. ed. nov. , vol. 3 , tab. 13. —Lodd. Bot. Cab. , tab. 1077. — Guimp. Holz. , tab. 15.

Rameaux inermes, tortueux. Feuilles elliptiques , ou suborbiculaires, ou elliptiques-oblongues, ou oblongues, ou ovales-elliptiques, très-obtuses ou acuminées, finement crénelées ou dentelées, subcordiformes à la base, glabres en dessus , pubérules en dessous aux nervures : nervures subrectilignes, très-rapprochées. Fascicules pauciflores. Fleurs quadrifides, polygames-dioïques. Drupe (noir) obcordiforme.

Buisson tortueux, haut de 5 à 10 pieds. Écorce grisâtre. Feuilles longues de 2 à 3 pouces, sur 15 à 24 lignes de large, d'un vert gai aux deux faces, membranacées : dentelures courbées en dedans, souvent mucronulées ; pétiole long d'un demi-pouce. Stipules petites, caduques. Bourgeons gros , pointus , très-légèrement pubescents. Pédicelles de la longueur des calices. Drupe du volume d'un fruit de Prunelier.

Cette espèce, qui croît dans les Alpes de l'Europe australe et de l'Europe centrale, est cultivée dans les bosquets. Elle aime un sol frais et profond. Ses fruits sont purgatifs.

NERPRUN NAIN. — *Rhamnus pumilus* Linn. (non Wulff.)— *Rhamnus rupestris* Scopol. Carn. , tab. 5.

Rameaux inermes, rampants. Feuilles ovales , ou obovales ,

ou lancéolées-obovales, acuminées, finement crénelées, glabres, multinervées : nervures arquées, très-rapprochées. Fascicules pauciflores. Fleurs 5-fides, ordinairement hermaphrodites.

Arbuste diffus. Tiges longues de 1 à 2 pouces. Écorce brunâtre. Jeunes pousses veloutées. Feuilles longues d'environ un pouce ou moins, membranacées, d'un vert gai. Pédicelles géminés ou ternés, courts. Calice d'un rouge verdâtre. Pétales blancs, bifides au sommet. Drupe petit, d'un pourpre noirâtre.

Ce Nerprun, commun dans les Alpes de l'Europe australe, peut servir à orner les rocailles des jardins paysagers.

SECTION II. FRANGULA Tourn. — Brongn.

Fleurs hermaphrodites, ou souvent dioïques, 5-fides, ou quelquefois 4-fides, colorées. Stigmate capitellé. Graines lisses, comprimées : hile saillant, blanchâtre ; raphé superficiel ; embryon plane, rectiligne. — Feuilles membranacées, caduques, penninervées : nervures rapprochées, subrectilignes.

NERPRUN BOURGÈNE. — *Rhamnus Frangula* Linn. — Flor. Dan., tab. 278.—Schk. Handb., tab 46.—Engl. Bot., tab. 250. — Svensk Bot., tab. 209. — Guimp. Holz. tab. 14. — Duham. ed. nov., vol. 3, tab. 15.

Rameaux inermes. Feuilles elliptiques, ou elliptiques-oblongues, ou ovales-oblongues, ou elliptiques-obovales, acuminées, subsinuolées : les adultes glabres ; les jeunes pubescentes en dessous aux nervures. Fascicules pauciflores. Pédicelles plus courts que les calices. Drupe (noir) obcordiforme ou obové.

Buisson haut de 10 à 15 pieds, ou petit arbre haut d'une vingtaine de pieds, sur 6 à 10 lignes de diamètre. Écorce du tronc et des branches d'un brun noirâtre. Rameaux grisâtres ou violets, ponctués. Jeunes pousses légèrement pubescentes. Bourgeons coniques. Feuilles d'un vert gai, longues de 2 à 3 pouces, sur 10 à 20 lignes de large ; pétiole pubérule, long d'environ 6 lignes. Segments calicinaux blanchâtres. Drupe de la grosseur d'un Pois.

Cette espèce, nommée vulgairement *Bourgène*, *Bourdaine* et *Aune noir*, habite toute l'Europe, ainsi que la Sibérie. Elle croît de préférence au bord des eaux et dans les endroits humides des bois. Sa floraison commence en mai et se prolonge jusqu'en août.

L'écorce et les fruits du *Bourgène* sont fortement purgatifs, mais on n'en fait guère usage en médecine. L'écorce sert à teindre les laines en vert, ou en rouge, ou en jaune, ou en brun ; la même propriété se retrouve dans les fruits, dont on prépare aussi du *Vert de vessie*.

De tous les arbres indigènes, le *Bourgène* est celui dont le bois fournit le meilleur charbon pour la fabrication de la poudre à tirer. On emploie aussi ce bois, qui se fend très-facilement, à faire des paniers et des alumettes.

NERPRUN A LARGES FEUILLES.— *Rhamnus latifolia* L'hérit. Sert. Angl. 5, tab. 8.—Guimp. et Hayn. Fremd. Holz., tab. 100. — Wats. Dendr. Brit., tab. 11.—Bot. Mag., tab. 2663.

Rameaux inermes. Feuilles elliptiques, très-entières, acuminées : les adultes glabres ; les jeunes velues en dessous. Fascicules pauciflores. Calices velus, plus courts que les pédicelles. Drupe (d'abord rouge, puis noir) subglobuleux.

Arbre (dans son pays natal) plus élevé que le *Bourgène*. Rameaux d'un brun roux, ponctués. Feuilles longues de 2 à 3 pouces, sur près de 3 pouces de large, d'un vert gai ; pétiole velu, long d'environ un pouce. Fleurs blanchâtres. Fruit de la grosseur d'un Pois.

Cette espèce, indigène dans les montagnes des Açores, et très-semblable au *Bourgène*, se cultive quelquefois comme arbre d'ornement.

Genre HOVÉNIA. — *Hovenia* Thunb.

Calice profondément 5-fide : tube presque plane ; segments presque étalés, ovales, pointus, carénés en dessus. Pétales obovales, onguiculés, convolutés. Étamines incluses : anthères ovales, à 2 bourses. Disque plane, charnu, mince, poilu.

Ovaire à moitié enfoncé dans le disque, poilu, à 3 loges uniovulées. Styles 3, dressés, soudés par leur base. Péricarpe globuleux, tricoque. — Pédoncules fructifères charnus, très-amplifiés.

L'espèce suivante constitue à elle seule le genre.

HOVÉNIA A FRUIT DOUX. — *Hovenia dulcis* Thunb. Jap.—Brongn. Rhamn., tab. 4, n° 2.—Lamk. Ill., tab. 131.—Kæmpf. Amœn. Exot. 2, p. 809, Ic.—*Hovenia acerba* Lindl. in Bot. Reg., tab. 501.

Arbre haut d'une trentaine de pieds. Rameaux nombreux, étalés. Ramules légèrement pubescents. Feuilles alternes, subdistiques, ovales, acuminées, très-entières ou dentelées, cordiformes ou obliques à la base, trinervées, glabres. Cymes axillaires et terminales, dichotomes, plus longues que les pétioles; pédoncules épais : les fructifères charnus, très-amplifiés.

Cette espèce se cultive comme arbre fruitier au Japon, en Chine et au Népaul. Ce sont les pédoncules, devenus charnus, qui constituent la partie mangeable : leur saveur est très-agréable et analogue à celle des Poires. Sans aucun doute, le *Hovénia* pourrait être naturalisé dans le midi de la France; car il se maintient en plein air sous le climat de Paris, lorsque l'hiver n'est pas rigoureux.

Genre CÉANOT. — *Ceanothus* (Linn.) Brongn.

Calice profondément 5-fide : tube hémisphérique; segments connivents, pétaloïdes, ovales, pointus. Pétales longuement onguiculés, cuculliformes, défléchis. Étamines saillantes, dressées : anthères ovales, à 2 bourses. Disque annulaire, subpentagone, spongieux. Ovaire tricoque, à moitié enfoncé dans le disque, à 3 loges uniovulées. Styles 3, divergents, libres dès leur base. Stigmates minimes, papilliformes. Regmate à 3 coques déhiscentes par la suture antérieure; épicarpe crustacé; endocarpe testacé. Graines luisantes, ovales-trigones.

Sous-arbrisseaux glabres ou pubescents. Tiges dressées.

Feuilles alternes, dentelées, triplinervées : dentelures mucronulées par une glandule; pétiole parsemé en dessus de
glandules plus ou moins nombreuses. Ramules florifères
axillaires et terminaux, aphylles ou peu feuillés : les inférieurs ordinairement très-longs. Pédicelles capillaires, en
ombelles ou en corymbes simples, agrégés en panicules
plus ou moins denses. Fleurs petites, blanches, ou rougeâtres, ou bleues.

Le port touffu, le feuillage élégant, la longue durée et les
couleurs brillantes des fleurs des *Céanots*, rendent ces plantes précieuses pour l'ornement des parterres. Ils prospèrent
dans les terrains légers. A défaut de graines, leur multiplication peut se faire de boutures, de drageons, et de marcottes.

Ce genre, dans les limites qui lui ont été assignées par
M. Ad. Brongniart, ne renferme plus qu'environ douze espèces, indigènes dans l'Amérique septentrionale tempérée,
à l'exception d'une seule, qui croît au Népaul. Voici les espèces les plus remarquables :

Céanot azuré.—*Ceanothus azureus* Desfont. Cat. Hort. Par.
—Bot. Reg., tab. 291.— *Ceanothus cœruleus* Loddig. Bot. Cab.,
tab. 110. — Brongn. Mém. Rhamn. Pl. 4, n° 4.

Feuilles oblongues ou ovales-oblongues, acuminées ou obtuses,
dentelées, quintuplinervées à la base, pubérules en dessus, co-
tonneuses-subferrugineuses en dessous. Panicules subthyrsiformes,
allongées.

Buisson haut de 2 à 3 pieds. Rameaux cylindriques, rougeâtres.
Ramules cotonneux. Feuilles longues de 2 à 3 pouces, sur 6 à
15 lignes de large : dentelures rapprochées; pétiole long d'un
demi-pouce. Stipules subulées; plus courtes que le pétiole, caduques. Fleurs d'un bleu d'azur. Étamines de la longueur des pétales.

Cette espèce, originaire du Mexique, est la plus belle du
genre ; mais elle ne résiste pas, en plein air, au climat du nord
de la France. On la cultive fréquemment dans les collections d'o-
rangerie.

CÉANOT DELILE. — *Ceanothus Delilianus* Spach. — *Ceano-thus pulchellus* Delile , in Hort. Monspel.

Ce Céanot, dont on ignore l'origine , est peut-être une hybride du *Céanot azuré*, dont il ne diffère que par ses feuilles plus larges, légèrement pubescentes (non cotonneuses-ferrugineuses) en dessous , et par ses fleurs d'un bleu plus pâle. Quoi qu'il en soit, c'est une plante à signaler à l'attention des horticulteurs , parce qu'elle supporte en plein air le climat du nord de la France. On la cultive depuis plusieurs années au Jardin du Roi.

CÉANOT COMMUN. — *Ceanothus americanus* Linn. — Mill. Ic., tab. 57. — Bot. Mag. , tab. 1479.

Feuilles ovales, ou ovales-oblongues, ou elliptiques-oblongues, pointues , dentelées , glabres en dessus, pubescentes en dessous. Panicules simples ou plus ou moins rameuses , très-denses, sub-thyrsiformes , raccourcies, pubescentes de même que les ramules.

Sous-arbrisseau haut de 2 à 5 pieds. Racines très-longues. Tiges rameuses, pubescentes. Feuilles fermes , d'un vert gai, longues de 2 à 3 pouces, sur 12 à 20 lignes de large ; pétiole court. Fleurs blanches. Fruit d'un brun noirâtre , de la grosseur d'un grain de Poivre : coques carénées au dos.

Cette espèce, qui croît aux États-Unis, se cultive fréquemment dans les jardins. Elle fleurit de juin en septembre. Les Anglo-Américains lui donnent les noms de *Red root* (racine rouge) et *New-Jersey tea* (Thé du New-Jersey). L'écorce de ses racines est un astringent très-puissant, que les médecins des États-Unis prescrivent dans beaucoup de maladies qui exigent l'emploi des médicamens de cette nature. La couleur de ces racines est d'un rouge très-foncé, et l'on peut en tirer parti dans la teinture.

CÉANOT GLABRE. — *Ceanothus glaber* Spach.

Feuilles ovales ou ovales-oblongues , arrondies au sommet ou rétrécies en pointe mousse, glabres aux deux faces, dentelées. Panicules simples ou plus ou moins rameuses , très-denses, sub-thyrsiformes, raccourcies, glabres.

Sous-arbrisseau haut de 2 à 3 pieds. Tiges simples ou rameuses, très-glabres, rougeâtres. Feuilles fermes , d'un vert gai, longues de 2 à 3 pouces, sur 10 à 20 lignes de large. Fleurs blanches. Fruit d'un brun noirâtre, de la grosseur d'un grain de Poivre : coques presque non-carénées au dos.

Cette espèce, qu'on confond avec la précédente, n'est pas rare dans les jardins.

CÉANOT DESFONTAINES.— *Ceanothus Fontanesianus* Spach. — *Ceanothus ovatus* Desf. Arb. v. 2, p. 381.

— β. *Roseus.*

— γ. *Cyaneus.*

Feuilles oblongues, ou ovales-oblongues, ou ovales-lancéolées, ou oblongues-lancéolées (très-rarement ovales), pointues, dentelées, glabres aux deux faces. Panicules simples ou plus ou moins rameuses, lâches, subthyrsiformes, raccourcies, glabres.

Sous-arbrisseau haut de 1 à 2 pieds. Tiges rougeâtres, très-glabres, ordinairement rameuses. Feuilles d'un vert gai, un peu luisantes en dessus : celles des rameaux latéraux longues d'environ 2 pouces, sur 6 lignes de large; celles des tiges quelquefois larges d'un pouce. Fleurs blanches, ou roses, ou blanchâtres, plus petites que dans les espèces précédentes. Fruit semblable à celui du *Céanot glabre.*

Cette espèce, sans doute indigène dans les États-Unis, se cultive assez souvent dans les jardins. Les variétés à fleurs roses ou bleuâtres, encore peu répandues, méritent toute l'attention des amateurs, car elles sont d'un fort bel effet. Elles ont été obtenues par MM. Baumann à Bollwiller, de graines du type de l'espèce.

CÉANOT BAUMANN. — *Ceanothus Baumannianus* Spach.

Feuilles lancéolées, ou lancéolées-oblongues, pointues, légèrement dentelées, pubérules en dessous aux nervures. Panicules subthyrsiformes, raccourcies, denses, pubescentes ainsi que les ramules.

Tiges suffrutescentes, très-rameuses, hautes de 1 à 2 pieds, pubescentes vers leur sommet. Feuilles longues de 12 à 18 lignes, larges de 3 à 5 lignes. Fleurs très-petites, d'un bleu de ciel assez vif.

Cette espèce très-élégante a été envoyée au Jardin du Roi par

MM. Baumann, qui la cultivent à Bollwiller, sous le nom de *Ceanothus microphyllus;* mais l'espèce à laquelle Michaux a appliqué ce nom est fort différente.

CÉANOT HERBACÉ. — *Ceanothus perennis* Pursh, Flor. Am. Sept.

Feuilles elliptiques-oblongues, légèrement dentelées, glabres. Panicules subthyrsiformes.

Tiges ligneuses à la base. Feuilles semblables à celles du *Céanot commun.* Fleurs blanches.

Cette espèce croît dans les États-Unis, depuis la Caroline jusqu'en Pensylvanie.

CÉANOT INTERMÉDIAIRE. — *Ceanothus intermedius* Pursh, Flor. Am. Sept.

Feuilles elliptiques-oblongues, pointues, dentelées, pubescentes en dessous. Panicules glabres. — Fleurs blanches.

Cette espèce croît dans les forêts du Tennessée.

CÉANOT A RAMEAUX ROUGES.—*Ceanothus sanguineus* Pursh, Flor. Am. Sept.

Feuilles oblongues-obovales, dentelées, pubescentes en dessous. Panicules subthyrsiformes. — Fleurs blanches.

Cette espèce a été trouvée par Nuttal, sur les bords du Missouri.

CÉANOT A PETITES FEUILLES. — *Ceanothus microphyllus* Mich. Flor. Bor. Am.

Feuilles très-petites, obovales, presque entières, fasciculées, glabres. Corymbes terminaux, simples.

Tiges très-touffues, hautes de 1 à 2 pieds. Rameaux grêles, dressés, jaunâtres, lisses.

Cette espèce, très-distincte par ses feuilles semblables à celles du Buis, croît en Géorgie et en Floride. Selon Sweet, on la cultive en Angleterre, ainsi que les trois précédentes. Nous ne sachons pas qu'on les possède en France.

Genre WILLÉMÉTIA. — *Willemetia* Brongñ.

Calice urcéolé, 5-fide : tube semi-adhérent; limbe à lanières ovales, pointues, dressées. Pétales cuculliformes, suborbiculaires, sessiles, plus courts que le calice. Étamines incluses : anthères ovales, à 2 bourses. Disque très-mince, tapissant le calice. Ovaire semi-adhérent, à 3 loges uniovulées.
Style simple. Stigmate trilobé. Péricarpe subglobuleux, triptère.

On ne connaît de ce genre que l'espèce suivante :

WILLÉMÉTIA D'AFRIQUE. — *Willemetia africana* Brongn.
Mém. Rhamn. p. 64 ; tab 5, n° 1. — *Ceanothus africanus*
Linn. — Pluck., tab. 126, fig. 1. — Commel. Præl., tab 11.

Arbrisseau très-glabre. Rameaux nombreux, dressés, lisses,
rougeâtres. Feuilles alternes, coriaces, persistantes, légèrement
penninervées, réticulées en dessous, lancéolées ou lancéolées-oblongues, subobtuses, longues de 1 à 2 pouces, sur 4 à 8 lignes de large;
pétiole court, muni à sa base de deux grosses glandules vésicu-
leuses, latérales, adhérentes. Stipules sétiformes, caduques.
Fleurs petites, blanchâtres, disposées en panicules lâches axillaires et terminales.

Cette espèce, qui croît à l'Ile-de-France et au cap de Bonne-
Espérance, se cultive comme plante d'ornement de serre tempérée.

Genre POMADERRIS. — *Pomaderris* Labill.

Calice 5-fide, coloré : tube hémisphérique ou obconique,
adhérent; limbe à lanières ovales-oblongues, pointues, velues en dessus, glabres en dessous, presque étalées. Pétales
(quelquefois nuls) planes, obcordiformes, courtement onguiculés, dressés, plus courts que le calice. Étamines dressées, plus longues que les pétales : anthères ovales, médifixes,
à 2 bourses. Disque nul. Ovaire semi-adhérent, subglobuleux, velu, à 3 loges uniovulées. Styles 3, divergents, soudés inférieurement. Péricarpe à 3 coques s'ouvrant à la su-

ture antérieure par des perforations basilaires. Graines ovales, très-lisses, noires.

Arbrisseaux dressés, rameux, couverts d'un duvet étoilé plus ou moins abondant. Feuilles entières ou dentelées, penninervées. Fleurs disposées en corymbes ou en panicules axillaires ou terminaux.

Ce genre, qui appartient à la Nouvelle-Hollande, renferme dix-huit espèces. La plupart se cultivent comme plantes d'agrément, dans les serres tempérées. En voici les plus remarquables :

a) *Fleurs munies de pétales.*

POMADERRIS A FLEURS GLOMÉRULÉES. — *Pomaderris globulosa* Brongn. Mém. Rhamn. — *Ceanothus globulosus* Labill. Nov. Holl., tab. 85.

Feuilles lancéolées-elliptiques, ou lancéolées-oblongues, ou obovales-oblongues, pointues, glabres en dessus, incanes en dessous. Cymes axillaires et terminales, denses, plus courtes que les feuilles.

Rameaux subdichotomes; ramules pulvérulents. Feuilles longues de 1 à 2 pouces. Fleurs d'un jaune vif, petites, très-nombreuses.

POMADERRIS A FEUILLES SPATHULÉES. — *Pomaderris spathulata* Brongn. l. c. — *Ceanothus spathulatus* Labill. Nov. Holl., tab. 84.

Feuilles oblongues-obovales, subspatulées, obtuses, très-entières, cotonneuses en dessous. Panicules subracémiformes. — Fleurs jaunes.

POMADERRIS DISCOLORE. — *Pomaderris discolor* Vent. Malm., tab. 58. — Sweet, Flor. Austral., tab. 41. — *Pomaderris acuminata* Link. Enum.

Feuilles ovales-lancéolées, acuminées, glabres en dessus, veloutées (blanchâtres) en dessous. Cimes denses, multiflores. — Fleurs jaunâtres.

Pomaderris elliptique. — *Pomaderris elliptica* Labill. Nov. Holl. , tab. 86.

Feuilles elliptiques ou elliptiques-oblongues , pointues, très-entières, veloutées en dessus , cotonneuses - ferrugineuses en dessous. Cymes subterminales , denses, laineuses.

Feuilles longues de 1 $^r/_2$ à 2 $^1/_2$ pouces. Ramules et.pétioles couverts d'un duvet ferrugineux. Pédicelles et tubes calicinaux laineux. Pétales blancs.

Pomaderris Bouleau. —*Pomaderris betulina* Cunningh. ex. Hook. in Bot. Mag. , tab . 3212.

Feuilles elliptiques, obtuses , glabres en dessus , cotonneuses-ferrugineuses en dessous. Capitules axillaires et terminaux, globuleux, disposés en panicules.

Arbrisseau grêle, très-rameux. Jeunes ramules couverts d'un duvet ferrugineux. Fleurs jaunâtres.

* Cette espèce a été découverte par M. Cunningham , dans la Nouvelle-Galles du Sud.

b) *Fleurs apétales.*

Pomaderris apétale. — *Pomaderris apetala* Labill. Nov. Holl., tab. 87.

Feuilles oblongues, ou oblongues-lancéolées, ou ovales-lancéolées, obtuses, nerveuses, rugueuses et pubescentes en dessus, cotonneuses (blanchâtres) en dessous. Panicules terminales, thyrsiformes, très-rameuses.

Petit arbre. Feuilles longues d'environ 3 pouces, sur 15 lignes de large, réticulées en dessous. Calices cotonneux en dehors , brunâtres en dedans. Panicules composées de corymbes subsessiles ou pédonculés.

Pomaderris a feuilles de Troène. — *Pomaderris ligustrina* Sieb. ex de Cand. Prodr.

Feuilles ovales-lancéolées, glabres en dessus, veloutées en desssous (duvet non-étoilé, satiné), peu réticulées. Panicules pauciflores.

POMADERRIS A FEUILLES D'ANDROMÉDA. — *Pomaderris andromedifolia* Cunningh. ex Hook. in Bot Mag. tab. 3219.

Feuilles lancéolées - elliptiques, très - entières, cotonneuses (blanches) en dessous. Panicules terminales, denses. Pétales et sépales réfléchis.

Arbrisseau rameux. Feuilles longues d'un pouce et demi, pétiolées, couvertes en dessous d'un duvet très-blanc. Calice ferrugineux en déhors : lobes oblongs. Pétales longuement onguiculés, dentelés, concaves, d'un jaune pâle, plus courts que le calice.

POMADERRIS A FEUILLES DE PHYLICA. — *Pomaderris phylicifolia* Lodd. Bot. Cab. tab. 120.

Feuilles (très-petites) linéaires, obtuses, subrévolutées aux bords, scabres en dessus, cotonneuses-incanes en dessous. Cymes axillaires, pédonculées, denses, de la longueur des feuilles.

Arbrisseau très-touffu, ayant le port d'une Bruyère. Ramules grêles, effilés, pubescents. Feuilles longues de 3 à 4 lignes, larges d'une demi-ligne. Calices pubescents en dehors, jaunâtres en dedans.

Cette espèce est très - recommandable à cause de son aspect fleuri.

Genre CRYPTANDRA. — *Cryptandra* Smith.

Calice coloré, campanulé, 5-fide : tube semi-adhérent ; limbe à lanières dressées ou étalées, pointues. Pétales petits, subsessiles, cuculliformes, coriaces, persistants, insérés à la gorge du calice. Étamines incluses, minimes ; anthères ovales, à 2 bourses. Disque nul. Ovaire semi-adhérent, à 3 loges uniovulées. Style simple. Stigmate tridenté. Capsule tricoque, couronnée par le calice. Graines oblongues, subtrigones, très-lisses.

Sous-arbrisseaux très-rameux, ayant le port des Bruyères. Ramules fastigiés, ou courts et étalés, rarement spinescents. Fleurs agrégées ou solitaires, terminales, dressées ou pendantes, chacune accompagnée à sa base de 5 squamules imbriquées.

Ce genre, dont on ne connaît que quatre espèces, appartient à la Nouvelle-Hollande. Les suivantes se cultivent pour l'ornement des serres tempérées :

CRYPTANDRA A FEUILLES DE BRUYÈRE. — *Cryptandra ericifolia* Smith , in Rees. Cycl. — Rudg. in Trans. Linn. Soc. v. 10, tab. 18, fig. 1.

Feuilles linéaires , pointues, glabres, un peu écartées. Bractées satinées, dentées. Style poilu. Tige soyeuse au sommet.

CRYPTANDRA AMER. — *Cryptandra amara* Smith , l. c. — Rudg. l. c. tab. 18, fig. 2.

Feuilles spatulées, obtuses, denses. Capitules terminaux. Bractées entières, glabres de même que les styles. Tige incane.

CRYPTANDRA ÉPINEUX. — *Cryptandra spinescens* Sieb. ex de Cand. Prodr.

Rameaux épineux. Feuilles glabres , oblongues, obtuses, rétrécies à la base. Fleurs subsolitaires. Bractées scarieuses, légèrement dentées, courtes. Calice pubescent en dehors.

Genre TRICHOCÉPHALE. — *Trichocephalus* Brongn.

Calice 5-fide , laineux en dehors : tube semi-adhérent; limbe à lanières dressées, étroites, subulées, laineuses. Pétales très-petits, sétacés (quelquefois nuls). Anthères réniformes, à une seule bourse. Disque apparent. Ovaire adhérent, plane au sommet, glabre ou velu, à 3 loges uniovulées. Style simple, court. Stigmate subtrilobé. Capsule tricoque. Graines oblongues, subtriquètres, noires, très-lisses : funicule cupuliforme, charnu.

Sous-arbrisseaux ayant le port des Bruyères. Rameaux fastigiés, cotonneux. Feuilles velues vers leur base, glabres supérieurement, convolutées aux bords, courtement pétiolées, stipulées ou non-stipulées. Fleurs en épi ou en capitule, blanches, très-laineuses.

Ce genre ne renferme que les deux espèces dont nous allons parler : elles croissent au cap de Bonne-Espérance et se cultivent comme plantes d'agrément, dans les serres tempérées.

TRICHOCÉPHALE STIPULÉ. — *Trichocephalus stipularis* Brongn. Mém. Rhamn. p. 68 ; tab. 6. n° 1. — *Phylica stipularis* Linn. — De Cand. Prodr. — Wendl. Collect. tab. 32. — Spreng. Berl. Mag. vol 8, p. 104, tab. 8, fig. 3.

Feuilles lancéolées-linéaires, pointues, glabres en dessus, veloutées-incanes en dessous, révolutées aux bords. Stipules subulées. Fleurs en capitules sessiles.

TRICHOCÉPHALE A ÉPIS. — *Trichocephalus spicatus* Brongn. l. c. — *Phylica spicata* Linn. fil.

Feuilles cordiformes-oblongues, acuminées, glabres en dessus, incanes en dessous, non-stipulées. Épis ovales-cylindracés.

Genre PHYLICA. — *Phylica* (Linn.) Brongn.

Calice 5-fide, velu en dehors : tube subcylindracé, semi-adhérent ; limbe à lanières dressées, pointues. Pétales suborbiculaires ou oblongs, cuculliformes, insérés à la gorge du calice. Étamines incluses : anthères ovales et à 2 bourses, ou réniformes et à une seule bourse. Disque inapparent. Ovaire adhérent, à 3 loges uniovulées. Style simple. Stigmate trilobé, ou tridenté, ou entier et conique. Péricarpe tricoque, couronné par le calice. Graines ovales-oblongues, lisses : funicule cupuliforme.

Sous-arbrisseaux très-rameux, ayant le port des Bruyères. Rameaux dressés, touffus. Feuilles éparses, non-stipulées, linéaires, révolutées aux bords, velues vers leur base, glabres ou pubescentes vers leur sommet, ou bordées de longs poils. Fleurs blanches, en capitules subglobuleux ou allongés, accompagnées de bractées velues ou plumeuses.

Ce genre, dans les limites que lui a assignées M. Ad. Brongniart, renferme encore une vingtaine d'espèces, toutes indigènes au cap de Bonne-Espérance. Les *Phylica* intéressent les amateurs de plantes, par l'élégance de leur feuillage luisant et persistant, ainsi que par la longue durée de leurs fleurs, qui paraissent ordinairement, dans les serres, en hiver ou au commencement du printemps. Voici les espèces qu'on rencontre dans les collections :

Section Iᵉ. ERICOIDEÆ Brongn.

Lanières calicinales dressées ou presque étalées, ovales, pointues, plus ou moins laineuses en dehors. Pétales suborbiculaires, concaves. Anthères réniformes, bivalves. Stigmate le plus souvent trilobé ou tridenté. — Feuilles luisantes, courtes, étroites. Capitules subglobuleux, denses, agrégés.

Phylica a petites fleurs. — *Phylica parviflora* Linn.
Rameaux paniculés. Feuilles subulées, pointues, scabres, légèrement poilues. Capitules petits, cotonneux.

Philica Fausse Bruyère. —*Phylica ericoides* Linn.—Commel. Hort. Amst. v. 2 , tab. 1. — Bot. Mag. tab. 224. — Spreng. Berl. Mag. v. 8, tab. 8, fig. 1.
Feuilles linéaires-lancéolées, obtuses, étalées, glabres, cotonneuses en dessous. Rameaux presque en ombelle. Capitules hémisphériques, cotonneux.

Phylica glabre. — *Phylica glabrata* Thunb. Flor. Cap.
Rameaux presque glabres. Feuilles lancéolées, pointues, étalées, scabres en dessus, cotonneuses en dessous. Capitules globuleux, laineux.

Phylica acéreux. — *Phylica acerosa* Willd. Enum. — Pluck. tab. 445, fig. 1. — Spreng. Berl. Mag. v. 8, tab. 8, fig. 2.
Rameaux verticillés. Feuilles linéaires, pointues, cotonneuses en dessous. Capitules cotonneux, pauciflores.

Phylica luisant. — *Phylica nitida* Lamk. Ill.
Feuilles linéaires, pointues, étalées, glabres en dessus, coton-

neuses en dessous. Feuilles florales et ramules laineux. Capitules ovales, laineux.

PHYLICA LANCÉOLÉ. — *Phylica lanceolata* Thunb. Flor. Cap.

Feuilles linéaires-lancéolées, glabres en dessus, cotonneuses en dessous. Capitules subglobuleux, pubescents.

PHYLICA IMBERBE. — *Phylica imberbis* Linn.

Feuilles linéaires, obtuses, scabres en dessus, cotonneuses en dessous. Capitules hérissés.

PHYLICA UNILATÉRAL. — *Phylica secunda* Thunb. Flor. Cap.

Feuilles linéaires, mucronées, presque étalées, glabres en dessus, cotonneuses en dessous. Capitules hérissés.

SECTION II. STRIGOSÆ Brongn.

Tube calicinal allongé : lanières dressées, pointues, subulées, poilues en dehors. Pétales oblongs. Anthères à 2 bourses. Stigmate subulé ou claviforme, entier. Feuilles pubescentes, hérissées, strigueuses ou velues, linéaires. Fleurs en épi ou en capitule : bractées velues ou plumeuses, très-longues.

PHYLICA BICOLORE. — *Phylica bicolor* Linn. — *Phylica strigosa* Thunb. Flor. Cap.

Feuilles linéaires, pointues, presque dressées, pubescentes en dessus, cotonneuses en dessous. Capitules denses, ovales, laineux.

PHYLICA A ÉPIS. — *Phylica spicata* Hook. in Bot. Mag. tab. 2704.

Feuilles éparses, linéaires, révolutées aux bords, cotonneuses-blanchâtres en dessous. Épis denses, subcylindracés. Fleurs accompagnées chacune de 3 bractéoles ciliées. Calice soyeux en dehors.

Arbrisseau grêle. Rameaux touffus. Feuilles non-recouvrantes : les supérieures étalées. Fleurs blanches. Calice subcylindracé : segments pointus.

PHYLICA HÉRISSÉ. — *Phylica hirsuta* Thunb. Flor. Cap.

Feuilles lancéolées, pointues, presque étalées, hérissées. Épis feuillés.

PHYLICA A FEUILLES DE PIN. — *Phylica pinea* Thunb. Flor. Cap.

Feuilles lancéolées, mucronées, glabres en dessus, cotonneuses en dessous.

PHYLICA VELU. — *Phylica villosa* Thunb. Flor. Cap.

Feuilles linéaires, étalées : les inférieures glabres, un peu scabres ; les supérieures plus petites. Fleurs en grappes.

PHYLICA PAPILLEUX.—*Phylica papillosa* Wendl. Collect. 3, tab. 71.

Feuilles linéaires, acéreuses, dressées, papilleuses, hérissées : les florales cotonneuses. Fleurs en épis terminaux.

PHYLICA A FEUILLES DE ROMARIN. — *Phylica rosmarinifolia* Lamk. Ill. — Lodd. Bot. Cab. tab. 849.

Feuilles linéaires, dressées, presque imbriquées, poilues en dessus, incanes en dessous : les florales subovales, courtes. Épis ovales, denses, cotonneux.

PHYLICA CYLINDRIQUE. — *Phylica cylindrica* Wendl. Coll. 1, tab. 7.

Feuilles linéaires - lancéolées, velues en dessus, blanchâtres en dessous : les florales dressées, imbriquées, très-velues. Fleurs en épis.

PHYLICA ÉLANCÉ.—*Phylica excelsa* Wendl. Coll. 3, tab. 4.

Feuilles lancéolées, velues : les inférieures étalées ; les supérieures presque imbriquées ; les florales courtes, velues, dressées. Fleurs en épis.

PHYLICA HORIZONTAL. — *Phylica horizontalis* Vent. — *Phylica plumosa* Spreng. Berl. Mag. v. 8 , tab. 7. (non Linn.)

Feuilles linéaires , velues, incanes en dessous : les florales longues, étalées. Capitules petits. Fleurs étalées.

PHYLICA ÉCAILLEUX. — *Phylica squarrosa* Vent. — Lodd. Bot. Cab. tab. 36.

Feuilles linéaires-lancéolées, étalées, velues, incanes en dessous : les florales longues, étalées. Capitules subglobuleux. Lanières calicinales dressées, acuminées.

PHYLICA A CAPITULES. — *Phylica capitata* Thunb. Flor. Cap. — Wendl. Coll. 2 , tab. 50. — Bot. Reg. tab. 711. — *Phylica pubescens* Ait. Hort. Kew.

Feuilles linéaires-lancéolées, légèrement velues: les inférieures réfléchies , presque glabres, coriaces; les florales très-velues , presque étalées. Capitules (de la grosseur d'une Châtaigne) subglobuleux.

PHYLICA PÉDICELLÉ. — *Phylica pedicellata* De Cand. Prodr.

Feuilles linéaires-lancéolées, presque dressées, pubescentes en dessus, incanes en dessous. Fleurs pédicellées, disposées en corymbe terminal.

PHYLICA RÉCLINÉ. — *Phylica reclinata* Wendl. Coll. 2, tab. 56.

Feuilles lancéolées , réclinées, satinées , blanchâtres en dessous, barbues au sommet. Fleurs pédicellées, presque en ombelle.

Genre SOULANGIA. — *Soulangia* Brongn.

Calice 5-fide, velu en dehors : tube obconique, adhérent ; limbe à lanières pointues, calleuses au sommet, presque étalées. Pétales courtement onguiculés, cuculliformes. Étamines incluses : anthères réniformes, à une seule bourse. Disque pentagone, charnu. Ovaire à 5 loges uniovulées. Style simple , ou trifide au sommet , court. Péricarpe non-couronné, tricoque. Graines ovales-oblongues , lisses : funicule cupuliforme.

Sous-arbrisseaux très-rameux. Feuilles alternes, non-stipulées, très-entières, courtement pétiolées. Fleurs solitaires aux aisselles des feuilles supérieures, ou rapprochées en épis bractéolés.

Ce genre renferme les six espèces que nous allons décrire. Elles sont toutes originaires du cap de Bonne-Espérance, et se cultivent dans les serres tempérées.

SOULANGIA A FLEURS AXILLAIRES. — *Soulangia axillaris* - Brongn. Mém. Rhamn. p. 71 ; tab. 6, n° 3. — *Phylica axillaris* Lam. Ill. — Spreng. Berl. Mag. v. 8, tab. 8, fig. 4. — *Phylica rosmarinifolia* Willd. (non Lamk.)

Feuilles linéaires-lancéolées, étalées, subrévolutées aux bords, glabres en dessus, incanes en dessous. Fleurs subterminales, courtement pédicellées, rapprochées en épis feuillés.

SOULANGIA A FEUILLES DE THYM. — *Soulangia thymifolia* Brongn. l. c. — *Phylica thymifolia* Vent. Malm. tab. 57.

Feuilles lancéolées, acuminées, étalées, glabres en dessus, subincanes en dessous, subrévolutées aux bords. Fleurs subterminales, sessiles, en capitule.

SOULANGIA ROUGE. — *Soulangia rubra* Lindl. in Bot. Reg. tab. 1498. — *Phylica rubra* Willd. in R. et S.

Rameaux pubescens. Feuilles ovales-oblongues, étroites, pointues, glabres et luisantes en dessus, incanes en dessous, révolutées aux bords. Capitules terminaux, multiflores, laineux, plus longs que les feuilles.

Arbrisseau à ramules d'un brun roux. Feuilles recouvrantes, longues d'un demi-pouce, larges d'environ 2 lignes. Calices laineux. Pétales pourpres.

Cette espèce est une des plus jolies de son genre.

SOULANGIA A FEUILLES D'OLIVIER. — *Soulangia oleifolia* Brongn. l. c. — *Phylica oleoides* de Cand. Prodr. — *Phylica spicata* Lodd. Bot. Cab. tab. 323.

Feuilles coriaces, planes, étalées, ovales-oblongues, mucro-

nées, glabres ou pubescentes en dessus, incanes en dessous.
Grappes laches, presque aphylles.

SOULANGIA PANICULÉ.— *Soulangia paniculata* Brongn. l. c.
— *Phylica paniculata* Willd. — *Phylica myrtifolia* Poir.

Feuilles ovales-lancéolées, acuminées, étalées, luisantes en dessus, cotonneuses-blanchâtres en dessous. Grappes terminales,
feuillées, paniculées.

SOULANGIA A FEUILLES DE BUIS. — *Soulangia buxifolia*
Brongn. l. c. — *Phylica buxifolia* Linn. — Wendl. Coll. 1,
tab. 26. — Lodd. Bot. Cab. tab. 848.

Feuilles ovales, coriaces, étalées, glabres en dessus, cotonneuses-incanes en dessous. Fleurs en capitule.

SOULANGIA A FEUILLES CORDIFORMES — *Soulangia cordata*
Brongn. l. c. — *Phylica cordata* Linn. — Commel. Præl. p.
62, tab. 12.

Feuilles cordiformes-ovales, coriaces, étalées, mucronées, glabres en dessus, cotonneuses-incanes en dessous. Capitules petits,
axillaires, pédicellés.

VINGT-HUITIÈME FAMILLE.

LES BRUNIACEES. — *BRUNIACEÆ*.

(*Bruniaceæ* R. Brown, in Abel. Voy. Chin. p. 374.—De Cand. Prodr.
v. II, p. 43. — Ad. Brongn. Monogr. in Ann. des Sciences Nat. v. 8,
p. 357. — Bartl. Ord. Nat. p. 373.)

Cette famille, propre aux régions voisines du cap de Bonne-Espérance, se compose d'environ quarante espèces, assez semblables, par leur port, aux *Phylica* et aux Bruyères. En général, les *Bruniacées* sont des plantes très-élégantes; aussi en cultive-t-on beaucoup dans les serres.

Selon M. Ad. Brongniart, qui a fait récemment des Bruniacées le sujet d'un travail très-approfondi, ce groupe a des affinités moins prononcées avec les Rhamnées, les Célastrinées et les Ilicinées, qu'avec les Cornouillers, les Haloragées et les Hamamélidées. M. R. Brown indique aussi leur place auprès de ces dernières.

CARACTÈRES DE LA FAMILLE.

Arbrisseaux ou *arbuscules* très-rameux, non-lactescents. Rameaux cylindriques.

Feuilles petites, éparses, roides, étroites, subtrigones, sessiles ou subsessiles, très-entières, souvent recouvrantes ou presque imbriquées. Stipules nulles.

Fleurs hermaphrodites, petites, en capitule ou en épi, sessiles, uni- ou tribractéolées (rarement solitaires ou en épi lâche et accompagnées d'un involucre soit à 4, soit à beaucoup de bractées).

Calice : Tube adhérent (par exception libre); limbe à

5 divisions caduques ou persistantes, imbriquées en préfloraison.

Disque inapparent (par exception épigyne, laminaire).

Pétales 5, interpositifs, insérés au sommet de l'ovaire, onguiculés, caducs, ou marcescents : estivation imbricative.

Étamines 5, interpositives, ayant même insertion que les pétales. Filets filiformes ou subulés, cohérents latéralement aux onglets des pétales. Anthères incombantes, introrses, supra-basifixes, ou médifixes, ou supra-médifixes, linéaires, à 2 bourses souvent divariquées à la base, confluentes vers leur sommet.

Pistil : Ovaire semi-infère (par exception inadhérent ou adhérent entièrement), biloculaire (rarement uni- ou triloculaire). Ovules solitaires ou géminés-collatéraux, suspendus (par exception nombreux et suspendus au sommet d'un placentaire central). Styles 2 ou 3, souvent connés. Stigmates libres ou soudés, minimes.

Péricarpe semi-infère, couronné par le calice et souvent par les pétales et les étamines ; ou bien indéhiscent, tantôt à 2 coques coriaces, divergentes, s'ouvrant antérieurement, monospermes ou rarement dispermes ; ou nucamentacé ; ou rarement membranacé, uniloculaire et monosperme.

Graines suspendues, oblongues-cylindriques ou ovales-comprimées, non-arillées, sessiles ou attachées moyennant un funicule cupuliforme. Test lisse ou réticulé. Périsperme charnu, blanchâtre. Embryon petit, ovale, rectiligne, axile, apicilaire : radicule conique, supère ; cotylédons courts, charnus,

Voici les genres qui rentrent dans la famille des Bruniacées :

Berzelia Brongn.—*Brunia* Linn.—*Raspalia* Brongn.
—*Staavia* Thunb. (Levisanus Schreb. Astrocoma Neck.)
— *Berardia* Brongn. — *Linconia* Linn. — *Audouinia*
Brongn.— *Mœsslera* Reichenb. (Tittmannia Brongn.)—
Thamnea Soland.

Genre BERZÉLIA. — *Berzelia* Brongn.

Tube calicinal adhérent ; limbe à 5 lanières inégales, pointues, gibbeuses. Pétales oblongs ou spatulés : onglets non-
carénés. Étamines plus longues que les pétales ; anthères à
bourses non-divergentes. Ovaire semi-infère, uniloculaire,
uniovulé. Style indivisé. Noix coriace, oblique, monosperme. Graine ovale, comprimée.

Arbrisseaux. Feuilles courtes, subtrigones. Capitules dé-
pourvus d'involucre, souvent aglomérés au sommet des ramules. Fleurs tribractéolées.

Les deux espèces dont nous allons parler, et qu'on cultive dans les serres, constituent à elles seules le genre.

Berzélia Fausse Aurone. —*Berzelia abrotanoides* Brongn.
in Annal. des Sc. Nat. v. 8, p. 371. — *Brunia abrotanoides*
Linn. — Burm. Afr. tab. 100, fig. 1. — Wendl. Coll. tab. 45.
— Lodd. Bot. Cab. tab. 355.

Feuilles ovales, calleuses au sommet, glabres, étalées, subsessiles. Capitules terminaux, agrégés en corymbe ; réceptacle
poilu. Bractées claviformes, glabres. Pétales étalés, spatulés.

Berzélia laineux. — *Berzelia lanuginosa* Brongn. l. c.
p. 372.—*Brunia lanuginosa* Linn.—Plucken. tab. 318, fig. 4.
— Wendl. Coll. 1, tab. 11.

Rameaux dressés, fastigiés : les jeunes velus. Feuilles triquètres, étalées, calleuses au sommet, poilues. Capitules petits, terminant des ramules latéraux disposés en panicule cimeuse. Brac-

tées spatulées, glabres. Pétales presque dressés, oblongs-lancéolés, obtus.

Genre BRUNIA. — *Brunia* (Linn.) Brongn.

Tube calicinal adhérent inférieurement ; limbe à 5 lanières égales, subspatulées, non-calleuses au sommet. Pétales ovales ou spatulés, étalés : onglets glanduleux, souvent munis de 2 crêtes. Étamines saillantes ou incluses ; anthères à bourses non-divergentes. Ovaire semi-infère, à 2 loges 1- ou 2-ovulées. Styles 2. Péricarpe coriace ou membranacé, indéhiscent, par avortement uniloculaire et monosperme. Graine ovale, comprimée, lisse.

Sous-arbrisseaux. Feuilles imbriquées ou étalées. Fleurs 1- ou 3-bractéolées, disposées en capitules ou en panicules.

La plupart des *Brunia* méritent d'orner les serres ; mais ces plantes ne sont pas communes et leur culture ne réussit qu'en terre de bruyère. On connaît une vingtaine d'espèces de ce genre ; nous allons en signaler les plus notables.

BRUNIA NODIFLORE. — *Brunia nodiflora* Linn. — Breyn. Cent. 22, tab. 10. — Wendl. Coll. tab. 35.

Feuilles lancéolées-subulées, trigones, pointues, glabres, courbées, imbriquées, non-ustulées au sommet. Capitules globuleux, terminaux.

Sous-arbrisseau très-rameux. Rameaux subverticillés, étalés. Capitules velus, de la grosseur d'une Cerise. Calice poilu. Pétales subspatulés. Étamines saillantes, inégales, marcescentes. Fruit couronné par le limbe calicinal.

BRUNIA TOUFFU. — *Brunia comosa* Thunb. Flor. Cap.

Feuilles trigones, glabres, étalées, obtuses, ustulées au sommet. Capitules (de la grosseur d'un Pois) axillaires et terminaux, globuleux.

BRUNIA SUPERBE. — *Brunia superba* Don, Hort. Cantabr. — Reichenb. Hort. Bot. tab. 100.

Feuilles semi-cylindriques, étalées ou recourbées, poilues, mucronulées. Capitules globuleux, latéraux, pédonculés.

Arbrisseau à rameaux forts, cylindriques, grisâtres. Ramules subverticillés, velus. Feuilles longues d'environ 8 lignes. Capitules de couleur écarlate, d'un demi-pouce de diamètre. Réceptacle subglobuleux. Calice turbiné. Pétales oblongs-spatulés.

Les capitules de couleur écarlate qui couvrent ce Brunia à l'époque de sa floraison, en font l'une des plus jolies plantes d'ornement; mais l'espèce est très-rare dans les collections.

BRUNIA VERTICILLÉ. — *Brunia verticillata* Linn. fil.

Feuilles trigones, obtuses, glabres, dressées, imbriquées, ustulées au sommet. Ramules verticillés, fastigiés. Capitules (de la grosseur d'un petit Pois) terminaux.

BRUNIA EFFILÉ. — *Brunia virgata* Brongn. l. c. p. 376.

Rameaux grêles, subverticillés. Feuilles apprimées, sessiles, ancéolées-subulées, pointues, ustulées au sommet, canaliculées, très-glabres. Capitules terminaux, minimes, pauciflores.

BRUNIA ÉCAILLEUX. — *Brunia squarrosa* Thunb. Flor. Cap.

Feuilles lancéolées, ustulées, réfléchies, pointues, glabres. Capitules (moins gros qu'un Pois) hérissés, terminaux.

BRUNIA QUEUE DE RENARD.—*Brunia alopecuroides* Brongn. l. c. p. 375.

Feuilles subulées, trigones, pointues, glabres, imbriquées, courbées, ustulées au sommet. Capitules terminaux, ovales-globuleux, denses (moins gros qu'un Pois), nus; bractées plus courtes que les fleurs.

Sous-arbrisseau. Rameaux grêles, dressés, glabres. Calice presque glabre : lanières scarieuses, ovales, acuminées. Pétales ovales-oblongs, sessiles, plus longs que les étamines.

BRUNIA PLUMEUX. — *Brunia plumosa* Lamk. Dict.

Feuilles linéaires, dressées, glabres, révolutées aux bords. Capitules terminaux, solitaires, plumeux (plus gros qu'un Pois).

BRUNIA CILIÉ. — *Brunia ciliata* Linn.

Feuilles ovales, acuminées, ciliées.

Brunia Fausse Bruyère. — *Brunia ericoides* Wendl. Coll. v. 2, tab. 57.

Feuilles linéaires, courtes, pointues, trigones, poilues au-dessous du milieu, calleuses au sommet, étalées. Capitules globuleux, minimes.

Brunia aranéeux. — *Brunia arachnoidea* Wendl. Coll. v. 2, tab. 62.

Feuilles linéaires, acuminées, subtrigones, aranéeuses, calleuses au sommet, rapprochées, étalées. Capitules globuleux, minimes.

Brunia a gros capitules. — *Brunia macrocephala* Willd. ex Spreng. Syst.

Feuilles linéaires-lancéolées, rapprochées, hérissées, presque étalées. Capitules terminaux, solitaires.

Brunia a grappes.—*Brunia racemosa* Brongn. l. c. p. 374.

Feuilles étalées, sessiles, ovales-acuminées, subcordiformes, trinervées, poilues. Grappes denses, écartées, feuillées, disposées en panicule.

Sous-arbrisseau. Rameaux dressés, fastigiés, subverticillés. les jeunes velus. Lanières calicinales ovales, obtuses, scarieuses, glabres. Pétales ovales-oblongs, plus longs que les étamines.

Brunia a feuilles de Pin.—*Brunia pinifolia* Brongn. l. c. p. 375; tab. 1, fig. 2. — *Beckea africana* Burm. Prodr. — *Phylica pinifolia* Thunb.

Feuilles presque étalées, sessiles, linéaires, obtuses, uninervées, très-glabres, coriaces, planes. Grappes presque simples, disposées en panicule.

Sous-arbrisseau. Rameaux dressés, fastigiés, fasciculés, très-glabres. Panicule pyramidale, dense.

Genre STAAVIA. — *Staavia* Thunb.

Tube calicinal semi-adhérent; lanières du limbe sétacées, calleuses au sommet. Pétales lancéolés, épaissis à la base.

Étamines plus courtes que les pétales; anthères ovales, à bourses non-divergentes. Ovaire semi-adhérent, à 2 loges uniovulées. Style simple. Péricarpe dicoque, bicorne. Graines oblongues-cylindracées.

Sous-arbrisseaux. Feuilles linéaires, étalées, calleuses au sommet. Capitules terminaux, discoïdes, accompagnés de bractées plus longues que les feuilles.

On ne connaît que quatre espèces de *Staavia*; les deux suivantes se cultivent dans les serres tempérées comme plantes d'agrément.

STAAVIA RADIATA Thunb. Diss.—Brongn. l. c. tab. 2, fig. 2. — *Phylica radiata* Linn. Spec. — *Brunia radiata* Linn. Mant.

Feuilles linéaires, pointues, presque planes, étalées ou défléchies, mucronées, poilues de même que les jeunes ramules. Capitules disposés en corymbe. Bractées involucrales membranacées, mucronées, un peu plus longues que les fleurs, arquées, défléchies, blanchâtres.

STAAVIA VISQUEUX. — *Staavia glutinosa* Thunb. Flor. Cap. — Lodd. Bot. Cab. tab. 852.

Feuilles linéaires, trigones, obtuses, ustulées, rapprochées, dressées. Capitules subsolitaires, terminaux. Bractées involucrales dressées ou étalées, non-arquées, beaucoup plus longues que les fleurs, blanchâtres.

Genre LINCONIA. — *Linconia* Linn.

Tube calicinal adhérent : limbe 5-fide; lanières courtes, membranacées, glabres. Pétales lancéolés, non-onguiculés, coriaces, convolutés. Étamines plus courtes que les pétales; anthères à bourses divergentes : connectif prolongé en cône. Ovaire semi-adhérent, à 2 loges biovulées. Styles 2, divergents. Péricarpe à 2 coques monospermes. Graines ovales-oblongues : funicule cupuliforme.

Sous-arbrisseaux très-rameux, semblables aux Bruyères par le port. Feuilles étalées ou lâchement imbriquées, subsessiles, glabres ou ciliées, ustulées au sommet. Fleurs disposées en épis feuillés, accompagnées chacune d'un involucre de 4 ou 5 bractées.

Les trois espèces qui composent ce genre méritent d'être cultivées comme plantes d'ornement.

Linconia Queue de renard. — *Linconia alopecuroidea* Linn. — Swartz, in Berl. Mag. 1810, p. 86, tab. 4.

Feuilles presque étalées, linéaires, pointues, subsessiles, mucronées, un peu plus courtes que les fleurs. Bractées membranacées, ciliées, plus longues que les calices.

Linconia cuspidé.—*Linconia cuspidata* Swartz, l. c. tab. 7, fig. 2.

Feuilles presque étalées, oblongues, obtuses, subcarénées, de la longueur des feuilles. Bractées ciliées, de la longueur des calices.

Linconia a feuilles de Thym. — *Linconia thymifolia* Swartz, l. c. tab. 7, fig. 1.

Feuilles elliptiques, carénées, apiculées. Bractées glabres.

Genre AUDOUINIA. — *Audouinia* Brongn.

Tube calicinal adhérent; limbe à lanières très-grandes ovales-oblongues, nerveuses, scarieuses, concaves, imbriquées, poilues aux bords. Pétales longuement onguiculés, étalés : onglets bicarénés. Étamines incluses : anthères linéaires-oblongues, adnées. Ovaire semi-adhérent, à 3 loges biovulées. Style simple, trigone. (Fruit inconnu.)

Ce genre ne renferme que l'espèce suivante :

Audouinia a capitules. — *Audouinia capitata* Brongn. l. c. p. 384, tab. 38, fig. 1. — *Diosma capitata* Thunb.

Sous-arbrisseau à rameaux dressés. Feuilles imbriquées, subcarénées. Fleurs de couleur pourpre, agrégées en capitule terminal, spiciforme, oblong.

Cette plante se cultive dans les serres tempérées.

VINGT-NEUVIÈME FAMILLE.

LES EMPÊTRÉES. — *EMPETREÆ*.

(*Empetreæ* Hook. in Bot. Mag. sub n° 2758. — Bartl. Ord. Nat.
p. 372.)

Les *Empétrées* forment un très-petit groupe, composé
de plantes semblables aux Bruyères par le port, et indigènes dans la zone tempérée de l'hémisphère septentrional. La plupart des auteurs avaient placé les genres de
cette famille à la suite des Éricinées.

L'histoire des Empêtrées n'offrant rien de remarquable, nous ne ferons connaître ici que les caractères de la
famille.

Caractères.

Arbrisseaux ou *arbuscules* non-lactescents. Ramules
cylindriques.

Feuilles éparses ou subverticillés, simples, très-entières, coriaces, souvent recouvrantes. Stipules nulles.

Fleurs régulières, dioïques, ou polygames, ou raré-
ment hermaphrodites, axillaires, sessiles ou courtement
pédicellées, nues ou accompagnées de bractées squamiformes.

Calice inadhérent, triparti, persistant, imbriqué en
préfloraison.

Disque inapparent.

Pétales 3, rétrécis à la base, insérés au fond du calice,
interpositifs, caducs ou marcescents.

Étamines 3, ayant même insertion que les pétales et
alternes avec eux. Filets longs, capillaires, libres. An-

thères incombantes, inappendiculées, à 2 bourses parallèles, contigues, libres aux deux bouts, chacune déhiscente par une fente latérale.

Pistil: Ovaire 3-9-loculaire. Ovules solitaires, ascendants. Stigmates en même nombre que les loges, rayonnants, simples, sessiles ou portés sur un style court.

Péricarpe: Baie globuleuse, 3-9-loculaire, 3-9-sperme.

Graines non-arillées. Périsperme charnu. Embryon
dressé.

La famille se compose des trois genres suivants:
Empetrum Linn. — *Corema* Don. — *Ceratiola* Mich.

TRENTIÈME FAMILLE.

LES EUPHORBIACÉES. — *EUPHOR-BIACEÆ.*

(*Euphorbiæ* Juss. Gen. — *Thithymaloideæ* Vent. Tabl. III, p. 483.—
Euphorbiaceæ R. Brown, Gen. Rem. in Flind. Voy. vol. 2, p. 555.
— Adr. de Jussieu, De Euphorbiacearum generibus medicisque carum-
dem viribus tentamen. — Bartl. Ord. Nat. p. 369.)

On connaît plus de huit cents espèces de cette famille :
très-abondantes dans la zone équatoriale, leur nombre
décroît beaucoup dans les zones tempérées, et elles man-
quent presque entièrement dans les régions boréales.

Les Euphorbiacées ne se font guère remarquer par
l'éclat de leurs fleurs; en général, elles contiennent
des sucs acres et drastiques : la médecine en emploie
quelques-unes comme remèdes émétiques ou purgatifs;
mais la plupart sont des poisons trop dangereux pour
être mis en usage, même à très-faible dose. Dans un
très-grand nombre d'espèces, l'embryon surtout offre ces
propriétés délétères au plus haut degré, tandis que le
périsperme des mêmes graines, qui renferme beaucoup
d'huile fixe, n'est point nuisible. Ainsi l'on peut manger
sans inconvénient, après en avoir extrait l'embryon, les
amandes de l'*Omphalea diandra,* qui ont un goût de Noisette.

Le *Caoutchouc* et le *Tournesol*, substances végétales
particulières, très-rares dans d'autres familles, font partie des principes constituants de beaucoup d'Euphorbiacées.

CARACTÈRES DE LA FAMILLE.

Arbres, ou *arbrisseaux*, ou *herbes*. Sucs propres souvent laiteux. Rameaux presque toujours cylindriques ou irrégulièrement anguleux.

Feuilles éparses ou très-rarement opposées (quelquefois abortives), simples, indivisées ou palmatiparties. Stipules (quelquefois nulles) latérales, petites, membranacécs.

Fleurs monoïques, ou dioïques, souvent incomplètes, disposées en grappes, ou en épis, ou en fascicules, ou rarement solitaires, axillaires. (Dans quelques genres, les fleurs sont contenues dans un involucre simulant un calice.)

Calice inadhérent (quelquefois nul), à 2-6 divisions plus ou moins profondes.

Disque presque toujours inapparent.

Corolle le plus souvent nulle : pétales hypogynes, interpositifs et en même nombre que les divisions du calice, ou rarement en plus grand nombre.

Fleurs mâles : Étamines en nombre défini ou en nombre indéfini, insérées au centre de la fleur ou quelquefois sous le rudiment du pistil. Filets libres ou monadelphes. Anthères à 2 bourses s'ouvrant longitudinalement.

Fleurs femelles : Pistil à 3 ovaires (rarement à 2 ou à plus de 3) accolés contre un axe central. Ovules solitaires ou géminés, suspendus à l'angle interne. Styles en même nombre que les ovaires, libres ou plus ou moins soudés. Stigmates bifides ou plurifides.

Péricarpe : Regmate (rarement carcérule multiloculaire) 2-3-ou pluricoque; sarcocarpe mince, ou charnu, ou fragile, se détachant de l'endocarpe ; endocarpe chartacé, presque toujours élastiquement bivalve.

Graines solitaires ou géminées, arillées, attachées vers le sommet de l'axe central. Périsperme charnu. Embryon rectiligne, axile : radicule supère, appointante ; cotylédons planes, foliacés.

Dans son savant travail sur les Euphorbiacées, M. Adrien de Jussieu a divisé cette famille en six tribus, dont nous donnons ici l'aperçu, avec la nomenclature des genres qui y rentrent.

Iʳᵉ TRIBU. LES BUXÉES. — *BUXEÆ.*

Ovules géminés. Étamines en nombre défini, insérées sous le rudiment d'un pistil sessile.

Drypetes Vahl. — *Sarcococca* Lindl. — *Thecacoris* Juss. fil.—*Pachysandra* Mich.—*Buxus* Linn.—*Tricera* Schreb. (Crantzia Sw.) — *Securinega* Juss. — *Savia* Willd. — *Amanoa* Aubl. — *Richeria* Vahl. — *Fluggea* Willd.

IIᵉ TRIBU. LES PHYLLANTHÉES. — *PHYLLANTHEÆ.*

Ovules géminés. Étamines en nombre défini, insérées au centre de la fleur. Fleurs glomérulées, ou fasciculées, ou subsolitaires.

Epistylium Sw. — *Gynoon* Juss. fil. — *Glochidion* Forst. (Bradleia Gærtn.) — *Anisonema* Juss. fil. — *Leptonema* Juss. fil. — *Cicca* Linn.—*Emblica* Gærtn. — *Kirganelia* Juss. — *Phyllanthus* Linn. (Niruri Adans. Conami Aubl.) — *Xylophylla* Linn. (Genesiphylla Lhérit.) — *Ménarda* Commers. — *Micranthea* Desfont. — *Agyneja* Linn.—*Andrachne* Linn. (Telephioïdes Mœnch. Arachne Neck. Limeum et Eraclissa Forsk.) — *Cluytia* Ait. (Clutia Boërh. Altora Adans. Cratochwilia Neck.) — *Bridelia* Willd. — *Tricaryum* Lour.

IIIᵉ TRIBU. **LES RICINÉES.** — *RICINEÆ*.

Loges de l'ovaire uniovulées. Étamines en nombre défini, ou en nombre indéfini. Fleurs souvent munies d'une corolle, disposées en fascicule, ou en épi, ou en grappe, ou en panicule.

Argythamnia P. Br. — *Ditaxis* Vahl. — *Caperonia* Aug. Saint-Hil. — *Crozophora* Neck. (Tournesolia Scop.) — *Croton* Linn. (Cascarilla Adans. Tridesmus Lour. Aroton, Luntia et Cynogasum Neck.) — *Crotonopsis* Mich. (Leptomon Raf. Friesia Spreng.) — *Adelia* Linn. (Bernardia Houst.) — *Acidoton* Swartz. — *Adriana* Gaudich. — *Rottlera* Roxb. — *Codiæum* Rumph. (Phyllauera Lour.) — *Gelonium* Roxb. — *Hisingera* Neck. — *Mazinna* Orteg. (Loureira Cav.) — *Amperea* Juss fil. — *Ricinocarpus* Desfont. (Echinosphæra Sieb. Rœperia Spr.) — *Ricinus* Linn. — *Janipha* Kunth. (Manihot Adans.) — *Jatropha* Linn. Kunth. (Castigliona Ruiz et Pav. Curcas Adans. Bromfeldia Neck.) — *Cnidoscolus* Pohl. (Jussieua Houst. Bivonæa Rafin.) — *Adenorhopium* Pohl. — *Elæococca* Commers. (Dryandra Thunb. Vernicia Lour.) — *Aleurites* Forst. (Ambinux Commers. Camirium Rumph.) — *Anda* Piso. (Joannesia Velloz.) — *Siphonia* Rich. (Hevea Aubl.) — *Mabea* Aubl. — *Hyænanche* Lamb. (Toxicodendron Thunb.) — *Garcia* Vahl.

IVᵉ TRIBU. **LES ACALYPHÉES.** — *ACALYPHEÆ*.

Loges uniovulées. Étamines en nombre défini, ou en nombre indéfini. Fleurs apétales, en grappe, ou plus souvent en épis composés de glomérules.

Alchornea Sw. (Hermesia Bonpl.) — *Conceveibum* Rich. — *Claoxylon* Juss. fil. — *Macaranga* Pet. Thou. (Panopia Noronh.) — *Mappa* Juss. fil. — *Caturus* Linn. (Galurus Spreng.)— *Acalypha* Linn. (Cupameni Adans.)— *Mercurialis* Linn. — *Anabæna* Juss. fil. — *Pluknetia* Plum. Linn. — *Tragia* Plum. (Schorigeram Adans.)

V° TRIBU. **LES HIPPOMANÉES.** — *HIPPOMANEÆ.*

Loges de l'ovaire uniovulées. Étamines en nombre défini. Fleurs apétales. Bractées grandes, multiflores, disposées en épi.

Cnemidostachys Mart. (Microstachys Juss. fil.) — *Sapium* Jacq. — *Stillingia* Linn. — *Triadica* Lour. — *Homalanthus* Juss. fil. — *Hippomane* Linn. — *Hura* Linn. — *Sebastiania* Spreng. — *Excæcaria* Linn. (Gymnanthes Sw.) — *Commia* Lour. — *Styloceras* Ju●. fil. — *Maprounea* Aubl. (Ægopricon Linn. fil.) — *Omphalea* Linn. (Omphalandria P. Br. Duchola Adans.)

VI° TRIBU. **LES EUPHORBIÉES.** — *EUPHORBIEÆ.*

Loges de l'ovaire uniovulées. Fleurs apétales, monoïques dans un involucre commun.

Dalechampia Linn. — *Anthostema* Juss. fil. — *Hendecandra* Eschsch. — *Euphorbia* Linn. (Tithymalus Tourn. Athymalus et Keraselma Neck. Treisia, Dactylanthes, Medusea, Galarhæus, Esula et Anisophyllum Haw.) — *Pedilanthus* Neck.

Genres imparfaitement connus et non-classés.

Margaritaria Linn. fil. — *Suregada* Roxb. — *Hexadica* Lour. — *Homonoia* Lour. — *Cladodes* Lour. — *Echinus* Lour. — *Colliguaya* Molin. — *Lascadium* Rafin. — *Synzyganthera* Ruiz et Pav. (Didymandra Willd.) — *Peridium* Schott. — *Pera* Mutis. — *Pennantia* Forst. — *Cometes* Burm.

Iʳᵉ TRIBU. LES BUXÉES. — *BUXEÆ* Juss. Gl.

Fleurs monoïques ou dioïques. Calice 4-5- ou 6-parti : pré-
floraison convolutive. Corolle presque toujours nulle. —
FLEURS MALES : *Étamines 4, ou 5, ou 6, insérées sous le*
rudiment sessile du pistil.—FLEURS FEMELLES : *Ovaire à*
2 ou 3 loges biovulées. Fruit charnu ou capsulaire, à 3
coqués mono- ou dispermes.
Arbres, ou arbrisseaux, ou très-rarement herbes. Feuilles
glabres, luisantes ou veineuses (excepté dans les Pachysandra). *Fleurs le plus souvent en glomérules ou en fas-*
cicules tantôt axillaires et solitaires, tantôt disposés en
épi; (moins souvent les fleurs forment des grappes ou
des épis simples : les fleurs femelles quelquefois subsoli-
taires.) Bractées très-nombreuses, petites, persistantes.

Genre SARCOCOQUE. — *Sarcococca* Lindl.

Fleurs monoïques. — *Fleurs mâles :* Calice à 4 sépales
égaux. Étamines 3 ou 4, saillantes. — *Fleurs femelles :* Calice polysépale, imbriqué. Ovaire à 2 loges biovulées. Stigmates 2, sessiles, simples. Drupe bicorne, par avortement
uniloculaire, monosperme : chair sèche ; noyau mince.
Graine pendante, luisante, brunâtre.
L'espèce suivante constitue à elle seule le genre.

SARCOQUE PRUNIFORME. — *Sarcococca pruniformis* Lindl.
in Bot. Reg. tab. 1012.—*Pachysandra coriacea* Hook. Exot.
Flor. tab. 148. — *Buxus saligna* Don., Prodr. Flor. Nepal.
Arbrisseau. Feuilles courtement pétiolées, lancéolées ou lancéolées-elliptiques, longuement acuminées, alternes, entières,
non-stipulées, coriaces, luisantes en dessus, persistantes : veines
primaires basilaires, nerviformes, parallèles aux bords. Épis
axillaires, solitaires, denses, beaucoup plus courts que les feuilles.
Fleurs mâles apicilaires, nombreuses, semblables à celles du

Buis; fleurs femelles basilaires, géminées, ou ternées. Drupe de la grosseur d'une petite Prune.

Cette plante, indigène au Népaul, se cultive dans les orangeries. Sans aucun doute, le climat du midi de la France ne s'opposerait pas à sa naturalisation, et peut-être même supporterait-elle celui des environs de Paris, comme beaucoup d'autres végétaux originaires de l'Inde septentrionale.

Genre PACHYSANDRA. — *Pachysandra* Mich.

Fleurs monoïques. Calice quadriparti : lanières alternativement internes et externes. *Fleurs mâles* : Étamines 4 : filets saillants, larges, aplatis; anthères adnées, introrses, arquées après l'anthèse. — *Fleurs femelles* : Ovaire à 3 loges biovulées. Styles 3, recourbés, épais, glanduleux et canaliculés en dedans. Stigmates 3. Capsule subglobuleuse, tricorne, à 3 coques dispermes.

L'espèce que nous allons faire connaître constitue à elle seule ce genre.

PACHYSANDRA PROCOMBANT. — *Pachysandra procumbens* Mich. Flor. Bor. Am. vol. 2, p. 178, tab. 45. — Juss. fil. Euphorb. tab. 1, n° 2. — Bot. Rég. tab. 33.

Herbe vivace, stolonifère. Tiges glabres, cylindriques, couchées, un peu redressées à leur partie supérieure, simples, longues d'un pied environ. Feuilles alternes, pétiolées, glabres, opaques, ovales, rétrécies à la base, longues de 2 à 3 pouces, crénelées à leur moitié supérieure. Épis denses, couvrans la partie inférieure des tiges. Fleurs assez grandes : les mâles plus abondantes, apicilaires, accompagnées d'une seule bractée; les femelles lâches; basilaires, accompagnées de 3 bractées. Sépales et bractées ovales, rougeâtres. Filets d'un beau blanc.

Cette plante, qui croît aux États-Unis, dans les Alleghany's, se cultive quelquefois dans les jardins; elle se prête fort bien à garnir des glacis, dans une exposition ombragée. Ses fleurs sont légèrement odorantes et paraissent au printemps.

Genre BUIS. — *Buxus* Linn.

Fleurs monoïques. Calice à 4 sépales inégaux, alternativement internes et externes. — *Fleurs mâles* : Étamines 4: filets saillants; anthères adnées, introrses, contournées après l'anthèse. — *Fleurs femelles* : Ovaire glabre, à 3 loges biovulées. Styles 3, épais, canaliculés et glanduleux en dedans. Capsule globuleuse, tricorne: épicarpe coriace, loculicide-trivalve; endocarpe mince, se détachant de l'épicarpe, à 3 coques élastiquement bivalves, dispermes. Graines lisses, luisantes, noires.

Arbres ou arbrisseaux. Rameaux opposés, quadrangulaires. Feuilles opposées, entières, coriaces, luisantes et veineuses en dessus, pâles et sans veines en dessous; pétiole court, décurrent; stipules minimes, persistantes. Glomérules axillaires, bractéolés à la base, composés d'une seule fleur femelle, centrale, tribractéolée, et d'un grand nombre de fleurs mâles unibractéolées (quelquefois la fleur femelle manque); bractéoles apprimées, conformes aux sépales.

Les espèces suivantes sont les seules que renferme ce genre.

Buis commun.—*Buxus sempervirens* Linn.—Engl. Bot. tab. 1341. — Schk. Handb. tab. 287. — Guimp. Holz. tab. 137. — Duham. éd. nov. vol. 1, tab. 23 et 24.

Feuilles coriaces, ovales ou ovales-oblongues, opaques en dessous, convexes aux deux faces; pétioles ciliés. Anthères ovales-sagittiformes.

On distingue les deux variétés suivantes :

— Buis arborescent. — *Buxus sempervirens arborescens* Duham. éd. nov. vol. 1, p. 82. — *Buxus arborescens* C. Bauh. — Mill. Dict. — Petit arbre à rameaux étalés. Feuilles ovales-oblongues.

Ce Buis croît dans l'Europe australe et en Orient.

— Buis arbrisseau. — *Buxus sempervirens fruticosa* Du-

ham. ed. nov. vol. 1, p. 82. — Arbrisseau. Feuilles ovales, entières, ou échancrées.

Ce Buis est commun en Angleterre et en France.

L'une et l'autre de ces variétés, qui peut-être sont des espèces
distinctes, se rencontrent quelquefois, dans les jardins, à feuilles
panachées.

Le *Buis* se plaît dans les terrains arides, sur les collines et les
montagnes. Il ne s'élève jamais beaucoup, mais son tronc parvient quelquefois à une grosseur considérable. Haller dit qu'il
existait auprès de Genève un Buis dont le tronc avait près de
deux mètres de circonférence. Les branches du Buis étant très-
touffues, et sa verdure perpétuelle, on le cultive pour l'ornement des bosquets. Il souffre le ciseau, et se prête à toutes les formes. On en fait des palissades, des haies vives, des berceaux, etc.
Pline rapporte que de son temps déjà il décorait les jardins, et
qu'on le façonnait en différentes formes.

Le bois du Buis est le plus dur, le plus dense et le plus pesant
de tous les bois de l'Europe. Son poids spécifique est plus considérable que celui de l'eau : étant bien sec, le pied cube pèse soixante-
huit livres. Sur deux tranches d'environ cinq pouces de diamètre,
on a compté dans l'une deux cent vingt couches annuelles, et dans
l'autre deux cent quarante. Il ne se gerce et ne se carie jamais ; sa
couleur est d'un jaune plus ou moins foncé. On sait qu'il est
très-recherché par les tourneurs, les tabletiers et les fabricants
d'instruments de tout genre. Le bois du Buis d'Espagne est plus
pesant, plus jaune et plus brillant que celui de France ; lorsqu'il
est poli, il imite le marbre. La racine surtout offre des marbrures
superbes.

Les feuilles et les sommités du Buis donnent, à ce qu'on assure, un très-bon engrais pour les vignes, et on les emploie fréquemment à cet usage dans le midi. Les cendres font une lessive
excellente.

Toutes les parties du Buis, mais principalement ses feuilles,
répandent une odeur désagréable et vireuse : leur saveur est
amère et nauséabonde ; leur décoction légèrement laxative. La décoction de la râpure du bois et de la racine a été vantée à cause

de son action sudorifique, dans le traitement des maladies syphilitiques et des rhumatismes chroniques. Ce médicament indigène, dit M. Achille Richard, paraît avoir au moins autant d'activité que le Gayac, qu'on emprunte au Nouveau-Monde.

BUIS SUFFRUTESCENT. — *Buxus suffruticosa* Lamk.

Feuilles submembranacées, ovales-oblongues, concaves et luisantes aux 2 faces; pétioles ciliés. Anthères ovales-sagittiformes.

Le *Buis suffrutescent*, que la plupart des auteurs envisagent comme une variété du *Buis commun*, est l'espèce que l'on emploie si fréquemment à faire des bordures de parterre.

BUIS DE CHINE. — *Buxus chinensis* Link, Enum.

Feuilles oblongues : les jeunes pubescentes; les adultes glabres. Fleurs solitaires, axillaires.

Cette espèce se cultive également en bordures.

BUIS DE MAHON. — *Buxus balearica* Willd.

Feuilles oblongues, rétuses, cunéiformes à la base ; pétioles glabres. Anthères linéaires-sagittiformes.

Dans les contrées de l'Europe australe, où cet arbre est indigène, il atteint jusqu'à quatre-vingt pieds de haut ; mais dans les jardins des pays plus septentrionaux, il ne forme qu'un arbrisseau de dix à quinze pieds. On le recherche pour la décoration des bosquets, à cause de son feuillage, qui est beaucoup plus élégant que celui du *Buis commun*.

IIᵉ TRIBU. PHYLLANTHÉES. — *PHYLLANTHEÆ*
Juss. fil.

Fleurs monoïques ou dioïques. Calice 4-5- ou 6-parti : estivation convolutive. Pétales nuls, ou rarement 5 : estivation convolutive.—FLEURS MALES : *Étamines 2-5, rarement un plus grand nombre, insérées au centre du calice; filets tantôt libres, tantôt plus ou moins monadelphes.* — FLEURS FEMELLES : *Ovaires à 2-10 (le plus souvent à*

3) loges biovulées (excepté dans le Cluytia). Péricarpe rarement charnu, le plus souvent capsulaire, à 2-10 coques 1- ou 2-spermes.

Arbres ou plus souvent arbrisseaux; rarement herbes. Feuilles alternes ou rarement opposées. Fleurs fasciculées, ou glomérulées, ou subsolitaires, axillaires. Bractées nombreuses, petites, persistantes.

Genre CHÉRAMÉLIER. — *Cicca* Linn. Juss.

Fleurs monoïques ou dioïques. Calice 4-parti, muni en dedans de 4 glandules, ou d'un disque glanduleux. — *Fleurs mâles* : Étamines 4, libres; anthères adnées, extrorses. — *Fleurs femelles* : Ovaire charnu, à 3 ou 4 loges biovulées. Styles 4 ou 5, réfléchis, bifides. Péricarpe à 4 ou 5 coques 1-2-spermes, charnues en dehors.

Arbres ou arbrisseaux. Feuilles alternes-distiques, stipulées, entières, glabres. Ramules caducs, alternes. Fleurs axillaires, fasciculées.

Des quatres espèces dont se compose ce genre, trois appartiennent à l'Asie équatoriale et une aux Antilles. Les plus remarquables sont les suivantes :

CHÉRAMÉLIER DISTIQUE. — *Cicca disticha* Linn. — Hort. Malab. vol. 3, tab. 47 et 48. — Rumph, Amb. v. 7, tab. 33, fig. 2. — Juss. fil. Euphorb. tab. 4, n° 13. A.

Feuilles ovales-lancéolées, pointues, très-entières. Rameaux grêles, allongés, simples, semblables au pétiole d'une feuille pennée.

Cette plante croît dans l'Inde et aux Moluques. La décoction de ses feuilles s'emploie comme remède sudorifique, et sa racine comme vomitif et purgatif. L'enveloppe charnue de ses fruits, au contraire, est rafraîchissante et comestible.

CHÉRAMÉLIER A GRAPPES. — *Cicca racemosa* Lour. Flor. Cochinch.

Cette espèce, qui, d'après la description de l'auteur cité, paraît peu différer de la précédente, produit également des baies mangeables. Elle est cultivée en Cochinchine.

Genre EMBLIC. — *Emblica* Gærtn.

Fleurs monoïques. Calice 6-parti. — *Fleurs mâles :* Étamines 3, monadelphes ; anthères extrorses, adnées aux filets vers leur sommet, cuspidées d'un côté. — *Fleurs femelles :* Ovaire à 3 loges biovulées, entouré d'un tube membraneux 3-fide, ou sessile sur un disque charnu. Styles 3, bifides, oblongs, réfléchis. Péricarpe à 3 coques bivalves, dispermes.

Arbres ou arbrisseaux. Feuilles alternes-distiques, petites, stipulées, caduques. Fleurs axillaires, fasciculées, rapprochées en épi : fascicules masculiflores ou androgyniflores, accompagnés de bractées persistantes.

Ce genre est limité à deux espèces indigènes dans l'Inde. La suivante mérite d'être citée :

EMBLIC OFFICINAL. — *Emblica officinalis* Gaertn. — Lodd. Bot. Cab. tab. 548. — Juss. fil. Euphorb. tab. 5, n° 15. — *Phyllanthus Emblica* Linn. Spec. — *Myrobolanus Emblica* Rumph. Amb. v. 7, tab. 1. — Hort. Malab. v. 1, tab. 31.

Arbrisseau haut de 12 à 15 pieds. Branches et rameaux rougeâtres, légèrement pubescents. Feuilles très-rapprochées, glabres, linéaires-elliptiques, subsessiles, longues d'environ 3 lignes. Fleurs petites, roussâtres. Fruits subglobuleux, de la grosseur d'une Noix de galle, relevés de 6 côtes saillantes. Graines blanches, luisantes.

Cet arbrisseau croît dans l'Inde et aux Moluques. Ses fruits étaient connus dans les anciennes pharmacopées sous le nom de *Myrobolans Emblics ;* leur décoction s'employait contre la dyssenterie et autres maladies gastriques. Ses fruits sont acidules et astringents : les Indiens s'en servent pour tanner les cuirs et pour faire de l'encre.

Genre PHYLLANTHUS. — *Phyllanthus* Linn.

Fleurs monoïques ou rarement dioïques. Calice profondément 5- ou 6-parti.—*Fleurs mâles :* Étamines 3, ou rarement un plus grand nombre ; filets soudés en colonne entourée à sa base de 5 ou 6 glandules. — *Fleurs femelles :* Disque membraneux, ou de 5 ou 6 glandules hypogynes. Ovaire à 3 loges biovulées. Styles 3, ordinairement bifides, quelquefois soudés par la base. Stigmates 6. Capsule à 3 coques bivalves, dispermes.

Arbres ou arbrisseaux ; moins souvent herbes. Feuilles alternes, stipulées, tantôt grandes et veineuses, tantôt et plus fréquemment petites, alternes-distiques. Fleurs axillaires, subsolitaires ou plus souvent fasciculées ; fascicules bractéolés, unisexuels, ou composés d'un petit nombre de fleurs femelles entremêlées d'un grand nombre de fleurs mâles. Bractées nombreuses, pointues, persistantes.

Les botanistes ont décrit environ soixante-dix *Phyllanthus*, la plupart indigènes dans la zone équatoriale. Voici les espèces les plus remarquables :

a) *Espèces ligneuses, à grandes feuilles.*

Phyllanthus Conami. — *Phyllanthus brasiliensis* Poir. Encycl.— *Phyllanthus Conami* Willd. Spec.—*Conami brasiliensis* Aubl. Guian. tab. 354.

Feuilles glabres, pétiolées, ovales, obtuses, presque cordiformes ; fleurs axillaires, pédonculéees, inclinées. Bractées orbiculaires. Disque à 6 glandes.

Arbrisseau. Tiges hautes de 6 à 8 pieds : écorce scabre, verdâtre. Rameaux grêles, effilés.

Ce Phyllanthe croît au Brésil et dans la Guiane. Le nom de *Conami*, qu'on lui donne dans ces contrées, s'applique à toutes les plantes qui ont la propriété d'enivrer les poissons.

Phyllanthus vénéneux. — *Phyllanthus virosus* Willd. Spec.

Feuilles elliptiques, obtuses, rétrécies à la base. Fleurs dioïques, fasciculées. Ramules comprimés, subtétragones.

Cette espèce croît dans l'Inde. Elle possède, comme la précédente, la propriété d'enivrer les poissons.

b) *Espèces herbacées; feuilles très-petites, disposées sur des ramules simples, à l'instar des folioles d'une feuille pennée.*

PHYLLANTHUS NIRURI. — *Phyllanthus Niruri* Linn. Spec. — Burm. Zeyl. tab. 9, fig. 2. — Rumph. Amboin. v. 6, tab. 17, fig. 1.

Feuilles très-glabres, ovales ou obovales, rétrécies à la base, obtuses ou échancrées, subsessiles. Fascicules androgynes. Sépales 5, spatulés. Styles bifides.

Herbe annuelle, rameuse, dressée, haute d'environ 1 pied.

Cette plante habite l'Inde et l'Amérique équatoriale. L'infusion de ses feuilles est un diurétique très-puissant. On lui attribue aussi des propriétés emménagogues.

PHYLLANTHUS URINAIRE. — *Phyllanthus Urinaria* Linn. — Rumph. Amb. 6, tab. 17, fig. 2.

Feuilles elliptiques, obtuses aux 2 bouts. Fleurs pendantes, subsolitaires. Sépales 5, orbiculaires.

Herbe annuelle, semblable à l'espèce précédente. Tiges tombantes, rougeâtres, légèrement pubescentes. Feuilles plus petites et plus rapprochées. Capsule petite, orbiculaire.

Cette plante habite l'Inde. De même que le *Niruri*, elle possède des vertus diurétiques et emménagogues.

Genre XYLOPHYLLA. — *Xylophylla* Linn.

Fleurs monoïques. — *Fleurs mâles* : Étamines 2 ou 3 ; filets monadelphes par la base ou dans toute leur longueur. — *Fleurs femelles* : Styles 3, réfléchis. Stigmates déchiquetés. Péricarpe comme dans les *Phyllanthus.*

Arbrisseaux aphylles. Ramules aplatis, dilatés, crénelés ou dentés, simulant des feuilles. Fleurs fasciculées aux crénelures des ramules; fascicules unisexuels ou androgynes, accompagnés d'un grand nombre de bractéoles persistantes.

La singularité de l'aspect des *Xylophylla* en fait cultiver plusieurs dans les serres. Les bords de leurs ramules se couvrent d'une quantité innombrable de petites fleurs rougeâtres. Des dix espèces dont se compose le genre, sept appartiennent à l'Amérique équatoriale et deux à la Sibérie; une seule a été trouvée dans l'Inde. Voici les espèces qu'il convient de signaler comme plantes d'agrément.

XYLOPHYLLA A LARGES FEUILLES. — *Xylophylla latifolia* Willd. — *Phyllanthus latifolius* Linn. — Bot. Mag. tab. 1021.

Ramules lancéolés, acuminés, crénelés. Fleurs pédicellées.

Cette espèce est originaire de l'Amérique méridionale.

XYLOPHYLLA A FEUILLES ÉTROITES. — *Xylophylla angustifolia* Willd.

Ramules linéaires-lancéolés, striés, crénelés. Fleurs pédicellées.

Cette plante habite les mêmes contrées que la précédente.

XYLOPHYLLA FALCIFORME. — *Xylophylla falcata* Willd. — Bot. Reg. tab. 373.

Ramules linéaires-lancéolés, subfalciformes, crénelés. Fleurs subsessiles.

Ce *Xylophylla* est indigène aux îles Bahama.

Genre CLUYTIA. — *Cluytia* Linn.

Fleurs dioïques. Calice 5-parti. Pétales 5, chacun alternant avec une squamule 2- ou 3-fide, glanduleuse. *Fleurs mâles* : Étamines 5 : anthères versatiles; filets connés inférieurement au stipe d'un pistil abortif. Disque à 5 glandules entières ou bifides. — *Fleurs femelles* : Ovaire à 3 loges uni-ovulées. Capsule globuleuse, tricoque.

Arbrisseaux ou sous-arbrisseaux. Feuilles alternes, stipulées, souvent étroites et roides. Fleurs axillaires, bractéolées, courtement pédonculées, solitaires ou fasciculées.

Ce genre renferme une vingtaine d'espèces, dont quatorze croissent au cap de Bonne-Espérance, et les autres dans l'Asie équatoriale. Les espèces que nous allons faire connaître sont fréquemment cultivées dans les collections de serre tempérée.

CLUYTIA ALATERNE. — *Cluytia alaternoides* Willd. — Bot. Mag. tab. 1321.

Feuilles sessiles, linéaires-lancéolées, pointues. Fleurs solitaires.

CLUYTIA DAPHNÉ. — *Cluytia daphnoides* Willd. Hort. Berol. tab. 52.

Feuilles subsessiles, lancéolées-obovales. Fleurs solitaires.

CLUYTIA COTONNEUX. — *Cluytia tomentosa* Willd.

Feuilles elliptiques, obtuses, cotonneuses aux 2 faces. Fleurs solitaires, sessiles.

CLUYTIA ÉLÉGANT. — *Cluytia pulchella* Willd. — Bot. Mag. tab. 1945.

Feuilles pétiolées, lisses, ovales, pointues. Fleurs fasciculées.

Cette espèce et les trois précédentes sont originaires du cap de Bonne-Espérance.

CLUYTIA VÉNÉNEUX. — *Cluytia collina* Willd. — Roxb. Corom. tab. 160.

Feuilles pétiolées, elliptiques, obtuses, échancrées ou rétuses, glabres, luisantes. Fleurs ternées.

Cette espèce croît dans l'Inde. Ses fruits, selon Roxburgh, sont très-vénéneux.

IIIᵉ TRIBU. **LES RICINÉES.** — *RICINEÆ* Juss. fil.

Fleurs monoïques ou dioïques. Calice 2-5-parti (rarement à plus de 5 divisions): estivation valvaire ou convolutive. Pétales nuls, ou 5-10, quelquefois soudés en corolle monopétale: préfloraison convolutive, ou, moins souvent, contortive. Étamines en nombre défini ou en nombre indéfini; filets tantôt libres et insérés à un réceptacle plane ou convexe, tantôt diversement soudés entre eux.

Ovaire à 2-5 loges uniovulées (excepté dans les **Hyæ-**
nanche). Péricarpe charnu, ou plus souvent capsulaire,
2-5-coque.

Arbres, ou arbrisseaux; rarement herbes. Feuilles alternes,
simples, entières ou découpées (très-rarement 3-5-folio-
lées). Fleurs fasciculées, ou en grappe, ou en panicule,
ou souvent en épi.

Genre CROZOPHORA. — *Crozophora* Neck. — Juss. fil.

Fleurs monoïques. — *Fleurs mâles :* Calice 5-parti : estivation valvaire. Pétales 5, furfuracés en dehors : estivation
convolutive. Étamines 5, ou plus souvent 8-10; filets dressés
en préfloraison, monadelphes : androphore columnaire, in-
séré à un réceptacle glanduleux ; anthères adnées, bisériées,
cuspidées. — *Fleurs femelles :* Calice 10-parti : lanières linéaires. Pétales nuls. Ovaire à 3 loges uniovulées. Styles 3 ,
bifides. Stigmates 6. Capsule tricoque.

·Arbrisseaux, ou plus souvent herbes. Feuilles alternes, sinuées, souvent molles et plissées; stipules caduques. Grappes
terminales. Fleurs femelles basilaires, longuement pédonculées; fleurs mâles apicilaires, denses; bractées longues, linéaires.

Les *Crozophora* habitent l'Europe australe, l'Afrique boréale et l'Afrique équatoriale, ainsi que l'Arabie. On en connaît dix espèces, dont nous allons faire connaître la plus intéressante.

Crozophora Tournesol. — *Crozophora tinctoria* Juss. fil.
— *Croton tinctorium* Linn. — Clus. Hist. 2, p. 47, Ic. —
Lobel. Icon. 261.

Herbe couverte d'un duvet cotonneux blanchâtre. Racine dure,
presque simple. Tiges grêles, cylindriques, rameuses., longues
d'environ 1 pied. Feuilles molles, plissées, ovales-rhomboïdales, ondulées. Grappes courtes. Fruits pendants : coques noirâtres, subglobuleuses, scabres.

Cette plante croît dans l'Europe australe, ainsi qu'en Orient et dans l'Afrique septentrionale. Elle contient un suc rouge dont on empreint les chiffons connus dans le commerce sous le nom de *Tournesol en drapeaux*. Le principal usage de cette substance tinctoriale est pour colorer l'extérieur des fromages de Hollande; autrefois on s'en servait aussi pour teindre certaines préparations pharmaceutiques. Le *Tournesol en pains* ou *Lacmus* se prépare avec le même suc, en y ajoutant une substance alcaline, qui le fait passer au bleu ; les acides ont la propriété de lui rendre promptement sa couleur rouge. Du reste, on fabrique aussi du Tournesol avec le *Rocella tinctoria*, Lichen qui abonde sur les rochers maritimes.

Toutes les parties du *Crozophora tinctoria* sont un violent drastique, hors d'usage aujourd'hui.

Genre CROTON. — *Croton* Linn. — Juss. fil.

Fleurs monoïques rarement dioïques. — *Fleurs mâles* : Calice 5-parti : estivation valvaire. Pétales 5 : estivation convolutive. Cinq glandules alternes avec les pétales. Étamines 10-20, ou rarement un plus grand nombre : filets libres, infléchis avant l'anthèse, saillants, insérés à un réceptacle nu ou velu; anthères adnées, introrses.—*Fleurs femelles* : Calice 5-parti, persistant. Corolle nulle. Ovaire à 3 loges uniovulées. Styles 3, tantôt bifides, tantôt pluripartis. Stigmates 6, ou un plus grand nombre. Disque à 5 glandules hypogynes. Capsule à 3 coques bivalves.

Arbres, ou arbrisseaux, ou sous-arbrisseaux, ou herbes. Feuilles alternes, stipulées, souvent biglanduleuses à la base, entières, ou dentées, ou lobées. Fleurs en grappes, ou en épis, ou en capitules axillaires ou terminaux, unisexuels ou androgynes; les fleurs mâles presque toujours apicilaires et les fleurs femelles basilaires.

Selon M. A. de Jussieu, une centaine d'espèces environ peuvent être rapportées avec certitude à ce genre, dans lequel on en admettait précédemment environ deux cents. Les neuf dixièmes des *Croton* appartiennent à l'Amérique équatorjale; les autres croissent en Asie ou en Afrique. Les espèces les plus remarquables sont les suivantes :

CROTON CASCARILLE. — *Croton Cascarilla* Linn. — Catesb. Carol. tab. 46. — Turpin, in Flor. Méd. tab. 103.

Feuilles pétiolées, lancéolées, très-entières, couvertes d'une pubescence écailleuse blanchâtre, presque argentées en dessous. Fleurs en épis mâles au sommet.

Arbrisseau haut de 4 à 6 pieds. Tronc court, épais, très-rameux. Écorce des branches d'un blanc cendré. Feuilles de la grandeur de celles de l'Amandier.

Cette plante croît aux îles Bahama et dans l'Amérique méridionale. L'écorce de ses rameaux est connue sous le nom de *Cascarille* ou *Écorce éleuthérique*. Elle répand une odeur suave, surtout quand on la brûle. Sa saveur est amère et aromatique. On l'emploie en médecine à cause des propriétés toniques et excitantes qu'elle possède. Quelques personnes ont coutume de la mêler avec le tabac à fumer ; mais elle étourdit lorsqu'on en met trop. Les feuilles et les jeunes pousses de la plante sont odorantes comme l'écorce.

CROTON BALSAMIFÈRE.—*Croton balsamiferum* Linn.—Jacq. Amer. tab. 162, fig. 3 ; et Hort. Schœnb. tab. 46.

Feuilles ovales-lancéolées, pointues, longuement pétiolées, verdâtres en dessus, couvertes en dessous de poils étoilés jaunâtres. Fleurs en épi.

Arbrisseau. Tiges hautes de 3 à 4 pieds. Rameaux diffus, couverts d'un duvet cotonneux jaunâtre. Feuilles petites, nombreuses. Fruits revêtus d'un duvet roussâtre.

Ce *Croton* croît aux Antilles, où on l'appelle vulgairement *Petit Baume*. En entaillant son écorce, il en découle un suc épais et odorant, qu'on dit très-efficace comme vulnéraire. Les habitans de la Martinique préparent de cette plante, distillée avec de l'alcool, une liqueur de table qu'ils nomment *Eau de Mantes*.

CROTON A FEUILLES D'ORIGAN. — *Croton origanifolium* Lamk. Encycl. — Sloan, Hist. Jam. v. 1, tab. 36, fig. 3.

Feuilles longuement pétiolées, ovales, pointues, rudes en dessus, cotonneuses en dessous.

On trouve cette espèce aux Antilles. A Saint-Domingue, elle est nommée *Copahu*. Son écorce contient un suc très-aromatique. On a observé les mêmes propriétés dans les *Croton niveum*, *aromaticum* et *corylifolium*.

CROTON PORTE-LAQUE. — *Croton lacciferum* Linn. — Burm. Zeyl. tab. 91.

Feuilles velues ou cotonneuses, petiolées, ovales, dentées. Fleurs en épi.

Arbre à rameaux rudes, anguleux. Capsule petite, globuleuse.

Cet arbre croît à Ceylan. Il en suinte une très-belle laque, que les habitans de l'île emploient à divers usages.

CROTON CATHARTIQUE. — *Croton Tiglium* Linn. — Burm. Zeyl. tab. 90. — Rumph. Amboin. vol. 4, tab. 42. — Hort. Malab. v. 2, tab. 33.

Feuilles ovales, pointues, glabres, denticulées. Fleurs en épi.

Petit arbre à tronc grêle. Rameaux glabres. Fleurs d'un blanc jaunâtre. Coques de la grosseur d'une Noisette. Graines ovales-oblongues, luisantes.

Le *Croton cathartique* est indigène dans l'Inde. On le cultive à Ceylan, aux Moluques, au Malabar et ailleurs dans l'Inde, à cause de ses vertus médicinales. Aucune partie du végétal n'est exempte d'âcreté; mais cette propriété est plus forte dans les graines, qu'on appelle vulgairement *grains de Tilly*, *grains des Moluques*, et *Pignons d'Inde*. Dix à vingt de ces graines, administrées à un cheval, suffisent pour le tuer. Dans l'Inde, elles s'emploient néanmoins comme purgatif; mais on a soin de les rendre moins délétères en les torréfiant. On en exprime aussi une huile grasse fort drastique, qui a quelquefois été donnée avec succès, dans des cas désespérés. La racine se met en usage, à Batavia et à Amboine, à très-petite dose, contre l'hydropisie. Le bois, d'une saveur caustique et d'une odeur désagréable, agit comme sudorifique, à petite dose.

Le *Croton moluccanum* Loureir., possède également des

vertus purgatives et émétiques, moins dangereuses cependant que celles du *Croton cathartique.*

CROTON ENCENS. — *Croton thuriferum* Kunth, in Humb. et Bonpl. Nov. Gen. et Spec.

Feuilles coriaces, ovales, obtuses, très-entières, trinervées, biglanduleuses, couvertes aux 2 faces d'une pubescence étoilée blanchâtre. Fleurs en épi.

Arbre haut de 15 à 20 pieds. Rameaux blanchâtres, cotonneux.

Ce *Croton* a été observé par MM. de Humboldt et Bonpland, sur les bords de l'Amazone. Son écorce suinte une résine odorante et aromatique.

CROTON SANGUINOLENT. — *Croton sanguifluum* Kunth, in Humb. et Bonpl. Nov. Gen. et Spec.

Feuilles longuement pétiolées, cordiformes-trilobées, denticulées, glabres en dessus, cotonneuses-blanchâtres en dessous, biglanduleuses à la base. Fleurs en épi. Pétales ciliés.

Arbre haut d'environ 50 pieds. Rameaux presque glabres.

Cette espèce croît dans la Nouvelle-Andalousie. En entaillant son tronc, il en découle un suc rouge, que les habitans nomment *Sang Dragon.* Le *Croton hibiscifolium* Kunth, arbre de la Nouvelle-Grenade, offre la même particularité.

CROTON DES CHAMPS. — *Croton campestre* Aug. Saint-Hil., Juss. fil. et Cambess. Plant Us. des Brasil. tab. 60.

Feuilles elliptiques ou obovales, obtuses, entières, cotonneuses. Fleurs monoïques : les mâles 15-andres. Sépales 4, ovales, pointus. Pétales ovales, de la longueur du calice. Fleurs femelles à styles profondément bifides. Sépales linéaires-lancéolés.

Plante couverte d'un feutre jaunâtre formé de poils étoilés. Feuilles courtement pétiolées, longues de 12 à 18 lignes, sur 4 à 8 lignes de large. Épis longs de 1 à 2 pouces : les fleurs mâles serrées; les femelles lâches, peu nombreuses.

Cette plante a été observée par M. Aug. de Saint-Hilaire, au Brésil, dans les montagnes de la province des Mines. Sa racine est purgative : on l'emploie dans le pays contre les maladies syphi-litiques.

CROTON PIED DE PERDRIX. — *Croton perdicipes* Aug. Saint-Hil., Juss. fil. et Cambess. Plant. Us. des Brasil. tab. 59.

Feuilles lancéolées-oblongues, subobtuses, doublement dente-lées, légèrement pubescentes, glandulifères à la base et entre les dentelures. Fleurs monoïques : les mâles 11-andres. Sépales ovales, obtus. Pétales linéaires, obtus, ciliés, de la longueur des sépales. Fleurs femelles : Styles 4-partis. Sépales lancéolés.

Rameaux ligneux. Feuilles longues de 1 à 3 pouces, larges de 4 à 8 lignes ; pétiole très-court. Grappes spiciformes, longues d'environ 3 pouces : les mâles denses ; les femelles lâches.

Cette espèce croît au Brésil, dans les savanes des provinces des Mines et de Saint-Paul. Ses noms vulgaires sont *Pé de Perdis* (pied de perdrix, à cause de l'apparence de ses styles), *Alcam-phora* et *Cocallera*. La décoction de la plante passe pour un bon remède diurétique et antisyphilitique. Ce Croton est en outre cé-lèbre dans la province des Mines, par la vertu qu'on lui attribue de guérir les morsures des serpens. On prétend enfin que l'ap-plication des feuilles, soit fraîches et pilées, soit sèches et ré-duites en poudre, favorise la guérison des blessures.

Genre CODIÉON. — *Codiæum* Rumph. — Juss. fil.

Fleurs monoïques. — *Fleurs mâles* : Calice 3-parti, ré-fléchi : estivation convolutive. Pétales 5, squamiformes, al-ternant avec 5 glandules. Étamines innumérables : filets dressés avant l'anthèse, libres, insérés au réceptacle ; anthè-res apicilaires. — *Fleurs femelles* : Calice 5-fide. Corolle nulle. Ovaire à 3 loges uniovulées, accompagné à sa base de squamules. Styles 3, simples, oblongs, réfléchis. Péri-carpe charnu ou capsulaire, tricoque.

Arbres ou arbrisseaux. Feuilles entières, glabres, luisan-tes, alternes. Fleurs axillaires ou terminales, disposées en grappes unisexuelles.

Ce genre appartient à l'Asie équatoriale. Les espèces qui le constituent sont incomplétément connues. Selon Rumphius, leurs racines ainsi que leurs écorces sont âcres : les Indiens et les Malais les emploient comme remèdes purgatifs.

Le feuillage des *Codiéons* est agréablement panaché de vert, de jaune et de pourpre, ce qui les fait cultiver dans l'Asie équatoriale comme plantes d'ornement. L'espèce suivante se rencontre dans les collections de serre chaude :

CODIÉON A FEUILLES MARBRÉES. — *Codiæum pictum* Hook. in Bot. Mag. tab. 3051. — *Croton pictum* Noisette, Cat. —Loddig. Bot. Cab. tab. 870.—*Croton variegatum latifolium* Roxb. Hort. Bengal.

Feuilles ovales ou ovales-oblongues, subobtuses, cordiformes à la base, coriaces, luisantes, panachées, courtement pétiolées, rapprochées en rosette vers l'extrémité des ramules, longues de 4 à 6 pouces. Grappes terminales, pédonculées, plus courtes que les feuilles.

Genre RICIN. — *Ricinus* Linn.

Fleurs monoïques. Calice 3-5-parti; estivation valvaire. Corolle nulle.— *Fleurs mâles :* Étamines innumérables, polyadelphes; anthères à bourses disjointes. —*Fleurs femelles :* Ovaire globuleux, à 3 loges uniovulées. Styles courts, soudés. Stigmates 6, oblongs, colorés, plumeux. Capsule tricoque, le plus souvent spinelleuse.

Arbres, ou arbrisseaux, ou herbes arborescentes. Feuilles alternes, stipulées, palmées, peltées; pétioles glanduleux au sommet. Fleurs paniculées, terminales : les femelles apicilaires; les mâles basilaires; pédicelles articulés aux pédoncules, quelquefois accompagnés de bractées biglanduleuses.

M. Adrien de Jussieu admet six espèces de *Ricins*, en observant toutefois que quelques-unes d'entre elles ne sont peut-être que des variétés. La plupart croissent dans la zone équatoriale. Toutes possèdent les mêmes propriétés médicinales; mais nous nous bornerons à parler de l'espèce la plus commune.

RICIN COMMUN. — *Ricinus communis* Linn. — Bot. Mag.

tab. 2209. — Jacq. Ic. Rar. v. 1, tab. 27. — Turp. in Dict. des Sciences Nat. et in Flor. Méd. Ic.

Arbre haut de 20 à 40 pieds, dans les climats chauds; herbe annuelle de 5 à 12 pieds, dans nos jardins. Tige dressée, rameuse, cylindrique, fistuleuse, glabre, glauque ou pourprée. Feuilles amples, peltées, palmées, à 7 ou 9 lobes ovales-lancéolés, pointus, doublement dentelés. Stipules solitaires, oppositifoliées, presque amplexicaules, ovales, membraneuses, caduques; pétioles cylindriques, fistuleux. Panicules grandes, dressées, presque pyramidales. Sépales ovales, pointus. Coques conniventes, ovales, hérissées de pointes subulées, ou quelquefois lisses. Graines grosses, ombiliquées au sommet, marbrées de taches inégales.

Ce Ricin est originaire de l'Inde et de l'Afrique. L'huile grasse que l'on exprime de ses graines est la seule partie usitée en thérapeutique. Préparée à l'eau bouillante, elle perd une partie de son acreté et devient un purgatif assez doux, que l'on emploie très-fréquemment ; mais l'huile qu'on obtient moyennant une forte pression est un violent drastique, qui occasione les accidens les plus graves. Quelques graines de Ricin suffisent pour produire des évacuations prolongées, accompagnées de l'inflammation des membranes intestinales. C'est surtout dans l'embryon que sont concentrées les propriétés vénéneuses. Dans l'Inde, on mêle l'huile de Ricin avec de la chaux, pour préparer un ciment qui durcit sous l'eau. Les racines des Ricins passent pour diurétiques.

Genre JANIPHA. — *Janipha* Kunth.

Fleurs monoïques. Calice campanulé, 5-parti : estivation convolutive. Corolle nulle. — *Fleurs mâles* : Étamines 10, libres, alternativement plus longues et plus courtes, insérées au bord d'un disque charnu.—*Fleurs femelles* : disque charnu, hypogyne. Ovaire à 3 loges uniovulées. Style court. Stigmates 3, plurilobés. Capsule à 3 coques bivalves.

Arbres ou arbrisseaux : suc propre laiteux. Feuilles alternes, palmées. Fleurs en grappes axillaires ou terminales, paniculées,

Ce genre, constitué par cinq espèces, appartient à l'Amérique équatoriale. Voici les espèces qu'il importe de faire connaître.

Janipha Manioc. — *Janipha Manihot* Kunth. — Bot. Mag. tab. 3071. — *Manhiot utilissima* Pohl, Plant. Brasil. Ic. v. 1, tab. 24. — *Jatropha Manihot* Linn. — Pluck. Almag. tab. 205, fig. 1. — Sloan. Hist. Jam. v. 1, tab. 85. — Tussac, Flor. Antill. v. 3, tab 1.

Arbrisseau haut de 6 à 8 pieds. Racine charnue, tubéreuse (pesant jusqu'à 40 livres), blanche, remplie d'un suc laiteux. Tige dressée, cylindrique, noueuse. Feuilles longuement pétiolées, partagées profondément en 3, 5, ou 7 lobes ovales-lancéolés, acuminés, un peu ondulés, d'un vert foncé en dessus, glauques et blanchâtres en dessous, longues de 1 1|2 pied environ. Grappes lâches, pédonculées, longues de 4 à 5 pouces. Calices rougeâtres ou d'un jaune pâle. Capsule sphérique, trigone, glabre, un peu ridée. Graines elliptiques, noires, luisantes.

Le *Manioc* (*Cassava* ou *Cassadar* des créoles anglais) passe pour indigène de l'Amérique; on le cultive depuis la Floride jusqu'aux terres de Magellan, ainsi qu'en Afrique et en Asie. Cette culture, dont les produits sont très-considérables, n'exige aucun soin particulier. On assure qu'un arpent de terre, planté en Manioc, fournit la nourriture à un plus grand nombre de personnes, que six arpents ensemencés de blé. Dans un terrain favorable, les racines du Manioc acquièrent, au bout d'un an, la grosseur et la longueur d'une cuisse d'homme. La plante se multiplie de boutures avec la plus grande facilité; elle est bien moins sujette aux variations de l'atmosphère ou aux ravages des animaux, que les céréales et les denrées coloniales. Dans son ouvrage sur les Colonies, M. Charpentier de Cossigni dit qu'il se trouve à Saint-Domingue une variété de Manioc dont les tubercules peuvent être récoltés au bout de quatre mois. En général, lès racines de Manioc se conservent en terre pendant trois années; mais au-delà de ce terme elles durcissent et ne peuvent plus servir d'aliment.

M. de Tussac observe qu'on connaît aux Antilles deux variétés de Manioc: le *Manioc amer* et le *Manioc doux*; on ne cultive en grand que le premier, dont les tubercules contiennent un suc laiteux très-vénéneux. Le Manioc doux produit des tubercules qu'on peut manger impunément bouillis ou grillés. Il est facile de distinguer ces deux variétés : le Manioc amer a des tiges rougeâtres; celles du Manioc doux sont de couleur verte.

Les tubercules du Manioc se composent de fécule et d'un suc laiteux, qui, sans participer à l'âcreté de la plupart des sucs propres des Euphorbiacées, est néanmoins un des poisons les plus dangereux du règne végétal. Introduit dans l'estomac, même à petite dose, il donne la mort au bout de quelques minutes, sans laisser dans les intestins aucune trace d'inflammation; mais ce principe vénéneux étant fort volatil, l'industrie humaine a trouvé des procédés pour convertir les tubercules du Manioc en aliments très-salubres.

L'usage le plus habituel des racines du Manioc est de servir à la fabrication d'une espèce de pain, qu'on appelle aux Antilles *Cassave*, et qui constitue la principale nourriture des nègres, des hommes de couleur, et des blancs peu fortunés. Nous empruntons à M. de Tussac la description du procédé employé dans la confection de cette denrée.

« On porte les tubercules de Manioc sous un hangar, où sont
» disposés deux baquets, dont l'un, rempli d'eau, sert à laver
» les tubercules; on fait écouler cette eau et l'on en substitue de
» nouvelle pour laver une seconde fois les mêmes tubercules, après
» en avoir ratissé la pellicule avec un couteau destiné à cet
» usage. Sur le second baquet, également rempli d'eau, est éta-
» blie obliquement une forte râpe de tôle, sur laquelle on râpe
» les tubercules; on remplit de cette râpure des sacs de grosse
» toile, que l'on soumet à la presse; on recueille avec soin le suc
» qui en découle; quand on juge que la fécule est suffisamment
» pressée, et qu'il n'en découle plus de suc, on vide les sacs et
» l'on étend la matière sur des tables ou des nappes exposées au
» soleil, à l'effet d'en faire disparaître ce qui peut rester encore de
» parties humides, qui seules sont vénéneuses. Quand on juge la
» dessiccation aussi parfaite qu'elle peut l'être, on procède à la

» fabrication de la Cassave ; pour cet effet on emploie des pla-
» tines de fer rondes , de l'épaisseur de cinq à six lignes, du dia-
» mètre de dix-huit à vingt pouces, polies à leur surface supé-
» rieure, et élevées d'environ huit à dix pouces sur un trépied de
» fer; on met du feu dessous, et quand on juge qu'elles sont suffi-
» samment chaudes on couvre toute leur surface d'environ deux
» doigts d'épaisseur de la fécule de Manioc, qu'on étend uniformé-
» ment avec une spatule de bois ; le peu d'humidité qui s'y trouve
» encore est suffisante pour que toutes les parties adhèrent les
» unes aux autres et forment une espèce de grande galette , de
» l'épaisseur d'environ une ligne et demie ; on a soin, pendant la
» cuisson, de retourner la Cassave , pour qu'elle cuise également
» des deux côtés.

» Ce pain est d'autant plus précieux pour les pays chauds,
» qu'il n'est point sujet à être attaqué par les vers, et qu'il peut
» se conserver pendant plusieurs années, pourvu qu'on le pré-
» serve contre l'humidité. Il fait la nouriture favorite des nègres,
» et , parmi les colons même, beaucoup le préfèrent au pain de
» froment. »

On mange la Cassave soit sèche, soit trempée dans de l'eau ou
du bouillon, ou bien en bouillie assaisonnée de différentes manières. Elle gonfle prodigieusement, et il n'en faut pas plus d'une
demi-livre, à ce qu'on assure, pour nourrir le nègre le plus vigoureux , pendant toute une journée.

La fécule qui se précipite du suc exprimé de la râpure des tubercules de Manioc, est d'une finesse et d'une blancheur compara-
bles à la plus belle fleur de farine de froment. On lave cette fécule
plusieurs fois; ensuite on la fait sécher au soleil sur une table;
lorsqu'elle est bien sèche, on la met dans des sacs de papier, et
on la conserve dans un lieu sec. Elle sert à beaucoup d'usages
économiques; elle donne un pain très-léger et très-délicat , en la
mêlant par parties égales avec la farine de froment; on en fait
d'excellentes pâtisseries, des crêmes, des bouillies, etc. On s'en
sert en guise d'amidon et de poudre à poudrer. Le suc propre de la
plante, réduit de moitié par l'ébullition, bien écumé et assaisonné
d'un peu de piment, de sel et de *Cipipa* ou fécule de Manioc,

constitue une sauce, qu'on conserve dans des bouteilles, et dont on fait usage pour relever le goût des viandes. Cette composition se nomme *Cabiou* : elle prouve que le poison du Manioc disparaît par l'évaporation, après une ébullition prolongée.

Une autre préparation importante du Manioc, connue sous les noms de *Couac*, *farine de Manioc*, ou *Tapioca*, remplace actuellement en Europe le Salep et le Sagou. « Cette préparation, dit M. de Tussac, n'est autre chose que la râpure des tubercules de Manioc, que l'on presse comme pour en faire de la Cassave, et que l'on torréfie jusqu'à un certain degré. Pour cette opération on a une espèce de chaudière à fond plat, établie sur un fourneau en maçonnerie. Il est urgent, pendant que la matière chauffe, de la remuer sans cesse, pour empêcher la cohérence entre les parties, et pour que la cuisson soit uniforme. A l'odeur et à la couleur un peu rousse, on reconnaît que l'opération est terminée; alors on retire cette farine, et on l'étend sur des tables pour la faire refroidir; ensuite on la met dans des sacs de papier ou dans de petits barils. Cette préparation a le grand avantage de pouvoir se porter en voyage ; on prétend que dix livres suffisent pour la nourriture d'un voyageur, pendant quinze jours : il suffit de l'humecter avec un peu d'eau, ou mieux encore avec du bouillon. On sait actuellement par expérience, en France, qu'on peut en faire un potage très-agréable et très-sain, et les médecins modernes l'ordonnent fréquemment à leurs malades. »

Les nègres préparent avec de la Cassave, des Patates râpées et du sirop de sucre, qu'ils font fermenter ensemble dans de l'eau, une boisson vineuse assez forte pour enivrer, mais ne se conservant que peu de jours. Ils nomment cette liqueur *Mobi*. Les naturels de la Guiane savent également mettre à profit le Manioc, pour la composition de différentes boissons alcooliques, qu'ils appellent *Vicou*, *Cachivi*, *Paya* et *Unapaga*.

JANIPHA DE LOEFFLING. — *Janipha Læfflingii* Kunth. — *Jatropha Janipha* Linn. — Jacq. Amer. tab. 62, fig. 1.

Lobes des feuilles très-entiers : le terminal panduriforme.

Cette espèce croît dans l'Amérique méridionale. Ses feuilles contiennent un suc visqueux dont l'odeur approche de celle des feuilles de Noyer. Les racines sont grosses et charnues.

Genre JATROPHA. — *Jatropha* Linn.

Fleurs monoïques. Calice 5-parti ou 5-lobé : estivation convolutive. Corolle 5-partie ou nulle : estivation contortive. Disque annulaire et sinué, ou bien à 5 glandules ou squamules distinctes. — *Fleurs mâles :* Étamines 8 ou 10, bisériées, monadelphes par la base. — *Fleurs femelles :* Ovaire à 3 loges uniovulées. Styles 3, bilobés, ou bifides, ou plusieurs fois dichotomes. Stigmates 6, ou un plus grand nombre. Capsule tricoque.

Arbres, ou arbrisseaux, ou rarement herbes. Suc propre laiteux. Feuilles altèrnes, quelquefois glanduleuses à la base, tantôt entières, tantôt, et plus souvent, palmées ou lobées, glabres, ou hérissées de poils soit glanduleux soit piquants. Corymbes axillaires ou terminaux.

Les *Jatropha* en général sont vénéneux et drastiques. Plusieurs espèces offrent des poils dont l'attouchement produit des piqûres brûlantes comme celles que font éprouver les Orties. On compte dans ce genre environ vingt espèces, dont les plus remarquables sont les suivantes :

JATROPHA CATHARTIQUE. — *Jatropha Curcas* Linn. — Jacq. Hort. Vindob. tab. 63. — Gærtn. Fruct. tab. 108. — Marcgr. Bras. 97. — Aldin. Hort. Farn. tab. 86.

Feuilles glabres, luisantes, cordiformes, anguleuses : angles aigus, presque entiers; pétiole ordinairement plus long que le limbe.

Arbrisseau très-touffu, haut de 12 à 20 pieds. Fleurs petites, nombreuses. Fruits de la grosseur d'une petite Noix.

Ce *Jatropha*, appelé vulgairement *Médicinier*, croît dans beaucoup de contrées de l'Amérique méridionale. Toutes ses parties herbacées contiennent un suc laiteux très-âcre et d'une odeur vireuse. Les graines, connues sous le nom de *Pignons d'Inde*, sont un purgatif drastique, qu'on n'emploie guère en Europe, et qui, à forte dose, produit des effets qui deviennent mortels. Quatre ou cinq de ces graines, dépouillées de leur pellicule et légèrement torréfiées, sont le maximum qu'on puisse en administrer sans danger. M. Orfila a fait mourir des chiens avec une à trois drachmes de graines de Médicinier, réduites en farine, soit en les faisant prendre à l'intérieur, soit en les appliquant sur des blessures. L'embryon est la partie la plus vénéneuse de la graine; le périsperme, à ce qu'on assure, peut être mangé sans aucun danger.

JATROPHA A FEUILLES DE COTONNIER. — *Jatropha gossypifolia* Linn. — Jacq. Icon. Rar. tab. 623. — Pluck. Phytogr. tab. 56, fig. 2. — Sloan. Jam. v. 1, tab. 84.

Feuilles cordiformes, presque palmées, molles, un peu velues, à 3 ou 5 lobes acuminés, dentelés; pétioles garnis de poils rameux glandulifères; stipules remplacées par des poils fasciculés. Corymbes pédonculés, oppositifoliés.

Arbrisseau haut de 3 à 4 pieds. Rameaux dressés, velus vers le sommet. Fleurs petites, d'un pourpre foncé. Capsules pendantes, de couleur cendrée. Graines luisantes, panachées de noir et de gris.

Cette espèce est commune aux Antilles et dans l'Amérique méridionale, où les habitants emploient la décoction de ses feuilles comme remède purgatif. Les graines, au rapport de Sloane, sont une nourriture excellente pour la volaille.

JATROPHA MULTIFIDE. — *Jatropha multifida* Linn. — Salisb. Parad. Lond. tab. 91. — Dillen. Hort. Eltham. tab. 173, fig. 213.

Feuilles comme digitées, à 9 lobes pennatifides, glabres, glauques en dessous. Stipules pectinées.

Arbrisseau haut de 8 à 10 pieds. Feuilles grandes, élégantes. Fleurs d'un rouge écarlate, disposées en cimes. Fruits presque pyriformes, de la grosseur d'une Noix.

Ce *Jatropha*, indigène dans l'Amérique méridionale, est appelé vulgairement *Noisetier purgatif* et *Médicinier d'Espagne,*

parce que les Espagnols faisaient un usage fréquent de ses graines; mais on fut obligé d'en proscrire l'emploi en médecine, à .
cause des accidents funestes qui en étaient très-souvent la suite.
Une seule de ces graines suffit pour purger avec beaucoup de violence. Dix à douze feuilles de la plante, cuites légèrement, purgent, à ce qu'on assure, sans occasioner des tranchées.

Aux Antilles, cet arbrisseau orne les jardins; on le cultive
aussi dans les serres.

Genre ÉLÉOCOQUE. — *Elæococca* Commers.

Fleurs monoïques. Calice 2- ou 5-parti : estivation valvaire. Pétales 5, contournés en préfloraison.— *Fleurs mâles:*
Étamines 9-12; filets monadelphes inférieurement, bisériés :
les extérieurs plus courts; anthères introrses : les 2 supérieures souvent abortives.— *Fleurs femelles* : Ovaire à 3 ou
5 loges uniovulées. Stigmates simples ou bifides, subsessiles.
Drupe à chair fibreuse, 5-5-coque en dedans.

Arbres. Feuilles alternes, longuement pétiolées, biglanduleuses à la base, entières ou lobées. Fleurs paniculées, terminales. Pédoncules articulés.

On ne connaît que deux espèces d'*Éléocoques*, l'une indigène au Japon et l'autre en Cochinchine. On exprime de
leurs graines une huile, trop âcre pour servir à des usages alimentaires, mais fréquemment employée dans les arts et dans
l'économie domestique.

Genre ALEURIT. — *Aleurites* Forst.

Fleurs monoïques. Calice 2- ou 3-parti : estivation valvaire. Pétales 5, contournés en préfloraison. Disque à 5 lobes
squamiformes. — *Fleurs mâles :* Étamines en nombre indéfini; filets courts, soudés en androphore conique; anthères
adnées, introrses.— *Fleurs femelles* : Ovaire à 2 loges uniovulées, enveloppé dans une tunique velue, fendue supérieurement. Péricarpe charnu, 2-coque en dedans; coques
s'ouvrant incomplétement au sommet.

Arbres. Feuilles alternes, longuement pétiolées, biglanduleuses à la base, entières ou lobées. Panicules grandes, rameuses : les ramifications inférieures féminiflores, courtement pédonculées; les ramifications supérieures masculiflores, multibractéolées. — Presque toutes les parties de ces végétaux sont couvertes d'une pubescence étoilée très-menue et comme farineuse.

Ce genre, propre à l'Asie équatoriale, ne renferme que trois espèces, dont voici la plus remarquable :

ALEURIT DES MOLUQUES. —*Aleurites moluccana* Willd. — *Camirium* Rumph. Amb. vol. 2, tab. 58. — *Jatropha moluccana* Linn.

Feuilles ovales, presque entières. Panicules composées de cimes dichotomes.

Cet arbre croît aux Moluques et à Java, où les Malais l'appellent *Camiri*. Ses Noix deviennent mangeables après avoir subi la torréfaction. On en retire une huile, qui possède les mêmes propriétés que l'huile de Lin et qui s'emploie dans la peinture.

L'*Aleurites Ambinux*, ou *Noix de Bencoul*, également indigène aux Moluques, est cultivé aux îles de France et de Bourbon. Au rapport de Commerson, les amandes torréfiées de cette espèce ont un goût très-agréable.

Genre ANDA. — *Anda* Piso.

Fleurs monoïques. Calice campanulé, 5-denté. Pétales 5, onguiculés, étalés, alternant avec 5 glandules. — *Fleurs mâles* : Étamines 8 ; filets monadelphes; anthères incombantes : 3 intérieures, plus longues. — *Fleurs femelles* : Ovaire ..... Style court, bifide. Stigmates 2, lisses, dentés. Drupe gros, pulvérulent, charnu : noyau biloculaire, disperme, anguleux.

L'espèce dont nous allons donner la description constitue à elle seule le genre.

ANDA DE GOMEZ. — *Anda Gomezii* Juss. fil. Euphorb.

tab. 12, n° 37.— Aug. Saint-Hil., Juss. fil. et Cambess. Plantes Usuelles des Brasiliens, tab. 54.

Grand arbre, rameux presque dès la base. Rameaux vagues, de couleur cendrée. Jeunes pousses couvertes d'une poussière ferrugineuse. Feuilles digitées-quinquéfoliolées, persistantes; pétiole commun biglanduleux, long d'environ 3 pouces. Folioles très-entières, luisantes, nerveuses, pétiolulées, ovales, acuminées, longues d'environ 4 pouces. Panicules terminales, pulvérulentes, composées de cimules dichotomes, longuement pédonculées, sub-7-flores, androgynes. Fleurs longues de 4 à 5 lignes : les femelles subsessiles; les mâles portées sur des pédicelles dibractéolés, biglanduleux. Drupe ovale-globuleux, haut de 2 à 3 pouces.

Cet arbre croît sur les plages du Brésil. Ses amandes ont la saveur de la Noisette; mais il n'en faut que deux ou trois, mangées crues, pour provoquer des purgations et quelquefois des vomissemens. Cette propriété, déjà signalée par Marcgraf et Pison, a été confirmée nouvellement par le docteur Gomez, qui recommande les graines de l'*Anda* comme un purgatif sûr et sans aucune saveur désagréable. Du temps de Pison, les Portugais et les naturels du Brésil exprimaient des graines de l'*Anda* une huile, dont ils se servaient pour l'éclairage; cette huile, étant siccative, est excellente pour la peinture. L'écorce de l'arbre, broyée et jetée dans une rivière ou dans un étang, donne la mort aux poissons qui s'y trouvent; on sait que la même propriété existe dans beaucoup d'autres Euphorbiacées.

Genre SIPHONIA. — *Siphonia* Rich.

Fleurs monoïques. Calice 5-fide ou 5-parti : estivation valvaire. Corolle nulle.—*Fleurs mâles* : Filets soudés en androphore columnaire, anthérifère au-dessous du sommet; anthères 5 ou 10, verticillées, adnées, introrses. — *Fleurs femelles* : Ovaire hexagone, triloculaire, porté sur la base persistante et circulaire du calice : loges uniovulées. Stigmates 3, sessiles, subbilobés. Péricarpe gros : écorce fibreuse, recouvrant 3 coques élastiquement bivalves.

Arbres lactescents. Ramules feuillus au sommet. Feuilles longuement pétiolées, trifoliolées; folioles très-entières, glabres, veineuses. Grappes axillaires et terminales, paniculées; grappes partielles composées d'un grand nombre de fleurs mâles, et d'une seule fleur femelle terminale.

Ce genre ne renferme que deux espèces, indigènes dans l'Amérique équatoriale, très-importantes en ce que leur suc propre épaissi est le *Caoutchouc* : substance végétale particulière, qu'on nomme vulgairement *Gomme élastique*, et qui se retrouve dans plusieurs autres Euphorbiacées, ainsi que dans certaines Urticées.

SIPHONIA CAOUTCHOUC. — *Siphonia Cahuchu* Willd. — *Siphonia elastica* Pers. Ench. — Juss. fil. Euphorb. tab. 12, n° 38, A. — *Hevea guianensis* Aubl. Guian. tab. 335.

Arbre haut de 50 à 60 pieds, sur 2 à 3 pieds de diamètre. Tronc ramifié au sommet. Écorce grisâtre, peu épaisse. Folioles cunéiformes-obovales, arrondies au sommet, quelquefois mucronées, glabres, vertes en dessus, un peu glauques en dessous, longues de 3 à 4 pouces, sur 2 pouces de large ; pétiole commun de la longueur des folioles. Panicules plus courtes que les feuilles. Fleurs petites. Capsule oblongue, trigone, verdâtre.

Cet arbre croît dans les grandes forêts de la Guiane. Les naturels du pays l'appellent *Hévé*. « Pour peu que l'on entaille l'é-
» corce du tronc, dit Aublet, il en découle un suc laiteux; et
» quand on veut en tirer une grande quantité, on commence par
» faire au bas du tronc une entaille profonde qui pénètre dans le
» bois; on fait ensuite une incision qui prend du haut du tronc
» jusqu'à l'entaille, et, de distance en distance, on en pratique
» d'autres latérales et obliques, qui viennent aboutir à l'incision
» longitudinale. Toutes ces incisions conduisent le suc laiteux
» dans un vase placé à l'ouverture de l'entaille; le suc s'épaissit
» et devient une résine molle, roussâtre et élastique; lorsqu'il
» est très-frais, il prend la forme des instruments et des vases sur
» lesquels on l'applique par couches. »
Le Caoutchouc pur se trouve dans le commerce en masses gri-

ses, quelquefois rosées ou gris de lin, pliantes, élastiques et susceptibles de s'allonger considérablement sans se briser. Quand on les coupe, elles présentent une surface lisse et polie; fraîchement appliquées et comprimées, les surfaces se collent et adhèrent fortement entre elles. Il s'enflamme comme un résine, en se boursoufflant et en exhalant une fumée sensiblement ammoniacale. Il conserve, après avoir été fondu au feu, une consistance grasse, onctueuse, sans reprendre sa première sécheresse; par la distillation, il donne des produits analogues à ceux d'une matière animale; il se ramollit et se gonfle sans se dissoudre dans l'eau bouillante. Les huiles fixes et volatiles le dissolvent par la chaleur, et il leur communique la propriété de former par la dessiccation un vernis élastique, mais qui reste toujours un peu collant. Il ne se dissout dans l'éther qu'après avoir été ramolli et gonflé par l'eau bouillante.

Le Caoutchouc sert, comme l'on sait, à beaucoup d'usages. On en enduit les toiles qu'on veut rendre imperméables à l'eau, et il s'en fabrique des sondes ainsi que différens autres instrumens de chirurgie. Tout le monde connaît la propriété qu'il possède, d'enlever du papier les traces de crayon.

Les naturels de la Guiane recherchent les fruits de ce *Siphonia*, et ils en mangent les amandes. Aublet assure en avoir luimême mangé un grand nombre sans être incommodé; il compare leur saveur à celle des Noisettes.

Siphonia du brésil. — *Siphonia brasiliensis* Kunth, in Humb. et Bonpl. Nov. Gen. et Spec,

Arbre haut d'environ 60 pieds. Folioles oblongues, acuminées, rétrécies à la base, ponctuées en dessous : la terminale longue de près de 10 pouces, sur 3 pouces de large; les latérales plus courtes. Capsules globuleuses.

Ce *Siphonia* est indigène au Brésil. Son suc propre se recueille, comme celui de l'espèce précédente, pour la préparation du Caoutchouc.

Genre HYÉNANCHE — *Hyœnanche* Lamb.

Fleurs dioïques— *Fleurs mâles* : Calice 5-7-sépale. Étamines 10-30; filets courts; anthères ovales-oblongues. — *Fleurs femelles* : Calice polysépale; sépales imbriqués, caducs. Styles 2-4. Stigmates 4, réfléchis, glanduleux, fimbriés. Péricarpe subéreux, à 8 sillons, et à 4 coques bivalves, dispermes.

Arbres. Feuilles verticillées-ternées ou quaternées, entières, luisantes, veineuses, épaisses; pétioles courts, canaliculés. Fleurs mâles en grappes axillaires, agrégées, bractéolées. Fleurs femelles sur des pédoncules pauciflores, également axillaires.

Le *Hyœnanche globosa* Lamb. (Cinch. 52, tab. 10), est la seule espèce connue du genre. Ses capsules broyées sont employées, au cap de Bonne-Espérance, à empoisonner les viandes qu'on jette comme appât aux hyènes.

IVe TRIBU. LES ACALYPHÉES. — *ACALYPHEÆ*
Juss. fil.

Fleurs monoïques ou dioïques. Calice 2-5-parti : estivation valvaire. Corolle nulle. Étamines en nombre défini (souvent 2 ou 5); filets libres ou monadelphes; anthères à bourses conjointes ou disjointes. Ovaire à 2 ou 3 loges uniovulées. Styles 2 ou 3; ou bien un seul 2- ou 3-parti. Stigmates simples, souvent plumeux ou laciniés. Péricarpe capsulaire, 2-ou 3-coque.

Arbres, ou arbrisseaux, ou herbes. Feuilles alternes, ordinairement dentelées. Fleurs bractéolées (bractées souvent très-grandes et multiflores), tantôt en grappes masculiflores à la partie supérieure, féminiflores à la base, tantôt et plus souvent en glomérules unisexuels rapprochés en épi.

Genre CATURE — *Caturus* Linn.

Fleurs dioïques. — *Fleurs mâles* : Calice trifide. Étami-

nes 5; filets saillants; anthères suborbiculaires. — *Fleurs fe-*
melles : Calice triparti. Ovaire à 3 loges uniovulées. Styles
3, laciniés. Capsule tricoque.

Arbuscules ou arbrisseaux. Feuilles alternes, stipulées,
dentelées. Inflorescence axillaire. Fleurs femelles en épis
denses, très-longs, hérissés des lanières des styles, chacune
accompagnée d'une bractée 5-partie.

Les espèces de ce genre ne sont qu'au nombre de deux.
Leurs épis femelles ont été comparés par Linné à la queue
d'un chat. Voici l'espèce qui mérite d'être signalée ici :

CATURE HISPIDE. — *Caturus spiciflorus* Linn. — Juss. fil.
Euphorb. tab. 14, n° 35.—*Cauda felis* Rumph. Amb. vol. 4,
tab. 37. — *Acalypha hispida* Burm. Ind. tab. 61, fig. 1.

Arbrisseau haut de 18 à 20 pieds. Feuilles subcordiformes,
pointues, velues en dessous aux nervures. Épis pendants.

Cette plante croît aux Moluques et à Ceylan. La décoction de
ses fleurs est recommandée comme un spécifique contre les flux
de ventre.

Genre MERCURIALE. — *Mercurialis* Linn.

Fleurs monoïques ou dioïques. Calice 3- ou 4-parti. —
Fleurs mâles : Étamines 8-12, ou un plus grand nombre;
filets libres, saillants; anthères didymes, globuleuses. —
Fleurs femelles : Ovaire didyme, à 2 loges uniovulées. Styles 2, courts, larges, denticulés. Deux filets stériles, courts,
appliqués contre l'ovaire. Capsule spinelleuse ou cotonneuse, 2-coque.

Arbrisseaux ou herbes. Feuilles opposées ou rarement alternes, plus ou moins dentées. Fleurs axillaires et terminа-
les : les mâles en glomérules bractéolés, disposés en épis;
les femelles fasciculées ou solitaires, en épi.

Les dix espèces dont se compose ce genre croissent en
Europe, à l'exception de deux : l'une du Sénégal, l'autre de
l'Inde. Voici les espèces remarquables :

Mercuriale annuelle.—*Mercurialis annua* Linn.— Engl. Bot. tab. 559. — Bull. Herb. tab. 159 et 235. — Schk. Handb. tab. 332. —Turp. in Flor. Méd. Ic. — Juss. fil. Euphorb. tab. 14, n° 47.

Racine fibreuse, annuelle. Tige rameuse. Feuilles pétiolées, ovales ou ovales-lancéolées, pointues, dentelées ; glabres ou légèrement ciliées aux bords. Fleurs mâles dodécandres. Fleurs femelles axillaires, courtement pédicellées.

Herbe dioïque. Tiges tétragones, dressées, hautes d'un pied et plus. Fleurs mâles en épis très-lâches : axe filiforme. Ovaire hispide. Graines chagrinées.

La *Mercuriale annuelle*, fort commune en Europe, abonde surtout dans les endroits cultivés, où elle devient souvent une mauvaise herbe très-incommode. Sa saveur est aqueuse, mais son odeur peu agréable. Les anciens Romains mangeaient les feuilles cuites de la plante en guise de légume. Plusieurs médecins ont recommandé cette Mercuriale comme diurétique, émolliente et légèrement laxative; mais on ne l'emploie guère en France. Les graines ont la même saveur que celles du Chanvre.

Mercuriale vivace. —*Mercurialis perennis* Linn. — Flor. Dan. tab. 400.—-Engl. Bot. tab. 1872.—Bull. Herb. tab. 363.

Racines rampantes. Tiges simples. Feuilles pétiolées, dentelées, pointues, scabres : les inférieures ovales ; les supérieures cunéiformes-lancéolées. Fleurs mâles ennéandres. Fleurs femelles longuement pédicellées.

Herbe vivace. Tiges articulées, nues à la partie inférieure, dressées, longues d'un pied environ. Feuilles d'un vert sombre, devenant violettes par la dessiccation artificielle.

Cette plante, qui passe pour vénéneuse, croît dans les bois de la plus grande partie de l'Europe. Le bétail n'y touche point, et Linné assure qu'elle est fort dangereuse pour l'homme, ainsi que pour les moutons. Macérée dans l'eau, elle lui communique une belle couleur bleue que les acides et les alcalis font disparaître promptement.

Selon Loureiro, la décoction du *Mercurialis indica* purge légèrement, sans aucun danger.

Genre TRAGIA. — *Tragia* Plum.

Fleurs monoïques. — *Fleurs mâles* : Calice triparti. Étamines 2 ou 3; filets courts. — *Fleurs femelles* : Calice 6- ou rarement 5-8-parti : lanières persistantes, quelquefois pennatifides. Style trifide. Stigmates 3. Capsule à 3 coques hispides, subglobuleuses, bivalves, monospermes. Graines globuleuses.

Herbes ou sous-arbrisseaux, quelquefois grimpants ou volubiles. Feuilles alternes, stipulées, dentelées, ou lobées, ou rarement pennées. Grappes axillaires, composées d'un petit nombre de fleurs femelles, basilaires, très-longuement pédonculées, et d'un grand nombre de fleurs mâles courtement pédicellées; fleurs, tant mâles que femelles, accompagnées chacune d'une bractée simple, ou 2-3-fide, étroite.

Ce genre se compose d'environ quinze espèces, réparties entre l'Amérique équatoriale, l'Amérique septentrionale et l'Asie équatoriale.

Plusieurs *Tragia* sont remarquables par les piqûres brûlantes que produit l'attouchement des poils qui hérissent ces plantes. Rumphius fait mention de quelques espèces qu'il préconise comme remèdes diurétiques.

Vᵉ TRIBU. LES HIPPOMANÉES. — *HIPPOMANEÆ* Juss. fil.

Fleurs monoïques ou dioïques. Calice (quelquefois nul) à 2-4 sépales libres ou plus ou moins soudés : estivation convolutive. Corolle, glandules et appendices nuls. Étamines 2-10, libres ou diversement soudées. Ovaire à 2 ou 3, ou plus rarement, à 4-18 loges uniovulées. Péricarpe capsulaire, ou moins souvent soit subéreux soit charnu, à 4-18 coques distinctes ou quelquefois soudées. Arbres ou arbrisseaux, presque toujours lactescens. Feuil les simples, souvent biglanduleuses à la base. Fleurs le plus souvent disposées en épis mâles à la partie supérieure, femelles à la partie inférieure ; plus rarement en chatons : les mâles écailleux ; les femelles bractéolés.

Genre STILLINGIA. — *Stillingia* Linn.

Fleurs monoïques. — *Fleurs mâles* : Calice tuberculeux, à limbe crénelé. Étamines 2, saillantes; filets presque libres. — *Fleurs femelles* : Calice trifide. Style épais. Stigmates 3, réfléchis. Ovaire à 3 loges uniovulées. Capsule globuleuse, tricoque.

Arbres ou arbrisseaux lactescens. Feuilles entières ou dentelées, quelquefois glanduleuses à la base; stipules minimes. Épis terminaux, masculiflores supérieurement, féminiflores inférieurement. Fleurs mâles pédicellées, bractéolées, fasciculées dans l'aisselle d'une grande bractée. Fleurs femelles peu nombreuses, courtement pédicellées, chacune accompagnée d'une grande bractée.

On ne connaît que trois espèces de *Stillingia*. Voici celle qu'il importe de faire connaître :

STILLINGIA PORTE-SUIF. — *Stillingia sebifera* Willd. — *Croton sebiferum* Linn.—Osbeck, Itin. p. 245.—Pluck. Amalth. tab. 390, fig. 2. — Hist. des voyages, v. 6, p. 464. —Turp. in Dict. des Sciences Nat. Ic. — Juss. fil. Euphorb. tab. 16, n° 52.

Feuilles pétiolées, ovales-rhomboïdales, longuement acuminées, dentées, biglanduleuses à la base.

Arbre ayant le port d'un Cerisier. Écorce blanche, lisse. Rameaux longs, flexibles. Feuilles semblables à celles du *Peuplier noir*. Capsules dures, glabres, brunes, à côtes arrondies. Graines presque hémisphériques, enduites d'une substance cireuse.

Le *Stillingia Porte-suif* est indigène en Chine, où il porte le nom d'*U-Kieu-Mu*. Chez nous, on l'appelle vulgairement *Arbre à suif*. Cet arbre est d'une grande utilité pour les Chinois : la matière dont ses graines sont enduites leur sert à faire des chandelles. A cet effet on broie les graines et on les fait bouillir dans l'eau ; on enlève les parties huileuses qui surnagent, et qui ont la consistance du suif lorsqu'elles sont refroidies. Les chandelles fabriquées avec cette graisse végétale sont d'une grande blancheur. On exprime en outre des graines de ce Stillingia, une huile à brûler d'une bonne qualité.

Cet arbre est aujourd'hui complétement naturalisé sur les côtes de la Géorgie et des Carolines ; mais Elliot observe qu'on n'en tire aucun parti. On le cultive aussi en plein air dans les jardins de botanique des départemens du Midi, et il mériterait d'être multiplié, à cause de l'élégance de son port.

STILLINGIA SYLVESTRE. — *Stillingia sylvatica* Willd. — Mich. Flor. Am. Bor.

Feuilles sessiles, oblongues-lancéolées, rétrécies à la base, dentelées. Fleurs mâles subsessiles.

Herbe vivace, glabre. Racine grosse, ligneuse. Tige dressée, haute de 2 à 3 pieds. Feuilles presque coriaces, luisantes en dessus. Capsule un peu scabre.

Cette plante croît dans les Carolines et en Géorgie. La décoction de ses racines passe pour un spécifique antisyphilitique.

Genre MANCENILLIER. —*Hippomane* Linn.

Fleurs monoïques. — *Fleurs mâles* : Calice turbiné, bifide. Androphore indivisé, bianthérifère au sommet ; anthères adnées, extrorses. — *Fleurs femelles* : Calice triparti. Ovaire pluriloculaire ; loges uniovulées. Style court, épais. Stigmates le plus souvent 7, rayonnants. Drupe charnu, lactescent, pomiforme : noyau ligneux, pluriloculaire, irrégulièrement anguleux ; loges monospermes.

L'espèce que nous allons décrire constitue à elle seule le genre.

MANCENILLIER VÉNÉNEUX. — *Hippomane Mancinella* Linn. — Catesb. Carol. v. 3, tab. 95. — Sloan. Hist. Jam. v. 2, tab. 159. — Commel. Hort. v. 1, tab. 68. — Turp. in Dict. des Sciences Nat. Ic. — Juss. fil. Euphorb. tab. 16, n° 54. — Tussac, Flor. Antill. v. 3, tab. 5.

Arbre lactescent, de moyenne taille, semblable par le port à un Abricotier, ou à un Poirier. Rameaux glabres, nombreux, souvent ternés, recouverts d'une écorce grisâtre. Feuilles alternes, stipulées, longuement pétiolées, glabres, luisantes, veineuses, pointues, dentelées, subcordiformes à la base, longues de 3 à 4 pouces; pétiole biglanduleux au sommet; stipules ovales, caduques. Fleurs mâles en épis terminaux, dressés, composés de glomérules épars, chacun accompagné d'une bractée concave, biglanduleuse à la base. Fleurs femelles sessiles, solitaires, axillaires sur des ramules qui ne portent point de fleurs mâles. (Quelquefois on trouve un petit nombre de fleurs femelles à la base des épis mâles.) Drupe de la forme et de la grosseur d'un Abricot : épicarpe luisant, d'un vert jaunâtre; pulpe blanche, laiteuse ; noyau de la grosseur d'un Marron.

Le *Mancenillier* croît sur les plages des Antilles et de l'Amérique méridionale. Peu de végétaux, sans contredit, sont doués de qualités aussi malfaisantes. Le suc propre de cet arbre est si caustique, qu'une goutte reçue sur la peau y fait naître sur-le-champ des ampoules, suivies d'érysipèles et d'ulcères très-malins. Les Caraïbes trempent dans ce suc le bout des flèches qu'ils veulent empoisonner, et qui, par ce moyen, conservent très-longtemps des propriétés vénéneuses. On assure que les émanations même de l'arbre peuvent donner la mort; cependant Jacquin et d'autres voyageurs disent avoir dormi impunément sous son ombre. Le fruit du Mancenillier est d'autant plus dangereux, qu'il cache le venin le plus subtil sous un aspect séduisant et sous une saveur douceâtre. Aujourd'hui le Mancenillier est extrêmement rare aux Antilles, parce que les colons prennent soin d'extirper par le feu un végétal aussi perfide.

Genre SABLIER. — *Hura* Linn.

Fleurs monoïques. — *Fleurs mâles* : Calice court, urcéolé, tronqué. Étamines monadelphes. Androphore cylindrique ;

anthères verticillées, bi- ou trisériées, insérées sous des tubercules. — *Fleurs femelles* : Calice urcéolé, entier, appliqué étroitement contre l'ovaire. Style long, infondibuliforme. Stigmate large, concave, pelté, à 12-18 rayons. Capsule ligneuse, orbiculaire, déprimée, à 12-18 sillons, et à autant de coques monospermes, s'ouvrant avec élasticité.

Arbres lactescents. Feuilles alternes, stipulées, enroulées
avant leur développement; pétiole biglanduleux au sommet;
stipules caduques. Fleurs mâles en chatons simples, écailleux, pédonculés, terminaux : écailles imbriquées, uniflores.
Fleurs femelles solitaires dans le voisinage des fleurs mâles.

Les *Sabliers* sont remarquables par leurs fruits, dont les
coques, rangées en rond autour de l'axe, éclatent avec fra-
cas lors de la maturité. Les colons de l'Amérique se servent
de ces fruits, après les avoir vidés et fait bouillir dans de
l'huile, pour y mettre du sable : c'est de cet usage que dérive le nom du genre. Le suc laiteux des Sabliers, ainsi que
leurs graines, sont âcres et vénéneux.

On admet trois espèces de ce genre; elles sont indigènes
dans l'Amérique équatoriale. La plus notable est la suivante:

SABLIER ÉLASTIQUE. — *Hura crepitans* Linn. — Lam. Ill.
tab. 793. — Turp. in Dict. des Scienc. Nat. Ic. — Tuss. Flor.
Antill. v. 4, tab. 6.

Arbre haut de 60 pieds et plus. Cime très-touffue. Branches
et rameaux étalés. Feuilles ovales-oblongues, cordiformes à la
base, pointues, crénelées, glabres, longues d'environ un pied,
sur 6 à 8 pouces de large; pétiole grêle, presque aussi long que
la lame. Stipules lancéolées. Épis mâles oblongs-coniques.

Cette espèce croît au Mexique, aux Antilles et dans l'Amérique méridionale.

Genre EXCÉCARIA. — *Excœcaria* Linn.

Fleurs monoïques ou dioïques. — *Fleurs mâles* : Androphore profondément trifide, accompagné d'une écaille basilaire sessile, indivisée : lanières tantôt simples et portant une

seule anthère; tantôt 2- ou 3-fides et 2- ou 3-anthérifères, ac-
compagnées de 1 ou de 2 squamules. — *Fleurs femelles* :
Calice minime, squamiforme, 3-fide (quelquefois nul).
Ovaire à 3 loges uniovulées. Style épais, court, triparti.
Stigmates 3, réfléchis. Capsule globuleuse, tricoque.

Arbres ou arbrisseaux. Feuilles alternes, non-stipulées,
glabres, crénelées, ou dentées, ou rarement entières. Fleurs
mâles en chatons axillaires; fleurs femelles tantôt en petit nombre à la base des chatons mâles, tantôt en grappes ou en épis,
soit axillaires soit terminaux, sur des individus particuliers.

La plupart des plantes de ce genre contiennent un suc
laiteux plus ou moins caustique. On en connaît huit espèces,
dont trois croissent aux Antilles, deux au Brésil, et trois
dans l'Asie équatoriale. L'*Excœcaria Agallocha* (Rumph.
Amb. vol. 2, pag 258), paraît être l'espèce la plus dangereuse. Rumphius raconte que bien des navigateurs, ignorant
les propriétés funestes de l'arbre, avaient perdu la vue en
entaillant le tronc sans précaution. M. Léchenault assure que
même la fumée répandue par le bois, lorsqu'on le brûle, est
très-nuisible. On a avancé à tort dans quelques ouvrages
que le bois odorant, si célèbre en Asie sous le nom d'*Agal-
loche*, et dont nous avons parlé sous le genre *Aloëxyle*
(fam. des Césalpiniées), provenait de l'*Excœcaria Agallocha*.

Genre COMMIA. — *Commia* Loureir.

Fleurs dioïques. — *Fleurs mâles* : Calice nul. Androphore indivisé, pluri-anthérifère au sommet. — *Fleurs femelles* : Calice triparti, court, persistant. Styles 3, réfléchis,
courts, persistants. Stigmates épais. Capsule à 3 coques monospermes, déhiscentes par la suture antérieure.

L'espèce suivante constitue à elle seule le genre :

COMMIA DE LA COCHINCHINE. — *Commia cochinchinensis*
Lour. Flor. Cochinch.

Arbrisseau. Feuilles alternes, très-entières, glabres. Fleurs
mâles en chatons axillaires, courts, écailleux; écailles imbri-

quées, uniflores. Fleurs femelles petites, nombreuses, disposées en grappes subterminales.

Loureiro rapporte qu'il suinte de cet arbrisseau une gomme
blanche, purgative et émétique, employée en Cochinchine
contre les obstructions et les hydropisies.

Genre MAPROUNÉA. — *Maprounea* Aubl.

Fleurs monoïques. — *Fleurs mâles* : Calice tubuleux,
quadrifide. Étamines 2, monadelphes ; androphore saillant,
bifide au sommet ; anthères extrorses. — *Fleurs femelles* :
Calice trifide. Ovaire à 3 loges uniovulées. Style épais, trifide. Stigmates réfléchis. Capsule tricoque. Graines osseuses,
bosselées.

Fleurs mâles en chatons ovoïdes, écailleux, involucrés,
solitaires ou disposés en panicules terminales ; écailles bi- ou
triflores. Fleurs femelles solitaires ou géminées à la base de
chaque chaton, pédonculées, dibractéolées, ou tribractéolées.
Feuilles alternes, très-entières, glabres, luisantes en dessus,
veineuses.

Ce genre est composé de deux espèces, indigènes dans
l'Amérique équatoriale. La suivante mérite une mention
particulière.

MAPROUNÉA DU BRÉSIL. — *Maprounea brasiliensis* Aug.
Saint-Hil., Adr. de Juss. et Cambess. Plantes Usuelles des Brasiliens, tab. 65.

Sous-arbrisseau haut de 2 à 3 pieds. Tige droite, rameuse.
Feuilles ovales ou ovales-arrondies, apiculées, subcordiformes
à la base, longues d'environ 18 lignes. Chatons longs de 4 à
5 lignes, solitaires, courtement pédonculés. Fleurs femelles
subgéminées, tribractéolées.

Cette plante croît au Brésil, dans la province des Mines, où les
colons l'appèlent *Marmeleiro de Campo*. Ses feuilles donnent
une teinture noire, peu solide.

Genre OMPHALÉA. — *Omphalea* Linn.

Fleurs monoïques. Calice 4-parti. — *Fleurs mâles* : Androphore disciforme, pelté, bi- ou trilobé ; anthères 2 ou 3, didymes, enfoncées. — *Fleurs femelles* : Ovaire à 3 loges uniovulées. Style court, épais. Stigmate capitellé, subtrilobé. Péricarpe charnu, tricoque en dedans. Graines grosses, subglobuleuses.

Arbrisseaux grimpants, ou arbres. Feuilles alternes, stipulées, entières, épaisses, nerveuses, réticulées en dessous ; pétiole biglanduleux au sommet. Fleurs paniculées : les femelles solitaires et terminales ; panicules partielles accompagnées d'une stipule très-longue, biglanduleuse, réunies en grandes panicules terminales.

Les *Omphaléa* sont remarquables en ce que l'amande de leurs graines est très-bonne à manger, lorsqu'on prend la précaution d'en séparer l'embryon et le test, parties qui sont purgatives.

Voici les deux espèces connues du genre :

OMPHALÉA TRIANDRE. — *Omphalea triandra* Linn. — Lamk. Ill. tab. 753, fig. 3. — Lodd. Bot. Cab. tab. 577. — Tussac, Flor. Antill. tab. 9. — Juss. fil. Euphorb. tab. 17, nᵘ 58. — *Omphalea nucifera* Swartz, Obs.

Feuilles oblongues, obtuses, subcordiformes à la base. Tige arborescente. Fleurs triandres.

Arbre s'élevant à 40 pieds et plus. Panicules longues de 2 pieds, d'abord dressées, puis pendantes. Fleurs verdâtres. Anthères purpurines. Baie grosse, pendante, globuleuse.

Cette espèce croît aux Antilles, où on la nomme vulgairement *Noisetier*. Ses amandes sont très-recherchées par les habitants. Étant fraîches, leur goût ne diffère pas de celui des Noisettes ; mais elles rancissent promptement. On en exprime une huile analogue à celle d'Amandes douces.

OMPHALÉA DIANDRE. — *Omphalea diandra* Linn. — Aubl. Guian. tab. 328. — *Omphalea cordata* Swartz, Obs.

Rameaux sarmenteux. Feuilles cordiformes, pointues, un peu pubescentes en dessous. Fleurs diandres.

Liane à sarments très-longs, atteignant la sommité des grands arbres et retombant jusqu'à terre. Fleurs petites, verdâtres; bractées lancéolées, obtuses. Baie jaunâtre, charnue : coques brunes, dures, revêtues à l'intérieur d'un duvet blanc.

Cette plante croît sur les plages de la Guiane et aux Antilles. Selon Aublet, ses sarments sont remplis d'un suc propre copieux, qui étanche la soif, sans qu'il en résulte aucun inconvénient. Le périsperme est huileux et d'une saveur semblable à celle des Amandes douces; on le mange fréquemment, après avoir pris la précaution d'en séparer l'embryon. La décoction des feuilles passe pour détersive.

VIe TRIBU. **LES EUPHORBIÉES.** — *EUPHORBIEÆ* Juss. fil.

Fleurs monoïques dans un involucre commun foliacé ou caliciforme. — Fleurs mâles en grand nombre, polyandres ou monandres : Calice tantôt nul, tantôt 3- ou 4- fide, ou 4- ou 5- parti. — Fleurs femelles 2 ou 3, centrales ou latérales : Calice tantôt nul, tantôt trifide, ou 6-12-parti. Ovaire à 3 loges uniovulées. Styles 3, distincts, ou soudés en un seul soit indivisé soit trifide. Stigmates 1, 3, ou 6. Péricarpe capsulaire ou légèrement charnu, tricoque.

Arbres, ou arbrisseaux, ou herbes. Sucs propres ordinairement laiteux. Tiges quelquefois grimpantes ou charnues. Feuilles alternes, simples (par exception 3-5-foliolées), rarement 3-5-parties. Involucres pédonculés, tantôt axillaires, solitaires, ou fasciculés, tantôt en ombelles terminales.

Genre EUPHORBE. — *Euphorbia* Linn.

Involucre commun caliciforme, ou campanulé, ou turbiné,

4- ou 5-fide : lanières entières, ou fimbriées, ou multiparties, alternes avec des appendices glanduleux ou pétaloïdes, de forme variée. — *Fleurs mâles* nombreuses, composées d'une seule étamine articulée par la base du filet à un pédicelle court et quelquefois accompagné de squamules ou de bractéoles. — *Fleur femelle* solitaire, centrale : Ovaire triloculaire, porté sur un long pédicelle. Styles 3, bifides, ou rarement soudés en un seul 3-fide. Stigmates 6, ou rarement 3, lobés. Capsule penchée, à 3 coques monospermes, déhiscentes avec élasticité.

Plantes lactescentes, herbacées, ou charnues, ou ligneuses. Tiges tantôt charnues et anguleuses, tantôt cylindriques. Feuilles(nulles dans plusieurs espèces)alternes, ou rarement opposées et stipulées (par exception verticillées-ternées). Pédoncules très-courts et pauciflores dans les espèces charnues; dans les espèces munies de feuilles, tantôt axillaires, tantôt et plus souvent terminaux, lisses et disposés en ombelles à rayons 2-ou 3-chotomes, florifères dans les bifurcations. (Rarement les involucres sont aglomérés en tête au sommet des rayons.) Une collerette de feuilles ou de bractées accompagne la base des ombelles ainsi que celle de chaque cime, cimule ou capitule.

Ce genre est très-riche en espèces. Les auteurs en énumèrent près de trois cents. Une centaine environ croissent en Europe, principalement dans les contrées qui avoisinent le bassin de la Méditerranée. Trente sont indiquées dans l'Asie équatoriale; soixante-dix environ en Afrique, dont près de la moitié appartient au cap de Bonne-Espérance. Le nouveau continent en offre soixante-dix, en grande partie indigènes entre les tropiques et dans les régions voisines. On n'a observé qu'un petit nombre d'espèces dans la Nouvelle-Hollande et dans la Polynésie.

La plupart des *Euphorbes* contiennent un suc âcre et véneneux, surtout dans les espèces des contrées équatoriales, qui se distinguent en outre par des tiges charnues, semblables à celles de certains *Cactus*. Nous allons faire connaître les espèces les plus notables.

SECTION Ire.

Tiges charnues, épaisses, aphylles, ou garnies d'un petit nombre de feuilles.

a) *Tiges aiguillonnees.*

EUPHORBE DES ANCIENS. — *Euphorbia antiquorum* Linn. — Commel. Hort. tab. 12. — Hort. Malab. v. 2, tab. 42.

Tige articulée, subquadrangulaire; rameaux étalés ou dressés, presque aphylles; angles ondulés. Épines courtes, géminées.

Pédoncules simples ou trifides, courts, naissants aux sinuosités des angles. Appendices de l'involucre arrondis, entiers. Fleurs mâles 5 ou 6.

Cette espèce habite l'Arabie et l'Inde. Le suc laiteux qui abonde dans ses tiges se recueille pour la préparation de la gomme-résine appelée *Euphorbe* dans les pharmacies. Forskal assure que les chameaux mangent la plante lorsqu'elle est cuite.

EUPHORBE OFFICINAL. — *Euphorbia officinarum* Linn. — De Cand. Plantes Grasses, tab. 77.

Tiges 12-18-angulaires, aphylles. Épines géminées.

Tige épaisse, dressée, souvent simple, haute de 4 à 6 pieds. Involucres presque sessiles aux angles de la partie supérieure de la tige.

Cette espèce croît dans l'Afrique équatoriale. Son suc épaissi, ainsi que celui de plusieurs autres espèces charnues, est la *Gomme Euphorbe* des officines. Ce médicament, d'une âcreté extrême, est l'un des purgatifs drastiques les plus violents. Les anciens l'employaient très-fréquemment; mais les médecins de nos jours y ont rarement recours, à cause de sa trop grande énergie. On ne peut, sans danger, l'administrer qu'à des doses très-faibles. Appliquée sur la peau, cette résine l'enflamme et finit par en déterminer la vésication. Respirée par les narines, la moindre quantité de Gomme Euphorbe provoque des violents éternuements.

EUPHORBE DES CANARIES. — *Euphorbia canariensis* Linn. — De Cand. Plantes Grasses, tab. 49.

Tiges à 4 angles calleux ; rameaux étalés, plus ou moins arqués, aphylles ; aiguillons courts, géminés , divergents.

Tiges épaisses, hautes de 4 à 6 pieds. Involucres sessiles sous les épines, accompagnés chacun d'une bractée ovale ; appendices de l'involucre charnus , entiers, d'un brun roux.

Cette espèce, indigène aux Canaries, se cultive dans les collections de plantes grasses , à cause de la singularité de son port. Son suc est très-âcre ; on assure qu'il donne, comme les deux espèces précédentes , de la Gomme Euphorbe.

Euphorbe mamillaire. — *Euphorbia mamillaris* Linn.
Tige simple, subheptagone, aphylle. Épines solitaires, droites.

Tige droite , haute de 2 pieds et plus, garnie de quelques rameaux courts. Épines longues d'environ ı pouce. Pédoncules simples, naissants sur les angles de la tige , entre les épines.

Cette espèce , originaire du cap de Bonne-Espérance , est cultivée dans les collections de plantes grasses.

b) *Tiges et rameaux inermes.*

Euphorbe Tête de Méduse. — *Euphorbia Caput Medusæ* Linn. — De Cand. Pl. Grass. tab. 150.

Souche épaisse, tubéreuse. Rameaux cylindriques, tuberculeux, chargés d'écailles charnues , imbriquées sur cinq rangs : les supérieures terminées par une feuille linéaire-lancéolée. Involucres subsessiles, ternés ou quaternés.

Souche élevée d'environ ı $\frac{1}{2}$ pied hors de terre ; rameaux charnus, rayonnants. Appendices des involucres dentés aux bords.

Cette espèce , qu'en raison de son aspect particulier on a comparée à une tête de Méduse, croît dans l'Afrique équatoriale. On la cultive dans les collections de plantes grasses.

Euphorbe Melon. — *Euphorbia meloniformis* Ait. Hort. Kew.—Desfont. in Ann. du Mus. v. ı, p. 200, tab. 16, fig. 2. — Andr. Bot. Rep. tab. 617.

Tige subglobuleuse , polyèdre.

Cette espèce , indigène au cap de Bonne-Espérance et fort remarquable par sa forme , se cultive dans les collections de plantes grasses.

34.

EUPHORBE TIRUCALLI. — *Euphorbia Tirucalli* Willd. — Hort. Malab. v. 2, tab. 44.

Tiges dressées, filiformes, frutescentes, presque aphylles. Branches étalées, fasciculées.

Cette plante croît dans l'Inde, où on l'emploie communément à faire des haies. Son suc est très-âcre : les Hindous le regardent comme un antisyphilitique très-efficace.

SECTION II.

*Tige ligneuse. Involucres fasciculés, ou épars, ou en om-
belles.*

EUPHORBE POURPRE NOIR. —*Euphorbia atropurpurea* Willd.
Inerme. Feuilles lancéolées, fasciculées, entières. Fascicules terminaux. Bractées connées, d'un pourpre noir.

Cette espèce, originaire des Canaries, est cultivée dans les orangeries.

EUPHORBE DES PÊCHEURS. — *Euphorbia piscatoria* Willd.
Inerme. Feuilles lancéolées, lisses. Ombelles terminales, trifides. Bractées oblongues.

On se sert aux Canaries des graines de cet Euphorbe pour étourdir les poissons.

EUPHORBE ÉCARLATE. — *Euphorbia punicea* Willd. — Jacq. Ic. Rar. v. 3, tab. 484. — Smith, Ic. Pict. 3, tab. 3.
Feuilles obovales-lancéolées, glauques en dessous. Ombelles à 5 rayons trifides. Bractées ovales, acuminées, colorées.

Arbrisseau haut de 4 pieds. Bractées écarlates.

Cette espèce, indigène aux Antilles, est cultivée dans les serres comme plante d'ornement.

EUPHORBE ÉCLATANT. — *Euphorbia splendens* Bot. Mag. tab. 2902. — *Euphorbia Milii* Desmoul. — Desfont. Cat. Hort. Par. — *Euphorbia Breoni* Hortul.
Tiges épineuses, tuberculeuses, rameuses. Feuilles coriaces, spatulées. Involucres subgéminés, subsessiles. Bractées 2, opposées, colorées.

Petit arbrisseau, originaire de Madagascar, remarquable par ses bractées d'un écarlate très-vif. Cultivé en serre chaude.

EUPHORBE MELLIFÈRE. — *Euphorbia mellifera* Ait. Hort. Kew. — Vent. Malm. tab. 3o. — *Euphorbia longifolia* Lamk.

Tiges feuillues. Feuilles lancéolées, pointues, lisses, entières. Pédoncules en corymbe. Capsules tuberculeuses.

Cet arbrisseau, originaire des Canaries, est cultivé dans les orangeries.

EUPHORBE HÉTÉROPHYLLE.—*Euphorbia heterophylla* Willd. — Plum. Ic. tab. 25ı, fig. 3.

Feuilles panduriformes, dentelées : les supérieures lancéolées. Involucres terminaux, en ombelle. Bractées colorées.

Cette espèce devient un arbrisseau dans l'Amérique méridionale, où elle est indigène. Dans les jardins, en Europe, c'est une herbe annuelle d'environ deux pieds de haut. La forme particulière de ses feuilles et ses bractées marbrées d'écarlate la font cultiver par quelques amateurs.

SECTION III.

Tiges cylindriques, herbacées, feuillées. Pédoncules communs en ombelle.

a) *Glandules de l'involucre et cotylédons suborbiculaires.*

EUPHORBE DES MARAIS.—*Euphorbia palustris* Linn.—Bull. Herb. tab. 87. — Flor. Dan. tab. 866.

Feuilles caulinaires oblongues-lancéolées, très-entières, obtuses; feuilles florales elliptiques-oblongues, entières. Ombelles à un grand nombre de rayons bi- ou trifides. Coques verruqueuses. Graines obovales, lisses.

Herbe vivace ou suffrutescente, haute de 3 à 5 pieds. Tige dressée, garnie sous l'ombelle d'un grand nombre de rameaux stériles. Glandules involucrales jaunes. Graines luisantes, d'un brun noirâtre.

Cette plante est commune en France, ainsi que dans la plus grande partie de l'Europe, dans les marais et au bord des eaux.

En Russie, on l'administre comme purgatif et comme émétique.

EUPHORBE A FLEURS POURPRÉES. — *Euphorbia Characias* Linn. — Jacq. Ic. Rar. v. 1, tab. 89.

Feuilles très-entières, pubescentes, oblongues ou linéaires-lancéolées, très-rapprochées. Pédoncules communs axillaires et terminaux. Ombelle multifide. Capsules pubescentes. Graines lisses.

Herbe vivace, touffue, haute de 2 à 3 pieds. Tiges épaisses, dressées, nues dans leur partie inférieure. Glandules involucrales d'un pourpre noirâtre.

Cet Euphorbe, indigène dans l'Europe australe, mérite d'être cultivé comme plante d'ornement.

b) *Glandules de l'involucre triangulaires ou bicornes.*

EUPHORBE DE GÉRARD.—*Euphorbia Gerardiana* Jacq. Flor. Austr. tab. 436. — Spreng. Flor. Hal. tab. 3, fig. 1. — *Euphorbia Esula* Thuil. (non Linn.)— *Euphorbia linariæfolia* Lamk.

Feuilles glabres, entières : les caulinaires lancéolées, pointues, mucronées; les florales rhomboïdales-orbiculaires. Ombelles multiradiées. Glandules involucrales triangulaires, obtuses. Capsules glabres, lisses. Graines lisses, obovales-cylindracées.

Herbe vivace, touffue, glauque. Tiges très-simples, longues d'environ un pied. Glandules de couleur orange. Graines opaques, blanches.

Cette espèce croît dans les endroits pierreux, en France et dans plusieurs autres contrées de l'Europe. C'est elle que les auteurs anciens appellent *Esula*. Avant la floraison, elle ressemble tout-à-fait à la *Linaire commune*. D'après les observations du docteur Loiseleur Deslongchamps, quinze à vingt-quatre grains en poudre de la racine de l'*Euphorbe de Gérard*, agissent comme vomitif, à peu près de la même manière que l'Ipécacuanha.

EUPHORBE CYPRÈS. — *Euphorbia Cyparissias* Linn. — Jacq. Flor. Austr. tab. 435.

Feuilles molles, glauques en dessous : les caulinaires linéaires, pointues; les florales ovales-deltoïdes, subcordiformes. Ombelle

multiradiée. Glandules involucrales semi-lunées, bicornes. Capsules glabres, lisses. Graines lisses, obovales.

Herbe vivace. Tiges ordinairement rameuses: les branches supérieures stériles, feuillues. Feuilles florales d'un vert jaunâtre.
Glandules jaunes. Graines opaques, d'un brun cendré.

Cette espèce est commune dans l'Europe méridionale, ainsi que
dans l'Europe moyenne, dans les lieux secs et sablonneux.
M. Loiseleur Deslongchamps a employé la substance corticale de
sa racine comme émétique ; ses propriétés sont parfaitement analogues à celles de la précédente, mais leur action est plus énergique. Du reste, on cite plusieurs cas d'empoisonnemens mortels,
occasionés par de fortes doses de l'*Euphorbe Cyprès*.

EUPHORBE ÉPURGE.— *Euphorbia Lathyris* Linn. — Blackw,
tab. 123. — Bull. Herb. tab. 103. — Turp. in Flor. Méd. et
in Dict. des Sciences Nat. Ic.

Feuilles subcoriaces : les caulinaires linéaires, larges, opposées en croix, mucronées ; les florales lancéolées. Ombelle 2-5-
radiée.Glandules involucrales semi-lunées, à deux cornes obtuses.
Capsule lisse, glabre, profondément sillonnée. Graines obovales,
scabres.

Herbe bisannuelle, glabre, glauque, haute de 2 à 4 pieds.
Capsule grosse, spongieuse. Graines grosses, opaques, jaunâtres.

L'*Épurge* abonde dans le midi de l'Europe. On la trouve
quelquefois aux environs de Paris. Les campagnards se servent de
ses graines pour se purger ; mais ce remède est violent et peut
devenir dangereux à forte dose. M. Orfila a fait mourir un chien
avec huit onces du suc de cette plante.

EUPHORBE SYLVESTRE. — *Euphorbia amygdaloides* Linn. —
Engl. Bot. tab. 256.—*Euphorbia sylvatica* Jacq. Flor. Austr.
tab. 375.

Feuilles un peu épaisses : les caulinaires lancéolées-spatulées,
obtuses, pubescentes, rétrécies en pétiole ; les florales semi-or-
biculaires, connées, perfoliées. Ombelle 5-8-radiée. Glandules
involucrales semi-lunées, bicornes. Ovaire ponctué. Capsule glabre, ponctuée. Graines lisses, ovales-orbiculaires.

Herbe vivace. Tiges touffues, hautes d'environ 2 pieds, dressées ou ascendantes. Feuilles d'un vert opaque : les florales jaunâtres. Glandules vertes ou purpurines. Graines brunes.

Cette plante est commune dans les bois. D'après les expériences du docteur Loiseleur Deslongchamps, la poudre de l'écorce de ses racines est émétique, aux mêmes doses que l'*Euphorbe de Gérard*.

Genre PÉDILANTHE. — *Pedilanthus* Neck.

Fleurs monoïques dans un même involucre : une seule femelle centrale; plusieurs mâles placées à la circonférence. Involucre en forme de sabot, glandulifère en dedans. Fleurs mâles comme dans les Euphorbes. Ovaire à 3 loges uniovulées. Style unique. Stigmates 3, bifides. Capsule tricoque.

Arbrisseaux lactescents, rameux, inermes. Feuilles alternes, entières, épaisses; pétiole court, biglanduleux à la base. Pédoncules communs terminaux, chacun portant un involucre rouge. Une collerette de bractées foliacées à la base des pédoncules communs.

M. Adrien de Jussieu admet dans ce genre trois espèces, dont deux des Antilles et une de l'Inde. En voici la plus remarquable :

PÉDILANTHE FAUX TITHYMALE. — *Pedilanthus tithymaloides* Poit. in Ann. du Mus. v. 19, pag. 388, tab. 19, fig. 1. — Bot. Reg. tab. 837. — *Euphorbia tithymaloides* Linn. — Jacq. Amer. tab. 92. — *Crepidaria myrtifolia*. Haw.

Arbrisseau à tiges cylindriques. Feuilles cunéiformes-obovales, glabres, entières, longues d'environ 2 pouces. Involucre en forme de sabot, bilabié, prolongé à la base en une membrane naviculaire : lèvre supérieure comprimée, échancrée; lèvre inférieure bifide.

Cette plante croît dans l'Amérique méridionale. Son suc est âcre et fait naître des pustules sur la peau. Jacquin assure qu'on l'emploie en Amérique comme antisyphilitique.

TRENTE-UNIÈME FAMILLE.

LES STACKHOUSEES. — *STACKHOUSEÆ*.

(*Stackhouseæ*, R. Brown , Gen. Rem. in Flind. Voy. v. II, pag. 555.
— Bartl. Ord. Nat. p. 368.)

Le genre *Stackhousia*, propre à la Nouvelle-Hollande, constitue à lui seul cette petite famille, laquelle d'ailleurs n'offre aucun autre intérêt. Nous devons donc nous borner ici à en exposer les caractères.

CARACTÈRES DE LA FAMILLE.

Herbes.

Feuilles simples, très-entières, alternes. Stipules latérales, minimes.

Fleurs hermaphrodites , régulières, tribractéolées , disposées en épi terminal.

Calice inadhérent, 5-fide : limbe régulier ; tube renflé au milieu.

Pétales 5 , isomètres , insérés à la gorge du calice : onglets soudés en tube plus long que le calice; lames étroites , étalées en rosace.

Étamines 5 , libres , insérées à la gorge du calice : 3 plus longues, alternes avec 2 plus courtes.

Pistil : Ovaires 5 - 5 , adnés à l'axe central par leur bord antérieur, chacun contenant un seul ovule dressé. Styles en même nombre que les ovaires, quelquefois cohérents par la base. Stigmates simples.

Péricarpe : Carpelles disjoints, indéhiscents, secs, quelquefois ailés : axe central persistant.

Graines munies d'un périsperme charnu. Embryon dressé, axile, presque aussi long que le périsperme.

GENRE : *Stackhousia* Smith.

FIN DU TOME DEUXIÈME DES PHANÉROGAMES.

www.ingramcontent.com/pod-product-compliance
Ingram Content Group UK Ltd.
Pitfield, Milton Keynes, MK11 3LW, UK
UKHW020718120726
13693UKWH00001B/42